本书系国家社科基金重大招标项目多卷本《西方城市史》（17ZDA229）阶段性成果

都市文化研究
Urban Cultural Studies

Urban Space
and Urban Life

中文社会科学引文索引 (CSSCI) 来源集刊

城市空间与城市生活

上海三联书店

CONTENTS 目录

城市史

城市与社会

艺术中的都市文化

光启评论

城市史

美国新城市史的史学回顾与当代反思

李　月

摘　要:新城市史是美国学界于20世纪60年代末至80年代初在美国城市史领域进行的一场史学变革,它直面20世纪上半期美国城市史研究的史学困境,顺应了当时美国史学社会科学化、计量史学的史学潮流,并对20世纪80年代以后美国城市史的史学转向有所影响。如今,随着大数据时代的到来,新城市史曾经依赖的社会学路径和计量方法又重新回归史学家的视野,充分理解科技和大数据对城市发展的变革性影响,并将数据转化为史料,将大数据分析和计量模型整合到历史学方法论体系的人文叙事中,直面中国领先于世界的数字城市和智慧城市的中国式现代化建设,书写有中国特色的数字城市和智慧城市史,是中国摆脱美国城市史学当下的城市环境史发展路径,创新中国城市史学研究范式,构建中国城市史学话语权的突破口。

关键词:美国城市史学　新城市史　史学回顾　当代反思

新城市史是美国学界于20世纪60年代末至80年代初在美国城市史领域进行的一场史学变革,它直面20世纪上半期美国城市史研究的史学困境,顺应了当时美国史学社会科学化、计量史学的史学潮流,并对20世纪80年代以后美国城市史的史学转向有所影响,是美国城市史学进程中承前启后的一个重要历史阶段。新城市史的诞生有其深刻的思想积淀,其兴衰历程有迹可循,有因可觅,有经验可鉴。至少就美国城市史学进程而言,新城市史是一个绕不开的话题,且就城市史研究路径、方法、内容的探索而言,新城市史是一次破旧立新、内涵丰富的大胆尝试,值得回溯、考鉴。

然而，限于历史因素，国内外学界对新城市史的研究不多。虽然有个别美国学者在20世纪70年代末和80年代初对新城市史的利弊得失有过审视和反思，但在当时学界对计量史学近乎一致的口诛笔伐中鲜有审慎论断，且迅速湮没在了历史学的文化转向和历史研究多元化趋势的史学大潮中。在同样背景下，80年代后期才初涉美国城市史研究的国内学者对新城市史鲜有关注，未有专论。在1989年出版的《边缘学科大辞典》中，辞条“新城市史”赫然在列，其解释也停留在定义与特征上，寥寥数语。[①]此后，学界也只有《西方史学史》《西方城市史学》等少数论著对“新城市史”有些许论述。[②]这些认知显然有待深化。因此，笔者欲在国内外研究基础上，就历史渊源、兴衰历程、史学影响、当代反思四个方面系统地对新城市史作进一步深入考察。

一、历史渊源

虽然美国以城市为叙述对象的著作最早可追溯到17世纪，但这些著作或由文献手稿拼凑而成，或是城市史小说或编年传记，谈不上史学方法与路径，这种局面直到20世纪初期才有所改观。虽然19世纪美国盛行的乡村浪漫主义在此时仍然根深蒂固，人们对城市的厌恶毫不掩饰，普遍相信城市是对某种自然、原始的社区生活秩序的严重背离，但当时的美国已经发生翻天覆地的变化，第二次工业革命已经使美国由一个农业国家转变成一个工业国家，城市化也初步完成，城市在美国社会中的地位与作用已不可忽视。敏锐的历史学家们很快发现，陈旧的城市观念、方志式编年叙述已不能反映城市在美国历史进程中的作用。

1925年，美国著名历史学家、边疆学派奠基人弗雷德里克·J.特纳(F. J. Turner，1861—1932)在一封给老阿瑟·M.施莱辛格(A. M. Schlesinger，Sr.，1888—1965)的私人信件中首次提出了重塑美国城市史的想法。1933年，老施莱辛格通过《城市的兴起，1878—1898年》[③]一书把特纳的想法变为了现实。该书在当时至少有三个方面是开创性的。第一，它在框架上摒弃了旧式的方

---

① 倪文杰、郭亮主编：《边缘学科大辞典》，劳动人民出版社1989年版，辞条“新城市史”。

② 张广智：《西方史学史》，复旦大学出版社2000年版，第325页；陈恒等：《西方城市史学》，商务印书馆2017年版，第414页。

③ A. M. Schlesinger, Sr., *The Rise of the City, 1878—1898*, New York: Macmillan Company, 1933.

志式编年叙述体系，转而利用年龄、性别、种族、族群、籍贯、职业、教育、宗教、婚姻、家庭作为叙述节点。第二，它在视角上不再把城市史作为一部由地方特征拼凑在一起的编年史，而是作为在考察地区和国家发展诸多方面时潜在的重要切入点。第三，它在内容上偏重城市的社会学问题，指明了城市史研究的社会学方向。

老施莱辛格的史学突破不仅与他的美国社会文化史知识背景有关，更与当时美国城市史研究的学术环境有关。当城市研究对历史学家来说还很陌生时，它早已是美国社会学的研究重心了。城市史能够成为一个史学分支至少有部分原因是历史学家们对社会学著作的路径、方法、内容的兴趣所致，尤其是 20 世纪 20 年代“芝加哥学派”兴起之后，城市社会学家们的人文生态学理论对后来的城市史学发展影响很大。①

《城市的兴起，1878—1898 年》一书的问世成功激起了人们对城市的普遍兴趣，历史小说家、新闻记者写的城市史小说或传记在市场上广受欢迎。与此同时，美国史学界对城市的关注也日益增多，但历史学家的关切与社会学家不同，相比社会学家去定义呆板的城市模式，历史学家更乐于去探讨时间与空间上的城市社会流动性。就像英国城市史家布雷克·麦凯尔维(Blake McKelvey, 1903—2000 年)所总结的那样，城市史学家的任务是研究特定时间、特定社区相互关联的人类活动，或者探讨城市问题在某个特定社区中产生的影响，在没有时间和空间范围下探讨城市史是不可想象的。②

奥斯卡·汉德宁(Oscar Handlin, 1915—2011)是最早进行这方面研究的城市史学家之一，他的城市史专著《波士顿的移民，1790—1880 年》③是关于城市社会流动性的早期代表作之一，也是第一部运用计量方法归纳和分析繁杂的社区流动性人口数据的著作。在此之前，历史学家早已开始运用人口普查资料，但缺乏对资料进行归纳和分析的工具。计量方法解决了这一问题，它使历史学家对数据的利用不再仅限于照搬，而是可以进一步对数据按类别进行重新归纳和分析，这显然比简单地引用数据更有用。汉德宁的史学尝试促

---

① 具体影响可参阅姜芃:《美国城市史学中的人文生态学理论》,《史学理论研究》2001 年第 2 期。

② Blake McKelvey, “American Urban History Today”, *The American Historical Review*, Vol.57, No. 4(July 1952), p.920.

③ Oscar Handlin, *Boston's Immigrants, 1790—1880*, Cambridge, MA: Harvard University Press, 1941.

进了城市社会流动性研究与计量方法的结合，为后来新城市史研究模式的确立奠定了基础。

二、兴衰历程

真正奠定新城市史史学地位的是哈佛大学教授史蒂芬·塞恩斯特罗姆(Stephan Thernstrom, 1934—)，他敏锐地察觉到了20世纪以来的史学变化，意识到史学社会科学化，以及计量史学的史学潮流能够为城市史研究带来的改变契机，也看到了老施莱辛格、汉德宁等一批优秀城市史学家的早期努力。在这种背景下，他于1968年在耶鲁大学筹办了"'十九世纪的城市'学术研讨会"，并于研讨会上首次提出了"新城市史"的概念。次年，此次会议的论文集由塞恩斯特罗姆和理查德·塞纳特(Richard Sennett, 1943—)编辑出版，题为"19世纪的城市——新城市史论文集"，[①]自此，"新城市史"这一概念开始进入公众视野。在该书的前言中，塞恩斯特罗姆结合会议论文就"新城市史"一词的特征作了三点概括：第一，注重社会理论与历史资料相结合，明确强调使用社会学，尤其是行为科学的理论；第二，较多地使用定量资料，逐渐脱离定性资料的使用；第三，扩大研究范围，把普通市民的经历包括到研究中来。[②]这些特点完全脱离了旧式城市传记的范畴，也顺应了当时的史学潮流，很好地诠释了"新城市史"中的"新"意。

就在"新城市史"的概念被正式提出的第二年，在计量社会科学委员会和威斯康星大学的支持下，历史学家利奥·F.希诺(L. F. Schnore)和苏珊·K.舒尔茨(S. K. Schultz)，地理学家戴维·沃德(David Ward)，经济学家杰弗里·G.威廉姆森(J. G. Williamson)召集了一批城市学家于1970年6月在威斯康星大学举办了一次为期三天的会议，会议名称为"新城市史：量化探索"，会议目标旨在集合一批运用计量方法的美国学者解决美国城市史问题。在这次会议上，与会者丰富了塞恩斯特罗姆关于城市史"新"与"旧"的划分。他们一致认为，"新"与"旧"不能简单地两分，而应三分，具体分为：(1)传统的旧式城市传记叙事；(2)进行比例分布计算和表格统计分析的数据调查研究；(3)构建数学模型的分析研究。这一观点在之后出版的会议论文集《新城市史：美国历史学

---

① Stephan Thernstrom, Richard Sennett, eds., *Nineteenth-Century Cities: Essays in the New Urban History*, New Haven: Yale University Press, 1969.

② Ibid., preface, pp.vii-viii.

家们的量化探索》中得到确立。[1]自此,城市史研究所谓的“新”与计量方法紧密联结。

在“新城市史”的概念被提出和认可之后,学者们开始梳理60年代以来的美国城市史著作。其中塞恩斯特罗姆于1964年出版的《贫穷与进步:19世纪一座城市的社会流动性》[2]一书被奉为新城市史的代表作。他用计量方法分析19世纪农业年鉴和人口普查样本,对1850年至1880年美国马萨诸塞州的一个小城镇居民的流动情况进行探讨,并得出结论:城市化和工业化并没有给普通市民带来益处,反而造成阶级分化;工人工资普遍较低,许多人离开家乡。该书对后来的新城市史研究影响很大,它不仅提出了美国历史学家们迫切关注的新问题,而且还提出了容易操作的新方法,历史学家们后来纷纷在各自的研究领域效仿塞恩斯特罗姆的研究。在这种背景下,计量方法成为新城市史研究的主要方法,社会流动性研究也成了新城市史研究者的主要关注领域。

进入70年代,新城市史研究得到了哈佛大学的推动。它推出了城市史研究丛书(Studies in Urban History),新城市史研究的代表人物塞恩斯特罗姆成为该丛书的主编。丛书收录的著作研究视角独特,关注了家庭结构、犯罪、移民的文化适应、前工业时代劳工的价值观和生活方式、社会和地理的流动性、社会结构、社会分层、社会种族划分、社会影响、社会权力等等一系列之前都是社会学家和政治学家考虑的问题。研究方法则使用计量方法,严重依赖量化数据,依靠图表乃至方程式进行历史解释。在哈佛大学和塞恩斯特罗姆的努力下,该丛书成为展示新城市史研究成果的主要平台。

对计量方法的严重依赖是新城市史研究的特色,也是新城市史研究的软肋。从70年代中期开始,计量史学受到包括经济学家罗伯特·W.福格尔(R. W. Fogel, 1926—2013)、历史学家劳伦斯·斯通(Lawrence Stone, 1919—1999)在内的许多学者的质疑和抨击,渐趋沉寂,新城市史也随之遭遇方法论危机。在之后城市史家对新城市史研究方法的反思中,凯瑟琳·N.康森(K. N. Conzen)对计量方法在新城市史研究中的问题总结得最为全面。在她看来,新城市史运用的统计方法平淡无奇,不能对数据进行批判性应用,且通常

---

① L. F. Schnore, ed., *The New Urban History: Quantitative Explorations by American Historians*, Princeton: Princeton University Press, p.4.

② Stephan Thernstrom, *Poverty and Progress: Social Mobility in a Nineteenth Century City*, Cambridge, MA.: Harvard University Press, 1964.

不注重严格的模型检验，其结果也只是对数据统计结果可能蕴含意义的直觉推导，而在内容上对城市社会流动性的讨论则是基于数据分析方便程度的选择，且以人口普查数据为基础的分析只能专注族群、种群、职业、年龄、财产等因素，忽略了教育、宗教、收入、亲属关系、政治立场等因素的影响。[①]针对计量史学对新城市史研究造成的局限，康森选择改良。她认为，城市史研究要求的不是减少计量方法的使用，而是更多地运用计量方法，只是需要更加注意资料本身的局限，运用适当的多变量解释模型，更加注重在陈述问题和解释结论中厘清理论。[②]但更多的学者选择抛弃新城市史，另辟蹊径，而 80 年代的史学发展为他们提供了更多的替代选择，尤其是历史学的文化转向对城市史研究产生了不小的影响，城市文化史继而风行一时，新城市史则迅速湮没在了新的史学风潮之中。

三、史学影响

从“新城市史”的概念被提出，被接受，到最后被抛弃，前后不过十几年时间，但这段时期也是城市史作为一个独立的史学分支起步和发展的时期。新城市史的史学探索为 60—70 年代的城市史研究提供了某种路径，也一定程度上为 80 年代以后的城市史学发展提供了方向。回溯新城市史的史学历程，我们不难发现，在针对所谓“旧”城市史的史学变革中，在对新城市史利弊得失的史学反思中，新的史学观念已经突破“新城市史”的概念界限，为史学的进一步发展准备了条件。

注重社会学理论，与社会学相结合是新城市史研究的重要特征之一，是新城市史在城市史跨学科研究中的早期贡献。而在实践中，新城市史研究也早已突破了社会学的范畴，吸收了人口统计学、人类学、地理学、经济学等相关领域的成果。1978 年，宾夕法尼亚大学教授西奥多·赫斯伯格（Theodore Hershberg）在《城市史杂志》（*Journal of Urban History*）发表了《新城市史：迈向跨学科的城市史》一文，明确阐述了新城市史研究的跨学科属性。[③]鉴于城市这

---

① K. N. Conzen, “Quantification and the New Urban History”, *The Journal of Interdisciplinary History*, Vol.13, No.4(Spring 1983), pp.654, 657, 665, 674.

② Ibid., p.676.

③ Theodore Hershberg, “The New Urban History: Toward an Interdisciplinary History of City”, *Journal of Urban History*, Vol.5, No.1(November 1978), pp.3-40.

一研究对象的复杂性，跨学科研究无疑是正确、便捷、有效的研究方法。80 年代以来，在新城市史跨学科研究经验基础之上探索更广阔范围的跨学科合作几乎成为城市史家们的共识。自此，城市史家们有了更明确的目标，恰如迈克尔·H.埃布内(M.H. Ebner)所总结的那样，城市史家应致力于融合国家性、区域性、都市性、跨都市性城市研究的元素，借鉴人口统计学、地理学、经济学、社会学的研究方法，从而在历史学家的笔下呈现出多样性的城市。①

对计量方法的运用是新城市史研究的另一重要特征。在新城市史研究中，许多运用计量方法的学者都有扩展研究项目组织范畴的想法，其中最著名的例子是赫斯伯格的"费城城市社会史项目"(The Philadelphia Social History Project)。经过十多年努力，赫斯伯格建立了一个庞大的数据库，形式上涵盖 1850 年至 1880 年间费城所有人、街道、商业和政府机构的数据。相比基于有限的数据解答问题，丰富的数据为城市史家们提供了更为广阔的研究范围和主题。80 年代计量史学的没落并没有终结计量方法在历史研究中的应用。事实上，自 90 年代以来，计量方法首先在经济史、商业史等领域复兴，并逐渐回归到了城市史研究之中。与此同时，随着大数据、云计算技术的发展，数据收集、存储、分析不再困难，计量史学的数据史料基础更加坚实，对城市史研究的适用性更强。值得一提的是，美国密歇根大学的"校际政治与社会研究联盟"(ICPSR)建立了世界最大的社会科学数据库，储存了大量的原始数据，并提供数据分析服务。基于更丰富的数据资料和更先进的分析工具，计量史学在城市史研究中也会有更广阔的应用前景。

回顾新城市史的整个历史渊源和兴衰历程，无论是注重与社会学的结合，还是强调计量方法的运用，新城市史与 20 世纪史学潮流发展密切相关。城市史研究的路径、方法、视角、内容实质上是以新城市史为载体的从无到有的探索，新城市史则是计量史学和史学社会科学化潮流相融合的产物。相比史料堆砌、方志式编年叙述的"旧"城市史，新城市史将城市史研究纳入了史学范畴。而相比新城市史，更"新"的城市史也在 20 世纪 80 年代以后随着史学的发展不断向前演进。

---

① M. H. Ebner, "Urban History: Retrospect and Prospect", *Journal of American History*, Vol.68, No.1(June 1981), p.82.

四、当代反思

从“旧”城市史到“新城市史”，再到更“新”的城市史，城市史的发展不仅顺应着历史学及其他交叉学科的发展，也适应着科学技术日新月异的发展带来的改变。一方面，过去一直被诟病的数据收集效率与数据分析准确性随着量化数据库等技术手段的发展得到了很大改观，以至于史学界正重新审视计量史学的回归与发展，寻求把微观数据变为可利用的史料。[①]另一方面，随着大数据时代的到来，史学界也在评估大数据技术对历史学研究的影响，[②]城市史尤其要面对“数字城市”“智慧城市”等新概念的冲击，并探索大数据时代城市史的数据运用和史学创新。

当前，美国城市史学在生态中心主义思想和环保主义运动的影响下继续探索着城市史与生态史、环境史的深度融合，书写城市与自然和谐共存的历史。中国的城市史学面临的大环境则完全不同，科技日新月异的发展及其在城市建设中的广泛应用使它需要更多地考虑书写数字城市和智慧城市建设的历史进程与中国式现代化发展，这是中国领先于世界的辉煌成就，也是中国城市史学摆脱西方城市史学发展路径，创新中国城市史学研究范式，构建中国城市史学话语权的突破口。要实现这一点，理论基础是理顺数字城市和智慧城市中国式现代化建设的发展逻辑，在大数据时代背景下重塑对城市的认知，书写有中国特色的数字城市和智慧城市史。

书写大数据时代的数字城市和智慧城市史，首先要充分理解科技对城市发展的变革性影响。数字城市是城市在科技作用下，持续激发不同行业、企业与政府相关部门在数字服务供给侧、数字基础设施搭建等方面的有益尝试，它在一定范围内开展可控的数字基础设施超前部署，适时开展传统基础设施数字化升级，全方位加强数字服务的普及性与人性化设计，不断缩小数字鸿沟，进一步拓宽数字化应用领域，为数字化更高质量发展打下良好基础。中国数字城市建设特别运用了我国巨大的市场与庞大的数据资源，以便深入开拓数字化多种应用需求场景，促进数字领域新体验、新应用、新产品持续更新换代，创新社会、政府、市场等不同主体的合作新模式，激活城市数字化更新升级与

---

① 梁晨、董浩、李中清：《量化数据库与历史研究》，《历史研究》2015 年第 2 期，第 120—121 页。

② 韩炯：《从计量史学迈向基于大数据计算思维的新历史学》，《史学理论研究》2016 年第 1 期；李剑鸣：《大数据时代的世界史研究》，《史学月刊》2018 年第 9 期。

电子信息消费活力,更大范围地激发数字经济高质量发展新动能。

智慧城市则是顺应城市发展规律,运用创新科技手段建构的新型城市发展模式。[①]智慧城市的发展涵盖城市智慧社区、智能产品体验、科技个性化创新,等等诸多方面,是多元化的城市主体在科技创新空间中整合多种智慧要素相互作用的结果。在空间创新方面,政府会针对之前城市治理方式、策略进行微创新,对城市创新空间进行人性化的完善,并合理应用科技创新手段提升智慧城市的空间创新力。在公共服务领域方面,智慧城市塑造了一种以需求为出发点,以人性化供给为服务过程的公共服务新模式,有温度的公共服务逐渐成为智慧城市高质量发展的重要标尺,这具体体现在两个方面:第一,政府为社会提供标准化的公共产品与人性化的公共服务,使市民能够切身体会到智慧城市高质量发展的有益成果,让公众从中体会到城市的温度;第二,城市公共服务部门具备较强的城市感知力,在为城市制定或修订公共政策、提供或调整公共服务时能够广开言路,事先组织市民就相关公共政策或服务建言献策,切实解决市民的切身需求,把利于城市社会、利于市民公众的公共政策或服务真正落到实处。

其次,书写大数据时代的数字城市和智慧城市史需要充分考虑大数据技术给城市治理带来的强大助力。大数据技术能够对城市进行更好的升级改造和治理,它能够收集庞大的城市数据进行分析,数据分析的结果往往能够左右政府的决策,影响城市的发展趋势。大数据技术还能够运用一定的算法与数据分析优势辅助城市居民的衣食住行,根据城市居民的个人偏好、日常生活消费特征、网络浏览痕迹、社会人际交往关系等逐渐对居民个人进行用户画像,并总结可能存在的风险数据特征,从而增强城市居民对风险的感知力,较好地强化其风险应对能力,夯实城市及其居民应对风险的基础。大数据的应用也可以纠正因城市空间布局而造成的信息偏差,加强信息在城市空间的流动效率,提高城市管理者对信息搜集的准确度与信息分析能力,强化各环节的治理能力。大数据技术驱动下的人工智能还创造了大量新业态,推动产业空间由单一生产功能向制造与服务复合的功能转变。[②]而通过人工智能技术搭建的"城市大脑"可以在很短时间内把各类存在风险隐患的信息集中到相关决策机

① 吴璟:《智慧城市的科技创新周期:意涵、问题与进路》,《探索与争鸣》2021 第 4 期,第 153—158 页。

② 魏成、陈赛男、沈静:《人工智能驱动下的城市空间演变趋势与规划响应》,《城市发展研究》2022 年第 7 期,第 47—54 页。

构,并使决策部门第一时间获取到较为全面的潜在风险信息,进而为应对城市风险的决策制定提供准确的参考,提升城市风险治理的科学性、精准性。除此之外,运用人工智能能够更灵活地发挥资源有效流动调配的作用,在人力、物力方面极大地为相关部门减少不必要的开支,避免因为城市风险扩散而造成的风险治理成本上升等问题,增强各部门协同治理城市风险的能力。

最后,书写大数据时代的数字城市和智慧城市史还要将科技与人文相融合,将数据转换为史料,将枯燥的大数据分析和模型构建转换为可读性强的人文叙事,把科技手段、数据资料整合到历史学方法论体系中,突出城市史著作的人文属性。一方面,城市的发展不仅仅依靠科技创新的推动,而且也受生活在城市中的人的舒适度、满意度、幸福感、获得感的影响。城市是数字城市、智慧城市,但归根到底是人文城市。因此,强调科技对城市发展的巨大作用的同时不能忽视城市人文气息的渲染和城市文化的表达。另一方面,大数据分析只是城市史研究过程中的一种史料来源和技术手段,一部数字城市和智慧城市史的书写最终靠的还是史学家的史学学养、叙事艺术和诗性想象。李剑鸣教授指出:“在大数据时代,学识、才情、眼光和想象力,或许具有更加不可忽视的意义。只有凭借这样的禀赋,我们才能把‘数据挖掘’(data mining)所产生的信息,加工和转化为既有意义又有趣味的故事。”①也唯有如此,新城市史曾被学界诟病的弊端才不会在大数据时代重现,大数据分析才能在历史学研究中有更好的应用前景。

A Historiographical Review and Contemporary Reflections on the New Urban History of the United States

Abstract: The New Urban History is a historiographical transformation that took place in the field of American urban history from the late 1960s to the early 1980s. It confronted the historiographical dilemmas of American urban history research in the first half of the twentieth century, followed the historiographical trend of social scientific and econometric historiography in American history at that time, and influenced the historiographical turn of American urban history after the 1980s. Now, with the advent of the Big Data era, the sociological paths and

① 李剑鸣:《大数据时代的世界史研究》,《史学月刊》2018 年第 9 期,第 16 页。

econometric methods that the new urban history once relied on have returned to historians to fully understand the transformative impact of technology and Big Data on urban development, and to integrate data into historical sources, Big Data analysis and econometric modelling into a system of historiographical methodology, and to confront the Chinese-style modernisation of China's leading and world-leading digital cities and smart cities. Writing a digital city and smart city history with Chinese characteristics is a breakthrough for China to break away from the current development path of urban environmental history in American urban historiography, to innovate the research paradigm of Chinese urban historiography, and to build the discourse of Chinese urban historiography.

Key words: American urban historiography; new urban history; historiographical review; contemporary reflection

作者简介:李月,湖南省中国特色社会主义理论体系研究中心湘南学院基地研究员,湘南学院马克思主义学院副教授,长沙理工大学硕士生导师。

中世纪欧洲城市运动与秩序：从城市革命到精英算计

——兼对诺斯权利开放秩序理论进行纠正[1]

陈兆旺

摘　要:诺斯等人所提出的权利开放秩序理论过分强调精英主义与和谐主义,同时也忽视了中世纪欧洲城市的市民自由和自治权利秩序生成的历史性意义。透过对中世纪城市市民权利诉求运动的需求、诉求与斗争过程等的分析,可以更为深切地认识到中世纪城市自治运动所展现的社会力量。而由其所引发的精英妥协、谋划甚至合作主要表现在封建领主主动建城等更功利的算计,从而形成与巩固城市自由与自治秩序。不过,这一处于雏形的权利开放秩序终究陷于精英的政治经济盘剥与控制而终结发展,最终被民族-国家秩序所"收编"。

关键词:城市秩序　城市运动　诺斯　权利开放秩序　精英政治

一、导论:研究设计与文献综述

(一) 问题的提出

诺斯作为新制度经济学兴起的重要贡献者和理论创新的"常春藤",[2]在晚年与宪政史学家瓦加斯、政治经济学家温格斯坦共同提出了"权利开放秩序"

---

① 本文为国家社科基金青年项目"诺斯权利开放秩序理论的批判性跟踪研究"(15CZZ002)研究的阶段性成果。

② Claude Ménard, and Mary M. Shirley, "The contribution of Douglass North to new institutional economics", Sebastián Galiani, and Itai Sened, eds., *Institutions*, *Property Rights*, *and Economic Growth*: *The Legacy of Douglass North*, Cambridge: Cambridge University Press, 2014, pp.11-29.

理论与分析框架,并试图以此解释"有文字记载的(一万多年)人类历史",可谓雄心不移。不过,其分析框架无论是在基本理论视角设定,还是案例选择方面都存在诸多的缺陷和不足,总体上体现出严重的精英主义与和谐主义的分析基调。其精英主义的典型表现即为,他们认为社会的发展动力在很大程度上是精英合谋的结果,而其合谋多又是建立在其"审时度势",即对历史大潮流有效把控的基础上而"高瞻远瞩"地不断让渡权利的行为。在其分析过程中,他们都"有利"地避开了欧洲历史上的战争、斗争与抗争等一系列的历史事件,而将历史分析的主要对象定为产权等制度演变、组织化发展、经济与政治权利让渡等方面。①

不过,如果局限于城市运动斗争的一面,正如西方左翼历史学家的作品所介绍和阐释的那样,城市秩序必然由阶级斗争,尤其是中下层市民的革命运动所造就,②但那也会存在理论模糊之处,例如这种社会运动与革命抗争到底是如何形成形态各异的城市秩序的? 以此为基础,本文的基本假设是,城市秩序必然是在中下层城市自治运动的长期斗争之后,从而引发国王、领主与其他精英的妥协甚至合作共谋,从而逐步共同构筑起相对稳固同时又能实现自由、自治等市民权利的秩序,这从根本意义上方为诺斯所要阐释的权利开放秩序之本质与由来。所以,在本文中,笔者的基本观点是一以贯之的,即我们虽然反复批判诺斯的权利开放秩序理论的精英主义与和谐主义,但是也并不认为其反面——大众权利运动与社会抗争必然带来权利开放秩序,③而两者的有效结合方使得良性循环的权利秩序成为可能。④

本文将主要介绍和分析中世纪欧洲的城市自治运动及其内含着的、对市

① 本文借用但又以中世纪的情况为例以纠正诺斯等人关于权利开放秩序理论的研究。参见道格拉斯·C.诺斯、约翰·约瑟夫·瓦利斯、巴里·R.温格斯特:《暴力与社会秩序:诠释有文字记载的人类历史的一个概念性框架》,杭行、王亮译,上海人民出版社 2013 年。蒂利一直强调战争、革命以及各种社会抗争运动对现代国家的塑造作用。Charles Tilly, "War making and state making as organized crime", Ernesto Castañeda, and Cathy Lisa Schneider, eds., *Collective Violence, Contentious Politics, and Social Change*, London; New York: Routledge, 2017, pp.121-139.

② 戴维·哈维:《叛逆的城市——从拥有城市权利到城市革命》,叶齐茂译,商务印书馆 2014 年版,第 131 页。

③ 不少文献也论及城市自由、市民权利实现有不小被夸大的成分,同时,其历史意义也是相对比较有限的。张佳生:《中世纪后期英国城市自由的实现及其制约》,《经济社会史评论》2016 年第 1 期,第 55—62 页;朱明:《城市的空气不一定自由——重新审视西欧中世纪城市的"自由"》,《史林》2010 年第 2 期,第 47—56 页。

④ 北京师范大学张曙光教授从城市文明发展过程中分析权力与自由两者之间的辩证关系。张曙光:《历史哲学视阈中的城市:文明、权力与自由》,《社会科学战线》2017 年第 7 期,第 1—17 页。

民自由权利获取的强烈诉求。这一诉求虽然都是在所谓的封建制下发生的，但是确实在很大程度上冲破了封建制度的束缚，甚至成为松动封建制度的重要力量。但是，其更为直接的社会政治效应还在于其推动了中世纪欧洲城市中的相对有效和有序的竞争性政治和经济秩序的形成。从此过程中，我们可以“捕捉”到大量的精英合谋甚至合作的事件，不过精英合谋与精英主动的权利让渡等都只是漫长的中世纪欧洲城市运动的结果，是城市不同阶层斗争的产物。不过，在精英妥协、共谋甚至合作的基础上形成的城市秩序也是有代价的，那就是精英继续对城市权力体系的把持和操控，城市平民的政治效能的逐步丧失以及斗争意志的消磨，被誉为中世纪封建秩序下的“奇葩”的城市终归于平淡无奇。故此，我们试图在诺斯等人的分析框架的基础上，对这一历史阶段的实际情况作相对充实的介绍和分析，我们将特别聚焦当时的社会矛盾与冲突，从而能够更为清晰地展示其更为真实的历史发展进程。我们主要是试图以此作为社会理论构筑与发展的个案基础，并以此纠正诺斯等人权利开放秩序理论的重要缺憾与不足。

（二）中世纪商贸型城市的兴衰概述

为了能够更好地将诺斯等人的权利开放秩序理论运用到西方城市秩序的分析中去，我们需要对西方世界的相对早发的自由秩序，即城市秩序作一个简单的梳理，以便我们能够对这种城市秩序的生成和发展有一个基本的认知，从而为下文的分析提供基本的历史和经验基础。

中世纪的城市自由、自治和自发秩序的生成，经历了一个漫长的历史发展过程。中世纪的城市形态，相对于现代民族国家框架中的城市而言，更具有特殊性，即形态各异，蔚为壮观。[①]从类型上看，中世纪城市主要以沿河沿海的商贸型城市最为典型。例如意大利的城市共和国，如威尼斯、热那亚、比萨、佛罗伦萨、米兰公国等。而北欧的汉萨同盟也由于中世纪中后期逐步发展并兴盛起来的长途贸易而繁荣起来。大西洋沿岸的贸易型城市要等到大西洋贸易的蓬勃开展而兴盛起来。也就是说，那是地理大发现之后的 16 世纪的事情了，例如安特卫普、阿姆斯特丹、鹿特丹以及法国和英国的很多大西洋沿岸

---

① 韦伯关于城市的类型学研究，详细对比与区分了古希腊城邦、古罗马的罗马城、中世纪城市、俄罗斯的城市、近东城市、远东的中国和日本古代城市。不过，韦伯重点对比的是欧洲古代和中世纪的城市，而且对中世纪各地区的城市类型也进行了具体的介绍和分析。马克斯・韦伯：《法律社会学・非正当性的支配》，康乐、简惠美译，广西师范大学出版社 2011 年版。

的城市。[①]从意大利城市共和国时代到西欧的大西洋贸易时代，中世纪中后期的城市的形态发生了巨大的变化。例如，虽然中世纪的城市也多是由于远程贸易而兴盛，但是其相对于封建领主的经济、政治的独立性还是很可观的。也就是说，城市的自治特征还是相对比较明显的，虽然城市自治最终在各地方都逐步发生了变异甚至沦丧。这些城市的衰弱一方面是因为其自身自治的寡头化，[②]另一方面也是由于现代民族国家的兴起而在生存空间和实力上遭受到挤压。[③]

但是，中世纪后期的城市，尤其是大西洋沿岸的城市，都纷纷经由绝对主义王权国家之手而得以兴起与繁荣。荷兰这个王权并不强盛，仅管是最早实现共和的资本主义国家，其民族国家的建构实际上是落后的。虽然其城市自治性质非常明显，大有中世纪城市自治的“遗风”，但是荷兰的城市市民共和时代很快让位于英国和法国的王权强盛的时代。[④]伴随着科学技术的革新以及绝对主义王权的强盛，中世纪城市共和国都纷纷溃败于强盛的王权国家之手。[⑤]所谓的城市自发的自治秩序也基本让位于现代民族-国家的统治和治理形式。[⑥]此前的自治城市多是因为近代商贸业的发展而兴起的港口城市、商贸城市、交通要塞型城市，在 15 世纪之后就纷纷让位于近代的消费型城市，即王权和贵族集中的都市型的消费型城市，例如法国的巴

---

① Daron Acemoglu, Simon Johnson, and James A. Robinson, “The Rise of Europe: Atlantic Trade, Institutional Change, and Economic Growth”, *American Economic Review*, Vol. 95, No. 3 (Jun., 2005), pp.546-579.

② 陈兆旺:《西欧中世纪城市自治的制度分析》,《甘肃行政学院学报》2012 年第 2 期,第 79—80 页。

③ 查尔斯·蒂利:《强制、资本和欧洲国家:公元 990—1992 年》,魏洪钟译,上海人民出版社 2007 年版。

④ 荷兰表面上是联省共和国,但实际上难以形成国家的政治整合,以至于在联邦甚至邦联政体下,难以实现国家军事实力的提升。斯科特·戈登:《控制国家:从古代雅典到今天的宪政史》,应奇、陈丽微、孟军、李勇译,江苏人民出版社 2001 年版,第 199 页,“正如没有每个省的同意,全国议会无权宣战或议和,无权签订新的同盟条约,无权抽款……”黄仁宇先生也指出荷兰的自治市镇是阻碍荷兰实行中央集权的因素。黄仁宇:《资本主义与二十一世纪》,生活·读书·新知三联书店 2006 年版,第110 页。

⑤ 技术变革,特别是军事技术的变革,以及热兵器的投入拖垮了很多中世纪自治城市。例如麦尼尔的研究表明,中世纪的意大利城市共和国由于机械工业所需的矿产缺乏,以及交通运输成本太高,进而丧失了新一轮的国家间竞争,变得相对落后了。威廉·H.麦尼尔:《竞逐富强:公元 1000 年以来的技术、军事与社会》,倪大昕、杨润殷译,上海辞书出版社 2013 年版,第 72 页。

⑥ 查尔斯·蒂利:《强制、资本和欧洲国家:公元 990—1992 年》,魏洪钟译,上海人民出版社 2007 年版,第 71 页。蒂利除了归纳出民族国家相对于城市的资本与资源集聚的优势,还归纳了只有民族国家方可以成为组织战争和应对战争的主要组织形式和组织化力量。

黎、英国的伦敦等。“资本主义早期的大城市基本上都是消费型城市这一点值得注意……一些城市正是由于它是主要消费者聚集最多的居住地，才成为最大的城市。”①

（三）中世纪欧洲城市的兴起与规模估算

在欧洲中世纪的历史上，即从公元1000年开始，在欧洲各地市镇的兴起确实是当时欧洲的一个重要社会现象。作为衡量这一现象的一个重要指标是欧洲当时的整体城市化率高达10%。据专家估算，在12世纪晚期，欧洲4 000万人口中大约有400万城镇人口；在14世纪前期，6 000万人口中的大约600万人都生活在城市之中。②而在欧洲历史上也涌现出很多“大型城市”，其对于前现代化国家而言，超过10万人口的城市已经算是奇迹了。通过图1可以发现，到1500年时，欧洲的主要城市依然是公元1000年以后兴起的城市。1500年时，法国巴黎以18.5万人荣登世界第八大城市的位置。③由此，或许也有人会提出，欧洲城市的规模其实并不算大，不过欧洲的城市类型多被大家归为商贸型的城市，其比较严格地区别于政治与军事类型的城市，例如当时的君士坦丁堡、北京等大城市。而且，欧洲中世纪的城市复兴还主要体现在范围广阔等特点上，即在整个欧洲都涌现出星罗棋布的大小市镇，尤其是南欧、法国南部和西部、神圣罗马帝国、北欧的“汉萨同盟”和“城市群”等，这一现象在人类历史上是不多见的。当时欧洲兴起的市镇多达四五千个。④虽然，在古希腊、古罗马历史上，欧洲各地的城市也均有所发展，⑤但是无论是商贸化的程度，还是规模与范围等都难以与中世纪城市相比。所以，大多数学者都将这一现象归为“黑暗的中世纪”的封建主义海洋中的一朵奇葩。更为准确地讲，中世纪欧洲城市是作为重要的反封建力量或者势力而长期存在的。实际上，

---

① 维尔纳·桑巴特：《奢侈与资本主义》，王燕平、侯小河译，上海人民出版社2005年版，第33页。

② 哈罗德·J.伯尔曼：《法律与革命——西方法律传统的形成》，贺卫方、高鸿钧、张志铭、夏勇译，中国大百科全书出版社1993年，第448页。亨利·皮朗：《中世纪欧洲经济社会史》，乐文译，上海人民出版社2001年版，第56页。

③ Jack Goldstone, *Why Europe? The Rise of the West in World History 1500—1850*, New York: McGraw-Hill Higher Education, 2009, p.84. 亨利·皮朗：《中世纪欧洲经济社会史》，乐文译，上海人民出版社2001年版，第184，199—201页。

④ Pounds Norman, *The medieval city*, New York: Greenwood Publishing Group, 2005, Series Foreword, p.XXVI.

⑤ 最新的研究确认了1 000多个古希腊城邦。Mogens Herman Hansen, and Thomas Heine Nielsen, *An Inventory of Archaic and Classical Poleis*, Oxford: Oxford University Press, 2004.

它们不仅标志着欧洲的封建化在实现程度上的不足，而且这一直也是消减封建化的主要力量。①欧洲中世纪的城市影响欧洲甚至世界数个世纪的历史进程，直至后来被以王权为代表的现代民族国家建构的历史进程所收编、吸纳和消化。

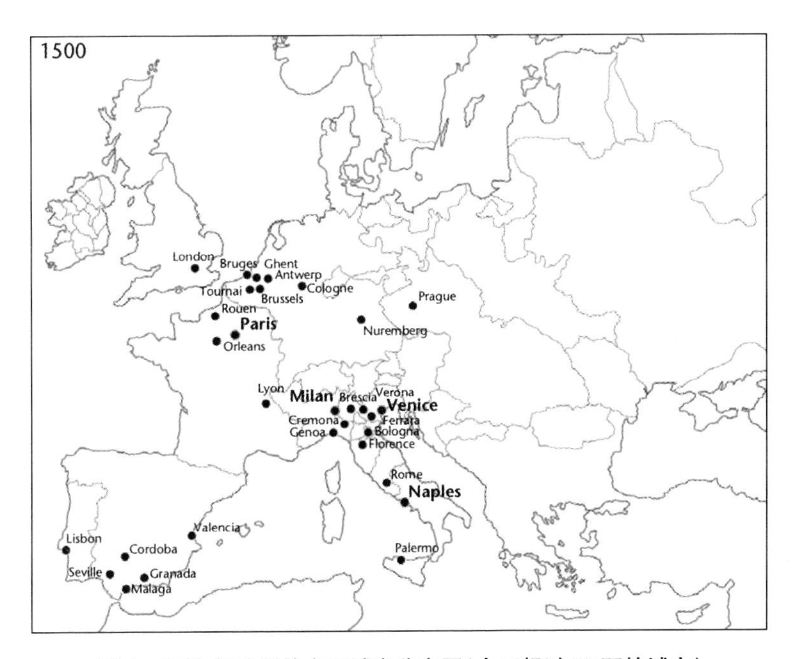

图 1　1500 年欧洲的主要城市分布图(人口超过 10 万的城市)

资料来源：Peter Clark, European Cities and Towns 400—2000, Oxford University Press, 2009, p.37。

(四) 有关中世纪欧洲城市兴起解释的文献综述

学术界一直在讨论这些星罗棋布的中世纪市镇兴起的原因，并且展开了诸多的学术讨论而提出了很多的解释：罗马城市起源说、②庄园经济起源论、"市场法"起源说、免除权起源说、卫戍起源说、加洛林地方制度起源说、德意志

① "市民层即径自瓦解了领主的支配权……"马克斯·韦伯：《法律社会学·非正当性的支配》，康乐、简惠美译，广西师范大学出版社 2011 年版，第 431 页。"……城市运动在本质上是反封建的。"詹姆斯·汤普逊：《中世纪经济社会史：300—1300 年(下册)》，耿淡如译，商务印书馆 1963 年版，第429 页。

② 尤其是法国、意大利甚至莱茵河和多瑙河沿岸的城市多为罗马城市的遗产。亨利·皮雷纳：《中世纪的城市》，陈国樑译，商务印书馆 2006 年版，第 7、9 页。

行会起源说等。[①]不过,很多学者多支持或者默认贸易和商业复兴是中世纪欧洲城市兴起的主要原因,即持有商业经济起源说的学者相对比较多见,即大家多比较支持经济解释说。“中世纪城市的兴起,是平民的事业。无疑地,那些使城市产生的基本动力,是属于经济性质的。”[②]而且,上述的几个起源说,在不同程度上多少都存在地方主义的偏见,即“以偏概全”的问题,其多是试图以某个国家、某些地区的城市起源的情况概括整个欧洲数个世纪城市兴起的原因。不过,学术界并不满足于商贸起源说,因为商贸起源说并不能概括欧洲中世纪城市的重要特征。虽然其在很大程度上可以将其与古代城市予以区分,但与近代城市的区分度就相对有限,而且也难以突出其相对于非欧洲地区的特殊性,即其鲜明的政治特征——政治共同性(城市公社,City Commune)的构建以及市民权的获取。[③]

当然,伯尔曼批评韦伯关于中世纪城市的政治特征亦不足以概括其主要特点,因为中世纪的城市具有鲜明的宗教特点和法律特点。即在很大程度上,中世纪的城市自治与市民权运动其实是先前的“教皇革命”以及法律变革的产物,伯尔曼突出强调其宗教色彩和法律特征。[④]当然,欧洲中世纪的城市有其难能可贵之处,但是也有力所不逮之处,例如宗教特征显然是其重要的特点,欧陆的很多城市的商人阶层或者市民阶级,实际上是激烈反对暴虐的主教的,

---

① 参见詹姆斯·汤普逊:《中世纪经济社会史:300—1300年(下册)》,耿淡如译,商务印书馆1963年版,第409—413页。布罗代尔强调了加洛林王朝对基督教和近代欧洲发展的重要意义:“事实上,加洛林王朝构成了基督教和欧洲的起源,或者说,确认了它们的诞生。”费尔南·布罗代尔:《法兰西的特性》,顾良、张泽乾译,商务印书馆2020年版,第487页。

② 詹姆斯·汤普逊:《中世纪经济社会史:300—1300年(下册)》,耿淡如译,商务印书馆1963年版,第420页。皮雷纳还从词源上追溯商业与城市的同一性。亨利·皮雷纳:《中世纪的城市》,陈国樑译,商务印书馆2006年版,第93页。宗教和欧洲的外部世界因素也成为当代学者所强调的重要因素:“7至10世纪,在教堂、修道院和城堡旁边兴起了‘堡’,后来逐渐发展成为城市。”“欧洲中世纪城市发展初期还受到外部世界,尤其是伊斯兰的因素的影响。被阿拉伯帝国征服之后,欧洲被征服地区的城市建设有了很大的发展,伊斯兰的城市观念也得到了传播。”朱明:《欧洲中世纪城市的结构与空间》,商务印书馆2019年版,第32、40页。

③ 马克斯·韦伯:《法律社会学·非正当性的支配》,康乐、简惠美译,广西师范大学出版社2011年版,第413页。恩格斯在1890年的《共产党宣言》德文版中对公社有一个批注:“恩格斯在1890年德文版上加了一个注:‘意大利和法国的市民,从他们的封建主手中买得或争得最初的自治权以后,就把自己的城市共同体称为公社。’——编者注。”卡·马克思、弗·恩格斯:《共产党宣言》,《马克思恩格斯文集》(第2卷),中央编译局译,人民出版社2009年版,第33页。

④ 哈罗德·J.伯尔曼:《法律与革命——西方法律传统的形成》,贺卫方、高鸿钧、张志铭、夏勇译,中国大百科全书出版社1993年版,第493页。

他们所对抗的主教多为其所在城市的领主和实际管理者。①但是，在整个欧洲城市复兴运动中，他们并没有尝试去挑战宗教权威，甚至还依然主要以宗教的形式，甚至宗教的传统权威来实现自我的团结。②我们不应该忽视这一点。

二、欧洲中世纪城市兴起中市民自由权利诉求的需要与障碍

对欧洲中世纪城市兴起的政治特征、宗教特色与法律特点等方面的强调，其实与我们揭示其内在的经济机制并不冲突。因为，在很大程度上而言，宗教特色是欧洲中世纪的整体特征，宗教弥漫在欧洲整个中世纪的社会发展的诸多方面，甚至可以说所有方面。而在城市兴起过程中所呈现出来的独特的法律和政治特点显然是"后话"，其初始"因子"可能蕴含在城市兴起的过程之中，但毕竟更多地被嵌入在经济诉求之中，虽然其多以政治抗争等方式得以呈现。即中世纪的商贸复兴虽然不能保证一定会出现欧洲中世纪城市那样的权利运动与自治诉求，但显然会蕴含市民阶层的基本的人身自由。这些权利的实现，都是相对于当时的欧洲各国、各地区的领主的权力架构而言的，由此可知其实现并非易事，因为城市的自由权利诉求实际上都是"冲着"领主权力而来的。中世纪城市之所以能够迸发出强烈的自治诉求，显然是对当时的人身自由等自由权利声张的扩展与扩张，实际上是从市民的基本权利扩展到政治选举权，甚至拓展到对城市政治管理大权的不同程度的把控之上。③这在人类社会发展历史上其实是不多见的。而且如果不考虑古希腊和古罗马时代的市民权的广泛实践形式，以及其对城邦国家的政治把控，那么显然也将难以理解这一历

---

① "在初期，市民阶级和主教经常处于敌对状态，可以说处于临战状态。在双方都深信自己有充分理由的敌手之间只有武力才能解决问题。"亨利·皮雷纳：《中世纪的城市》，陈国樑译，商务印书馆2006年版，第113页。

② 欧洲中世纪欧城市自治运动的初期发生在主教领地，民众试图争取的是城市的独立、自治和各种封建范畴内的自由权利（相对于其他地方的特权），但是对宗教权威本身还是保持虔敬的态度。当然，在1057—1075年的米兰也发生了代表性的宗教改革运动——"巴塔里亚运动"，"这是一场真正的自下而上的宗教运动，聚焦于11世纪最典型的两种道德恐慌：圣职买卖；神职人员结婚对圣礼有效性的影响。"克里斯·威克姆：《梦游进入新世界——12世纪意大利城市公社的出现》，X. Li译，广西师范大学出版社2022年版，第21页。

③ T. H.马歇尔论及的现代公民身份不同层次权利的实现过程，确实有前后相继的规律，即从基本公民身份到政治公民身份，最后到社会公民身份的逐次实现，但其并未明确其间的递进实现的内在逻辑或者因果关系。Thomas H. Marshall, *Citizenship and Social Class*, New York: Cambridge University Press, 1950.

史现象。①也就是说，尽管我们可能不太愿意，但在很大程度上，我们不得不将中世纪城市自治的政治诉求归为欧洲古典时代的民主政治实践的历史记忆与遗风。韦伯坦言："在西洋上古时期(俄国也一样)，西方城市就已经是个可以透过货币经济的营利手段、从隶属身份上升至自由身份的场所。"②

(一) 欧洲的社会环境从公元1000年开始得到很大改善

但是，问题是，早先的城市运动对市民权利的诉求的需要到底根源于何处？或者说，早先的市民为何要对其人身自由权利和民主自治权利发出强烈的诉求，甚至直接诉诸政治甚至军事的行动？为什么此前的欧洲人并没有强烈地对这些所谓的权利进行伸张？这当然需要回到公元1000年前后的欧洲的经济社会大背景中去探寻。公元1000年是中世纪欧洲历史的重要转折点，即其标志着欧洲总体上告别真正的"黑暗"的中世纪的前半期，而步入相对缓和甚至和平的中世纪中后期。③就在此时，欧洲境内外的蛮族或者异教徒的侵袭基本告一段落，例如南欧的信仰伊斯兰教的阿拉伯人的攻击基本被抵抗住了，由东南欧而来的亚洲人的进攻也不再是威胁。北欧人对法国、英国甚至南欧的侵袭也基本结束了。由此，欧洲整体上处于相对稳定甚至和平的历史阶段，并且为欧洲后来的发展，尤其是商贸的复兴提供了比较好的政治军事环境。"10世纪即使不是复兴的时期，至少也是相对的稳定与和平的时期。"④不过，这并非意味着欧洲整体完全和平的到来，只能说当时的欧洲各大民族甚至加上周边的诸多民族和族群的大迁移基本结束了，他们基本上也都就地安顿，甚至开始新的稳定的生活，从而不再以大规模的征战作为主要目标。但是，小规模的战争甚至混战依然是难免之事。

这一历史环境改变的意义是巨大的，我们将在下文中进一步提及。也就

---

① 不过无论是古希腊还是古罗马，城市市民阶层的底层权利运动都经历了比较漫长的发展、独立与夺权的过程。参见菲斯泰尔·德·古朗士：《古代城市——希腊罗马宗教、法律及制度研究》，吴晓群译，上海人民出版社2006年版。

② 马克斯·韦伯：《法律社会学·非正当性的支配》，康乐、简惠美译，广西师范大学出版社2011年版，第430页。

③ 布罗代尔将这一重要时间点提前到950年，"我们有充分的理由把欧洲人口兴旺的开端定在公元950年"，当然布罗代尔承认这只是他自己的一个推断，"既然如此，把时间稍稍提前或稍稍推后也就无关紧要的了"。费尔南·布罗代尔：《法兰西的特性》，顾良、张泽乾译，商务印书馆2020年版，第501页。

④ 亨利·皮雷纳：《中世纪的城市》，陈国樑译，商务印书馆2006年版，第50页。

是说，到了公元1000年左右，欧洲基本上安宁了下来，而此时的南欧恰好可以充分展示其历史影响力。地处南欧的意大利，尤其是威尼斯共和国实际上在整个中世纪的历史上尽管也遭受到屡次的、多民族的侵袭，但是比较早地稳固了下来，而且充分利用了其地理优势，尤其是其与拜占庭帝国的关系。①西罗马于公元476年灭亡之后，拜占庭帝国不仅在形式上继承了罗马帝国的遗产，而且基本上承接了其在地中海的贸易网络和财富影响力等。当然，虽然其间的变迁纷繁，但威尼斯确实在很大程度上利用其地处东西方交界、南北交通要地、沿海沿河等方面的优势，在土地资源非常匮乏的情况下，着力发展贯穿东西方、南北欧的海上贸易，“威尼斯全城的人都经营海上贸易，以此为生”。②由此，威尼斯成为意大利城市共和国的佼佼者，屹立于整个中世纪的所有欧洲政治共同体。而威尼斯并非意大利的特例，意大利城市共和国在整个中世纪的欧洲，可谓实力大增，并且成为连接中世纪欧洲与古典时代商贸的重要区域，其封建化程度也非常低。“在意大利庄园制度一直必然要比阿尔卑斯山以北薄弱得多，而城市公社的兴起则比其他地方要早和更为重要。”③也就是说，意大利受到罗马帝国灭亡的影响相对要小，④并且基本上没有经历多大程度的封建化发展，⑤而且很快就利用其城市商贸的优势，成为整个欧洲城市复兴的驱动者。

（二）欧洲中世纪城市市民的来源

我们一直谈及中世纪欧洲城市复兴运动中的“市民”，但我们还没有弄清，作为早先的市民的来源是哪些人？对此，学术界也展开了相当多的研究，例如

---

① 弗雷德里克·C.莱恩：《威尼斯：海洋共和国》，谢汉卿、何爱民、苏才隽译，民主与建设出版社2022年版，第7—8页。“查理曼与拜占庭皇帝暂时达成了一般性的和平协议，协议中明确宣布威尼斯公国——这一领土此后被称为dogado——属于拜占庭帝国。不久之后，威尼斯获得了事实上的独立。拜占庭帝国的宗主权日渐消失。威尼斯人断然拒绝承认他们属于任何一个在西方使用‘神圣罗马帝国皇帝’的头衔来神圣化、扩张自己权力的日耳曼部落的国王。”

② 亨利·皮朗：《中世纪欧洲经济社会史》，乐文译，上海人民出版社2001年版，第17页。

③ 佩里·安德森：《从古代到封建主义的过渡》，郭方、刘健译，上海人民出版社2001年版，第171页。

④ Christopher Duggan, *A Concise History of Italy*, Cambridge: Cambridge University Press, 2014, p.36.“罗马帝国末期城市文明的衰落从来都只是局部的。在意大利北部和中部的一百多个城市中，到1000年，超过四分之三的城市仍照常运作，而南部城市的存活率要低得多。”

⑤ 很多学者将城市公社后期的封建领主和城市贵族最终获得支配和治理城市的权力的历史过程称为“再封建化”（re-feudalization）过程。Beat Kümin, *The Communal Age in Western Europe, C. 1100—1800: Towns, Villages and Parishes in Pre-modern Society*, London: Bloomsbury Publishing, 2013, p.23.

很多人将其归为农奴。[①]因为在封建领主的庄园经济中，领主的农奴中有一部分为领主从事手工业、制造业，以弥补庄园种植业的不足。甚至，不少大大小小的领主需要有人专营采购、物品购置和买卖等事宜，所以早期的商人多是从这些属于农奴身份的、经营手工商品生产或者商品贸易的农奴，他们就成为了早先的市民阶层。不过，中世纪研究专家皮雷纳则指出，这些人无论是数量上、还是影响力上，都不足以成为中世纪欧洲的早先商人阶层，更难以构成市民阶层的主体部分。实际上，在中世纪各地都有地方性的小规模集市和市场，而这些地方的当地商人和手工业者都不足以支撑起如此大规模的城市复兴运动。

皮雷纳认为欧洲中世纪的市民群体是商人。[②]而这些商人群体确实是农奴无疑，不过他们并非那些专营领主商品采购与生产的农奴所能概括。他们其实是以各种合法、非法方式脱离领主经济与政治控制的农奴。不过，我们还是要解释，如此庞大的商人群体是如何摆脱农奴身份的。因为市民或者商人群体的主要特征就是自由的人身关系，特别是拥有区别于农奴的封建人身依附关系的自由流动权利。皮雷纳将其归为封建领主经济发展产物，即在封建制下产生的农业生产的剩余，特别是人口剩余的产物。因为从 11—12 世纪起，在欧洲良好的外部政治和军事环境下，欧洲的农业经济开始复兴甚至扩张，而此时的农奴的人口再生产开始加速。但是，原有的农业经济无法容纳这么多的过剩人口，而所谓就近“拓殖运动”或者更远的“拓疆运动”都不足以消化日益庞大的农奴人口。而由于封建制度多采取长子继承制，从而导致多方面的制度性束缚，很多的农奴子弟只能被赶往更远的地方，甚至完全脱离原先的领主的控制范围而去拓殖，或者干脆直接脱离农业生产活动，成为群体数量庞大的流浪汉群体。而当时的大量的教会组织及其庄园经济也无法容纳如此多的剩余人口，他们不得不靠着各种可能的途径“碰运气”，最终有很多数人加入到城市复兴运动中，成为商人群体的主要来源，进而从事各种形式的商贸活动。“移殖者无疑地或来自流浪汉——在

---

① 卡・马克思、弗・恩格斯：《德意志意识形态》，《马克思恩格斯文集》（第 1 卷），中央编译局译，人民出版社 2009 年版，第 557 页：“在中世纪，有一些城市不是从前期历史中现成地继承下来的，而是由获得自由的农奴重新建立起来的。”卡・马克思、弗・恩格斯：《共产党宣言》，《马克思恩格斯文集》（第 2 卷），中央编译局译，人民出版社 2009 年版，第 32 页：“从中世纪的农奴中产生了初期城市的城关市民；从这个市民等级中发展出最初的资产阶级分子。”

② 中世纪专家汤普逊也认为中世纪城市市民主体就是商人：“在北欧国家里，‘商人’是‘市民’的同义词，包括手艺人和商人在内。”詹姆斯・汤普逊：《中世纪经济社会史：300—1300 年（下册）》，耿淡如译，商务印书馆 1963 年版，第 415 页。

这一时期,城市中最早的商人和工匠也是来自流浪汉,或来自大领地中摆脱了农奴身份的居民。”①当然,皮雷纳的研究也存在一定的偏颇性,因为他主要研究的是北欧城市复兴的历史经验,但是对欧洲其他地区的情况鲜有涉及。例如,意大利区别于其他国家和地区的情况就是其在很大程度上延续了古罗马时代的城市文明,而且很多领主特别是中等贵族大多数居住在城市,而其他地区的领主多居住在乡村享受富裕悠闲的生活。②

(三)市民自由权利诉求与领主对自身封建权利的维护

由此可见,由于外在环境的改善,整个欧洲的经济社会发展开始萌动。与此同时,意大利的商人的足迹又遍及欧洲的大部分地区。他们不仅扩大了自己的商业活动范围,而且还对各地的商贸活动予以了强烈的刺激。越来越多的农业剩余人口被动甚至主动地脱离原先的农业生产而投入到商贸活动中去,早先的商业活动实际上无异于冒险活动,甚至在北欧等地都可以等同于海盗活动。③但是,他们从事各种活动的前提是要获得人身自由权利。不过,所谓的“人身自由”或者“自由权利”等最初也并非以我们今天的自由和权利话语的形式出现,而是以最简朴的理据出现的——从事手工业、商贸业等活动的实际(工作)需要,即从事非农业生产活动的需要推动了早先的手工业者、商人和市民群体不断诉求自己的人身自由权利。“他们所要求的首先是人身的自由……”④那么,他们实现人身自由权利的障碍是什么?或者说,是哪一个群

① 亨利·皮朗:《中世纪欧洲经济社会史》,乐文译,上海人民出版社2001年版,第44、66页。亨利·皮雷纳:《中世纪的城市》,陈国樑译,商务印书馆2006年版,第73页。

② 朱明:《欧洲中世纪城市的结构与空间》,商务印书馆2019年版,第24页:“这些(引者注:意大利)贵族以城市为重要活动场所,每个城市都会有由富裕的土地贵族家族结成的网络,他们通常也有政府官职,在城市中会为了政府职位和教会等级而竞争。这种分布状况与欧洲北部形成了很大反差,如法兰克北部的贵族就更多选择以乡村为主要居住和活动场所。”布罗代尔也指出了法国和意大利城乡关系的差异:“意大利的城市往往景色更美,甚至更加令人心醉神迷。但我国的城市全都拼命地扎根在各具特色的乡村之中;乡村保卫城市,抬高城市的地位,并部分地说明城市的成长。尤其在昔日的法国,城市首先以乡村的面目而出现。”费尔南·布罗代尔:《法兰西的特性》,顾良、张泽乾译,商务印书馆2020年版,第212页。

③ 亨利·皮雷纳:《中世纪的城市》,陈国樑译,商务印书馆2006年版,第68页,“海盗行径是海上贸易的先导”。M. M.波斯坦、D. C.科尔曼、彼得·马赛厄斯主编:《剑桥欧洲经济史》(第2卷),王春法主译,经济科学出版社2004年版,第160页:“中世纪历史上记录的许多海盗行为不是常年从事海盗活动的专业的海盗所为,而是有沦为海盗的商人,他们有时是由官方授权的武装私掠船主——他们或被他们的王国逼迫从事这种行为,或者是生意难做时转为海盗的,或者通过海盗行为弥补他们和他们的同胞因敌人的海盗行为而遭受的损失。”

④ 亨利·皮雷纳:《中世纪的城市》,陈国樑译,商务印书馆2006年版,第108页。

体在阻碍着这一进程？那显然是原先的封建领主，因为他们拥有对自己的农奴的人身占有，甚至在一定程度上可以将其作为财产而占有。

所以，从根本意义上来讲，他们显然是不会愿意让更多的人脱离自己的庄园领主经济体的。但是，他们的土地和资源又无法养活越来越多的农奴及其子弟。不过，他们确实在法律上、习俗上、法理上拥有对逃往农奴的各种权利，特别是人身依附关系意义上的实际占有权。然而，从流浪汉群体转换而来的商人群体并无这样的担忧，因为他们早已脱离各自领主的"追捕"。但随着城市规模的扩张，城市总是对周边的农村形成巨大的吸引力。这种吸引力不仅表现在经济层面，即商品贸易推动的农业生产以就近满足附近城市的需要；同时也对周边的领主所占有的农奴形成巨大的吸引，双方由此展开了长期的劳动力争夺。①而城市能否突破封建主义的领主经济制度的限制，吸引更多的劳动力参与到城市经济体中来，实际上将决定城市能否逐步发展壮大，甚至成为压倒周边领主经济体的重要的社会共同体存在。②总而言之，城市市民的人身自由权利意义重大，其阻力显然在于封建领主经济制度中的人身依附关系。

三、欧洲中世纪城市市民获取自由与权利的过程：冲突与战斗

（一）封建领主权力与教会教义强烈抵制市民权利诉求

由上文的分析我们大致可以知晓，想要让大大小小的封建领主主动放弃已经占有多年的传统封建权利，那显然是不切实际的。而且，我们现代的不少文献都将农奴的境况描写得非常惨烈，其可能也会存在一些有失公允之处，即在封建制度下的封建领主与农奴之间其实存在着复杂的权利义务关系。封建领主对农奴显然享有一系列的封建权利，例如农奴需要向其领主缴纳实物税赋、提供劳役、实物被征用、定期服兵役甚至提供保护的义务，领主甚至同时拥有指定农奴到自己的磨坊加工农产品的权利，并由此收取诸多的租赋等。不过，常常为我们所忽视的地方在于，领主亦有为其农奴提供军事保护的义务，即在战乱时期以自己的城堡等为其提供暂时性的避难场所，而且在平时亦有

① 詹姆斯·汤普逊：《中世纪经济社会史：300—1300年（下册）》，耿淡如译，商务印书馆1963年版，第426页。

② 这以意大利城市共和国的历史实践为典型，因为意大利中北部的城市（公社）实力强大，所以逐步对其周边领主形成了强大的吞并压力，而其背后也有着自己的图谋和战略部署，"这是一种信念的简写，即从12世纪起，城市公社为了保护其贸易道路，利用其人力资源进行税收和兵役，并为城市市场提取其农产品，推行征服其周边领土的政策"。Edward Coleman, "The Italian Communes. Recent Work and Current Trends", *Journal of Medieval History*, Vol.25, No.4(1999), pp.373-397.

提供救助救治等封建义务等。①所以，有一些中世纪经济社会史学家，将这样复杂的封建制关系归为互惠关系，尽管可能会失之偏颇，但确实道出封建领主对其属下的农奴所负有不小的保护与救助等方面的义务。所以，无论是在罗马旧时城镇的基础上发展出新的商贸型市镇本身，还是这些市镇对领主的农奴的吸引等，其实都对封建领主构成了很大的威胁，甚至挑战。不过，封建关系的复杂之处就在于其内含着一定的互惠性。例如，封建领主也会“迷恋”或依赖附近的商贸集市，因为这些市集可以为其提供多样化的商品如奢侈品，以满足匹配他们身份地位甚至无限猎奇欲望的需要。同时，这些市场或者集市也给领主带来丰厚的财富收入：“厘金、护送费、其他的保护费、市场税和诉讼规费”等。②而大大小小的集市、商贸市场的存在，也打开了封闭的封建自然经济的缺口，从而为扩大（多样化）农业生产提供了刺激，即就近的市场、集市和商贸集中地等为附近的封建领主提供了出售多余产品的交易场所，从而能够为封建领主积累越来越多的货币财富。当然，从长久来看，这显然会不断冲击封建制的根基，即商品经济和货币经济的发展必然会在很大程度上冲击封建制下的自然经济。③

因此，对于一般的封建领主而言，尤其是对教会领主而言，蓬勃发展的、以商贸活动为基础的商品经济，显然会对封建教权组织和信仰造成极大的冲击。在很大程度上而言，封闭的自然经济最适合基督教的传播与生存，而且在经过了几个世纪的发展之后，基督教教会的势力和影响力剧增。因为其在长达数个世纪的时间里，不仅填充了罗马帝国灭亡之后的权力真空，而且通过其广泛的影响力，占据了大量的土地，形成规模浩大的教会庄园经济。④而教会组织所主导的经济生产方式和经济关系都是以不断打压商贸经济为前提的。所以，意大利的城市共和国的政治与经济活动，尽管多以基督教的形式为“掩护”，但实际上广受基督教教会的谴责和抵制，扩张性的商贸经济本身就是对教会权力秩序的极大的冲击和挑战。⑤而且，在这之前的几个世纪里，基督教组织已经主导形成了强

① 亨利・皮朗：《中世纪欧洲经济社会史》，乐文译，上海人民出版社 2001 年版，第 60 页。

② 马克斯・韦伯：《法律社会学；非正当性的支配》，康乐、简惠美译，广西师范大学出版社 2011 年版，第 394 页。

③ 同上，第 562 页。

④ 亨利・皮朗：《中世纪欧洲经济社会史》，乐文译，上海人民出版社 2001 年版，第 11 页。“从 9 世纪到 11 世纪，政府的全部事务都掌握在教会手里，在政府事务中，正如在艺术方面一样，教会占有优势。教会的大地产组织已成为一种榜样，贵族的大地产欲与之并驾齐驱而不可能。”

⑤ R. H.托尼：《宗教与资本主义的兴起》，赵月瑟译，上海译文出版社 2006 年版，第 17 页：“从 13 世纪中叶起，教会的罪恶行径引起接连不断的抱怨，而其要旨可以一言蔽之：‘贪得无厌’。在罗马，一切都可以出卖。”

烈的反商品贸易、反放贷取息等一系列的宗教伦理，虽然基督教教会本身也广泛地涉入经济活动之中，但是他们的经济活动都是有节制的自然经济形式。“教会是当时最为强大的土地所有者，其对商业的态度，不只是消极的，而是积极的仇视，就是一个充分的例证。”[①]所以，欧洲内陆地区往往成为维护基督教教义的理想之地，其也成为基督教势力根深蒂固之地。不过在那些四通八达、四处蔓延的商贸网络中，尤其是在诸多的商贸集市等节点城市，基督教教会的影响要小得多，或者其与商贸活动的商人的冲突要大得多。

（二）城市商人群体通过商贸活动获得大量财富并以此作为“资本”争取自由权利

以商人集团为代表的城市市民群体，逐步通过手工业生产、商贸活动等不断扩张了原先只有尺寸之地的市镇“新堡”。手工业生产和商贸活动的冲击之处就在于，他们的经济活动会伴随着财富的增长而迅速增长。商贸活动，如上文所述，在当时实质上就是冒险活动，商人甚至要冒着生命危险从事远程贸易活动。因为当时整个欧洲的治安环境还非常差，所以商人都是组队前行，以充分防范各式盗匪和不测。[②]商贸活动却属高风险活动无疑，不过其往往也可能会带来高额回报。当时的远程贸易实际上主要是利用当时的封闭环境，因为很多急需的、紧缺商品无法顺利地实现正常流通，特别是由于战争、灾荒等爆发导致局部性的粮食短缺问题非常普遍，[③]而商人往往利用灵通的商贸消息，及时地贩购、倒卖紧缺的谷物等粮食或者贩卖各种罕见的奢侈品，如东方香料、酒、食糖、瓷器、茶叶、挂毯家具等“高附加值”商品，从而使得其活动具有巨大的盈利空间，而其所实现的成就也非常大。[④]

总而言之，城市兴起前期的商人群体所代表的早期城市市民逐步通过非农业生产和贸易活动等，不断地增长了财富。但是，他们的人身自由还依然未

---

① 亨利·皮朗：《中世纪欧洲经济社会史》，乐文译，上海人民出版社 2001 年版，第 46 页。

② 卡·马克思、弗·恩格斯：《德意志意识形态》，《马克思恩格斯文集》（第 1 卷），中央编译局译，人民出版社 2009 年版，第 559 页：“大家知道，整个中世纪，商人都是结成武装商队行动的。”

③ M. M.波斯坦、D. C.科尔曼、彼得·马赛厄斯主编：《剑桥欧洲经济史》（第 2 卷），王春法主译，经济科学出版社 2004 年版，第 144 页：“法兰西的大西洋海滨，是富饶的加斯科涅土地，它主要产酒，而不得不从外部进口他们所需的食物。使满足这些需求成为可能的原因在于食物短缺的地区相邻的地方，同时存在着剩余粮食的输出。”

④ “在国际贸易领域中的成就，只能归功于商人本身的精力、主动性与创造性。”亨利·皮朗：《中世纪欧洲经济社会史》，乐文译，上海人民出版社 2001 年版，第 151 页。

能得到有效的法律保障，实际上只是没有得到城市所属的封建领主的可信承诺和确信保障。而他们所提出的权利诉求其实也很简单，那就是获得封建制下的人身自由权利、自由从事商贸活动的权利、取消不合理的封建税赋和盘剥、设立适合城市商人群体商业活动的城市法庭以及有利于商人等市民群体自我管理的城市管理权利等。实际上，他们就是要获取封建制下的广泛的领主管理权利。不过，这些权利在我们现在看来并不算过分，但在当时的领主看来，这显然是严重的僭越和过分之想。但是，这些权利伸张，特别是人身自由权利以及其所延伸的权利并不过分之处在于，他们依然可以被纳入当时的封建制前提下，而只是将原先无权无地位的前农奴予以人身解放，或者在很大程度上只是承认他们实际上已经“拥有”的人身自由权利以及自主管理的权利。也就是将城市作为整体，赋予其相对独立的地位法律与政治地位，给予他们充分的自主管理和互不干涉的独立权利和地位。

（三）城市市民群体与领主之间的“生死之战”

不过，即使就是这样的权利诉求的实现，也并非易事。从一开始，双方当然都是“寸步不让”的，而由此导致两者之间冲突甚至战争一触即发，这些冲突的导火索往往莫过于封建领主的“横征暴敛”、盘剥无度、暴虐统治甚至故意挑衅等。而从上文的分析中我们也可以觉察出，中世纪欧洲的城市市民相对而言确实卑微。虽然他们具有强烈的冒险和进取精神，符合我们对企业家精神的想象，但是他们也确实是守成主义，在政治和法律权利的进取上大有“敢怒不敢言”的意味。“很明显，他们只能招架而无还手之力。”[①]但是，一旦诸多的时机成熟，长久积压的反抗情绪则难以抑制，且可能会在某特别的时空和条件下爆发出来，并与领主展开殊死搏斗。尽管他们的身份低微，不仅不享有一定的法律权利，甚至在封建制下总是处于被动地位，但是毕竟积攒了大量的财富和社会经历，[②]而且他们拥有常人无法具有的斗争精神就在于，他们中的很多人都是此前一无所有（尤其是没有固定资产特别是土地），无家可归、毫无牵挂的流浪汉，以及不久前潜逃出来的农奴。他们一旦失利，可能会被迫回归农奴

① 基佐：《欧洲文明史：自罗马帝国败落起到法国革命》，程洪逵、沅芷译，商务印书馆 2017 年版，第 192 页。

② “城市自治社会的建立、资产阶级权力的扩大、城市法律的制定，这一切都是跟着城市社会的财富增长而来的。”詹姆斯·汤普逊：《中世纪经济社会史：300—1300 年（下册）》，耿淡如译，商务印书馆 1963 年版，第 421 页。

身份,甚至付出生命代价。由此,他们一旦真正展开与封建领主之间的生死之战,这种争取自由和权利的战争,势必是你死我活的斗争。所以,法国历史学家基佐深切感叹这一伟大的历史进程,并将其归为漫长的战斗过程,①不过市民阶层所代表的城市最终赢得了广泛的胜利,并获取了广泛的自由与自治权利。②

这在整个欧洲大陆都是具有重要的代表性的,这一现象尤其以法国最为典型。韦伯认为其具有"革命性的"意义。③不过,无论是意大利中北部城市公社还是法国境内的城市公社的诞生的历史多是"空白",即缺乏必要的历史记载或者严谨的历史材料。"任何城市的现存文件都不能直接、明确地证明社区成为公社的(具体)时刻。凯勒还进一步表明,通过第一次有记载的执政官出现来确定公社开始日期的做法不太可靠。"因而,"公社不是一夜之间诞生的,试图'锁定(其诞生时间)'最终似乎是徒劳的"。④所以,这部分的很多地方多只是笔者"推演"的过程,但是这一推演又并非"臆想",历来的历史学家们对这一问题还是相对比较谨慎的,但是包括基佐、皮雷纳、韦伯在内的诸多历史学家和学者也多通过一些辅助性的材料对此过程进行推演和还原。尽管通过第一次有记载的"执政官"作为城市公社诞生的时间点的处理方法有些不妥,因为这样一般是将城市公社诞生的时间延后了,"根据早期公社时期(包括热那亚、比萨、米兰和克雷莫纳)的历史叙事样本,他得出结论,12 世纪后期的作者们对公

① "一切都是为了战争,一切都含有战争的性质。"基佐:《欧洲文明史:自罗马帝国败落起到法国革命》,程洪逵、沅芷译,商务印书馆 2017 年版,第 139 页。

② 对欧洲 11 世纪后期诞生的城市公社这一创新政治共同体形式的界定,我们可以参见[英]克里斯·威克姆:《梦游进入新世界——12 世纪意大利城市公社的出现》,X. Li 译,广西师范大学出版社 2022 年版,第 14 页:"对于 12 世纪那个版本的意大利公社,这些元素可能尤其要包括:一个有自觉的城市集体,包括所有(男性)城市居民或者他们中的大部分,通常通过誓言绑定在一起;定期轮替的地方官员,由这个集体选择或者至少由其确认(通常不是通过'民主'的方法,但也绝不由国王或主教之类的上级势力来选派);以及该城市及其地方官员事实上的行为自治,包括战争和司法行为,乃至税收和立法行为——这是中世纪早期和中期的政府的基本要素。"Edward Coleman, "The Italian Communes. Recent Work and Current Trends", *Journal of Medieval History*, Vol.25, No.4(1999), p.376."(1)公社在不同地方采取各种形式;(2)因此,公社的分类或范畴是有问题的,但有两种基本类型——简单和明确;(3)公社是全新的,前所未有的;(4)公社是在经济复苏和货币流通增加的条件下出现的;(5)公社是由宣誓成立的社团创建的;(6)在主教区或伯爵地盘上建立的大公社具有贵族性质;(7)公社最初是一个私人或接近私人的组织。"

③ 马克斯·韦伯:《法律社会学·非正当性的支配》,康乐、简惠美译,广西师范大学出版社 2011 年版,第 431 页。

④ Edward Coleman, "The Italian Communes. Recent Work and Current Trends", *Journal of Medieval History*, Vol.25, No.4(1999), p.380.

社在各自城市中的形成时间确实知之甚少，甚至没有多少兴趣。直到 12 世纪末，才有系统地记录执政官和其他公共机构”。①也就是说，学术界对此能够达成基本共识的就是，伴随着欧洲中世纪城市治理体制的变迁而发生了重要的制度变迁，其前提当然就是城市逐步获得了一定的独立和自治权利，甚至表明民众已经在城市治理结构中显现出一定的力量，“如此五花八门的名称暗示，我们不应当过分看重‘执政官会议’这个术语的含义，但它无疑表明这座城市的民众集会此时已经成为一种有组织的团体，它乐于密切配合大主教行动，并且在 1097 年带有明显的贵族统治的因素，却很可能是自发的集会，而且召开得相当频繁”。②

欧洲中世纪的城市复兴以及城市公社运动的先行者当然是意大利中北部的城市共和国，而其之所以可以成功当然有重要的历史原因，包括外部因素或者背景。我们可以简单归纳：意大利中北部的城市自治传统所遭受到的外部（蛮族）的冲击是最小的；因而其封建化程度也是最小的从而大多都保留了自治传统；多处于复杂的外部政治军事干预格局之中而又没有任何一方政治势力可以顺利地获得压倒性优势，从而反而使得诸多城市获得了喘息的机会甚至能够在多方外部势力之间游刃有余；伴随着商贸活动的恢复和复兴而使得世俗政治力量崛起，从而逐步开始挑战各城市主教的世俗统治格局；基督教内部由于各方派系势力的争斗特别是主教人选的竞争使得基督教教会内部纷争不断而导致“权力真空”，从而为城市公社运动奠定了条件或者基础。③城市公社运动首先发生在米兰，而米兰的主教世俗统治危机爆发得也最早，“1050—1150 年间，在上文提到的内乱背景下（再加上许多其他的麻烦），（引者注：米兰）有五位大主教被废黜。如果想要成功地治理这座城市，就必须竭力争取广大的支持作为统治的基础”。④早先的城市公社一般都经历过反复的对外战争和城市内斗，而教俗力

---

① Edward Coleman, “The Italian Communes. Recent Work and Current Trends”, *Journal of Medieval History*, Vol.25, No.4(1999), p.392.

② 克里斯·威克姆：《梦游进入新世界——12 世纪意大利城市公社的出现》，X. Li 译，广西师范大学出版社 2022 年版，第 25 页。

③ 也有研究表明，主教也可能成为城市公社运动的支持者，朱明：《欧洲中世纪城市的结构与空间》，商务印书馆 2019 年版，第 75 页：“1037 年也是由米兰大主教行使军事权力抵抗入侵的德意志军队的。甚至后来意大利城市公社的兴起也与主教直接相关，公社多是在主教的支持下反对君主和贵族。”由此可见当时城市公社运动的政治格局的复杂性，但是也正是这种复杂的政治格局和政治关系所产生的“权力真空”，使得城市公社运动成为可能。

④ 克里斯·威克姆：《梦游进入新世界——12 世纪意大利城市公社的出现》，X. Li 译，广西师范大学出版社 2022 年版，第 20—21 页。

量的斗争以及教会内部的纷争则是其中重要的原因:“其首要起因,是 1076 年之后几十年的‘主教叙任权之争’引发的混乱。这场斗争使皇帝和教皇反目,导致意大利在 1080 年到 1090 年间陷入内战(通常包括各个城市因出现对立的主教而产生的传统领导层危机),进而在此后几十年间逐步崩溃;城市公社由此成为一种应对危机的防御性反应。”① 所以,学术界一般将城市公社诞生的时间锁定在 1070—1080 年,尽管很多学者认为想准确地锁定这一时间点徒劳的,但这从另一方面也佐证了历史材料对城市公社运动的具体过程的空白。

意大利的城市公社诞生的时间最早,而且它们之所以可以发展出城市共和国这样的政治共同体的原因在于,它们的城市公社的规模一般都比较大,这其实也反映出其城市的实力比较强大,“在 1172 年成功的顶峰时期,伦巴第联盟尽管地理面积相对较小,但包括 20 多个城市公社(civitates),按照欧洲标准,这些公社都相当大,每个公社都声称对周围领土拥有管辖权”。② 相比较而言,法国以及其他欧洲国家或者地区的所谓的城市公社的特点并不在于“城市”而在于“公社”,很多地方的城镇、村镇或者教堂区都可能爆发以自由和特定权利为诉求的公社运动。法国历史学家布罗代尔将法国的城市运动也追溯到 1070 年,“所谓的城市运动(为争取城市自主权而展开的第一次城市运动于 1070 年在勒芒进行)所达到的目的”。③ 不过,法国以及当时的神圣罗马帝国,甚至包括英格兰等地出现的新情况就是,国王往往可能会成为支持甚至推动城市公社运动的政治力量。“君主们认为公社是革命性的。1139 年,路易七世废除了兰斯公社;1182 年,这座城市获得了一份新的宪章,恢复了旧的自由,包括市民选择自己的土地的权利,但国王没有将兰斯称为‘公社’。腓力二世(1180—1223),第一位赞成公社的国王,后来只是为了削弱对手,区分了他

---

① 克里斯·威克姆:《梦游进入新世界——12 世纪意大利城市公社的出现》,X. Li 译,广西师范大学出版社 2022 年版,第 8—9 页。Kümin 的研究不仅支持了威克姆对城市公社的“无意之举”的性质,同时也佐证了城市公社创建的时刻确实“空白”。Beat Kümin, *The Communal Age in Western Europe, C. 1100—1800: Towns, Villages and Parishes in Pre-modern Society*, London: Bloomsbury Publishing, 2013, p.13:“因此,主教控制权的逐渐削弱是对具体挑战和机遇的务实反应,而不是一个改变政治制度的纲领性‘蓝图’。公社创建的实际时刻令人沮丧地难以捉摸。”

② Gianluca Raccagni, “An Exemplary Revolt of the Central Middle Ages? Echoes of the First Lombard League Across the Christian World Around the Year 1200”, Firnhaber-Baker Justine, and Dirk Schoenaers, eds., *The Routledge history handbook of medieval revolt*, London: Routledge, 2017, p.131.

③ 费尔南·布罗代尔:《法兰西的特性》,顾良、张泽乾译,商务印书馆 2020 年版,第 514 页。

的属民和他公社的市民。"[①]当然,正如本文反复强调的那样,在欧洲中世纪复杂的政治互动格局下,主教也可能成为默许甚至支持城市公社的政治力量,"在米兰,执政官和大主教并肩工作,直到12世纪初;但当大主教未能支持对科莫的战争以控制阿尔卑斯山口时,他们之间的紧张关系加剧。"[②]

四、欧洲中世纪城市获取自由与权利的过程:由战斗到算计

通过上文的论述,历史材料确实难以呈现城市公社运动过程中的精彩过程和场景。不过,它们确实最终迎来了胜利的曙光。这一历史成就的取得显然是非常艰难的,但是如果从最终的后果来看,我们不知道是否可以用"值得"来衡量,因为可能在某些经济(史)学家看来是值得的。一言以蔽之,当时的人们以巨大的代价获得自由权利,正如德国的那句谚语所言:"城市的空气使人感到自由!"(Stadtluft macht frei.)但是,谁能知晓甚至体悟这背后的巨大的社会甚至生命的代价?这是一代一代人前赴后继才能不断赢得城市自由权利的过程,不过我们确实可以由此斩钉截铁地说,欧洲文明的诸多发达之处,在很大程度源自其公元1000年以来的城市复兴与自治运动。[③]但是,令人惋惜的是,诺斯等人却对此视而不见,仿佛一切都未曾发生。而且当他们在介绍英国案例的时候,轻描淡写地提及,冲击英国精英把控的社会秩序的是内战和战争。内战与战争影响了他们所论及的精英把控的社会秩序分析框架,并且可能会影响他们的模型的稳定性。所以,他们干脆将如此重要的历史现象视若不见。

(一)领主与市民之间实施策略性妥协的条件及其最终实现

不过,可喜之处在于,一旦开了头,一旦战斗打响,市民阶层越来越能够以

---

① David M. Nicholas, *The Growth of the Medieval City: From Late Antiquity to the Early Fourteenth Century*, London; New York: Routledge, 2014, p.148.基佐对法国历史上的城镇特许状等法律文件的研究也支持了这一观点:"从此我们获悉这部法令汇编里包含的关于各城镇的法令是:国王胖子路易的有九件;路易七世的有二十三件;菲利普·奥古斯都的有七十八件;路易八世的有十件;圣·路易的有二十件;勇夫菲利普的有十五件;美男子菲利普的有四十六件;路易十世的有六件;高个子菲利普的有十二件;美男子查理的有十七件。"菲利普·奥古斯都时代的城市特许状等法律文件数量遥遥领先于其他国王时代。基佐:《法国文明史》(第4卷),沅芷、伊信译,商务印书馆1998年版,第7页。

② Christopher Duggan, *A Concise History of Italy*, Cambridge: Cambridge University Press, 2014, p.39.

③ 城市公社运动的制度价值和政治实践精神的影响至为深远:"再次强调这一点,真正特殊的特点是扩大政治参与,并出现了一种取代当时盛行的封建不平等、贵族特权和君主制的根本性替代制度。"Beat Kümin, *The Communal Age in Western Europe, C.1100—1800: Towns, Villages and Parishes in Pre-modern Society*, London: Bloomsbury Publishing, 2013, p.17.

其殷实的财富、人数的众多、意志的决绝等优势，逐步获得争取市民权利斗争的最终胜利。当然，可能个别的领主还从肉体上被消灭掉，但是领主在整体上并没有消失，他们后来甚至还实现了对城市政治活动的有力甚至有效把控。通俗地讲，市民从正门将领主赶走，但是领主后来又从后门偷偷溜了进来，并且广泛地参与到城市的统治与治理活动中去了，尤其是对其立法、行政（任命）权、司法和军事等方面可以实施广泛干预或者影响。不过，这一历史进程更大的进步意义在于，后来的诸多市镇不需要以巨大的社会代价甚至生命的代价，通过战斗的方式来赢得城市的诸多权利，领主们也都认识到"识时务者为俊杰"的道理，很快就调整了自己的互动策略。或许也是他们经过反复的互动发现，市民阶层并非要对领主们"赶尽杀绝"，[①]而只是想获得基本的人身自由权利，城市自治等独立权利，以及以特别法庭为标志的独立司法审判权。而这种相对独立的法庭也并非要剥夺领主的司法权限，而是为了他们商贸活动、市镇生活与市政管理的方便而已，"在市民阶级的思想里，根本没有把自由视为天赋权利。在他们看来，自由不过是一种很方便的事情"。[②]

城市中以商人群体、手工业群体为代表的中产阶级不仅尊重领主的诸多惯习意义上的权利，例如适当的、合理的税赋，立法权限等，甚至只将自己的雄心限定在城市范畴内，也即他们并无"气吞万里山河"的雄心壮志。而城市商贸经济体对传统庄园制的封建经济体中的农奴的吸引实际上也都客观存在，但是他们并非大张旗鼓地要争取获得劳动力的"权利"。所以，无论是在原先的权利运动甚至战斗之中，还是在后来的城市自治运动的后进者那里，以城市的财富"赎买"城市的自治权利与市民的自由权利，则越来越多地成为人们普遍的做法。战斗已经变得越来越无必要了，所以汤普逊将城市市民阶层态度归为"如果可能的话以和平的手段争取，必要的话就使用暴力争取"。[③]而从领主的角度来看，他们并非简单地将自己原有的城市所有权、管辖权、征税权等拱手相让，而是能够以金钱财富等方式获得相应的补偿。并且，如上文所述，如果领主自己辖区内或者附近有比较成型的商贸市场或者市镇存在，这将对

---

①② 亨利·皮朗：《中世纪欧洲经济社会史》，乐文译，上海人民出版社 2001 年版，第 48 页。"市民阶级本身对这个社会远没有采取革命的态度。他们认为地方诸侯的权威、贵族的特权尤其是教会的特权都是当然的。"

③ 詹姆斯·汤普逊：《中世纪经济社会史：300—1300 年（下册）》，耿淡如译，商务印书馆 1963 年版，第 425 页。

其有着诸多的便利和好处。所以，双方以和平谈判的方式结束争端，便成为越来越普遍的做法。“然而，大多数公社是和平的。1066 年，列日主教将帝国第一个幸存的公社交给了休伊。特许状首次在帝国中使用‘公民’一词，并在‘豁免权’或‘选举权’的意义上使用‘自由’。它使休伊成为一个享有特权的地区，在那里，犯下罪行或严重伤害的人可以不必担心私人报复，条件是他通过向受害者或其家人提供赔偿并在法庭上作出裁决来接受正义。特许状没有改变农奴居民的地位。”①

（二）作为调解者的国王“助力”市民自由与自治权利的实现

当然，在两者争端处理过程中，作为第三方调解者的国王经常被引入争端调解之中。而在欧陆，原先的国王是一个非常虚弱的存在。大大小小的领主的领地内发生势如破竹般的城市自治运动之后，其对领主造成了巨大的冲击。不过，国王作为中世纪欧洲的一个重要政治存在，其实力可以以“成事不足败事有余”来概括。即虽然由于大大小小的贵族的各种限制和约束，国王可能难以做成什么大事，而且所谓的“封建制”在实质意义上就是封建领主能够形成对国王的诸多掣肘：“即使原则上存在着最高主权，实际上它已经归于消灭了。封建制度不过意味着公共权力分散于代理人的手中。”②但是，国王还是可以在诸多复杂的封建制社会关系中游刃有余地实施政治操控。所以，在欧陆，当各地的国王们作为仲裁者被邀请介入城市与领主之间争端的过程时，他们的“私心”实际上会帮助城市。因为，就政治互动结构而言，各地存在的大大小小的领主是国王实现政治理想和抱负的巨大障碍。“国王与城市也通过特许状而产生了关联，法国国王也被称作‘公社之父’。国王通过为城市颁布特许状获得市民的信任，并且也为其与领主斗争争取到了同盟军。”③

由此可见，特别是从结果角度来看，国王实际上多偏向于怂恿领主不断给属下的城市让渡自治权利与市民自由权利，④而城市则有效承诺以其财力作

---

① David M. Nicholas, *The Growth of The Medieval City*: *From Late Antiquity to The Early Fourteenth Century*, London; New York: Routledge, 2014, p.149.

② 亨利·皮朗：《中世纪欧洲经济社会史》，乐文译，上海人民出版社 2001 年版，第 6 页。亨利·皮雷纳：《中世纪的城市》，陈国樑译，商务印书馆 2006 年版，第 114 页。

③ 朱明：《欧洲中世纪城市的结构与空间》，商务印书馆 2019 年版，第 101 页。

④ 韦伯考证道：“国王之所以授予城市特别的司法权，是为了拉拢它们一起对付封建贵族，因此，若就此而言，城市亦可说是封建时期典型斗争下的受益者。”马克斯·韦伯：《法律社会学·非正当性的支配》，康乐、简惠美译，广西师范大学出版社 2011 年版，第 485 页。

为税赋保障，为其领主获得相应的经济补偿并承担起相应的、持续的封建义务（主要是各种税赋和金钱上的好处）。[①]而领主本身也多是“耗不起”的，而各领主之间相互支持、相互帮扶甚至结成联盟的可能性又很小，因为如此便难维持“封建制”的格局了。所以，各地领主，尤其是教会领主最终都纷纷向城市让渡了相应的权利。而教会领主妥协、让步的便利之处就在于，他们可以通过更换主教的方式比较顺利地实现之。

（三）封建领主由被动赋予城市特权到主动建城

形势的进一步惊人地发展之处在于，很多国王甚至一些领主开始主动地推动“城市化”运动了，其原因主要在于经济利益的算计与政治权力平衡的需要，“我们如此认为应该是正确的，中世纪后期超过一半的城镇是由封建领主建立的，他们之所以参与这个进程，是因为他们可从中获利”。[②]现在的很多最新的研究表明，欧洲 11 世纪以来的很多城市是原发性的。但是，12 世纪以后，尤其是 13 世纪建成或者发展起来的城市多是领主，特别是国王主动推动甚至规划、设计和筹建的，因为历史留下了城市规划和建城的文字记录，而且从城市平整的街区和街道也可以看出其中人为设计的痕迹（例如街区多按几何形来设计等）。[③]他们之所以迈出如此重要一步的主要原因依然是经济算计。这当然就比较符合诺斯等人的分析框架了，而封建领主特别是国王主动建城现象在英国表现得最为典型，其后来也成为欧陆城市发展的重要现象。其经济算计之处在于，领主们通过规划和筹建新城，[④]可以为他们提供源源不断、征收便利的税赋和财源，而且也可以为其提供诸多方面的便利和好处。封

---

① 各地方的城市公社为了能够获得生存甚至为了赢得一定的“喘息”的机会，会通过各种途径寻求更高层级的领主直至国王来对其进行“庇护”，但是其所寻求的庇护当然是有代价的，这代价往往是被他们引入的大领主或者国王对城市事务的干预以至于最终形成支配，最终依然沦为大领主或国王的行政隶属区域。“当一个自治城市需要控告它从他那里争取到特权的那个领主时，它总要到大封建主那里去寻求匡正和保护。这条原则使大多数自治城镇都去要求国王或大封建主出面干涉，于是国王和大封建主自然地着手干预它们的事务，并取得对它们的某种保护权时，而自治城镇的独立或迟或早要遭受这种保护权的损害。”基佐：《法国文明史》（第 4 卷），沅芷、伊信译，商务印书馆 1998 年版，第 60 页。

② Norman Pounds, *The Medieval City*, New York: Greenwood Press, 2005, p.9.

③ 詹姆斯·汤普逊：《中世纪经济社会史：300—1300 年（下册）》，耿淡如译，商务印书馆 1963 年版，第 428 页。

④ 韦伯将自发形成的自治城市称为“原始形成”的城市，而将被设计而成为的城市称为“继承形成”的城市。马克斯·韦伯：《法律社会学·非正当性的支配》，康乐、简惠美译，广西师范大学出版社 2011 年版，第 450 页。

建制下实物地租是相对固定的，而且收缴起来也很不方便，而城市中的税赋不仅来得更为稳定，而且可以不断地壮大领主经济和政治实力。

以领主作为主导者实施主动建城的行动，后来也变得“一发而不可收拾”了。或许，这也正是因为领主们不断识破城市市民阶层的可规训的一面的结果，只要在限定范围内给予他们自由生产、经商、贸易等活动的自由，他们宁愿以巨额的财富予以疏通甚至回报，甚至到后来也不再珍惜他们来之不易的自治和民主权利。一切以经营获利为上，只要不干扰他们正常的自由生产、经商与营利活动即可。当然，很多国王与贵族主动建城的一个重要原因还在于，他们经受不住城市对其管辖下的农奴的巨大吸引。当城市变得日益兴旺发达之后，附近领主解放农奴的自发行为就不断发生，因为与其被动失去封建权利，还不如变通形式，以主动建城的方式将原先的农奴作为新城的手工业、商贸易的市民而置于自己新的管制之下，这样做还可以保证他们不再逃亡外地，他们甚至还可以以税赋、租金等方式源源不断地供奉领主。所以，在一定程度上而言，有学者将封建领主和国王主动赋予城市特许状，甚至在自己的行政辖区内主动建立新城的举动视为“再封建化”的过程，“从 11—12 世纪开始，作为封建化的手段之一，领主开始建造新城”。①

五、小　结

其实，不论封建领主和国王如何算计，他们最终确实赋予了城市以自治权，而城市又不同程度地赋予市民以自由权利，并且在不同程度上给予程度不同的自由、自治、独立的权利。②他们在很大程度上是经过激烈的争斗之后方

---

① 朱明：《欧洲中世纪城市的结构与空间》，商务印书馆 2019 年版，第 51 页。

② 原先的封建领主（主教、世俗贵族、国王等）赋予自治城市和城镇独立自主权利，在法律和商业层面确实是比较真实和实在的，但是由于自治城市与外部封建领主以及教皇教会之间的互动博弈关系依然持续，同时城市内部也存在着政治社会分层，所以在城市内部能够真实获得充分自由权利的人数显然是有限的，多集中于城市公社的宣誓同盟者，贵族以及工商业新贵，以及后来的各大行会的会员如店铺老板和工匠等。上文提到，城市特许状并没有改变农奴的地位。但是，如此完全否认市民的政治力量和影响，则又是走向另外一个极端，因为由于城市经常处于内外征战情境之中，作为战士随时待命的普通市民在政治甚至行政领域显然是拥有程度不同的影响力的。“可以肯定的是，完全参与公民身份越来越受到限制和监管。但同样随着各公社的扩张，公民团体也大幅增加，规模也达到了顶峰……这就产生了比法国大革命前任何已知政权都更广泛的选举权、更广泛的民主基础和更广泛的参与、政治行动和教育。”Beat Kümin, *The Communal Age in Western Europe, C. 1100—1800: Towns, Villages and Parishes in Pre-modern Society*, London: Bloomsbury Publishing, 2013, p.18.

才实现各取所需，甚至变得相安无事。尽管其背后有着无数的悲惨的故事，不过，从公元 1000 年开始的数个世纪中，城市作为封建制度下的“特例”，确实享有比较充分的自由权利甚至自治权利，尽管很多学者将其归为“特权”而非普遍的公民权。①不过，谁能否认其作为开放竞争的自由权利的性质呢？或者最起码是欧洲人（一定程度上也应该包括英伦三岛在内）推动自由开放秩序的努力，而且在相当长的一段历史时期内、在整个欧洲各地都不同程度地享有相对于整体封建秩序下的自由竞争的开放秩序。现在也有很多学者的研究表明，所谓欧洲中世纪的城市公社的自由和自治是被高估和夸大了，它们属于 19 世纪资产阶级革命派史学家创作的特定时代产物。“到了 12 世纪中期，一个与之竞争的权力基础以‘人民’的形式出现，与其说是‘人民’，不如说是中等水平的工匠和商人联手增强自己的影响力。”②但是，在欧洲中世纪的公社中的“人民”话语逐步凸显，尽管其有“名实不符”的情况，但是这些新近崛起的中等水平的“新贵”或者中等精英逐步借助人民话语进而挑战原先旧贵族和旧精英对政治和经济权利的把持而展开政治参与活动，③并推动更大范围的市民政治参与活动，其确实符合有限权利开放秩序的基本要求。在此我们可以更为深刻地认识到，诺斯等人的分析框架与案例选择存在一定的失误。不过，正如笔者上文所详细分析的那样，他们或许不得不如此做，因为这一历史现象对他们整个分析框架会起到比较大的冲击效应，甚至会消解他们的分析框架中诸多重要的论点。而在此基础上，我们又对权利开放秩序理论有进一步的批判与纠正，即斗争或者抗争之后，在精英妥协、共谋甚至合作的基础上形成的城市秩序虽然成就一时，但终究付出巨大的代价，那就是精英能够深入操控城市政治与经济各领域。而与此同时，城市平民却不断陷入经济上被剥削、生活上贫

① 亨利·皮雷纳：《中世纪的城市》，陈国樑译，商务印书馆 2006 年版，第 83 页。“商人看来不仅是自由人而且是享有特权的人。像教士和贵族一样，他们享有特别法，摆脱了仍然压在农民身上的领地权力和领主权力。”

② Beat Kümin, *The Communal Age in Western Europe, C. 1100—1800: Towns, Villages and Parishes in Pre-modern Society*, London: Bloomsbury Publishing, 2013, p.18.

③ Gianluca Raccagni 系统地论证伦巴第联盟首次联合，以抵制德意志帝国皇帝红胡子腓特烈一世（约 1122 年—1190 年 6 月 10 日，即“巴巴罗萨”），其实际上是作为意大利北部自治城市联合起来抵制甚至反抗封建专制统治的壮举，其本身就具有反对专制的反叛精神。Gianluca Raccagni, “An Exemplary Revolt of the Central Middle Ages? Echoes of the First Lombard League Across the Christian World Around the Year 1200”, Firnhaber-Baker Justine, and Dirk Schoenaers, eds., *The Routledge History Handbook of Medieval Revolt*, London; New York: Routledge, 2017, pp.144-166.

穷、斗争意志丧失等窘境，被誉为中世纪封建秩序下的“奇葩”的城市终归于平淡无奇，最终被民族-国家这一新的政治秩序所“收编”和取代。①

Urban Movement and Order in Medieval Europe: From Urban Revolution to Elites Scheme

—It also Corrects North's Theory of Open Access Order

Abstract: The theory of open access order put forward by North and others overemphasizes elitism and harmonism, but also ignores the historical significance of civic freedom and autonomy rights order of European cities in the middle ages. Through analyzing the demand, appeal and struggle process of urban citizens' rights appeal movement in the middle ages, we can have a deeper understanding of the social power of the medieval urban autonomy movement. The compromise, planning and even cooperation of the elites resulted from the feudal lords' initiative to build towns and other more utilitarian schemes, thus forming and consolidating the order of urban freedom and autonomy. However, the open access order, which was still in its embryonic form, eventually fell into the political and economic exploitation and control of elites, and was finally "incorporated" by the nation-state order.

Key words: Urban Order; Urban Movement; North; Open Access Order; Elite Politics

作者简介：陈兆旺，上海师范大学哲学与法政学院副教授。

① 查尔斯·蒂利：《强制、资本和欧洲国家：公元990—1992年》，魏洪钟译，上海人民出版社2007年版。

往昔家园今何在?
——菲利普·罗斯的纽瓦克城市书写①

苏　鑫

摘　要:美国犹太作家菲利普·罗斯笔下新泽西州的纽瓦克是作家挥之不去的故乡,他笔下的人物以叛逆者的姿态离开纽瓦克,却发现离开的和再也回不去的才是最不舍的“犹太圣殿”。本文将罗斯的纽瓦克城市书写置放于犹太民族流散历史和美国多元文化视野中,梳理其审美表达方式的嬗变,展现纽瓦克作为美国犹太人家园的生成与失落,揭示在犹太民族历史和美国城市化进程中纽瓦克之于美国犹太人身份认知的核心地位,凸显纽瓦克作为美国犹太人民族志的地理和历史意义。

关键词:菲利普·罗斯　纽瓦克　家园　犹太圣殿

美国犹太作家菲利普·罗斯(Philip Roth, 1933—2018)的小说中经常出现他生长、生活过的新泽西州的纽瓦克(Newark)。罗斯17岁去上大学之后便离开了纽瓦克,但他的每一部作品几乎都与纽瓦克有关。罗斯的纽瓦克城市书写贯穿了他的整个创作,构成了清晰的写作线索。以色列犹太作家阿佩菲尔德(Aharon Appelfeld)指出:“罗斯有一个精神故乡,它的根在犹太的纽瓦克……罗斯对其根源的挚爱使其想象飞扬,取得了小说家的成功。”②罗斯从

① 本文为山东省社会科学规划项目“当代美国犹太小说以色列书写研究”(22CWWJ02)阶段性成果;受山东省高校青创科技计划“多语种语言文化翻译与研究创新团队”(2019RWC004)和临沂大学“多语种外国文学翻译与研究创新团队”的经费资助。

② Aharon Appelfeld, “The Artist as a Jewish Writer,” *Reading Philip Roth*, New York: Macmillan Press Ltd., 1988, pp.13-16.

自发到自觉地去书写故乡纽瓦克，对犹太传统进行美国本土化改造，建构起他独特的美国犹太民族的多元文化身份。

纽瓦克是港口城市，字面意思有"新方舟"(New Ark)，"新工作"(New Work)之意，是移民的安身之地。纽瓦克先后形成了很多少数族裔社区，犹太社区(Jewish Community)是最著名的一个。纽瓦克1967年发生城市种族暴动(Newark riots)①以及之后面临的恢复困境，使它被评为地球上最不受欢迎、最不友善的城市。②纽瓦克其他几位犹太裔文化名人如菲德勒(Leslie Fiedler)、金斯伯格(Allen Ginsberg)对故乡或愤怒不已或缄口不语，"只有罗斯好像和他那与纽约一河之隔的出生地紧密地联系在一起"。③不管是出于爱还是恨，不管是出于记忆还是希望，"罗斯乐意描绘他的故乡"。④罗斯以怀旧色彩的笔调，赋予纽瓦克浓郁的地方感和文化意义，实现了纽瓦克地理的文化增殖，使城市的物质地貌成为了文学景观。

一、发现纽瓦克

菲德勒认为生活在纽瓦克就是"生活在它的单调里……这里是文明的空白"。⑤但罗斯却发现了纽瓦克，"当我跳出来模仿那些个性十足的亲戚们时，发现他们不仅是用来娱乐的，还很有趣，他们促使我去更多地讲述我所来自的地方"。⑥罗斯讲述犹太人故事的同时，赋予纽瓦克以历史感和人文性，为纽瓦克谱写了"城市志"和美国的"编年史"。

文学地理学家迈克·克朗(Mike Crang)指出，"文学作品不能被视为地理景观的简单描述，许多时候是文学作品帮助塑造了这些景观"。⑦纽瓦克在美

---

① 1967年7月纽瓦克警察在市内逮捕了一名黑人出租车司机，引发了一场严重的政治危机。大批黑人迅速聚集，表示抗议。黑人群众同军警交战四天四夜，黑人中有22人被打死，2 000人被打伤，1 600多人被逮捕，军警中3人被打死，50多人受伤。

② 根据英国《每日电讯报》报道美国旅游杂志评出全球十大最不友善城市，纽瓦克排名第一——地球上最不受欢迎的城市。

③ Sanford Pinsker, "The Comedy That 'Hoits'", *The Fiction of Philip Roth*, Columbia: University of Missouri Press. 1975, p.1.

④ Jay Halio, *Philip Roth Revisited*, Boston: Twayne Publishers, 1992, p.1.

⑤ Leslie Fiedler, "The Image of Newark and the Indignities of Love: Notes on Philip Roth", *Critical Essays on Philip Roth*, Boston: G.K. Hall, 1982, p.24.

⑥ Philip Roth, *The Facts: A Novelist's Autobiography*, New York: Farrar, Straus and Giroux, 1988, p.59.

⑦ 迈克·克朗:《文化地理学》，杨淑华、宋慧敏译，南京大学出版社2005年版，第55页。

国城市暴动中被破坏，但罗斯重塑了纽瓦克，使其成为可供阅读和记忆的文化景观。罗斯在他的成名小说集《再见，哥伦布》(*Goodbye Columbus*, 1959)中以纽瓦克为背景，讲述了纽瓦克犹太社区的分化，主人公犹太青年尼尔与舅舅一家生活在纽瓦克的旧城区，而女友布兰达一家凭借着经营厨房用具发家致富，搬离了纽瓦克。

罗斯细致地绘制了纽瓦克的城市地图，复原了纽瓦克的标志性建筑物，透露出对纽瓦克地方的依恋。人文地理学家段义孚(Yi-Fu Tuan)认为"地方感"(sense of place)是指人与地方之间经过文化与社会内涵改造的特殊的人地关系，提出"恋地情结"(topophilia)来指人类与物质环境的情感纽带，地方在人的体验中不断被赋予情感和价值，成为了人类自我的有机组成部分。①对美国犹太人来说，纽瓦克不仅是地理景观，还是保存犹太民族在美国生活的记忆库："我坐在公园里，感到自己对纽瓦克了如指掌，我对他的依恋如此之深，以致这种感情不能不发展成为热爱。"②在尼尔眼中，纽瓦克安全、安静，火车和街道干净，他熟悉这里的一切，公园、博物馆、图书馆、学校、百货商店和街道。

菲德勒评价道："在罗斯的作品中能找到纽瓦克的记忆，纽瓦克终于发现了自己的'桂冠诗人'，像这座城市一样庸俗、怪里怪气、敏感、忧郁以及肮脏。"③从这略带批评和鄙视口吻的点评里可见，20世纪五六十年代的纽瓦克庸俗、肮脏。菲德勒与罗斯两人同为犹太裔同为纽瓦克人，之所以产生差异性的评价和他们两人的立场是有关的，菲德勒作为后现代文学评论家，他站在美国现代化和城市化进程中，看到的是纽瓦克实体空间的衰落和破败，但作为文学家的罗斯看到的却是地理空间所负载的人文价值，生活在纽瓦克犹太人的城市记忆和家园依恋。罗斯并非忽视纽瓦克的社会现实，而是用文学的笔调记录甚至是预言了纽瓦克所面临的问题和危机。

小说不仅描写了犹太族群在纽瓦克的生活，还以平视的眼光审视这座城市中的其他弱小文化族群的生存状况，小说的氛围更加宽容和温暖。小说贯穿着一条黑人男孩进图书馆看书的线索，题名"再见，哥伦布"就出现于此。黑

---

① Yifu Tuan, *Topophilia: A Study of Environmental Perception, Attitudes, and Values*, Upper Saddle River: Prentice Hall, Inc, 1974, p.93.

② 菲利普·罗斯：《再见，哥伦布》，俞理明译，上海译文出版社2012年版，第21页。

③ Leslie Fiedler, "The Image of Newark and the Indignities of Love: Notes on Philip Roth", *Critical Essays on Philip Roth*, Boston: G.K. Hall, 1982, p.23.

人男孩进入图书馆，管理员非常不放心，但黑人男孩浑然不觉，黑人男孩虽然不懂却贪婪地欣赏高更[①]大溪地的绘画作品。为何黑人男孩会喜欢高更的绘画？高更大溪地绘画系列围绕着大溪地皮肤偏黑的土著人，同样的肤色是吸引黑人男孩的重要原因。男孩问尼尔："这个画家是黑人还是白人？……这就是他妈的生活。"[②]男孩之所以不把画册借回家是怕家人把书弄坏，可见黑人男孩的喜欢和珍爱。但书终究还是被借走了，尼尔想象着男孩找不到高更画册时的失望，甚至在梦中仍在焦虑："再见，哥伦布……再见吧，哥伦布……再见，我和那个黑人孩子谁也不愿走，但船在移动着，我们一筹莫展，他对我吼叫着，说这是我的过错；我也厉声斥责他，说这是因为他没有借书证的缘故。"[③]

小说试图用慈悲温情的浪漫主义感情去保护爱看高更画册的黑人男孩，却无法抵抗纠结着族裔矛盾和暴力犯罪的现实，黑人的文化诉求根本无从谈起。美国黑人从南方涌向北方，从农村涌入城市，他们进入纽瓦克，但生活却极度贫穷，"他肯定就住在这种四壁剥落的陋室里。从屋里接踵跑出狗、小孩和带围裙的女人"。纽瓦克变得不稳定，"他们(黑人)把大啤酒瓶扔向草坪，想接管城市"。黑人少年犯罪在纽瓦克盛行，图书馆门前的水泥小狮子的爪子已被全部挖掉，"随少年罪犯去旅行了"，这也是男孩去图书馆时被怀疑的原因，黑人男孩成为被怀疑的潜在破坏分子。"黑人事实上正沿着犹太人的足迹进行着同样的迁移……继黑人之后将是谁呢？谁要被遗留在这里呢？没有人了。"[④]虽然略带悲观，却道出了纽瓦克严峻的社会现实。

文学与现实产生了强烈的反差，小说在现实中反转，阅读高更画册的黑人男孩成为 1967 年城市暴动的受害者。当年一期《生活》(*Life*)杂志封面刊登的照片与小说发生了互文性的联系，封面照片是 12 岁的黑人男孩乔·拜斯(Joe Bass)趴在纽瓦克大街上，脸埋在地上，他的左臂扭曲成一个令人痛苦的尴尬姿势。男孩刚刚被警察开枪打死，他周围的街道上满是血迹。[⑤]

---

① 高更(Paul Gauguin，1848—1903)，法国后印象派画家、雕塑家，对南太平洋热带岛屿的风土人情极为痴迷，后期专注于描绘大溪地土著人的原始生活。

② 菲利普·罗斯：《再见，哥伦布》，俞理明译，上海译文出版社 2012 年版，第 54 页。

③ 同上，第 67 页。

④ 同上，第 28—84 页。

⑤ Brad Tuttle, *How Newark Became Newark: The Rise, Fall and Rebirth of an American City*, New Brunswick: Rutgers University Press, 2009, p.168.

二、追忆往昔家园

犹太人离开纽瓦克给了罗斯一生写作的主题，包括纽瓦克少数族裔、阶级和种族扩散。“我发现这些地方是我孩提时就非常熟悉的——这座城市、这所高中、这周围地区——突然深深地冲击着我，像缪斯赋予我的礼物。”[①]“60 年代的暴动实际上结束了这座城市真正的生命……多年后我开始返回。一个人走在街上变得很危险，我和别人一起，我被毁坏催眠了……我为自己一生的变化而困惑，试图去描述它；我只是想复活他的不同阶段。”(《我嫁给了共产党人》，*I Married a Communist*，1998)在《波特诺伊的怨诉》(*Portnoy's Complaint*，1969)、《遗产》(*Patrimony：A True Story*，1991)中罗斯试图再现 20 世纪 40—60 年代之间纽瓦克犹太人的往昔家园，那是“纽瓦克的黄金时代”。[②]

犹太家庭是犹太人生活最为重要的空间形式，不仅是生活的场所，而且是宗教仪式、文化传承、子女教育的重要文化空间。在《波特诺伊的怨诉》中波特诺伊一家与海米大伯一家住在一栋两层房子里。母亲无处不在地盯着波特诺伊，激起了他的反叛，他每天清晨把自己反锁在厕所里手淫。“每天早上醒来，我会花大半天的时间把自己锁在卫生间里，对准小便池开炮，或者是射入脏衣篮的一堆衣服里。有的时候，我还会站在掉下来的抽屉上，这样就可以从镜子里看到它喷出来，再溅到镜子上的样子。”[③]妈妈在门外焦虑地大喊大叫，怀疑他偷吃了不符合犹太食物要求的炸薯条而吃坏了肚子。波特诺伊的手淫与其说是为了满足性的欲望，不如说是维护他最后一道私密的防线。“家”本应该代表幸福、安全、宁静和完整的意义，但在波特诺伊看来却只有不幸、压抑、纷争和破碎，传统犹太家庭在美国社会环境下和时代氛围中势必要发生变革。

与封闭的家庭空间不同，犹太浴室等成年人的社交空间对波特诺伊产生了巨大的吸引力。小波特诺伊和父亲每个月都会去犹太蒸汽浴室。小波特诺伊略带忧伤地试图理解父亲的世界，理解犹太人的世界。在犹太蒸汽浴室，“仿佛回到了史前时代，所有的犹太男子都在这间蒸汽室的角落……就好像他们已经乘着时光机回到了某个时代，以某支犹太动物群的身份存在着，哦咿、

---

① George Searles, *Conversations with Philip Roth*, Jackson: Mississippi University Press, 1992, p.102.

② Michael Kimmage, *In History's Grip: Philip Roth's Newark Trilogy*, Palo Alto: Stanford University Press, 2012, p.33.

③ 菲利普·罗斯:《波特诺伊的怨诉》，邹海仑译，书林出版有限公司 2012 年版，第 17—18 页。

哦咿(oy,意第绪语,表疼痛或沮丧等情绪的感叹词)是他们唯一的语言……”,犹太传统跨越了千年时光在美国纽瓦克得到了传承和呼应。

纽瓦克街头巷尾的体育比赛则复原了昔日故乡的勃勃生机,激发了波特诺伊对纽瓦克的家园情感。纽瓦克的垒球比赛充满了欢乐,参加比赛的都是在纽瓦克西区长大的犹太人,有牙医、有肉贩子、有水管工、有杂货店老板,有俄国犹太人,有德国犹太人,“是一帮可爱的家伙”。他们喋喋不休,几个街区之外还能听到他们的喧哗声,这颠覆了犹太人柔弱温和的刻板形象,展现了美国犹太人是健康、充满力量和幽默的。“呼吸着从外野手手套散发出来、带着酸腐的春日芬芳——汗味、皮革味、凡士林油味……除了这个地方,还有哪里是我的归宿。”垒球比赛出现的时机是波特诺伊人生第一次离开纽瓦克飞赴以色列朝圣的飞机上,整个以色列朝圣之旅变成了一场对纽瓦克的回忆之旅,纽瓦克街头的垒球比赛变成了以色列旅程的复调散文。纽瓦克是犹太人在美国新的家园、天堂、耶路撒冷!波特诺伊想道:“我是如此满心期待着自己成为一个犹太男人!一辈子在(纽瓦克)威夸伊克区里?”他甚至想象着自己在纽瓦克的日后生活,结婚生子。①

《波特诺伊的怨诉》从纽瓦克出生的孩子视角追忆往昔故乡,《遗产》是犹太中年人诉说老年犹太父亲在纽瓦克勤劳的一生,两部作品构成了有趣的“反生活”对照,补全了纽瓦克的全景图,即:纽瓦克不仅是犹太儿子的忧郁抒情诗,还是犹太父辈生存创业的实战场。

记忆需要不断被构建,而城市空间具有储存记忆的功能,能够记录随时间流逝的记忆。《遗产》中的罗斯构建了父亲以及祖父一百年左右的历史,确认纽瓦克昔日家园的根基。父亲是纽瓦克黄金时代的缔造者,父亲在纽约大都会人寿保险公司工作,他每天晚上挨家挨户到纽瓦克贫民区敲开黑人家门收几分钱的保险费。对父亲来说,纽瓦克就是他所铭记的圣经,“是他的申命记,就是他的以色列史”,“他是歌颂纽瓦克的诗人”。②罗斯从父亲的身上得到警示:历史不能被忘记!“契约、遗产正是罗斯从美国犹太人一百多年历史中继承来的”,③罗斯需要铭记的是“他教给我本族语。他就是本族语,没有诗意,富

---

① 菲利普·罗斯:《波特诺伊的怨诉》,邹海仑译,书林出版有限公司2012年版,第234—245页。

② 菲利普·罗斯:《遗产》,彭伦译,上海译文出版社2006年版,第157页。

③ Alan Cooper, *Philip Roth and the Jews*, Albany: State University of New York Press, 1996, p.251.

有表现力，直截了当，既具有本族语一切显著的局限，也具有一切的持久力”。①

小说中写到祖父山德尔 1897 年来到美国，而小罗斯对山德尔的记忆是“遥远而神秘的。他整天抽烟，只操意第绪语，并不太喜欢逗我们这些在美国出生的孙子玩……他家从不浪费一分钱，每星期单独留出一毛钱让他到理发店为安息日剃须……”。剃须用的杯子上铭刻着 1912 年的字样，彰显着这个家族的历史。“在纽瓦克我们普通、狭小的洗手间里，它对于我来说，就是一只揭示希腊人神秘起源的希腊花瓶”，②这是一个历史性的时刻，从此罗斯家族与纽瓦克结下了缘，扎下了根。

但是纽瓦克往昔家园注定忧伤甚至是残酷地逝去，老赫曼在纽瓦克大白天遭遇了十多岁黑人孩子的手枪打劫，这本是很危险的事件，但赫曼却轻描淡写地转述给儿子，透露出犹太人的幽默和老父亲的勤俭、善良。黑人孩子威胁老赫曼把钱包给他，赫曼让黑人孩子把钱拿走后把钱包还给他，隔着马路还叮嘱了一句“你可别拿着去赌钱啊”。③

三、永远的“犹太圣殿”

犹太民族在地理空间上不断漂泊，犹太文学中的“家园空间可视为犹太民族一种追根溯源的虚构，一种追缅失落之本的旧情怀”。④犹太民族在大卫和所罗门的强盛时期曾经有过地理的、物质性的依赖，建造了属于犹太民族的圣殿(Jewish Temple)，而圣殿被毁之后开始了大流散，流散中的犹太民族总是期盼有朝一日能够重回圣地、重建圣地。

罗斯的纽瓦克如同美国犹太人的犹太圣殿，虽然已经被毁，但引发了他对自我身份的思考，如何处置犹太身份与美国身份、美国流散地与欧洲的关系等。罗斯在 80 年代的祖克曼系列作品中表达了对失落的纽瓦克的反思，主要包括《被释放的祖克曼》(*Unbanded Zukerman*, 1981)、《解剖课》(*The Anatomy Lesson*, 1983)和《反生活》(*The Counterlife*, 1986)，这些作品都是在 1967 年暴动之后的十年里写成的，抑或愤怒抑或释然抑或理性，最终与已经失去的纽瓦克告别。

---

① 菲利普·罗斯：《遗产》，彭伦译，上海译文出版社 2006 年版，第 149 页。
② 同上，第 16 页。
③ 同上，第 100 页。
④ 陆扬：《空间理论与文学空间》，《外国文学研究》2004 年第 4 期，第 36 页。

《被释放的祖克曼》中写道："纽瓦克……纽瓦克是什么，是黑鬼佩着刀！……纽瓦克早就破产了！纽瓦克是一片废墟！……是第二个衰亡的罗马，这里的人都是一群野蛮人！"[①]祖克曼成名之后离开了纽瓦克，居住在纽约曼哈顿东区，母亲的去世成为一种隐喻，祖克曼与纽瓦克已经没有了任何联系。没有了家庭和公共关系的联系，在某种意义上，祖克曼已经完全"被释放"了，正是这本书的题解。在小说的结尾，祖克曼回忆着在纽瓦克居住的房子，让司机一路穿过他熟悉的街道公园、溜冰湖、受割礼的医院，而司机却带着武器，"这是他再进这个城市的唯一方法"。祖克曼的老房子已经变成了贫民窟，窗户被木板封住，门不见了，走道无人清扫，垃圾遍布，过道里丢失的灯暗示着，祖克曼必然要与过去分离，没有家乡的灯光来指引。犹太人的纽瓦克，他童年的故乡已经不复存在，取而代之的是衰败的非裔美国人社区。黑人青年问他"你是谁?"，祖克曼回答"谁都不是"。他向自己坦白道"你不再是任何男人的儿子，你不再是某个好女人的丈夫，你不再是你弟弟的哥哥，你也不再有故乡"。[②]祖克曼永远不能回家，永远也回不了家了，他的过去已经完全失去了，祖克曼与他所来自的犹太社区、犹太文化具有了象征性和实质性的疏离。

纽瓦克不仅是美国的纽瓦克，是和整个犹太民族的历史紧密结合在一起的。《解剖课》中病痛折磨的祖克曼已经失去了他的创作主题，失去了写作的源泉，"他的出生地早已因一场种族战争而化为焦土"，"最激烈的犹太人争斗是和阿拉伯国家之间的争端；在这里，一切都已结束了，哈德逊河新泽西一侧，他的约旦河西岸，如今已被外族占领……没有了父亲，没有了母亲，没有了家乡，他也不再是一个小说家"。[③]从地缘政治的角度看，罗斯把纽瓦克导入了全球化语境之中，犹太人的犹太性被包含在以色列与阿拉伯邻国之间的冲突中，即纽瓦克是美国的纽瓦克，是美国犹太人的纽瓦克，必然包含在全球化的犹太人冲突中，这在美国种族紧张的现实中具有更为特别的意义。

同时，纽瓦克的犹太人是个性化的产物，他们与形而上学的犹太性有着复杂的关系，他们是犹太民族多样性历史的一部分。《反生活》中祖克曼的弟弟亨利放弃了美国新泽西牙医的优越生活，回到以色列重新寻找犹太身份，祖克曼告诫弟弟："纽瓦克厨房的餐桌恰好是你记起犹太意识的源泉……纽瓦克厨

---

① 菲利普·罗斯：《被释放了的祖克曼》，郭国良译，上海译文出版社 2013 年版，第 179—180 页。

② 同上，第 251—254 页。

③ 菲利普·罗斯：《解剖课》，郭国良、高思飞译，上海译文出版社 2019 年版，第 35—36 页。

房的桌子正好是你作为犹太人的回忆,亨利——这才是伴随我们长大的环境。这是父亲。”[1]罗斯强调纽瓦克在美国犹太人身份形成中的重要地位,纽瓦克继承了来自欧洲的犹太隔托的味道,同时摆脱了以色列的现实纷争,具有自身的独立意义,即使已经消失在历史的长河中,成为历史记忆,但也完全可以和被认为是犹太民族身份本质来源的以色列并列,成为美国犹太人身份确认的来源。这样的历史与现实的交汇、各种时空的并置、各种思想的碰撞和发声,恰恰又是犹太文化的悖论性特征。

罗斯将纽瓦克与纽约曼哈顿也作了一个比较,纽瓦克在富足的美国背景下的没落,暴露了美国城市化进程中族裔冲突的尖锐。《夏洛克行动》(*Operation of Shylock*, 1993)结尾部分展示了纽瓦克的细节,景色是曼哈顿的犹太熟食店,主人公回忆起了纽瓦克犹太传统腌制食物。主人公用大量名词和形容词堆积起来描写犹太食物,不是意识流,也不会让人感觉沉闷,反而有一种精细的回忆和抒情的色调。小说中的人物就像孩子一样,通过食物发现了纯真的世界,同时成年人的理智和经验链接起了过去和现在。此时此刻纽瓦克和曼哈顿因为犹太食物串联起来,他们都是历史的产物,发挥着各自的作用。纽瓦克曾经如此稀松平常的犹太食物变成了曼哈顿上西区充满异国情调的兴奋剂。那些大迁移时代的二三代移民,变成了曼哈顿领取年薪的白领。不同的是,纽瓦克在城市暴动中失去,曼哈顿熟食店则建立在大都市的财富之上。

四、结　语

罗斯在《纽约时报》发表的随笔《致纽瓦克的情书》(*To Newark, With love*, March 29, 1991)中饱含深情,把自己所熟悉的纽瓦克地标建筑悉数列出:“这是一种如此根深蒂固的依恋,不得不化为感情。”这种情感与舍伍德·安德森或者菲茨杰拉德对美国中西部小镇的依恋如出一辙,和福克纳的密西西比和霍桑的新英格兰一样都不容易离开。纽瓦克的秘密保存在纽瓦克孩子的心灵中,罗斯承担起重新展现它风景的重任。罗斯记录下了纽瓦克的“瞬间”,移民们所带来的旧世界标记,他们是谁、他们从哪里来、他们的方言音调、他们的举止行为、他们的社区记忆、他们的道德信仰……纽瓦克之于罗斯的力

① 菲利普·罗斯:《反生活》,楚大至译,湖南人民出版社1988年版,第136页。

量是如此强大，即使已经逝去，却永远活在罗斯的记忆以及他的小说中。

Where is Homeland Now?

—A Study on Philip Roth's Newark Writing

Abstract: As an American Jewish writer, Philip Roth always used his hometown Newark, New Jersey, as the novel background. His characters left Newark as rebels, only to find that what they left and could not return was the Jewish Temple. In the Jewish diaspora history and the American multicultural vision, this paper analyzes the evolution of aesthetic expression of Roth's Newark writing, showing formation and loss of Newark as the homeland of American Jewish people. Newark used to be the core of cognitive status for Jewish identity in the process of urbanization and had ethnography of geographical and historical significance for American Jewish.

Key words: Philip Roth; Newark; homeland; Jewish Temple

作者简介：苏鑫，临沂大学外国语学院教授。

城市中的边缘人:中世纪盛期拉丁西方行吟学子的思想与情感研究

林 恺

摘 要:行吟学子来自中世纪盛期拉丁西方城市中兴起的大学。作为学生群体的一部分,行吟学子以诗歌创作、饮酒、纵情声色为乐,本文以其所流传下来的诗歌去探究他们的行为、思想与情感世界。在城市和大学生活中,行吟学子被等同于离经叛道者和好吃懒做的流浪者。这一学生群体留恋于城市酒馆,在酒馆中饮酒赌博,并留下了诸多齐声歌颂饮酒和赌博行为的拉丁语诗歌。其抒情诗受到地方世俗抒情诗的影响,充满了对男欢女爱的渴望和追求,表达出了激烈的喜怒哀乐等情感。这一研究以诗歌为中心,追溯其中人的行为、思想和情感,在这一情感共同体中进一步理解和分析这些言行举止和情感的内容,不仅有助于我们理解城市复兴过程中,欧洲中世纪知识分子的精神面貌和动态变化,也有助于理解文艺复兴和宗教改革中伟大创举之滥觞。

关键词:行吟学子 布兰诗歌 中世纪大学 人文思想 情感世界

伴随着中世纪盛期拉丁西方的城市复兴、商业革命与文化复兴,一个新知识分子群体也出现了,而行吟学子则是其中一个具有反叛精神的特殊群体。拉丁语名词 Goliard 被用来指代和定义这些在不同大学间游学和喧闹的学生群体,本文将 Goliard 译作行吟学子。[①]行吟学子作为中世纪大学中的学生群

---

① 国内较为普遍的译法是将 goliard 音译为哥利亚德,作为一个写诗和游学特征显著的学生群体,笔者认为可以将该词意译为“行吟学子”。

体，一直受到专家学界的片面化评价。以"游学"为主要特点的行吟学子行走在欧洲不同的知识中心和大学之间，他们社会地位较低，声名狼藉，主要原因在于其过着今朝有酒今朝醉的生活，特别是在行吟学子的拉丁语世俗诗歌中，充满了批判教会、鼓励饮酒狂欢，追求爱情和欲望满足的内容表达。

梳理国内外学术界对中世纪大学行吟学子的研究，可以发现，几乎所有的学者和相关著作往往简要涉及这个学生群体，并将他们视为写诗、饮酒和玩乐的城市边缘人群。约翰·西蒙德斯(John A. Symonds)的《美酒，女人，和诗歌：中世纪拉丁学生的诗歌》，是第一本用英文翻译的行吟学子诗歌(1884年)的诗集。①西蒙德斯通过对他们的诗歌作品研究，认为行吟学子是从一所大学到另一所大学追求知识的年轻男子，过着自由自在、声名不佳的生活，他们光顾酒馆，善于对酒和女人发表高见，而不是神学和逻辑问题。②在法国学者雅克·勒高夫的《中世纪知识分子》中，作者叙述了行吟学子作为一个知识分子团体的出现，其诗歌作品的特点，以及最终的销声匿迹。勒高夫认为行吟学子是大学里的"穷学生帮"，他们构成了12世纪又一个标志"求学浪游"的核心。③奥弗曼(Steven Joe Overman)在《中世纪大学的学生》中专门叙述了中世纪大学各种类型的学生群体，其中也谈到了行吟学子。④作者认为这些行吟学子主要是为了寻找教育机会和更好的生活在不同的大学间流浪，而这一群体之中亦混杂着逃亡的教士和假冒学生，其中不少人主要是为了享有教士特权。⑤德国历史学家布姆克(Joachim Bumke)从中世纪盛期社会文化的角度，介绍了德意志地区宫廷的文学活动，作者认为宫廷社会地位中，各类身份的流浪者(包括行吟诗人)的地位都是最低的，行吟诗人中流浪学生/教士所受待遇基本略高于流浪的杂耍艺人和音乐家。⑥拉斯达尔(H. Rashdall)在叙述中世纪大学生生活时，在宴饮习俗和娱乐两个章节中，分别介绍了中世纪学生的酗

---

① 该诗集中的诗歌主要来源于《布兰诗歌》手抄本(Carmina Burana)，小部分来自哈赖安手抄本(Harleian)。John A. Symonds, *Wine, Women, and Song: Medieval Latin Students' Songs*, London: Chatto and Windus, 1907.

② John A. Symonds, *Wine, Women, and Song: Medieval Latin Students' Songs*, pp.20-21.

③ 雅克·勒高夫：《中世纪的知识分子》，高建红译，华东师范大学出版社2021年版，第38—39页。

④ Steven J. Overman, *The Student in The Medieval University*, Pullman: Washington State University, 1971, p.67.

⑤ Steven J. Overman, *The Student in The Medieval University*, p.72.

⑥ 约阿希姆·布姆克：《宫廷文化——中世纪盛期的文学与社会》，何珊、刘华新译，生活·读书·新知三联书店2006年版，第640页。

酒行为,学生在一个所谓头领的带领下,四处游荡,和市民或者其他同乡会的学生争执和斗殴。[①]另外,国外还有一些学者专门就行吟学子的拉丁语名称 Goliard 的起源作了研究。汤普森(James W. Thompson),菲希特纳(Edward G. Fichtner)和沃尔士(P.G. Walsh)等学者分别从德意志地区方言、圣经巨人哥利亚、拉丁语贪吃(gula)和好事者(ardelio)等多方面,探讨了行吟学子一词的由来。[②]

在国内学术界,除了著名翻译家罗念生从西蒙德斯的《美酒,女人,和诗歌:中世纪拉丁学生的诗歌》中挑选了 30 首诗歌翻译成中文,[③]杨德友选择《布兰诗歌》中的一部分诗歌进行汉译之外,[④]仅有上海大学的徐恒霞在其 2013 年的硕士毕业论文《"哥利亚德"人文主义思想研究——以其诗歌为中心》依据行吟学子的诗歌对其人文主义思想进行了研究,并认为行吟学子的人文主义与文艺复兴人文主义有着共同的基本特征,即追求个体自由和幸福。[⑤]在德国音乐教育家卡尔·奥尔夫(Carl Orff)的歌剧《布兰诗歌》在国内多次高规格演出的今天,[⑥]我们对其歌剧中拉丁语抒情诗作品和其背后的诗歌作者们的了解,[⑦]仍然仅限于中世纪民间歌谣和游吟诗人等模糊认知。

综上,国内对于中世纪盛期大学生中行吟学子这个群体的认识和了解仍掩盖于诸多迷雾之中,国外学者对行吟学子的研究既不全面,也不深入,尤其是对其情感世界的研究仍付之阙如。有鉴于此,本文将以流传至今的行吟学

---

① Hastings Rashdall, *The Universities of Europe in the Middle Ages*, *Vol.2*, Oxford: The Clarendon Press, 1895, pp.230, 242.

② 关于 Goliard 一词的拉丁语词源研究,西方学者有专门研究,参见 James W. Thompson, "The Origin of The Word 'Goliardi'", *Studies in Philology*, Vol.20, No.1(1923), pp.83-98; Edward G. Fichtner, "The Etymology of Goliard", *Neophilologus*, Vol.51, No.1(1967), pp.230-237; P.G. Walsh, "Golias and Goliardic Poetry", *Medium Aevum*, Vol LII, No.1(1983), pp.1-9.

③ 罗念生:《罗念生全集》第六卷,世纪出版集团 2007 年版,第 5 页。

④ 杨德友:《布兰诗歌选》,北岳文艺出版社 2014 年版,第 220 页。

⑤ 徐恒霞:《"哥利亚德"人文主义思想研究——以其诗歌为中心》,硕士学位论文,上海大学文学院,2013 年。

⑥ 歌剧《布兰诗歌》,2022 年 3 月 13 日由上海交响乐团上演于上海东方艺术中心,信息网址:网易新闻 https://www.163.com/dy/article/GTMH1UTI0518HDUS.html; 2018 年 10 月 10 日由上海交响乐团上演于北京太庙,信息网址:澎湃新闻 https://baijiahao.baidu.com/s?id=1613949488892340945&wfr=spider&for=pc。

⑦ 卡尔·奥尔夫的歌剧《布兰诗歌》从《布兰诗歌》手抄本中选取了 24 首诗歌进行谱曲,创作出了一场 25 段唱词的歌剧,1937 年 6 月 8 日首次公演于德国法兰克福。《布兰诗歌》手抄本中诗歌的作者,即本文研究的行吟学子。

子的拉丁语诗歌为中心，对行吟学子在城市中的地位与形象、其行为与思想、情感世界进行探讨，以就教于方家。

一、行吟学子的出现及其在城市中的地位与社会形象

在欧洲大学刚刚出现之时，选择一处国外的教会学校或大学前往学习，是十分常见的。在12至13世纪，渴望接受高等教育的“快乐的少数人”不得不离开家乡长途跋涉到他们所选择的学校去，当时的欧洲大学还没有那么多并且分布也不广。①从博洛尼亚大学的兴起和发展来看，因为伊纳留斯等早期博洛尼亚的教授们是神圣罗马帝国坚定的拥趸，皇帝的支持成为大学声名崛起的因素之一，即使帝国皇帝并未直接帮助到大学的发展，博洛尼亚也吸引了德意志各地区的大量学子前来。②当1155年，皇帝腓特烈一世在博洛尼亚大学短暂停留时，在征得各方诸侯的同意后，颁布法令规定：任何人均不得给那些致力于学习的人设置障碍，学子们享有居住和来去自由的权利。三年后，皇帝进一步给予德意志学子特权，即在外求学的学生群体，将受到特别保护，他们本人及其仆从可以自由前往从事学术研究的地方。③从1222年的教皇诏书中可以发现，巴黎大学的外国学生和学者已经多到要按照国家和民族来选择各自群体的行政负责人了，这说明了巴黎大学学生/学者民族社群组织已经开始形成同乡会组织。④知识界拉丁语的统一使用，即大学的国际性，让欧洲各地的学子可以从家乡前往另一个国家的知识中心学习。在大学兴起之前，12世纪的知识分子没有意识到必须有特定的学校和课程，他们自由地选择科目和教师。⑤在自由游学的年代，学生们完全可以根据自己的喜好从一个城市漫游到另一个城市，从一个学科转到另一个学科。在索尔兹伯里的约翰的自传中，他12年的求学之路，先后辗转于巴黎和沙特尔，师从不同的学者。⑥无论巴黎大学是否已经正式出现，彼得·阿贝拉尔的经历也体现出了学生跟随教师流

①⑤ 希尔德·德·里德-西蒙斯主编：《欧洲大学史》(第一卷：中世纪大学)，张斌贤等译，河北大学出版社2008年版，第308页。

② Hastings Rashdall, *The Universities of Europe in the Middle Ages*, Vol.1, Oxford: The Clarendon Press, 1895, p.70.

③ 约阿希姆·布姆克：《宫廷文化——中世纪盛期的文学与社会》，何珊、刘华新译，生活·读书·新知三联书店2006年版，第92页。

④ Hastings Rashdall, *The Universities of Europe in the Middle Ages*, Vol.2, p.21.

⑥ Hastings Rashdall, *The Universities of Europe in the Middle Ages*, Vol.1, p.42.

动的明显特征。大学兴起之后，统一的学习计划和考试体系，也使得游学学生可以从一个大学到另一个大学继续学业，并且大学也保证其学位在整个基督教世界里得到承认。

前往另一个国家学习的旅程，途中充满危险；而到达之后，还会遭受大学老生欺负；在寻找住处时，也存在被住宿寓所的房东任意加价的情况；甚至还会遇到为了寻找一本抄本而被书商欺骗。①在“敌对”的城市里，孤独的外来学生组成利益联合体，成员说相同的语言或者有共同的兴趣爱好。作为一个团体，他们能更好地照顾自己，并更加轻松地面对长期游学国外的各种困难。②中世纪大学中许多由个人集合而成的群体，代表学生在大学生活中不同的侧面，包括学院、同乡会、学社以及其他群体，这些都是在同一组织水平上相对独立的社团。③除了大学同乡会、学生社团等正式的团体以外，各类学生还组成了很多小团体，这些团体常常是在学生们结伴前往大学城的途中形成，并在学校学习期间继续发展。④在这个背景下，这些学生团体中，形成了各种非正式学生团体，行吟学子便是其中之一。甚至在大学正式出现之前的主教座堂学校时期，行吟学子就因为学生跟随教师游学的方式，在不同的知识中心之间流动时，已经集聚和出现了。无论是否一个正式的社会团体，从《布兰诗歌》⑤中可以发现，因为拉丁语抒情诗在学生群体之间的流行，至少在诗歌中出现了一个文学虚构中的社团——崇拜美酒、女性和娱乐的社团。

> 我们的教团毫无疑问在召集追随者，
> 因为不同类型的人们都追随它；
> ……
> 我将告诉你，游吟学子教团的规则，

---

① L. Curtis Musgrave, “Medieval University Life”, *History Today*, Feb. 1, 1972, Periodicals Archive Online, p.120.

② 希尔德·德·里德-西蒙斯主编:《欧洲大学史》(第一卷:中世纪大学),第 282 页。

③ Steven J. Overman, *The Student In The Medieval University*, p.30.

④ 希尔德·德·里德-西蒙斯主编:《欧洲大学史》(第一卷:中世纪大学),第 231 页。

⑤ 本文所引用的行吟学子拉丁语诗歌均来自 *Carmina Burana*, *Vol.1* & *Vol.2*, edited and trans. by David A. Traill, Cambridge, Massachusetts: Harvard University Press, 2018。中文译文为笔者自译。

生活方式何其贵族,他们的气质亲切友善……[①]

而在另一首诗中,行吟学子们还为自己的教团找到了修道院,“极乐净土”修道院,诗人成为了这个行乐修道院的院长。[②]

从归于行吟学子名下的诗歌和一些行吟学子的传记细节,可以发现其喜欢批评社会,是流浪者,是时代的典型代表。[③]为何将中世纪学生群体中,以喝酒为兴趣,纵情声色和到处游学、写世俗内容的拉丁抒情诗的学生/学者称之为“行吟学子”(拉丁语 goliard)? 从这个词的出现和起源研究,可以看出中世纪教会改革和城市复兴过程中,社会主流对于这一类大学生在群体形象的认知和构建中,带有蔑视之意。究其原因,主要来自以下三个方面。

一是根据明谷的伯尔纳(Bernard de Clairvaux)在桑斯的宗教议会期间,给教皇英诺森二世(Pope Innocent II)的信中,对巴黎学校教师彼得·阿贝拉尔的谴责,将其比喻为圣经中与大卫对抗的邪恶巨人哥利亚(Goliath)。[④]这一谴责表明了教会人士对于巴黎大学学生和学者的不信任,也让阿贝拉尔这位明星教师的追随者开始使用行吟学子的称呼来捍卫自己的老师以及学生群体的学生/教士身份。[⑤]即作为阿贝拉尔的追随者,学生将自己称为行吟学子。

二是在中世纪盛期之初,教会内部的改革,其目的是提升教士的道德水平,减少世俗对教会的影响。[⑥]同样地,10 世纪初,继承本笃会教规和精神的克吕尼修道院的改革运动,意图抵制教会内部的世俗倾向。[⑦]因此,修道院出现了一个词“贪嘴”,拉丁语 Gula,用来形容贪酒、饮食放纵的堕落修士,并加以谴责。[⑧]在谴责学生群体放纵享乐时,人们也将行吟学子在词源学上和贪食

---

① *Carmina Burana*, *Vol.2*, edited and trans. by David A. Traill, Cambridge, Massachusetts: Harvard University Press, 2018, p.360.

② *Carmina Burana*, *Vol.2*, p.370.

③ 雅克·勒高夫:《中世纪的知识分子》,第 39 页。

④ P. G. Walsh, “Golias and Goliardic Poetry”, pp.1-9.

⑤ 这一捍卫的方式,通过语言表达。在拉丁语中阿贝拉尔 Abelard 的-ard 词缀和 Goliath 进行了互换,形成了新词 goliard,同时也暗示了阿贝拉尔和他的学生是探寻知识的巨人。这里行吟学子意味着巨人哥利亚(阿贝拉尔)的门徒。

⑥ 朱迪斯·本内特:《欧洲中世纪史》,林盛、杨宁、李韵译,上海社会科学出版社 2021 年版,第 196—198 页。

⑦ 同上,第 231 页。

⑧ Edward G. Fichtner, “The Etymology of Goliard”, pp.230-237.

(gluttony)联系了起来。而另一个拉丁语词缀-iard 源于 ardalio,意味好事者,无事生非者。[①]因此,行吟学子这个词来源对修道院中贪酒、游手好闲的教士的谴责,继而用于指中世纪大学中聚集的学生群体。

三是作为到处游学,流浪在路上,并声称自己拥有教士身份的学生/学者,在欧洲各地都有不同拉丁语和地方发言词汇来称呼这同一个群体。包括 Goliard——行吟学子,wandering scholars——漫游流浪学者,vagabond/vagrants——流浪者,伊比利亚半岛地区的 Gorrones——吃白食者,法国地区的 Coquillard——科奎拉德,德意志地区的 bacchants——巴克坎斯特等。[②]在这个身份绝不单一的群体中,有的是真正求学的学子,有的则是放弃学业的学生以及冒充学生的流浪修士。

前文所引用的《布兰诗歌》的第 219 首,正是一篇文学虚构中的行吟学子教团规则。这些规则恰恰和克吕尼修道院、明谷的西多隐修会等教团规则截然相反,显示出行吟学子的反叛精神。这无疑会受到正统教会和修道院的批判。这首诗也有助于我们理解为何将行吟学子这样的拉丁词语,在 12 世纪用于这些饮酒狂欢的学生群体上。文学虚构的行吟学子教团规则,也反过来成为诸多大学生放纵自己的生活指南。

而恰恰是这种放荡又充满诗意的"生活指南",让行吟学子在城市中的地位和社会形象变得越发边缘化和污名化。在 11—12 世纪的城市复兴过程中,城市是逐步发展起来的。从早期的一个商业中心,或是一个聚会的地方,逐渐发展成为一个封闭的生活范围,发展出一种法律和政治的机制。[③]尽管城市的复兴是一个成因复杂的问题,本文在此不作具体展开,可以明确的是,对大学在城市的发展起到了积极作用的是中世纪城市的自治权利。一系列的"特许权"使得城市领主只是通过城市居民行使统治权,城市上层越来越多地谋取并最终完全获得了城市的管理权。[④]因此,在城市居民业已分为上中下层,并逐渐形成日趋封闭的生活圈时,有大学的城市管理必然受到大量流动人口(学生群体)所带来的冲击。值得注意的是,在多次"城市与大学之争"后,[⑤]无论是

---

① James W. Thompson, "The Origin of The Word 'Goliardi'", pp.83-98.

② Steven J. Overman, *The Student in The Medieval University*, p.82.

③ Hans-Werner Goetz, *Life in the Middle Age: from the seventh to the thirteenth century*, Paris: University of Notre Dame, 1993, p.198.

④ Hans-Werner Goetz, *Life in the Middle Age: from the seventh to the thirteenth century*, p.200.

⑤ Hastings Rashdall, *The Universities of Europe in the Middle Ages, Vol.3*, Oxford: The Clarendon Press, 1895, p.241.

巴黎大学还是牛津大学，欧洲北部诸大学的学生教士身份和相应的权益都在城市生活范围内得到了提升和保障。作为城市的消费者，学生和教师往往用整体搬迁来作为一种与城市居民抗争的手段，英格兰诸大学与市民的争执不断，导致了频繁的迁校事件。而中世纪盛期之初，欧洲近半数的大学的出现与此类迁校事件相关。①大学迁移所带来的房租损失、书商和大学仆役的离开、餐饮消费的减少，只会让城市居民更加讨厌这些外来流动人员。

在这种背景下，城市生活的行吟学子，特别在欧洲北部诸大学，因为年轻、远离家乡、试图逃避压抑的大学管制等原因，喜欢集中于城市的酒馆并频频寻衅滋事。这些特点往往让教会权威人士和城市居民都对其持否定态度。远离家乡的学生，其入学年龄一般在 14 岁左右，进入文学院学习 4—5 年。②13 世纪，巴黎大学要求文学院学生毕业的最低年龄为 19 岁，在学院学习的时间最短为 4—5 年，因此其最低入学年龄为 14 岁。而在英国，14 世纪剑桥大学规定的最低入学年龄也是 14 岁。在欧洲南部，学习法律的学生年龄普遍偏大，一般在 20 多岁，也有 30 多岁的。③这意味着特别是在北方诸大学，文学院的学生年纪普遍较小，在城市政治经济生活中不会有太多的话语权。而欧洲南部大学中，学习法律的学生其城市社会地位会更高一些。

大学的章程和学院院规对学生的非学术活动有着非常严格的限制，这直接导致了行吟学子的叛逆和自由主义的倾向，加剧了其行为放荡、酗酒赌博、滋事斗殴甚至犯罪的情况。④大学从主教座堂学校和教士群体分享知识的场所中发展而来，尽管学生生活和严格意义上的教士生活还是有很大的差别，但是一种苦修主义的修道院传统还是在诸大学，特别是欧洲北部的一些大学非常流行。⑤这就造成了学生在正规学习之余，除了宗教活动以外，所有的其他各项活动都成了被禁止的。因此过度的饮酒和在酒馆的寻衅成为了行吟学子反抗的一种方式。在 14—15 世纪，仅巴黎大学附近就有大大小小的酒馆近 60 家。⑥而诸多的"城市与大学之争"所发生的骚乱和械斗可见于诸多史料之中。

---

① Hastings Rashdall, *The Universities of Europe in the Middle Ages*, *Vol.3*, p.46.

② Steven J. Overman, *The Student in The Medieval University*, p.45.

③ Alan B. Cobban, *The Medieval Universities: Their Development and Organization*, London: Methuen & Co. Ltd., 1975, p.209.

④ Alan B. Cobban, *The Medieval Universities: Their Development and Organization*, p.213.

⑤ Steven J. Overman, *The Student In The Medieval University*, p.59.

⑥ Ibid., p.194.

《布兰诗歌》的第118首，诗歌中表达的放纵倾向显而易见，与史料相互印证。

> 太长时间的流放
> 让这学业见鬼去吧！[1]

暂时"让学业见鬼去"的方式，就是在酒馆里聚众喝得酩酊大醉。在多数大学的每一个重要活动的之前、期间和之后，都要有酒来提升氛围。入学仪式需要给老生们奉上美酒，毕业典礼上，候选人最好能给在场所有人，特别是考核人员奉上佳酿。在日常学习生活中，有教师开辩论、有新教师入职、有同学离去或归来，美酒都是不可或缺的助兴之物。[2]中世纪盛期，从酒馆饮酒引发的暴力事件不胜枚举。从路易七世时代，到1228年、1250年，巴黎大学学生与市民的骚乱频发主要起因都是酒水质量和账单问题，进而导致酒馆打架上升为械斗和暴力谋杀。牛津大学最著名的暴乱，发生于1355年，起因是学生将酒罐砸在老板脸上。[3]在这种饮酒氛围和市校之争的背景下，行吟学子粗俗、暴力的"消费者"形象，一定是处于社会底层，被城市居民所憎恶的。

> 同志们，我们是强健的饮酒者，
> 口干舌燥，
> 眷恋酒馆。
> 让我们满怀热情喝起来！
> 让酒罐接续不断被倒满！
> 让我们像往常一样玩起来。
> 拿出平整的桌子来，给我们骰子！
> 身上衣物换成现金和美酒。
> 嘿！让我们看看，
> 谁最最受到骰子或命运的青睐。[4]

---

① *Carmina Burana*, *Vol.2*, p.58.
② Hastings Rashdall, *The Universities of Europe in the Middle Ages*, *Vol.3*, p.250.
③ Steven J. Overman, *The Student in the Medieval University*, p.198.
④ *Carmina Burana*, *Vol.2*, p.322.

饮酒和赌博、拿衣物作抵押在行吟学子的诗中是“像往常一样玩起来”的生活状态。这种生活描摹必然会让教会和大学权威、城市居民将大学穷学生、城市叛逆者和边缘人的形象结合在一起，加以谴责。而行吟学子对于这种社会形象还颇为自豪。

二、行吟学子的行为与思想

从13世纪起，到处都可以听到对行吟学子的怨声：学生们爱大喊大叫、打架斗殴，爱嫖妓狂欢、唱歌跳舞、下棋赌博，总是四处游荡、日夜不分，爱出风头、衣着出格，对城市居民、大学成员和治安人员进行挑衅，甚至携带武器。① 雅克·勒高夫认为，在中世纪知识分子之中，行吟学子是一个特定的阶层，喜欢批评社会，求学漫游是他们的特征。②勒高夫所表述的行吟学子行为，在其拉丁语诗歌中可以找到相关例证。通过诗歌文本细读，我们可以将行吟学子的行为逐一呈现，并明晰其行为背后的思想根源。

诗集手抄本《布兰诗歌》③的历史可以追溯到行吟学子的诗集汇编——编号为Clm 4660的巴伐利亚州立图书馆藏书。④这类诗歌的创作行为，是行吟学子留给世界和自己最好的注释。现存于手抄本上，有三百多首拉丁语和中古高地德语的诗歌和两部宗教剧。⑤诗歌的主题可以大致分为批判教会、爱情、饮酒、玩乐四个方面，从中我们可以确认出行吟学子的行为特征和思想特点。

> 我构思出两个节拍两个字母或三个音节。
> 如果我的头被移走，剩下的就成了动物；⑥

这首诗歌表明了行吟学子对于写拉丁语诗歌的沾沾自喜。这些诗歌作者

---

① 希尔德·德·里德-西蒙斯主编：《欧洲大学史》（第一卷：中世纪大学），第242页。

② 雅克·勒戈夫：《中世纪的知识分子》，第38页。

③ 作为现代诗集出版物，《布兰诗歌》得名于其第一本出版物：《布兰诗歌，拉丁语和德语民谣与诗歌，慕尼黑图书馆藏贝内迪克特博伊伦修道院十三世纪手抄本》（*Carmina Burana, Lateinische und deutsche Lieder und Gedichte einer Handschrift des XIII. Jahrhunderts aus Benedictbeuern auf der K. Bibliothek zu München*），该书出版于1847年。由此确定了Carmina Burana这个现代书名。最新一版为《布兰诗歌》两卷本（*Carmina Burana, Volume I & II*），由哈佛大学于2018年出版。

④ 克里斯托弗·德·哈梅尔：《非凡抄本寻访录》，社会科学文献出版社2019年版，第80页。

⑤ Clm 4660和Clm 4660a。

⑥ *Carmina Burana, Vol.2*, p.334.

精通拉丁语,受过严格的学术训练,诗歌体现出他们的教育水平,喜爱运用“异教”典故、卖弄学问。在其抒情诗中体现了受到地方俗语抒情诗的影响,这种影响多数是熟悉宫廷生活和有机会欣赏到地方俗语抒情诗的人才能获得的。中世纪盛期的骑士和世俗贵族对行吟学子的态度较为和善,他们喜欢行吟学子的叙事诗和抒情诗表演。①从巴伐利亚地区帕骚(Passau)主教在1203年至1204年的出差账本中,也可以看出主教在途中给漫游教士和大学生资助的钱最多。②这些证据表明了行吟学子和教会、宫廷贵族的互动。受过大学教育的学生通常寻求在教会或世俗宫廷就职,也有学生在游学路上试图寻求宫廷贵族的庇护和资助。

考虑到你是否愿意将我招至麾下;
我擅长写作信件,
如果这里碰巧有职位提供,
我能胜任信件写作这一角色。

如果你拒绝,请允许我告诉你该做些什么:
仁慈、宽厚地看待贫困的折磨,
缓解下这个作家的煎熬,
至少,赠予一份礼物。③

这两个诗节说明了行吟学子与教会、世俗贵族社交的行为模式:求一份好差事,或一份礼物馈赠。

除了诗歌创作和参与宫廷社交外,行吟学子作为学生群体的一部分,其异地求学④、饮酒⑤、嫖娼⑥、参加城市狂欢⑦、赌博⑧、向女子求爱⑨都在其所创

① Steven J. Overman, *The Student In The Medieval University*, p.321.
② 约阿希姆·布姆克:《宫廷文化——中世纪盛期的文学与社会》,第635页。
③ *Carmina Burana*, *Vol.2*, p.276.
④ *Carmina Burana*, *Vol.1*, edited and trans. by David A. Traill, Cambridge, Massachusetts: Harvard University Press, 2018, p.306.
⑤ *Carmina Burana*, *Vol.2*, p.302.
⑥ *Carmina Burana*, *Vol.1*, p.308.
⑦ *Carmina Burana*, *Vol.2*, p.354.
⑧ Ibid., p.334.
⑨ *Carmina Burana*, *Vol.1*, p.202.

作的诗歌内容中有所体现。在大学所在的城市，他们喜欢四处闲逛、与市民发生争执，举行球赛和击剑，还参与比武和打猎。[①]同时，大学生虽然是城市的外来者，其滥用教士特权的行为加剧了其城市生活中与中下层市民的直接矛盾。到12世纪末，教皇英诺森三世将教会神职人员的特权明确赋予了所有大学师生，皇帝腓特烈一世试图在帝国复制这种做法，即赋予大学师生教士特权。[②]在中世纪，征税的对象是平民和农民，贵族和神职人员的特权之一就是免税，这一点无疑吸引了当时许多有条件的中世纪人进入大学成为一名学子。这也导致了许多行吟学子滥用特权，参与酒水贩卖生意。在图卢兹和巴黎，都有记录滥用特权成为了学生和市民产生矛盾的根源，学生利用免除葡萄酒税的特权，低价将酒水卖给城市商人。[③]这种侵犯城市商人利益的行为，往往是导致市校之争的根源，也是市民诋毁学生群体的原因。

行吟学子行为出格、思想激进。他们嘲讽教会，放纵于酒色，滥用教士特权，反映出了这一时期生活在城市和游学路上的行吟学子充满人文主义思想的特质。首先，行吟学子的思想表现为肯定人性、肯定情欲，将人的本能放在了值得称颂的地位。行吟学子的诗歌中充满了对满足口腹之欲和追求肉欲之爱的描述和歌颂。这种思想既是因为学生群体年轻，其年龄在14—30岁之间，以及大学内部生活单调、性别单一所致；同时也是一种借由生理冲动产生的心理上不自觉地对人性的肯定，即心理上主动肯定男欢女爱是合情合理的人的本能。在中世纪，根据基督教神学家对于爱情和婚姻的观点，保持一个人的贞洁是一种值得推崇的高度理想化的典型，情欲或淫欲是错误的爱，而正确的爱是真挚的关怀以及对上帝的信仰。[④]行吟学子的爱情观完全建立在肉欲之爱的获取和满足上，将爱情推向了不真实的一种极端，但是这种极端反映出行吟学子对宗教爱情观和婚姻观的反对。同时，在一些诗歌中，行吟学子还体现出了颇具现代性的以人为本的婚姻价值观。

如果你想要幸福的婚姻，

---

① 希尔德·德·里德-西蒙斯主编：《欧洲大学史》(第一卷：中世纪大学)，第249页。

② Steven J. Overman, *The Student in the Medieval University*, p.110.

③ Pearl Kibre, *Scholarly Privileges in the Middle Ages*, Medieval Academy of America, 2013, p.293.

④ Hans-Werner Goetz, *Life in the Middle Age: from the seventh to the thirteenth century*, p.34；约阿希姆·布姆克：《宫廷文化——中世纪盛期的文学与社会》，第462页。

嫁给那个喜欢你本身的人。①

这种爱情观表达出了行吟学子肯定个体幸福的人文主义思想。

其次，行吟学子还接受了传统教俗社会所流行的“厌女”思想。行吟学子的爱情抒情诗奔放直白，这种越是强烈的性饥渴表达，越是说明了行吟学子对女性的蔑视和无知。修道院对女性的看法，在许多中世纪学校和大学中流行着。②教会厌恶女性的思想其根源主要是反对肉体和感官的满足，因此将女性视为“一切罪恶的根源”“女性是万恶的源泉”。③这种思想从教会和修道院学校一直影响到大学。而在抒情诗传统中，古罗马诗歌爱情追求技巧中的故意贬低女性的想法也同样影响到行吟学子的女性观。维吉尔在诗句中将女性视为反复无常、难以捉摸的，奥维德将贬低女性作为一种追求技巧，将其优点视作缺陷加以指责，尤维纳尔则讽刺女性无节制的性欲和喋喋不休。④这些教会和古典诗歌的“厌女”思想成为了行吟学子拉丁抒情诗的一种主题范式，特别是在“田园牧歌”中反复出现。如他们的诗歌从女性视角来挑逗路过的学生/教士：“她注意到了坐在草地上的一个书生/‘……来和我一起玩吧’。”⑤更明显的“厌女”思想则体现在对女性的“暴力征服”上，在《布兰诗歌》的诗例中，能够发现这种“厌女”思想的表达，对农民之女的随意征服的施暴和肉欲满足。

一切有点过于大胆，我的进攻。
她奋力反击，用她愤怒而尖锐的指甲，
拉扯我的头发，
抵抗着我的侵犯，
强而有力。
她卷起
交叉
她的双腿，

① *Carmina Burana*, *Vol.2*, p.16.
② Steven J. Overman, *The Student in the Medieval University*, p.150.
③ 约阿希姆·布姆克：《宫廷文化——中世纪盛期的文学与社会》，第462页。
④ 同上，第410页。
⑤ *Carmina Burana*, *Vol.1*, p.370.

防卫着她贞洁的大门，
以免被打开。[①]

这种描述强奸场景的诗歌，在诗集中并不是孤证，这说明了诗人思想上对于女性，特别是社会下层女性的一种轻蔑。

最后，行吟学子异常强烈地表达了对教会腐败的不满和金钱罪恶的批判。在《布兰诗歌》中描述教会受到金钱的腐化，用假借《圣经》福音书的体例加以辛辣讽刺，批判了诗中教会对于无辜穷教士的驱赶和对杀人富教士的欢迎，这种对福音书的戏仿加深了嘲讽意味。[②]在另一首《金钱当道》的诗歌中，行吟学子戏谑地将金钱视为现世的万能，全诗共50行，出现“金钱”一词共49次。[③]显然这里的批判精神定位出了行吟学子显得保守的旧时代金钱观。对于拉丁西方各个城市贸易和商业的发展，货币业已成为城市居民日益重要的物品，货币的增加有助于农业和城市经济的快速发展。[④]可以说，在这种批判金钱的思想中，行吟学子主要针对的是教会“圣职买卖”等腐败问题。金钱和道德、金钱和信仰的人为“交换”等问题的指出和批判，让行吟学子讽刺诗歌成为了宗教改革思想的起源之一。

这些纵情声色和批判教会的诗歌，让行吟学子的思想在中世纪的受教育阶层中变得独一无二，站在了修道院修士的对立面。当然值得注意的一点是，人是会变化的，随着年龄、身份和社会生活的改变而改变。同样地，行吟学子的人员构成和出现地域也一直是流动和分散的状态，虽然作为一种松散的学生团体，其思想是识别这个社群的主要线索，这些行为和思想在中世纪盛期的行吟学子身上出现，经由手抄本诗集的传抄和留存，让行吟学子成为了文艺复兴中人文主义者和宗教改革人士的思想先驱。

三、行吟学子的情感表达

近年来，中世纪情感史研究日渐增多，情感研究将历史学研究的对象从政治、经济、军事等领域转向了人的内心层面，让情感成为了研究历史的一个重

---

① *Carmina Burana*, *Vol.1*, p.290.
② Ibid., p.148.
③ Ibid., p.32.
④ 约阿希姆·布姆克:《宫廷文化——中世纪盛期的文学与社会》,第48页。

要维度。历史上的社会团体与机构如何定义情感,必然影响到其成员的思想、表达情感的内容及方式。行吟学子诗歌中的情感表达,在情感维度上定位了中世纪盛期行吟学子对于社会和两性关系的感受,揭示了其人文主义思想的心理出发点。生活在城市的行吟学子,其行为和思想在中世纪盛期学生群体共同表现的阴影之下不易察觉。转向情感史的研究,可以进一步了解行吟学子的特征。在情感史的研究中,情感的表达及其方式可以说是一个自然而然的重点领域。①结合威廉·雷迪(William Reddy)的情感表达理论和芭芭拉·罗森宛恩(Barbara Rosenwein)的情感共同体理论,可以将行吟学子的诗歌从情感视角而不是内容的视角来重新解读和归纳,进而在情感维度确立起这个群体的特征。雷迪认为每一次情感的表达都是调动情感的过程,涉及个人的情感状态和表达方式。②从行吟学子形象研究的材料来看,《布兰诗歌》和《剑桥诗歌集——11 世纪的歌利亚德诗歌抄本》(*The Cambridge Songs, A Goliard's Song Book of The XIth Century*)两部诗集是情感研究的一种恰当材料。诗歌作为一种文学虚构,特别是抒情诗,并没有叙事的需求,而是一种情感表达。

仔细检视行吟学子的诗歌,就可以发现,其中的情感表达最强烈、最频繁的就是**喜悦**、**痛苦**、**愤怒**和**焦虑**。**喜悦**的情感表现在诗歌中对于爱情的获得以及在酒馆的狂欢和娱乐。

> 啊,叫人欣喜若狂,
> 相拥而眠,解毒良方,
> 从忧虑和悲伤中解放……③

> 让我们都快活起来吧,我的朋友,
> 做享乐的追求者!
> 让我们的嘴来歌唱,

---

① 王晴佳:《拓展历史学的新领域:情感史的兴盛及其三大特点》,《北京大学学报》(哲学社会科学版)2019 年第 4 期,第 87—95 页。

② William M. Reddy, *William M. The Navigation of Feeling: A Framework for the History of Emotions*, Cambridge: Cambridge University Press, 2008, p.122.

③ *Carmina Burana*, *Vol.1*, p.242.

余音绕梁，
赞颂那些值得赞颂的，
美德，以及那些远离欺骗的。①

所以，开始玩吧！
让我们掷出骰子！
让我们快活喝酒，
快喝起来！
副歌：上帝的仁慈与你同在，酒罐！
现在喝吧，
掷出骰子来！②

这三个诗节分别节选自《布兰诗歌》里三首不同的诗歌，表达了相同的情感——喜悦，分别是爱情获得的喜悦，酒馆唱歌狂欢的喜悦以及赌博娱乐的喜悦。在行吟学子的情感世界里，这种喜悦等同于纵情玩乐，这一类的情感表达一方面来自诗人的日常向往和实际行为；另一方面，根据情感表达理论，也反过来调动了行吟学子的情绪和社交，即通过情感表达来控制情感，以达到和他人交流和沟通的目的。从爱情抒情诗来看，行吟学子的喜悦或满足，并非来自精神世界的爱情交流，而是一种肉欲之爱（carnal amar）的满足。无论是借用典雅爱情的文学范式，描述对贵族女子的渴求和思念，还是在田园牧歌中对农民之女的征服，甚至是对妓女的表白，在行吟学子的抒情诗中，都要求以肉体上的结合为最终目的。这种对世俗爱情表达的喜悦，不同于宗教仪式中赞美诗情感表达，同样的拉丁语和曲调运用，表达出了不同的内容和情感，即行吟学子的喜悦中，不再是对上帝信仰和天堂幸福的认可，而是对于感官欲望满足的肯定。这种喜悦表达站在了教会和修道院否定人的肉体和感官满足的对立面。诗歌中对于口腹之欲的赞颂和认可，同样显得欢乐而“不知廉耻”。诗句字里行间对于滋味之美、肉欲满足和一掷千金的情感表达，满足了行吟学子群体的情感共鸣，即这些都是“穷学生帮”渴望体验的生活。城市里充满自由氛

① *Carmina Burana*, *Vol.2*, p.354.
② Ibid., p.328.

围的酒馆成为行吟学子的"极乐净土",在集会饮酒的氛围中,欢唱着反叛教会精神的诙谐诗歌,成为了这个群体一种沟通和交流方式。在现实生活中,游学路上和城市求学生活的物质之苦,[1]让饮酒成为这个学生群体解除苦闷的工具。而诗歌中,对于嫖妓、赌博和下棋等活动的欣然向往,同样发生在酒馆之中,起到相同的心理补偿作用。

在很多时候,这种喜悦更多的是想象中的心理满足,即行吟学子社交和物质生活上的限制,促成了诗歌中苦中作乐、追求欢乐的精神表现。无论是城市社交还是宫廷宴饮,行吟学子的财力和身份注定其不是贵族女性青睐的对象,男性群体对性的憧憬和渴望,形成了其诗歌追求肉欲之爱的基础。酒馆作为城市最底层的休闲消费场所,是行吟学子可以负担得起的。这种对短暂欢乐的追求,让行吟学子在无意识中将价值观建立在人性的本质需求之上,而不是以上帝为中心的宗教情感上。

从诗人情感上的**痛苦**表达来看,大多出现在以下几种场景之中。一是没有获得爱情回应,二是对命运无常的哀嚎,三是赌博输光了一切。第一种原因在行吟学子诗歌中表达得最为密集和强烈,所有的痛苦皆因爱而不得,这也是流行于典雅爱情主题并且容易引起年轻的学生群体共鸣的一种情感状态。

我感到痛苦,令人苦恼的痛苦,
我的心受了伤,充满激情,
我挣扎着想要掘出爱的种子。

但是维纳斯使用了她邪恶的技巧,
……
金星女神啊,你让我陷于痛苦。[2]

第二种导致痛苦的原因,主要来自对命运的思考,表现出中世纪人对于战事和天灾、宫廷兴衰和人的命运的思索。这在《布兰诗歌》中出现的频率不高,但是这种命运思索具有一定的超越时间性,以至于当卡尔·奥尔夫的歌剧《布

① 关于中世纪大学的费用和学生的物质生活,参见徐善伟:《中世纪大学生学习和生活费用的考察》,《世界历史》2012年第1期。
② *Carmina Burana*, *Vol.1*, p.296.

兰诗歌》的序曲响起时,不同年代的听众都能够获得相似的情感战栗。第三种行吟学子表达的痛苦,带有一定的戏谑性,表达出对参与赌博的悔恨,但又陷于一种欲罢不能、乐此不疲的矛盾状态。这种娱乐能够刺激人的精神,并成为逃避学业和生活痛苦的安慰剂。当这种短暂的快乐被输光一切的局面破坏时,诗人的生活更是陷入一种痛苦窘境。

愤怒是行吟学子诗歌中常用于对教会和金钱的态度和情感。中世纪早期金钱发挥不出什么作用,从而限制了圣职买卖等腐败行为。但随着金钱越发重要,这一行为开始变得司空见惯。[①]对于中世纪盛期的区域经济和城市经济发展,金钱的重要性已经远远超出了中世纪早期的程度。而行吟学子的思想观念落后于城市商人,带有修道院的保守观念,即金钱等于罪恶。[②]但是,从一个视角来看,谴责教会金钱腐败的愤怒情感,又将行吟学子提升到了宗教改革先驱的地位。同时,这些嘲讽和揭示圣职买卖罪行的诗歌,也极大地吸引了世俗宫廷的听众。人们乐于在宫廷聚会中听到对教会腐化的谴责,将其作为一种消遣娱乐。[③]愤怒也表达在诗人对于世风日下,大家不再专心于学业等常见主题的诗歌创作中,以表达学生群体对于受过大学教育的引以为傲,借此表现其自身高人一等的自恋心理。

通过在诗歌中和骑士阶层的较量,行吟学子表现出了特定时代的身份**焦虑**。这种焦虑情感不同于对爱情不确定性的焦虑,而是显而易见地表现出崛起中的中世纪知识分子对自身的社会地位的不自信。在最为著名的拉丁语抒情诗《菲丽斯与芙罗拉》中,对于骑士和教士谁是更好的情人,诗人通过两位少女的辩论,在文学世界中让教士(学生/学者)战胜了骑士,获得了“爱神丘比特的肯定”。

众所周知,万事万物都因服从教士;
他的冠顶,有着他权力象征的标志。
他给骑士下达命令,慷慨大方给予礼物。
发号施令的人,比俯首听命者更伟大。[④]

---

① 雅克·勒戈夫:《中世纪的知识分子》,第 49 页。

② Steven J. Overman, *The Student in the Medieval University*, p.111.

③ 约阿希姆·布姆克:《宫廷文化——中世纪盛期的文学与社会》,第 182 页。

④ *Carmina Burana*, *Vol.1*, p.380.

在这首辩论诗中，作为教士身份的诗人强调教士更值得被爱，在教士身份和骑士的比较中表现出了一种基于社会地位的身份焦虑，尤其是在中世纪普遍共识的背景下——骑士是贵族身份的起点。尽管有中世纪的学者一厢情愿地论证和呼吁：应该把博士等同于骑士。①这种身份焦虑的背后，蕴含着中世纪盛期大学发展过程中，学生群体对于自己职业发展前途未卜的一种焦虑，无论是大学教书还是进入教会或世俗宫廷任职都包含着一种不确定性，更何况，多数学生从大学顺利毕业也绝非易事。同时，在面对城市世俗居民时，学生群体滥用教士特权，也一再让其需要强调自己的特权属性，毕竟既没有给世俗居民提供灵魂服务，行吟学子也缺少骑士阶层在城市中的社会威望。

除了关注诗歌中这些强烈凸显的情感外，另一点值得注意的是在情感共同体理论中，芭芭拉·罗森宛恩认为个人属于不同的情感共同体之中，受到情感体系和情感模式的深刻影响。②由此，我们可以进一步推论，行吟学子的诗歌创作，不仅是自己情感的表达，也是一种迎合不同听众群体的“表演”。首先，是行吟学子所在的中世纪盛期学生群体。这个群体以年轻男性为主体，在城市中的生活，除了上课以外，绝大多数时间都是和同辈在一起。这个群体表现出一种精力旺盛的充满自由和追求快乐的状态，这个群体鼓励的是追求刺激，尝试新鲜事物，谴责陈规较多的修道院式生活和课堂僵化的学习指导。

> 我们的教规，绝对禁止晨祷……
> 任何人在那个点起床，多半是神志不清。③

因此，诗歌中的情感受到这种群体的情感导向影响，包括诗人在内的吟唱者，需要在酒馆等场合将群体的情感共鸣唱出，才能获得众人的齐声称赞和欢笑。受到赞美诗的影响，行吟学子用赞美诗的曲调和诙谐或是露骨的诗句来重新演绎新的拉丁语诗歌。试想我们每个人在小学时，用童谣的曲来唱一些“炸学校”等不正当歌词时，引起的全班同学哄堂大笑。同样，表达性需求的诗句也是容易引起学生讨论和表现男子气概的最佳选择。因此，诗人们将喜悦和兴奋表达在诗歌中，描述自己上妓院寻欢的经验，④放弃学业，去做爱神维纳斯的

---

① Rashdall Hastings, *The Universities of Europe in the Middle Ages*, *Vol.2*, p.62.

② Barbara Rosenwein, *Generations of Feeling*: *A History of Emotions*, *600—1700*, Cambridge: Cambridge University Press, 2015, p.274.

③ *Carmina Burana*, *Vol.2*, p.360.

④ *Carmina Burana*, *Vol.1*, p.308.

信徒，去和女孩子跳舞，等等，[①]这些情感表达成为了群体交流和沟通的方式。

伴随着行吟学生和各种类型流浪艺人（troubadour，minstrel，bard，minnesinger，gleeman），特别是地方方言诗人一起出入教会和世俗贵族的宫廷时，也同样受到新的情感共同体的制约和情感表演需求。以布洛瓦的彼得的诗歌为例，用田园牧歌这类诗歌以拉丁语创作的那些对牧羊女施暴的诗歌：

……我紧紧将她抱住，
缚住
她的双臂，
强吻
上下求索。
就用这一招，我进入了
狄俄涅的宫殿。[②]

诗人在这里迎合了宫廷贵族男性交流的话题需要，同时也以欢乐喜悦的情感表达来寻求雇主的认可，进而融入宫廷社群。这个社群当骑士们聚在一起时，总会谈论谁又玩了多少女人……因为衡量他们名声的只有女人。[③]宫廷社群（共同体）的社交时尚和精神需求影响了寻求其庇护的行吟学子的情感表达。无论是在城市中的学生生活，还是在宫廷社群中的谋生需要，行吟学子始终以追求快乐、满足人的本质需求来传达其对生命的看法，通过其诗歌来赢得听众的欢笑和认可。行吟学子在喜怒哀乐的情感之中，体现出了对个体幸福和自由的追求，体现出了以人为中心而不是以信仰为中心的价值观。行吟学子的诗歌世界是其思想情感的集中展现，体现出行吟学子以人为本，以追求快乐为目标，以现世生活为中心的一种与文艺复兴人文主义本质特征并无差别的精神实质。

四、结　论

随着中世纪盛期大学的出现，学生群体表现出一种既不同于世俗城市居

---

① *Carmina Burana*, *Vol.2*, p.185.

② *Carmina Burana*, *Vol.1*, p.290.

③ 约阿希姆·布姆克：《宫廷文化——中世纪盛期的文学与社会》，第502页。

民又不同于修道院修道士和教会教士的特征，特别是其中一个充满反叛精神的群体——行吟学子，成为了受到城市居民和教会权威人士谴责的城市边缘人。这种片面化的认知和定论，无助于我们从社会学和历史学的角度了解这个时期行吟学子的社会形象，及其行为、思想和情感的背后成因。

从行吟学子留下的拉丁语诗歌作品来看，行吟学子乐于将自己定位在一个被谴责的名称及概念上。这个概念"行吟学子"本身指向数种离经叛道的形象，体现在该词的起源与"上帝选民"对抗的异教巨人哥利亚、受到教会和修道院谴责的"贪食""饮酒无度"的堕落教士形象有所关联。行吟学子借由诗歌，将自己塑造成一种追求享乐、追求自由、追求新知识的无畏者。这种快乐和无畏的精神状态将行吟学子和文艺复兴时代人文主义者在精神上相互连接了起来。行吟学子的行为和思想，是其追求玩乐、饮酒和闹事的人的本能欲望所致，也是其宣泄求学生活压力、团体沟通和交流的一种方式。这些行为背后，其更为根本的思想和情感因素在于行吟学子的共同体意识，得益于诗歌的留存，这些情感清晰地反映出同时受到修道院精神和世俗宫廷爱情观影响下的行吟学子对性的热切渴望、对饮酒和赌博活动不加遏制的玩乐欲望以及集体主义的价值认同。从积极的方面看，在思想维度和情感维度，可以定位出行吟学子被简单化和污名化的城市边缘人形象背后，其生命意识和审美意识是一种不受束缚的人文主义思想，其追求个人幸福、肯定肉欲之爱、憎恨教会腐败的精神使得这个独特的情感共同体成为了文艺复兴和宗教改革践行者的先驱。从消极的方面看，行吟学子停留在赞颂口腹之欲和肉欲之爱上，其思想无法再进一步起到解放宗教束缚和直接探寻人性的作用，其诗歌仅仅止步于娱乐听众的作用上。当然，这些思想和情感通过奥尔夫歌剧《布兰诗歌》的重生演绎，继续感动着任何对诗歌内容本身感兴趣的现当代听众。

Urban Underclass: A Study of the Thoughts and Emotions of Goliards in the Middle Ages

Abstract: Goliards came from the universities of the Latino western cities during High Middle Ages. As part of the students, Goliards sought happiness from drinking and composing poetry, indulging themselves in sensual pleasures. In this paper, the author tries to explore their behaviors, thoughts and their emotional worlds through their poems that were passed down. In the city and the university life, Goliards were regarded as rebels and lazy vagrants. The students lingered in taverns, drinking and gambling, when they left many Latino poems highly praising the practice of drinking and gambling. Their lyrics were affected by the secular lyrics, filled with the desire and pursuit of the passion of love between men and women. Those lyric poems express intense emotions such as the joys and sorrows. This research focuses on this kind of poetry, tracing the behaviors, thoughts and emotions of the people in those poems. Further understanding and analysis of the words and deeds and emotions in this emotional community will not only help us understand the spiritual outlook and dynamic changes of European intellectuals in the Middle Ages during the process of urban revival, but also help us understand the origin of great initiatives in the Renaissance and the Reformation.

Key words: Goliard; Carmina Burana; the Medieval Universities; Humanism; Emotions

作者简介:林恺,上海师范大学人文学院博士研究生,上海师范大学学生工作部(处)科长。

试论 16 世纪法语发展的政治和文化因素

韩智卿

摘　要:16 世纪,随着法兰西民族意识的发展,弘扬民族语言成为一项历史使命,拉丁语的绝对权威地位在法国受到了挑战。作为“国王的语言”的法语在众多俗语中挑起民族语言的大梁,凭借众多优点和统治者的支持与拉丁语展开竞争。意大利俗语成功崛起后,法国人一方面钦佩意大利人的成就并借鉴其俗语发展经验,另一方面不甘人下,力图超越意大利人。在统治者的支持下,法语取代拉丁语成为官方的行政、司法语言;在以杜贝莱为代表的文人的努力下,不断改进法语、丰富法语,为法语建立规则和提高地位。虽未彻底击败拉丁语,但法语在 16 世纪获得了重要的发展,自此之后其发展趋势不可阻挡。

关键词:法语　拉丁语　俗语　民族语言

语言是一个民族的重要象征,也是民族文化的重要载体。文艺复兴时期的法国,刚刚形成统一中央集权的民族国家,政治上不算强有力,文化上也并不强势,然而这时法国人的民族意识产生,民族认同感日益增强。在新兴民族国家民族文化构建的过程中,对民族语言的改造、发展和提高其地位成为当务之急。以杜贝莱等文人为代表的有识之士,出于一种爱国之心驱使的文人自觉,要求发展民族语言和民族文学,改变拉丁语的主导地位。另一方面,在中央集权国家的起步阶段,统治者希望通过统一的、民族的语言来加强中央集权、巩固统治,故大力支持法语的发展。几代法王的意大利战争也为法意之间的文化交流架起了桥梁,尤其在民族语言的确立方面法国向意大利借鉴良多。

16 世纪对于法语来说就是一个关键的时代，在这一时期法语获得巨大的发展。这不禁使我们产生疑问，为什么是在 16 世纪？法语为什么会有重大的发展？有哪些因素促成了其发展？她是如何发展的以及产生了什么样的影响？本文试图从政治和文化方面对 16 世纪法语获得重大发展的原因进行探究，希望对法语历史有更加深入和全面的了解。

在中世纪的欧洲，拉丁语是一种超越国界的、整个欧洲通用的知识、宗教、学术、行政和司法用语，在整个欧洲有着至高无上的地位。学校被称为“拉丁语的摇篮”，在学校拉丁语占据绝对主导地位。它是教师授课讲解时使用的语言，也是学生课堂内外的唯一用语。布鲁诺将教会称为“拉丁文的堡垒”，因为“拉丁文始终是天主教会的礼仪语言，是执行弥撒圣祭和施行圣事的语言”。[①]在学术界，它是不可或缺的工具，不仅是在神学、哲学、文学和科学领域，而且在所有的公共甚至私人著作中一直占据着至高无上的地位，它是所有欧洲学者的共同语言。除了拉丁语之外，还存在着一种语言——俗语。那么，何为俗语？但丁(Dante Alighieri)曾在《论俗语》中为俗语下过这样的定义：“所谓俗语，是指当婴儿能够辨别不同语音之时，从周围的人们那里学得之语言。简而言之，我认为俗语是我们不需要任何正式教育，仅仅通过摹仿乳母讲话就能学会的语言。”[②]实际上，“俗语”(Langue Vulgaire)就是指各地的“白话方言”。

从 14—15 世纪开始，作为文学语言的法语(也就是与拉丁语相对的、人们口中的“俗语”)，开始受到拉丁语的影响日趋成熟和丰富，日渐显示其独特的魅力。即便如此，拉丁语仍然或多或少地保留着作为文学、科学和宗教语言的特权，而作为俗语的法语总是处于较低的等级，认为它能够成为高雅文化工具的人是非常有限的。

在 16 世纪，这种语言等级观念虽然几乎无处不在，但是出现了一些为俗语发声的人。出于政治、社会、宗教、科学等原因，他们希望俗语脱离黑暗和无闻，用他们的话讲，“希望将其发扬光大”。值得注意的是，这些俗语的“先行者”并不因此否认拉丁语的优势和权威。

一、16 世纪俗语发展的背景

英法百年战争激发了法国人强烈的民族意识和民族自我认同感，民族情

---

① 弗朗索瓦・瓦克:《拉丁文帝国》，陈绮文译，生活・读书・新知三联书店 2016 年版，第 52 页。

② Alighieri Dante, *De vulgari eloquentia*, trans. Steven Botterill, Cambridge: Cambridge University Press, 1996, p.3.

绪空前高涨。在这一时期,"法国人在同宗意识的养成、语言文化的价值定位、民族形象的设计、民族空间的衍生以及民族情感的培育等方面已经取得一定的进展,以王权为中心的民族向心力已呈逐渐增强之势"。①民族语言成为促进法兰西民族情感形成的重要因素之一。但应该指出的是,13 世纪的"民族"概念与 15 世纪末开始在法国和英国形成的中央集权"民族国家"的概念相去甚远。②

"从中世纪开始,民族情感一般由三部分组成,最重要的是自然因素,例如土地、血统、语言等;其次是历史要素,例如神话、传说、伟人等;再次是宗教要素,即与教会的关系。"③"虽然拉丁语具有成为法国全境共同语言的客观历史基础,但它却与民族意识相抵触,因为拉丁语是一种国际语言,是天主教世界的通用语言,如果将它作为法国的统一语言,便意味着法兰西民族的个性就会被淹没在拉丁世界的汪洋大海之中。"④也就是说,拉丁语由于其国际通用性以及与罗马的渊源,故而与法兰西民族性相抵,故而必然在与俗语的竞争中被淘汰。中世纪法兰西土地上的语言有两大类:俗语和拉丁语。俗语包含:奥依语(Langue d'Oil),奥克语(Langue d'Oc),法兰克-普罗旺斯语(Franco-Provençal)三个主要类别以及布列塔尼语、弗拉芒语和巴斯克语等各地方言,而后来成为"法国官方语言"的法语的前身就是奥依语的一个分支——法兰西岛方言。本文中所探讨的"16 世纪的法语",它不是当时整个法国甚至不是法国北方的语言,而是特指"法兰西岛的语言",即"国王的语言"(Langue de Roi)。由于法兰西岛是王室的故土,法兰西岛方言又被称为"国王的语言"。拉丁语则凌驾于这些方言之上,它是宗教神学语言、文化教育语言和行政管理语言。在"国王的语言"敢于公开与"教皇和神职人员的语言"相提并论之前,它首先必须战胜奥依语的其他分支和奥克语等其他方言。⑤到 12 世纪,这场"内战"以法语——法兰西岛方言获胜告终。法语获胜的原因有二。第一,法语

---

① 陈文海:《法国史》,人民文学出版社 2014 年版,第 90 页。

② Colette Beaune, "La notion de nation en France au Moyen Âge", *Communications*, 45, 1987, pp.101-116.

③ 申华明、傅荣:《法语小史》,上海外语教育出版社 2021 年版,第 103 页。

④ 陈文海:《民族语言·民族文化·民族国家——法国中世纪后期语言文化的民族化进程探析》,《世界历史》1997 年第 6 期,第 49—57 页。

⑤ Marc Fumaroli, "The Genius of the French Language", Pierre Nora(dir.), ed., *Realms of Memory: The Construction of French Past*, Vol.3: Symbols, trans., by Arthur Goldhammer, New York: Columbia University Press, 1998, p.559.

在“多样性”面前代表着“统一”,而语言的统一是政治统一和中央集权的重要要求。虽然,在多样的白话方言面前拉丁语也是一种“统一”的代表,但是拉丁语不具有“法兰西的民族性”。第二,语言上的“权势地位关系”使得法语获得了高于其他方言的优势地位。理论上说,各种方言,不管是地域方言还是社会方言,社会地位应当是平等的,正如各民族的语言地位应一律平等一样。但是,由于政治、经济、文化、宗教等多方面因素的影响,常常造成方言间社会地位事实上的不平等。这种不平等关系,社会语言学称之为“权势关系”。在权势关系中,社会地位低的方言称为“低势方言”,社会地位高的方言称为“高势方言”。从低势方言到高势方言,往往形成台阶式的系列,处于台阶最高端的方言称为“权威方言”。当今世界上的标准语言,其基础方言大多是首都话或以首都话为代表的方言。①

在 15—16 世纪期间,作为俗语的法语的威望似乎加快了增长,这很可能与统治精英们心目中民族认同感的新发展有关。到了 15 世纪末,“法兰西民族”,即法兰西岛,已经控制了该国其他“民族”的很大一部分。在这里需要指出,中世纪的“民族”概念与今天的概念有很大的不同。法文中“民族”一词写作“nation”,它源于古法语词汇“nacion”,后者又来源于拉丁语词汇“natio”,表示具有共同出身与血缘关系的人们,也进一步延伸出表示生活在共同地理区域的人们。欧洲中世纪的大学,例如巴黎大学,根据来自相同地方、讲相同语言的标准将学生划分为四个民族:法兰西民族、皮卡第民族、诺曼底民族和日耳曼民族。“欧洲中世纪民族概念主要是用来表明共同起源与同乡关系。”②权力的集中导致法兰西岛之外被统治的省份被同化为“法兰西民族”,而正是在这个过程中,统治群体开始在其语言中看到新的民族身份的象征。拉丁语逐渐从其作为用于在“国家”之间进行所有政治、法律和行政事务的通用语的功能中消失,自然而然地拉丁语的威望转移到了“国王的法语”上来。③

1494 年法国国王查理八世领兵入侵意大利。意大利的文学、艺术、建筑等各方面都令法国人赞叹不已,法王弗朗索瓦一世不惜重金从意大利聘请来众多知名艺术家和建筑师。虽然,法国是军事上的征服者,但在文化上,法国

---

① 李宇明:《权威方言在语言规范中的地位》,《清华大学学报》(哲学社会科学版)2004 年第 5 期,第 24—29 页。

② 尤尔根·哈马贝斯:《包容他者》,曹卫东译,上海人民出版社 2002 年版,第 130 页。

③ R. Anthony Lodge, *Le Français: Histoire d'un dialecte devenu langue* (*Histoire de la Pensée*), Paris: Fayard, 2014, p.145.

人却被意大利人征服。从 14 世纪至 16 世纪前期，意大利俗语文学取得了非凡的成就，涌现了但丁的长诗《神曲》、彼特拉克的抒情诗《歌集》和薄伽丘的小说集《十日谈》等优秀的俗语文学作品。相比之下，同时期的法国俗语文学黯然失色。因此，意大利的俗语文学成就激发了法国文人的仰慕和模仿。

被意大利和意大利俗语文学取得的成就吸引的法国人想要在法国也进行这项事业，并希望取得像意大利那样的成功。16 世纪的意大利人自豪地向欧洲其他地区展示了他们充满美的理念和艺术感的一流俗语文学作品。为什么法国不能以同样的方式尝试达到同样的成就？法国人认为无论在军队、法律、道德还是文学上，他们都不逊于意大利。这实际上是带有一点嫉妒的自豪感。法国人承认，目前法国在文学方面还是逊于意大利的。因此，他们认为应该着手去填补空白，通过大力发展本国俗语，塑造法国俗语文学来彻底消除这种文学上的不平等。他们发展俗语的尝试始于一种大胆的与意大利人竞争的想法，并希望尽可能、尽快地将其超越。为了实现这一理想，最简单的方法就是像意大利人那样去做，因此法国人决定重新去做他们做过的事情。以约阿西姆·杜贝莱(Joachim du Bellay)和皮埃尔·德·龙萨(Pierre de Ronsard)为代表的七星诗社(La Pléiade)找到了意大利人获得成功的两个原因：对民族语言的崇拜和对古代文化的崇拜。一方面，他们令托斯卡纳语战胜了拉丁语，另一方面，意大利诗歌通过模仿古代文体而得到新生和发展。法国人认为唯一能让法国比肩意大利的方式是将对古代的崇拜和对母语的热爱结合起来，梦想能够通过对古代文学的模仿建立起一种新的民族文学。[①]然而，意大利文化精英的文化优越感和傲慢姿态极大地伤害了法国文人学者的民族情感和民族自尊，故而法国学者在接受意大利文化的过程中，也都或多或少地抵制着意大利人的文化优越感，并对意大利文化也怀有强烈的竞争意识。[②]在发展民族语言和建立民族文学的道路上，法国人首先要面临的问题就是：为什么要选择法语而非拉丁语？法语能否比肩意大利语，获得同样的成就？

二、法语与拉丁语之争、意大利语之争

拉丁语能够被广泛地流传和使用必然有其卓越之处。文艺复兴先驱、诗

① Henri Chamard, *Joachim Dubellay 1522-1560*, thèse présentée à la Faculté des Lettres de l'Université de Paris par Henri Chamard, Lille, Le Bigot, 1900, pp.101-102.

② 刘耀春：《意大利时刻：16 世纪法国对意大利文化的接受》，《学海》2015 年第 3 期，第 73—83 页。

人但丁认为,与俗语相比,拉丁语地位更加高贵。他提到,中世纪时歌咏“爱情”的诗人不用俗语而用拉丁语,即使有个别俗语爱情诗也是对拉丁文诗作的模仿;而且使用俗语的诗作主题范围十分有限,基本只能用于“爱情主题”,而更加丰富或者宏大的题材,例如“战争主题”,只能使用拉丁语。[①]其次,拉丁文品质较高。但丁还表示:“拉丁文是永恒的、不受到腐蚀的,而俗语是不稳定的、易受影响的……”[②]也就是说,一方面,拉丁文它不随时间和空间的变化而变化,而俗语则会因时因地不同有一些变化;另一方面,拉丁语遵循的是规则,而俗语遵循的是习俗。实际上,在近现代很长的一段时间里,思想家、哲学家、文学家都不使用法语来进行学术的写作和交流,因为他们觉得法语不能表达精深的思想。正如吕西安·费弗尔就法语的情况而指出的:16 世纪的大多数地方语言中缺乏诸如“绝对”和“相对”,“具体”和“抽象”等这样一些词汇。这种缺陷需要靠拉丁语来弥补。[③]王家学校教员图尔内波曾指出:“与拉丁语相比我们的语言是贫乏而简陋的,从常理上说,抛弃古代语言来促进现代语言的做法是错误的。”[④]拉丁语的词汇远比俗语丰富,因而拉丁语比俗语更适合表达深邃的思想。根据 V. L.索尔尼埃的计算,在 16—17 世纪,法国共有 700 多名诗人在用拉丁文写作。另外,拉丁语是国际通用的学术语言,使用范围广泛。拉丁语塑造了一个“文人共和国”。在欧洲,无论是在天主教国家还是新教国家,正如理查德·马尔卡斯特所说,拉丁语是“有知识的人”使用的语言,或者按照一位瑞典学者的说法,拉丁语是“有知识的人的母语”。[⑤]一方面,“文人共和国”的存在让文人学者们产生一种共同的归属感和对文化知识的强烈感知;另一方面,不同母语的学者使用相同的语言交流思想、著书立说,它打破了学术交流的语言壁垒,真正成为了一种“泛欧”语言。此外,拉丁语是欧洲各大学的唯一教学语言,从而构建了一个知识和教育上的泛欧体系。在这个体系中,学生和教师可以在不同国家之间进行学术交流或者就业,具有更强的流

---

① 郑鸿升:《俗语不俗——论但丁对俗语的辩护》,《安徽大学学报》(哲学社会科学版)2016 年第 2 期,第 91—98 页。

② Alighieri Dante, *The Banquet*, trans. Elizabeth Price Sayer, Charleston: Bibliobazaar, 2006, p.21.

③ Lucien Febvre, *The Problem of Unbelief in the Sixteenth Century: the Religion of Rabelais* (1942; English translation, Cambridge, MA: Harvard University Press 1982), p.385.

④ 乔治·杜比编:《法国史》,黄艳红等译,商务印书馆 2010 年版,第 630 页。

⑤ Richard Mulcaster, *The First Part of the Elementarie* (1582: facsimile repr. Menston, 1970), Lindberg: lärdes modersmal, p.257.

动性。人们习惯将这种现象称作“学术移民”。因此获得了硕士学位的人，有资格在其他“任何地方教书”，这反过来又强化了靠拉丁语提供的机会。[①]

相较而言，俗语的实用价值是远高于拉丁语的。但丁在《宴会》中曾提道：“显然，俗语能提供一些有用的东西，这些甚至是拉丁语所无法提供的。”拉丁语最大的缺点便是普及率低下。拉丁语作为高高在上的学术语言懂的人并不多，而俗语作为人民群众使用的语言，普及的范围广泛，这是但丁认为文学作品必须以俗语写作的最主要原因。在法国，除了少部分受过教育的男性之外，尤其是许多女性读者都不懂拉丁语，因此，一些沙龙和文学作品开始涌现一些俗语作品。此外，针对俗语的词汇匮乏、抽象表达能力差等弱点，七星诗社代表人物杜贝莱、龙萨等人对此也作出了回应，他们肯定了俗语作为文学语言的价值，认为俗语也能够清晰、优雅和有效地进行文学表达。杜贝莱认为，法语已经开始发展，也能够忠实地传达从别的语言中借用的词句，自己产生一些好的创意表达。即使法语的抽象表达能力暂时还有欠缺，但是已经在提高和发展，而且我们也可以通过一些暂时的借用或者在借用基础上进行创新来解决法语的“贫乏”这一问题。另外，杜贝莱还指出：“假如把我们耗费在希腊语和拉丁语上面的时间用于研究各学科知识，大自然就不会变得如此贫瘠不育，以至于她不能诞生出我们时代的柏拉图和亚里士多德。”[②]今人把太多的时间用于研习希腊语和拉丁语，严重浪费人的精力，导致法国自然科学研究毫无进展。的确，经过多年苦读之后，即便人们学有所成，也不过是掌握了两三门外语而已，假使人们都能够把学习语言的时间用在科学研究上，那么法国的科学事业定能繁荣发展起来。众所周知，拉丁语自古以来，都被认为是一种“高贵的语言”，总是与“教养”“文化”“地位”和“贵族”等字眼联系在一起。然而，但丁在其著作《论俗语》中却提出了一个与此相反的新观点，开始为俗语辩护。但丁认为，这两种语言中，俗语更高贵：首先，它是人类的原始语言；其次，全世界的人都在使用它，虽然所使用的俗语在词汇和发音方面各不相同；最后，对我们而言，俗语是自然的，和它相比，拉丁语是人工的。[③]在拉丁语地位至上的

① 彼得·伯克：《语言的文化史——近代早期欧洲的语言和共同体》，李霄翔等译，北京大学出版社2020年版，第96页。

② Joachim du Bellay, *La Défense et Illustration de la Langue Francoyse*, Paris: L'Angelier, 1549, pp.95-96.

③ Alighieri Dante, *De vulgari eloquentia*, trans. Steven Botterill, Cambridge: Cambridge University Press, 1996, p.3.

欧洲，但丁首次提出了“俗语比拉丁语更为高贵”，这个颠覆性的观点被认为是“现代欧洲语言的独立宣言”①。但是，值得注意的是，“稳定、永恒、不易受到腐蚀”是拉丁语的优点，但也是它的缺点。也就是说，拉丁语作为一种凝固的语言，不会随时间的变化而丰富和发展。伊拉斯谟(Erasmus)曾经在《对话录》中提出过这么一个问题：西塞罗的现代追随者如何去指称西塞罗时代并不存在的机构和物体。②也就是说对于新出现的事物，例如“火药”“印刷术”等新事物，我们该如何处理？方案一，创造出新的拉丁语词汇来指代新事物。这种方案实用性不强。方案二，使用已有的拉丁文旧词来指代新事物，利用其引申含义或者词语的组合含义等。然而，该方案的清晰度又成问题，容易引起歧义。拉丁语的抽象思维表达能力强，“能展现人类大脑所想象的众多事物，而俗语不能”。③但是，人们在推崇拉丁语的同时也意识到，过去的语言即使再完美，一旦被视为“凝固的丰碑”就无法再适应现代生活的要求。

除了与拉丁语之争，法语与意大利语也展开了激烈的竞争。作为俗语文化发展的先行者，早在法国之前，意大利的俗语文学就取得了巨大的发展。法国人在仰慕、模仿的同时，心中也暗自与之较劲，不愿令法语屈居托斯卡纳语之下。16世纪初，法国诗人让·勒麦尔(Jean Lemaire de Belges)于1513年写下了《论两种俗语的和谐》(*Concorde des deux langages*)，他首先将这两种语言置于同样的地位上，他认为托斯卡纳语和法语有一样的优点并且是同根同源的：这两门语言“源自同一个躯干和根……即拉丁语(它是一切文采之母)，好比同一眼泉水中流出的溪流，理应和睦共处”。④起初，对意大利的态度还算温和，随后，“文化民族主义情绪”日渐发酵，七星诗社的杜贝莱认为：“法国，不论是在和平时期还是在战争时期，长期都胜过意大利……那么，我们为何要羡慕别人呢？为什么我们要这样敌视自己呢？为什么我们要乞求外国语言，好像我们耻于使用我们自己的语言？”⑤“或许，会出现这样的一天：(我希望，伴随

① Steven Botterill, *Introduction. De vulgari eloquentia, by Dante Alighieri*, trans. Steven Botterill, Cambridge: Cambridge University Press, 1996, p.xviii.

②③ Erasmus, *Ciceronianus*, 1528: English translation, collected Works 28, Toronto, 1986, pp.323-368.

④ Robert Aulotte, *Précis de Littérature Française du XVIe Siècle*, Paris: Presses Universitaires de France, 1991, p.250.

⑤ Joachim du Bellay, *La Défense et Illustration de la Langue Francoyse*, Paris: L'Angelier, 1549, p.169.

着法国的幸福命运)这个高贵和强大的王国反过来会获取世界的统治权,我们的语言(它并未和弗朗索瓦一世一同埋葬,而是刚刚开始萌芽)将破土而出并茁壮成长,最终能同希腊人和罗马人一争高低。"[1]杜贝莱流露出一种明显的、强烈的与意大利语竞争的意识,甚至是一种反意大利的情绪。七星诗社的其他人也有与之相同的态度,坚信法语可以与意大利语媲美,且总有一天定能将其超越。此外,人文主义者艾蒂安·帕斯基耶(Estienne Pasquier),特别强调法国人的高卢和凯尔特渊源,有意抬高法语和法国文化,并贬低其他语言,尤其是意大利语,他说"意大利人(古罗马人的后裔)更适合精细而非美德,因此他们逐渐从阳刚气十足的古罗马语中形成了一种十足女人味的和软绵绵的语言"。[2]法国印刷商和古典学者亨利·艾蒂安(Henri Estienne)在他的《关于意大利化新法语的两篇对话》(*Deux dialogues du nouveau langage François italianisé*)中对意大利和意大利语进行了更加残酷的抨击。他认为一个语言是人的道德品质的反映,他指出法语是阳刚、强劲和健康的语言,而意大利语是堕落、阴柔语言,因而意大利语在法国宫廷里造成了恶劣的、腐蚀性的影响。艾蒂安开始将对意大利语的抨击上升到对意大利人的全面攻击。他甚至表示:意大利人全都是可鄙的,因为其廷臣们都是腐化和女人气的。法语正是由于借用了意大利语致使法语面目全非,失去了法语本来的尊贵。法语堕落的根源在于法国宫廷的道德堕落和各种恶习,而这些恶习皆因"可恶的意大利风尚"影响。因此,他明确反对宫廷里盛行的意大利语,并呼吁抵制"意大利败坏"(corruptions italique),维护法语的纯洁。[3]

16世纪法国语言问题之争实际上主要围绕着两个方面:一是法语与拉丁语的竞争——拉丁语在法国根深蒂固,地位尊贵,法语虽仍有许多不足之处,但却更加"接地气";二是法语与意大利语之间的竞争——法国人强调作为法国俗语的法语较之于意大利语的优越性和高贵性,大力抵制意大利语对法语的入侵,捍卫和发展法国的俗语。这实际上充分体现了法国人强烈的文化民族主义意识,民族文化精神觉醒,要求发展民族语言以及以民族语言为载体的

---

① Joachim du Bellay, *La Défense et Illustration de la Langue Francoyse*, Paris: L'Angelier, 1549, p.66.

② Marc Fumaroli, "The Genius of the French Language", Pierre Nora(dir.), ed., *Realms of Memory: The Construction of French Past*, Vol.3: Symbols, trans., by Arthur Goldhammer, New York: Columbia University Press, 1998, p.576.

③ 郑鸿升:《俗语不俗——论但丁对俗语的辩护》,《安徽大学学报》(哲学社会科学版)2016年第2期,第91—98页。

民族文学。然而，需要注意的是，这种文化民族主义或者说语言民族主义与现代意义上的民族主义并不相同，但我们仍可将其看作是后者的先声。①

三、16 世纪法语发展的原因

16 世纪是法语获得巨大发展的时期，在这一时期，许多因素助力了法语的发展。法国君主十分关心语言问题，俗语在法国的发展离不开君主的支持。国王希望在全国范围内巩固自己的统治，尤其是在远离其统治中心的地区。语言上的统一，是政治上忠诚的重要表现。著名历史学家克劳德·德·色塞尔认为："一个民族的统治者必须与他统治的民族说同一种语言，这样他们才会有一种天然的亲近关系。"②因此，为了国家的利益，为了促进司法、行政和王国的统一，语言需要统一。1490 年，查理八世颁布了《穆兰法令》(Ordonnance de Moulins)，强制要求地方司法审讯和诉讼笔录必须使用法语或地方语言——俗语，开始限制拉丁语的使用。1510 年，路易十二颁布法令，要求地方所有司法文件都要使用俗语，禁用拉丁语。1535 年，弗朗索瓦一世颁布法令，将路易十二的法令推行至朗格多克地区。法兰西民族意识的形成之后，法国人对自己民族语言日渐重视。这些法令的主要目的是将拉丁语逐出行政司法领域，将自己民族的俗语搬上舞台，但是至于选择法语还是地方方言并没有明确或强制的要求。1539 年 8 月 10 日至 25 日期间，法国国王弗朗索瓦一世于埃纳省小城维莱科特雷颁布了著名的维莱-科特雷法令(Ordonnance de Villers-Cotterêts)。该法令共有 192 条，其中第 110 和第 111 条首次确立了法语在正式文件中的使用。法语开始取代拉丁语成为法律和行政上的官方语言。然而，在这里需要注意的是，维莱-科特雷法令中所强调的只有法语，与查理八世的《穆兰法令》相比，它剔除了外省的方言，因此这项法令常被认为是"国王的语言统一政策采取的第一个官方行动"③。法语的官方地位得以确立。

1490 年、1510 年和 1535 年的皇家法令虽然没有明确将法语区别于其他方言，但实际上暗示了法语的优越性，到 1539 年弗朗索瓦一世的维莱-科特雷

① 郑鸿升：《俗语不俗——论但丁对俗语的辩护》，《安徽大学学报》(哲学社会科学版)2016 年第 2 期，第 91—98 页。

② Claude de Seyssel, *La Monarchie de France*, Paris: Librairie d'Argences, 1961, p.218.

③ Danielle Trudeau, "L'ordonnance de Villers-Cotterêts et la langue française: histoire ou interpretation"? *Bibliothèque d'Humanisme et Renaissance* 45(1983), p.461.

法令法语官方地位才得以最终确立。但需要注意的是，虽然维莱法令确立了法语的官方地位，但是它并未以严格的手段强制推行法语，更没有以法律形式规定不使用法语会受到的惩罚。实际上，自1490年以来的语言转变并不是偶然的，我们从中可以看到统治者在语言统一上精心的设计。第一步，统治者在司法领域的书面记录上排除拉丁语，使用法语或地方语取而代之。人们自然是更乐意使用地方语言，然而他在这里巧妙地引入了“国王的语言”，并将其与地方的语言并列，但不强制使用“国王的语言”，法语还是地方语言可以由人们自由选择。比起直接规定使用法语来说，这项“设计”可以说作为了一个过渡，减少人们心里的对“非本地语言”——法语的抵触，使人们后期更容易接受法语。加之随后的两位国王将政策更广泛地推广，为弗朗索瓦一世的维莱-科特雷法令的出台及推行奠定了基础。法语先通过各地方言与拉丁语竞争，令方言在文学和公共文本的书写领域争得一席之地，然后法语通过其自身的优势条件取代方言的位置，在国王的支持下，继续与拉丁语展开竞争。

绝对中央政治权威的支持是法国俗语地位确立区别于意大利俗语地位确立的重要特点。14至16世纪，当意大利面临“语言问题”之时，还没有形成统一的国家，缺乏一个强大有力的中央政府，因此无法借助中央政府的权力去确立统一的民族语言。政府也无法在民族语言与拉丁语的竞争中给予强有力的支持。但丁认为，在没有君主的情况下，诗歌应该至高无上，并借此确立俗语的尊严。最终，托斯卡纳规范取得了胜利，这与但丁、彼特拉克和薄伽丘等人在文学上取得的巨大成就密不可分：14世纪最终形成的标准意大利语是以但丁、彼特拉克和薄伽丘等文学巨匠的家乡方言——托斯卡纳地区俗语——为基础发展而成，这与这些作家的经典作品广受欢迎以及彼得罗·本博(Pietro Bembo)为建立标准意大利语付出的努力有关。[①]而16世纪的法国早已形成了统一的民族国家和强有力的中央集权政府。在王权的支持下，一方面法国语言的统一变得更加容易，另一方面，法国俗语在与拉丁语的竞争中也更加有底气。在多位法王对法语递进式支持的政令下，法语在十五六世纪稳步向前发展，尤其是在弗朗索瓦一世的维莱-科特雷法令之后法语被宣布为皇家官方语言，这也意味着法语正式取代拉丁语成为正式的官方语言。

---

① 彼得·伯克：《语言的文化史——近代早期欧洲的语言和共同体》，李霄翔等译，北京大学出版社2020年版，第129页。

任何一种语言都无法仅依靠统治者政令或是强权被人们真正地接受。一种语言只有创造出伟大的作品，才能真正成为一种文化语言，才能获得人们的尊重。因此，对语言的发展来说，除了政治上的推动力，例如国家政令的推广普及，文人的力量同样不可忽视。一些文人通过其优秀的作品建构起语言的动人表达和优美韵律，一方面会让语言丰富起来，另一方面让人们真正乐于去接受这种语言。从 16 世纪开始越来越多的法国文人学者公开地肯定法语和拉丁语之间的地位平等，开始用法语而不是拉丁语写作。文学家、思想家蒙田(Montaigne)就是典型的例子。蒙田拒绝使用拉丁语，支持更加日常的俗语。然而，较之古人“不朽”的语言，他用一种“不稳定、多变、易腐烂”的语言来表达他的思考，在当时的许多人看来，其作品有着很快变得难以阅读的风险。但蒙田表示：“我不是为未来的几个世纪写作，而是为我所爱的人写作。”他用一种发展迅速的语言写作，很有可能五十年后人们将不再能够阅读他的散文；虽然他相信拉丁文能更稳定地持存，但他选择为他身边的人用法语写作。然而蒙田的这一做法却有助于法语的固定。蒙田为了让更多的人能够看懂他的作品，选择了用俗语来写作。幸运的是，他在这一点上错了，他的俗语作品在几百年后仍被传颂。1532 年和 1534 年，人文主义作家拉伯雷(François Rabelais)先后出版了用法语写成的《巨人传》的第一部和第二部。他用法语写作并希望通过自己的努力让法语更加完善。他认为只有表达丰富的语言才能成为国家和民族的语言，所有能够丰富词汇、创新表达的东西都是必要的、合理的。因此拉伯雷在《巨人传》中使用的语言十分丰富：“他从死的语言、外国语言和外省方言中汲取词汇，他创造新词(包括象声词)，改变现有词汇。他常常罗列几十上百个词语：名词的罗列、动词的罗列，几乎将同一意思的全部词汇搜罗到一起。”①

在社会技术层面，印刷术的普及和出版行业的大发展也促进了法语的发展。前面我们提到过，拉丁语是文学语言和学术语言，那么书籍自然应是用拉丁语写成。然而，拉丁语一直是受过教育的上层人士和神职人员的语言，懂得拉丁语的人数非常有限。印刷出版行业的发展必然要求使用一种比拉丁语更加广为人知的语言。如果印刷商不希望机器闲置的话，其印刷出版的书籍必须采用更广为人民群众所熟知的语言。虽然用法语写作对作者来说意味着在

① 郑克鲁：《法国文学史》(上卷)，上海外语教育出版社 2016 年版，第 74 页。

某些人眼中失去“声望”，但是它为作者和印刷商赢得了更多的读者，从而为印刷商带来更多实质性的经济收益。印刷商人对经济利益的追逐促进了法语的普及及其与拉丁语竞争的胜利。通过统计的数据显示，16 世纪在巴黎出版社以法语出版的作品数量有了明显增长①：

表 1　16 世纪巴黎以法语出版的作品

	1501 年	1528 年	1549 年	1575 年
作品总数量	80	269	332	445
法语作品数量	8	38	70	245
所占百分比	10%	14%	21%	55%

一个又一个的作家、学者开始用法语而不是拉丁语写作，法语出版物的数量也稳步上涨，在出版物总数中所占比也是越来越大，到 16 世纪末甚至超过了 50%。作家之所以开始使用俗语写作，是他们逐渐意识到：拉丁语虽然“精深”，也能更好地在学术共同体中交流思想，但是他们作品的受众非常有限，无法深入到更广泛普通群众中去，且长时间地依赖拉丁语也不利于本民族语言的发展。

四、结　语

14—15 世纪，由于民族意识的产生以及国土的统一，法语开始崛起，与拉丁语展开竞争。拉丁语凭借其高贵优雅、抽象能力强及其欧洲通用性等优点顽强坚挺到了 20 世纪。俗语也凭借其民族性、群众性等优点，加之统治者的支持，在 16 世纪与拉丁语的较量中占得了许多的“领地”。在这一过程中，法语与意大利语亦敌亦友，一方面，法国人借鉴意大利人发展本国俗语的经验，借以发展本国俗语；另一方面，意大利人在本国俗语上面取得的成就令法国人羡慕不已，法国人怀着些许嫉妒之情，奋力超越。以弗朗索瓦一世为代表的法国君主，通过国家政令等政治推动力在其统治范围逐步推行法语。以杜贝莱为代表的文人，他不仅有自觉发展法语的意愿，而且论证了法语可以通过自我完善和发展达到像古典语言一样的高度，这对法语和法语创作者来说无疑是个莫大的鼓励。在技术和社会层面，俗语对民众来说更加通俗易懂以及印刷

① Mireille Huchon, *Le Français de la Renaissance*, («Que sais-je?»), Paris: PUF, 1988, p.23.

术的推广，都进一步推动了法语在16世纪的发展。法语也正是在这个世纪从“国王的语言”变成了“王国的语言”。

然而，到16世纪末，法语取代拉丁语作为写作和学习的语言的任务还远未彻底完成，整个17世纪，科学和哲学著作仍继续被创作或翻译成拉丁语。[①]直到20世纪，拉丁语也一直是天主教会的主要语言。但是，16世纪对于法语来说确实是“兴起”的一个世纪，是法语发展史上至关重要的转折点。在这一世纪，法语的使用人数增多，由法兰西岛开始向全国扩展；法语的“功能”增加，由人民口中的日常口语开始走向正规的书面用语，且在国王的政令支持下成为行政、司法等官方语言；法语的地位也有了巨大的提高，从文人墨客鄙夷的粗俗用语开始变成文学语言，越来越多的作者开始使用法语著书。最后，法语的发展已经成为一种不可阻挡的趋势，其势头在接下来的几个世纪有增无减，“王国的语言”终将成为“人民的语言”。

On the Political and Cultural Factors of the Development of French in the Sixteenth Century

Abstract: In the sixteenth century, with the development of the French national consciousness, promoting national language became a historical mission, and the absolute authority of Latin was challenged in France. French as the "language of the king" took on the responsibility of the national language among the many vernaculars, competing with Latin by virtue of its merits and the support of its rulers. After the successful rise of Italian idioms, the French admired the achievements of the Italians and learnt from their experience in the development of idioms. With the support of the rulers, French replaced Latin as the official administrative and judicial language; with the efforts of literati represented by Du Bellay established rules and raised the status of French; constantly improved and enriched French. Although not completely defeated by Latin, French gained significant development in the sixteenth century, and its development has been unstoppable ever since.

Key words: French; Latin; vernacular; National language

作者简介：韩智卿，上海师范大学人文学院博士研究生。

① Ferdinand Brunot, *Histoire de la langue française* (13 Vol.), V, Paris: Colin, 1966, pp.21-24.

表演的非人类:论西班牙黄金世纪的动物秀

周宏亮

摘　要:动物秀是16至17世纪伊比利亚半岛大都市(比如说马德里与里斯本)街道上出现的独特文化景观。大象、犀牛、犰狳和公牛等特征鲜明又体态庞大的动物,作为帝国强盛的符号在都市的户外空间公开展演。观众们趋之若鹜,用静默的凝视与仪式化的参与,使得表演成为了西班牙都市里流动的盛宴。本文基于翔实的西语和英语史料考证,从都市文化的角度论述了黄金世纪动物秀的艺术特征与社会意义。表演的非人类是近年来西方文化研究的前沿与热点,动物秀则是前现代人类文明的代表性文化遗产。通过考察西班牙都市空间里动物演员的竞相登场,我们能更好地理解人与社会以及人与自然之复杂关系。

关键词:动物秀　西班牙都市文化　表演美学　黄金世纪

西班牙的黄金世纪通常指的是16世纪初至17世纪,具体地说,"黄金世纪始于1499年(对话体小说《塞莱斯蒂娜》的出版),终于1681年(戏剧大家卡尔德隆逝世)"①。这一时期的西班牙,正值烈火烹油的盛世。哥伦布发现的新航路,将广袤富裕的美洲大陆几乎全数纳入到了帝国的版图。来自遥远世界的奇珍异兽随着商船的物流蜂拥而入,形成了蔚为壮观的异域景观。彼时的西班牙人热衷于在城市的公共空间观看那些"神奇"动物。原本局限于室内

① 约翰·克罗:《西班牙的灵魂:一个文明的哀伤与荣光》,中信出版社2021年版,第222页。

的马戏表演也纷纷走上了街头，成为了黄金世纪西班牙别具特色的动物秀。

一、研究背景、研究对象与研究意义

动物，是人类的营养来源和精神伙伴。"学术界对于动物的研究基本上可以略分为两类，即以人为中心的研究和以动物为中心的研究。传统上以人为中心的研究是主流，如动物的文化史研究，重视人类社会对动物的认识、想象、描述和书写，研究文学和艺术形式再现动物的形象，探讨动物在人类社会历史发展过程中的地位与角色。"[①]英国学者洛尔·思特克斯(Roel Stercks)是这方面的专家。他编著的《中国历史上的动物：从上古到1911》从商朝祭祀仪式中的动物展演写起，一直写到中古时代的蜜蜂和猫，以及20世纪作为供肉机器而存在的猪[②]。上古时代先民用来沟通神灵的动物祭祀仪式是后世动物秀的原型。凯伦·拉贝尔(Karen Raber)和莫妮卡·马特菲德(Monica Mattfeld)则梳理并分析了中世纪以来欧洲的动物秀，包括文艺复兴剧场的熊和19世纪蔚然大观的马匹选美比赛。他们的研究解释了人与动物关系(观演关系)的演变，证明了"动物秀广泛存在于仪式、戏剧以及各种带有表演性的展示活动之中，探讨了人类的表演是如何被动物的在场而改变的"[③]。

琳达·卡洛芙(Linda Kalof)编著的《古代动物文化史》[④]向读者介绍了从公元前2500年到公元1000年之间的动物以及它们在人类精神生活中所发挥的重要作用。该书不仅对动物的狩猎和驯化过程进行了细致的史料考证，还特别强调了用于娱乐的表演性动物，论述了在古代地中海地区盛行的困兽之斗(Beastly Spectacles)。这是一种血腥的动物秀，古罗马人将猛兽关在斗兽场里，逼迫它们互相残杀，最终胜者为王。看台上的观众以此为乐并通过下赌注的方式获取不义之财。古罗马斗兽场的表演形式，既包括两头野兽彼此之间的决斗，又包括所谓的"人兽斗"。不过这些与猛兽搏杀的人，在古罗马的观众眼里，不能被视之为人，因为他们是北非的奴隶或者死刑犯。"统治者在斗兽场里将不同的人归类放置在不同位置，进而强化古罗马的政治宇宙秩序(Po-

---

① 陈怀宇：《动物与中古政治宗教秩序》，上海古籍出版社2021年版，第21页。

② Roel Stercks, *Animal through Chinese History, Earliest Times to 1911*, Cambridge: Cambridge University Press, 2018.

③ Karen Raber and Monica Mattfeld, *Performing Animals: History, Agency, Theater*, University Park: Penn State University Press, 2017, pp.1-13.

④ Linda Kalof, *A Cultural History of Animals in Antiquity*, Oxford: Berg Publisher, 2009, p.272.

litico-Cosmic Order)。"[1]斗兽场既是古罗马的娱乐场所,又是祭祀场所。他们杀人或屠兽,用鲜血淋漓的公开杀戮去献祭他们的神。

除了这种血腥的斗兽场,非暴力的动物秀也历史悠久,"早在公元前6世纪,古罗马就已经出现了赛马表演与马术表演"[2]。马,是全世界范围内应用最普遍的动物演员之一。在我国,具备观赏性和礼仪性的马早在先秦时代就已得到官方认可。西周时期,冬闲时节流行的驾马可以被视为我国记录最早的马术表演。"东周的贵族死后用马殉葬"[3],这表明马已经成为了贵族阶级进行情感投射、视若珍宝的宠物。到了唐代,百戏里分流出专门的"舞马"表演。受过专业训练的马开始登堂入室,成为了宴席、庆典和市井娱乐的美学景观。"在音乐声中,训练有素的马匹脚踏鼓点,或踢踏翻腾、旋转摇摆,或舞马登床、衔杯上寿。舞马人或马上奏乐、歌舞,或马上击剑、顶竿。"[4]如此惊险刺激又赏心悦目的表演,自然博得观众的满堂彩,也与万国来朝的大唐盛世相得益彰。到宋朝以后,由于"偏安一隅",马成为了老百姓们难得一见的动物。舞马艺术也逐渐衰颓,但是马戏表演留给中国人的集体记忆却影响深远。这也是为什么如今很多观众一提到动物秀就会联想到马戏团。马戏这个词在中文世界也已深入人心,如今它不仅指赛马、马球和马术,它实际上已经包括和涵盖了所有类型的动物秀。马也经常出现在西班牙黄金世纪的戏剧舞台,用来逼真地表现骑士生活的场景。比如说,贵瓦纳剧本《河岸山歌》的表演中就出现了马匹。"剧本的舞台指示特别强调主人公吉纳登场的时候是骑马上台,用于表现其英姿挺拔的骑士气质。"[5]对于西班牙人来说,马是骑士的象征。骑士出门必骑马,以彰显他们的伟岸身躯与所谓的英雄主义。

本文以西班牙的动物秀为研究对象,是因为行走于城市街道和广场的大象、犀牛和犰狳是16至17世纪西班牙都市区别于欧洲其他都市的最直观的

① Ronald Auguet, *Cruelty and Civilization: The Roman Games*, London: George Allen & Unwin Ltd. 1972, p.61.

② John H. Humphrey, *Roman Circuses: Arenas for Chariot Racing*, Berkeley: University of California Press, 1986, pp.35-48.

③ 印群:《论临淄齐故城五号东周墓殉马坑的特点与郑国祭祀遗址殉马坑等对比》,《管子学刊》2016年第3期,第115—118页。

④ 成军:《隋唐百戏表演概述》,《艺术探索》2017年第5期,第109—120页。

⑤ Luis Velez de Guevara, *La Serrana de la Vera*, (ed. William R. Manson and C. George Peale), Newark: Juan de La Cuesta, 2002, pp.86-87.

符号与形象。即使到今天，斗牛也局限在伊比利亚半岛。作为代表一个国家、一个时代、一个民族的文化景观，动物秀对我们理解和研究西班牙城市史和都市文化具有填补空白和“别开生面”的学术意义。

二、帝国盛世的美学具象与都市街道的空间转向

在黄金世纪的戏剧舞台上，动物被用来帮助和支持人的表演。在剧场之外，动物作为演员、频繁出现在西班牙各大都市的街头巷尾。在这些街头表演里，动物占据了观众注意力的中心，获得了“表演主角”的身份。在有史可查的诸多动物演员中，影响力最大且最受欢迎的动物是大象，有大量的西班牙表演史资料证明了这一点。西班牙最早的大象，是来自印度皇室的礼物。“1583年，印度莫卧儿帝国的第三代皇帝穆罕默德·阿克巴为了对抗盘踞在中东的奥斯曼帝国，寻求同欧洲强国西班牙的合作。为了表达自己的诚意，阿巴克在派遣使团前往里斯本的时候，随团附赠了20头亚洲象作为国礼，送给当时居住在葡萄牙皇宫的西班牙国王腓力二世。”①大象体型巨大，每天都要耗费大量食材，需要占据较为广大的生存环境，其完美地符合了腓力二世以及他所代表的西班牙政府对于展示和炫耀帝国权力和财富的需要。这些远渡重洋的大象，被腓力二世精心抚育，从里斯本带到了马德里。“腓力二世将其中一头送给了王储堂·卡洛斯王子。王子收到大象以后，感恩戴德，每天都看不够，经常命令驯兽师将其带到自己的卧室进行表演。”②来自异域的大象，成为了西班牙皇室的宠儿。这是因为虚火上升的黄金世纪需要一个庞然大物作为“国之重宝”来凸显西班牙帝国的庞大、强壮与浮华。从某种意义上说，大象，就是西班牙帝国的活体象征。“腓力二世不仅将大象当成宠物，他还参考了16世纪奥斯曼帝国在伊斯坦布尔宫廷的做法，将大象的展演当成了皇室宣传的重要手段。”③为了让更多人能够一睹大象的真容，腓力二世允许骑象人带着大象上街巡演；以一种接近阅兵典礼的方式让西班牙人近距离地感受帝国的繁荣与皇室的威严。上行下效，西班牙人深受其君主之影响。大象表演也随之

---

① John Beusterien, *Transoceanic Animals as Spectacle in Early Modern Spain*, Amsterdam: Amsterdam University Press, 2000, p.37.

② Annemarie Jordan Gschwend, *Hans Khevenhuller at the Court of Philip II of Spain, Diplomacy & Consumerism in a Global Empire*, London: Paul Holberton Publishing, 2020, pp.205-210.

③ John Beusterien, *Transoceanic Animals as Spectacle in Early Modern Spain*, Amsterdam: Amsterdam University Press, 2000, p.88.

从宫廷逐渐扩展到城市街头。趋炎附势、逐利而为的商人们瞧见了商机，纷纷前往印度等热带国家进口大象。到了17世纪，大象表演已经成为了西班牙城市街头最常见和最流行的百戏景观。根据现藏于英国伦敦大英博物馆的由安特卫普艺术家简·莫林斯创作的彩纸画可见：腓力二世时代西班牙的大象表演，有点像今天的马戏团表演。“身穿异域服饰、经过专业训练的骑象人（Mahout）指使大象行走、坐立、下跪，用鼻子拾取物品、喷水和拔树等等。还有很多胆大的马德里人见到大象，都忍不住用手去摸，凑近去看。”①

民间建筑不比高大的皇家宫殿，无法容纳大象。大型动物的表演场所是在马德里、塞维利亚和格拉纳达等西班牙各大都市的街道。黄金世纪的西班牙都市已经出现了英国文化地理学家丹尼斯·科斯格罗夫所说的空间转向（Spatial Turn）。“街道以表演性城市空间（Performative Urban Space）的形式出现，个体和集体的行为变成了观众眼中的景观。”②来自热带的大象成为了马德里大街小巷被人凝视的景观。街道，不仅仅是地理意义上的空间，更是社会学和美学意义上的公共空间。20世纪法国思想家昂希·列斐伏尔（Henri Lefebvre）提出了著名的空间生产（La Production de l'Espace）理论。列斐伏尔认为：“空间是由人的互动关系建构起来的，是一种社会关系的生产与再生产。”③街道上的大象，因其在欧洲的少见或者说前所未见，被官方所选取和认定；从而成为了西班牙民众“看稀奇”的对象，成为了用于展示帝国繁华与强大的工具和异域风情的象征。从“房间里的大象”到“街道上的大象”，从皇室成员到平民百姓；被观看对象所在的空间发生了位移，观看者与观看之物的关系也随之发生了变化。在西班牙官方的宣扬之下，马德里人扶老携幼，纷纷走上街头，用在场的身体，去“填满”作为表演空间的街道；用自己的凝视，去参与作为国力展示之政治仪式的动物秀。街道也变成了观看与被观看之社会互动性的表演空间，皇室与百姓、西班牙与印度，乃至人类与动物的关系都在街道的表演中得到解构和再生产。

除了大象，另一种庞然大物犀牛也是黄金世纪西班牙街道表演的常客。

---

① Jan Mollins, *Phillip II's Elephant*, British Museum(London), 1583.

② Fabrizio Nevola, "Street Life in Early Modern Europe", *Renaissance Quarterly*, Vol. 66, No. 4, 2013, pp.32-45.

③ M. Gottdienner, "A Marx for Our Time: Henri Lefebvre and the Production of Space", *Sociological Theory*, Vol.11, No.1, 1993, pp.129-134.

从热带进口的犀牛由于鼻子上长角的特殊形态,被人当成了传说中的独角兽。"在中世纪的欧洲,独角兽被认为是耶稣的化身(Incarnation of Christ)、纯洁与优雅的象征以及只能被贞洁的处女所捕捉到的灵兽。"①追寻独角兽,是包括西班牙在内的欧洲人孜孜以求的宗教梦想,人们渴望通过捕捉和养育独角兽,来获得来自神灵的赐福,进而实现一种所谓的灵性提升。然而,这种头上长独角的异兽并不存在于现实世界里。直到犀牛的出现,满足了西班牙人对独角兽的、不太完美的想象。"1578年,印度君主穆罕默德·阿克巴将一头名为阿巴达的犀牛作为国礼送给了葡萄牙在印度果阿殖民地的总督迪欧哥·德·梅内则斯,目的是为了请葡萄牙总督来莫卧儿帝国的皇宫商讨共同对抗奥斯曼突厥人的相关事宜。"②怀揣虔诚的宗教信仰,人们一厢情愿地将其想象为独角兽。这就好比古代的中国人,将来自非洲的长颈鹿想象为麒麟。犀牛的出现与公开展演,激发起了西班牙人对这种东方独角兽的兴趣。在腓力二世的号召之下,越来越多的犀牛开始涌现在里斯本和马德里的街道,这些犀牛漂洋过海来到西班牙,它们在驯兽人的指挥下学习表演。"犀牛动物秀甚至成为了里斯本和马德里当局吸引国外游客和宣传城市形象的手段和工具。一位来自意大利的游客在观赏完犀牛之后称之为里斯本的奇迹。"③

大象和犀牛,这些来自异域的动物凭借着物以稀为贵而身价倍增,成为了用来证明西班牙帝国强大实力的可移动表演性景观,满足了西班牙人对遥远异域的想象。大象和犀牛庞大而威武的身影,以一种阅兵的姿态,大摇大摆地出现在马德里和其他都市的街道,振奋了西班牙人的精神和所谓的民族自豪感。美国历史文化学者理查德·崔克斯勒(Richard Trexler)认为:"社会空间对于个人和族群认同的形成、表达和改造具有至关重要的作用。"④大象和犀牛的异域色彩更加凸显出西班牙人"在地"的本土性。马德里的老百姓通过在街道上免费观看"通灵性"的动物在驯兽师的引导下,旋转、拾物、角力和下跪,获得一种审美的满足感,进而实现对于自我西班牙民族身份的巩固、强化与再确认。

① Ildiko Mohacsy, "The Medieval Unicorn, Historical and Iconographic Applications of Psychoanalysis.", *Journal of the American Academy of Psychoanalysis*, Vol.16, No.1, 1988, pp.83-106.

② John Beusterien, *Transoceanic Animals as Spectacle in Early Modern Spain*, Amsterdam: Amsterdam University Press, 2000, p.47.

③ Jordan Gschwend and Annemarie, *The Story of Suleyman*, *Celebrity Elephants and Other Exotica in Renaissance Portugal*, Zurich: Pachyderm, 2010, p.134.

④ Richard Trexler, *Public Life in Renaissance Florence*, Ithaca; London: Cornell University Press, 1985, p.4.

长相怪异的美洲犰狳(Armadillo)也深得西班牙观众的欢心。犰狳这种神秘的动物盛产于巴西、阿根廷、乌拉圭与巴拉圭等国,曾经被选为2014年巴西世界杯的吉祥物,至今仍是南美洲的重要物产与文化象征。"最早发现犰狳的西班牙人是来自塞维利亚的航海家马丁·费尔南德斯,他在1518年出版的《地理学总结》(*Suma de Geografia*)一书中第一次用西班牙语介绍了这种动物。他将犰狳比喻为身披盔甲的马。"①不过犰狳作为表演的主体,它的观赏价值第一次被西班牙人认识到,还要归功于腓力二世的宠臣、宫廷首席航海员罗德里戈·萨莫拉诺(Rodrigo Zamorano)。萨莫拉诺喜欢新大陆的奇珍异物。"他的豪宅里有一整面墙都挂满了奇形怪状的贝壳、鱼类以及动物的标本。他利用自己的职权,暗示或者命令每一位前往新大陆的航海员都要为他带回来所谓的土特产,其中就包括犰狳。"②到了16世纪晚期,西班牙及其殖民地的艺术家们极其热衷于用犰狳这种新大陆代表性的动物来象征美洲,将其画入自己的作品。比如说现藏于美国纽约大都会博物馆,由弗兰芒地区的艺术家马尔丁·德·沃斯(Maarten de Vos)创作的一幅名为"美洲"的版画中:"一个几乎全裸的、头戴钢盔、背挂弓箭的男人坐在一只巨大犰狳身上,他将这种动物当成自己的坐骑。这个形象被认为是美洲大陆的寓言式表现。"③随着来到西班牙的犰狳数量增多,这种动物也逐渐从达官贵人的豪宅逐渐扩散到城市里的大街小巷。人们观看犰狳进食、蜷缩成团、扭转翻滚、憨态可掬、拉动重物等景观,从而获得一种宛如观看外星生物的美学快感。犰狳与女性驯兽师在一起表演的场景,被视为"美女与野兽"的典型。比如说,1644年的一张记录性卡片上就描绘了"两头大犰狳拉动一辆乘坐少女的花车的场景"④。

三、斗牛的美学原型与表演的狂欢仪式

斗牛是西班牙极具特色、历史悠久的观赏性动物表演。斗牛有着复杂而深刻的内涵:"斗牛被认为是一种节庆、一种戏剧和一种仪式。它拥有厚重的

---

① John Beusterien, *Transoceanic Animals as Spectacle in Early Modern Spain*, Amsterdam: Amsterdam University Press, 2000, p.118.

② Raul Martin Arranz, *Collecting the New World, America, and Development of Museum in Early Modern Spain*. M.A. Thesis, New York University, 2011, p.55.

③ Maarten de Vos, *America*, Metropolitan Museum of Art(New York City), 1589.

④ Stefano Della Bella, *Amerique*, *King of Clubs Playing Card from Game of Geography*, Metropolitan Museum of Art(New York City), 1644.

文化底蕴。在历史上,西班牙的公牛以不同的方式被操控和杀死,这被视为前基督教时期的原始祭祀仪式的组成部分。”①西班牙人之所以把牛作为庆典和祭祀的道具是受到了古希腊遗风的影响。因为早在青铜时代(约公元前3650年—前1400年间),“迈诺安文明(Minoan civilization)中的牛就是神圣动物的象征,古希腊人很保护和尊敬牛,唯一可以合法伤害和屠杀牛的场合就是在掌管生物繁衍和自然生机的母亲女神(Mother Goddess)的献祭仪式上。公牛死后,锋利的犄角会被作为尊贵而神圣的祭品放在祭坛、神庙和宫殿中”②。从斗牛仪式发生的美学原型来看,它和生育的力量息息相关。除了母亲女神的祭祀中使用牛角以外,另一个佐证是“在古希腊神话中,每一位神祇都和一个特定的地理空间相联系。比如说宙斯(Zeus)居住在高山之巅,宁芙(Nymphs)居住在泉水,潘神(Pan)居住在山洞,波塞冬(Poseidon)居住在大海,阿尔忒弥斯(Artemis)则居住在旷野”③。阿尔忒弥斯是古希腊神话的狩猎女神,被称为野兽的女主人与旷野的领主。旷野正是斗牛发生的最原始形态。在剧场化的斗兽场被建筑和发明之前,旧石器时代晚期的伊比利亚人早就在开阔的大自然里和公牛竞相追逐。西班牙北部阿尔塔米拉(Altamira)洞窟内、被认定为世界文化遗产的野牛壁画就是例证。阿尔忒弥斯不仅是狩猎女神,她还是掌管生儿育女的神祇。“在希腊神话中阿尔忒弥斯曾经帮助自己的母亲勒托(Leto)接生了自己的弟弟太阳神阿波罗(Apollo)。”④古希腊是欧洲后世诸国文化的源头,西班牙作为古希腊文明影响力所及的西南边境,承袭了古希腊的遗风,因此起源于旷野中追逐野牛的斗牛也就表达了西班牙人对于生命力的崇拜与礼赞,是生育仪式的一部分,并最终成为了西班牙文化的代表性符号。

生性热烈又奔放的西班牙民族用观看斗牛的方式来表达节日的庆祝和生命的礼赞;通过生死考验的人兽决斗,西班牙人获得了一种精神上的愉悦和满足。斗牛表演的仪式性在于它具备象征意义且能唤起观众的刺激紧张、敬畏害怕乃至兴奋喜悦等复杂的多层次情感。爱尔兰学者威廉·德斯蒙德(William H. Desmond)以象征主义和原型视角审视了从原始社会到密特拉神

---

① Winslow Hunt, “On Bullfighting”, *American Imago*, Vol.12, No.4, 1955, p.343.

② William Crooke, “Bull-Baiting, Bull Racing and Bull-Fights”, *Folklore*, Vol.28, No.2, 1917, p.143.

③ Susan Guettel Cole, *Landscapes*, *Gender and Ritual Space*, Berkeley: University of California Press, 2004, p.30.

④ https://www.greekmythology.com/olympians/artemis/artemis.html.

教(该教也就是中国民间俗称的拜火教)的杀牛仪式(Bull-killing rituals)。德斯蒙德教授认为,"斗牛象征和代表了儿子对于父亲的仪式谋杀(Ritual Murder)",同时,他也指出,"斗牛仪式的核心潜意识就在于它是一出展示了儿子战胜父亲的俄狄浦斯式的戏剧"①。也就是说,公牛代表的是兽性,是人类身上的暴力血腥与野蛮的一面。公牛代表人类的过去、祖先和茹毛饮血的原始时代。身穿华贵礼服的斗牛士则是经过所谓的"文明"洗礼的现代人及其所附着的"现代性"。斗牛士追逐、躲避、征服和刺杀公牛的行为,既象征着人性与兽性二元一体地互相压制又共生,又隐喻人类在和看似强大却终将被战胜的"父亲"以及"过去的、原始版的自己"作出的艰难斗争。

西班牙黄金世纪的斗牛表演是狂欢意识以及狂欢精神的集中体现。巴赫金认为"狂欢最重要的价值在于颠覆等级制,主张平等的对话精神,坚持开放性,强调未完成性、变易性、双重性,崇尚交替与变更的精神,摧毁一切和变更一切的精神,死亡与新生的精神"②。彼时斗牛表演的发生通常伴随着节日的庆典、宴饮的饕餮、身体的碰撞和民众的奔跑等等。它以一种大无畏的姿态,打破了礼仪、等级和性别的枷锁,解构了被基督教神圣性和正统性所加持的"封建道德",让血腥暴力混杂着性的欲望,流动在西班牙都市的大街小巷。

黄金世纪的斗牛的最大特点就在于表演的场所是都市的街道和广场,而不是封闭的斗兽场和剧场。观众也无须购买门票,任何感兴趣的男女老少皆可自由参观。门票的取消,使得观赏斗牛成为了西班牙政府提供的公共福利。每当有皇室成员结婚、过大生日、举行登基、册封或者王子出生典礼,马德里当局都会组织斗牛盛会以表万民同庆之意。有时候,王公贵族们甚至亲自上场,以表达皇室对斗牛的全力支持。比如说:"1556 年,时任西班牙国王卡洛斯五世在巴利亚多利德广场上骑马斗牛,他斗死了一头公牛以庆贺王储腓力(即后来登基的腓力二世)的降生。"③传统的戏剧表演是在剧场内部,以斗牛为代表的动物秀则彻底抛弃了剧场的围墙,在城市的户外公共空间进行。让表演回归旷野(即使是人造的旷野),使得斗牛具有了全民参与的狂欢性质。"一直到

---

① William H. Desmond, The Bull-Fight as A Religious Ritual, *American Imago*, Vol.9, No.2, 1952, pp.173—195.

② 巴赫金:《拉伯雷的创作与中世纪和文艺复兴时期的民间文化》,河北教育出版社 1998 年版,第 614 页。

③ 朱凯:《西班牙-拉美文化概况》,北京大学出版社 2010 年版,第 131 页。

18世纪，斗牛都在城市主要的广场进行，周围的建筑就作为看台。窗户、阳台和屋顶都挤满了人，主广场附近的阳台和窗户数量比城里任何地方都多。额外的临时看台则搭建在广场边缘，让成千上万的群众能从这些高处观看斗牛。”①斗牛表演的公共福利性质，使得它在西班牙拥有数量庞大的粉丝，进而成为“当时西班牙人最喜欢的娱乐消遣”②。

美国学者约瑟·里克韦尔特(Joseph Rykwert)是当代著名的建筑史学家和建筑学理论家之一。他认为：“街道是系统化的人类行为。街道既是容纳故事发生的空间(Container)又是故事的内容(Content)本身。”③无论是大象、犀牛、犰狳还是公牛，这些行走、奔跑和表演于西班牙城市街道和广场的动物演员们，都以自己的身体为符号，用形体的展示去娱乐作为“想象的共同体”的西班牙人。黄金世纪动物秀的发生和流行，离不开西班牙都市规划有序的公共场所。街道与广场的开放性，赋予了表演更多的可能。驯兽师和斗牛士引领和指示着“非我族类”的动物进行各种高难度的展示，通过引诱、威逼和谋杀等方式在都市的人造空间里创造出了故事的内容，这种表演的存在不仅是对不同“世界”之间进行物质文明交流的生动印证，更是对作为表演空间而存在的街道与广场的升华与改造。这种跨物种的动物秀是对黄金世纪西班牙剧场里基于人与人互动的戏剧表演的重要补充。

The Non-human Performance: Animal Shows in Spanish Golden Ages

Abstract: Animal shows were the representative cultural landscape in the streets of Golden Age Iberian cities, such as Madrid and Lisbon. Elephants, rhinoceros, armadillos, and other animal actors functioned as symbols of the grandeur of the flourishing dynasty. Audiences flooded into the streets to watch and participate, making the performances become the fluid landscapes. This article is based on Spanish and English historical texts and discusses animal

① 约翰·克罗：《西班牙的灵魂：一个文明的哀伤与荣光》，中信出版社2021年版，第217页。

② John Beusterien, *Transoceanic Animals as Spectacle in Early Modern Spain*, Amsterdam: Amsterdam University Press, 2000, p.174.

③ Joseph Rykwert, *The Street*: *The Use of its History*, *on Streets*, ed. Stanford Anderson, Cambridge, MA: Massachusetts Institute of Technology Press, 1978, p.15.

shows' aesthetic characteristics and social significance. Non-human performance has been one of the research hotspots worldwide in recent years. Animal shows are the emblematic cultural heritages in pre-industrialized human civilization. By examining the Spanish urban cultural landscape and animal shows, we can better understand the relationships between humans and urban/nature.

Key words: Animal Shows; Spanish Urban Culture; Performance Aesthetics; Golden Age

作者简介:周宏亮,浙江大学传媒与国际文化学院博士。

二战后西方城市环境的危机、治理与问题[①]

刘晓卉

摘 要:二战后,随着西方国家经济的迅速发展,城市自然环境遭到严重破坏,城市的"新陈代谢"出现困境。为了应对城市中出现的各种生态危机,地方政府纷纷采取相关措施对城市环境进行治理,治理过程经历了从一开始专注解决具体的环境问题到后来对城市进行整体的设计和规划,力图使城市的存在符合生态规律,取得了部分成效。然而,西方国家的城市治理也存在诸多问题和弊病,如环境不公平问题严重、政府对土地的管理受到土地私有制的掣肘等。

关键词:西方　城市环境　生态危机　治理

第二次世界大战后,整个世界秩序由战争冲突转向和平发展和国家建设。世界各国普遍努力发展经济,全球工业化和城市化的速度加快。人类社会发生了种种此前未有的变化,而这些变化对人们所生活的自然环境产生了空前巨大的影响,人类世界的特征在这一时代得到尤为显著的体现。首先是世界人口以爆炸式的速度增长:约翰·麦克尼尔在《太阳底下的新鲜事:20 世纪人与环境的全球互动》中提到,"1950 年以来,人口增加的速度大约是农业文明之前的一万倍,以及农业文明之后的 50 倍到 100 倍"。[②]二战后,欧美国家出现了婴儿潮,在 1945 年到 2015 年之间,世界人口从 23 亿增长到 72 亿,翻了三番,

① 本文为国家社科基金重大招标项目"多卷本《西方城市史》"(17ZDA229)的阶段性成果。

② 约翰·麦克尼尔:《太阳底下的新鲜事:20 世纪人与环境的全球互动》,李芬芳译,中信出版社 2017 年版,第 6 页。

而在20世纪，人口每50年的增长率只有30%。除了人口的自然增长外，由于医学和公共健康领域的发展和进步，婴儿死亡率降低，人类平均寿命延长，人口总数居高不下。更多的人口需要更多的土地，于是人类的栖息地不断扩张，原本属于森林草原的自然之地被人类侵占，由此带来严重的水土流失问题。如此庞大的地球人口势必需要耗费更多的自然资源和能源，这给地球环境带来了前所未有的巨大压力。最为直接的一个表现就是人们对食物和土地的需求增加，这导致了农田面积的扩张和农业技术的革新。农业发展的步伐加快，为了填饱更多人的肚子，人类不断垦荒，相应地，草地和林地的面积不断缩小——1960年到2000年间，世界上减少了至少20%的热带森林，被迫让位于农业耕地，这造成了土壤侵蚀和退化，引发了气候变化和生物多样性受损等问题。农业和都市用水都需要更多的水源，人们需要抽取更多的地下水，这就造成地下水位降低、地表下陷等问题。工业化的农业生产机械化程度更高，需要更多能源来带动，这需要耗费更多的化石能源。此外，20世纪下半叶农业领域还发生了一场化学革命，工业化农业生产中大量使用的化肥、农药和除草剂对农田造成了生态破坏，对人类的健康也造成威胁。人们不但竭力攫取陆地上的自然资源，对海洋资源的开发强度也在提高。1994年全球17个主要海洋渔场中有13个都面临过度捕捞的问题，[①]这导致20世纪90年代末到21世纪初世界各大渔场因渔业资源枯竭而纷纷关闭。总结之，人口数量增长所引发的一系列变化不容忽视。

战后，西方社会的经济以空前的速度发展，工业化程度飞速提高，1950年到1973年这段时期被称为经济增长的“黄金时期”，[②]西方迅速进入“富裕社会”(Affluent Society)。资本主义社会对经济增长的痴迷和狂热在这一时期也达到顶峰，工业产出的速度超过以往任何一个时期。同时，时值冷战时期，西方资本主义社会希望通过GNP的增长来彰显国家的富足，体现资本主义制度的优越性，于是大力发展经济。工业化速度的加快需要能源的支撑，人类对化石燃料消耗的速度也在加快。20世纪后半叶中，人类在全球范围内对能源的利用翻了五倍，[③]其中富裕的工业化国家消耗了其中大部分能源。美洲和中

---

① J. Donald Hughes, *An Environmental History of the World: Humankind's Changing Role in the Community of Life*, London: Routledge, 2009, p.192.

② J.R. McNeil and Peter Engelke, *The Great Acceleration: An Environmental History of the Anthropocene*, Cambridge, MA: The Belknap Press, 2016, p.128.

③ Ibid., p.9.

东大量石油的发现使石油的价格降低，工业发展有了廉价的能源供应作为基础，汽油燃料驱动下的机械化程度不断提升。一时间，工业化高度发达和经济无限度增长成为一些经济学家的理想。①然而，西方世界在二战后迅猛的经济发展是建立在严重的环境破坏代价基础之上的。工业发展不但消耗了大量的煤炭、石油等不可再生能源，永久地改变了地球的状态，还产生了大量的工业废物和垃圾，污染了周围的空气、水源和土地。人类对能源的开采引发了生态上的衰退，化石燃料的使用对环境造成严重影响——原油对动植物身体有毒害作用，煤炭和石油的燃烧会产生二氧化硫等气体，造成酸雨的出现，所产生的一氧化碳、二氧化碳和甲烷等温室气体会直接影响气候变化。在世界范围内，温室气体引发的气候变化问题越发严重，20 世纪 90 年代成为 14 世纪以来最热的 10 年。人类对石油的依赖还引发了新的生态灾难，在海洋运输和石油开采过程中时常会发生石油泄漏和污染，如 1969 年美国圣巴巴拉的石油泄漏导致了海滩和海岸线被污染，大量海洋生物死亡。

除了人口的暴增和经济的发展，战后科学技术的进步也带来了诸多新的环境问题。最重要的一项就是汽车在美国及随后在其他西方国家的普及。1960 年，在美国，77%的家庭都拥有汽车，其中 15%的家庭拥有两辆以上。②世界上的汽车数量从 1930 年的 3 200 万辆上升到 20 世纪末的 7 亿 7 500 万辆，增加了 23 倍。③伴随着汽车数量的增加，城市现有的道路无法满足人们的出行需要。于是，西方国家大规模修建城市道路和高速公路来改善现有的交通状况。此举有两方面的后果：一是人类对自然空间的侵占和自然景观的塑造程度越来越大；二是汽车不但消耗了大量燃料能源，其尾气排放所造成的污染在 20 世纪末也超过了其他污染源。④此外，由于科技的发展，生产领域发生变革。战时国防科技的发展衍生了众多此前未有或未曾大量生产的工业化学品，这导致战后工业污染的特征发生了变化：二战前，工业污染的来源一般为化石燃料的燃烧，钢铁和金属制造业是主要的污染制造者；而二战后，最重要

---

① 哈罗德·巴内特和钱德勒·莫尔斯等经济学家主张经济应不断地增长和发展。

② Joel Tarr, "Urban Environmental History", in Frank Uekoetter, ed., *The Turning Points of Environmental History*, Pittsburgh: University of Pittsburgh Press, 2010, pp.72-89.

③ 克莱夫·庞廷：《绿色世界史：环境与伟大文明的衰落》，王毅译，中国政法大学出版社 2015 年版，第 76 页。

④ Michael Walsh, "Global Trends in Motor Vehicle Use and Emissions", *Annual Review of Energy and the Environment*, Vol.15, 1990, pp.217-243.

的变化是大量合成化学物的制造——从1950年起,每年约有75 000种新的化学品被生产出来,而这些化学合成物的生产往往污染程度更高,并会产生剧毒物质。[①]人工合成的新型化学物如工业杀虫剂、农药和化肥对土壤和水源产生严重的生态危害,这些化学制品残留在动物和人体内,会引发各种健康问题;[②]塑料制品污染了土壤和海洋环境,在很长时间内难以降解;用作制冷剂的氟氯碳化物(CFCs)在战后的大量使用造成了南极臭氧层空洞;洗衣粉和洗涤剂中添加的磷酸盐使湖泊和其他水体的富氧化问题更为严重,湖泊等各种水体中的很多生命难以为继。20世纪中期开始,化工厂里有毒废弃物的影响开始受到公众的关注,这些合成化学物中的毒素污染空气、水源和土地,危害着动物和人类的健康,对环境造成不可逆的影响。

二战后,世界上的两大阵营进入冷战局面,为了震慑对方,社会主义阵营和资本主义阵营都开始进行各自的核试验,这些实验所产生的放射性物质和核废物给人类健康和环境带来巨大威胁,诱发白血病、癌症、基因变异乃至死亡。在20世纪60年代,人们对放射性坠尘的恐惧以及由此引发的环境焦虑也是这一时期环境主义兴起的重要原因。[③]核能拥有巨大的破坏力,人类对核能的使用亦是新时期最大的环境威胁,核电站和核武器生产都是极为危险的新技术,核废料累积导致的核泄漏事件会造成毁灭性的后果,如1986年切尔诺贝利事件和2011年的福岛的核泄漏都在地球上留下最持久的人类印迹。

除以上因素外,二战后西方大众消费社会的确立也对自然环境产生了消极影响。二战后,经历了战争和大萧条双重洗礼的欧美民众在重获和平后渴望享受高质量的生活。为了追求更高的生活水平,他们需要更多的消费品使生活更加便利舒适。冰箱、洗衣机、电视等家用电器纷纷进入欧美普通家庭。如在美国,战后家庭的平均收入提高,普通民众的消费能力增强,生活水平也显著提高,拥有一座独栋住宅和一整套家用电器成为了“美国人的生活方式”。[④]伴随高消费而来的是高耗能的生活方式。同时,由于消费主义的发展,欧美发达国家市场上的商品普遍都讲究包装,这些包装用过后往往得不到回

---

① 克莱夫·庞廷:《绿色世界史:环境与伟大文明的衰落》,王毅译,中国政法大学出版社2015年版,第304页。

② 蕾切尔·卡逊在《寂静的春天》中对此问题有详尽阐释。

③ J.R. McNeil and Peter Engelke, *The Great Acceleration*, Cambridge, MA: Belknap Press, p.184.

④ Adam Rome, *The Bulldozer in the Countryside*, Cambridge: Cambridge University Press, 2001, p.37.

收，给环境增加了很多不必要的负担。

1945 年后由于工业化和机械化的速度迅猛提高，历史学者约翰·麦克尼尔和彼得·恩格尔克将这一时代称之为“大加速”的时代。[①]在这个“大加速”时代里，人类对自然系统的破坏速度也前所未有地加快。环境变迁的规模和强度之大也超过从前。人口膨胀、经济增长和科技发展引发了种种环境问题和生态危机的出现。很多新的环境问题跨越了国家的边界，如酸雨、臭氧层薄弱、放射性物质以及气候变化等，这些都非一国之力能够解决的问题，需要跨区域、跨国际的通力合作。

总而言之，二战后西方国家的人口数量暴增，经济增长迅猛，技术进步与大众消费成为主导性的意识形态。经济发展对自然生态系统的影响之大前所未有。人类对自然施加的影响超越以往任何一个时代，而作为自然生态一部分的人类自身也面临着种种环境威胁和挑战。在这“萎缩的星球”[②]中，通常被看作自然的对立面、对自然破坏力较大的城市面临着更为严重的生态危机。

一、城市新陈代谢之困境与城市生态危机

城市是人类聚落的密集之所。由于人口的密集，城市中的生产和消费活动更为活跃。城市的存在离不开周围地区，它需要从周围的自然中索取水源、能源及其他物质，并排放出废物与垃圾，塑造和影响着周围的自然环境。与人类肌体一样，城市也需要吐故纳新，这就是所谓的城市的“新陈代谢”作用。从某种意义上看，城市是一个不断需要物质供养，并向外排放废弃物的生命有机体。二战后，西方国家的城市化速度加快。进一步发展的农业机械化所产生的乡村剩余劳动力涌入城市，城市人口激增。越来越多的人从乡村迁徙至城市或从欠发达国家迁移至西方发达国家。自 1945 年开始，世界大约三分之二的人口增长都发生在城市中。根据近年联合国的调查，地球上的城市人口已经超越乡村，而这其中一半的城市人口生活在人口超过 75 万的大城市中。[③]人口在城市中的快速聚集对城市造成巨大压力，城市规划者和政策制定者无法快速适应这样的变化。西方人口的增长超越了城市基础设施所能承受的范

---

① J. R. McNeil and Peter Engelke, *The Great Acceleration*.

② 唐纳德·沃斯特语，参见 Donald Worster, *Shrinking the Earth*: *The Rise and Decline of American Abundance*, New York: Oxford University Press, 2016。

③ “World Population,” https://en.wikipedia.org/wiki/World_population(2021 年 9 月 13 日获取)。

畴,城市中经济发展与资源环境之间的矛盾凸显。

除了一直纠缠城市的旧有环境问题如空气污染和水污染等因人口的增长变得更加严重之外,二战后城市还出现了新的问题。这一时期欧美城市经历了物质空间上的扩张。战后人口的增长造成了西方国家的住房短缺,城市中需要建设更多的住房,于是一座座崭新的建筑占据了城市周边的土地,城市在物理范围上不断扩张。随着都市人口外迁,欧美城市都出现了郊区化的趋势,这在美国尤为明显。美国城市人口在二战后急剧增多,富裕起来的美国人有能力购买住房,房地产商看到其中的高额利润,开始大兴土木,掀起了建造住房的热潮,而联邦政府也对解决住房问题这一宏伟事业给予高度的支持,杜鲁门将房地产的开发当作经济增长的推动力,通过经济手段扶持开发商大规模建造房屋,如通过借贷政策刺激住房市场需求,为公共住房的建设提供资金等。于是,二战后美国郊区出现了地区性住宅的大规模修建。郊区不断崛起的同时是中心城市的衰落,逆城市化现象引起了一系列环境和社会问题。欧洲虽然没有如美国般广袤的土地可供城市扩张,但涌入城市的大量人口有着同样的住房需求,于是“城市凑合着建设了大量作为商店的预制房屋或‘临时’平房,以及无数个兵营般的公寓区”。[①]相比美国更多的独立住宅,欧洲更常见的是公寓和联排住宅。战后汽车在西方的普及使城市在空间上的扩张成为可能,日渐增长的汽车拥有量不但使城市愈发蔓延,还改变了城市的整体设计——城市道路的建设以车辆为中心,而忽视生活在其中的人的感受。[②]二战后的十年间,美国道路上的车辆数量翻了一番还多,已经有 5 400 万辆。[③]汽车主导了城市生活,为了方便开车出行,西方城市大规模修建高速公路、停车场和加油站,建设对车辆友好的各种基础设施。如州际高速公路的修建就改变了美国城市的景观,城市规划者和交通部门的官员之间缺乏合作致使高速公路与城市的整体规划不协调,且直接导致了城市公共交通系统的日渐衰落。这时期对城市的规划并未将环境因素考虑进来。

二战后西方城市化速度加快,由于人口的增长和城市的蔓延,西方城市的

---

① 保罗·M.霍恩伯格、林恩·霍伦·利斯:《欧洲城市的千年演进 1000—1994》,阮岳湘译,光启书局 2022 年版,第 378 页。

② 简·雅各布斯:《美国大城市的死与生》,金衡山译,译林出版社 2005 年版。

③ Francis Bello, “The City and the Car,” in William Hollingsworth Whyte Jr, ed., *The Exploding Metropolis*, 2nd ed., Berkeley: University of California Press, 1993, pp.53-80.

新陈代谢出现了种种问题。首先,城市中和城市周围的自然无法满足不断增长的城市对物质和能源的需求。城市对于能源和物质的依赖程度高,对水源、食物、化石燃料的需求也远远高于乡村。高消费社会的建立伴随的是高耗能城市的出现,在美国就出现了诸多依赖汽车的"车轮上的城市"。随着人口的增加,城市对用水的需求也在增大,城市水源供应短缺。人们需要在城市中和周围的河流筑坝,增加城市地表蓄水池,建立更多的水泵站,开通更多的河流和渠道。从地下蓄水层取水会导致地下含水层水分流失、蓄水层枯竭和城市土地下沉,造成水源污染和海水入侵等问题。当本地的水源不足以供给城市需要时,人们还会开发更远地方的地下水含水层。这不仅对本地环境造成了影响,还对遥远腹地的自然环境施加压力。城市的生态足迹在扩张,城市中的人通过铁路、飞机等现代交通方式与外界进行物质交换,环境效应也扩展到更为广阔的腹地。80 年代西方世界出现了能源危机,这说明能源的产出无法满足高速发展的城市需要。

第二,城市中的工业污染问题严重。旧有的问题在这一时期愈发凸显,城市中频繁出现严重的污染事件,尤其是在传统的重工业城市。如 1952 年的伦敦大雾就体现了城市中环境污染的严重程度。伦敦工厂和居民烟囱排放出来的煤烟遇到罕见的气象条件,形成了遮天蔽日的大雾,一周不见阳光,造成市民呼吸困难,哮喘、咳嗽等疾病频发,这对患有呼吸道疾病的人来说有致命危险。这场大雾导致超过 4 000 人死亡。[①]除了老旧问题之外,新问题也不断出现。1950 年后,铅被当作添加剂加入汽油,含铅汽油燃烧后所含的铅会通过工厂废气或汽车尾气排入空气中,进入人类血液,引发健康问题,60 年代中期,美国城市中心的贫民窟中就发现儿童血液中含铅量上升。"光化学烟雾"也是战后城市中出现的新问题。汽车尾气中释放的二氧化碳、一氧化碳等污染物与阳光发生反应,挥发性有机物在阳光的照射下形成光化学烟雾,这会引发严重的胸痛、呼吸困难、眼睛发炎,甚至会影响幼儿的肺部正常发育。光化学烟雾最早在洛杉矶发生,洛杉矶城市规模在战后发生大规模扩张,遂严重依赖汽车出行,成为了真正的"车轮上的城市"。1953 年,由于该市连续 5 天出现严重大雾天气,汽车尾气引发了光化学烟雾,造成居民死亡。此外,在战后,可

---

① 彼得·索尔谢姆:《发明污染:工业革命以来的煤、烟与文化》,启蒙编译所译,上海社会科学院出版社 2016 年版,第 172—182 页。

吸入颗粒物的污染也开始变得普遍。使用柴油发动机的汽车会产生颗粒污染物，进入人类肺部，引发动脉硬化、心血管类疾病的发生。

第三，战后城市中的废物和垃圾处理也成为棘手的问题。城市往往无力处理数量巨大的垃圾和城市污水。人们生活垃圾和废弃物的成倍增长与西方消费型社会的形成有着直接关系。战后西方各国经济发展迅猛，在“富裕社会”里，人们对物质的欲望和追求也大大提高。这首先从美国开始，福特主义20世纪初最先在美国出现，它以装配线生产为特征，将大量的生产转换为大量的消费，消费社会也在这一时期诞生。二战后福特主义快速发展，西方各国都开始模仿福特式的生产和增长模式，高薪酬、高福利和低价格商品带动了大众消费，人们购买欲大大提高，形成了“规模生产—大众消费”的经济模式。一时间，消费主义在西方社会横行。城市中的消费主义更为高涨，造成海量城市垃圾的出现，难以在短时间解决。现代社会城乡之间物质新陈代谢链的断裂使这一问题更加严重。在传统社会中，城市中人畜的粪便会返回到乡村土地上，用作肥料滋养土地，而在现代城市中，垃圾很少用于农业生产，新陈代谢的链条发生断裂，垃圾的处理无论焚烧还是填埋，都会产生环境危害。为了改善本地的卫生情况，西方城市的垃圾一般会运往其他区域，因此城市垃圾的环境影响不仅限于本地。二战后，人工合成的化学品和有毒有害废弃物成为环境和人类健康的主要危害。在美国，家用洗涤剂通过化粪池汇入地下水，当它流入小溪、河流和湖泊中后，会造成水体的富营养化，不但污染本地的饮用水源——有时美国人发现自家水龙头中流出的水会自己起泡沫，①还对水体中的动植物产生危害。化工厂排放出的有毒化学物，即使经过废水处理厂的处理，进入河流或渗入蓄水层后，还是会污染水源，造成饮用水源的破坏，诱发疾病的发生。

除了面临新陈代谢的困境，城市的生态还遭到严重的破坏。在美国，二战后郊区出现了地区性住宅的大规模修建，独栋住宅成为建筑的主流，城市开始向低密度方向发展。工厂式批量生产技术的采用使大规模建房成为可能。②开发商不但建造大批住宅，还修建了购物商场、教堂、学校等配套设施，这些住宅解决了二战后美国住房短缺的问题，为人们生活提供了便利，却造成了严重

---

① Ian Douglas, *Cities: An Environmental History*, London; New York: I.B. Tauris, 2013, p.132.

② 福特汽车的生产方式也被运用在住宅建筑领域，住房以流水线的方式预先在工厂里制作好，再移至城市郊区。

的环境后果。推土机纷至沓来,移山填湖,清除土地原有植被,溪流被改造为排水沟,土地和水文状态发生变化,自然空间遭到入侵,城市周围的开放空间越来越少,原有的生态系统被城市覆盖。随之屹立起来的一栋栋独立别墅吞噬了原来的森林、溪流、农田及果园等绿色空间,部分房屋还修建在湿地、陡坡、河漫滩、含水层等环境敏感地带,导致洪涝灾害、山体滑坡和水土流失的发生更为频繁,鸟类及野生动物栖息地遭到破坏,野生动物的数量急剧减少,最终将导致物种的灭绝。有学者认为,美国郊区化所引起的环境破坏与该国环保运动的兴起有着密切的联系。①美国郊区的排污系统一般使用化粪池,而化粪池一旦泄露,会造成地下水源甚至饮用水源的污染以及湖泊的富营养化,导致疾病的爆发,威胁公共健康。②战后富裕起来的美国民众追求舒适便利的生活,现代家用电器在美国家庭很快得到普及。独栋住宅及住宅中现代化家用电器和装置,以及郊区的特有生活方式对能源的需求高于以往。家用电器如空调、有线电视、热水器、洗衣机的使用和维护,草坪的灌溉和修整都需要消耗大量的电力和水源,郊区居民依赖汽车出行,这些使人们对能源的需求大增。舒适惬意的生活是以高昂的环境成本为代价的。除了浪费能源,建造地区性住宅(Tract House)对城市中的水文、土壤和野生动物都会产生影响。首先,城市的增长使洪水的发生更为频繁,住宅不透水的表面无法像森林和田野般吸收雨水径流,从而导致洪水的频繁发生。将溪流作为暴雨排出口会导致溪流水温升高,一些鱼类濒临危险;其次,建筑商用推土机移走土壤上的植被会导致土壤流失,流失的土壤淤积到河流、湖泊等水体中,使得水体面积缩小,水体质量受损。沉积物还会阻挡射入水中的太阳光,水中一些植物因得不到太阳光的照射而数量减少,水中的氧气也会减少,影响了水中有机生物和鱼类的生存;野生动物的栖息地被破坏,被推土机碾压过的土地不再适合鸟类、乌龟、青蛙等的生存。此外,建筑废料的堆积和化粪池污染物的溢出更加重了对野生动物的威胁。③

欧洲城市也有着类似的经历。与美国一样,当现代工业社会发展到一定阶段,人们的生活方式就会发生变化。在技术革命的影响下,城市人的生活方式发生了变化——城市人靠空调调节气温,习惯使用冰箱、电视、洗衣机等现代家用电器,这些都会消耗更多的化石燃料,产生温室效应,加重了城市的生

---

① Adam Rome, *The Bulldozer in the Countryside*, Cambridge: Cambridge University Press.

② Ibid., p.3.

③ Ibid., pp.191-216.

态足迹。然而,由于二战的战火曾在欧洲本土肆虐,战后欧洲与美国的城市建设也有诸多不同之处。在欧洲,二战中的空袭对城市损毁严重,城市中很多建筑密集区都遭到破坏。在英国,“城市交通遭受的破坏最为严重。车辆、轨道和电力供应被毁于一旦”。①1945 年,来自协约国的空袭使柏林 11%的战前建筑被完全摧毁,另有 8%的建筑被严重损毁。②战后西德将经济发展作为第一要务,经济快速复苏,伴随着德国经济奇迹(Wirtschaftswunder)出现的是环境状况的加速恶化,加上 1949 年到 1969 年之间人口的快速增长,空气、水及固体污染的程度超过以往任何时期。经济奇迹使德国成为了世界第二大汽车生产商,随之而来的是空气和噪音污染、交通拥堵等问题。重工业地区鲁尔区的环境问题尤为严重。1959 年,《法兰克福评论报》的头条描述了这样一幅画面,“人们用手绢捂住口鼻,鲁尔区笼罩在一个巨大的污染苍穹之下,空气已经被严重污染了”。③1960 年左右,一个政府委员会测算出杜伊斯堡附近的颗粒物污染是德国工程师协会制定的最大可接受程度的 5 倍;法兰克福的一家监测站发现一氧化氮污染在 1962 年到 1972 年间翻了 6 倍。在污染严重的地区,人们罹患肺癌等疾病的几率大大提高。由于战时对下水系统的摧毁以及战后人口的迅速增长,德国城市的生活污水处理成为问题,饮用水源也大规模地被下水所污染。另外,和美国一样,由于人们消费水平的提高,德国人消费更多的商品,尤其是消费市场对包装的追求,产生了更多的生活垃圾需要处理。20 世纪 50 年代,德国人均垃圾产出量较之前增长了 100%,而到 70 年代,四分之一的西德人没有系统化的垃圾回收设施,被回收的垃圾中的 90%都未经采取任何卫生措施就被直接填埋了。④

战后的冷战时期,资本主义阵营和社会主义阵营开始了技术上的现代化竞争,技术对人类的统御愈发明显。战后技术统御下的巨型怪兽威胁着城市环境的健康。勒·柯布西耶所倡导的现代主义规划理念主导着西方城市的规划,城市的蔓延、机械化发展和高速公路的修建都对生态系统造成严重影响,

① 保罗·M.霍恩伯格、林恩·霍伦·利斯,《欧洲城市的千年演进 1000—1994》,光启书局 2022 年版,第 374 页。

② Florian Urban, “Recovering Essence through Demolition: The ‘Organic’ City in Postwar West Berlin”, *Journal of the Society of Architectural Historians* , Vol.63, No.3(Sep., 2004), pp.354-369.

③ *Frankfurter Rundschau*, February 17, 1959.

④ Raymond Dominick, “Capitalism, Communism, and Environmental Protection: Lessons from the German Experience”, *Environmental History*, Vol.3, No.3(Jul., 1998), pp.311-332.

伤害着城市和城市周围的土地、水源和动植物。城市人为了享受舒适便利的生活，解决战后人口暴增等问题，将压力转移到自然上，在城市建设中较少考虑对自然的影响，然而自然也以自己的方式提醒着人类的不当行为，城市中逐渐暴露出来的各种环境和健康问题让人们清醒地意识到人口增长和城市扩张等给地球带来的变化，认识到战后城市的快速发展是建立在牺牲环境的复杂性和韧性基础之上的，这一时期出现的各种环境和生态问题亟待解决。

二、西方国家对城市环境的治理

当二战刚刚结束，城市环境暴露出各种问题时，西方各城市一般注重对具体环境问题的治理，而非对城市的整体规划和整理。西方城市首先关注的具体环境问题之一便是缓解空气污染。在国家层面上，很多西方各国都颁布了空气污染相关的法律法规，如英国在 1956 年颁布了《清洁空气法》。西方重工业城市如伦敦、匹兹堡等城市的污染尤为严重，它们纷纷对污染进行治理和管控，通过立法和技术手段加强对工业排烟的限制，要求工厂和居民使用无烟燃料。1952 年伦敦的大雾令人们意识到治理城市空气污染的紧迫性。从 50 年代开始，伦敦设置了无烟区——在此区域内，任何人不允许向空气中排放黑烟；一些发电厂安装了涤气器等控制污染的设备；工厂和居民开始使用天然气来取代煤炭作为燃料。由于所用能源原料的改变以及国家的有效管制措施，在 1954 年到 1967 年间，英国的煤烟排放稳步下降。①到了 20 世纪 70 年代，英国城市已经在很大程度上摆脱了煤烟的危害。②美国城市也有着相似的经历。以钢铁和煤炭为工业支柱的匹兹堡受烟雾污染影响严重，其独特的地形和气候条件加重了污染程度，曾一度被称为“烟雾城市”(Smoky City)。早在 1941 年，该市就颁布了《控烟法令》，但在战争期间执行得并不理想。1946 年，匹兹堡市议会修订了该法令，使该法令的执行更为有力。修改过的《控烟法令》要求从工业、商业、铁路到家庭取暖都使用无烟煤或无烟设备，这样就能从根源上遏制烟雾的产生。天然气以其低廉的价格和运输存储的方便性在 1945 年到 1950 年之间慢慢取代了煤炭成为匹兹堡主要的家用燃料，很多公司也转而使用天然气。同时，从 20 世纪 50 年代起，在铁路运输方面，柴油内燃机逐渐

---

① Ian Douglas, *Cities: An Environmental History*, London; New York: I.B. Tauris, p.76.

② 彼得·索尔谢姆:《发明污染:工业革命以来的煤、烟与文化》，上海社会科学院出版社 2016 年版，第 186—204 页。

取代了蒸汽机车，在很大程度上减少了浓烟和灰烬的产生。由于产生大量烟雾的煤炭被更为清洁的天然气所取代，匹兹堡的空气质量得到显著提高，城市的环境问题得到一定程度的缓解。匹兹堡烟雾问题的改善在很大程度上得益于战后经济的蓬勃发展和技术上的进步，政府控制污染法令的制定加速了工业、商业和家庭对更为清洁的能源的采用。①

20世纪六七十年代开始，西方的环境思想也发生了变化。在60年代，“生态学”这一词汇在欧美被公众所关注，马丁·麦乐西将二战结束到21世纪开始这一阶段称为“新生态学”阶段。②这一时期出现了各种新的生态学理论，以这些理论作为支撑，越来越多的有识之士和公众都看到了世界范围内的环境危机，表达了对自然环境的忧虑和对破坏自然的抗议。人与自然环境关系的恶化引起了越来越多人的关注。眼见自然资源的衰竭以及污染问题的加剧，一些有识之士指出高速发展的人类社会对自然造成了严重的掠夺和伤害，如费厄菲尔德·奥斯博恩在1948年出版的《被掠夺的星球》、蕾切尔·卡逊在1962年问世的《寂静的春天》、保罗·爱尔里克在1968年出版的《人口炸弹》中解释了人口增长、经济繁荣以及科技发展所带来的负面环境效应。西方富裕社会的诸多弊病在经济学家约翰·肯尼斯·加尔布雷思的畅销书《富裕社会》中得到体现。以上这些作品均从生态视角思考问题，指出人类对自然资源的攫取和使用将要达到自然资源所能承受的极限，最终将导致资源的耗竭。工业社会疯狂的发展不但伤害了自然，也危害着人类自身的健康。于是，西方世界萌生出强烈的环境意识，欧美的环境主义运动风起云涌，出现了诸多环境组织，如美国的“地球之友”，德国的“环境和自然保护联合会”以及国际环保组织“绿色和平”等，这场席卷全球的环境主义运动旨在反对人类商业活动对环境的掠夺，使越来越多人具有更强的环保意识，更加关注环境健康。大众也开始反思资本主义制度下以人类为中心的生态观，对科技、工业化发展提出质疑。这一运动的标志性事件就是在1970年，4月22日被定为“地球日”。20世纪70年代到90年代，西方各个国家相继成立了负责环保事务的官方机构，颁布

---

① Sherie Mershon and Joel Tarr, “Strategies for Clear Air: The Pittsburgh and Allegheny County Smoke Control Movements, 1940—1960”, in Joel Tarr, ed., *Devastation and Renewal: An Environmental History of Pittsburgh and Its Region*, Pittsburgh: University of Pittsburgh Press, 2003, pp.155-172.

② Martin Melosi, *The Sanitary City: Environmental Services in Urban America from Colonial Times to the Present*, Pittsburgh: University of Pittsburgh Press, 2008, p.13.

了各项环境保护的法律法规，如美国70年代颁布的《清洁空气法案》《清洁水法案》等。[1]1972年联合国在斯德哥尔摩召开了“人类环境会议”，会议上发布了《人类环境宣言》，成立了联合国环境规划署负责国际环境事务。同年，由各国政府和商界精英组成的罗马俱乐部发表了《增长的极限》一书，指出人类过度消费自然资源的危害，质疑经济发展到底是否有利于人类的最终福祉。各国达成的共识是人类所生活的地球是脆弱及有限的，若超越自然的极限，则会导致文明的崩溃。1987年世界环境与发展委员会发表了一篇名为《我们共同未来》的报告，报告中提出“可持续发展”的概念，指出应当“在不损害子孙后代满足其需求的能力的前提下，满足当前的需求”，箭头直指资本主义，提出资本主义的无节制发展已经在破坏我们赖以生存的星球，增长这一人类一直引以为豪的伟业，成为了一个大问题，福特主义之下不受控制的消费社会对环境造成了不可逆的影响，如何使经济发展与自然保护相协调是新时期人们面临的重大问题。1992年联合国在巴西的里约热内卢召开了“地球高峰会议”，针对气候变暖、臭氧空洞等全球性的环境问题展开讨论。

随着环境保护主义的演进，人们从关注远方的荒野和自然转向关心他们附近生活环境的健康。城市是人口的聚集之地，也是污染和生态破坏最为严重之所，城市暴露出的各种严重的环境问题迫使人们采取措施改良和整饬城市环境，保证城市居民的生活质量。西方国家首先开始反思其城市发展的模式以及如何从整体上对城市进行综合规划和治理。在这样的情形下，城市建设的新思想在西方勃兴，新的城市规划理念不断出现。美国新城市主义理论在80年代形成，它是针对美国郊区低密度蔓延、中心区衰落以及生态恶化等现象而提出的一种城市发展的新路径。新城市主义倡导城市内部紧凑式的发展，尤其是对中心城市进行填充式开发，而非在空间上的无序蔓延，倡导土地功能的混合利用，注重发展公共交通，鼓励步行和骑行，从而减少对车辆的依赖。新城市主义的倡导者简·雅各布斯等城市规划师提出土地功能的混合利用，倡议打造安全、可步行的社区，建设为人而非为车辆设计的城市。[2]美国一时间出现了诸多秉承新城市主义理念的社区开发项目。虽然新城市主义的理论和实践意在突破城市发展的困境，解决一系列社会问题，而非专门改善城市

---

① Jeremy L. Caradonna, *Sustainablity: a History*, Oxford: Oxford University Press, 2014, pp.106-107.

② 关于对新城市主义的研究，参见孙群郎：《美国新城市主义运动的兴起及其面临的困境》，《史学理论研究》2013年第1期；林广：《新城市主义与美国城市规划》，《美国研究》2007年第4期。

的自然环境，却对自然生态的保护起到了一定作用。美国地方政府开始限定城市的增长边界，倡导紧凑式发展，减少对土地的利用，在城市周围留存农田等开放空间——注重开放空间如公园和绿化带的建设有利于保护植被和野生动物的多样性；同时打造公共交通导向（TOD）的城市发展模式——这样可以减少汽车的使用，节约能源，降低汽车尾气的排放，减少污染源。虽然新城市主义在实践中遭遇了种种困境，但这些具体举措都有利于城市生态环境的保护。在大洋彼岸的欧洲，城市环境面临的挑战也激荡出新的环境思想。90 年代末欧洲的城市规划者提出了绿色城市主义的城市建设思想。该理论以生态学为指导，总体的原则是强调城市的设计要符合生态规律，降低城市化进程对环境的影响，尽量减少能源消耗和废弃物的排放，降低城市中人类的生态足迹。绿色城市主义认为要将城市的设计纳入自然生态系统中进行考量，注重保持和维护城市内部生态系统的平衡，并与周边环境建立健康的生态联系。该理论主张城市居民采取可持续的生活方式，发展城市的绿色经济，创建宜居的生态城市，绿色生态主义在欧美多个城市得到很好的实践。①在具体的措施上，绿色城市主义与新城市主义有诸多相似之处，如同样注重城市的紧凑型发展，同样大力发展公共交通和建设绿色空间，但也具有其自身特性：绿色城市主义从生态学的角度审视城市，将城市看作植根于自然，具有新陈代谢功能的有机体，依照生态学的思想建设城市，不但重视城市内部人与自然的和谐，还建立城市与周边地区良好的生态联系。绿色城市主义的目的是建造一个生态上健康、可持续的城市自然生态系统。

西方各国在这些新的城市建设理念的指导下展开城市建设实践。二战后，西欧城市遭到经济重创，1947 年，美国通过马歇尔计划向欧洲同盟伸出援手。西德从“马歇尔计划”中获益不菲，得到了城市建设所需要的资金支持。在德国的西柏林，60 年代起开展的城市更新运动以现代主义规划为指导，大规模拆除了战前的建筑，很多街区被推倒重建，依照“有机”的城市设计理念重新设计。②1969 年总理维利·勃兰特上台后，特别注重环保事宜，针对工业污

---

① 关于绿色城市主义的研究，参见 Timothy Beatley, *Green Urbanism: Learning from European Cities*, Washington: Island Press, 2000; Steffen Lehmann, “Green Urbanism: Formulating a Series of Holistic Principles”, *Surveys and Perspectives Integrating Environment and Society*, Vol.3, No.2 (2010)；刘长松：《欧洲绿色城市主义：理论、实践与启示》，《国外社会科学》2017 年第 1 期。

② Florian Urban, “Recovering Essence through Demolition: The ‘Organic’ City in Postwar West Berlin”, *Journal of the Society of Architectural Historians*, Vol.63, No.3(Sep., 2004), pp.354-369.

染提出“谁污染谁治理”的原则。勃兰特政府通过了严格的空气污染控制法令，制定了垃圾处理的联邦方针，禁止使用DDT，限制含铅汽油的使用，并成立了联邦环境部。环境保护一时成为德国政界的首要关注，80年代德国绿党的成立说明了环境保护意识在官方层面凸显出其重要性。[①]在民间，这一时期环保组织的人数也不断攀升。20世纪下半叶正是生态学勃兴之际，德国的城市规划师用生态学的理念指导城市的整体设计。70年代开始，生态学家参与到城市规划中来，尤为注重对自然的保护，整个城市自然生态系统如空气、土壤和水以及城市中野生动物的保护都成为规划者的关注。在环保人士的呼声下，西柏林政府在70年代末80年代初成立了一个生态研究小组，该小组对西柏林的生物生境进行综合调查，并成立了“西柏林物种保护项目”，该项目按照生物生态学的标准将城市划分为不同的生物生境，并将其视作城市规划中不同的空间单位。该项目不但对濒危物种进行了特殊保护，还保留其所需的生物生境，具体的举措包括重新引水至干涸的沼泽和湿地，去除不符合某一生物生境的植物种类，采取环境友好的园艺措施如不使用杀虫剂，允许植被的自发生长，不移走落叶等。这一项目保存了诸多生物生境，使其不受城市蔓延的损害，有利于城市中生物多样性的保护。作为被战争洗礼过的城市，西柏林有不少被炸弹炸毁或废弃的区域，市民活动组织将这些荒地视为保护区域。80年代初，克罗伊茨贝格区一片被战火肆虐过的空地还被开发成为了一个植物园。[②]

同样地，在美国，从20世纪60年代开始，城市的无限制增长引起了大众的关注，城市管理者也开始重新考虑城市的土地利用方式，尤其是住房建造所引起的消极环境影响。20世纪六七十年代，各州纷纷出台了推动土地合理利用和限制增长的法案，力图保护湿地、山坡、泛滥平原、河口等生态上具有重要价值的地域，限制地产商在这些区域的开发。[③]美国城市和郡县政府通过颁布各项法令来遏制郊区蔓延给环境带来的消极影响，限制化粪池的建造，限制在

① Raymond Dominick, “Capitalism, Communism, and Environmental Protection: Lessons from the German Experience”, *Environmental History*, Vol.3, No.3(Jul., 1998), pp.311-332.

② Jen Lachmund, “The Making of an Urban Ecology: Biological Expertise and Wildlife Preservation in West Berlin”, in Dorothee Brantz and Sonja Dümpelmann, eds., *Greening the City: Urban Landscapes in the Twentieth Century*, Charlottesville; London: University of Virginia Press, 2011.

③ Adam Rome, *The Bulldozer in the Countryside*, p.226-229.

敏感区域上建造房屋，以防发生水土流失等环境问题。[①]位于阳光带佛罗里达州的圣彼得斯堡在控制城市增长方面采取了有效的举措。1970年到1973年间，圣彼得斯堡的人口数量增长了10%，[②]市政基础设施无法满足不断膨胀的人口需求——供水系统已经无法满足城市人口的饮水需要，城市污水处理系统不堪负荷，道路交通拥挤不堪。1971年11月市议会成立了"市民目标委员会"来制定增长管理的目标。同时，生活质量受到影响的市民也呼吁政府采取措施限制城市的发展。[③]1972年该市所在的佛罗里达州通过了一系列土地使用管理法案如《水资源法案》《环境土地和水源管理法案》等，旨在控制城市的增长。在圣彼得斯堡的西南区域，由于人口增长过快，污水处理系统不堪重负，周围居民对恶臭的气味无法忍受，市议会决定在新的污水系统建好前停止所有的新楼房建造。市议会还成立了两个委员会——"环境开发委员会"和"规划委员会"，前者负责审查开发提议和区划变动申请，后者负责更为长远的开发事宜。该市的城市规划者提议重新思考城市开发模式，以城市的承载能力为基础来衡量城市发展规模，在城市建设中考虑到其生态制约因素。在实践中，圣彼得斯堡市实行以行人为中心的楼群发展模式，扩张住房周围的公共区域而非私人区域，建设完善的公共交通来降低能源消耗和污染，建设步行道和自行车道。1975年市议会采纳了"概念规划方案"，该方案提出要保护生态敏感区域，建设绿色空间网络，为城市的扩张设置自然界限。城市规划者分块评估每块区域的生态特点，将某一地块的建筑密度与其生态特点相联系，生态上越脆弱的地区建筑密度应该设置得越低，此外，还要在居住区之间修建绿地作为缓冲带。[④]

在美国，城市开放空间的保护得到特别的关注。一些土木工程师和负责资源保护的官员认识到泛滥平原、湿地等开放空间在吸水排水和抵御洪灾上的重要作用。他们指出，这些地区有助于涵养人们所依赖的复杂的动植物社群，有利于保持生态上的平衡。奥杜邦学会出版了名为"美国城市的开放空间"的指导手册，强调了城市绿色空间的作用。一些城市也发起了保护城市绿色空间的活动，并成立了相关组织，如纽约成立了"开放空间行动研究所"、圣

---

① Adam Rome, *The Bulldozer in the Countryside*, Cambridge: Cambridge University Press, p.4.

② R. Bruce Stephenson, *Vision of Eden: Environmentalism, Urban Planning, and City Building in St. Petersburg, Florida, 1900—1995*, Columbus: Ohio State University Press, 1997, p.144.

③ Ibid., p.145.

④ Ibid., pp.147-158.

路易斯设立了“开放空间委员会”。《周六晚间邮报》报道称,“在每个城市和成千上万的城镇及一些不起眼的社区,都能看见家庭主妇和家中男人聚在一起,一个街区接一个街区,有时一棵树接一棵树地斗争,他们为了保护一座小山丘、一条小河流、一棵枫树而努力”。[①]1962 年,户外娱乐资源审查委员会(ORRRC)提议设立专项基金用于开放空间的保护,特别是大都市区附近的开放空间。1964 年国会同意设立“土地水源保护基金”。60 年代末美国兴起的环保运动进一步推动了人们对开放空间的保护。联邦政府为开放空间的获取提供资金支持,各州也颁布法令禁止在陡坡等敏感地带开发住房。1972 年国会通过的《城市森林法案》鼓励在城市中建设森林。1978 年的补充法案提出要为城市森林的建设提供资金。于是越来越多的人投身城市林业的建设,从事该职业的人热衷对生物多样性和城市自然的保护。[②]

二战后英国伦敦对城市环境的治理也具有启示作用。二战中遭遇空袭轰炸过的伦敦千疮百孔,老旧建筑很多被毁坏,亟待修复。战火熄灭后,伦敦立刻开始重建。涅槃后的伦敦迸发出勃勃生机,却也暴露出种种环境问题。在废墟上重建城市有其好处——过去城市规划中不合理的因素同碎石断垣一起被推土机除去,为现代城市建设提供了方便。战后伦敦的城市化速度加快,人口增多,1951 年到 1971 年这 20 年间,伦敦人口从 1 520 万增加到 1 730 万。与美国一样,50 年代起,英国城市发生扩张,中产阶级逐渐搬到城市外围的郊区。私家车也在伦敦普及开来,在 1945 年,只有十分之一的英国人拥有汽车,到了 1980 年五分之三的英国人都有了汽车,交通变得拥堵不堪。为了解决住房问题和交通拥堵问题,政府开始大规模修建高速公路、高层楼房,以及能为市民提供便利的商场和各种现代设施,这些都是现代主义在文化上的表达。城市的重建不但改变了城市的土地景观,还对城市的生态造成破坏。伦敦市政府很早就意识到城市扩张的负面影响,城市规划者很早就开始控制城市增长。1944 年艾伯克隆比的大伦敦计划编制完成,将城市外围分为城郊、绿化带和外县三个同心圆环,主张将人口引向绿化带外的卫星城和乡村。伦敦也对城市中的水污染进行了有效治理,控制了泰晤士河的污水排放。1950 年泰晤士河的水中几乎没有溶解氧,而在 1974 年,伦敦人在 140 年中首次在泰晤

---

① Adam Rome, *The Bulldozer in the Countryside*, Cambridge: Cambridge University Press, p.147.

② Ian Douglas, *Cities: An Environmental History*, London; New York: I.B. Tauris, pp.264-269.

士河中发现鲑鱼，100 种鱼类也重新回归泰晤士河。[①]伦敦城市污染的改善与其城市经济所经历的后工业时代的转型有直接关系。60 年代开始，伦敦原有的制衣、家具、印刷业等制造业衰退，去工业化浪潮席卷了伦敦，导致大量工厂关闭，迁至其他地区，而银行业、金融业和服务业则飞速发展，成为经济的新增长点。随着制造业的外迁，工业污染也得以缓解。[②]在开放空间建设方面，伦敦也成效明显。皇家园林的存在使英国的绿色空间建设具有良好的传统，位于伦敦的海德公园在 17 世纪就已经对公众开放。二战后，伦敦修建了更多的绿化带及其他形式的绿色空间来遏制城市的扩张，为市民提供了一个健康舒适的生活环境。70 年代起，英国出现了诸多生态公园，如 1977 年在伦敦建成的英国第一个城市生态公园威廉·柯蒂斯生态公园。该公园建立在一个废弃的旧址上，原本堆满建筑废物的旧址上现在种植的是本土植物和驯化植物，公园中设有池塘、树林和玉米地。同样的公园还有格林尼治半岛生态园和斯特夫霍尔生态园等。[③]这些生态公园为城市中的生物提供了良好的栖息地，在保护城市的生物多样性上起到重要作用。伴随着人们对自然环境关注的提高，野生动物保护地的数量也大幅度增加。1992 年英国出现了“城市野生动物伙伴关系”这一组织，专注于保护城市中的野生动物，注重城市中生物多样性的保护。[④]21 世纪以来，伦敦绿色空间建设的趋向发生变化——从保护一块块独立的自然空间到打造绿色生态网络和绿色基础设施网，将大大小小的绿色空间如墓地、河岸、街角相连接，这有助于增强物种之间的互动，方便它们之间发生生物化学作用，对生物多样性的保护大有裨益，可以使区域生态系统更有活力，具体做法一般是用线性的绿色廊道将绿色空间连接起来，抑或缩短不同绿地之间的距离。2012 年，大伦敦政府建立了“全伦敦绿色网络”，意图将整个伦敦分散的绿色空间整合连接起来，从行道树、自行车道到运河纤道，建设起完整的绿色网络。[⑤]

---

① 梅雪芹：《英国环境史上沉重的一页——泰晤士河三文鱼的消失及其教训》，《南京大学学报》（哲学·人文科学·社会科学版）2013 年第 6 期。

② Jim Tomlinson, “De-industrialization: Strengths and Weaknesses as a Key Concept for Understanding Post-war British History”, *Urban History*, Vol.47, No.2(2020), pp.199-219.

③ Ian Douglas, *Cities: An Environmental History*, London; New York: I.B. Tauris, p.282.

④ Ibid., p.279.

⑤ Franklin Ginn and Robert Francis, “Urban Greening and Sustaining Urban Natures in London”, in Rob Imrie and Loretta Lees, eds., *Sustainable London? The Future of a Global City*, Bristol: Policy Press, 2014.

二战后，西方对城市的治理从解决具体的单个环境问题到更加重视整个生态系统的健康和可持续性。总结之，西方国家对城市的治理包括两个层面，一个层面是通过技术手段来修复伤痕累累的城市环境，城市中垃圾回收和污水处理以及住房能耗的降低都离不开新技术的发展，一些城市以生态学的理论为指导建设城市，让城市的发展符合生态规律；另一个层面则是通过改变现有的高生产高消耗的生产生活方式来降低城市的生态足迹，减少城市的能源消耗，排放较少的废物和垃圾。

大西洋两岸的城市发展历程具有相似性。国内环境史学者侯深在其著作《无墙之城》中说道，“在大西洋两岸因为新的技术手段而达成的更为频繁的交流中，它们分享着一整套共同的政治话语与科学话语，在需要新技术与秩序维持的城市时代，这套话语成功地进入其政治生活当中，形成了以专业知识管理社会与自然的‘技术统御’”。[①]同样是技术统御下的现代社会，欧洲和美国在城市治理方面具有高度的相似性。

三、存在的问题

战后西方城市中的治理使城市环境在很大程度上实现了改善，城市生态得到恢复，城市政府从一开始只注重解决具体的环境问题如对空气的治理，转变为后来到对城市的整体规划。然而，治理中也存在着很多问题。首先，环境不公平问题在西方城市中极为明显。环境不公平并不是二战后方出现的新现象，这一问题有相当长的一段历史。西方世界自 17 世纪开始，由于城市的商业化和工业化发展，利益和负担分配不均衡。19 世纪末随着工业化和城市化速度的加快，生产和消费的速度提升，这不但对城市环境产生了压力，还重新建立了城市中不同群体的社会关系。[②]面对工业生产所产生的污染问题时，不同群体面临的情况不一样，特别是美国这样由多个族裔构成的国家，环境污染对少数族裔和底层群体的影响更大。在美国，有色人种和低收入群体比中产阶级白人更易居住于有污染的社区，他们的居住条件恶劣拥挤。同时，低收入群体更多地从事冶金和化工产业，接触有毒污染物的机会更多，饱受铅中毒等职业病的折磨。二战后，在美国城市的规划过程中，州际公路的修建使白人郊

① 侯深：《无墙之城：美国历史上的城市与自然》，四川人民出版社 2022 年版，第 107 页。

② Maureen A. Flanagan, “Environmental Justice in the City: A Theme for Urban Environmental History”, *Environmental History*, Vol.5, No.2(Apr., 2000), pp.159-164.

区化的趋势更加明显，白人与少数族裔在物理空间上的隔离愈发严重。由于城市更新和高速公路的修建，市中心的贫民窟遭到清理，城市更新运动带来了土地的士绅化，致使房价飞升，“贫民窟清理”导致贫困人口流离失所。开发商对住房的开发以营利为导向，忽视了社会公平问题。城市中的决策者大多为富裕的白人阶层，他们通常将有毒的废物堆和发电厂安置在少数族裔和底层人群居住的社区附近，如北卡罗来纳州的沃伦县就将聚氯化联苯丢弃点移至非裔美国人生活的社区，导致当地疾病的暴发，这也是20世纪90年代美国环境正义运动兴起的原因。西方国家对城市环境的治理并不考虑城市中贫穷人群和少数族裔的利益，在很大程度上忽视了公平问题。二战后对城市环境的治理和改善非但没有解决环境不公平问题，还使这一问题愈演愈烈。环境不公平问题不仅存在于西方国家内部，也存在于国与国之间，尤其是发达国家与发展中国家之间。全球化的演进使西方国家经济结构发生转变，重工业衰退，转向发展第三产业。发达国家把产生严重污染和环境危害的工业转移到海外欠发达国家和地区，还向发展中国家输送垃圾和有毒废弃物。西方国家城市环境的改善建立在去工业化的基础上，与污染产业的迁移有很大关系。这也说明，原来由其自身承担的环境后果现在由其他国家和地域来承担。欧美的高污染工业向中国、印度、拉美等第三世界输出，给第三世界的环境健康带来巨大威胁。从某种层面上可以说发达国家的清洁和健康是建立在第三世界环境破坏的基础之上的。

其次，西方国家基本上是依赖技术手段来解决城市环境问题的，如空气和水环境的改善以及耗能的降低在很大程度上都依靠先进的技术。而其制度本身的缺陷导致其无法从根源上解决环境问题。西方自由放任的体制将土地的利用完全交给土地所有者，城市土地的形态基本上由资本和市场的运作来塑造。在经济利益的驱使下，开发商不顾公众利益利用土地进行谋利，导致环境的破坏，引发生态的退化。在资本主义经济体制下，土地归属于不同的所有者，使用权也任由其支配，而实际上，这些不同的土地类型如湿地、沼泽间有千丝万缕的生态联系，需要综合考虑其用途。资本主义的土地私有制严重限制了政府对土地的控制和管理力度，西方社会有着土地私有权至上的观念，民众一旦认为政府的行为威胁到个人自由和市场自由竞争，便会强烈抵抗。这导致政府很难限制土地所有者对私有土地的使用，旨在改善环境的国家土地政策无法贯彻执行。这也是20世纪70年代试图在全国范围内约束土地利用的美国《国家土地利用政策法案》没有得到通过的重要原因。[①]

四、启　示

二战后西方城市化速度加快，经济发展取得了不凡的成就，但是城市环境却遭到严重破坏。眼见城市中的各种环境问题，西方国家对城市进行了有部分成效的治理。西方城市治理中的经验和教训为我国城市发展和治理提供了有价值的参照。西方的城市治理首先从解决具体问题开始。二战后，随着城市环境问题的日益严峻，各国政府对城市空气和水污染等具体问题进行整治，依赖技术手段取得了不小的成效。由于20世纪生态学的新进展，城市建设理念也发生了变化，城市规划者开始将城市视为自然生态系统的一部分，高度重视城市中自然环境的保护。管理者从总体上对城市进行重新规划，控制城郊的扩张和蔓延，重新振兴城市中心。受到新城市主义和绿色城市主义的影响，西方城市多主张紧凑式发展和土地功能的混合利用，优先发展公共交通，降低私家车的使用，践行以公共交通为导向的城市发展模式（TODs），鼓励人们多步行和骑行，并修建自行车专用车道。同时，也注重绿色空间和开放空间的建设，修建绿色基础设施，使城市中不仅有足够的绿地和开放空间，这些绿色空间还与周围环境具有生态联系。

当然，西方城市的治理也呈现出诸多不足，如环境不公平问题严重，政府对土地的利用和管理受到土地私有制的掣肘等等。中国城市人多地少，有自己独特的现实情况，如何在汲取欧美城市先进治理经验的同时，避免走西方城市曾走过的弯路，是国内城市规划者需要继续思考的问题。如何利用社会主义制度的优越性建设中国特色的现代城市，在城市中实现人与自然的和谐融洽，也是中国城市研究者需要进一步商讨的议题。

The Environmental Crisis, Management and Problems in Post-war Western Cities

Abstract: After World War II, with the rapid economic development of western countries,

① 亚当·罗姆论述了国家土地法案颁布的失败与土地私有制之间的矛盾，参见 Adam Rome, *The Bulldozer in the Countryside*, pp.236-247。

the natural environment of the city was seriously damaged, and the "metabolism" of the city was in a dilemma. In order to cope with the urban ecological crisis, the government has taken relevant measures to manage the urban environment, from the initial focus on solving specific environmental problems to the subsequent overall urban design and planning, trying to make the existence of the city conform to the ecological laws, and some achievements have been achieved. However, there are also many problems and drawbacks in urban governance in western countries, such as environmental inequity, and constraint of the government's management by private land ownership.

Key words: Western Countries; Urban Environment; Ecological Crisis; Management

作者简介:刘晓卉,上海师范大学外国语学院、上海师范大学世界史系副教授。

伟大社会计划与美国联邦政府公共交通政策的形成

宋　晨

摘　要:20世纪60年代,随着民主党人重新入主白宫,美国迎来了自由主义的改革时代。肯尼迪总统在国内推行新边疆政策,而林登·约翰逊总统则实施更为积极的"伟大社会"计划,将"新政式"的改革推向了高潮,联邦政府的城市公交政策便是在这股浪潮中出台的,1964年《城市公共交通法》的颁布标志着美国联邦政府公共交通政策的形成。

关键词:美国　伟大社会　联邦政府　公交政策

不同于欧洲在一战之前大部分城市公共交通行业的所有权为当地市政所接管,美国的城市公共交通行业从一开始便由私人所有和运营,并长期作为营利性的行业逐步发展壮大。在20世纪30年代之前,各个地方的市政部门除了通过颁发特许状的形式对当地的公交行业进行管制外,鲜有地方政府积极推动城市公交的发展,而联邦政府对城市公交的发展则更为漠视,直到罗斯福新政时期,联邦部门才向一些大城市的轨道交通系统提供了有限的拨款援助。总体来说,二战前美国各级政府对城市公交行业偶有干预和援助。二战后,随着美国中心城市的持续衰落和"城市危机"的爆发,城市问题日益成为全国性问题。1958年《交通法》的颁布引发了美国大城市的"通勤铁路危机",城市和州政府已无力有效化解此次危机,在以费城市长为首的美国主要市政领导共同努力下,到50年代末,城市利益团体对于寻求联邦政府援助公共交通的共识已经形成,来自城市利益团体的政治压力迫使联邦层面愈发意识到公共交通问题的严重性，支持联邦公交项目的群体和声势也在不断扩大。本文拟就20世纪60年代美国联邦政府公交政策出台的进程进行初步探讨。

一、肯尼迪政府与1961年《住房法》

1960年的美国大选在美国历史上具有转折性意义，民主党人约翰·肯尼迪的当选不仅结束了共和党在白宫长达8年的执政，而且城市议题开始首次进入全国性政党的施政纲领当中。肯尼迪是波士顿人，在1960年大选前曾担任马萨诸塞州的国会参议员，在国会中他积极推动有利于城市的立法来回报他所在选区的选民。而在竞选总统期间，他也曾多次在演讲中谈及城市议题，表达出对城市问题的关切，他在1959年丹佛举行的美国市政大会上指出，城市问题"在过去的政党纲领中只会被轻描淡写地提及"，往往得不到相应的重视。随着城市化比率的上升，政府在城市问题的预算开支也应该增加。他主张城市议题"必须排在1960年各类竞选议题的前列"，联邦政府"应当增加对我们城市的援助项目"。[①]而在临近大选前的10月，肯尼迪还提出了一份针对美国城市问题的报告，该报告详细阐述了民主党关于解决城市问题的十年行动计划，从城市重建、住房、交通、污染以及娱乐和开放空间等五个方面具体着手，其中在城市交通问题上，该报告提出需要联邦政府对以往忽视的公共交通予以相应的援助，建立一套更加平衡的交通系统。[②]而相比之下，共和党候选人理查德·尼克松在城市议题上则沿袭了艾森豪威尔总统的主张，仅仅对城市住房问题有所提及，而没有一套具体翔实的城市施政方案。[③]尽管肯尼迪关于城市问题的施政纲领对于他成功当选总统到底发挥了多大作用，学界还存在争议，但肯尼迪在城市议题上的立场无疑推动了60年代国会通过相关的城市立法。

1961年1月11日，肯尼迪还未正式就任总统，参议员威廉姆斯和17名两党的共同提案人再次向国会提交了1960年未获通过的城市交通议案，此次提

---

① "Kennedy Says Aid to Cities is Vital", *New York Times*, December 1, 1959.

② John F. Kennedy: "Statement by Senator John F. Kennedy on the Report of the Urban Affairs Conference", October 20, 1960, http://www.presidency.ucsb.edu/ws/index.php?pid=74129，获取于2016年3月10日；"Text of Report on Housing Endorsed by Kennedy", *New York Times*, October 20, 1960。

③ "Platforms and Cities", *New York Times*, August 7, 1960.

案只是在上次提案的基础上稍作修改和调整。①3 月，该提案便进入了参议院的小组委员会听证阶段，这项提案向国会申请 3.25 亿美元的援助，主要由以下三个部分构成：

(1) 为购置新的轨道和巴士设备、路权和终点站提供 2.5 亿美元的周转贷款基金。该贷款可由州和地方政府或公共部门用于交通项目，而不是运输公司的运营开支；

(2) 为州或地方政府提供 5 000 万美元配套资金用于示范项目，来展示新的交通方式和系统的可行性；

(3) 为公共交通的区域规划提供 2 500 万美元的配套资金。②

尽管该议案中 1.5 亿美元的项目被包括在参议院银行与货币委员会的一项住房法案中，而率先获得批准，但肯尼迪政府的态度却出现了摇摆，由于在公交议案的政府部门管辖权上出现不同意见，肯尼迪总统在 3 月 9 日给国会的咨文中强调，解决城市交通问题将会“给我们的资源带来严重的损耗”，而“提供解决方案的责任应当主要落在地方政府和私人企业身上”，他要求相关部门迅速开展一项关于城市交通问题的研究，对联邦政府在城市交通中的角色作出适当的评估。③肯尼迪总统倾向于对联邦城市公交项目往后推延，他当时仍在等待组建一个新的有关城市事务的内阁，将联邦公交项目纳入到新成立的机构来运作，同时，大城市的市长和政府官员也对肯尼迪总统提议建立一个内阁级的城市事务与住房部表示支持。不同于参议院的小组委员会对上述议案的支持，众议院的住房小组委员会却把威廉姆斯议案中的一项条款排除在外，不过该小组委员会的主席艾伯特·雷纳(Albert Rains)却表示该举动并不意味着众议院对公交项目的排斥。④面对这种局面，参议员威廉姆斯希望能

---

① “Transit Aid Sought by Jersey Senator”, *New York Times*, January 12, 1961.

② “Rail Plan Urge Huge U.S. Loans”, *New York Times*, March 20, 1961; “Congress Pushing Transit-Aid Plan”, *New York Times*, March 20, 1961; “Senate Unit Told of Transit Crisis”, *New York Times*, March 21, 1961.

③ John F. Kennedy: “Special Message to the Congress on Housing and Community Development”, March 9, 1961. Online by Gerhard Peters and John T. Woolley, *The American Presidency Project*. http://www.presidency.ucsb.edu/ws/?pid=8529.

④ “Urban-Bill Scope Still in Dispute”, *New York Times*, April 17, 1961; “President Delays Transit Program”, *New York Times*, May 25, 1961.

在国会尽快推进该项议案，担心国会对该议案的搁置会导致出现新的变数。

威廉姆斯意识到，试图仅将公交项目作为一项单独的议案获得国会通过，在当时看来希望不大。由于住房议案在国会中有着更广泛的支持，于是威廉姆斯调整了策略，将公交议案作为综合性住房议案的一部分来申请联邦援助，但这一想法并没有得到住房与房屋资助局（HHFA）的支持，该局在向国会提交的住房议案中排除了公交项目的部分。威廉姆斯只能再次通过提交住房法修正案的方式，来争取公交立法的通过。①在扩大版的住房议案提交参众两院后，该议案中关于公共交通的部分受到来自公路利益集团和乡村保守团体的反对，在经过数轮谈判和妥协后，该议案最终分别以 64 票对 25 票和 235 票对 178 票在参众两院通过。②肯尼迪总统也于 6 月 30 日签署该项法案，1961 年《住房法》正式生效。③

1961 年《住房法》中涉及城市公共交通的条款主要包括以下三个方面：第一，该法授权 5 000 万美元联邦贷款用于城市地区的公共部门对公交设施的收购、建设和改进，“交通设施可由地方公共机构或私人交通公司来运营，但联邦贷款只能提供给公共部门”；第二，该法授权 2 500 万美元的联邦拨款给地方公共机构的示范项目，“示范项目可用于公共交通的改善，但联邦资金的份额不能超过项目成本的 2/3，也不能用于主要的设备改造”；第三，联邦的城市规划援助可用于“综合的城市交通调查、研究和规划，帮助解决交通拥堵问题，促使大都市和其他城市地区的人员和货物流动，以及减少交通需求”。④

1961 年《住房法》中城市公交项目的通过，对于联邦公交项目来说只是一个很小的开端。由于国会拨款委员会对申请资金的压缩，联邦公交项目实际上得到的援助资金只有 4 250 万美元，比威廉姆斯最初公交提案的 3.25 亿美元要求有大幅度的削减，也远不及同时期联邦对公路项目的援助。尽管这笔资金对于缓解通勤危机和遏制公交行业的颓势作用不大，但联邦政府确实在

---

① George Smerk, *Federal Role in Urban Mass Transportation*, Indianapolis, IN: Indiana University Press, 1991, pp.80-81.

② “Transit Aid Due for Senate Vote”, *New York Times*, June 5, 1961; “Senate Approves President's Bill on Housing”, *New York Times*, June 13, 1961; “Housing Bill Wins in House”, *New York Times*, June 23, 1961.

③ “Kennedy Signs Bill to Provide Housing for ‘the Forgotten’”, *New York Times*, July 1, 1961.

④ U.S. Summary of the Housing Act of 1961: Public Law 87—70, 75 Stat. 149, 87th Congress, Washington, D.C.: Housing and Home Finance Agency, Office of the General Counsel, pp.8-9.

援助城市公共交通方面迈出了第一步，为以后申请联邦更大的援助奠定了基础。虽然该法对公交项目的援助资金非常有限，但仍有来自国会保守势力的反对，这部分保守势力主要由美国商会和美国农业局联合会（American Farm Bureau Federation）构成，该保守势力一向对“经费开支”“社会主义”和“联邦干预地方事务”充满敌意，而符合上述三个特点的联邦公交项目正是它们反对的对象。[①]不过随着联邦公交示范项目的成功实施，这种质疑的声音逐渐减弱，公交项目的游说者又开始为寻求联邦更大的资助而努力。

1962 年 3 月，肯尼迪总统要求商务部和住房与房屋资助局（HHFA）开展一项有关城市交通问题的研究，之后发布了一份名为“城市交通与公共政策”的联合报告，该报告指出：

> 城市交通政策的主要目标是实现土地的合理利用，确保给所有阶层的群体提供交通设施，提高总体的交通流量和以最小的成本满足所有的交通需求。只有一个平衡的交通系统可以实现上述目标——而且在许多城市地区这意味着一个庞大的公共交通网络，完全将公路和街道系统整合到其中。但是近年来，公共交通行业经历了资本消耗而不是资本扩充。由公交使用率的进一步下降引发的一轮票价上涨和服务削减，抵消了乘客量的减少，表明了对于大规模公共基金来支撑必要的公共交通改善的需求。因此我们建议实施一项对于城市公共交通新的援助与贷款。[②]

4 月，肯尼迪总统根据这份提交的报告，向国会发表了其任内第一份以交通为主题的咨文。虽然在 1961 年《住房法》的酝酿过程中，肯尼迪没有公开支持该法，但在这份有关城市交通的咨文中，明确了其支持城市公共交通发展的立场。他指出虽然小汽车的普及使亿万美国人受益，但汽车数量的暴增也导致了严重的交通拥堵，并且极大地阻碍了公共交通服务，城市地区出行方式的重大转变也严重损害了公共交通的效率和经济可行性。因此，他认为合理地平衡小汽车出行与公共交通出行，对于保存和提升已有城市地区的价值十分

① Michael N. Danielson, *Federal-Metropolitan Politics and the Commuter Crisis*, New York, NY: Columbia University Press, 1965, p.177.

② Edward Weiner, *Urban Transportation Planning in the United States: An Historical Overview*, London: Greenwood Publishing Group, 1999, p.32.

必要，有助于更好地塑造和服务城市地区。同时他还指出平衡的交通对于社区的健康发展也有着重要作用。此外，他建议商务部和住房与房屋资助局之间继续保持紧密合作，继续推进与城市交通相关的联邦立法。[①]肯尼迪的这篇咨文为之后的两项城市交通立法奠定了基础。

在推动城市交通的平衡发展方面，联邦政府首先在公路政策上进行了微调。到60年代初期，联邦州际公路项目的一些负面效应开始显现，在城市里，新建快速路每年迫使大约3.3万户家庭从城市搬离，而城市快速路的修建往往与城市更新运动相结合，公路项目被当作清理贫民窟和兴建公共住房项目的工具，这又使得另外约3.8万户家庭每年被迫从城市搬离。[②]此外，公路项目还使得城市公园等休闲场所的空间被挤占，这种对原有城市格局的破坏引来了美国社会对城市快速路的批评，较早的批评声来自城市理论家，简·雅各布斯在其代表作《美国大城市的死与生》一书中，以洛杉矶为例，指出快速路构成了破坏城市的主要力量，[③]而刘易斯·芒福德在《公路与城市》一书中指出联邦大规模援助的州际公路系统进一步加深了人们对小汽车的依赖，快速路侵占了城市中大量宝贵的土地，导致城市支离破碎。[④]随着社会各界对修建城市快速路的批评形成强大声势时，国会受到了来自政府内部和社会外部舆论的压力，于1962年10月通过了《联邦援助公路法》，该法要求从1965年7月起，城市高速公路的规划需要以综合的交通规划为基础，要考虑当地的土地利用和公共交通计划，并对已规划的高速路举行听证会进行论证，否则联邦公路基金将不能用于城市地区的公路建设。尽管该法的通过不会彻底改变长期以支持公路建设为重点的城市交通规划，但该法至少确保了将来的交通规划开始考虑城市地区中除小汽车公路之外的其他交通方式，汽车—公路主导的交通方式开始受到质疑。[⑤]

---

① John F. Kennedy: "Special Message to the Congress on Transportation", April 5, 1962. Online by Gerhard Peters and John T. Woolley, *The American Presidency Project*, http://www.presidency.ucsb.edu/ws/?pid=8587,获取于2016年3月12日。

② Raymond A. Mohl, *The Interstates and the Cities: Highways, Housing, and the Freeway Revolt*, Washington, D.C.: Research Report on Poverty and Race Action Council, 2002, p.59.

③ Jane Jacobs, *The Death and Life of Great American Cities*, New York, NY: Random House, 1961, pp.353-356.

④ Lewis Mumford, *The Highway and the City*, New York, NY: Mentor Books, 1964, pp.244-256.

⑤ Joseph F.C. DiMento, Cliff Ellis, *Changing Lanes: Visions and Histories of Urban Freeways*, Cambridge, MA: The MIT Press, 2013, pp.118-119.

尽管1961年的《住房法》首次授权了联邦的公共交通项目，但该法仅仅只是个开端，各大城市的公交系统运营状况仍然堪忧，公交运营状况的改善仍需联邦基金的强力支持，到1962年公交利益团体的代言人仍在积极推动更大联邦项目的落地。

二、1964年《城市公共交通法》颁布始末

肯尼迪总统在国会发表的关于交通的咨文中，明确建议授权一项为期三年总额5亿美元的公交援助计划。[①]根据该意见，参议员威廉姆斯立即向国会提交一项联邦援助公交的资金拨款项目，该议案也相继进入参众两院的听证阶段，在参议院听证会开始前，住房与房屋资助局（HHFA）的局长罗伯特·韦弗（Robert Weaver）表示该提案的援助资金有2/3会用于设备改造，而车票收入将用于运营开支。韦弗希望该提案通过实施后，可以缓解目前的公交困境。[②]而这次提案还得到两位州长的支持，新泽西州州长理查德·休斯（Richard Hughes）和马萨诸塞州州长约翰·沃尔普（John Volpe）都通过书面形式向听证会表达了他们的观点，希望各方能够积极推动该议案通过，尽管美国农业局联合会仍然反对公交项目。[③]然而在推进该项议案的过程中，该议案却一再遭到搁置，最大的阻碍来自俄亥俄州的民主党参议员弗兰克·劳希（Frank Lausche），作为参议院商业委员会的成员，他长期持保守主义立场，曾公开抨击肯尼迪总统的公交援助计划，认为该计划会耗费数十亿美元，他还将联邦的公交措施描述为一种“强压力量”，会造成对私人交通行业的极大伤害。9月17日，在劳希主持的听证会上，参议院商业委员会决定不建议将该议案提交参议院讨论，而正是这一举动恰恰扼杀了1962年的公交议案。[④]尽管专门的公交立法未获通过，但肯尼迪总统于10月同意签署一项法案，使1961年《住房法》中即将到期的公交项目继续延长6个月。[⑤]

---

① John F. Kennedy: “Special Message to the Congress on Transportation”, April 5, 1962. Online by Gerhard Peters and John T. Woolley, *The American Presidency Project*, http://www.presidency.ucsb.edu/ws/?pid=8587，获取于2016年3月12日。

② “Transit Aid Plan Pushed in Senate”, *New York Times*, April 25, 1962.

③ “2 Governors Back Transit Aid Bill”, *New York Times*, April 26, 1962.

④ “Transit-Aid Bill Considered Dead”, *New York Times*, September 5, 1962; “Senate Shelves Transit Aid Bill”, *New York Times*, September 15, 1962; Joseph M. Siracusa, *Encyclopedia of the Kennedys: The People and Events that Shaped America*, Santa Barbara, CA: ABC-CLIO, 2012, p.460.

⑤ “Kennedy Signs Transit Bill”, *New York Times*, October 17, 1962.

1963年1月,参议员威廉姆斯重新向国会提交了公交议案,然而参议员劳希再次成为主要的反对者,他将城市公交补贴议案描述为"这个国家人民的道德腐蚀器",该议案对于东北部的政客来说"不过是贿选的工具而已"。他以家乡克利夫兰为例,指出当地的官员故意拖延利用当地资金扩展快速公交线路的计划,"当他们发现可以从华盛顿获得一份大礼"。他指责那些发起此次立法的东部铁路公司,并提交了一项修正案,要求国会取消联邦政府对公交的援助。①但参议员劳希的举动并没有成功,在参议院的其中一轮投票中,以56票对41票否决了劳希的提案。由于受当时经济波动的影响,参议院决定从公交议案的预算中削减2.5亿美元,为了确保该议案能顺利通过,参议员威廉姆斯和其他议案的支持者接受了援助资金压缩后的议案。尽管受到劳工利益团体和多数共和党人的反对,但在许多几乎与城市利益无关的民主党参议员的支持下,特别是得到了南部民主党参议员的帮助,经过参议院反复的改动和调整,一项援助拨款和贷款总额为3.75亿美元的公交议案于4月4日以52票对41票在参议院获得通过。②

公交议案在参议院获批,对于威廉姆斯和肯尼迪的立法项目来说是"一次重大胜利",然而同年4月该议案递交到众议院规则委员会时,正值黑人民权抗议运动的高潮时期,民权议题进入到政治和立法的最前线,占据了当时最主要的政治资源,再加上南部的众议员对肯尼迪的民权项目普遍感到不满,他们以一种"反城市"的立场对待与城市议题相关的提案,公交议案的发起人担心他们的提案无法在众议院拉到足够选票,从而在众议院遭到否决。因此公交项目的支持者们为了规避风险,决定从策略上对公交提案先进行搁置,不急于在众议院举行听证会,等待时机成熟后再推进众议院的立法行动。③

1963年11月22日,肯尼迪总统突然遇刺身亡,时任副总统林登·约翰逊继任为美国第36任总统。约翰逊总统一上任,便立即采取行动,声明自己要

① "Lausche Opposes Transit-Aid Bill", *New York Times*, March 22, 1963; Joseph M. Siracusa, *Encyclopedia of the Kennedys: The People and Events that Shaped America*, Santa Barbara, CA: ABC-CLIO, 2012, p.461.

② "Senate Slashes Transit Aid Bill", *New York Times*, April 4, 1963; "Senate Approves Transit Aid Plan for Urban Areas", *New York Times*, April 5, 1963.

③ "House Holds Up Bills on Transit and Youth Jobs", *New York Times*, April 29, 1963; "House is Expected to Act on Transit", *New York Times*, May 27, 1963; "Transportation Bill Delayed in House", *New York Times*, June 21, 1963.

继续完成肯尼迪未竟的事业，来安抚全国人民的伤痛。①约翰逊政府时期是美国城市问题集中爆发的时期，城市骚乱、城市危机、城市贫困等问题交织在一起，对于约翰逊来说，当时整个国家的命运与各个城市的命运是紧密相连的，他必须在制定国内政策时重点考虑城市议题。约翰逊总统在公平施政和新边疆的城市项目基础上，继续扩大联邦政府对城市的干预，推行"伟大社会"计划，该计划最早是他在密歇根大学的一次演讲中提及，他当时说："我们不仅有机会进入到富有而强大的社会，而且还要跨越到伟大社会。而伟大社会有赖于所有人的富裕和自由，要求消除贫困和种族不平等……问题的清单很长：市中心的衰败和郊区的掠夺，人们没有足够住房，交通缺少足够的出行方式……我们的社会将永远不会变得伟大，直到我们的城市变得伟大。"②凭借其杰出的行政才能，约翰逊政府成为二战后联邦政府出台城市立法最多的一届政府，尽管约翰逊政府的城市政策在执行的后期，由于受到资金和其他条件限制，没有达到预期的效果，但让更多的穷人和少数族裔民众参与到城市政治的进程中来。③

60年代之前，当林登·约翰逊在参议院担任多数党领袖时，为争取获得1960年大选民主党内总统候选人提名，他便积极聆听城市领导人对于公共交通状态的抱怨，以获取来自城市的支持，他当时已经意识到公共交通衰落的严重性。④到1964年1月8日，约翰逊在就任总统后的首份国情咨文中，明确表示："我们必须在社区内以及社区与社区之间帮助提供更多现代化的公共交通和低成本的交通出行方式。"约翰逊总统将城市公交立法放在优先考虑的位置，其内阁成员也作出了坚定承诺，会为联邦援助公交项目的出台而积极努

---

① James T. Patterson, *Grand Expectations: the United States, 1945—1974*, New York, NY: Oxford University Press, 1997, p.524；[美]弗雷德里克·西格尔：《多难的旅程：四十年代至八十年代初美国政治生活史》，刘绪贻等译，商务印书馆1990年版，第162页。

② Lyndon B. Johnson: "Remarks at the University of Michigan", May 22, 1964. Online by Gerhard Peters and John T. Woolley, *The American Presidency Project*, http://www.presidency.ucsb.edu/ws/?pid=26262，获取于2016年4月9日。

③ Arnold R. Hirsch, Raymond A. Mohl(edited.), *Urban Policy in Twentieth-Century America*, New Brunswick, NJ: Rutgers University Press, 1992, pp.18-19; Bell Clement, "Johnson Administration: Urban Policy", in David Goldfield ed., *Encyclopedia of American Urban History*, Thousand Oaks, CA: Sage Publications, Inc., 2007, pp.397-399.

④ Michael N. Danielson, *Federal-Metropolitan Politics and the Commuter Crisis*, New York, NY: Columbia University Press, 1965, p.112.

力。①而在 1 月 27 日关于住房和社区开发的咨文中，约翰逊总统则督促国会将搁置在众议院数月之久的公交议案尽快通过实施，来更好地为城市的发展与再开发服务。②

尽管约翰逊总统对联邦援助公交项目表示明确支持，但当时民权议案仍是联邦政府首要的立法目标，美国众议院议长约翰·麦考马克(John McCormack)担心民权议案还是会影响到公交议案在众议院的通过，建议公交议案的发起人继续搁置。然而到 3 月，公交议案的支持者们召集了包括交通、住房、规划和城市事务领域的十多个全国性组织到华盛顿发起新一轮的游说活动，力图使搁置在众议院规则委员会的公交议案重新进入参议院的讨论议程中去。③公交压力集团在众议院中利用城市客运交通组织(Urban Passenger Transportation Association, UPTA)作为游说的工具，其中工会发挥了重要作用，由于联邦公交援助项目将为全美处于衰败的公交行业提供更多的就业机会，因此得到了工会的积极支持。尽管工会力量起初担心公交行业完成公有化后，劳工的工资待遇会下降，但考虑到处于财政困境的公交行业若得不到援助的话，将会濒临破产，工会也随之转变了对联邦项目的态度，工会力量的参与加快了众议院对公交议案的推进。

5 月 13 日，约翰逊总统召集众议院规则委员会中的民主党议员举行了一场秘密会议，在会上约翰逊强调了他采取行动的决心，希望能尽快实施一批联邦项目，请求与会的民主党议员帮助他通过被搁置的议案，其中就包括公交项目。这次会议很快便收到成效，到 20 日，众议院规则委员会以 8 票对 4 票通过了公交议案，该议案终于有机会进入众议院全体大会进行投票表决。④来自新泽西州的共和党众议员威廉·威德诺尔(William Widnall)对于公交议案进入参议院投票环节发挥了关键作用，他公开谴责众议长麦考马克和部分国会议员阻碍了立法程序，并答应举行一场新闻发布会说明众议院中有足够的共和党议员支持公交议案的通过。为了避免出现任何尴尬的局面，麦考马克同

---

① "Johnson Presses for Transit Help", *New York Times*, January 9, 1964.

② Lyndon B. Johnson: "Special Message to the Congress on Housing and Community Development", January 27, 1964. Online by Gerhard Peters and John T. Woolley, *The American Presidency Project*, http://www.presidency. ucsb.edu/ws/?pid=26035，获取于 2016 年 4 月 21 日。

③ "House is Reviving Transit Aid Bill", *New York Times*, March 22, 1964.

④ "Johnson Bid Rules Panel Clear His Key Measure", *New York Times*, May 14, 1964; "Mass Transit and Pay Bills are Voted by Rules Panel", *New York Times*, May 21, 1964.

意于6月25日为公交议案进行投票表决。众议院最后以212票对189票的微弱优势通过了该议案。[①]约翰逊总统于7月9日签署了1964年《城市公共交通法》(*Urban Mass Transportation Act of 1964*),约翰逊总统在签署仪式上说:

> 就在不久之前,10个美国人中有6人生活在乡村地区。而当今天我们在这里见面时,10个美国人中已经有7人生活在城市地区。这一转变发生得很快也很显著,今天我们城市的交通拥堵对于千百万美国人的日常生活来说,是个令人不快的事实。我们都认识到通勤中拥堵的诅咒不可能只用1个笔画或50个笔画就能消除的。但是我们确实知道,这项我们认真对待的立法正视了美国人生活的现实问题,并试着发动一场运动来做点什么。[②]

该法的出台具有里程碑意义,标志着美国联邦政府城市公共交通政策的正式形成。该法主要由三部分构成,其中两项内容继承了1961年《住房法》的条款。第一,继续实施示范项目,而同时HHFA局长也被授予一项权力,可以根据具体情况独立发起示范项目;第二,继续实施低利率的贷款项目;第三,实施一项新的资本拨款(capital grants)项目,由于该法授权提供一项为期三年总额达3.75亿美元的资金援助,因此拨款项目成为该法中最引人注意的部分。根据该法的条款规定,拨款项目分为长期的援助项目和短期或紧急援助项目。长期项目是为那些符合相互协调的、可持续的综合性城市交通规划的公共交通系统设计的,联邦基金可以用于建设、改造和兼并这些公交系统和设施净成本的2/3,而短期项目则是为那些出现财政困境的公交系统准备的。[③]

此外,代表公交员工利益和美国劳工联合会—美国产业工会联合会利益(AFL-CIO)的工会组织,在立法过程中要求达成的关于劳工保护的协议,成为《城市公交法》的第13款,而这项规定成为当时最具争议的条款之一。该法要

---

① George M. Smerk, "Development of Federal Urban Mass Transportation Policy", *Indiana Law Journal*, Vol.47, Issue. 2(Winter 1972), p.275.

② Lyndon B. Johnson: "Remarks upon Signing the Urban Mass Transportation Act", July 9, 1964. Online by Gerhard Peters and John T. Woolley, *The American Presidency Project*, http://www.presidency.ucsb.edu/ws/?pid=26369,获取于2016年4月22日。

③ Edward Weiner, *Urban Transportation Planning in the United States: an Historical Overview*, London: Greenwood Publishing Group, 1999, pp.42-43.

求住房与房屋资助局的局长采取行动,确保那些在该法资助下的公交系统的员工和技工能获得不低于戴维斯-培根法[①]规定的工资,而且公交行业的员工可以利用联邦基金行使集体谈判权。[②]该条款的反对者认为,此项规定打破了劳资双方的平衡关系,很大程度上偏向于劳方的规定将给公交系统的管理层造成沉重的负担,不利于公交行业提高运营效率。

对于该法的反对和质疑主要集中在关于项目最终受益者的问题上。由于该法规定只有公有机构才能申请联邦资金的援助,到 60 年代,只有少数几个大城市的公交系统完成了公有化,因此以参议员劳希为代表的反对者认为,美国少数几个"富有的大城市"将是联邦项目的最大受益者。[③]当时很多中小城市的公交系统仍处于私有和私营的状态,尽管大城市占据了公交市场的主要份额,但为了获得联邦援助,各个城市的公交系统掀起了一股公有化的浪潮。《城市公共交通法》只是约翰逊总统同时期签署的众多联邦立法中的一项,其重要性和产生的社会反响远不及《民权法》和《住房法》,但该法对后来联邦政府的城市公交立法和各级政府的公交措施产生了重大影响,并为重塑公共交通在城市交通中的地位提供了有力支撑。

三、联邦政府城市公共交通管理局的设立

在"伟大社会"计划的框架下,1965 年国会通过了《住房与城市发展法》(*Housing and Urban Development Act*),使 60 年代初肯尼迪总统关于成立"城市事务与住房部"的建议得以落实,在该法的授权下,约翰逊政府于 9 月成立了内阁级别的住房与城市发展部(Department of Housing and Urban Development, HUD),时任 HHFA 局长的罗伯特·韦弗成为 HUD 的第一任部长,也是美国历史上联邦政府的首位黑人内阁成员,而 HHFA 也随之并入 HUD。[④]1965 年正处于城市黑人暴力骚乱的高潮期,洛杉矶黑人贫民窟的沃茨暴动

---

① 戴维斯-培根法(Davis-Bacon Act):1931 年联邦政府通过的一项法案,该法规定在联邦全资或合资建设的项目中,指导工资应在 2 000 美元以上,而且工资要按周支付。该规定主要是为了保护地方工人的基本收入水平及每个社区的经济发展。参见:[美]吉米·辛策:《美国建设工程合同与管理》,周智勇译,中国水利水电出版社 2015 年版,第 313 页。

② Alan Reed, "The Urban Mass Transportation Act and Local Labor Negotiation: The 13-C Experience", *Transportation Journal*, Vol.18, Issue. 3(Spring 1979), pp.56-57.

③ "Lausche Says Transit Bill Would Aid 'Wealthy Cities'", *New York Times*, May 28, 1964.

④ "The Weaver Appointment", *New York Times*, January 15, 1966.

(Watts Violence)造成严重的人员伤亡和财产损失，媒体对于新成立的内阁部门在解决城市骚乱问题的作用大多表示怀疑。①然而城市黑人暴力骚乱事件根源已久，②刚成立的 HUD 无力缓解当时严重的城市危机，更不用说从根本上解决全美普遍存在的种族隔离和种族不平等问题，约翰逊政府希望该部门通过协调住房项目和其他城市项目，来逐步推动种族平等的进程和城市问题的解决。

由于 1964 年《城市公交法》授权的资本拨款项目将于 1967 年到期，参议员哈里森·威廉姆斯于 1966 年 1 月再次作为提案发起人，向国会提交了一项 1964 年《城市公交法》的修正议案，旨在授权联邦政府对纽约市公交系统 2/3 运营亏损和全美其他亏损通勤业务予以补贴。③8 月，一项两年总额为 4.5 亿美元的联邦补贴议案率先在参议院银行与货币委员会获得通过，但该议案遭到主张节约的共和党参议员约翰·托尔(John Tower)的反对，经托尔的动议，该议案被削减为 3 亿美元，并于 15 日以 65 票对 18 票在参议院获得通过，在托尔看来，尽管新方案拨款数额有所减少，但仍比约翰逊总统要求的总额要高。④该议案进入众议院后，来自纽约的民主党众议员保罗·菲诺(Paul Fino)提出将各州可获取 12.5%的联邦补贴比例进一步提高，但菲诺的这一提议遭到众议院的否决，不过民主党人占据多数的众议院还是以 235 票对 127 票通过了该项议案。⑤约翰逊总统于 9 月签署了该项法案，即 1966 年《城市公交法修正案》(*Amendments to the Urban Mass Transportation Act*)。

该修正案授权联邦政府向各州和地方政府从 1968 到 1969 两年每年拨款 1.5 亿美元，用于新建和改进公交系统。该修正案新增的部分授权，地方政府可将联邦 2/3 的配套资金用于以下三个方面：(1)公交系统的规划、工程和技术研究；(2)为公共交通领域的员工提供培训奖学金；(3)公共交通问题的研

---

① Wendell E. Pritchett, *Robert Clifton Weaver and the American City: the Life and Times of an Urban Reformer*, Chicago, IL: The University of Chicago Press, 2008, pp.259-261.

② 参见 Thomas J. Sugrue, *The Origins of the Urban Crisis: Race and Inequality in Postwar Detroit*, Princeton, NJ: Princeton University Press, 1996。

③ "Senator Williams Proposes U.S. Underwrite Two-Thirds of City's Transit Deficit", *New York Times*, January 7, 1966.

④ "Mass-transit Aid Voted by Senate", *New York Times*, August 16, 1966.

⑤ "House Trims Fund for Mass Transit", *New York Times*, August 17, 1966; "$300-Million Aid Bill for Urban Transit Is Sent to Johnson", *New York Times*, August 27, 1966.

究，交通系统中研究和就业人员的培训。而第三点则促成了一项提交给国会的报告——《明日的交通：城市未来的新系统》，该报告中强调了许多新的公交系统，包括拨号叫车服务、个体快速公交等。此外，该修正案的最后一项条款规定，联邦公交项目的管理将交由新成立的住房与城市发展部负责。①

而就在《城市公交法修正案》生效后不久，美国国会于10月又通过了《交通部法》(*Department of Transportation Act*)，授权联邦政府成立一个新的内阁部门——交通部(DOT)，新成立的交通部主要负责协调和管理交通项目，指导交通问题的解决，激发新的技术进步，鼓励所有的交通利益相关方之间展开合作，并制定全国性的交通政策和项目。②1967年1月，艾伦·博伊德(Alan Boyd)成为首任交通部长。4月，当美国交通部开始运作时，美国副总统汉弗莱在城市交通的国际会议上要求，新成立的两个联邦部门HUD与DOT应当进行全面的合作，来确保城市交通的发展取得成功。他在谈及大都市区的公共交通时说道："一些分析家建议，未来联邦政府用于城市交通设施的资金分配，应当包括一个新的因素——鼓励城市与郊区之间协作和相互作用。"他希望HUD部长韦弗与DOT部长博伊德能够在城市交通领域开展富有成效的合作，共同致力于提高交通运输的安全性和减少城市地区的拥堵状况。③1968年2月，约翰逊总统在递交国会的咨文中指出，随着联邦政府相继成立了两个内阁级的部门，联邦援助城市公路、城市机场和城市公交的项目职能也被相应地划分到HUD和DOT中，给联邦政府协调不同的交通项目带来一定困难，同时也给地方政府申请联邦交通项目在程序上制造了更多的麻烦。为了向城市地区提供高效的交通设施和服务，联邦政府应当将城市交通项目整合到一个单独的部门来进行管理，使州和地方政府更加便利地获取联邦的资助与支持。同时约翰逊总统在1968年的二号重组计划(Reorganization Plan 2 of 1968)中，要求国会将HUD中的城市公交项目转移到DOT中，并成立一个城市公共交通管理局(Urban Mass Transportation Administration, UMTA)来负

---

① "Urban Mass Transit Grants Extended." In *CQ Almanac 1966*, 22nd ed., 802—805. Washington, D.C.: Congressional Quarterly, 1967, http://library.cqpress.com/cqalmanac/cqal66-1300447，获取于2016年5月6日。

② "House Approves a Transport Unit at Cabinet Level", *New York Times*, August 31, 1966; "Senate Votes Bill Adding Transportation to Cabinet", *New York Times*, September 30, 1966.

③ "Humphrey Urges Amity on Transit", *New York Times*, April 19, 1967.

责城市公交的项目援助以及相关的研究和开发活动。①到3月，HUD的部长韦弗与DOT的部长博伊德就如何划分公共交通职责问题上达成一致，随后两位部长将一份关于具体划分公交职责的研究报告递交给约翰逊总统。该报告指出交通部将承担公交项目的绝大部分职责，而HUD将保留部分职责。约翰逊总统的重组计划在没有举行听证会的情况下便在参议院获得通过，而在众议院的听证会上，尽管一些参议员基于公共交通在城市发展中的作用，担心交通部不会给予公交项目以足够的重视，但在一些重要国会议员的强势游说和两个部门官员的密切合作下，众议院也顺利通过了这项重组计划。7月1日，该重组计划正式生效，交通部副部长约翰·罗伯森(John E. Robson)接管了HUD的公交项目，并担任城市公共交通管理局(UMTA)的临时局长，而UMTA也成为交通部中与联邦公路管理局(Federal Highway Administration, FHA)平行的政府机构。②

随着美国深陷越南战争的泥潭和城市危机的加深，约翰逊政府的"伟大社会"计划开始遭到美国国内广泛的抨击，而作为"伟大社会"计划一部分的城市公交项目，也很难避免来自社会各界的批评，特别是处于竞争关系的汽车行业借机对轨道公交发起攻击，汽车行业的"三巨头"的发言人都表示，将驾车人所缴纳的税金用于补贴公交系统是"不公平的"，而公交的低票价也是"不合算的"，应当将这部分资金用于修建更多的道路。③然而面对严重的城市危机，公共交通系统仍获得相当大群体的支持。在HUD副部长罗伯特·伍德教授指导下的一份研究报告中指出，良好的快速公交网络将重新安排社会模式，有助于减少中心城市的贫民窟数量，逐步消除城市和郊区日渐分化的现象。而美国劳工组织的领导层——美国劳工联合会执行委员会也强调公共交通对于解决城市危机、复兴中心城市的重要性，建议政府改进和扩展城市地区的公交系统。此外，联邦政府还出台了"示范城市计划"(Demonstration Cities Plan)，通

① "Agency Proposed for Mass Transit", *New York Times*, February 27, 1968; Lyndon B. Johnson: "Special Message to the Congress Transmitting Reorganization Plan 2 of 1968, Urban Mass Transportation", February 26, 1968. Online by Gerhard Peters and John T. Woolley, *The American Presidency Project*, http://www.presidency.ucsb.edu/ws/?pid=29393，获取于2016年5月7日。

② "U.S. Agencies Shift Roles", *New York Times*, March 12, 1968; George Smerk, *Federal Role in Urban Mass Transportation*, Indianapolis, IN: Indiana University Press, 1991, pp.105-106; "U.S. Shifts Agency for Mass Transit", *New York Times*, July 1, 1968.

③ "Auto Executives Criticize Transit", *New York Times*, November 20, 1966.

过协调联邦政府的各类城市项目来挽救衰败的城市地区，其中就包括将公共交通纳入到区域的交通规划之中，提高区域范围内的交通运输效率。而共和党众议员西摩·哈尔彭(Seymour Halpern)作为首位众议员向国会提交了一项要求增加联邦对公交补贴的议案，尽管该议案最终未获得通过，但公交项目较之前获得了国会更大的支持。随着联邦政府结束了只对公路项目的援助，而开始对公交行业进行援助时，重新燃起公交支持者对公交行业前景的希望。①

四、余　论

1958 年通过的《交通法》使美国不少大城市出现了严重的通勤铁路危机，这些大城市的市长和通勤火车的运营商开始寻求联邦的资助。尽管通勤铁路的利益集团并未能在 50 年代获得联邦的援助，但这一时期寻求联邦援助公共交通的共识已经达成。到 60 年代，随着城市问题的日益严重和倡导自由主义改革的民主党总统入主白宫，支持联邦援助公交的国会议员、利益集团等各方力量开始积极推动国会立法，1961 年《住房法》的通过拉开了联邦干预公交行业的序幕，而随着约翰逊总统的上台，在其伟大社会的框架下，第一项标志性的城市公交法案——1964 年《城市公共交通法》正式出台，城市的公交系统开始获得联邦政府直接固定资本援助。到 1966 年，联邦政府成立了交通部及其下设的城市公交管理局(UMTA)，对联邦公交项目进行专门的管理。

肯尼迪和约翰逊政府通过立法推动改变了美国人规划和建设的方式。联邦立法涉及广泛，从交通规划到残疾人的便利性，再到历史保护和环境保护，使得公交立法包含了广泛的社会目标。公交立法的出台主要源于不同政治派别的利益集团相互间达成妥协：中心城市的商业机构与建筑业、建筑相关产业、公交行业的劳工组织、环保主义人士、各个地方政府、代表穷人利益的人士以及其他行业，他们认为公共交通是一种更为经济、公平和便利的交通方式。此外，公共交通还得到了黑人等少数族裔的支持，尽管他们反对公路利益集团。②像这一时期许多自由主义改革一样，联邦公交立法也是自上而下和自下

① “Transportation and Slum”, *Wall Street Journal*, January 14, 1966; “Major Gains Seen for Mass Transit”, *New York Times*, February 4, 1966; “Urban Problems Facing Congress”, *New York Times*, August 15, 1966; “House Gets Bill to Double Funds for Mass Transit”, *New York Times*, March 16, 1967; “Labor Urges Plan for Urban Crisis”, *New York Times*, September 13, 1967.

② Alan Altshuler, David Luberoff, *Mega-projects: The Changing Politics of Urban Public Investment*, Washington, D.C.: The Brookings Institution, 2003, p.217.

而上两种渠道富有雄心和理想主义的协调后而形成的决策。公交立法的成形依靠的是大范围的利益团体中脆弱的共识。

The Great Society Program and the Formation of American Federal Mass Transportation Policy

Abstract: In the 1960s, with Democrats returning to the White House, the United States ushered in an era of liberal reform. President Kennedy implemented the New Frontier policy at home, while President Lyndon Johnson implemented a more active "Great Society" program, pushing the "new deal" reform to a climax. The federal urban mass transportation policy was introduced in this wave. The enactment of the urban mass transportation act in 1964 marked the formation of the federal mass transportation policy.

Key words: United States; Great Society; Federal Government; Mass Transportation Policy

作者简介:宋晨,历史学博士,山西大学历史文化学院讲师。

《中国的一日》:制造图文符号与想象的民族共同体[①]

蒋成浩

摘　要:1936 年 4 月底,茅盾、邹韬奋等人有感于高尔基提出的“世界的一日”文学活动的倡议,创造性地在国内发起了“中国的一日”征文活动。经过详密的编选工作,《中国的一日》九月底由生活书店出版,整个编辑出版过程仅用了五个月,堪称现代出版传媒史上的奇迹。而在编委会的策划之下,征文活动调动了读者的参与热情,大范围的共时性写作、明确的主题指向、图文并茂的编排体例形成极具象征意义的符号系统。因此,《中国的一日》具有极高的文学与史料价值,通过日常生活的书写,全景式地建构了想象的民国共同体,在日本侵华野心逐步膨胀的历史背景下,凝聚了中国人的民族意识。

关键词:《中国的一日》　生活书店　茅盾　民族共同体

1936 年 9 月,《中国的一日》由上海生活书店出版,甫一上市,就引起轰动。此书每册售价一元六角,价格在当时实属不菲,面市后首印销售一空,后又数次重印。《中国的一日》的诞生,堪称中国现代编辑出版史上的伟绩。从 1936 年 4 月底编委会发出征稿启事,到六月中旬开始收到源源不断的稿件,继而展开编选组稿工作,最后于九月出版发行,整个出版活动总计不过五个月。在这短暂的五个月里,一大批文人学者积极投入,群策群力,编委会本想

① 本文为 2022 年江苏省研究生科研与实践创新计划项目“国民大革命与新文学作家的心灵体验”(KYCX220046)阶段性成果。

请鲁迅做委员，由于鲁迅身体状况堪忧而作罢。[①]最后，编委会成员由邹韬奋具体拟定，成员有陶行知、王统照、钱亦石、沈兹九、章乃器、张仲实、金仲华等。除茅盾与张仲实为实际主编外，其他人均为挂名。在国难当头之际，《中国的一日》的出版过程充满象征意义，“一日体写作”的创新形式爆发了强大的感召力，大范围的共时参与、图文并茂的内容建构起了“立体”的民国日常生活画卷，形塑了想象的民族共同体，凝聚了民族意识。

一、体例与方法：茅盾的编辑策略

1936 年 1 月 12 日，日本增设驻绥远特务机关[②]，并屯兵华北，加快了全面侵华的步伐。针对日本军方的步步紧逼，中国文化界也采取各种形式应对，抗日民族统一战线的工作也在积极推进。国难当头，“中国的一日”征文及出版活动无疑是一项充满挑战的文化工作，也极具符号意义，它以培育中国意识、直面中国问题为主要目的。其实，这一活动与当时的意识形态和国际背景密切相关，尤其深受苏联的影响。1930 年 3 月 2 日左联在上海成立后，对苏联文学的译介一度达到高潮，苏联的文学生产活动与文艺政策成为左联的理论资源。1934 年苏联作家高尔基(Maxim Gorky)在第一次苏维埃作家大会上提出了“世界的一日”的征文设想，高尔基的这一提议，意在通过征文活动凝聚“无产阶级世界意识”，团结世界范围内的无产阶级革命阵营。此一新颖别致的活动迅速引起了中国作家的关注，茅盾就是其中之一。无论是“世界的一日”还是“中国的一日”，此项活动都深刻地反映了意识形态对文学生产的影响，将国族内的日常生活统摄到历史的整体性进程当中，激发革命意识与民族意识。尽管活动隐含了政治意识形态的因素，但《中国的一日》实际取得的效果却又超越了政治意识形态的偏狭。

---

① 鲁迅不仅关心这本书的出版，而且在病中还热情地参加了编辑工作，主要是替茅盾挑选了本书的木刻插图。1936 年 8 月 2 日鲁迅致茅盾信中说，“昨孔先生(按指孔另境)来付我来函并木刻，当将木刻选定，托仍带回”。同日在给曹白的信中又说，“郝先生的三幅木刻我以为《采叶》最好；我也见他投给《中国的一日》，要印出来的”。郝先生指木刻家力群，《中国的一日》里收有鲁迅选定的他的木刻《采叶》。此外还有温涛、李桦、罗清桢、陈烟桥的木刻，也是鲁迅先生选定的。——姜德明：《活的鲁迅》，上海文艺出版社 1986 年版，第 257 页。

② 1936 年 1 月 12 日，日本增设驻绥远特务机关，以羽山喜郎为特务机关长。天津日驻屯军参谋中井升太郎偕和知鹰二与羽山喜郎往太原访阎锡山，又访绥远省政府主席傅作义，策动晋、绥加入冀察政委会。24 日、27 日，土肥原两次飞太原策动阎锡山参与华北五省自治。

苏联的“世界的一日”的设想迟迟未见实施，随着高尔基的逝世，这项活动无疾而终，但“中国的一日”却在积极的酝酿当中。1936年4月底，一则相同的征稿启事出现在各大报刊中，这份征稿启事是由“文学社”与“《中国的一日》编委会”联署，启示要求读者留意编委会所指定的1936年5月21日这一天，“二十四小时内所发生于中国范围内海陆空的一切大小事故和现象，都可以作为本书的材料”。其目的是“我们希望此书将成为现代中国的一个横断面。从这里将看到有我们所喜的，也有我们所悲的，有我们所爱的，也有我们所恨的。我们希望在此所谓‘一九三六年危机’的现代，能看一看全中国的一日之间的形形色色——一个总面目”①。在“征文启事”刊出前，茅盾及编委会就对这次征稿活动作了详密的安排，包括对稿件的内容、编排方式及基本架构进行了初步规划。“中国的一日”要反映“此时此刻”民国共时的历史，因此需要全国各地读者的来稿，地域上要广，作者职业身份也要多样化，只有这样，才能使“中国的一日”取得共时性、即时性、广泛性的效果。为达到这一目的，编委会成员调动人脉及媒介资源以造声势，各大报刊，诸如《大公报》《铁报》《每月文艺》等都进行了宣传。茅盾作为“中国的一日”编委会实际负责人，亦肩负生活书店旗下颇有影响力的期刊《文学》月刊的主编之职，得天独厚的媒介优势，使他不遗余力地从事征稿的宣传工作。

1936年4月底，“中国的一日”征稿启事公布，茅盾与编委会“尽了全力找私人关系和社团关系去发动计划中必需的投稿”②。但在茅盾看来，宣传取得的成效似乎很小，为此感到对不起读者的殷殷寄托。茅盾虽长期从事出版编辑工作，但对这次组织大规模文学活动也毫无信心，宣传的效果几何？究竟有多少人响应？如无充足的稿源，工作如何进行？这些问题，都难以预料。然而，1936年民国的报界处于繁荣发展的时期，期刊媒介的覆盖范围相当广阔，发行网络也日趋完备。茅盾在短暂的担忧后，编委会的努力终于见到了效果。“到了六月十日左右，从全国各处涌到的投稿之多而且范围之广，使我们兴奋，使我们感激，使我们知道穷乡僻壤有无数文化工作者的‘无名英雄’对于我们这微弱的呼声给予热忱的赞助，并且使我们深切地认识了我们民族的潜蓄的文化的创造力有多么伟大！”③茅盾的欣喜之情，溢于言表。

---

① 《征稿启事》，《大公报》（上海）1936年4月27日。
② 茅盾：《关于编辑的经过》，见茅盾编：《中国的一日》，生活书店1936年版，第1页。
③ 同上，第1页。

源源不断的稿件为《中国的一日》的出版活动创造了前提条件，显然，茅盾低估了媒介的传播能力与读者的参与热情，“我们收到的来稿，以字数计，不下六百万言，以篇数计，在三千篇以上，全国除新疆、青海、西康、西藏、内蒙古而外，各省市都有来稿；除了僧道妓女以及‘跑江湖的’等等特殊‘人生’而外，没有一个社会阶层和职业‘人生’不在庞大的来稿堆中占一位置；而且我们还收到了侨居在南洋、日本的赞助者的来稿”。①全国各地的读者的参与热情超乎茅盾的预期，也从侧面反映了“一日体写作”这一创新形式对读者的吸引力。茅盾感叹“五月二十一，几乎激动了国内国外所有识字的而且关心着祖国的命运的，而且渴要知道在这危难关头的祖国的全般真实面目的中国人的心灵”②。

有了充足的稿件之后，接下来面对的问题是如何编选，不同的编选体例、编选目的，往往决定了成书的意旨和风格。为此，《中国的一日》编委会经过反复推敲论证，作出了符合征文主题的科学决策。茅盾与编委会首先要考虑到的是两个“兼顾”，一是必须顾及出版机关财力有限的现实情况。茅盾当时任职生活书店旗下发行的《文学》③月刊的主编，但1936年正是生活书店财政窘迫的紧要关头，对于《中国的一日》这样大型的文化工程，生活书店无疑是有所顾忌的，因此编辑工作不得不考虑资金投入的问题；二是必须顾及读者购买力薄弱的实情，对于当时大多数读者而言，购买书籍报刊属于非必要消费，青年学生群体的书籍阅读常以传阅的方式进行，消费能力实在有限。基于这两点考虑，编委会决定控制《中国的一日》的体量，并商定书的价格。初步规划全书字数由五十万至七十万之间，定价不能超过一元六角。“两个兼顾”作为大前提，使得编委会不得不对大量的稿件精挑细选，从六百万言中选出六十万的篇幅。选稿是《中国的一日》成书过程中最重要的环节，为精益求精，编委会召开了两次大规模的集体选稿会，第一次选定的稿件共八百六十多篇，约计字数一

①② 茅盾：《关于编辑的经过》，见茅盾编：《中国的一日》，生活书店1936年版，第2页。

③ 《文学》月刊，1933年7月1日生活书店出版发行，由郑振铎、傅东华、王统照主编，至1937年11月10日停刊，共出52期。《文学》办刊的宗旨在于“集中全国作家的力量，期以内容充实而代表最新倾向的读物，供给一般文学读者的需求”。刊物内容丰富、栏目众多且时有变动，较为固定的大致有小说、散文随笔、诗歌、剧作、文学论坛书评、作家论、文学画报、翻译、世界文坛展望等。其中以刊登名家的文学创作、文学理论、作家作品研究为主，对新晋作家的作品也经常予以发表和评介。特约撰稿员有鲁迅、巴金、老舍、丁玲、冰心、朱自清等48人，还有许多著名作家如郭沫若、林语堂、沈从文、沙艾芜、萧军、萧红、臧克家等也经常为之写稿，撰稿作家上百人。

百三十万,“超过了预定字数的最高限额”。于是,第二次选稿时,编委会设定了更加严格的标准,对选稿原则作了更为细致的划分,按照茅盾的自述,选稿原则共有六条,大致如下:

> 一、依投稿人所在的地域划分,凡同一地域而多投稿者,按全书比例严格选取。
>
> 二、同一地区之来稿又依其内容性质分类,同性质或同一生活方面的稿子,严格选取。
>
> 三、关于“严格选取”的标准,第一是内容,第二是文字的工拙;如两篇文章内容相同,取文字最好的一篇;其次,内容即使是同方面的,然而是两个地位不同的人所写,那么,虽然文字上一工一拙,亦两存;最后,假使写到某一方面生活的来稿只有一篇,那么,不问文字如何不通,亦采用(编委会在不失原意的情况下把文字弄通)。
>
> 四、所谓内容标准,首先要求必须是五月二十一日所发生的事;其次是这事件必须有社会意义,或可以表现社会上一部分人的生活状况。
>
> 五、边远省份投稿较少或极少者,几乎无条件采用。“中国的一日”不能是文化程度较高的少数省区的“中国的一日”。
>
> 六、荒谬的迷信文件,亦无条件的加以采用,荒谬,也是中国人生的一面。①

以上是茅盾列出的编委会选稿所遵循的原则,六条标准最明显的特征是“去政治化”,并没有奉政治意识形态为总纲,而是力求编选的文章能够全方位、多层次地反映出“五月二十一日”的现实中国,力图呈现“中国的一日”的横断面。经过两次严格选稿,编委会选定稿件四百九十篇左右,总字数有八十万,超过预定字数约十万。敲定具体稿件后,在围绕如何编次的问题上出现了两种意见,一是主张按照主题内容分类;一是主张按照地区分类。经过讨论后,编委会决定按照地区进行分类。实际上,由于稿件篇目过多,按主题分类实为不易,许多稿件的主题相似或相近,多有重叠,对这类稿件很难作出主题上的区分,编排在一起有堆砌之嫌。而按照地区分类比较符合《中国的一日》

---

① 茅盾:《关于编辑的经过》,见茅盾编:《中国的一日》,生活书店1936年版,第3页。

的编选目的，区域划分的形式营造了文本的空间感，是文本学与地图学的结合，更具有日常生活"横断面"的性质。编委会根据来稿作者所在的省份汇集成章，对应着中华民国的行政区域划分，并将已经"沦陷"的东北地区也选编成章，其对日本抵抗姿态及凝聚国民的象征意义，不言而喻。不同地区的文稿汇编，共同建构了"中国的一日"的国族共同体的想象。

二、符号的意旨：国族的想象与再造

自晚清以降，梁启超就批评国人"知有天下而不知有国家""知有一己而不知有国家"①，建构现代意义上的民族国家②是晚清民初知识分子思量之所在。现代民族国家是不断建构的过程，是以新的政治、文化身份认同为前提，要把个体从封建王朝君与臣、达官与庶民的等级结构与狭隘的社群关系中解放出来。然而新文化运动追求的思想解放不仅仅是要打破等级结构、颠覆群己关系，而是要用西方现代的价值体系来重新建构人与人、人与社会的思想基础。民族国家意识是晚清以来，中国不断应对西方冲击而形成的观念性产物。关于国族共同体的想象，安德森在《想象的共同体》中说道"民族是想象的共同体，因为他们的大多数成员尽管感觉得到同志情谊，却永远不会见到彼此。这些成员只能想象他们都参与在相同的单元里"③。因此，出版媒介的资讯传播、报刊的阅读接受，以及声光化电的现代科技，是现代化的符号表征。媒介载体重新定义了个体与群体之间的相互关系，在共时性的基础上重构了家国想象。《中国的一日》就是建构国族想象的典型符号，它以日常生活书写的方式，形构了中国的政治、文化与思想形态。

---

① 梁启超：《新民说》，商务印书馆 2016 年版，第 55 页。

② "民族-国家"这一概念也是现代性的产物，它的含义跟随历史的演进不断地发生变化。本尼迪克特·安德森(Benedict Anderson)在《想象的共同体》(*Imagined Community*)一书中认为，现代民族-国家的出现与各种新形式的传播媒介的产生有关，在欧洲近代史中，18 世纪报纸的出现，促生了人们的民族与共同体的意识，使当时的欧洲人可以将自己想象为一个更大的共同体的一部分，从而产生了民族国家的认同感。当然，现代民族-国家的产生，特别是现代民族主义的兴起还需要中央集权对自治的区域有效的整合，而这种整合往往以共同的语言、文化传统，以及跨区域的联合作为前提条件。18 世纪以来，公共教育系统、统一语言的努力、民主参政、议政，以及现代权力网络对全社会的控制等等，都有效地将一个民族/文化共同体整合起来。——汪民安主编：《文化研究关键词》，江苏人民出版社 2019 年版，第 220 页。

③ [美]本尼迪克特·安德森：《想象的共同体：民族主义的起源于散布》，吴叡人译，上海人民出版社 2003 年版，第 32 页。

符号的汇集形成表意系统,《中国的一日》收录摄影作品与文学创作,辅之以从各大报刊摘编的全国范围内的文化、经济、政治事件,更细微处还有对上海等大都市市民娱乐生活的呈现,连电影广告也摘录其中,使得这一符号系统具有丰富的意旨和阐释的张力。图像与文字是现代媒介信息传播的两种形式,是受众视感与想象的触发点,现代大众传媒将二者结合,以达到更深刻的符号表意效果。《中国的一日》有诸多亮点,其中之一就是图文并茂,在每一编的前面,刊登了许多摄影作品,这些被摄像机定格的照片与文字相映成趣,它表征着 1936 年 5 月 21 日的共同体"风景"。每一位个体都生活在极其有限的空间中,但当他们通过报刊阅读到同一天、同一城市、同一国家其他同胞的生活片段时,强烈的联结意识油然而生。

图 1　钱源淇《玄武湖》(1936 年 5 月 21 日)

图 2　穆戈龙《空塌车与空肚子》(1936 年 5 月 21 日)

图文内容的多样性与广泛性是《中国的一日》的视觉特点,如第二编"南京",编者选取了数张摄影作品,其中有钱源淇拍摄的风景照《首都形胜之一角》并配文"五月二十一日正午,从孙总理陵园格子窗外眺",以及《练水军》《玄武湖》(见图1)三张作品。此外还有刘光华题为《爱的加冕》的照片,配文"五·二一南京汇文女中之英文歌剧"、穆戈龙的《空塌车与空肚子》(见图2)、佘雪亢的《五二一日傍晚之太湖》、唐公宪的《白发老翁耕田》。《中国的一日》编委会选取的摄影作品种类多样,不仅有风景照,也有农民、工人的劳动照,亦有都市娱乐等主题的作品,可谓包罗万象。图片符号所传达的真实性、现实感是其他媒介载体无法比拟的,不仅能激起读者强烈的情感共鸣,还具有极高的史料价值。为了能够更全面地反映出民国三十五年五月二十一日的"横截面",《中国的一日》第一编与最后两编分别是"全国鸟瞰"与"一日间报纸""一日间娱乐",在选编的内容上相互呼应,总览与分览互为补充。这三编以国家范围内的"一日新闻"为主,涉及中华民国的政治、经济、文化、教育、娱乐,在宏观上涵盖了民国社会的方方面面。尤其是最后一编的"一日间娱乐",编者采编了全国各地方于五月二十一日放映的电影、上演的话剧与戏剧、播放的广播内容。如作为民国首都的南京地区,则摘录了当天报纸上宣传的电影以及广告摘要,生动地再现了民国时期都市文娱生活和文化风气(见表1)。

表1　中华民国三十五年五月二十一日南京市电影广告

片　　名	广告摘要
新旧上海	
花信时期	结合是爱情的坟墓?离异岂肉体的解放!
科学魔王	他发明死光征服世界,他利用科学变换人脑;他凭借虎狼惨杀人类,他巧设机关摧残女性。
匪窟余生	危机四伏,一发千钧!
关东大侠	惊险处令人咋舌,武侠处使人骇魄。
父母子女	为父母者皆需率领子女前来观看!
荒江女侠	
啼笑姻缘	银钞累累活动了绝代名姬的芳心,满胸抑郁怅惘了多情种子的痴怀。

电影市场表征着都市娱乐生活的真实情状,电影院常借助报刊媒介进行宣传推广,其生动活泼的宣传语,也反映着市民的语言接受喜好。由上表可以

看出，简洁的广告词接续了传统的骈散文，不仅具有文学的审美性，且语言诙谐幽默，达到了较好的宣传效果。“一日间娱乐”的编选极为翔实地再现了民国时期的都市生活，给后世读者留下了珍贵的民国文化史料。宏观与微观的呈现历史空间，是建构想象的民族共同体的关键举措，为客观反映“一日间”的宏观社会，茅盾及编委以当天的报纸、杂志作为信息源，进行筛选，力图编选的新闻具有社会价值且具有代表性。此外，茅盾与编委会面对庞杂的稿源，作了科学的筛选，想要反映“中国的一日”的横截面，就必须统筹兼顾。首先在文章主题上选出符合征文要求的稿件，其次按照行政区划分类，以整合中华民国的社会生活版图。作为主体内容的文稿，编委会并没有强求风格上的统一，也没有对文学性作过高的要求。《中国的一日》中的文稿保持着极为个人性的视角，作者出自不同的阶层、有着不同的职业，每一篇文章都是呈现生活的一种方式，最终汇聚成微观的日常生活风景。

共时性是“一日体写作”最典型的特征，其符号意义在于通过想象的共同体进行空间的整合，以形成强烈的族群认同感。赵毅衡先生认为，“符号学讨论的共时，不是指示符号文本的空间(非时间)展开方式，而是解释者看待这个系统的角度，对一个系统的研究，可以有共时与历时两种侧重。一部交响乐，一顿晚餐，哪怕不是严格的‘共时发生’，也可以是共时系统，即可以当作一个系统给予解释”。[①]《中国的一日》既是一部日常生活的交响乐，又是民族共同体的凝聚物。国族意识首先来源于国民的日常性生活联结感，日常生活的肌理才是历史的底色。“中国的一日”征文活动，第一次通过读者广泛参与的形式，有意识地引导并创造了国民的共同体想象。1936 年 5 月 21 日这天，所有参与者都要留意身边所发生的事情，强烈的命运、时空联结感萌生在每一个参与者心中，无数的远方，无数的职业者，超越了时空的阻隔，都被纳入国族的想象中去。另一方面，通过征稿、收稿、设定编辑方针、选稿、出版、发行这一系列的出版运作，民国二十五年“五月二十一”的中国被高度抽象化、符号化。书籍出版发行后，形成了体系庞大的符号意义系统，加深了国族共同体观念的建构。“中华民国”不再是单篇文本的破碎化呈现，而被实实在在纳入到一个结构完整、跨越地理区隔、“有情”的符号体系当中。

① 赵毅衡:《符号学:原理与推演》,南京大学出版社 2016 年版,第 80 页。

三、经验与情感的汇聚:跨阶层的日常生活图景

《中国的一日》不是历史材料的汇编,却比历史材料更能还原历史现场,这种历史感源自它的纪实性,有学者将《中国的一日》视为纪实文学,不是没有道理。但在笔者看来,《中国的一日》中所编选的文章并非客观意义上的纪实文学,相反,很多篇目聚焦于对生命、生活的抽象思考,具有很强的文学性,虽然作者文化水平不一,但大多都用了抒情化的修辞。《中国的一日》编委会在征稿时并没有强调文体特征,编选过程中,茅盾也提出不以"文学性"为主要参照。就是这样一篇篇来自"草根"的"原生态"的文章,集合在一起却取得了文学性与纪实性兼具的效果。它的撰稿者来自中华民国的不同区域、不同阶层,他们本没受过系统的文学训练,也没有文体意识,只是以自我所处的位置为观察生活的视点,凭借自身的知识结构,通过有限的认知经验,以饱含情感的笔墨,写眼中所见、心中所想。正由于情感的充沛,使得《中国的一日》成为"有情"的民国史,更恰切地诠释了"诗比历史更真实"。①至于《中国的一日》为何独独选取一九三六年五月二十一日,据茅盾回忆,"这一天是随便选的,其当时考虑不选纪念日,为的是避免内容千篇一律"。②这一日是民国极为普通的一天,恰好没有重大的历史事件发生。也正是"五月二十一日"的普通,使得作者们所写内容涉及生活的方方面面,没有被历史宏大叙事所垄断。五月二十一日无疑是属于私人的民国日常生活史,记录者以自我为视点,捕捉生活感受。

书中《五月二十一日的苏州》一篇,详细地记述了苏州一日间发生的事。这天,太湖黄棣镇闹匪患,十余艘匪船在漕河出没,预备抢掠,村民自发守卫村镇;这一日,苏州城里的墙壁上,两张电影海报映入眼帘,分别是《国民与义务》《委曲求全》;这一日,苏州召开了追悼胡汉民的筹备会;上海日本侨民组织的上海地方产业视察团团员十五人抵达苏州;此日十点,阊门外一马车夫与长途汽车发生交通事故,引起骚乱;这一日,苏州发生两起投水自杀事件,一个二十

---

① 亚里士多德在《诗学》第九章中主要论述了诗与历史的关系,主要有三点:一是历史记载已发生的事实,而诗描述可能发生的事情;二是历史记载具体的、个别的事实,而诗则表现发生事件的普遍性;三是历史记载一个时期或多个时期内发生的所有事情,而诗却是侧重摹仿完整的行动。亚里士多德由此认为诗比历史更具有价值,其实是亚里士多德对现实真实的深层理解,面对历史事实,他更看重事实背后无法被呈现的心理真实,心理真实无法被描述、被定型,因此有无限的可能性,而诗更恰切地接近了心理真实。

② 茅盾:《关于〈中国的一日〉的补充介绍》,《茅盾全集 补遗》,人民文学出版社 2006 年版,第 589 页。

二岁青年，因惧怕失业而寻死，被救活。这篇文章以时间为线索，列举了苏州五月二十一日发生的种种琐事，最后以“黑暗掩的更紧了，夜在怒吼着”结尾，给读者留下不尽的想象。

在《驾到》一文里，刻画了“五月二十一日”，一个小学老师面对督学视察时紧张局促的心情。《最后一课》则写了一位医学老师对自己即将出师的学生的谆谆教导，文中老师对医生道德与操守的阐释，今天读之依然振聋发聩。这一天，一个虔诚的基督徒在佘山，俯伏在耶稣圣心亭前，哀告圣心给予他力量，抵抗外来的侵略。对于普通的个体而言，国仇家恨永远不是生活的全部，只有个人现实生活中的一桩桩小事，才是真实的生活。《二等邮局速写》里，作者“白浪”颇有文学功底，对邮局内部的生活作了聚焦式的观照。邮局的小职员们日复一日地守在岗位上，做着机械重复的工作，他们从青春到老年，不断挣扎而又毫无出路，这篇文章深入刻画了小人物的隐秘心史。

> 很久以前直到今天，五月二十一日，即或再到明天，五月二十二和以后，只要太阳还是平安地从东到西，这群人永远是这样。早上八点钟打开门，一整天，他们走动着，说着话，同昨天不会有多大分别。晚上八点钟再关上门。
>
> 年纪轻轻的时候你进局子里来，只要你算是一个安分守己的人，你可以把一切幻梦与野心丢开，让你的灵魂安睡着，丝毫不做一点他所应有的活动。这样一天，两天，像一架机械地转动着，转动着，一直到转得很慢了，甚至可以说停止了的时候，那就是说，一直到死了的时候。其实就这样过一生不也是很可以了么？人生是什么一回事呢？也不过是有点事混混，吃饭，讨老婆，生儿育女这些的总和吧！①

作者关于生活价值的追问代表了青年一代的困惑，如果说科技日新又新，日常生活的表象在变，城市发展在变，那么不变的永远是个体对自我存在价值的追寻。晚清以来，达尔文、赫胥黎的进化论思想成为思想界的主流，线性的时间观②深入人心。在线性的进步史观的指引下，社会发展的脉络清晰可见，

① 白浪：《二等邮局速写》，见茅盾编：《中国的一日》，生活书店 1936 年版，第 75 页。

② 线性时间观是相对于循环的时间观而言的。古代人相信大自然的运动是循环的，圆形象征着完美。而现代人遵循着牛顿的革命性思想，认为自然界一切的运动都是单向演进的，变化是循序渐进的。线性时间观常衍生出进步史观，认为历史是不断向前发展的，现在优于过去，未来胜过现在。——段义孚：《恋地情结》，商务印书馆 2019 年版，第 223 页。

它被简化为这样一种意识——过去是腐朽的，现在处于改造中，未来将会更好。但日常生活的丰富性、恒常性往往也被线性的历史叙事所遮蔽。殊不知，生活的表象会变，个体在日常生活中所面临的困境、对价值的追问与寻找，却是人类永恒的命题。《二等邮局速写》刻画了一个小职员灰色的生活，对于整个底层社会而言，个体在生活中的挣扎、遭受的苦难、爱欲悲欢，始终都在，悬而未决。以至于作者愤慨道："这是人过的日子么？妈的，人变成了机械，变成了牛马，这样整天不息的工作着。"[①]文章结尾，邮局员工小黄从衣箱里翻出信纸，来到公事房里伏在台子上给他那离开得很远的朋友写信：

……这生活粉碎了我的一切，生命被无情地压碎成粉末，然后让时光的水把它们一粒粒地洗掉。为了生活，我不得不守在这里。看到那做了三十年的五十多岁的老同事，我便想起了我的悲惨前途，我不禁要痛哭。但是，朋友，我的野心是没有死的，现在我正想尽一切办法，我缩短我的睡眠时间去培养它。……朋友，世界上什么地方到了春天没有花开？[②]

正是这些生活的碎片，引起读者的共鸣，感性的文字再现了民国生活的局部。《二等邮局速写》反映的是群体生活的真实一幕，那些琐屑的日常生活、混沌的社会现实、触目惊心的贫富不均、被剥削凌辱的基层劳工，都成为历史言说的主体，有了发声的机会。《中国的一日》的独特价值之所在，正在于它不是粉饰太平的赞歌的集合，而真真切切地再现了那个时代社会各阶层共通的悲欢。这使得《中国的一日》既有文学价值，又有极高的史料价值，它不是冷冰冰的历史材料，在文字符号的背后，始终翻滚着生活的热血，这热血有时高昂，有时惨烈地被践踏。《中国的一日》抛弃了宏大历史叙事，选择以小人物"一日间"的悲欣交集作为历史的切片。正如茅盾所言：

真的，这里是什么都有的：富有者的荒淫享乐，饥饿线上挣扎的大众，献身革命的志士，落后麻木的阶层，宗教迷信的猖獗，公务员的腐化，土劣的横暴，女性的被压迫，小市民知识分子的彷徨，"受难者"的痛苦及其精

① 白浪：《二等邮局速写》，见茅盾编：《中国的一日》，生活书店 1936 年版，第 75 页。
② 同上，第 76 页。

神上的不屈服……①

《中国的一日》出版后，迅速引起轰动，不菲的价格没有阻挡读者购买的热情，《申报》《生活星期刊》《妇女生活》都作了预售宣传。面市后，此书在学界亦颇受好评，诸多文化名人撰文评论，予以肯定。病中的鲁迅也收到了赠本，并记载于当天的日记上。《中国的一日》当之无愧地成为1936年出版界的典范，并兴起了一阵"一日体写作"的热潮。此后，诞生了"苏区的一日"②"学校的一日""冀中一日"，"晋察冀边区各地纷纷效仿，先后发起《安平的一日》《保定一日》《徐水一日》等征文活动"。③这些"一日体写作"的命运与《中国的一日》有云泥之别，多给人东施效颦之感，如今都被历史所淘汰。究其原因，或许在于过于狭隘的意识形态约束。革命边区的"一日"，要受制于革命话语的既定模式，在素材、主题的选取上似无多元视角的可能，这样的"一日体写作"注定是特定群体的想象，无法得到更广泛的情感共鸣，因此不会有大的影响。2020年2月，新冠疫情肆虐，在史无前例的封城、隔离的防控措施与民众对病毒的恐惧氛围中，个体的生命体验发生了剧烈的转变，网络上有人发起了"中国的一日"征文活动，邀请参与者记录下疫情期间的个人见闻，无奈受限于现实因素，只在小范围进行传播，未能达到在历史变动中"作见证"的社会价值。总之，《中国的一日》的出版发行活动，是"一日体写作"的典范，编委会以开放性的主题，给予参与者极其自由的创作空间，并通过共时的编排、多维的视角呈现，建构起了想象的民族共同体。

四、结　语

"《中国的一日》以'报告文学'的方式呈现了日常碎片与社会全景的辨正。"④

---

① 茅盾：《关于编辑的经过》，见茅盾编：《中国的一日》，生活书店1936年版，第7页。

② 1936年12月28日，《红中副刊》登出"'苏区的一日'征文启事"，"为着全面表现苏区的生活和斗争，特决定仿照'世界的一日'和'中国的一日'办法，编辑'苏区的一日'，日子决定在一九三七年二月一日。希望各红军部队中，苏区各党政机关工作的同志们，把这天（二月一日）的战斗群众生活，个人的见闻和感想，全地方的，一个机关的或个人的种种现实，用各种方式写出来，寄给我们。来稿寄红中社转本会"。——《红中副刊》第3期，1936年12月28日。

③ 门红丽：《"中国的一日"有奖征文与"想象共同体"的建构》，《励耘学刊》2015年第2期，第119—133页。

④ 秦雅萌：《全景的制造：〈中国的一日〉与"一日体"报告文学写作》，《中国现代文学研究丛刊》2019年第11期，第132—149页。

当日常生活被纳入到想象的民族共同体的建构中时，也就有了非凡的意义。每一篇文章都是一个符号，写作者的生活经验共同形塑了中华民国二十五年五月二十一日的国族想象。他们置身于当下与历史的交汇处，每一个个体都以自身为视点，成为观察、表述、言说历史的主体。《中国的一日》作为一部兼具纪实性与文学性的征文合集，却成为国族观念建构与抵抗外族侵略的经典之作，究其原因，正在于它诞生的全过程，一大批学者、编辑坚守着知识分子的风骨，没有资本逐利的媚俗姿态，以严谨的态度，科学的编辑方法，投入到此次出版活动中。此外，大范围的共时性写作、图文并茂的编排体例形成极具象征性的符号系统，以日常生活画卷建构起想象的民国共同体。《中国的一日》兼具文学价值与史料价值，浸润着小人物在日常生活中的批判与反思，所有活动的参与者，都卷入了对历史的建构之中，呈现了这部“有情”的民国史。

One Day in China: Creating a National Community of graphic symbols and imagination

Abstract: After careful editing and selection, *One Day in China* was published by Life Bookstore at the end of September. The entire editing and publishing process took less than five months, which was a miracle in the history of modern publishing and media. Under the planning of the editorial board, the essay competition aroused readers' enthusiasm for participation, and formed a symbol system of great symbolic significance with a wide range of synchronous writing, clear theme limitation and graphic arrangement style. Therefore, *One Day in China* is of high literary and historical value. Through the writing of daily life, it constructed an imaginary community of the Republic of China in a panoramic manner, and gathered the national consciousness of the Chinese people against the historical background of the gradually expanding ambition of Japanese aggression against China.

Key words: *One Day in China*; Life Bookstore; MAO Dun; National Community

作者简介：蒋成浩，南京大学中国新文学研究中心博士研究生。

城市与社会

文化中介者的私欲
——论钟文音 My Journal 系列的城市书写

刘文君

摘　要:台湾作家钟文音于2001年至2006年陆续出版 My Journal 系列旅行书写。长期移动于各个城市之间的钟文音,以追溯经典人物为主题,透过日记、书信等形式,让自我思想和他人生命痕迹在不同的城市空间交叉对应,内省并挖掘个体追求生命完成的欲望。她不仅把城市空间视为是人生活的物理容器,同时让空间充满隐喻和象征,利用空间超越时间,催化人情感的流动。而钟文音在城市里不断展现的极具女性化与个人化的书写方式,表现了女性对城市观察的特殊性与幽微性。

关键词:钟文音　My Journal 系列　异质空间　私欲

生于1966年的钟文音,自1994年以《怨怼街》斩获第八届联合文学新人奖之后,基本常年保持着每年一本以上的作品问世,其作品产量与获奖项目都极为丰富。同时,作为文艺人士、媒体记者、学者、兼职摄影师,台北城市书写的撰写者之一,长期周游列国的她,具备在地与国际视野。而城市书写始终是钟文音创作中念念不忘的一部分,如她自己所言,“我喜欢生活在城市,在城市写作,在城市的感官里,保有书写宁静的可能”。①

自2001年,钟文音在台北玉山出版社出版 My Journal 系列套书,共发行

① 钟文音:《孤独的房间:我和诗人艾蜜莉、艺术家安娜的美东纪行》,台北玉山出版社2006年版,第317页。

《远逝的芳香——我的波里尼西亚群岛高更旅程纪行》(2001)、《情人的城市：巴黎追寻莒哈丝、西蒙波娃、卡蜜儿的旅记》(2003)、《奢华的时光——我的上海华丽与苍凉纪行》(2003)、《孤独的房间：我和诗人艾蜜莉、艺术家安娜的美东纪行》(2006)四本。此系列游走于各个城市经典人物的故居、墓园，或与之相关的博物馆和咖啡馆之间，以日记、书信、摄影混杂的形式呈现出作者自身的创作及生活状态。这一系列的创作，常被归类为"旅行书写"，但"旅行"本身并不是作者的创作重点。若根据胡锦媛的论述，旅行书写是种一往一返的圆形结构：旅行者自家出发，在旅程中与他者相遇、对话，重新建构自我并返家。[①]在钟文音的 My Journal 系列中，始终无法找到一条明晰的线性时间轴。时间，正如福柯所论述，"代表了富足、丰饶、生命和辩证"，而"空间被看作是死亡的、固定的、辩证的、不动的"[②]。时空本不可分割，然钟文音文本以空间作为锚点，时间交错呈现于空间之中，且片段化、碎片化、非连续性的叙事，如纠缠在一起的毛线团；而拆解、理顺线团并非作者的创作意图，纠结与辩证共存的思维过程，线团缠绕的复杂性背后现象的呈现，才是作者的表达目的所在。

而作者的经历、记忆连通城市的历史、空间、文化的特征，进行诠释与再造，通过文字表达出独特的城市氛围与性格。与此同时，旅行者在不同的空间之下，观察城市，用瞬时的体验调和自由的回忆与联想，阐释不断生成的城市的性格，而有关旅行者与旅游行径的书写也再次缔造城市景观。游走在异乡都市中，钟文音以文化中介者[③](cultural intermediary)，城市记忆的代理人的视角，将对精神世界的向往与不同城市的艺文空间相结合，于纷繁复杂的城市样貌中形塑自己对不同城市的个人记忆。

一

钟文音这四本书创作，不是简单的游记，她的城市行走(urban walking)是

---

① 参考胡锦媛：《在此/在彼：旅行的辩证》，书林出版有限公司 2018 年版。

② 米歇尔·福柯：《权力的地理学》，严峰译，上海人民出版社 1997 年版，第 206 页。

③ 钟文音被认为是台北官方城市书写的代表作家之一，这里的文化中介者，既是原乡(城市)记忆再现的代理人，也是他乡的塑造者，而其记忆书写的呈现、诠释，书写对象的选择，甚至于文字风格等，都有其个人化的特征。"无论是记忆的视觉化、符号化或者商品化，无论是私密个人记忆或集体族裔回忆，到底是谁在书写记忆，以及谁被书写，还是从批判角度要探问的基本问题。换言之，无论是书写谁的记忆，或是由谁书写，都牵涉了文化中介(cultural intermediary)或记忆代理人的课题。"参考王志弘：《记忆再现体制的构作：台北市官方城市书写之分析》，《中外文学》33 卷 9 期，2005 年 2 月，第 26 页。

她理解、建构城市的一种隐喻性行为，换而言之，她对城市的观看，具备本雅明所说的漫游者(flaneur)的气质。漫游者原是 19 世纪的一个文学形象，置身于大众之中，是诗人、是艺术家，也是漫无目的、不引人注意的流浪者，又时时保持一种对城市的疏离感，以维系对城市的反思。①他们追寻稍纵即逝的时光，视城市为没有门槛的圆形地景。②

学者李欧梵将这种漫游者的形象描述得更加具体，“这种人只能生活在都市里，却又和都市中的群众有一种若即若离的关系；他终日似乎无所事事，闲游街头，而于散步之间在脑海捕捉都市中的想象，甚至由此而作抒情象征的诗篇(如波德莱尔)”。③漫游者这种人物，从不无目的地闲散度日，而是保持距离的文化观察者，勉力体会城市内在的部分。落实在文本之中，可以发现，漫游者所行走的地方，多是私人的、内在的、家庭的，与休憩、消费、依赖等相关的幽静边陲的空间。虽然谈不上与广大城市市民的疏离，但漫游者的书写与群众构成一种相隔的“孤独”。钟文音亦本无意与公领域对抗，而是在庞大的都市空间中，挖掘小人物的生存场所，藏身在私域中，为自己提供精神上的安全感。而咖啡馆与艺文场所正是属于这种既开放又匿名的场所，让作者可以在其中安居一隅，既快速融入城市又保留了个人省思与窥探外界的空间。

“其实我一直喜欢星巴克，它让我熟悉自在。没有人会注意到你的咖啡馆，毋须付小费的咖啡馆在纽约成为普罗之最。”④诸如星巴克等连锁咖啡馆的毫无性格的复制，虽然单调，但“对于异乡的旅人却也是一种便利”⑤，为流浪旅人在陌生城市中提供友善空间，让人们享受城市的疏离感，又可感受异国风貌。因为无论是对于游客还是常年生活在该城市的居民而言，咖啡馆这一歇脚的场所，让所有人短暂地放下戒备。这一空间滋长了人的窥私欲，毕竟在这个开放空间之下让人难免看到、听到周围人的所做所言之事；与之并生的是，人也会适当戒备防止被窥视。钟文音便在这样一个状态之下，窥探城市。当然，咖啡馆也会反映出不同城市的文化特色：

---

① 参考张旭东：《代序：从资产阶级世纪中苏醒》，《启迪：本雅明文选》，生活·读书·新知三联书店 2008 年版，第 1—19 页。

② 赛门·派克(Simon Parker)：《遇见都市：理论与经验》，王志宏、徐苔玲译，台北群学出版社 2007 年版，第 26—28 页。

③ 李欧梵：《都市漫游者》，香港牛津大学出版社 2004 年版，第 201 页。

④ 钟文音：《孤独的房间：我和诗人艾蜜莉、艺术家安娜的美东纪行》，第 37 页。

⑤ 同上，第 64 页。

“周日的咖啡馆，出现平常少有的小孩，小孩奔跑尖叫，大人继续大声聊天，也有躺在推车里的小孩及肥胖的欧巴桑。这又是美国文化。在巴黎根本不可能见到的。巴黎大街小巷咖啡馆（观光区除外）总是极其个人与小巧，来者不是在看书就是轻声细语，偶有稍微大声者也总是在谈些文化议题。咖啡馆灯色昏黄，古老的思索者还嵌在天花板上凝视着众生来去。”①

还有作者在上海看到的“最富古典华丽风情的星巴克咖啡馆”②。现代化的城市互相效仿，具备太多同质性的东西，但不同文化的碰撞依然在咖啡馆中上演。同类空间在城市内部与城市之间复制与繁衍，演绎着城市的第二性。这些广大空间里的小角落，也是城市里的人性空间；人的欲望、意志纷繁交错，呈现在各类空间之中，共同成为形塑城市的力量，也成为了摧毁城市独特性的因素。

如果说不同城市中咖啡馆的作用是相似的，那美术馆和博物馆中所呈现的各世代艺术成果，则是给予人精神上的满足，投影出原乡的不足。但比此更为重要的是艺术作品是作者的血肉生命，有些艺术作品是无解的，是个谜，可“人的生活却往往是那个解答”③。故透过名人故居、墓园等场所，追寻经典人物是钟文音旅途的核心，在每一个城市里找寻他们生活过的那个时空遗留下的痕迹，尽可能地和他们发生对话，“以灵魂见灵魂”④。“写作者的行旅也已经没有单纯的行走”⑤，钟文音认为台北缺乏经典女性人物⑥，她渴望从国外著名女性人物的生命历程中有所收获，找到不仅仅是填补自身生命力匮乏之能量，也希望可以拓宽母城的宽度。

故 My Journal 系列中涉及的城市及遍布于城市之中的景观，从来不是随机选择。这是一场有目的性的追寻，借由寻访经典人物的活动空间，用书写创造想象与对话的虚拟世界，让城市增添文化的记忆，完成对自我生命的补遗。现将该系列中所涉及的除咖啡馆与博物馆外，与探访人物有关的主要信息列

① 钟文音：《孤独的房间》，第 79 页。

② 钟文音：《奢华的时光》，第 31 页。

③ 钟文音：《孤独的房间》，第 19 页。

④ 钟文音：《奢华的时光》，第 275 页。

⑤ 钟文音：《情人的城市：巴黎追寻莒哈丝、西蒙波娃、卡蜜儿的旅记》，第 166 页。

⑥ 钟文音认为诸如杜思妥也夫斯基（即陀思妥耶夫斯基）的成功，离不开他的第二任妻子安娜。钟文音曾在书中写道：“原来我欠缺的不是金钱，而是一个像安娜那样的伴侣。我生命中的安娜在何方？”《序：谜样的美丽国度》：“虽然我很想找个安娜来爱我，我在旅程里认识的安娜，了不起的安娜，但何处有安娜？台北肯定没有。”《旅途手札》，《大文豪与冰淇淋：我的俄罗斯纪行》，台北大田出版社 2008 年版，第 182 页。

表如下：

书　　名	追寻人物及其身份	旅行地点	主要活动区域
《远逝的芳香——我的玻里尼西亚群岛高更旅程纪行》	高更，画家	波里尼西亚群岛	多米尼克岛 塔希提岛
《情人的城市：巴黎追寻莒哈丝、西蒙波娃、卡蜜儿的旅记》	莒哈丝，小说家	巴黎	巴黎第六区盛伯博努瓦街道；诺弗勒城堡；特鲁维尔和年轻情人杨的居住地；莒哈丝海岸
	西蒙波娃，存在主义作家、女性运动先驱		蒙帕那斯大道103号、卢森堡公园、蒙马特、索邦大学、莫里哀中学、圣日耳曼大道、花神咖啡馆、双偶咖啡馆
	卡蜜儿，雕塑家		巴黎圣路易岛塞纳河畔；艾芙哈村精神病院；蒙德费格精神病院
《奢华的时光——上海华丽与苍凉》	张爱玲，小说家	上海、杭州	常德公寓
	陆小曼，画家		四明村陆小曼和徐志摩公寓
	宋庆龄，政治家		宋庆龄故居
	阮玲玉，演员		上海电影文艺沙龙锦亭酒家
	孟小冬，京剧演员		
《孤独的房间：我和诗人艾蜜莉、艺术家安娜的美东纪行》	艾蜜莉，诗人	纽约、佛州、广州、迈阿密	艾蜜莉故居；波士顿
	安娜·梅迪耶塔，艺术家		纽约大学；坠楼地点

这四本书之中，除却高更一人，其他人物皆为女性。钟文音自己有谈到她在创作中非常需要“典刑在夙昔”类的女性话语的鼓励。所以无论从创作的意图还是内容，寻找女性的生命形态与了解其在不同环境下的延展能力，为生命增添色彩与人文厚度，塑造书写新的疗愈旅程，是钟文音个人更深层次的追求。

二

钟文音所步入的城市皆因为已故的大师变得不同，且每一个地方都让作者认为去一次是不足够的。以巴黎——这样一座充满文学性、艺术性的城市而言,作者多次亲临经典人物生活过的现场,只为了感受前人的生活氛围。进入她们的生存空间,借助于她的凝视,故居空间里仿佛多了一面折射的镜子,得以照见真我。因为彼此凝视,产生了想象的影子,使得她与她心仪的人物跨越时空相遇。在艾蜜莉的房间,"诗人的故居有许多窗户,每一扇窗户都留有我探头探脑的身影,在望着诗人的窗景时,却望见了自己。明亮的玻璃将我的身影扫进玻璃内,似乎那么一刻我瞥见艾蜜莉穿着白洋装凝视窗景"。①

福柯曾将空间划分为三大类:真实空间(real space),虚构空间(virtual space),异质空间(heterotopias)。②真实空间是人们在社会活动的空间,而虚构空间则是没有真实地点存在的空间。异质空间则是介乎于二者之中,它既拥有真实存在的空间,也可以通过对真实空间的虚拟印象,反照出自己的真实。而这一系列的书写中,出现大量如福柯所言的"异质空间",作者透过对真实空间的体察感悟和想象,构造出一个幻想的虚拟空间,对真实空间产生一定的补偿性。经典人物的故居、墓地等场所均具备异质空间的特点。

女性经典人物的故居,是创作者的朝圣地。其探寻的过程,也是一种自我精神仪式化的过程,钟文音在这些女性真实生命空间的基础上进行建构,而这种建构又可给予她精神安慰与救赎。这些在文艺上有卓越成就的人物,散发着耀眼的艺术光辉;想要"成为他者"的信念,支撑着钟文音继续在文学创作这条路上前行。在张爱玲的常德公寓:"我人未进住着张爱玲远逝生活一角的公寓,脑海却已经开始有着画面直捣进来。……我徘徊一阵,没按门铃。光眼前这一切,我的幻想里已足以让我抵达想象的光圈之所。"③异质空间是超越物理性的、日常生活的空间,它因为各种历史、文化、个人思考等不可控因素变形,人身处其间便会被不可言喻的力量拉扯,这种强大的无形之力吸引着钟文音思考并探索,甚至能够重塑个体的心理。通过空间完成的"神交",给予在文学之路上感到无援的钟文音以精神上的启迪与洗礼。

想象让她们彼此交汇,除此之外,钟文音也借由影像塑造对话的可能。作

---

① 钟文音:《孤独的房间》,第 293 页。

② 参见福柯:《不同空间的正文与下文(脉络)》,《空间的文化形式与社会理论读本》,夏铸九、王志弘编译,台北明文书局 2002 年版,第 403 页。

③ 钟文音:《奢华的时光》,第 109—113 页。

者选择了莒哈丝 1957 年居所的拍照地点，留下了相似的照片。过去的时空仿佛可以与作者留在照片中的那一丝灵魂相遇。这看上去仿若钟文音一个人的嘉年华，但实际上，那些被作者景仰的灵魂已经进入到作者的生命历程中去。钟文音以近乎偏执的热情，通过回顾追寻这些女性人物的生命历程，来填补自己生命的空白，或是提醒自己不重蹈覆辙。

莒哈丝的性格暴烈，如钟文音的母亲；但是其对于写作的意志力又充当着钟文音创作的引路人。再如卡蜜儿母亲对其创作的限制，与钟文音母女之间的不理解，也产生了一种同甘共苦的情谊。与莒哈丝和卡蜜儿的对话，是学习，也是警醒。而面对其他人，钟文音亦更深层次地体会到女人生命中相似的难处，那些情感尤其是爱情上遭遇的孤独。“在宋庆龄故居我见到樟树，在昏黄偌大的光线里也闻到一个年长守寡女性的寂寞无解。……这樟树让我思忆起张爱玲在《更衣记》里写道：‘回忆这东西若是有气味的话，那就是樟脑的香，甜而稳妥，像记得分明的快乐，甜而怅惘，像忘却了的忧伤。’樟脑的香勾起她绫罗绸缎衣裳的回忆。”①

当钟文音陷溺在旅途中，心灵涣散时，这些人物形象提醒犹如她文学上的母亲。这些女性人物身上，多暴露了她们对于爱情不同程度的执着与沉溺，但并不损伤她们个体生命的完整性。莒哈丝六十七岁，与二十七岁的年轻人的忘年之爱，张爱玲面对胡兰成时跌落进尘土里的卑微，西蒙波娃和沙特的超越婚姻制度的相爱，卡蜜儿对罗丹的力竭的爱，等等。不可否认，爱情传奇给她们带来肉体和心灵的双重折磨，但情感上的痛苦会随着肉体而消亡，艺术才华让她们超越了时空的损耗，具备了不可磨灭性。而故居这一真实存在的空间，不仅给人们提供凭吊、追忆的场所，也在时光的打磨之下拥有了响彻云霄的回音。而作为一个女性书写者，钟文音对物品的精细描写，通过女性细腻的笔触，还原过去时空下那个场所的氛围。

“西式洋房内里，所有的摆设依然，且皆是当年宋庆龄使用的原物重现……化妆台、大床、五斗橱。壁炉、打字机、笔墨纸砚和孙中山先生的合照。在这样的空间里望着照片，恍然间会以为她还活着，还魂在 1948 年。”②旧物还原过去的时空，女性对于琐碎物品的痴恋与在意，勾勒出女性生命空间的大致样貌。张瑞芬教授曾指出，钟文音擅长“用细琐的日常物事，道出整个时空

①② 钟文音：《奢华的时光》，第 256 页。

的氛围"[1]。而在凝视之后,个体逐渐与"她者"重合,她们眺望同一片天空。钟文音以深情的文字,表现出对这些女性人物的倾心,"这片海洋之所以迷人,是因为你和普鲁斯特都曾经日夜地望着它。这栋建筑之所以可以让我一看再看,都是因为你,你的文字,你的生活"。[2]作为漫游者,作家从"移动"的角度介入城市,让文学、艺术人物特质与城市空间紧密结合,使城市书写的语境丰富,并展现了个人独对城市地理想象的复杂性。此外,钟文音通过对城市空间的探求,皆由追寻—凝视—成为她者这样一个对话和想象的过程,让女性得以穿越不同空间互相观照。

三

My Journal 系列是以日记与书信体裁写就的。"日记体、随笔式的纪行,是某种回忆录的时光切片;书信体是对感情出走的对谈集,二者皆是人生旅程当下发生的纪实。"[3]这两种创作方式都因"我"产生意义,这种充满私密性的创作,在读者阅读过全文后,也完成了一次对作家个人心路历程的揭露。在这四本书中,《远逝的芳香》与《奢华的时光》这两本,行文方式基本相同,常通过写信给故乡情人的方式来表达情思。《情人的城市》和《孤独的房间》摆脱了相对单一性的情人间的喃喃私语,出现非情人之间的对话,通过书信与女性创作者相联系,探究女性生命的创作史。

面对这样的创作方式,笔者有以下三种创作思考,其一是作者拥有发声的相对真实性。其二这种私语模式不受框架限制,有利于保留情绪的起伏;这种私我模式的陈述空间,也更利于女性创作者的非理性表达。其三,城市让人处于一种悬浮状态,而人在高速发展的城市压力下趋向内心,城市文学呈现个人化的写作面貌,"作者对城市的认识、感受方式以及程度的差异,使这一类的写作千差万别"[4]。人越来越自我,而日记与书信体是展现内心的有效方式。

与钟文音的小说创作中充斥着的时代背景与语境不同,散文化的叙事中,

---

① 张瑞芬:《国族·家族·女性——陈玉慧、施叔青、钟文音近期文本中的国族/家族寓意》,《逢甲人文社会学报》2005 年 6 月第 10 期,第 20 页。

② 钟文音:《情人的城市》,第 124 页。

③ 钟文音:《奢华的时光》,第 275 页。

④ 王干、韩东等:《离我们身体最近的——关于"城市与城市文学"的对话》,荣跃明主编《城市文学:知识、问题与方法》,复旦大学出版社 2018 年版,第 163 页。

作者将更多气力灌注在器物、空间与感官之上，这样细腻的描述为读者提供了体悟城市的视角，凸显了作者对旅行、人与城市之间本质的思考。

需要注意的是，钟文音书信里所指的从来不是单一的对象，“那个‘你’其实就是我个人感情累结刻痕的投射”[①]。由此可知，文本中出现的 H、E、W、G 等等，甚至是经典人物，都有钟文音的自我投射在。真实存在过的人物和虚构的内容互相缠绕，利用对话编织成一幅生命书简，流露出钟文音的个人私欲。

私欲本身，并不指代情欲，它也包括人类的各种欲求，包含物质与精神双重。而钟文音在城市书写中显露的“私欲”，不仅仅是她常见的关于“家族”、“母亲”或是“情感”上的欲望，而是追求个体生命完成的欲望，探寻自己生命力边界的欲望。如钟文音所说“这一系列书写一直都不是旅行写作，这是非常个人的人文移动风景，是对已逝灵魂的考察，和对自我感情底层在离开故里之后的探测”[②]。

钟文音在上海旅行时，给 E 的信中写道，外出旅行是为了远离岛屿的束缚和压力，而自己需要清理疏通阻塞的心脏。在巴黎和纽约等其他大城市里，钟文音常常走好多的路，“有时是因为地点没有直达车，有时是因纯粹想用脚缓慢地看这座城市”[③]。这样随意性的游走，是感官与心灵解放。作者从来不追求豪华的饮食与饭店，也无需车或导航，只用自己的双脚、双眼和心灵体会所能触及的城市的方方面面，以文艺和自由来衡量一个城市的环境。在城市行走的过场中，作者不断发现自己的内在需求。

“纽约的自由展现在对表达的宽容度，尤其是下城更是纵容边缘人的存在。海报涂鸦是下城的艺术语言，虚伪做作的那一套在这里用不上。于是我感觉走在下城最是轻松，可以把自己的欲望还原，直视自己的匮乏与拥有。我回台北，还常常想起这个城市，他吸纳了我的魂。”[④]纽约，由于不断涌入新的移民和文化，让它成为一座异质化极为明显的城市。城市自由随性的氛围可以从对表达的宽容度来观察。本就喜欢边缘、颓废，内心也向往自由，故在下城中游走，正十分契合钟文音的性格，可以让她随性表达，还原自我。而身处

---

① 钟文音:《奢华的时光》,第 276 页。
② 同上,第 216 页。
③ 钟文音:《情人的城市》,第 134 页。
④ 同上,第 94 页。

异地的轻松,正反映出作者身居台北时的束缚。在此基础上,钟文音还在透过城市中的人,思考自己内心的需求。"我究竟是要孤独如艾蜜莉激情如莒哈丝?要如何完成自己?过什么样的生活?"①城市道路是无止境的,对于人生的思考也没有尽头。女性创造者和艺术家的生命历程是一项顶好的参照物,可以效仿或学习,也可以自我警醒。城市地景与女性艺术家的成名历程交叠在文本之中,泄露了钟文音内心的起伏。通过经典人物体会到生命的热情,藉由城市之间的差异性重新挖掘内心的感受,丰富个体生命的欲望。

胡婧媛延续精神分析学者拉冈的看法,认为:"个人的自我是透过这个世界的其他人或物反射回到'我'的过程而形成、建立起来的。也就是说,对自我的认识必须借由与非自我的'他者'的互动来建构。旅行作为一种跨越疆界的行为,提供了自我与他者相遇的最好时机。"②

个人对自我的认知要通过和他者的互动来构建。以此观察钟文音的行走和创作,在离开原乡之后,她在各国的城市之中,不断与他者相遇,以此返回自我。这个他者包含了城市的景观、文艺底蕴,所在城市的经典人物等等。其中,经典人物的影响贯彻始终,因为有了和她们相同处境的对望感,仿若建立可以相濡以沫可以慰藉的同类联结,故自我思想和他人生命岁痕在不同的城市空间交叉对应,唤醒个人内心的欲望,表现女性对城市观察的特殊性与幽微性。

Cultural intermediate's private desires

—Discussion about urban writing in
Chung Wenyin's My Journal Series

Abstract: From 2001 to 2006, My Journal Series written by Taiwan writer Chung Wenyin were published successively. Traveling multiple cities for a long period of time, Chung Wenyin added themes by tracing back classic characters' stories via diaries and letters. She made her own thoughts and other people's life traces intersected and corresponded among the urban spaces, introspecting and exploring the individual's desire. Not only regarding urban

① 钟文音:《情人的城市》,第22页。
② 刘虹风整理:《旅行文学——在追寻/验证,真实/虚构之间》,《诚品好读》2002年7月第1期,第25页。

spaces as physical containers for people to live, at the meanwhile, Chung Wenyin also filled space with metaphors and symbols, utilized the superior of space over time, and catalyzed the flow of human emotion. Her highly feminine and personalized writing style showed the particularity and subtlety from women's observation of the city.

Key words: Chung Wenyin; My Journal Series; Heterotopias; Private Desires

作者简介:刘文君,上海师范大学人文学院都市文化研究中心讲师。

沦陷时期天津电影院经营探析[1]

冯成杰

摘　要:沦陷时期,作为一种新型的城市公共空间,电影院在民众日常生活中发挥着重要作用。因战争环境下城市人口增加,民众逃避现实的心理,天津影院出现"繁荣"的景象。日伪不断加强对影片的审查力度,奴化电影逐步占据主导地位,使影院经营亦潜伏着危机。太平洋战争爆发后,民众生活日益艰难,影片供应不足,宣传电影与义演增多,导致影院陷入经营困境。通过采取多元化经营,改善观影环境及迎合观众口味等因应措施,影院勉力维持运营。到沦陷后期,天津电影业走向衰落的态势已无法扭转。影业由"盛"转衰的演进趋势在沦陷区城市中具有一定的普遍性,是日伪控制与掠夺政策的必然结果。

关键词:沦陷时期　天津　电影院　经营策略

电影院是近代由欧美国家传入中国的一种新型城市公共空间,是城市现代化与繁荣的重要标志。沦陷时期,作为天津市民休闲娱乐的重要场所,电影院在市民日常生活中发挥着重要作用,因此日伪政府十分重视运用电影和电影院,以达到控制民众思想之目的。关于沦陷区电影院的研究,学界主要关注日伪政权的电影检查制度变迁,以及电影院与城市社会关系等,较少探讨电影院经营之演变等问题。[2]基于此,本文从经营视角入手,考察日

---

① 本文为国家社科基金后期资助一般项目"沦陷时期天津民众日常生活研究"(21FZSB016)阶段性成果。

② 参见汪朝光:《抗战时期沦陷区的电影检查》,《抗日战争研究》2002 年第 1 期;汪朝光:《影艺的政治:民国电影检查制度研究》,中国人民大学出版社 2013 年版;成淑君:《电影院与沦陷时期的京津社会》,《城市史研究》2015 年第 2 辑;褚亚男:《关于沦陷期间天津电影审查制度变迁的历史研究(1937—1945)》,《当代电影》2016 年第 3 期。

伪控制下电影院的营业实态，面临的经营困境和生存策略等问题。深入研究沦陷时期天津影院的经营状况，对观照沦陷区城市电影业整体面貌具有重要的参考价值，并可从侧面了解日伪的政治统治与社会状况，从而促进沦陷史的研究。

一、"繁荣"与危机：多重因素合力下电影院客满

天津沦陷后，影院在经历短暂的不景气后，很快迎来前所未有的"繁荣"。此种"繁荣"是由多重因素合力所致，并不能反映民众真实的生活状态。影业"繁荣"的同时，亦暗藏危机，是其最终走向萧条的重要原因。

（一）电影院营业的"繁荣"与原因

沦陷初期，按照规模、设施、所处位置，电影公司将影院分成头轮、二轮、三轮等三个档次。头轮影院有大光明、平安、光华和真光 4 家，二轮有明星、大明和专映首轮国产片的华安等 8 家，三轮影院 30 余家。头轮影院最先上演新片，但只能演一星期，为的是给二轮影院预留盈利空间，影片转到三轮影院已是第三个星期。起初，影片公司将拷贝一次性卖给影院，后来见盈利很大，就变为与影院分成，一般是五五开或四六开。[①]头轮影院多集中于租界，如平安、大光明、真光。日占区最老的影院当推上平安，其他有上权仙、群英、权乐、河北、丹桂等。以平安为代表的高档影院票价昂贵，楼上票价长期 2 元，看客多为外国人，普通中国民众很少涉足。以光明为代表的二三流影院大多集中在劝业场一带，票价较低，多在 2 角至 4 角之间，普通民众为消费主体。南市附近的日租界也是影院集中地。[②]一般影院每日约演三场，星期日设早场。由于大量来华日人集聚天津，日本电影院生意兴隆。日本人经营的影院有天津浪花馆、天津电影馆、中原电影戏院等。此时期影院数量有所增加，美国影片大量输入天津，垄断了电影市场。欧美电影公司如派拉蒙、米高梅、华纳等在津设置常驻机构。太平洋战争爆发后，欧美影片被禁止放映。华北电影股份有限公司将天津影院划分为头轮、准头轮、二轮、三轮，规定统一票价。它分配给各影院的影片以上海中华联合制片公司摄制的为主，大约两周有一部新片，其次是伪满洲映画协会的片子，还有少数日本和

① 周利成、周雅男编著：《天津老戏园》，天津人民出版社 2005 年版，第 151 页。

② 天津市地方志编修委员会办公室等编著：《天津通志：广播电视电影志（1924—2003）》，天津社会科学院出版社 2004 年版，第 679 页。

德国影片。[①]

影院的环境是其档次的重要指标。有的影院不仅装修考究，而且附设餐饮设施，周边还开设其他娱乐场所。蛱蝶影院附设咖啡馆，大厅极其宽敞，可供跳舞使用。夏季有屋顶花园，是消暑纳凉的好去处。大厅和楼梯铺设地毯，设有存衣处，座席多为沙发软座。此外，天津还有很多供平民消费的影院。这类影院空气龌龊而恶臭，设备很简陋。中央电影院规模不大，建筑相当简陋，园内只有池座，能容纳六七百人，观众多为平民阶层。[②]电影院的经营者多具有一定的背景，如开明影院的股东经理王凤池是"三不管"的地头蛇，青帮头目白云生的徒弟。

战前，天津电影院的营业不景气。头轮影院如大光明楼下票价五角，上座率平均不到三成。每周周末外，优待学生，减售三角，仍吸引不了顾客。二轮影院如国泰、明星和大明等楼下票价两角，买一元本票，可以得六张。孩童半价一角一位。即便票价优惠，仍上座寥寥，甚至门可罗雀。时人将原因归结为，"人均有业，没有那么大的空儿"去欣赏电影。[③]七七事变爆发至天津沦陷，天津的娱乐业呈现萧条景象。

天津沦陷后，各影院均处于停演关闭状态。此种情形并未持续很长时间，电影业很快迎来繁荣期。英法租界因逃难民众涌入，导致人口激增，界内影院营业良好。在星期日和休假日，影院可以卖八九成或者满座；平常日子可以上座一二百人。1939年，水灾结束后，紧接着英法租界解封，天津的电影业迎来飞跃式发展。从生意兴隆而门庭若市，而拥挤不堪，场场满座。星期日，小巴黎道上的二轮影院，离开演前二小时，票柜的门还没有开放，人们已经挤上一大堆。不到一会，楼下满座，再过一会，连一元一位的厢位，都可以罄光大吉。即便头轮影院玩命地加价，影院生意仍是不错。[④]华界影院亦是生意兴隆，有论者指出"华租两界之戏院、电影院莫不拥挤异常，开十余年来未有之繁盛"。[⑤]1940年3月，真光影院升格为首轮影院，首映《侠盗罗宾汉》，连映十余

① 中国人民政治协商会议天津市委员会文史资料委员会编：《天津文史资料选辑》第4辑，天津人民出版社1994年版，第136页。

② 周利成、周雅男编著：《天津老戏园》，天津人民出版社2005年版，第252页。

③ 风从：《电影在天津》，《新轮》1941年第3卷第7期，第36页。

④ 同上，第37—38页。

⑤ 沈醉蝶：《闲话天津(二)》，《三六九画报》1940年第33期，第10页。

天满座，售票达1.5万元，一举打破数年来天津最高票房纪录。[①]除观众增多外，电影业繁荣的另一标志是戏院加演电影。1940年10月，除各国租界外，天津有30家戏院兼演电影。[②]电影观众增多也带来买票难等问题。以往二轮影院除星期日和星期六夜，座位不会常满。电影九点半开演，8时55分去买前排票还有较好的座位，入场后不到半小时便开演。到1940年，为了能看上电影，七点半便要到影院门前等着，买票时还得鼓足勇气挤上前去，买好了票在里面坐定，须等一个多小时，电影才开演。[③]

在沦陷区城市，电影业的繁盛是一种较为普遍的现象。北京的电影业亦经历过高速发展的阶段。1940年12月3日，北京真光影院上映《乱世佳人》，每天只放日夜两场，多日爆满，盛况空前。[④]辅仁大学学生董毅在日记中有不少观影记录，从中对北京电影业的繁荣可略知一二。1940年9月15日，董毅赶往真光，拥挤半晌，竟未购着票，楼上下全满。[⑤]11月1日，去中央影院看《战地笙歌》，虽是礼拜五，可是人如潮水般。[⑥]北京新新戏院改为电影院后，效果颇佳，"人真是不少，里里外外全站满了人"。[⑦]上海亦然，"电影院和舞场兴旺起来"。[⑧]一些沦陷区大城市多经历过电影业的繁荣。

一般而言，战争会导致娱乐业的萧条，但事实恰恰相反，沦陷时期的天津电影业获得发展，呈现"繁荣"景象。电影业的"繁荣"是由以下四个方面原因所致。第一，自伪中华民国临时政府成立后，日伪在天津等城市的统治渐趋稳固，为了巩固统治，在恢复社会秩序和发展工商业方面采取一些措施，有助于经济复苏和创造就业，为电影业的繁荣奠定了经济基础。第二，人口增长是电影业发展的重要原因。天津作为中国沦陷区首屈一指的大城市，日伪统治相对稳定。随着社会秩序的逐渐恢复，很多以往躲避战祸而逃离的民众回归。因日军的扫荡，导致天津周边的乡村、小城镇社会秩序混乱，大量外地人为寻

---

① 周利成、周雅男编著：《天津老戏园》，天津人民出版社2005年版，第251页。
② 日伪天津市警察局：《各分局呈报业报刊、土膏店及娱乐场所检查报告等件》(1940年11月)，档号：218-3-5-5028，天津市档案馆藏。
③ 帆：《娱乐程度提高欤，影院观客多，买票必须鼓勇，守座更要忍耐》，《新天津画报》，1940年11月13日。
④ 孟固：《北京电影百年》，中国档案出版社2008年版，第33页。
⑤ 董毅：《北平日记(二)》，人民出版社2015年版，第579页。
⑥ 同上，第620页。
⑦ 同上，第652页。
⑧ 南开大学历史学院编：《抗日战争与中国社会(上)》，天津人民出版社2018年版，第531页。

求安定之所而涌入天津。天津工商业曾一度获得发展，提供了工作机会。周边地区的民众纷纷迁入天津谋生和生活，从而导致人口增长迅速，新迁入的人口成为新兴的消费力量，也是潜在的观影群体。日本人的大量涌入，亦促进了电影方面的消费。第三，社会心理是电影业走向繁荣的推动因素。战争状态下民众普遍处于一种对未来失望的状态，且在日伪强权统治下，充满恐惧、愤懑之情。在物价不断上涨的情况下，仍有民众愿意进行娱乐消费，是试图通过寻求娱乐刺激，以抵消内心的郁闷和恐惧。电影业的繁荣正是由于时人在战时逃避现实、寻求暂时安乐的心理所致，在沦陷区城市民众中具有一定的普遍性。正如时人所言"这般没心肝的闲人们，正因为缺少知识，这一次战争变动太大，战事延长，更不知何以为计，失去了常态，就糊糊涂涂的过下去"。①第四，电影业为了营利，采取低票价策略。一般下层民众花费很低的代价就可以到诸如三轮影院中欣赏电影。民众的电影消费还和人性有密切关系，毕竟追求娱乐享受是人之常情。电影业的繁荣是由多重因素合力所致，并不能由此判定民众实际生活状态。

（二）电影院"繁荣"下的潜在危机

作为具有宣传效用的电影，日伪将其视为实施思想渗透，消磨中国民众抵抗意识的重要工具。日伪政府不断强化对影片的审查力度，目的在于严禁上演能够唤醒民众抵抗意识和爱国情怀的影片。在统一的电影检查体制建立前，华北地区的影片审查一般由各地警察局负责实施。天津各影院上映的电影由"影片戏曲检查联席会"负责审查。它是由伪天津特别市公署警察局、社会局与教育局各派 6 名职员为检查员共同组建，凡属公演影片必须事先审查，经审核通过后，方可公演。②市公署宣传处成立后，制定《检查电影暂行规则》《戏曲电影审查实施要领》，突出强调查禁"有碍中日满亲善，宣传共产党之悖谬主义，违反事理人情，有悖人道"的影片。1939 年，天津市共检查影片 284 部，其中许可上映 274 部，删减 9 部，无照申斥 1 部。③影院上映的影片如有碍"中日满亲善"，日伪可"严予处罚"经营者。

1940 年，伪华北政务委员会颁行《华北电影检阅暂行规则》。1941 年 1 月

① 赵捷民：《沦陷后的天津（通信）》，《今日评论》1939 年第 1 卷第 13 期，第 12 页。

② 中共天津市委党史研究室、天津市档案馆、天津市公安档案馆编：《日本帝国主义在天津的殖民统治》，天津人民出版社 1998 年版，第 513—514 页。

③ 汪朝光：《抗战时期沦陷区的电影检查》，《抗日战争研究》2002 年第 1 期，第 24—49 页。

1 日，组建华北电影检阅所，有权剪辑电影中有关“在变乱中夸张破屋失业情形，使人心不安或过分暴露物质不足之状况，为敌人反宣传之资者”等画面和情节。①即使影片经过汪伪电检会的检查，如在华北影院上映，仍须经电检所审查，虽“影商或感不便而检阅行政亦有重复之嫌”，但只能服从。②天津当局须严格遵照华北电检所颁行的电影检查规则。影院以幻灯片形式放映的时局标语等，亦须经过审核。伪天津特别市政府宣传处制定的《管理电影院放映宣传玻璃版办法》，规定幻灯片经过审核后，才能放映；如有违反，给予“警告、处二十元以下之罚金、处七天以下之停业”的处罚。③

太平洋战争爆发后，天津影片戏曲检查联席会要求各影院禁演英美电影，并定期进行检查。经查验，平安、大陆影院尚存《怒吼时代》和《小泰山大闹飞人国》两套影片，均被影院经理自行封存。④英美电影在天津广受欢迎，上座率较高，禁演对影院的营业不啻是一大打击，同时使民众失去观看大片的机会。1943 年 6 月 1 日，伪天津特别市公署实施“暂行戏曲电影审查实施要领”，严禁上演“有伤国体者，有违背政纲者，思想不纯正，有违反新中国之建设理念者，有污蔑政府当局之嫌疑者，有伤风化者，妨害公安者，提倡迷信神说者，有违悖人道者，有诽谤个人名誉者”的影片；对于情形轻微者，“得饬其修改删正后，许可公演”。⑤日伪的电影审查亦有侧重点，“在审查者的主张，有二类片子绝对没有问题，一类是色情片，一类是神怪片”。⑥通过放松对此类影片的审查，以实现消磨民众爱国意识之目的。

天津沦陷后至太平洋战争爆发，欧美影片在电影市场占据重要地位。欧美电影公司推出一批极具影响力的影片，受到天津民众的喜爱和追捧。1940 年，美国大片《乱世佳人》在天津各大影院上映，得到广泛好评，“虽然放映至四小时之久，但节节凄动，赚人热泪，不觉厌倦”，以致“座价与映片时间在天津均造成最高纪录”。⑦日伪控制的华北电影股份有限公司则上映德日影片及“国

---

① 成淑君：《电影院与沦陷时期的京津社会》，《城市史研究》2015 年第 2 辑，第 141—150＋292—293 页。

② 华北政务委员会总务厅情报局编：《电影检阅论》，1944 年，第 40—41 页。

③ 《天津特别市政府宣传处管理电影院放映宣传玻璃版办法》（1944 年 7 月 8 日），档号：J0001-2-000664，天津市档案馆藏。

④ 天津特别市政府：《关于查封英美系影片》（1941 年 12 月），档号：1-2-1-749，天津市档案馆藏。

⑤ 《天津特别市政府暂行戏曲电影审查实施要领》（1943 年 6 月 1 日），档号：J0001-2-000664-069，天津市档案馆藏。

⑥ 《天津的电影院》，《电声周刊（上海）》1939 年第 8 卷第 27 期，第 1098 页。

⑦ 金匀：《电影“乱世佳人”：北京真光与天津大光明于本月三日起同时献映》，《游艺画刊》1940 年第 1 卷第 16 期，第 12 页。

产片”以对抗英美电影，一方面放映日本影片，如《建设东亚新秩序》《东亚进行曲》等；上映的中国影片除鼓吹“中日亲善”外，多表现色情、恐怖、武侠、恋爱纠纷等内容，如《牡丹花下》《夫妇之间》《野花哪有家花香》等。[①]华北电影公司虽然引进德国、意大利影片，但始终不是很流行，“一进到演法、德片的影院，一定感到观众寥寥无几”。语言障碍导致观影热情低落。有观众建议影院“尽量使说明书详细些，并且附带登一下演员的名字及所饰的角色”。[②]此种建议虽中肯，却难以实行，因此举会增加影院的开支，不符合利益最大化的短期目标。

太平洋战争爆发后，英美影片遭到禁演，“国产片”在天津电影市场所占比例有所提高。此时期，新片来源较少，一般是2家至4家影院用跑片办法同演一片。为了弥补影片来源缺乏的问题，影院不得不上映德日影片。1942年，光明影院为点缀上元灯节，上映德国宫闱古装历史战争巨片《边山铁骑》。光华影院上演由日本东宝公司摄制的影片《婚后人生》，为日本首席女星原节子的作品。

由于电影发行与放映受到日伪的严密控制，奴化电影在影院排片中逐步占据主导地位。1943年，华北沦陷区上映的电影中，日本片和伪满片占比近65%。[③]为实现“将电影院中至今仍放置无事之短时间，用于有意义之宣传上”之目的，日伪专门放映一些宣传性质的幻灯片。1942年3月，伪华北防共委员会制作“宣传防共、暴露共党罪恶”的幻灯片6幅连同字幕共7幅，由华北电影股份有限公司分配天津在内的华北各地影院放映。[④]日伪还制作提倡民众捐献铜铁的幻灯片，强制影院放映。日军攻陷中国城市后，影院都会按照日伪要求放映宣传片，以示庆祝。香港陷落后，伪天津特别市公署就曾要求电影院放映庆祝玻璃版。1943年，为庆祝所谓中日缔结同盟条约，市公署宣传处要求各影戏院，利用各场休息时间由影戏园派员举行讲演。[⑤]在日伪的操控下，天津影院上映的影片“有不少是宣传奴化的”。[⑥]有论者甚至认为“敌伪‘灭华’

---

① 刘泽华：《天津文化概况》，天津社会科学院出版社1990年版，第298页。

② 赵珍：《影院里观众的一些意见：没有说明书我更看不懂》，《华北映画》1942年第20期，第13页。

③ 成淑君：《电影院与沦陷时期的京津社会》，《城市史研究》2015年第2辑。

④ 余晋龢：《训令警察局准内署咨送防共漫画幻灯片配给华北各影院放映一览表请转饬放映等因仰遵照办理由》，《市政公报》1942年第155期，第7页。

⑤ 《为通知庆祝中日缔结同盟条约扩大宣传检发讲演稿仰转发各影戏院自本月九日起至十一日止于各场休息时间由各该院派员举行讲演由》，《天津特别市公署公报》1943年第237期，第31页。

⑥ 其愚：《沦陷后的北平》，《华美》1938年第1卷第12期，第285页。

目标下奴化电影遍华北”。①此举无疑影响民众的观影热情，冲击影院的正常营业活动。

二、萧条：日伪控制下电影院营业的困境

太平洋战争爆发后，天津的电影业逐渐走向衰落，“以外片逞雄之影院，今则业务一落千丈”。②大明影院专映二轮英美影片，营业曾十分鼎盛。英美影片被禁演后，因影片问题，而一度停演，后改演头轮国片，但营业大落，每日门前冷落，非昔日之盛况，上座不过五六成。③到 1944 年，天津的电影院经营疲态尽显，多数已经陷入困境。1944 年夏季，电影院亦无火炽之阵容。华安、光明、真光三院仍保持平常状态，明星、平安等三轮影院则见冷落。④有的电影院甚至无法维持，不得不改演其他娱乐项目。大陆影院改演杂耍，有赵小福的时调、小龄侠的鼓书、高云舫的铁片、武艳芳的坠子等，而以中国国剧会的国剧为大头。⑤有论者认为太平洋战争爆发后，“天津的电影院一半以上遭到查禁和关闭”。⑥此种观点虽不免有夸大之嫌，但至少能反映电影业发展的总体态势。

此时期，北京的电影院亦是惨淡经营，改映电影的戏院、剧场又改演戏剧。1945 年 6 月 7 日，储金鹏等人出资承租中央电影院，改名中央大戏院。时人感慨“中央大戏院开幕了，电影园子里改演京剧，这是第一声”。四小名旦之一的毛世来承租北京真光电影院，改演京剧。⑦

电影业之所以出现经营困境，主要是由多种因素合力所致：

第一，物价上涨，生活日艰。

自 1940 年之后，天津的物价上涨迅速，民众生活逐渐陷入困境。1940 年 2 月 21 日，交行高层卞白眉在日记中记道：“津市物价飞涨，中下级行员及行役生活之苦况。”⑧交行中下级职员收入并不低，如生活都已困苦，那些无固定

---

① 《“敌伪华北电影活动”专辑：敌伪“灭华”目标下奴化电影遍华北》，《今日电影》1943 年第 1 卷第 8 期，第 3 页。
② 张葆江：《天津游艺圈》，《三六九画报》1943 年第 7 期，第 17 页。
③ 《沽上剧场录：明日黄花——大明影院》，《三六九画报》1943 年第 6 期，第 17 页。
④ 《热流中的天津各方面：电影情况有欠火炽》，《立言画刊》1944 年第 306 期，第 12 页。
⑤ 《杂要：大陆影院改杂耍》，《游艺画刊》1944 年第 9 卷第 1 期，第 18 页。
⑥ 成淑君：《电影院与沦陷时期的京津社会》，《城市史研究》2015 年第 2 辑。
⑦ 孟固：《北京电影百年》，中国档案出版社 2008 年版，第 37 页。
⑧ 中国人民政治协商会议天津市委员会文史资料委员会、中国银行股份有限公司天津市分行编：《卞白眉日记》第三卷，天津古籍出版社 2008 年版，第 8 页。

收入的民众生活可想而知。伪政府主要官员的生活情况更具有参照价值和说服力。伪市公署秘书长姚一新称："以市府待遇不能维持生活，曾自做买卖。"①如果连伪市署高官的待遇都不能维持生活，一般民众的生活势必会难以为继。《中联银行月刊》承认："以实际之所得，购买日常生活用品，只能购得事变前之半数，故不得不大事节减降低生活程度。收入之十九，皆以购买食粮，其他享受皆为减缩。"②随着生活陷入困境，民众必然会压缩娱乐开支。到抗战后期，电影业受到的冲击非常明显。一些影院之所以能维持，在于天津人口中有不少是有产阶层，具有一定的消费能力，即便如此，个别影院也仅是勉强维持而已。

第二，影片供应不足。

太平洋战争爆发后，各影院在日伪要求下被迫禁演英美影片。1941 年 12 月 21 日，董毅去看电影，此时"真光复业改演日、德、法等国的片子，真追赶不上美国片子的精美，技巧似乎也幼稚一点"。③英美影片被禁止后，中国片及存片由日本人统筹配给，天津各影院的排片权掌握在日本人井上义章之手。卢根因与井上不和，平安沦为二轮国产片影院，经营惨淡。由于日本影片数量不足，各院影片来源受到影响，常出现三四家影院同时共用一个拷贝的现象。数家影院只得错开上映时间，排好顺序，一家演完，影片传送到下一家，如果有一家耽误，其他几家就会被迫中断，以致影院屏幕上经常出现"影片未到"字幕。④

因语言障碍，风俗习惯的差异，不少中国观众难以欣赏德日影片。1943 年 11 月 6 日，董毅到国泰影院看德国音乐名片《第九交响乐》，"音乐很好，只是剧情不大明白"。⑤有的国产片质量欠佳。胡蝶主演的《夜来香》，正式片子已旧，有的地方不清楚。⑥

第三，宣传影片与义演增加。

日伪将日本发动的侵略战争鼓吹为"大东亚圣战"，为早日完成所谓"圣

---

① 天津市档案馆编：《日本在津侵略罪行档案史料选编》，天津人民出版社 2015 年版，第 638 页。
② 冯忠荫：《中国联合准备银行在华北金融统制上之重要性》，《中联银行月刊》1943 年第 6 卷第 5—6 期，第 13 页。
③ 董毅：《北平日记（四）》，人民出版社 2015 年版，第 1030 页。
④ 周利成、周雅男编著：《天津老戏园》，天津人民出版社 2005 年版，第 152 页。
⑤ 董毅：《北平日记（四）》，人民出版社 2015 年版，第 1596 页。
⑥ 同上，第 1151 页。

战”,要求“游艺界无论戏剧、杂技,乃至影圈中人,虽以供人娱乐为目的,亦应认清时代,各尽其对圣战之职责”。[①]日伪利用电影进行政治宣传,主要通过控制上映影片的种类和内容,电影开演前后播放幻灯片或广播,以及利用影院的公共空间开展讲演等方式实施。为适应战争形势的需要,日伪要求各影院减少放映普通影片,而尽量上映宣传性质的电影。自 1941 年 3 月至 1942 年底,日伪在华北地区先后实施五次治安强化运动。为配合日伪的政治运动,华北电影股份有限公司以电影为宣传武器,制作各种标语版,分配给各影院放映,并于院中酌设广播机,放送关于治安强化之讲演。[②]胡蝶主演的《夜来香》,片前加演了许多宣传及新闻片子。[③]伪华北政务委员会规定电影院等公共场所必须设置广播收音机,以收听伪政府主官关于“治运”的演讲,讲演时如正在放映电影,则须停止。[④]1943 年 4 月 11 日,是第四届“灭共”日,为配合日伪的宣传,各影院循例演映幻灯片。[⑤]7 月 9 日,为汪伪国民政府参战纪念日,伪天津特别市公署会同日本居留民团在兴亚三区明星电影院举办“时局讲演电影大会”,放映“海军战记”影片。[⑥]

随着沦陷区经济的恶化,城市贫民、乞丐数量与日俱增,亟待赈济。日伪政权为维护治安,对贫民实施赈济,将筹款的责任施加给娱乐业。每年冬季,影院不得不上映两天义剧,票款补助冬赈。1940 年 3 月,天津华界各影戏院于 1 日、4 日举行义剧,各院所得票款,送交冬赈委员会。3 月 1 日,参加义举的影戏院有河北影院、上平安影院、丹桂影院、群英戏院、上权仙影院、天津影院、开明影院、权乐影院、大陆影院、皇后影院、华北影院、新北影院等 12 家。[⑦]宣传电影的上映打乱了影院的正常排片,且降低观影效果;义演则减少营业收入,对经济收益不无影响。

第四,白票日渐增多。

沦陷时期,影院面临公权力机关和黑社会的欺压。上光明影剧院因收了

---

① 《游艺界应协力圣战》,《新天津画报》1943 年 12 月 9 日。

② 《治安强化工作期间影院放映标语版》,《三六九画报》1941 年第 11 期,第 30 页。

③ 董毅:《北平日记(四)》,人民出版社 2015 年版,第 1151 页。

④ 成淑君:《电影院与沦陷时期的京津社会》,《城市史研究》2015 年第 2 辑。

⑤ 《今日灭共日,津市展开普遍宣传》,《新天津画报》1943 年 4 月 11 日。

⑥ 天津特别市公署:《为出席时局讲演电影大会事给第九区公所训令》(1943 年 7 月 7 日),档号:J0038-1-000121-017,天津市档案馆藏。

⑦ 《贫民福音:华界影戏院演义剧》,《新天津画报》1940 年 3 月 1 日。

日租界巡捕的票，被十余巡捕打砸，导致停演两天。丹桂影院因收了警察局侦缉队员的门票，副经理李锡武被以莫须有的罪名逮捕，后被戴上高帽子，游街示众。①此举是在警告各影剧院不要再向侦缉队收票。1938 年秋，上权仙影院因收票得罪了日本宪兵队翻译朴某，经理周恩玉被抓到日本宪兵队，遭到两个宪兵的痛打，遍体鳞伤。1943 年夏，上权仙因收票员得罪了日伪河防队，影院遭到 10 多个河防队员的报复性打砸，被迫停业 3 天，花钱修理。1944 年秋，上权仙因收票得罪了伪盐警队，险些遭到打砸。经派出所王警长与盐警队长说合避免了一场浩劫。②各影院最头痛的问题是无票入场者(即白票)日渐增多，越演好片越多。影院定员 1 100 人，而满员只售 500 张票，白票约占 60%，能享用白票者包括官员、警察、地痞、流氓和伤兵等。③

第五，重税与勒索。

电影院面临日伪重税与勒索的双重压力。1937—1940 年，娱乐捐并未征收，1941 年开始征收，其中 1941 年 231 871 元，1942 年 411 912 元，1943 年 1 671 251元，1944 年 5 856 280 元，1945 年 55 211 299 元，共征收 63 382 613 元。④电影院作为重要的娱乐场所，承担的娱乐捐数额不断增加。影院每 1 张票都有娱乐税，还要贴上印花，把一张票贴得很厚。即便这样，税局人员还不断地找麻烦。每到年节准备打发地方官警等的节礼钱，一般就占影院两三天节日所赚的全部利润。⑤

影院还面临日伪机关的勒索。1938 年 12 月，伪警察局以召集开会为名，制造"集体绑架案"，将包括戏园、电影业同业公会会长齐文轩在内的大小影剧院 20 余名经理"拘留"。伪警察局长以负责的税收还差 3 万多为由，强迫经理们把钱凑齐。影剧院该上的税虽然早就交齐，但仍以"无名税"的名目，被迫筹钱。大多数人不是去借，就是典卖家产，在三天内把钱凑齐，齐文轩等 20 多人才被释放。⑥类似的勒索还有很多，此案仅是其中一件。

① 天津理工学院、中国人民政治协商会议天津市和平区委员会经济与文化研究所编:《南市文化风情》，天津人民出版社 2003 年版，第 210 页。

② 中国人民政治协商会议天津市委员会文史资料委员会编:《天津文史资料选辑》第 4 辑，天津人民出版社 1994 年版，第 137—139 页。

③ 林学奇:《南市沧桑(上)》，天津古籍出版社 2014 年版，第 416 页。

④ 《财政:天津市沦陷期伪组织历年地方税收数(1937 年 8 月至 1945 年 9 月)》，《天津市政统计月报》1946 年第 1 卷第 2 期。

⑤ 林学奇:《南市沧桑(上)》，天津古籍出版社 2014 年版，第 417 页。

⑥ 周利成、周雅男编著:《天津老戏园》，天津人民出版社 2005 年版，第 170—171 页。

第六,影院“治安”问题。

天津沦陷后,影院成为中国抵抗力量争夺的重要场所。每逢七七事变纪念日的前一两天,各影院均能收到抗日锄奸团的信件,大意是为纪念国耻,请各娱乐场所于7月7日自动停止娱乐活动一天,否则将采取极端措施。大多数影院接信后,即于是以内部修理为由,歇业一天。如有剧场不听“劝告”,继续上演亲日影片,抗日锄奸团就会采取暗杀、爆炸和纵火等极端行动。

抗日锄奸团将影院作为重要的宣传平台,制造针对日伪要人的暗杀和爆炸事件,以此威慑服务于日伪的汉奸和影院经营者,并通过制造混乱,破坏日伪的统治秩序。1938年6月,日本人在天津特一区开设的光陆电影院,正开演电影时,院内忽有燃烧弹爆炸,观众于忙乱中离场,无重伤者,未几全院即化为灰烬。日本人在法租界开设的国泰影院,亦有炸弹二枚爆炸。①1939年4月9日,伪联合准备银行天津支行经理兼津海关道监督程锡庚到英租界大光明影院观影,抗团成员在影院内将其击毙。此事件引发英日两国间的争端,日军封锁英法租界长达一年之久。敌我力量在影院的争夺与斗争是战时的一种常态,影院成为暗杀、爆炸的频发之地,对正常营业造成一定冲击。

此外,影院还经常被日伪当局征用,举办防空电影讲演会或是防疫讲演会。1943年12月29日,天津特别市政府宣传处会同警防团在河北影院举办防空电影讲演大会,招待各区保甲长前往参观。②1944年12月30日,宣传处借用第一区明星影院,举办年终慰安市民讲演电影大会。③1945年5月3日,宣传处征用第一区光明影院举办防疫讲演电影大会。④日伪控制下的社会团体也利用电影院的公共空间,举行各种社会活动。1943年8月26日,被服业职业公会在北马路天津电影院召开选举职员大会。⑤影院被频繁征用,无疑影响其正常运营。

---

① 《天津炸弹声,敌人经营电影院被炸》,《大公报(汉口版)》,1938年6月7日,第3版。

② 天津市政府秘书处:《为举行防空电影讲演大会事致第九区公所函》(1943年12月27日),档号:J0038-1-000078-067,天津市档案馆藏。

③ 天津特别市政府宣传处:《为参加年终慰安市民讲演电影大会致第五区公所函》(1944年12月1日),档号:J0036-1-000498-020,天津市档案馆藏。

④ 天津特别市政府宣传处:《为举办防疫讲演电影大会事致第七区公所的函》(1945年4月28日),档号:J0036-1-000503-004,天津市档案馆藏。

⑤ 王绪高:《训令警察局:为据刘振廷等呈拟于八月二十六日上午九时在天津电影院召开选举大会请派员监选等情》,《天津特别市公署公报》1943年第225期,第24页。

三、夹缝中求生存:电影院的经营策略

沦陷时期,天津电影院在经营过程中,面对各种各样复杂的难题。影院经营者为了生存,不得不适应日军占领后的新环境和新形势,采取多种多样的经营策略,以便在激烈的竞争中存活下来。

(一) 迎合观客口味

电影院的营业依赖观众的上座率,因此什么类型的影片受到追捧,就成为影院排片时优先考虑的选项。作为日军后方基地的天津,虽然表面上维持了较为稳定的治安环境,但战争的阴云无时不在影响城市的经济与社会。对未来的不确定性,使很多民众寻求刺激性的娱乐。观看电影获得短暂的快乐,是民众的不二选择。欣赏低级趣味的电影成为一些观众逃避现实的重要途径。影院上映的影片中,"多以恋爱主题为号召,其中更有些趣味低级、武侠俚俗、麻木不仁性质的电影问世",主因在于"电影厂老板竞争,粗制滥造,企图独霸市场,剧本以迎合低级趣味为目标"。①

有的影院采取其他方式讨好观众。1940 年春节开幕的好莱坞影院,首日上演西片《我者为王》,日夜四场免费观影。影院每星期换片三次,不管任何大片至多连映三日,打破了天津影坛的新纪录。②除了首轮影院票价较高外,二轮、三轮影院的票价相对低廉,使普通民众观影成为可能。1940 年 2 月,国泰影院由刘文波、王汉卿接办,改称华安影院,为三轮影院,因其票价低廉而被称为平民乐园。南市的影院较为集中,有上平安、丹桂、权乐、上权仙、开明等五家,建筑设备都有点落伍,而且不整洁,但是票价低廉。③影院还不断增加服务项目,如增加女招待。有的观众对影院的女招待情有独钟,"肉感的作风,明星味眼圈,多大的媚感,会使你想吻一下"。④因各影院都有女侍,观影者大都有影迷之意不在影,每次的消耗高于头轮影院数倍。⑤

(二) 改善观影环境

影院环境对经营活动至关重要。影院为了增加吸引力,不断改善环境。

---

① 润淋:《电影所负使命重大,应认清职责克尽厥职,今后拍片方针要宁缺毋滥》,《天声半月刊》1944 年第 12 期,第 17 页。

② 周利成、周雅男编著:《天津老戏园》,天津人民出版社 2005 年版,第 252 页。

③⑤ 佩华:《天津南市夜生活素描》,《三六九画报》1942 年第 5 期,第 19 页。

④ 韶涵:《春在天津》,《三六九画报》1943 年第 13 期,第 17 页。

起初，光明社影院的环境不佳，入院后即觉酸气扑鼻。1940 年 4 月，影院归属平安电影公司管理，公司投资 10 万元，内外装修，放映、声光设备得到改进，实行对号入座。经过改造，光明社影院的环境得到很大改善。1940 年 9 月，华安影院特聘美术设计专家装饰影院内外部，换装美国最新式头轮声机，全院内外部灯光、卫生设置美术化，获得国产影片津市首映权。①南市上平安影院自水灾后，改善设备。每年冬季，气候转寒后，准时使用火炉，温暖如春。②

许多影院以往有一个共同的缺点，就是在距银幕远的地方听不清对话和音响。这个问题被电影院成功解决，办法是在各角落放置一架巨型扩音机，音量比普通放音机大五倍。经过改造可以使音响在剧场中平均分布，无论是音乐或对话，每个角落的观众都能听得非常清楚。③

（三）上演多元化节目

天津沦陷后，电影观众数量剧增，影院获利颇丰。戏院、杂耍馆甚至改演电影。1941 年之后，随着物价上涨，民众生活水平日趋下降，电影院的营业受到很大影响，一些影院甚至改演其他节目。1942 年，平安电影院破天荒地改演新型的京戏。④因英美电影被禁止上演，各大影院均面临影片来源缺乏的问题，以致出现“以外片逞雄之影院，今则业务一落千丈”的局面，有的影院“以歌舞而号召”。⑤为招徕观众，天升影院设置多架摇钱机，晚场电影散场后，赌徒趋之若鹜，彻夜狂赌。⑥

为了吸引观众，影院采取多元化经营策略，即加演戏剧等节目。1943 年，上权仙影院经理周恩玉为了提高收入，与曲艺界常宝堃、赵佩茹的兄弟剧团合作，在电影放映后加演曲剧。除常、赵相声外，还有陈亚南、陈亚华兄弟的魔术，石慧儒的单弦，王殿玉的大雷拉戏，马三立的相声，秦佩贤的太平歌词，最后是话剧如《前台与后台》《孝子》《法律与人情》等。上权仙加演曲剧后每票加一角，与常、赵剧团分成，业务非常好。⑦丹桂影院在电影后加演曲艺，如西河

---

① 周利成、周雅男编著：《天津老戏园》，天津人民出版社 2005 年版，第 248 页。

② 半：《上平安努力革新》，《新天津画报》，1939 年 11 月 28 日。

③ 《影院中的巨型扩音机》，《三六九画报》1942 年第 14 期，第 7 页。

④ 津生：《季节特写：津沽的中秋》，《三六九画报》1942 年第 10 期，第 19 页。

⑤ 张葆江：《天津游艺圈》，《三六九画报》1943 年第 7 期，第 17 页。

⑥ 周利成、周雅男编著：《天津老戏园》，天津人民出版社 2005 年版，第 249 页。

⑦ 中国人民政治协商会议天津市委员会文史资料委员会编：《天津文史资料选辑》第 4 辑，天津人民出版社 1994 年版，第 137 页。

大鼓演员焦秀云、焦秀兰姐妹曾在丹桂演出。建于 1944 年 2 月 5 日的亚洲影院既演电影,也演戏剧。光明影院除上映电影外,舞台上由巴罗泰舞团演奏,并有最流行的中国歌曲,令人赏心悦目。①

在英美影片禁演后,有些影院想方设法寻求影片来源。天津真光影院手疾眼快先与国产片结下不解之缘,与华安影院同时取得国片头轮放映权;光华影院则一变而倾向日片的头轮,因声光优越,成绩也不坏。②

(四) 重视选址与广告

电影院的选址至关重要,附近如有多种娱乐场所,意味着较大的人流量,对提高上座率不无裨益。光陆影院的楼上设有圣安娜舞场。天升影院的楼上有梦乡咖啡馆,社会各界人士经常在此举办舞会。顶层开设天升屋顶花园跳舞场,是消闲的好去处。中原公司四楼为电影部,三楼还增设巴黎舞场。③

为提高营业额,影院逐步重视广告的宣传作用。《庸报》上的电影广告把中国大戏院的戏码给挤到角落上去了。④打开天津的各类报纸,登载有很多电影广告。有报纸甚至指出:"今日之电影广告,光怪陆离,已达极点。"⑤天宫影院在《新天津画报》的广告,声称具备八大特色,"安装世界公认第一位最新式西电机器;全部座位更换新式椅子,非常舒适;新添五色活动广告机器;蒙各大影片公司合订选映最新出品映演;博森美术公司绘图设计,全院完全美术化;院内卫生设备完全欧化;特备精美茶点部,物美低廉;院内灯光由沪特聘专家担任,安装蓝色霓虹灯,椅子腿下安装红色路灯"。⑥广告的增加,说明电影在天津的流行程度之高;同时也是经营者适应新环境而采取的有效策略,以此吸引更多观众。

(五) 与日伪"合作"

影院很注意通过与伪警建立关系,雇佣日本人等方式,以便为经营带来便利。1938 年,华籍英商卢根与冯紫墀、刘琦合组平安营业公司,统一经营平安、光明影院。太平洋战争爆发后,因该院有英商关系而被日军没收,后卢根通过冈村宁次的关系,使平安得以发还。1938 年 10 月,由希腊人独资创办的

---

① 卡口:《光明点缀灯节》,《新天津画报》1942 年 2 月 26 日。
② 《天津头轮影院,平安最感困难》,《立言画刊》1942 年第 195 期,第 27 页。
③ 周利成、周雅男编著:《天津老戏园》,天津人民出版社 2005 年版,第 237 页。
④ 风从:《电影在天津》,《新轮》1941 年第 3 卷第 7 期,第 37 页。
⑤ 《三十年前之电影广告》,《新天津画报》1943 年 5 月 2 日。
⑥ 《天宫影院预告》,《新天津画报》1940 年 8 月 25 日。

真光电影院，聘请日本人牛岛秀男任经理。[1]日本人担任经理，可避免受到流氓、伪警等的刁难。

华安影院经理刘文波、王汉卿经过与华北电影股份有限公司业务科长井上义章关系密切的王祖庆疏通，华安被改成头轮影院。上权仙影院经理周恩玉经刘文波、王汉卿介绍，由王祖庆以日产罗拉牌电影放映机租给上权仙，并将上权仙改为准头轮影院，以总收入 15%为放映机租金，租金中包括王和井上的好处费。新机安装和新片上演后，上权仙影院业务大振，每天除敌特警等无票入场者(约占 40%)外，天天客满。[2]

随着战局的变动，美军飞机不时对中国沦陷区城市进行战略轰炸，为此日伪经常组织防空演习。为了提高民众的防空意识，日伪会组织民众前往影院观看防空电影。影院亦适应政治形势的变动，配合日伪的需要。天津电影研究协会与华北电影股份有限公司联合摄制影片《爆风与弹片》，以"防空期间，市民必观，科学巨片"为噱头，并发给"特别优待减价券"。1944 年 7 月 19、20 日，河北影院、光明影院上映；7 月 21、22 日上权仙、东亚影院上映；7 月 24、25 日天宫、天津影院上映；7 月 26、27 日平安、明星影院上映；7 月 28、29 日上平安、权乐影院上映；7 月 31 日、8 月 1 日大明、丹桂影院上映。天津特别市政府宣传处提出"人人须有参观之必要"，函送特别优待减价券多张，要求各保分发市民。其中第八区公所获得特别优待减价券 8 000 张。[3]影院此举既满足了日伪当局的现实需要，同时对提高营业额不无帮助。

虽然天津的电影院采取各种策略以维持运营，但因经济形势逐渐恶化，加之影院受到日伪愈来愈严密地控制，到沦陷中后期其营业多数到了难以为继的地步。

四、结　语

沦陷时期，天津电影业经历了由繁荣到萧条的演进历程。天津沦陷至天平洋战争爆发前，电影业处于"繁荣"阶段。此后，受到英美影片禁演，民众生

① 周利成、周雅男编著:《天津老戏园》，天津人民出版社 2005 年版，第 251 页。

② 中国人民政治协商会议天津市委员会文史资料委员会编:《天津文史资料选辑》第 4 辑，天津人民出版社 1994 年版，第 136 页。

③ 天津特别市电影研究所:《为送电影填报优待减价券事致第八区公所函附电影券》(1944 年 7 月 15 日)，档号:J0037-1-000585-015，天津市档案馆藏。

活水平下降等诸多因素的影响，电影业逐步趋于萧条。1943年之后，电影院普遍陷入经营困境。此种演变与战争发展的总体态势及经济变动趋势基本保持一致。电影业在天津沦陷后出现数年的繁荣期，主要是由战争环境下的特殊原因所致。在“繁荣”的同时，民众谋生不易、生活日益艰困，街面上乞丐日渐增多。沦陷后期，虽仍有个别影院持续繁荣，但主因在于天津有产阶层的集聚，消费能力未受战争的波及，这并非电影业发展的整体面相。沦陷区主要城市如上海、北京等地的电影业亦经历类似的演变过程。诸多城市电影业的“繁荣”，与城市人口增加，民众战时心态关系密切，是战争环境下出现的一种普遍现象。这并不是一种常态，亦不能代表经济社会的发展，无法掩盖日伪统治下城市社会的病态。

从对天津影院的考察可知，日伪对城市公共空间和民众日常生活的政治渗透和控制逐步增强。日伪深知欲实现统治的巩固，必须消磨民众抵抗意识，为此摄制奴化影片，大力发展色情、武侠等类型电影，迎合民众需求，使其深陷娱乐漩涡而不能自拔。这反映出日伪并非只知镇压与屠杀，也深谙通过柔性策略进行社会治理的重要性。随着日本侵略军深陷战争泥潭，为了筹措经费，对电影院的控制和掠夺不断加强。天津电影业处境艰难，主要是日伪反动统治所致，追根溯源则是由于日本发动的侵略战争，导致经济形势的持续恶化。面对生存困境，天津影院经营者虽采取多种应对策略，但亦无力改变经营困难的状态，反映出沦陷时期民众生存之艰辛，亦是形势使然，个体或行业无法扭转此种态势。电影业的萧条是各行业面临经营困境的一个缩影，由日伪的掠夺性统治政策导致，是历史发展的必然趋势。

Investigation on the management of Tientsin's cinemas during the enemy occupation

Abstract: During the enemy occupation, as a new type of urban public space, cinemas played an important role in people's daily life. Due to the increase of urban population in the war environment and the people's psychology of escapism, Tientsin cinemas have an unprecedented “prosperity”. The Japanese puppet continued to strengthen the censorship of films, and enslaved films gradually occupied a dominant position, which also lurked a crisis in the operation of cinemas. After the outbreak of the Pacific War, people's life became difficult, the film supply was insufficient, and the number of promotional films and free performances increased, leading to the operation of cinemas in trouble. By adopting diversified operation, improving the viewing environment and catering to the tastes of the audience, the cinemas strived to maintain its operation. The late period of the Japanese occupation, the decline of Tientsin film industry could not be reversed. The evolution trend of the film industry from "prosperity" to decline had a certain universality in the enemy occupied cities, which was the inevitable result of the Japanese puppet control and plunder policy.

Key words: During the Enemy Occupation; Tientsin; Cinema; Business Strategy

作者简介:冯成杰,河南师范大学历史文化学院副教授。

旧城改造与官民冲突
——绅商自治与军阀统治时期上海南市的工程管理(1905—1923)[①]

祁　梁

摘　要：上海南市老城厢地区的市政工程，在清末民初时期先后经历了绅商自治(1905—1913)与军阀统治(1914—1923)两个时期。在绅商自治时期，受到租界市政工程的垂范影响，以及与华界市容的强烈对比刺激，南市自治绅商通过道路桥梁工程、疏浚河道工程、自来水工程、电气工程与拆城填濠特别工程，将旧有的上海县城逐渐改造为现代化的城市格局。在军阀统治时期，南市市政工程经历了镇守(护军)使、警察厅与工巡捐局等机构“九龙治水”式的多重管理，以建码头、迁木材之大工程为案例，可看出这一时期的南市市政工程陷入了上下悬隔、动辄得咎的官民冲突境遇。

关键词：上海南市　工程管理　旧城改造　官民冲突

一、绪　论

古代中国的工匠群体往往为中央及各级地方政府所管辖，其工艺与制品不仅仅是技术的体现，亦往往是权力的体现，代表者如殷商青铜器，其工艺之复杂、技术之高超，非有王室供养不可，而其所分布的范围亦往往代表了殷商王权的辐射所及，如湖北盘龙城所出土的青铜器，即能代表商王权力

① 本文为国家社科基金后期资助项目“上海老城厢地区市政治理变迁研究(1905—1923)”(20FZSB085)的阶段性成果；同时受到了郑州大学人文社会科学优秀青年科研团队培育计划(2020-QNTD-02)的资助。

所及之南端。殷周以后亦如是，战国时期文本《周礼·考工记》即是周王室对当时手工业群体的管理制度以及相关工艺的记载。秦汉以后实行三公九卿制度，九卿之一少府掌管山海池泽之税收以及王室游玩事宜，下设考工官一名，对工匠群体进行管辖治理，隋唐之后的三省六部制则设立工部，掌管朝廷重大工程事宜。技术工匠群体一方面受到朝廷的重视，予以专门管辖与供养，另一方面也受到朝廷的严密控制和打压，其户籍往往与农民区别开来，不许参加科举，成为世袭的职业群体，许多工艺也随着王朝的倾覆而失传，成为历史的秘密。工匠、工艺、手工业、工程，对于古代中国的意义既重大又相对隐秘。

近代以来西学东渐，伴随着沿海通商口岸陆续开辟的是现代化与城市化地不断发展。在此过程中间，以上海租界为代表的市政当局，通过兴建公共工程、兴办市政事务，树立了其合理化殖民行为的"现代性"。新式的道路、桥梁、铁路、电车、自来水等市政工程，与租界的摩天大楼一起，构成了上海摩登的表征。"Settlement Municipal Council"（租界市政委员会）被译为"工部局"，最能体现当时国人对"Municipal"（市政）的认知，以为只是和朝廷六部的"工部"相类似，管理各种工程事务，而对于"Municipal"中蕴含的广泛丰富涵义（如教育、卫生、工程、农工商务、慈善、公共营业、财政、其他公益事业等等），出于文化和制度上的隔膜，缺乏实际理解。上海华界出于对租界工部局市政治理制度的模仿而成立"城厢内外总工程局"，发生在1905年，自此以后，上海华界的城市空间才开始了现代化的大踏步前进。

学界对上海史的研究浩如烟海，不胜枚举，但从城市空间或市政工程角度来探讨上海城市发展的研究则并不多见，已有的典范也多集中于租界，毕竟这里是现代化市政工程在中国的发源地，而对华界的南市（老城厢）、闸北地区，则鲜有关注。笔者目力所及者有，曹绿荫《清末民初上海城壕公地案研究》[①]，常嵩涛《水利、主权与市政视野下的上海浚浦局（1905—1938）》[②]，刘雅媛《传统城市空间的近代转型：以上海县城为例（1905—1914）》[③]，刘清清《近代上海老

① 曹绿荫：《清末民初上海城濠公地案研究》，华东师范大学硕士学位论文，2016年。

② 常嵩涛：《水利、主权与市政视野下的上海浚浦局（1905—1938）》，华东师范大学硕士学位论文，2019年。

③ 刘雅媛：《传统城市空间的近代转型：以上海县城为例（1905—1914）》，《中国历史地理论丛》第35卷第1辑，2020年1月，第92—102页。

城厢“填浜筑路”与浜路空间演变(1843—1927)》①,等等。以上研究关注点各异,与笔者旨趣相近的是刘雅媛的研究,不过上海南市老城厢地区的空间变化与市政工程,并不随着绅商自治(1905—1913)的结束而结束,而在此后的军阀统治时期(1904—1923)也有着进一步的发展变化,笔者试图依据档案、方志以及中英文的报纸、期刊等史料,以绅商自治与军阀统治对市政工程的不同管理为比较视野,对上海南市老城厢的市政工程变迁进行进一步的探究。

二、绅商自治时期上海南市的工程管理(1905—1913)

(一) 租界市政的垂范与对比

上海在1843年开埠通商以后,各国陆续入住并租地划界,形成了以英美为首的公共租界和法租界。公共租界和法租界都选举产生了纳税外人会议,并选举了市政治理机构,作为议事和执行两会,其执行部门,公共租界称为工部局,地址在外滩;法租界称为公董局,地址在霞飞路(今淮海中路)。法租界和公共租界彼此相邻,又把上海的华界地区分为南北两半,即南市和闸北两区。

公共租界的工部局在董事会之外设立各种委员会,包括警备委员会、工务委员会、财政税务及上诉委员会、卫生委员会、铨叙委员会、公用委员会、音乐队委员会、交通委员会、学务委员会、华人小学教育委员会、图书馆委员会、公园委员会、宣传委员会等等。具体办事部门则由各处负责,如商团、警务处、卫生处、工务处、教育处、财务处、公共图书馆、音乐队、华文处等等。作为狭义“市政”的公共工程主要由工务处负责,由工务委员会和交通委员会监管。其中工务处分为下列各部:行政部、土地测量部、构造工程部、建筑测量部、沟渠部、道路工程师部、工场部、公园及空地部、会计部。②在工部局工务处的主持下,公共租界陆续进行了以下各项工程:疏浚洋泾浜,修理外洋泾桥,跨越苏州河造威尔司桥;开辟外滩公园、华人公园、昆山路花园、虹口公园;在杨树浦筑造滩路;建设工部书信馆;建设电话事业;建设煤气公司、电灯公司、自来水公

① 刘清清:《近代上海老城厢“填浜筑路”与浜路空间演变(1843—1927)》,上海大学博士学位论文,2021年。

② 徐公肃、丘瑾璋:《上海公共租界制度》,引自《上海史资料丛刊·上海公共租界史稿》,上海人民出版社1980年版,第117—134页。

司;建设公墓;等等①。可以说,在工部局市政当局的主持下,公共租界的市容市貌呈现出欣欣向荣、整洁繁华的形象。

而与之形成鲜明对比的是,19世纪末的一份上海报纸上刊载,只要一个人一跨进租界,就立刻能感觉到租界和华界之间的天壤之别。租界马路宽敞,街道干净,秩序井然,建筑美观。而华界则肮脏杂乱,道路狭窄,乞丐散处,马粪可见②。这让上海的官吏和绅商十分蒙羞。

1895年南市浦滩处因新修马路,出于对马路市容的管理需要,创立了南市马路工程局及善后局,维护马路。1895年12月得到清廷核准,而后南市马路工程局由当时的上海道台刘麒祥委员开办③,正式设立在1896年7月17日前后④。到了1897年,第一条马路竣工,被称为南市外马路⑤。随后颁布了《沪南新筑马路善后章程》,在章程中规定了许多禁止事宜,比如禁止在马路两旁随意摆摊,禁止血肉模糊的乞丐肆意乞讨,禁止在马路边随意大小便或者泼洒粪便,禁止在马路上策马驱车狂奔或者牛猪羊乱跑,禁止乱倒垃圾尤其是碎碗碎玻璃,禁止在马路边兜售淫书淫画,禁止携带洋枪、手枪和刀剑在马路上行走,等等⑥。

上海在1905年掀起了由绅商主导的自治行动。1905年,上海绅商郭怀珠、李钟珏、叶佳棠、姚文枬、莫锡纶等向时任上海道台的袁树勋上书申请举办地方自治,初衷是"惕于外权日张,主权寖落,道路不治,沟渠积污,爰议创设总工程局,整顿地方以立自治之基础"。上书之后,袁树勋对此深表同情⑦。获得了道台袁树勋的支持后,绅董开办上海城厢内外总工程局,接管原有南市马路工程局事务,实行地方自治⑧。城厢总工程局分为议会(成员

---

① 蒯世勋编著:《上海公共租界史稿》,引自《上海史资料丛刊·上海公共租界史稿》,上海人民出版社1980年版,第435—443页。

② Mark Elvin, *The Administration of Shanghai, 1905—1914*, in William G. Skinner and Mark Elvin ed. *The Chinese City Between Two Worlds*, Palo Alto: Stanford University Press, 1974, pp.239-262.

③⑤ 《上海市政机关变迁史略》,上海通社编:《上海研究资料》,上海书店出版社1984年版,第79页。

④ 《预备设局》,《申报》1896年7月17日。

⑥ 《沪南新筑马路善后章程》,《湘报》1898年第13号,第50—51页。

⑦ 《总工程局开办案·苏松太道袁照会邑绅议办总工程局试行地方自治文》,杨逸纂:《江苏省上海市自治志(二)》(影印本),"中国方志丛书·华中地方·第152号",成文出版社有限公司1974年版,第237页。

⑧ 《上海城厢内外总工程局大事记》,杨逸纂:《江苏省上海市自治志(一)》(影印本),"中国方志丛书·华中地方·第152号",成文出版社有限公司1974年版,第129—130页。

有议长和议员)和参事会(成员有总董、董事、名誉董事、各区长和各科长),议会在选定以后,他们按照选举程序由议员选出董事。参事会下设五处,文牍处、工程处、路政处、会计处、警务处,又于处下设三科,户政科、工政科、警政科。此五处外又另设裁判所办理诉讼事宜①。经费方面,有浦江船捐招商认包、地方月捐、工程借款、地方公债②。具体的办事范围包括,编查户口、测绘地图、推广埠地、开拓马路、整理河渠、清洁街道、添设电灯、举员裁判等等③。在区划方面,城内分为东城区、西城区、南城区、北城区,城外分为东区、西区、南区,一共七个区④(城外北部即为法租界)。1909 年清廷颁布《城镇乡地方自治章程》通行全国,上海城厢总工程局随即改名为上海城自治公所,原有部门未作大幅调整。1912 年民国建立,又改名为上海市政厅,至 1913 年二次革命南北战争后,袁世凯取消地方自治,上海华界的自治机构解散。无论是总工程局、自治公所还是市政厅,作为上海南市老城厢的市政当局,其在清末民初的八九年间开始让南市老城厢地区实现从小县城到现代城市的空间进化。

(二) 从小县城到现代城市的空间进化

从 1905 年到 1913 年,这八年间是南市老城厢在绅商自治市政当局主持下城市空间突飞猛进的时期,旧有的上海县城逐步改造为现代化的城市,自治机构名称虽然屡次更迭为城厢内外总工程局、自治公所与市政厅,但其所主持的各项工程基本分为以下几个方面:道路桥梁工程、疏浚河道工程、自来水工程、电气工程以及拆城填濠特别工程,以下将分别论述。

1. 道路桥梁工程。1907 年在县城西门外填筑马路并迁移坟冢。⑤1908 年改建浦东严家桥,1909 年重修县城小南门、老北门及西门外吊桥,1909 年填筑南城凝和路,1909 年修理德文医学堂前公路,1909 年修理老北门外吊桥,1910

---

① 《上海城厢内外总工程局简明章程》,杨逸纂:《江苏省上海市自治志(三)》(影印本),"中国方志丛书·华中地方·第 152 号",成文出版社有限公司 1974 年版,第 1013 页。

② 蒋慎吾:《上海市政的分治时期》,《上海通志馆期刊》,1934 年第 2 卷,沈云龙主编:《近代中国史料丛刊》续辑第 39 辑,文海出版社 1977 年版,第 1226 页。

③ 《上海城厢内外总工程局简明章程》,杨逸纂:《江苏省上海市自治志(三)》(影印本),"中国方志丛书·华中地方·第 152 号",成文出版社有限公司 1974 年版,第 1012—1013 页。

④ 《上海城厢内外总工程局总章》,杨逸纂:《江苏省上海市自治志(三)》(影印本),"中国方志丛书·华中地方·第 152 号",成文出版社有限公司 1974 年版,第 1014 页。

⑤ 《西门外筑路案》,杨逸纂:《江苏省上海市自治志(二)》(影印本),"中国方志丛书·华中地方·第 152 号",成文出版社有限公司 1974 年版,第 315—321 页。

年为苏路公司开筑马路并迁移坟冢，1910 年开筑车站前马路。[1]1910 年在徐家汇路浜南沿浜开筑土路并迁移坟冢，1911 年筑肇嘉浜路，1911 年修理方斜路，1910 年修建新闸浮桥，1911 年改建外关桥，1911 年改建西门外斜桥。[2]1912 年在斜桥西南开筑干支马路，1912 年填筑花草浜，1913 年斜桥迤北沿浜填筑木驳加围铁栏。[3]1912 年修建新闸桥。[4]以上工程经费或者由苏松太道台等上级政府部门特别拨款，或者由自治机构所收捐税承担。

2. 疏浚河道工程。1906 年开浚县城护城河并捞挖肇嘉浜。[5]1907 年开浚罗家湾迤西河道。[6]1909 年议浚县城小东门至西门城河。[7]1907 年挑除万裕码头泥墩。[8]1910 年捞挖城内肇嘉浜，1910 年开浚城濠，1911 年开浚小东门外方浜，1911 年开浚近城河道，1911 年接筑杨家渡至万裕码头止木驳。[9]以上工程经费来源与道路桥梁工程相同。1912 年以后民国政府内阁总理唐绍仪同各国驻京公使签订浚浦局暂行章程，成立浚浦局疏浚黄浦河道[10]，具体过程前文提及已有相关研究，此不赘述。

3. 自来水工程。上海内地自来水公司在大码头。上海南市区域居民之饮料，向取汲于黄埔之潮流，水质浑浊，本不宜于卫生。自英租界有自来水厂，本地人曾屡议仿办。1896 年，沿浦马路建成，法国商人借道埋管，遂以合办为请，本地人曹骧禀请道台刘麒祥照会粤商杨文骏、唐荣俊开办，历五年之久，

---

① 《道路桥梁工程案》，杨逸纂:《江苏省上海市自治志(二)》(影印本)，“中国方志丛书·华中地方·第 152 号”，成文出版社有限公司 1974 年版，第 275—282 页。

② 《道路工程案》《桥梁工程案》，杨逸纂:《江苏省上海市自治志(二)》(影印本)，“中国方志丛书·华中地方·第 152 号”，成文出版社有限公司 1974 年版，第 595—605 页。

③ 《路工规划案》，杨逸纂:《江苏省上海市自治志(三)》(影印本)，“中国方志丛书·华中地方·第 152 号”，成文出版社有限公司 1974 年版，第 791—793 页。

④ 《修建新闸桥案》，杨逸纂:《江苏省上海市自治志(三)》(影印本)，“中国方志丛书·华中地方·第 152 号”，成文出版社有限公司 1974 年版，第 803—809 页。

⑤ 《开浚城河及捞挖城内肇嘉浜案》，杨逸纂:《江苏省上海市自治志(二)》(影印本)，“中国方志丛书·华中地方·第 152 号”，成文出版社有限公司 1974 年版，第 283—288 页。

⑥ 《开浚罗家湾迤西河道案》，杨逸纂:《江苏省上海市自治志(二)》(影印本)，“中国方志丛书·华中地方·第 152 号”，成文出版社有限公司 1974 年版，第 307—314 页。

⑦ 《议浚小东门至西门城河案》，杨逸纂:《江苏省上海市自治志(二)》(影印本)，“中国方志丛书·华中地方·第 152 号”，成文出版社有限公司 1974 年版，第 323—327 页。

⑧ 《挑除万裕码头泥墩案》，杨逸纂:《江苏省上海市自治志(二)》(影印本)，“中国方志丛书·华中地方·第 152 号”，成文出版社有限公司 1974 年版，第 329—330 页。

⑨ 《浚河筑驳工程案》，杨逸纂:《江苏省上海市自治志(二)》(影印本)，“中国方志丛书·华中地方·第 152 号”，成文出版社有限公司 1974 年版，第 607—614 页。

⑩ 姚文枏、秦锡田等修:《民国上海县志》，1936 年，卷 11《工程》，第 1 叶(上)—第 3 叶(上)。

1902年5月竣工。放水设备尚多欠缺，1903年3月因洋商押款交涉，势将据公司以作抵押。本地人李曾珂等迭请官厅维持，由道台袁树勋照会绅士李平书经理推广，并以地方公款提存偿欠。杨文骏又推举粤商刘学询为总董，李平书即告退。1909年，刘学询因自来水公司积亏甚巨，议将售于洋商，道台蔡乃煌又照会李平书任其事，李推断成本规银125万两，息借官商各款并集股本以偿欠款。自来水厂在望达桥南，基地60余亩，设吸水机4座，推水机3座，水池12方，水塔附设在公司内。①民国成立，公司资产仅值40余万两，南市议会以前清道台蔡乃煌所断成本过高，请愿财政部将贷款拨济地方，被驳回，以至公司负欠官款至百万之巨，遂收回官办。②

4. 电气工程。上海内地电灯有限公司在紫霞路。1906年，总工程局总董李平书等提倡集股创设。此前，马路工程善后局禀请道台，设厂于十六铺桥南，电力甚微，只及于外马路及大码头大街一带。1906年后改官办为商办，计集股本10万两，购小武当庙屋旧址，建造厂屋，购置汽机、锅炉，竖设杆线，营业逐渐推广。1909年添购电机，租设分厂于自来水厂内。③1911年改由陆伯鸿经理，张焕斗辅助，电灯数渐增至7 000余。1912年开办南市电车，以电灯公司有直流电机多座，足敷电车之用，因缮具办法，请市政厅转呈民政总长核准，设车厂于南车站路，购地24亩9分，电车用电本由电灯公司供给，电灯公司患电力不足，电车公司另购锅炉、电机各2座，于是有余电转售于电灯公司，按度取值。因两公司同一性质，宜行合并，后遂合并为华商电汽公司。④

5. 拆城填濠特别工程。上海县城自从元代开始设置，明代中叶一度由于倭患而迁入西南部闵行镇，平定倭寇后又迁回原址。自1843年上海开埠以后，英美法等国迁入县城外的北部农田，开辟了公共租界和法租界，将上海华界隔为南部县城及城外的地区(即南市老城厢地区)，以及北部的闸北地区，租界内部开设电车通行无碍，而华界则显得交通不便。自1906年起，总工程局的自治绅商屡次向知县和道台禀请拆除城墙，便利城内外交通，但兹事关乎体制脸面以及“国家主权”，屡次均被上级否定，作为妥协而仅仅多开辟了几个城

① 吴馨等修，姚文枏等纂：《上海县续志》，1918年，卷2《建置(上)》，第48叶(下)—第49叶(上)。
② 姚文枏、秦锡田等修：《民国上海县志》，1936年，卷11《工程》，第21叶(上)。
③ 吴馨等修，姚文枏等纂：《上海县续志》，1918年，卷2《建置(上)》，第49叶(上)—第49叶(下)。
④ 姚文枏、秦锡田等修：《民国上海县志》，1936年，卷11《工程》，第22叶(上)—第22叶(下)。

门。①直至1912年民国建立，前清官员或废或逃，绅商领袖李平书成为上海民政总长，大权在握，才启动了拆城填濠工程。②由此看来，这一特别工程不仅仅是市政或者交通意义上的工程，更是一种政治工程，象征着商人组织政府的雄心，其告竣说明上海华界设立自由市的期望一度有实现的可能。③

综上所述，清末民初八九年间，在自治绅商的市政当局主持下，上海南市老城厢地区经历了翻天覆地的变化。通过道路桥梁工程、疏浚河道工程、自来水工程、电气工程以及拆城填濠特别工程等等，上海县从一个小县城成长为现代化的城市。工程的日常琐碎和繁冗艰难，其中凝结了劳工身挑肩担的劳苦，凝结了本地商民的税款，凝结了绅士商人的心血，也凝结了租界带来的西洋智慧。那么，上海南市市政的工程管理，在军阀统治之下会经历怎样的变化？下文将对这一问题进行探析。

三、军阀统治时期上海南市的工程管理(1914—1923)

(一) 市政的“九龙治水”：镇守(护军)使、警察厅与工巡捐局

1914年，袁世凯在“二次革命”失败后占领上海，并在全国范围内停办地方自治。随后，袁世凯嫡系上海镇守使郑汝成设立了上海工巡捐局，借以替代原有的自治机构上海市政厅，褫夺其市政治理权，意味着上海华界由绅商自治转为军阀统治。郑汝成委派外交委员杨南珊会同县知事洪锡范，将上海市政厅的财产、账簿、卷宗等先行接收保管，3月，参仿天津办法，改市政厅为工巡捐局，管理工程、卫生，及征收关于工程、卫生之捐税，学务则划归上海县公署办理。工巡捐局分为闸北、沪南两个分局，沪南工巡捐局的编制有局长、总务处长、文牍员、统计员、庶务科主任、会计科主任、总务科主任、工程科主任、卫生科主任、助理员，1922年增设了副局长。沪南工巡捐局历任局长为杨南珊、朱钧弼、杜纯、姚志祖、莫锡纶、姚福同④。姚公鹤认为，有人说1913年地方自

① 吴馨等修，姚文枏等纂：《上海县续志》，1918年，卷2《建置(上)》，第1叶(下)—第2叶(下)。

② 姚文枏、秦锡田等修：《民国上海县志》，1936年，卷11《工程》，第24叶(上)。

③ 有关上海县城拆城问题，学界已经有较多研究，除了前文提及的曹绿荫的研究之外，还有李铠光：《上海地方自治运动中成员的身份与运作冲突》，《史林》2003年第5期，第40—51页；杜正贞：《上海城墙的兴废：一个功能与象征的表达》，《历史研究》2004年第6期，第92—104页；以及徐茂明、陈媛媛：《清末民初上海地方精英内部的权势转移——以上海拆城案为中心》，《史学月刊》2010年第5期，第11—21页。

④ 姚文枏、秦锡田等修：《民国上海县志》，1936年，卷2《政治(上)》，第2叶(下)—第3叶(下)。

治取消，其实是因上海一隅而波及全国。上海市政厅解散后工巡捐局成立，一为民选，一为官办，一为自治，一为官治，职权同，范围同，所不同的地方是，民权的缩减和官权的伸张。沪南工巡捐局局所即原市政厅办公处。因南市与军事有关，故该局遂为镇守使隶属机关[①]。工巡捐局至 1923 年收回绅办，改为市公所，1923 年上海市公所成立至 1927 年国民党进驻上海，是一个短暂的过渡期。

1915 年上海镇守使郑汝成被国民党人所暗杀，之后不久袁世凯称帝失败而身亡，北洋军阀分裂，统治上海的军阀数易其主，上海镇守使一职改为淞沪护军使，先后担任护军使的有杨善德(1915—1916 年，安徽怀宁人)，卢永祥(1916—1919 年，山东济阳人)，何丰林(1919—1924 年，山东平阴人)等人[②]，基本皆为皖系军阀。他们先后争夺对上海的管辖权，并凭借工巡捐局(闸北、沪南两分局)而实现对上海华界市政权力的控制。随着北军南下，军人主政，工巡捐局一定程度上成为其搜刮军费的工具。郑汝成于 1914 年建立上海工巡捐局之初，就委派上海镇守使军需科科员许人俊为工巡捐局税务科科长，直到 1919 年许升任淞沪护军使的军需科科长，工巡捐局的税务科科长之职才由别人继任[③]。而在军人需索的背景下，工巡捐局的财务情况成为一个黑箱，不仅《民国上海县志》不存民国三年(1914)以来至民国十六年(1927)的南市财政收支数据，而且上海档案馆所藏沪南工巡捐局档案 260 卷，也只是路政工程相关卷宗。由此可见，驻沪军阀实际上处于统而不治的状态，他们并不关心市政好坏，只负责发号施令，维持军费，这对南市市政工程的影响是灾难性的。在这种情况下，南市市政工程的具体任务落到了淞沪警察厅和沪南工巡捐局两个机构之上。

“二次革命”后，袁世凯命原海军将领萨镇冰为淞沪水陆警察督办，空降上海，架空淞沪警察厅之权力，安插进自己的人马，于是于 1914 年 1 月 15 日将淞沪警察厅分拆为闸北、沪南两个巡警分厅，待嫡系人员徐国梁、崔凤舞就职后，又于 1914 年 7 月 1 日合组为淞沪警察厅。崔凤舞调任苏州警察厅厅长，徐国梁出任淞沪警察厅厅长，直至 1923 年 11 月徐被刺身亡。淞沪警察厅编

---

① 姚公鹤：《上海闲话》，上海古籍出版社 1989 年版，第 77 页。

② 姚文枬、秦锡田等修：《民国上海县志》，1936 年，卷二“政治(上)”，第 9 叶(下)。

③ 《保充税务科长》，《申报》1919 年 9 月 28 日；《沪南工巡捐局人员之升调》，《申报》1919 年 9 月 30 日。

制有厅长、机要处主任、勤务督察长、稽查员、总务科长、行政科长、司法科长、卫生科长，下辖六个巡区①。淞沪警察厅和沪南工巡捐局名义上仍然是平级，但两者皆应视为军阀统治的性质。

工巡捐局一建立，杨南珊就将市政治理的范围缩减到了仅余工程和卫生，学务交由县公署管理，农工商事业亦不经理，捐税只征收工程和卫生范围内的，而清道和路灯两项市政竟交给警察厅来治理②。在军阀统治时期，淞沪警察厅和沪南工巡捐局之间的关系，绝不仅仅是同僚之间公文往来的结尾那句"查核见复，足纫公谊"那么简单，两者之间互相利用，互相牵利，军阀统治时期南市市政机能的衰退，结果就是清道、路灯、捐税、防疫、垃圾等市政不得不依赖警察会同办理。这就是典型的"九龙治水"和"政出多门"，有利则互相寄生以求倍其利，无利则互相推诿以求避其害。两者共同造就了这一时期上海南市的官僚机构膨胀和财政困难问题。而南市的普通居民，则要经过工巡捐局和淞沪警察厅的两层盘剥，以作为高昂的行政代价。

在这种既缺乏正当性也缺乏专业性的多机构指挥下，南市市政工程会迎来怎样的命运?

(二) 上下悬隔引起的冲突:以建码头、迁木材事件为中心

1915年6月1日，据报载，中日实业公司欲停泊轮船，特向工巡捐局局长朱钧弼(字寿丞)商议订立合同，租赁码头，照大达轮步公司章程办理。已将规定码头地点及筑造样式绘图贴说，与朱局长磋商，先缮合同草稿，研究妥洽，日内即须缮就正式合同，彼此签字，先付定银，由工巡捐局经办。南市沿浦自杨家渡至公义码头为止，共有木行12家，其连带之出浦基地，系属自置产业，现各木行因工巡捐局在沿浦堆放马路，其堆木地点必须迁移。已在木商公所再三会议，大概均允迁移，其堆木场选择西南乡龙华或北市杨树浦等处，但各行迁出之场地是否自行改造市房，须再从长计议。沿浦一带除木行以外更有其他各商户之产业，均于前清时代升科在案。此次工巡捐局筑造轮埠，并未通知，各商户已共同具禀镇守使署，请为核示，奉批着赴县公署暨工巡捐局磋商办法，各商户因闻中日实业公司已经订约，行将签字，又先后具禀工巡捐局，请为维持产业，免损权利，不知朱局长将如何处置。③

① 姚文枏、秦锡田等修:《民国上海县志》，1936年，卷十三"防卫"，第3叶(下)至第7叶(上)。
② 《警厅接办清道、路灯之整理》，《申报》1914年4月2日。
③ 《工巡捐局之大工程》，《申报》1915年6月1日。

次日，工巡捐局朱局长因堆放沿浦马路，将兴工程，于下午两点邀请地方绅董等到局，会议中日实业公司租赁码头及堆放马路进行事宜。南商会亦因此事邀请各业主于下午三点开会讨论。[①]朱局长开会情况如下，此事须先与浚浦局订立合同，规定滩地填筑办法，方能兴工，故朱局长与朱子尧、虞洽卿、陆伯鸿、陆崧侯、莫锡纶诸君商议后，即将此项合同草稿互相研究，酌量修改，便于与浚浦局正式签订，择期开工。朱局长更声明，现在租赁码头者并非中日实业公司，而是华商大通公司，恐地方人民或有误会，尚须切实通告。南商会开会情况如下，轮埠码头之建筑，实与各业商家之运卸货物大有关系，出浦各业商户尚未奉朱局长宣布筑造码头之理由及嗣后由局出租办法，各业讨论再三，举定代表姚紫若及牧业代表干兰坪，业户代表胡芸轩、李咏裳等，拟即会同南商会协理苏本炎，齐赴工巡捐局谒见朱局长，请为详示，再行订期会议。[②]朱局长对各商户声称，沿浦木行林立，前因卸货不便，自在行前私行填出滩地数丈，经浚浦局查得，所填之滩地实与该局规定之浚浦线道有碍，已经由局函请铲除，此次本局为振兴市面起见，欲在沿滩挖泥，堆放马路并筑造码头，系保全公家所筑成之马路，既顾全商业又不违碍运货。至轮埠码头造成后，每段建联络之支桥，民间船只进出货物不难由此驳运。该路之堆放原在公路之外，将来码头之租赁，本听商便，唯须预先定妥，免致后来之向隅。各商或未有能如愿，有所请求，或有改良之意见者，可迳赴浚浦局禀明请示办理。各代表旋即回商会答复各业领袖，另行订期集议。[③]此事也惊动了镇守使郑汝成，他命令上海县知事沈宝昌传谕各业商人，毋得过于疑虑，致碍要工，因此项建筑原为振兴商业、便利交通起见，对于商界营业，均能顾全，绝无阻窒之处。沈知事拟与朱局长妥为商榷，俾使共沾利益云云。[④]

1915 年 7 月 22 日，淞沪巡按使、上海浚浦局及沪南工巡捐局陆续下发了文件通知。巡按使认为，工巡捐局推广沿浦岸线，建筑轮埠，振兴商务，利益地方，关系匪细，断不能因一业之搬迁不便，阻碍进行。前据工巡捐局局长详称，此案业已遵照道饬，会同上海县知事邀集木业商董事干城等，议定以龙华、浦东两处为停泊木排之所，并就留出官码头五处中指定一处为木商起卸木植之

---

① 《再纪工巡捐局之大工程》，《申报》1915 年 6 月 2 日。
② 《三志工巡捐局之大工程》，《申报》1915 年 6 月 3 日。
③ 《四志工巡捐局之大工程》，《申报》1915 年 6 月 4 日。
④ 《五志工巡捐局之大工程》，《申报》1915 年 6 月 10 日。

用，非不为该业宽筹余地，应遵前议办理，毋再多议。浚浦局总工程师海德生致工巡捐局函云，挖泥机将于7月26日上午5时开工，所有前项沿浦木排、艒艒船、码头等务须先期迁去，以免临时耽误。此项工程先由宁绍大达码头入手，往南进行，唯该挖泥机若届时有延误，须赔偿挖泥公司规银每小时40两之损失。请工巡捐局转饬警吏，遇有阻碍要工者，速为设法拒绝，并嘱其保护一切。朱局长接函后业已通详各署并咨警厅转饬水陆警协助。工巡捐局朱局长称，有关艒艒船一事，浦东一带地较空旷，除洋码头外尽可安置，各船户迄未遵照迁移，殊为玩延，兹请淞沪警察厅派警勒令大码头至董家渡沿浦停泊之木排、艒艒船、码头等障碍之物，务于25日前一律迁移，勿再迁延。[①]

此后，从1915年8月2日至1917年4月15日，工巡捐局与沿浦商户就停泊木排、艒艒船问题陷入了漫长的互相拉扯与胶着状态，商户方面借口龙华、浦东等地迁移不便，屡次观望，被武力催迫后才迁移木材、拆卸码头[②]，但沿浦仍有废木料堆积淤泥中，阻碍挖泥工程，于是由工巡捐局工程处将短木桩拔出移走，所有费用由商行承担[③]。挖泥机运行过程中发生抛锚，因沿浦垃圾泥沙石子太多，故仍须工巡捐局清理[④]。建筑轮埠工程近半，工巡捐局发生经济问题，朱局长以需款颇巨，颇多为难，又与县知事沈宝昌商议筹款办法，两人与浚浦局一同磋商。[⑤]董家渡至南码头一带竹行、木行、树行之物料与艒艒船阻碍浚浦局开工，被命令限定24小时内移去[⑥]，各木行又举行迁泊木排之会议，认为短时间内迁移所有木材殊为不可能，至少一星期才能出清，南市为华界完全土地，官厅亦必深悉华商之营业情形，浚浦局虽系洋人经办，土地主权仍操我华官方面，凡应保卫商业者，官厅自当详晰告知我商人方，免受此无形之损失。所有奉饬木排迁泊龙华一事，我同业实难遵办。[⑦]浚浦局海工程司又致函工巡捐局，谓挖泥工程早已挖至徽宁码头，而董家渡以南浦滩各木行所储木排犹未迁移，殊与工程进行大有障碍，无论如何终须设法从速迁移。[⑧]直至1917年4

① 《关于筑埠事宜之文牍》，《申报》1915年7月22日。
② 《挖泥工程之障碍》，《申报》1915年8月2日；《挖泥工程之进行》，《申报》1915年9月20日。
③ 《废木料阻碍挖泥工程》，《申报》1915年9月20日；《木商请拔短桩》，《申报》1915年11月19日。
④ 《挖泥工程之进行》，《申报》1916年1月26日；《沪南浦滩之工程》，《申报》1916年5月13日。
⑤ 《建筑轮埠之经济问题》，《申报》1916年9月10日。
⑥ 《商业与工程之关系》，《申报》1916年9月15日。
⑦ 《木行迁泊木排之会议》，《申报》1916年11月29日。
⑧ 《迁让木排之催促》，《申报》1917年1月15日。

月15日，江苏教育会会长黄炎培致函工巡捐局，催造沿浦水埠，工巡捐局称此工程迁延日久，耗费巨资，实非本愿，目前正在积极推进云。[①]此事之后告一段落，便无下文。

统观此次南市建码头、迁木材之大工程，可以看出事件双方之深度不信任，早在工程未开始已有端倪。工巡捐局与华商大通公司签订之建造合同，被讹传为与中日实业公司签订，结合当时愈演愈烈之反日风气，可以想象这可能是沿浦商户散播之谣言，目的在于搞坏工巡捐局之名声，并为自己保护沿浦财产披上反日爱国之外衣。而推进码头工程的一方，则结合了多种势力共同进行，分别有沪南工巡捐局、上海浚浦局、淞沪警察厅、上海县知事公署，以及上海镇守使，五方合力，颐指气使，通过武力以保护工程为名，强力推进迁移木材、挖泥、推放岸线、建筑码头，即使如此，众木商仍在木业公所集会抗议，以不合作、不作为达到事实上对工程的阻碍。在官方看来，码头工程便利商业和交通，功在当代利在千秋，不服从安排纯属鼠目寸光、看不到背后的大棋局，刁民奸商实属可恶。在沿浦商户看来，沿浦木料在前清时代已有官方批准的产权，无端被要求迁出改建码头，不仅要自负运输成本，而且码头建成后产权也不属于自己，自然要力保。双方矛盾爆发的结果，就是该工程的虎头蛇尾，不了了之。而从这次冲突中也可以想见工巡捐局在军阀统治的十年间举步维艰、两头受气的情形，南市市政的工程管理，陷入了上下悬隔和动辄得咎的困境。

四、结　语

综上所述，上海南市老城厢地区的市政工程，在清末民初时期先后经历了绅商自治（1905—1913）与军阀统治（1914—1923）两个时期。在绅商自治时期，受到租界市政工程的垂范影响，以及与华界市容的强烈对比刺激，南市自治绅商通过道路桥梁工程、疏浚河道工程、自来水工程、电气工程与拆城填濠特别工程，将旧有的上海县城逐渐改造为现代化的城市格局。在军阀统治时期，南市市政工程经历了镇守（护军）使、警察厅与工巡捐局等机构“九龙治水”式的多重管理，以建码头、迁木材之大工程为案例，可看出这一时期的南市市政工程陷入了上下悬隔、动辄得咎的官民冲突境遇。

① 《催造沿浦水埠之覆函》，《申报》1917年4月15日。

Urban Renewal and Official-Civilian Conflict

—The Municipal Administration of Nantao Shanghai Between Gentry-Merchant Self-governance Era and War-lord Governance Era(1905—1923)

Abstract: The municipal engineering in the Laochengxiang area of Nantao, Shanghai has experienced two periods of self-government of gentry and merchants(1905—1913) and rule of warlords(1914—1923) in the late Qing Dynasty and early Republic of China. During the period of self-governance of the gentry and merchants, influenced by the example of the municipal works in the concession and stimulated by the strong contrast with the city appearance of Chinese Town, the autonomous gentry and merchants in Nantao passed road and bridge engineering, dredging river engineering, water supply engineering, electrical engineering and special projects for demolition and reclamation, gradually transformed the old Shanghai county into a modern urban pattern. During the period of warlord rule, Nantao Municipal Engineering experienced multiple managements in the style of Zhenshoushi(Hujunshi), the Police Department and the Bureau of Taxes and Works. Taking the construction of a wharf and the relocation of timber as an example, you can see out of this period, the Nantao municipal project fell into a situation of conflict between the government and the people.

Key words: Nantao Shanghai; Municipal Administration; Urban Renewal; Official-Civilian Conflict

作者简介:祁梁,郑州大学历史学院讲师。

都市职业女性情谊与社会网络的构建
——以汤蒂因与袁雪芬的交谊为例(1944—1952)

王 昭

摘 要:抗日战争上海沦陷时期,工商业者汤蒂因与越剧演员袁雪芬以广播电台为媒介相识,经由电台广告合作结交为友。在都市社会结构和性别意识的转型过程中,二人以"五四"前后发酵的人格独立话语为认同底色,共同踏入职业妇女一途追寻自身主体价值,进而产生基于女性社会身份的情感共鸣。随着女子越剧改革的推进,袁雪芬与新越剧的左翼文化网络悄然搭建,蕴含其中的政治资源跨越1949年持续发挥影响,亦对汤蒂因的事业前途产生助益。借用社会经济学中的"网络"视角,以职业女性身份认同为情感纽带的社会网络,在传统网络的缔结要素之外找到新的支持系统,指向一种具有普遍意义的现代社会情感关系。

关键词:汤蒂因 袁雪芬 职业女性 女性情谊 社会网络

"社会网络"作为书写中国历史的有力工具,能够突出人的能动因素,更加细致入微地解释历史发展的复杂面相。[①]费孝通提出的"差序格局"概念解释了传统中国乡土社会的网络结构,个人通常以己为中心,以血缘、地缘为要素,按照父系单系原则,建立富有伸缩性的社会关系网络。[②]曼素恩(Mann Susan)总结了中国历史上男性之间的各种关系纽带,指出诸如家庭亲属、科举师生、

---

① 皇甫秋实:《"网络"视野中的中国企业史研究述评》,《史林》2010年第1期,第167—174页。
② 费孝通:《乡土中国》,人民出版社2015年版,第23—24、56—57页。

兄弟结义与秘密会社等社会关系，对于传统男性的生存和成功至关重要。[①]囿于研究资料与视野限制，以往对传统中国女性人际关系的研究，较少关注亲缘、姻缘之外的社会关系，相关研究主要集中在官绅和士大夫家庭，范围有限。[②]

妇女史/性别史与情感史研究具有内在交融性。[③]通过重建西方女性友谊的历史可以看到，女性作为朋友有其历史嬗变过程，女性情谊只有在特定的时间框架和文化背景下才能理解。[④]从乡土中国激变进入现代社会，都市女性以多元化的社会身份置身于现代化浪潮里，建立新式朋友关系与社会网络，成为她们进入公共领域的迫切需求。随着不同地域尤其是城乡之际的人口流动，女学生、职业妇女群体大量涌现，城市女性的人际关系进入研究视野，但未注意到其对传统社会网络结构的突破。[⑤]职业女性之间的情感关系不仅从历史潜流里浮现出来，也对传统社会网络的生成路径形成了一定的挑战。

汤蒂因是20世纪上海优秀女工商业者的代表之一，在自述中浓墨重彩地记叙了她与越剧演员袁雪芬之间的交谊。结识袁雪芬对汤蒂因的事业颇有助益，也深刻影响了她的人生轨迹。[⑥]袁雪芬在越剧史上享有盛名，其自述详细回溯了自己的艺术人生历程，并披露了许多与汤蒂因等人患难与共的事件细节。[⑦]姜进

---

① Mann, Susan. “The Male Bond in Chinese History and Culture”, *The American Historical Review* 105, No.5(2000): pp.1600-1614.

② 许曼勾勒出宋代女性在家外世界的交游网络，高彦颐(Dorothy Ko)等人注意到明清女性间的诗词唱和、丹青往来。参见许曼：《跨越门闾：宋代福建女性的日常生活》，刘云军译，上海古籍出版社2019年版；高彦颐：《闺塾师：明末清初江南的才女文化》，李志生译，江苏人民出版社2005年版；魏爱莲：《晚明以降才女的书写：阅读与旅行》，赵颖之译，复旦大学出版社2016年版等。

③ 王晴佳：《性别史与情感史的交融：情感有否性别差异的历史分析》，《史学集刊》2022年第3期，第4—15页。

④ 玛丽莲·亚隆、特蕾莎·多诺万·布朗：《闺蜜：女性情谊的历史》“引言”，张宇、邬明晶译，社会科学文献出版社2020年版。

⑤ 有关近代中国职业妇女的研究，参见罗苏文：《女性与近代中国社会》，上海人民出版社1996年版；艾米莉·洪尼格：《姐妹们与陌生人：上海棉纱厂女工(1919—1949)》，韩慈译，江苏人民出版社2011年版；陈雁：《性别与战争：上海(1932—1945)》，社会科学文献出版社2014年版等。

⑥ 汤蒂因(1916—1988)，早年担任益新教育用品社店员，之后开店经销文教用品，创建绿宝金笔厂，投身于金笔销售与制造领域，建国后担任华孚金笔厂(后改名为英雄金笔厂)私方经理。汤蒂因：《金笔缘：一个女工商业者的自述》，生活·读书·新知三联书店1983年版。

⑦ 袁雪芬(1922—2011)，1933年进入四季春科班学戏，“孤岛”时期进入上海演出，主导女子越剧向都市现代化转型，建国后出任上海越剧院院长等职。袁雪芬：《求索人生艺术的真谛：袁雪芬自述》，上海辞书出版社2002年；卢时俊、高义龙主编：《上海越剧志》，中国戏剧出版社1994年版，第379—380页。

以女子越剧在上海的发展为历史线索，从性别角度诠释了近代上海都市文化的形成，有助于理解越剧姐妹之间的特殊情谊及袁雪芬个人的内在诉求。①汤蒂因与袁雪芬既没有血缘与地缘交集，也没有直接的业缘关系，能够基于职业女性身份建立友谊，展开自身社会网络，存在一定历史因由。结合报刊、档案等相关史料，可以较为完整地把握这段发生于20世纪40年代上海都市空间内的女性私谊，进而提供一扇理解近代都市职业女性情谊与社会网络构建的个案视窗。②

一、广播电台与城市交往空间的拓展

汤蒂因生于上海，上有一兄，父亲早年卖报谋生，后与人合开一家批发小店。受家中重男轻女思想的压抑，汤蒂因小学毕业后便辍学回家，应试成为教育用品社店员。1933年，17岁的汤蒂因尝试创业，开办一家经营文教用品的现代物品社。淞沪会战爆发之后，上海沦为"孤岛"，汤蒂因的事业一度陷入困境。在旧友毕子桂③的协助下，她远赴西南大后方，另设昆明分店。1940年春，毕子桂罹病去世，汤蒂因悲痛难已，辗转返回上海，改牌"现代教育物品社"。④太平洋战争起后，日军进入上海的租界区域，汤蒂因的事业再度受困，只得奔波于全国各地贩卖物资，勉强经营。再返沪后为扩大盈利，她特向一家自来水笔厂订制金笔，起名"绿宝"独家经销。1944年元旦，在同业厂商与亲朋好友的帮衬下，上海现代教育物品社门市部重装开幕。⑤

袁雪芬比汤蒂因小6岁，浙江省绍兴嵊县杜山村人，家中共有姐妹三人，父亲在私塾教书，家境清贫。与汤蒂因的幼年境遇不同，袁雪芬身为长女，从

---

① 姜进：《诗与政治：20世纪上海公共文化中的女子越剧》，社会科学文献出版社2015年版。

② 目前涉及二人私交的论述多以汤蒂因自述为据，未能运用其他资料加以分析。参见朱守芬：《汤蒂因与袁雪芬的友谊》，盛巽昌、张锡昌主编：《话说上海》，学林出版社2010年版，第312—313页；唐文、谷鸣：《金笔女王汤蒂因》，《中国市场》2012年第38期；徐鸣：《"金笔"辉煌汤蒂因》，《都会寻踪》2016年第4期；左旭初：《"金笔女王"与"绿宝"商标》，《中华商标》2018年第1期。

③ 毕子桂(1915—1940)，曾是华通书局学徒，购买金笔时与汤蒂因结识。1933年考入上海生活书店，1938年初前去昆明经营分店，经销进步书刊。由于对毕子桂的英年早逝抱憾终身，汤蒂因一直独身。汤蒂因：《金笔缘：一个女工商业者的自述》，第28—29、45—64页；邵公文：《忆毕子桂》，《人物》1982年第2期。

④ 《上海现代教育物品社复业通告》，《申报》1941年4月8日，第二版。

⑤ 吴鸿华：《现代教育物品社的女创办人汤蕚小姐》，《妇女(上海1945)》1948年第3卷第5期；汤蒂因：《金笔缘：一个女工商业者的自述》，第3—11、33—36、70—72页。

小深得父母疼爱。家中无子的情况使袁雪芬一家常遭家族、乡邻轻视，但父亲经常教导她，女子与男子一样，为人必须自重自立。1933年，11岁的袁雪芬进入戏班学戏，1936年随科班第一次来到上海，参与女子越剧首张唱片的灌制。淞沪会战爆发的两个月前，袁雪芬所在科班曾前来上海演出，受战火殃及不得不避难回乡。农历新年以后，女子越剧班社再度登陆上海，渐有风靡之势，袁雪芬成为其中的佼佼者，备受沪上观众青睐。1942年10月，袁雪芬离开科班，迈出越剧改革的步伐：1944年初因病歇演半年，9月组建雪声剧团重归沪上。①

汤蒂因与袁雪芬即在此时以广播电台为媒介相识。广播电台如何成为城市文化的新载体，进而搭建工商业者与越剧演员之间的交往平台的？从袁雪芬方面而言，越剧进军上海后，很快便与沪上流行的现代传媒建立合作。从纸质报刊到电台广播，越剧观众慢慢习惯通过多种渠道获取演出资讯。研究显示，无线电对越剧传播的影响力似更甚于报纸。据统计，越剧在20世纪40年代的上海电台中相当兴盛，电台越剧节目遍地开花，覆盖时段也相当广泛。②袁雪芬本人就是电台播唱的先行者与受益者，她在1939年就与搭档马樟花登上电台播唱，开创了越剧演员在电台播唱的先河。袁雪芬认为，越剧观众的增多在相当程度上得益于电台宣传。③电台广播拉近了演员与观众之间的距离，成为越剧舞台的扩展与延伸，对正处于上升阶段的越剧发展起了重要作用。

作为"孤岛"时期就冉冉升起的越剧明星，袁雪芬具有强大的市场号召力，因而成为汤蒂因极力争取的广告合作对象。上海自20世纪20年代设立广播电台起，就有了电台广告，由于收效显著，工商业者竞相效尤，经常约定艺人排演电台娱乐节目，以便吸引听众，借机推销商品。④日据上海与内地交通阻隔，生意难做，汤蒂因在文具销售领域打拼多年，积累了丰富多样的营销方式，对各种广告手段十分熟稔，经常通过报纸、路牌、霓虹灯、电台等方式大做广告，扩大门店与品牌影响。自1943年12月12日起，绿宝金笔的广告就不断见诸《申报》，不久还将联系电话"九四一八二"标注谐音"久书一百年"，以增强广告

---

① 袁雪芬：《求索人生艺术的真谛：袁雪芬自述》，第3—9页。
② 李声凤：《越剧与电台》，《上海戏剧》2020年第1期，第47—51页。
③ 袁雪芬：《求索人生艺术的真谛：袁雪芬自述》，第22—23页。
④ 上海市文史馆等编：《上海地方史资料》，上海社会科学院出版社1984年版，第132页。

效应。[1]在诸多广告手段中，汤蒂因尤为重视电台广告，在请袁雪芬打开越剧听众销路之前，常请相熟的评弹、沪剧、滑稽艺人做电台节目。[2]

汤蒂因邀请袁雪芬做广告时，上海的苏联呼声电台[3]经常播送袁雪芬演唱的越剧，汤蒂因与该电台播音员陈疏莲相识，便托其约请袁雪芬做期电台特别节目。陈疏莲本来是苏联呼声电台的沪语播音员，与袁雪芬在电台相识之后，又兼任雪声剧团的专职宣传员，每天在主持的广播节目中介绍剧团上演的新戏与相关情况。[4]汤蒂因在自述中回忆，袁雪芬起先断然拒绝，理由是她有不唱堂会、不做广告、不应酬的“三不”原则，她便转托陈疏莲，希望能与袁雪芬在电台见面。[5]在陈疏莲的斡旋下，经过当面恳谈，袁雪芬对这个“女店员出身，能够冲破封建势力，赤手空拳、独立创业的女老板”深感同情，不仅慨然接受邀请，破例为之以表支持，还声明自己不要报酬，唯一的条件是同时宣传雪声剧团即将上演的越剧。[6]

在雪声剧团剧务部刊行的纪念刊上，袁雪芬以“相逢何必曾相识”为题，表达了与汤蒂因之间一见如故的朋友情谊。袁雪芬称，自己本对唯利是图的商人不屑一顾，因此当即回绝。但陈疏莲相告，这位老板“不是普通的商人”，而“是位小姐”，希望她“站在女子的立场上”帮忙。汤蒂因少见的女老板身份激起了袁雪芬的同情心和好奇心，她因此转而答应。袁雪芬在文中写道：“一个女子，不靠父兄，没有背景，独立奋斗，赤手空拳地建立了事业，而且洁身自好、

---

① 《申报》1943 年 12 月 12、16、19、26 日，1944 年 8 月 22、29 日，第二、三版。

② 汤蒂因：《金笔缘：一个女工商业者的自述》，第 72—73 页。

③ 苏联呼声电台以苏商名义创办，实际受塔斯社上海分社领导，于 1941 年 9 月 27 日在上海正式播音，除新闻外，还播送数量众多的文艺节目，“越剧”是其固定节目版块。赵玉明主编：《中国广播电视通史》，中国广播电视出版社 2014 年版，第 60—62 页。沦陷时期，上海的电台业停播，在上海的外国电台发挥了特殊作用，苏联呼声电台是其中影响力最大的一家。姜红：《西物东渐与近代中国的巨变：收音机在上海(1923—1949)》，上海人民出版社 2013 年版，第 77—78 页。

④ 袁雪芬：《求索人生艺术的真谛：袁雪芬自述》，第 22—23 页；国钧：《谈谈雪声剧团宣传部长陈疏莲小姐》，《越坛花絮》1947 年第 1 期。

⑤ 汤蒂因所记或有讹误，袁雪芬自述并未提及“不做广告”之原则。事实上，袁雪芬很早便登上电台播唱，熟知电台娱乐节目与商家合作套路，自身亦有所参与。经笔者的不完全检索，除之后再与汤蒂因等商家合作以外，未见到袁雪芬做过其他电台广告。综观各方语论可以大致推断，袁雪芬应该不轻易接商业广告。袁雪芬：《求索人生艺术的真谛：袁雪芬自述》，第 8、15、22 页；成容：《越剧改革的回顾和随想》，高义龙、卢时俊主编：《重新走向辉煌：越剧改革五十周年论文集》，中国戏剧出版社 1994 年版，第 385 页；卢时俊、高义龙主编：《上海越剧志》，第 379 页。

⑥ 汤蒂因：《金笔缘：一个女工商业者的自述》，第 81—85 页。

力图上进,啊! 多么难得,多么伟大呀!"节目过后,袁雪芬自认只是做了一件"应当做的事而已",故而不要报酬,亦不愿应酬,但在陈疏莲的执意引荐之下,两人得以见面,言谈之间更加改变成见,进而建立起友谊。[①]

1944 年 9 月 14 日,电台合作顺利展开。汤蒂因精心策划,在电台播唱的前一天先于《申报》登载广告,将袁雪芬次日播唱的资讯广而告之,并点名由"现代教育物品社独家播送",附绿宝金笔"特价牺牲最后二天"的产品介绍与购货电话。电台节目放送当天,又在《申报》广告版再次宣传。[②]汤蒂因包下电台时间,袁雪芬等越剧名角"义务演唱",期间听众纷纷打电话订戏票、购金笔,双方实现共赢。通过报纸宣传、电台广告、电话销售等多种广告手段的交互运用,"绿宝"金笔品牌在上海一举打响。与此同时,这场电台节目也成为袁雪芬病愈返沪、献演越剧的广告先声。没过几天,九星大戏院便接连登报,通告袁雪芬与雪声剧团演出的相关讯息。[③]

基于职业女性社会身份的同情心理,加之存在共同利益可资互惠,促使汤蒂因与袁雪芬建立广告合作。首次合作之后,两人仍在电台有所往来。1944 年 10 月 14 日,不知是事出巧合还是有其他考量,汤蒂因特别登报鸣谢,称自己"上月于苏联电台袁雪芬小姐越剧时间",搽用"陈小姐"(应为陈疏莲)报告的药膏后祛除痼疾,因此专门为同病者介绍。1945 年 2 月 14 日,汤蒂因又联合元华烟草公司的香烟品牌,请袁雪芬等越剧演员假座黄埔电台播送节目,作为过年期间的"特别贡献"。[④]总而言之,广播电台与商业、越剧两相接轨,技术手段、消费文化与大众娱乐互相促进,既开拓了城市文化与人际交往的多维空间,又提供了汤蒂因与袁雪芬结识、交往的商业机遇与媒介平台。

二、历史语境与职业女性情谊的建立

尽管两人记述略有不同,但经比照可以理出的基本事实是,袁雪芬最初坚决拒绝为汤蒂因做广告,了解其独立创业的女老板身份以后不仅转变态度,还与之成为挚友。其间虽有利益条件的置换,但于袁雪芬而言,仍不失为一桩突

---

① 汤蒂因声称两人是在见面之后达成合作意向的,袁雪芬却称双方在电台节目之前未曾相见。袁雪芬:《相逢何必曾相识》,《雪声纪念刊》,1946 年。

② 《申报》1944 年 9 月 13、14 日,第一版。

③ 《申报》1944 年 9 月 19—29 日、10 月 1—15 日,第二、三、四版相关广告。

④ 《申报》1944 年 10 月 14 日,第三版;《申报》1945 年 2 月 14 日,第一版。

破个人原则与利益计算的义举。电台结识之后，袁雪芬继续助力汤蒂因的金笔品牌宣传，汤蒂因则在平时工作之余帮忙袁雪芬处理剧团事务，情感关系得到双向维系。[①]细究起来，汤、袁二人原本的人生轨迹相去甚远，存在地域与城乡差异，在传统社会结构里难以产生关联；而在现代化理念锻造的都会上海，不同身份背景的妇女不仅拥有了新的工作职位，还得以借助许多现代媒介，获得拓展人际的机会。情感认同具有社会建构性与历史阶段性，共情产生的背后存在必要的历史语境。

回顾幼年经历汤蒂因觉察，那时"五四运动的狂飙早已过去"，自己"依然生活在浓重的封建气氛中"。[②]五四风潮在汤蒂因、袁雪芬成长时期虽已落下，但经过激烈争鸣、发酵的社会思潮仍在延续。五四启蒙话语倡导的妇女解放途径影响深远，出走家庭的"娜拉"形象不仅被知识分子竞相摹写，也成为大批青年女性积极效仿的时代偶像。关于娜拉走出家庭以后的具体困境产生许多争论，在诸多论者所给出的解决方案中，通过谋求经济独立获得精神与人格的独立，是其中最具实践性的一条路径。[③]经过学校教育、阅读书报、观看电影等方式，汤蒂因得以反思、抗争成为问题的现实，最终在工商界崭露头角。袁雪芬虽未接受新式学堂教育，开明的父亲仍能以自尊自立理念相教，使她在进入戏班后还能自主反抗传统"戏子"的身份枷锁。在舞台上，袁雪芬曾扮演过许多贤妻良母角色，可她不愿过这种自我牺牲式的旧式生活；身为越剧明星，她亦不赞成时下新潮的摩登女性式的生活方式，而是倾向于践行以个人自立为前提的男女平等理念。[④]

有关妇女解放的话语实践助推了女性职场空间的渐次开拓，使得不同地域、阶层、年龄的女性能够跻身于内。20 世纪 30 年代的经济危机，为文具女店员、越剧女演员职业的登场提供了契机。由于城市经济萧条，商家为了拓展市场，开始雇用女店员以招徕顾客，文具销售行业亦不例外。在同样遭遇经济危机的江南农村里，一些穷家女孩走上外出唱戏的谋生道路，并伴随移民潮进入上海。两种职业都需要抛头露面，在新旧冲突的舆论环境中承受着多方压

① 汤蒂因：《金笔缘：一个女工商业者的自述》，第 85 页。
② 汤蒂因：《金笔缘：一个女工商业者的自述》，第 6—7 页。
③ 许慧琦探讨了五四时期如何通过引介《娜拉》文本，形塑和实践新女性的时代形象。许慧琦：《"娜拉"在中国：新女性形象的塑造及其演变(1900s—1930s)》，台北政治大学历史系 2003 年。
④ 袁雪芬：《贤妻良母》，《雪声纪念刊》，1946 年。

力。女店员职业的性别特质与形象展示经常沦为消费噱头，成为商品的附加价值，永安公司销售康克令金笔的“康克令小姐”就名噪一时；越剧女演员大都出身于社会底层，个人自由依附于科班体系，职业身份介于戏子与娼妓之间，更是一个容易被消费色相的社会群体。[①]

为了摆脱女店员、女演员职业的性别桎梏，获取更具社会尊严的职业地位，汤蒂因与袁雪芬都自觉作出反抗。汤蒂因不想成为店内点缀的“花瓶”，凭借出色的业务能力赢得老板与顾客的信任，改变家里将女儿视作“赔钱货”的看法。然而，社会上的刻板印象依然根深蒂固，女店员身份给汤蒂因造成许多困扰，致使她最终走上创业道路，以期实现身份跨越。[②]女演员有严苛的年龄限制，职业生涯往往难以长久，通常借由婚姻形式获得稳定的社会身份，甚或实现阶层流动。袁雪芬目睹了许多越剧姐妹掺杂血泪的情感纠纷，坚持常年茹素、谢绝应酬，未将个人情感问题纳入考量，在角色选择和生活实践上也力求呈现“清白”的公共形象。1942 年，由于遭受好友郁结而亡、父亲不幸病故的双重打击，袁雪芬愤而产生“另起炉灶，改变剧种和个人命运的打算”，希望通过将越剧革新为一门现代舞台艺术，提升越剧女演员的社会地位。[③]

越剧女演员职业身份的重构，与越剧的都市现代化改革息息相关，亦脱离不了战时上海特殊的政治文化环境。姜进指出，越剧能在竞逐激烈的上海娱乐市场上争得一席之地，经历了从草台班到都市剧场、从男班到女班的两大变化。越剧发源于清末浙东乡野之间，观众一般是社会底层男性，演绎内容充斥着低俗色情的因素，表演形式也不修边幅。民国初年，随着女性得以合法化、规模性地出入公共文化空间与消费市场，女演员职业群体应运而生。受时代话语和市场风向的驱使，越剧戏班开始吸纳女性成员，甚至培养清一色女性构成的越剧女班。孤岛与沦陷时期，日占当局严密控制政治性的演出活动，却给予大众娱乐业生长发挥的空间，女性文化逐步占据都市文化的中心地带。[④]同乡、同工、同命运的越剧女演员在严格的日常训练中同甘共苦，逐渐探索出迎合都市观众口味的现代爱情剧演绎模式。经过市场裁汰，女子越剧完全取代

---

① 连玲玲以上海永安公司为例，分析了女店员职业的性别属性。连玲玲：《打造消费天堂：百货公司与近代上海城市文化》，社会科学文献出版社 2018 年版，第 362—382 页。

② 汤蒂因：《金笔缘：一个女工商业者的自述》，第 25—32 页。

③ 袁雪芬：《求索人生艺术的真谛：袁雪芬自述》，第 2—9 页。

④ 姜进：《可疑的繁盛：日军阴影下的都市女性文化探析》，《华东师范大学学报》2008 年第 2 期，第 56—67 页。

男班，成为沪上最受欢迎的剧种。[1]

袁雪芬充分借鉴现代话剧的表演方式与组织体系，将越剧内部组织与生产程序进一步体制化，使剧团演出获得更大的自主性，越剧女演员在公共文化空间的话语权也有所提升。汤蒂因找袁雪芬做广告时，适逢袁雪芬主导深化越剧改革、越剧观众迭代更新的关键时期。女子越剧一路开疆拓土，逐步进驻新式中、大剧院，构建了一个以中产阶级女性为核心的观众群体。上海宁绍帮移民里的中上阶层家庭主妇，本来就与越剧同根同源，容易产生情感共鸣；又具备一定经济实力，能够在闲余观剧消遣。越剧改革既迎合了来自精英阶层的道德训诫，又契合了都市青年对情感爱欲的普遍困惑，致使越剧观众版图不断扩张。原先观众群体中的母辈代际传承与袁雪芬的个人艺术魅力悄然作用，一批受教育程度较高的、非浙籍的年轻职业女性，也相继成为新越剧的忠实拥趸。[2]

女子越剧的积极转型不仅开拓了自身生存与发展的道路，还激发了越剧女演员和观众之间的认同力量，为她们建立情谊与社会网络供应了丰沛的情感资源。汤蒂因之前曾陪母亲看过不少袁雪芬的演出，初次见面时更对盛名在外却能洁身自好的袁雪芬本人心生感佩。[3]无独有偶，雪声剧团的编剧成容亦曾提及，以前受新文化的熏陶，她并不喜欢庸俗老套的越剧，而更钟爱时兴的话剧，陪母亲看了袁雪芬的表演后才对越剧改观，并对袁雪芬产生仰慕，于是决定加入雪声剧团，成为越剧界第一位女编剧。成容眼中的袁雪芬“像是一个女学生”，她的表演“认真而讲究社会意义”。为汤、袁牵线搭桥的陈疏莲则称，她一开始对任何地方戏都不感兴趣，而是喜欢看电影，认识袁雪芬后不仅喜欢上越剧，还兼职为剧团的电台播音员，成为越剧界第一位报告小姐。成、陈二人都毕业于师范学校，当过小学教师，她们虽与袁雪芬是浙江同乡，但在表述时均未涉及传统的地缘关系，而是共同声称自己折服于袁个人及新越剧的艺术魅力。[4]

---

① 姜进：《诗与政治：20 世纪上海公共文化中的女子越剧》，第 66—74 页。

② 姜进：《诗与政治：20 世纪上海公共文化中的女子越剧》，第 150—168 页；李声凤编：《舞台下的身影：20 世纪四五十年代上海越剧观众访谈录》“代序”，上海远东出版社 2015 年版。

③ 汤蒂因：《金笔缘：一个女工商业者的自述》，第 84 页。

④ 参见成容、陈疏莲访谈，转引自姜进：《诗与政治：20 世纪上海公共文化中的女子越剧》，第 114—115、164—165 页。

由于袁雪芬是新闻媒体关注的焦点人物，当她与汤蒂因的私人交往被曝露在公众视野后，也招致外界一些针对两人关系的恶意揣测。①女子越剧在发展过程中形成一套拜“过房娘”风俗，其中不乏职业女性。②汤蒂因确曾利用自己的经商经验、社会关系支持过袁雪芬的很多活动，可她们之间是平等互助的朋友关系。邀请袁雪芬时，汤蒂因的文具门店才重新开业不久，正在想方设法宣传扩大；相比之下，反而袁雪芬已经名声大振并且收入可观。汤蒂因的金笔品牌借由袁雪芬的电台广告而出名，后来在她经济困难时，袁雪芬亦主动予以帮扶。面对争议，不仅袁雪芬专门撰文自证清白，1948 年记者对汤蒂因的采访中，亦对二人关系给予了相当正面的评价，称其为“两个独立奋斗的女性，为了思想、人生态度的相同，使她们紧紧地建立了高贵的谊情”。③

概而言之，女子越剧独特的性别结构和富有情感特色演绎模式，使如袁雪芬般离乡背井的越剧女演员们非常珍视姐妹情谊；越剧改革提升了越剧剧种的地位，丰富了越剧观众的来源，让许多职业妇女对新越剧产生认可，甚至成为越剧前行路上的推动者。越剧观众普遍拥有较好的经济与社会地位，同样也是金笔消费的潜在人群，因而触发了汤蒂因与袁雪芬的合作机会。成容评价汤蒂因“主意很多，社会经验丰富，有很强的女性独立意识”，并称“我们四姐妹④都一样，我们都要自立，不靠男人”，点明了这种都市职业女性情谊的内在要义。⑤在近代中国社会与性别意识转型过程中，她们不约而同地选择踏入职业妇女一途，不但追求经济独立与人格自主，还努力实现社会地位的跃迁，相通的内在生命理路从根本上助推了情谊的生成与维系。

三、越剧革新与左翼社会网络的延展

女子越剧在孤岛与沦陷时期的现代化革新，吸纳了一批留守上海的进步知识分子，在内容取材上更加重社会教育意义。抗战胜利之后，国共双方加紧

---

① 有报纸认为两人是关系要好的“同性恋的爱人”。大洛：《钢笔厂小主热恋袁雪芬》，《星光》1946 年第 14 卷；绍兴客：《袁雪芬同性恋爱》，《新声》1946 年第 2 期。

② “过房娘”即“干娘”，沪语，意指越剧爱好者里年长、有钱的女性赞助人，以此形式为女演员提供一种具有保护、扶植性质的社会网络。卢时俊、高义龙主编：《上海越剧志》，第 299—300 页。

③ 袁雪芬：《相逢何必曾相识》，《雪声纪念刊》，1946 年；吴鸿华：《现代教育物品社的女创办人汤蕚小姐》，《妇女（上海 1945）》1948 年第 3 卷第 5 期。

④ 指袁雪芬、汤蒂因、陈疏莲、成容四人。

⑤ 成容访谈，转引自姜进：《诗与政治：20 世纪上海公共文化中的女子越剧》，第 178—179 页。

对社会舆论与意识形态领域的争夺，中国共产党看到大众娱乐业的影响力，意图搭建社会文化平台感召下层民众，拥有深厚观众基础且能锐意进取的女子越剧受到重视。与左翼文化精英的结合令越剧改革取得重大突破，也构筑了袁雪芬与新越剧的左翼社会网络。随着袁雪芬与左翼人士的交往日渐密切，国民政府对她提高戒备，女子越剧改革的前进道路困难重重。在袁雪芬卷入舆论风口浪尖的公共事件里，汤蒂因等好友与她患难与共。共同的生活经历强化了人际网络的凝聚力，通过在金笔行业的多年奋斗，加之袁雪芬的社会关系，汤蒂因的社会网络也日益延展。

1946 年 5 月上演的越剧《祥林嫂》，是袁雪芬与左翼文化精英产生密切联系的起点，亦是袁雪芬个人艺术生命与女子越剧改革的里程碑。姜进考证，当时，雪声剧团的编导南薇在中共地下党员的暗中引导下，对鲁迅小说《祝福》产生改编兴趣。袁雪芬在南薇的讲述下深受触动，祥林嫂的悲苦形象使她联想到自己的祖母与母亲，于是决定将之搬上越剧舞台。上海地下党员秘密接近袁雪芬与雪声剧团，协助他们与鲁迅遗孀许广平见面，获得许广平的认可与支持。[①]汤蒂因也陪同拜访，还在剧目筹备阶段利用自身人脉与交际手腕，让政治敏感的《祥林嫂》剧本顺利通过审查。彩排当晚，许广平邀集众多文艺界名流前来观看，袁雪芬的精湛表演赢得一片喝彩，还得到剧作家于伶以及文艺活动家田汉的亲自指教。[②]

《祥林嫂》公演后引发了热烈的社会反响，收获一些主流报刊尤其是左翼报刊的肯定，袁雪芬的社会文化网络迅速展开。国民政府对袁雪芬的政治倾向日益不满，利用越剧内部的派系争斗对其加以打压。8 月 27 日，袁雪芬在前往电台播音的路上，突遭流氓恶意抛粪，慌乱之余汤蒂因镇定解决，给予她很大的精神力量。[③]随后，在许广平、田汉等人的帮助下，袁雪芬召开记者招待会呼吁社会正义，不少报刊接连发文帮助她谴责黑恶势力。《祥林嫂》的成功上演不仅得到中共地下党的暗中助力，还引起党内高层的注意。周恩来在上海活动时曾秘密观看雪声剧团的演出，离沪前夕还专门指示上海地下党对袁

---

① 姜进：《诗与政治：20 世纪上海公共文化中的女子越剧》，第 200—209 页。

② 罗林：《鲁迅名著〈祥林嫂〉演出后——田汉与袁雪芬、南薇谈改良越剧》，《时事新报》1946 年 5 月 10 日，第 6 版；袁雪芬：《求索人生艺术的真谛：袁雪芬自述》，第 77—78 页。

③ 《上海市警察局刑事处关于袁雪芬被人抛掷粪便秽污全身要求调查处理》，1946 年，馆藏号 Q131-5-8815；《上海市警察局新成分局关于经办越剧名演员袁雪芬遭人粪污一身等案件》，1946 年，馆藏号 Q142-2-859，上海市档案馆藏。

雪芬和雪声剧团多加关照。此后，袁雪芬与剧团多次参加由左翼人士、妇女团体发起的社会活动，女子越剧的改革工程逐渐融入国共政治斗争的潜流暗涌里。[①]

袁雪芬的激进取径不仅遭到国民政府的背后打压，也令一些同行深感不安。迫于社会外界的压力与剧团内部的紊乱，雪声剧团于1947年初宣告解散。女性身份与演员职业的交织令袁雪芬感到举步维艰，在给亡父的信中她不无灰心地写道："爸！不幸我是个女孩，更不幸是个演戏的，只要你是个女演员，他们对付你的方式更多。"[②]袁雪芬想到，不少越剧演员受制于剧院老板，终日疲于奔命，难以精进技艺，导致演出质量无法保证，越剧改革亦难以前进。与南薇、汤蒂因等人商量之后，她亲自拜访其他越剧名角，希望发挥越剧界集体力量，自建越剧剧院与训练学校。这些越剧姐妹平日各自奔忙，除了一些救济义演之外很难聚齐，其中一些与袁雪芬素无交往，然而，在相同的命运感受与利益诉求的驱动之下，众人决定求同存异，各尽心力促成义演，成为越剧界一桩盛举。[③]

"越剧十姐妹"[④]合作演出《山河恋》的消息很快席卷上海的大小报刊，除了台前的演员以外，幕后工作的汤蒂因、陈疏莲也是重要推手。演出于8月19日正式开始，不料途中枝节横生，上海社会局怀疑活动背后另有目的，勒令停演。[⑤]艰难时刻，汤蒂因等朋友网络是袁雪芬最为重要的支持力量。袁雪芬坦言："我内心非常感激与我患难与共的朋友陈疏莲、成容等，尤其是汤蒂因，她总是在我遭到迫害时，给我鼓励支持。"演出之后，甚至有南京来的特派员专门调查袁雪芬身边所谓的"苏北派来的四个'秘书'"——指汤蒂因、成容、陈疏莲等人。[⑥]这场联合义演的实现被田汉称赞为"一个伟大的成就"，是一种"自发的进步的努力"。越剧姐妹不仅在团结奋争中互相汲取力量，一些女演员还开

---

① 袁雪芬：《求索人生艺术的真谛：袁雪芬自述》，第51—58页；于伶：《渝沪多年垂爱深》；陈荒煤、陈播主编：《周恩来与电影》，中央文献出版社1995年版，第66—67页。

② 袁雪芬：《不幸我是个女孩，更不幸是个演戏的》，老照片编辑部编：《一封家书》，山东画报出版社2018年版，第126页。

③ 袁雪芬：《求索人生艺术的真谛：袁雪芬自述》，第78—82页。

④ "十姐妹"为范瑞娟、傅全香、徐天红、张桂凤、吴小楼、尹桂芳、竺水招、筱丹桂、徐玉兰与袁雪芬。

⑤ 《越剧女伶义演未经社会局许可——社会局已令补办手续》，《大公报》1947年8月23日，第5版；《袁雪芬等为筹募建校基金举行越剧义演的有关文书》，1947年，馆藏号Q6-9-680-7，上海市档案馆藏。

⑥ 袁雪芬：《求索人生艺术的真谛：袁雪芬自述》，第93—96页。

始敢于接触进步人士，在反抗现实压迫的同时争取命运自主。[①]虽然当局层层掣肘未能实现预期目标，但在大众心中树立了女子越剧积极正面的公共形象，塑造出越剧女演员崭新的群体身份认同。

越剧《祥林嫂》的社会热度持续发挥影响。1947 年底，经由田汉、于伶等人引荐，越剧《祥林嫂》被搬上电影银幕，由袁雪芬担纲主演，雪声剧团原班人马合作拍摄。在女子越剧言情模式的巧妙包装下，祥林嫂的凄苦命运牵动许多妇女观众的悲戚共鸣，与深植她们心中的感情世界建立连接。反抗阶级压迫的革命逻辑隐含其内，不仅让一些进步知识分子对新越剧的社会价值拍手称道，还得到中共南方局领导的左翼杂志盛赞。[②]拍摄期间，越剧观众希望袁雪芬继续登台演出，但剧场老板却对深陷政治漩涡的袁雪芬不无顾虑，汤蒂因便与上海大戏院方面商定，在放映电影的同时上演越剧。田汉亲自操刀，编写了历史题材越剧《珊瑚引》。根据报刊评论与袁雪芬回忆，越剧《珊瑚引》的口碑似乎不尽人意。[③]档案显示，汤蒂因很可能直接参与了相关投资，以致造成经营困境与工人纠纷。[④]

早前在毕子桂的影响下，汤蒂因曾阅读一些进步书籍，接触一些进步人士，思想上起了一些朦胧的变化，但并不深刻。在陪同袁雪芬共历风雨的日子里，国民党反动派的迫害与文艺界进步力量的襄助，令身为袁雪芬朋友的汤蒂因深受触动，并对她产生一定的政治引导功用。前前后后，许广平这位“很有性格的女性”给汤蒂因留下了深刻印象。1948 年，汤蒂因前去送戏票给许广平，得知她是一个独立办厂的女老板，又业余为袁雪芬的新越剧帮忙，许广平当即嘉许道：“你们这种友谊是很可贵的啊！”汤蒂因表示，她与袁雪芬是“风雨同舟的良友”。许广平以鲁迅先生用毛笔战斗一生为例，肯定了金笔事业的发展前途，鼓励正为前途迷茫的汤蒂因努力经营，将来为解放区的人民作出贡

---

① 田汉：《团结就是力量——越剧十名伶合作〈山河恋〉之喜》，《新闻报》1947 年 8 月 28 日，第 10 版；张石流：《一年影剧》，《新闻报》1948 年 1 月 1 日，第 19 版。

② 陆琚：《祥林嫂》，《现代妇女》1948 年第 12 卷第 5 期。

③ 不少观众认为该剧取材艰深、剧情复杂，致使一般越剧观众难以理解。柳絮：《“珊瑚引”的失败》，《真报》1948 年 10 月 6 日，第三版；冷观：《袁雪芬〈珊瑚引〉之奇迹》（以讽刺笔触书写），《东方日报》1948 年 10 月 4 日，第二版；袁雪芬：《求索人生艺术的真谛：袁雪芬自述》，第 104—108 页。

④ 汤蒂因方面称，因限价政策、战局影响以及高利贷盘剥，导致绿宝金笔厂亏蚀甚巨，不得不解雇部分职工。工人方面并不接受此番说法，于是上书社会局，揭露她经营越剧一事。《上海市社会局关于绿宝金笔厂解雇问题文件》，1949 年，馆藏号 Q6-8-1032，上海市档案馆藏。

献。上海解放前夕，汤蒂因还机智地帮袁雪芬推脱了慰劳国军的邀请，传为越剧界的一桩美谈。①

中共地下党员的帮助使袁雪芬受益匪浅，但她对身边这些朋友、师长的真实身份却知之甚少，直到上海解放后才有所了解。经过于伶的悉心开导，袁雪芬逐渐意识到政治与艺术之间难以切割的关系；许广平陪同邓颖超专程慰问，并带来周恩来的特致问候，更让她充满感动。袁雪芬积极调整自我，主动响应党和政府组织的各项活动，还作为戏剧界特邀代表前往北京，参与第一届中国人民政治协商会议和开国大典。丰富多彩的政治生活大大拓展了这个从乡村走出的女演员的政治视野，令她感到身为文艺工作者前所未有的职业尊严与社会地位。②新中国成立后，田汉担任文化部戏曲改进局局长，越剧改革的历史经验得到中央高层的关注与肯定，在接下来的戏曲改革运动中发挥了重要的示范作用。③越剧迅速跃升为一个具有全国影响力的剧种，并伴随国家的文化外交活动登上国际舞台。④

汤蒂因与成容自费陪同袁雪芬在京活动，因由袁雪芬的社会活动，汤蒂因的事业前途也拨开云雾。在京期间，袁雪芬一行人曾意外碰到刘晓。刘晓以前负责上海的地下党工作，化名"刘镜清"担任关勒铭金笔厂的副经理，是汤蒂因的"老同业"。⑤刘晓问询了汤蒂因的工厂情况，引导她多理解国家政策，向国营经济靠拢。汤蒂因本来"懵懵懂懂，对共产党的政策不理解"，听闻刘晓一席话后"茅塞顿开"，回到上海第一时间表示接受国营公司的收购。绿宝金笔厂成为继关勒铭金笔厂之后接受国营经济领导的第二家金笔厂，生产得到政府扶植迅速发展。在1953年展开的对资本主义工商业的改造运动中，汤蒂因率先进行公私合营，带头推进上海制笔行业进行社会主义改造，工作成绩多次得到周恩来总理的认可。1955年底，上海市第一届第三次人民代表大会召

① 《上海越剧志》专门收录"汤小姐抗命汤司令"轶闻。卢时俊、高义龙主编：《上海越剧志》，第305页。

② 袁雪芬：《随风潜入夜，润物细无声——忆于伶先生二三事》，《上海戏剧》1987第3期；袁雪芬：《"为人民艺术事业努力前进"——追忆周总理对我的关怀和教育》，《上海党史研究》1998年第2期；袁雪芬：《许广平指引我走上革命道路》，王锡荣主编：《许广平纪念集》，百家出版社2000年版，第18—20页。

③ 《田汉年表简编》，《田汉文集》第16卷，中国戏剧出版社1986年版，第598页。

④ 袁雪芬：《求索人生艺术的真谛：袁雪芬自述》，第116—142页。

⑤ 王淇、陈志凌主编：《中共党史人物传》第82卷，中央文献出版社2002年版，第104—114页。

开,在市长陈毅介绍下,毛泽东主席与时任国营制笔工业公司副经理的汤蒂因亲切握手,并笑称她为"金笔汤",鼓励她"做好社会主义企业的经理"。①

高彦颐(Dorothy Ko)曾在研究中检讨,五四新文化思潮在深刻揭露男尊女卑社会现状的同时,亦在某种程度上将一些所谓标准的规定视为经历过的现实,进一步造就了人们对传统妇女"祥林嫂式"的刻板印象,这种被政治话语强化后的"五四妇女史观"得到长期流传。②以 1946 年上演的越剧《祥林嫂》为契机,女子越剧改革与左翼知识分子紧密结合,暗中受到中共地下党的政治渗透与价值引导。随着新越剧所蕴含的社会启蒙与政治意义被充分发掘,左翼文化在越剧艺术中产生了重要的建构作用。新中国成立之后,新越剧的左翼社会网络发挥效用,帮助越剧这一年轻的江南剧种在 50 年代初期发展成为全国性的剧种之一。③袁雪芬与汤蒂因在多年的潜移默化中受到政治启蒙教育,为她们后来积极转变心态、参与社会主义改造,打下了感情、思想与人际基础。

四、结　语

在建国初期的政治运动中,袁雪芬与汤蒂因的朋友情谊很快就经受了考验。1952 年,各单位发动"三反"运动,袁雪芬亦需交代与小资本家汤蒂因之间的关系并划清界限。"五反"运动时汤蒂因家中困难,袁雪芬仍不避嫌疑,宁愿向组织再作检讨,坚持帮其解决燃眉之急。忆及于此,袁雪芬如是总结两人关系:"其实她是'益新教育文具商店'职员出身,曾在卡德路开了一家一开间文具商店,代售由她起名的绿宝金笔。由于我对其女子独立奋斗的同情心而交往为朋友。她对我的越剧改革工作给予了支持,我对她自制绿宝金笔的弄堂工厂也有所经济帮助。"④这段话不仅指涉了两人结识当时的身份地位与具体境遇,也再次表明其间感情建立的基础与后续交往模式。滨下武志认为,个人作用的社会评价得到相互认可并受到独立对待,是网络化实现的前提条件。⑤在

① 汤蒂因:《金笔缘:一个女工商业者的自述》,第 105—121、129—147 页;上海市制笔公司:《上海私营制笔工业的社会主义改造》;上海市档案馆编:《中国资本主义工商业的社会主义改造》(上海卷),中共党史出版社 1993 年,第 1003—1021 页。

② 高彦颐:《闺塾师:明末清初江南的才女文化》,第 1—5 页。

③ 苏菲:《言情与启蒙:20 世纪 40 年代越剧与左翼文化的结合》,《南大戏剧论丛》2021 年第 1 辑。

④ 袁雪芬:《求索人生艺术的真谛:袁雪芬自述》,第 132 页。

⑤ 滨下武志:《中国、东亚与全球经济——区域和历史的视角》,社会科学文献出版社 2009 年版,第 189 页。

战时上海的都市文化语境中，自立自强的职业女性之间惺惺相惜，产生同情之理解，并以自身处世经验与社会资源，组建成为互相扶助的社会网络。

晚清以降，妇女解放成为知识精英构建现代化国家的重要标识，妇女被鼓励走出闺阁，主动“生利”以成为健全国民。[①]清末民初，知识分子对于妇女人格问题的讨论甚嚣尘上，女子人格独立成为五四新文化运动的重要一环，进而成为女性建立自我主体性的衡量标准。[②]孤岛与沦陷时期的上海，民族主义话语被当局禁忌，大众娱乐与女性文化反得高扬，女子越剧在此期间的崛起就是力证。[③]有关新型妇女角色的话语讨论以及妇女职业道路的开辟，赋予年轻的汤蒂因、袁雪芬跳脱出传统婚姻家庭的生命想象，也为她们突破自我价值、创建女性情谊提供了历史机遇。在都市社会文化的浸润之下，汤、袁二人努力达成个人命运的升华，袁雪芬在接受左翼思想的改造后，还帮助越剧这个乡村剧种实现蜕变。随着女子越剧改革的推进，袁雪芬与新越剧的左翼社会文化网络悄然搭建，蕴含其中的政治资源跨越 1949 年持续发挥影响，不仅帮助袁雪芬与越剧同人实现职业身份的历史性重塑，亦在工商业者汤蒂因事业发展的关键时刻产生助益。

运用社会经济学分析方法，关文斌全面概括了中国社会的网络结构，即基于相同的经历，加之同宗、同姓、同乡、同学、同年、同行、同事、同志、同仇（“十同”），以及亲缘、地缘、业缘、善缘、文缘（“五缘”）中的至少一种属性，用以整合社会资源。[④]汤蒂因与袁雪芬分别从不同的家庭背景走出，因共同独立奋进的主体诉求而殊途同归，利用近代都市经济中连接广泛的业缘关系，借助广播电台、新式剧场等新兴空间，通过职业女性情谊构建社会网络，其间基础或为上述志趣相投的“同志”属性。这种以职业女性身份认同为情感纽带的社会网络，在很大程度上脱离了过去女性赖以为生的家族与姻亲限制，不仅在传统网络缔结的要素之外找到新的支持系统，也指向了一种具有普遍意义的现代社会情感关系。

---

① 梁启超：《论女学》，梁启超：《饮冰室合集》第一册，中华书局 1989 年版，第 38 页。

② 须藤瑞代：《中国“女权”概念的变迁——清末民初人权和社会性别》，社会科学文献出版社 2010 年版，第 133—145 页。

③ 姜进：《可疑的繁盛：日军阴影下的都市女性文化探析》，《华东师范大学学报》2008 年第 2 期，第 56—67 页。

④ 关文斌：《网络、层级与市场——久大精盐有限公司（1914—1919）》，张忠民、陆兴龙、李一翔主编：《近代中国社会环境与企业发展》，上海社会科学院出版社 2008 年版，第 195 页。

The Friendship of Urban Career Women and the Construction of Social Network

—Take the Friendship Between Tang Diyin and Yuan Xuefen as an Example(1944—1952)

Abstract: During the fall of Shanghai in anti-Japanese War, Tang Diyin, a businesswoman, met Yue Opera actress Yuan Xuefen through radio media and became friends through the cooperation of radio advertising. In the process of transformation of urban social structure and gender consciousness, the two of them took the discourse of personality independent fermented around the May 4th Movement as the basis of their identity, and pursue their own subjective value as career women, thus creating an emotional resonance based on women's social identity. With the advancement of the reform of Yue opera, the left-wing cultural network of Yuan Xuefen and the new Yue opera was built. The political resources contained therein continued to exert influence across 1949, which also benefitted Tang Diyin's career. Drawing on the perspective of "network" in socioeconomics, the social network, which uses career women's friendship as an emotional bond, finds a new support system beyond the traditional network elements and points to to a modern social emotional relationship with universal significance.

Key words: Tang Diyin; Yuan Xuefen; Career Women; Women's Friendship; Social Network

作者简介:王昭,复旦大学历史学系博士研究生。

女伶戏禁的演变历程、历史缘起及其解禁的多重因素探析[①]

刘 欣

摘 要：在男尊女卑的社会性别等级秩序中，禁用女乐等对于女性戏禁政策的颁布，从唐代开始，一直延续到清朝并达到顶峰。在男性主导社会话语权的封建时代，社会用三纲五常、三从四德等伦理纲常，男外女内、男女有别等传统教化意识和具体闺范来教导女性禁欲，严禁女性登台演戏，直接剥夺了女性参与艺术活动的自由权利。近代以来，由于西方文明的启蒙影响，一些进步知识分子在实践中实行反缠足运动，兴办女学，都为女性走出家门，走向社会，重新登台演戏提供了必不可少的条件。戏曲改良运动的助推，为女性突破家庭的禁锢重新担当起社会角色同样起到了重要作用。女戏禁令的放松，促使了更多女伶的涌现和崛起；租界内开放宽松的处境，为戏曲艺人重新登台演戏提供了良好的平台环境。女性自我主体意识的觉醒，为女伶重登舞台演戏增添了深厚持久的心理支撑和源源不断的动力。总之，从严行约禁到松动废弛，表明禁女伶的政策是违背伦常、不可能长期存在的。

关键词：女伶 戏禁 男尊女卑 戏曲改良 女性主体意识

女伶重新登上戏曲舞台，体现了社会的转型和风气的开放，是近代中国戏曲史上的一个重大事件和历史转折点。我国自古以来，女性在戏曲发展中都

① 本文为上海市哲学社会科学规划课题“新时代中国特色社会主义的历史方位”（2020WXB004）项目研究阶段性成果。

占有重要地位，为戏曲的发展作出了突出的贡献。但随着君主专制的加强，禁用女乐、禁止女伶登台演戏等有关女性戏禁政策的颁布，从唐代开始，一直延续到清朝并达到顶峰。对女戏的禁令政策阻断了女伶的艺术发展道路，女伶的地位岌岌可危。直到清末民初，封建王朝覆灭，封建制度遭到破坏，中国被迫对外开放，商业娱乐文化的大量兴起和广泛需求，促使女性演员重新出现，冲破禁令的枷锁，重新登上戏曲舞台并迅速崛起，进而为戏曲的发展开创了一片新天地。

一、女伶戏禁的演变历程

随着私有制的产生，中国社会的原始分工被打破，男尊女卑的思想在随之产生的两性社会等级关系中被过分规定，并升级为主导社会秩序的核心内容。“男主外、女主内的空间活动方式，成为社会公共空间领域的基本原则，男性在社会中处于主导地位，女性必须屈从于男性，成为当时社会两性关系的主要规范。”[①]女性在社会各个领域中的地位发生了本质的变化，尤其在应有的社会权利与公共事务参与等方面更是几近失语、地位堪忧。这种局面反映在艺术方面其中尤以戏曲领域为最，社会各界对于女性能够参加的戏剧活动设置重重障碍。中央政府在法律条文中明确规定：戏女类妓，禁止女戏入城；禁五城寺庙演剧招摇妇女入庙；各地的地方性法规也严令禁止戏园设女戏，禁男女混演；男女混杂观戏，伤风败俗，各种家训族规对于妇女进出戏园、外出观戏更是责罚有加；倡导家演戏文，不可立屏垂帘，禁妇女犄角窥望……各地戏禁条款形式多样、名目繁多，这些戏禁政策的颁布是为了全面禁止女性戏剧乃至艺术活动应运而生的。

古代的戏班里是有女伶的，这一点从历史古籍中可以找到依据。不同朝代不同的时期戏禁政策有所不同，禁忌宽严程度不一。但是在以男权为主流价值的社会体系中，权力的极度倾斜，致使女性的戏曲舞台生活近乎灭绝，女伶被官方严厉禁止登台演戏，导致戏曲艺术领域长期被男性所独占。后晋时期的《旧唐书》曾有记载，在唐高宗龙朔元年（公元 661 年）“皇后请禁天下妇人为俳优之戏，诏从之”。[②]据考证，此为已知最早的女伶禁戏之文献记录。但限于传世历史资料缺失，已无从探寻请禁缘由之实。然因男女性别差异，女性被迫丧失演戏参与权已有确凿证据。男性为了维护自己的主导地位，利用纲常伦理，以“礼教”之

---

① 邱剑颖：《社会性别理论审视下的中国戏禁》，《福建艺术》2011 年第 6 期，第 28—31 页。

② （后晋）刘昫等撰，赵莹主持编修：《旧唐书》，中华书局 1975 年版，第 236 页。

名，试图限定女性的行为规范。如“行莫回头，语莫掀唇；坐莫动膝，立莫摇裙；喜莫大笑，怒莫高声；内外各处，男女异群；莫窥外壁，莫出外庭；出必掩面，窥必藏行”①。每遇女伶登台演戏，必会显露体面，破坏“闺范”，在当时的社会等级秩序中，社会大众必然认为这是对封建儒家礼法的公然亵渎，请禁之举似是合乎情理、众望所归。由此可见，男尊女卑的社会价值理念已然渗入普通百姓的思想观念中，这种思维模式已经影响到人们的日常生活和行为方式，成为当时人们的本能习惯，乃至整个民族的价值取向和文化心理积淀，难以撼动。

女伶以色惑众，因色招客，重色乱心等极端偏见，早已成为民众的思维习惯。因此，戏剧演员中的女性多因与色相连而遭受打压。唐中宗李显曾敕令限制女乐；玄宗李隆基更以害政伤风为由，断禁女乐；明太祖朱元璋也曾下令于朝贺正礼中禁用女乐……如此规定、禁令多见于各种古籍文献中，多不胜数，俯拾皆是。

自古以来艺妓相兼，古代的戏曲女伶地位十分低下，属于贱民行列，任人践踏，为了养家糊口、迫于生计才不得已学习唱戏，从事演艺行业。伎妓相兼在中国古代十分普遍，明末清初，以串戏为风雅之事，在江南娼妓中甚为流行，如名妓陈圆圆、卞玉京等诸人皆为梨园好手。当时女伶中纯粹以演戏糊口不涉风尘之事者，仍被百姓列为娼妓之流，言之：娼妓无高低，名异实同尔。清朝统治者加大对娼妓的整肃工作，在男性掌握话语权的封建社会中，统治阶级以冠冕堂皇之言，将与娼界有千丝万缕关系的女伶列入禁绝驱逐的对象之中。随着封建制度的加强，清朝政府颁布了一系列戏禁政策，清朝对女伶的压制达到了历史以来的最高峰。自顺治帝开始禁止女伶，清顺治八年(1651 年)曾下令，宫廷教坊司禁用女乐，以太监充任补之。顺治十六年(1659 年)，大量裁撤女乐，将教坊司禁用女乐定为规章制度。康熙十年(1671 年)，朝廷大肆驱逐秧歌妇女，严禁此类妇女潜住在京城，下令将其驱逐回籍。康熙四十五年(1706 年)刑部对此令复议，将宛平、大兴两县列入秧歌妇女禁止活动的地域，并将此前的处罚条例进行细化。康熙五十三年(1714 年)，又以女伶、娼妓名异实同、完全等同归为一类，以“不肖官员人等迷恋，以致罄其产业”②为由严禁女伶进京，并规定，如有违反规定，擅入京城者，依据妓女擅闯京城的条例来进行

① (唐)宋若莘、宋若昭：《女论语第一・立身》，中华书局 1990 年版，第 12 页。
② (清)孙丹书：《定例成案合钞》，上海古籍出版社 1981 年版，第 29 页。

处分,如此一来造成京城以内再无戏女的局面。雍正改贱为良,取消乐籍的妇女成为良民,由此废除了中国历史上存在并延续了数千年的贱籍制度。乾隆开始全面禁止女伶登台,乾隆三十四年(1769 年),朝廷扩大范围,将此规定在全国范围内实行,责令"在京在外的土妓、女戏、流娼等人,容留在家或窝留此等妇女,处以罚俸或革职,照律治罪"①。嘉庆不准妇女去戏园子看戏等等。

清政府发布官方律令《钦定吏部处分则例》,针对各地方行政区划,重新确定、修正法律条文、律令,加重惩戒力度,将买良为娼由原来的罚俸半年,改为罚俸一年②。一系列禁止女伶的戏禁政策阻碍了妇女登台唱戏的演艺道路,女伶逐渐式微,并慢慢地淡出戏曲舞台,最终造成了民间以营利为目的的戏班,为了各地行走之便,男伶占比增多,少见女伶。随着女班的逐渐退出,男班开始盛行,甚至后期出现较晚的剧种,演出中不见女伶,如京剧中,均以男伶反串来完成演出,形成全班男制的局面。直到封建社会末期(同治末),随着禁令的松动,女伶才又再次开始出现在戏曲舞台上。

二、女伶戏禁的历史缘起

(一) 封建社会等级秩序视域下实行禁女戏政策的原因

女伶在我国古来有之,其中也不乏许多优秀的女演员。元明时期就有大量女性演员,《录鬼簿》《陶庵梦忆》《莺啸小品》等古代著名典籍中均有记载。元明时期之所以有很多女性演员,是因为这些女性都隶属于乐籍,隶属于教坊,生下来就必须演戏或者唱曲,她们别无选择。但是到了清朝,雍正颁布了解放贱民令,取消存在了一千多年的乐籍制度,虽然这些女性的社会地位并未得到根本改变,但是女子不再受乐籍的控制,只要她们的家庭生活不属于极端贫困,完全可以去裹小脚、学妇道,然后嫁人相夫教子,也就不需要从事十分辛苦卑贱的艺妓职业。加之清政府日益腐朽的封建统治,统治者们认为女子演戏抛头露面有伤风化,扰乱社会秩序,毁坏世道人心,因此以"维风化、安社会"为由试图全面禁止女子登台演戏。

在中国古代"娼"和"优"是联系在一起的,都属于三教九流,所以女伶的社

① 王利器辑录:《元明清三代禁毁小说戏曲史料 · 严禁秧歌妇女及女戏游唱》,上海古籍出版社 1981 年版,第 20 页。

② 王利器辑录:《元明清三代禁毁小说戏曲史料 · 钦定吏部处分则例》,上海古籍出版社 1981 年版,第 47 页。

会地位是十分低贱的。人们还认为妇女上戏台，进戏房会带来不祥之灾，如果有人误犯，必须举行破台典礼来破除灾难。戏剧舞台上长期都是“以男扮女”，对女演员的排斥就是“男尊女卑”的男权思想在作祟。加之戏班里男女工作生活在一起不方便管理，容易滋生是非，影响戏班正常经营，所以在男性主导社会话语权的男权社会，京剧逐渐演变成由单一性别演员主导。

在戏曲史上，虽在明朝前期南戏北杂剧时期出现过女子戏班的记载，但它指的是达官豪门豢养的私家女乐，女子卖身入府，沦作艺妓，不像男班可在民间流动演出，普通百姓是看不到的。清康熙初，敕令禁止私设女戏，到了清同治末、光绪初，出现了一种全部由少女组成的京剧女班，时称“髦儿戏”。清光绪中期，髦儿戏进入上海、杭州等大城市，演出于茶楼酒肆，因服饰艳丽，文武兼备，新颖逗人，使城市观众耳目一新。但髦儿戏有封建时代“女乐”的浓厚痕迹，据有关资料记载，女艺人邀外唱戏，主人可请留宿，有“色艺兼售”之嫌，因而在“五四”运动后日渐衰落，到 20 年代末就销声匿迹了。清朝时，为了整治官员作风，清政府严禁官妓制度，清朝政府对官员交游青楼女子作了严厉的限制。《大清律例》“官吏宿娼”条规定：“凡（文武）官吏宿娼（狎妓饮酒亦坐此律）者，杖六十，媒合人，减一等。若官员子孙（应袭荫）宿娼者，罪亦如之。”①当官的人是不能够吃花酒的，一旦发现轻则六十大棍，重者发配到边疆，不异而论。清政府禁娼的心理动因，就是表明自己是正统礼教的维护者，妓女当然是反面典型，所以为了维护正统，开始实行禁娼。京剧形成的初期，京剧舞台上只有男演员，没有女演员，所以早期剧目多以生行戏为主，旦角戏很少。清政府禁娼的风波致使男宠大兴，甚于女色。因此“男旦”就是梨园历史上的产物。

导致这种非常态的“男扮女”现象的原因之一，跟旧时代禁止女演员登台演戏的封建道德律令有着密切的关系。尽管女伶演戏在元明舞台上曾一度活跃（尤其是元代），但到了清代，随着封建礼教意识强化，由于朝廷明令禁止女子演戏、禁止养家班，梨园行成为清一色男演员的天下，女性被长期排斥在戏曲舞台之外。

（二）以男尊女卑为主的性别等级制度与社会伦理纲常

在以男尊女卑为主的性别等级制度之下，又由于舞台上女性的风情展露，

① （清）阿桂等纂：《大清律例·全六册》，清乾隆五十五年（一七九〇）武英殿刻本，中华书局 2015 年版，第 537 页。

并因女伶与娼妓之间的丝缕关联，男权社会遂将女伶与娼妓等同视之，从而导致男权以“维风化，安社会”之名，名正言顺地将女性驱逐于戏曲舞台之外。

严格的戏禁政策不仅禁止女性登台演戏，女子观剧也被统治者严厉禁止，女性被长期排斥在戏剧艺术的大门之外。究其原因不外有三：

其一，辨析男女，内外分之，禁女子抛头露面于市。在男尊女卑的社会性别等级制度下，将“女正位乎内，男正位乎外，男女正，天地之大义也”①的传统儒家思想作为日常的行为规范，要求平民女子，无论家庭门户大小，尊卑贵贱，均应恪守闺范，深居闺中，禁止不明原因的窥视外壁，禁出外庭，若事出门，需戴盖头、面帽用以遮面。如有女子观戏，仅凭擅离闺阁，出门抛头露面此项，就已然违反了种种条例，扰乱“女正乎内，男正乎外”之规，结队相伴观戏，艳服漫游市井，高言谈笑品评等更是越轨、不能被容忍的行为。在男权话语体系中，强调“妇者，家之所由盛衰”②“父子兄弟夫妇各得其道，则家道正矣”③“推一家之道，可以及天下，故家正则天下定矣”④“自古家国兴亡，莫不一本于女”⑤，干系如此之大，则女子看戏，不禁何为？

其二，男女授受不亲，强调男女别途，坚守男女大防。传统礼法强调男女授受不亲，要求无任何血缘关系的亲人“非有行媒，不相知名；非受币，不交不亲”⑥，即使是非同性亲属之间都要实行严苛的回避制度。而在公共的戏园、剧场中，男女同争座次，人来人往摩肩擦背互相推搡，此等行为有伤风化，故而，“风化攸关，合亟示禁”⑦。除此之外，最为礼制所不容的，则是男女因观戏杂处而互生情愫，情投意合，继而私订终身、私奔野合。这种伦理问题触碰了传统礼制的底线，气势可堪猛兽，而恰恰是这种“猛兽”之事，在现实中却屡禁不止、防不胜防，所以拥有话语权的男权阶级便伺机出动，欲从源头断绝，禁男女杂坐混立观戏，更有甚者单方面严禁妇女出入戏场观戏，便也从源头掐断了此类事情发生的可能性。

其三，将戏剧定义为万恶之源，将女性观剧划为一切社会伦理混乱的源

①③④ （宋）程颐撰：《周易程氏传·家人》，王孝鱼点校，中华书局 2016 年版，第 161 页。

② （北宋）司马光：《温公书仪·婚仪上》，转引自杜芳琴、王政主编：《中国历史中的妇女与性别》，天津人民出版社 2004 年版，第 281 页。

⑤ （宋）张浚：《紫岩易传·家人》，转引自杜芳琴、王政主编：《中国历史中的妇女与性别》，天津人民出版社 2004 年版，第 280 页。

⑥ 同上，第 357 页。

⑦ （清）清绍兴师爷传抄秘本《示谕集录》，商务印书馆 1992 年版，第 59 页。

头。只因戏剧舞台多有鸡鸣狗盗之事，恐惑乱女性心智，而戏中为了满足观众品味的差异，丑角、旦角便也故作丑态，女子观后难保未有不学者、情思不禁者、意马难拴者，若有因此而犯忌讳者，做下丑事，落人口实，其族三代受人非议，岂不是自取其辱，自取其祸？故此，于戏剧而言女子还是不观为上。

综上所云，在男权等级制度下，他们制定各种纲常伦理，后又细化出种种女教闺范，“艳服出游群集戏场，搭台看戏观剧痴迷，即是败俗伤风；垂帘观剧，依声击节，品评坐客，就是违德悖礼。只许男人进香，不许妇女入庙；只许男人流连风月、混迹歌场，不许女性出入戏园、抛头露面”[①]的荒唐逻辑，严禁女子观戏，直接地剥夺了女性进行社会生活和参与艺术活动的自由权利，追跟究底只不过是统治者以此为手段来统治与奴役女性，目的是彰显男性霸权以及巩固唯我独尊的统治地位，这才是男尊女卑的社会制度之下各阶层极力严禁女性登台演戏、抛头露面、结群观剧的实质所在。

（三）男性主导社会话语权与女性传统教化意识

封建社会以来，女性逐渐沦为附庸，这一时期多以儒家思想作为伦理准则，故而统治阶级会用“三纲五常”“三从四德”来束缚和限制女性。如《女诫》《女儿经》等，试图按照封建道德伦理要求去塑造女性，使她们成长为符合封建理想规范的贤妻、良母、淑女的形象。这些古代的妇女，在封建社会传统伦理准则和道德规范的要求下，长期扮演着传统社会所要求的柔和、顺从的角色，进而淹没在历史的长河中，沦为无自我、无生机、无个性的符号象征。

传统儒家文化特别强调女性的贞节观，到了明代，“饿死事小，失节事大”等观念大行其道，要求女性严格遵守，用封建礼法和道德伦理教化女性禁欲。而在男尊女卑的男权控制之下，受男权礼法压制，女性被迫与戏曲艺术隔绝的时间近乎数百年之久。直到中国近代，民族危机的产生，导致大量有识之士开始师西方，将男女平等的自由之权作为救国存亡的思想利器，将妇女解放作为政治变革与自强不息的重要手段，使得坚无不摧的男权性别话语体系开始动摇，女性与戏曲的隔阂也开始逐渐走向消融与瓦解。

至此，对于女性而言，无论观剧、演戏，再无礼教与法令的限制，更无道德与舆论的压力。女性作为社会的半壁巾帼，在历经重重磨难之后，终于从戏禁的泥沼中获得解脱，逐渐拥有和男子相同的平等与自由等权利，并且可以尽情

---

① （清）清绍兴师爷传抄秘本《示谕集录》，商务印书馆 1992 年版，第 65 页。

地享受过往唯有男性方能享受的戏曲艺术审美活动。

三、女伶重登戏曲舞台的多重因素

（一）西方现代文明的启蒙

近代以来，国门敞开，西学东渐，西方文明被引入中国，西方文明和中国传统文明相互交融、碰撞，对我国的近代文明产生了重大的影响。在这一时代生活的知识分子无一例外地受到了西方文明的熏陶，并且一部分留洋归国之士也亲眼见证了国外妇女的独立与抗争，对我国妇女的黑暗现状及卑微的社会地位感到悲痛与不公，他们逐渐认识到我国妇女的社会地位需要从本质中求变，开始呼吁社会，用社会力量来为妇女发声。于是，在西方列强侵略加重国民贫困、封建制度过度压榨、近代工业初步发展、女性工人力量不断壮大、对西方人人平等的憧憬以及女子学校在中国的兴起等，这一系列问题和现状使女性独立意识开始觉醒。以康有为、梁启超为代表的资产阶级维新派，他们认为男女同人同权，不可分而视之，人生而平等，妇女应同男子一样平等地享有权利、行使权利。过度限制女性行为，有悖天理，损害人权，他们尝试建立某种两性之间的和谐关系，主张妇女解放，试图在互帮互助的基础之上重塑中华民族传统的社会伦理准则。他们著书立说，广开言路，从思想上帮助妇女独立、建立自立自强的自觉意识，在实践中实行反缠足运动，并呼吁社会力量投入推动女性解放的运动中，创办女子学校，使女性和男子一样平等地接受教育，以此拉开了中国妇女解放运动的序幕。

1. 废裹足，求自由

废裹足，是对束缚女性身体的形体解放，兴女学，是让女性自觉形成独立意识、养成自立自强人格的精神解放。两者缺一不可。这两方面实践，促使妇女解放运动取得实质性推动和持续深入发展。南宋以来，男权社会以男尊女卑为伦理标准，强迫女性从孩提之时便开始裹足，并建立了以女子小脚为美的扭曲的审美标准，这一标准，最终演化成了封建家庭规避女性随意出入厅堂、公共场所的利器，将女性牢牢地拴在了深闺之中，束缚了女性行踪，家庭场域变成了其唯一能活动的场所。禁止女性外出社交，强化女性的附属关系。女子被约束在家，大门不出，二门不迈，一言一行都要符合社会要求女子举止行为的种种闺范，所以女子抛头露面登台演戏，在公众面前搔首弄姿、展示自身才艺，只能是天方夜谭，被整个社会所不容和排斥。由此，“裹足”之陋习，以及以女子小脚为美的扭曲审美标准成了压在中国女性内心和身体上的双重枷锁，最终阻碍了中国社会的进步和发展。将女性封闭在家里，阻断一切她们自由与人交往和参与社会事务的权利，妨碍了她们的正当工作，阻碍了她们欲求通过演戏等正当职业谋求和实现人生价值的基本权利。于是，清朝末年，以康梁等人为首的维新派人士，在思想舆论上大肆宣传，从各个方面痛斥裹足的弊病，论述废除裹足的历史必然性和趋势，全国各地的不裹足会如雨后春笋般涌现，推动了不裹足运动向纵深发展，整个社会，无论男女，都开始了对裹足的讨伐与鞭挞。废除裹足之陋习，为女性敞开家门，融入社会，重新登台演戏提供了必不可少的先决条件。

2. 兴女学、唤平等

战争的屡次失败，促使先进国人们思考要想从根本上改造国民，只能诉诸教育，他们看到中西方教育的巨大差距，意识到女子同样是社会中不可或缺的重要力量，女子教育对民族兴亡同样起到重要作用，女子应当向男子一样平等地享有受教育的权利，因此应重视女子的教育问题。学者们认为要想复兴女权，必以教育为手段，他们表达了教育的重要性，认为“女教不昌，民权不振，民权不振，国势一定不强”[①]。借此开始大兴女学，呼唤平等，这一诉求后被纳入国家振兴的发展轨道中，为女性从思想上摆脱男尊女卑、有失公允的社会意识形态，摆脱为物为奴、依附于男权和不公正待遇的思想羁绊提供了思想准备，促使女性从思想上树立和男性平等的意识，女性自我独立意识开始觉醒。这些接受过教育的新知识女性进入工厂工作，登台演戏抑或从事脑力或体力劳动，能靠自身劳动养活自己，从人格和经济物质方面都不再沦为男性的附庸。兴女学构成了清末民初新女性争取自身解放的重要一环，她们的目光不再局限于传统家庭这一方小小的天地，而是竭尽所学为追求自身独立解放与社会进步作出自己的贡献。女学的兴起，为整体提高女性素质，促使女性走出家门、走向社会、重新登台演戏，从事演艺事业，参与一系列社会事务与运动打下了坚实基础。

（二）戏曲改良运动的推动

在内忧外患的时代背景下，近代社会的发展促使戏曲进行变革，戏曲承载了启蒙民众、开启民智、促使社会觉醒，挽救国家危亡的历史使命。纯粹观赏

---

① 竹庄：《论中国女学不兴之害》，《女子世界》1904 年第 3 期。

娱乐大众的目的已退居其次。曲界革命在以爱国主义精神的主导下，主动适应革命形势和社会发展的需要，无论是内容还是形式，都进入了以自我创造、自我革新、自我批判为主导的改良时代。随着革命情绪的高涨，无论京剧或地方戏，还是早期话剧，都不同程度地受到影响，戏曲创作进入了前所未有的繁荣阶段。从戏曲题材上看，出现了许多针砭时弊的社会问题剧：如痛斥黑暗官场和贪腐官员，关注妇女问题、维护女性权益，赞扬革命志士、歌颂革命精神，批判社会现实、揭露社会黑暗等，这些剧目反映了创作者们对社会问题的关注和对民族国家出路的思考。

戏曲艺术，拥有庞大的受众群体，加之日益发展的科技手段与传播媒介的介入，让戏曲的传播方式更加多样化，传播途径更加清晰化，这种能够高度迎合大众日常生活审美的艺术形式在社会中广泛流行起来。与此同时，以梅兰芳、汪笑侬为代表的一批主张戏曲改良的艺人或团体以及齐如山、吴梅等戏曲理论家对戏曲理论、舞台美术、机关布景、角色行当、舞台表演艺术等方面作出了巨大革新和贡献，并受到了广泛赞誉，将戏曲改良运动不断推向高潮。

清末民初，内忧外患的中华民族正经历千年未有之变局，国门被迫打开，国家被迫进入现代化转型期，在内外交困的民族生死存亡之际，当时受到最初启蒙的男性，逐渐意识到，要想实现国家振兴、民族富强，必定要有女性的参与。随后他们开始试图提升女性的地位，重视女权，推动实现男女平等，逐渐唤醒她们的自我启蒙意识，激起她们的爱国情怀和民族振兴的使命感与社会担当的责任感。戏曲作为中国传统艺术中的重要一环，它具有广泛的受众和在大众之间流行的传唱度，具有文学等其他艺术形式所不可比拟的口耳相传的广泛群众基础。戏曲能通过更加通俗的方式贴近民众的生活，更能生动地反映社会现实，为广大女性传播先进思想、树立先进榜样起到了重要作用。卧虎浪士在《〈女娲石〉叙》中强调："我国山河秀丽，富于柔美之观，人民思想，多以妇女为中心。故社会改革，以男子难，而以妇女易。妇女一变，而全国皆变矣。虽然，欲求妇女之改革，则不得不输其武侠之思想，增其最新之智识。此二者皆小说操之能事，而以戏曲歌本为之后殿，庶几其普及乎？"[①]在这种社会背景下，戏曲中出现了大量的女性形象，这些女性的形象最终变成了试图进行改良的先进知识分子的首选"改造"对象，他们对其进行艺术加工，尝试通过自

① (清)海天独啸子：《女娲石》，时代经典出版社 2004 年版，第 226 页。

己的意愿来主观地塑造戏曲中的人物形象,把戏曲中的女性塑造成接受过良好教育的新时代独立女性,塑造成为民族国家的生死存亡殚精竭虑、竭尽所能奉献自身力量的女国民、女战士。无论是在戏曲中歌颂女性角色,还是越来越多女性思想开始启蒙、深受这场戏曲改良运动的推动重新登上戏曲舞台,它们都是互为表里,起互相促进的作用。总之,戏曲改良运动的助推,为女性意识的觉醒、女性突破家庭的禁锢并重新担当起社会角色添了一把不可或缺的助燃剂。

(三) 女性戏禁政策的松动与租界的特殊环境

1. 女性戏禁政策的松动

晚清朝廷危如累卵,腐朽不堪,使其无暇他顾。同治在位时,对女伶的禁令较康乾之时宽松许多,放松对女伶登台演出的限制,政府渐而不禁夜戏,对各地管辖女伶不严,玩忽职守之官员,也相应地降为半年罚俸。除去当时京城限制女伶以外,地方上已经不太限制女伶登台演戏。禁戏政策尤其是女戏禁演令的松动,使大批女伶有机会重新登上戏曲舞台,女伶复现,女戏复苏。就在当时,成群的女性被时常邀请至津门、汉口、上海、苏杭等地演出,女伶一时风靡全国。

同治、光绪年间,由女性全权扮装的髦儿戏盛行于世,文场大戏、截头去尾的唱功戏,都被表演得出神入化,演出范围遍布全国,深受百姓追捧和喜爱。女伶与女戏演出亦非常活跃、遍地开花,在天津、上海等地尤为显著。天津女伶云集以张凤仙、小兰英等最为著名,她们或皮黄擅场或以杂剧示人或专唱梆子,每一剧种、每一剧目、每一角色都被表现得淋漓尽致。光绪二十年(1894 年),全国首家全由女性搭班唱戏的戏园——美仙茶园在上海出现。无独有偶,如大富贵、霓仙、女丹桂等一大批以女性为主打和特色的戏园竞相出现。一时之间,无论百姓、名流、富贾、官员竞相追捧女伶,观看女伶演出成为当时风潮。自此,女伶复登舞台,登上戏园舞台的她们逐渐受到大众百姓的认可与欢迎。

女伶在上海、天津等地的演出备受欢迎,长盛不衰,然而在北京地区的女伶却有着相反的命运,只因清政府在北京对女伶登台的严格限制。1911 年,民国之初,女伶演戏曾短暂开放,男女同台被允许。与此同时,北京文明茶园的俞振庭诚挚邀请天津梆子女伶进京献艺,此次演出在北京城轰动一时,备受欢迎,从此之后,北京当地的女伶和众多外地慕名而来的女伶重新登上京都的戏曲舞台。但之后,国民政府以“维风化、安社会”为由,又禁止男女同台演出。

在这种背景下，出现了大量全部角色行当全由女伶担当、全由女性组成的坤班，如天津的陈家班，上海的林家班，北京的崇雅社、奎德社，等等，继而全部成员由女性构成的坤班开始崭露头角，使女伶队伍不断壮大，引领女伶演出走向更加专业化、专门化、市场化的道路，促进了更多女伶的涌现和崛起。

2. 租界的特殊环境

1840 年鸦片战争以后，英国殖民者通过《虎门条约》取得了在上海建立租界的特权，于是，近代中国第一个租界地随之产生，此后他们又在天津、广州、汉口等重要的通商口岸开始设立租界。租界的最大特点就是租约国自治，不受租借国法律的约束，并且在租界能享有众多特权。所以，清政府对于戏禁的政策法规在租界内是不受管理控制的。租界内开放宽松的氛围为戏曲艺人登台演戏提供了良好的平台环境。

同治、光绪年间，最早的女伶登台的事件就发生于租界之内，并且在这些租界中出现了大量的戏园，这些专供女伶登台演出的戏园中，最早的当属杏花园，此园现于同治年间，地理位置则在上海英租界的大马路上。而其中开办最久的则是群仙茶园，此茶园的创办者是租界包探童子卿。在上海的法租界也开设了凤舞台，专为女伶打造。女伶在租界的特殊环境中，暂时逃避了政府对女戏的打压限制，从而改变了戏曲舞台上一直以来男性独霸戏曲艺术领域的局面。租界拥有的种种特权，为观众趋之若鹜地争看女戏提供了便利，同时也为女伶重新登台演戏提供了必要的条件，观看女伶演戏一时成为当时社会的摩登风尚。光绪三十一年(公元 1905 年)发行的《绘图游历上海杂记》中关于女伶于上海租界内登台献艺的盛况都有充分而详尽的记载。女伶租界献艺盛况，不止于上海，之后新建的天津租界，也为众多女伶提供了庇护场所，他们为了逃避政府戏禁禁令而大量涌入租界，一时之间戏曲艺人大增，使得租界茶园遍地开花，犹如雨后春笋，如聚兴茶园、天福茶园便是在此时建立。租界内茶园生意的火爆，致使戏曲艺术在天津一带得到了急速发展，从某种意义上来讲，茶园的兴旺也间接促进了女伶在天津当地迅速崛起之局面的形成。

上海、天津设埠之后，经济快速发展，呈现出一派生机勃勃的繁荣景象，一时间富贾云集、五方杂厝。租界里得天独厚的优势，使这些城市获得了相对自由的发展空间。租界内宽松开放的环境，为女伶的登台提供了不可或缺的前提条件，同时也为促成女伶的迅速崛起打下了坚实的基础。自此租界成为了女伶登台献艺，名流云集的重要阵地，也成为女伶得以谋生扬名的大本营，她们在租界内获得了前所未有的独立与尊严，得到了社会的广泛认可与尊重。与此同时，租界的设立，使戏曲发展突破传统的藩篱，开始适应环境和时代的变化并不断改良。租界的存在，推动了戏曲的发展与变革，成为戏曲赖以生存和改良创新的先锋阵地，在戏曲艺术的近代转型中扮演了极为重要的角色。

(四) 女性自我主体意识的觉醒

20世纪初，国内知识分子受西方"天赋人权"、女权学说等思想的影响，他们要求振兴女权，推动女性意识的觉醒；女学的兴办，女性接受了教育，学习了新文化新知识、接受了新思想等主客观因素，也促使女性把关注点放在自己身上，重新认识、审视自我在社会中的定位，独立意识开始觉醒。在她们看来，要想摆脱以男性为中心，成为具有独立思想、自由意志的人，成为行为不受过度约束的个体，应该重塑自身人格，使其人格独立，真正认同并践行男女平等；其次是女性谋取职业、参加工作，通过劳动获得经济收入，实现经济独立。

在经济上依靠男性，是长久以来女性遭受不公正待遇、受歧视和压迫的主要原因。她们认为，要想成为"女国民"，摆脱男性的束缚和压制，摆脱被支配的地位，取得和男性同等的身份地位，不再成为男性的附属，首先需在思想上进行启蒙，必须实现人格的独立。对此，首先要树立自尊独立意识，争取和男性享受同等的权利义务与社会福利待遇，改变那种"为着要依靠别人，自己没有一毫独立的性质"。①但要想真正实现独立，做到思想独立、人格独立，首先经济独立是前提，实现经济独立是广大女性真正获得独立、赢得尊重和享受相应社会权利的基础和先决条件。对此，女性要想真正实现自我解放，赢得社会话语权，前提是女性必须要实现经济独立，参与职业劳动，自食其力。秋瑾曾说："欲脱男子之范围，非自立不可；欲自立，非求学艺不可，非合群不可。"②谋求经济独立的愿望促使广大女性开始学艺并重新登上戏曲舞台，在舞台上尽情绽放自身风采，通过自身劳动赢得了社会尊重。女性从内在思想上的转变，也为女伶重新登上戏曲舞台增添了深厚持久的心理支撑和源源不断的内在动力。

四、结　语

封建时期，历朝历代的朝廷政府为安定社会、巩固统治，在戏剧艺术方面，

---

① (清)秋瑾:《秋瑾集》，上海古籍出版社1979年版，第168页。

② (清)秋瑾:《敬告姊妹们》，《神州女报》1907年第1期。

制定颁布了许多政策，这些政策促进了我国古代戏剧的发展，对其产生了不容忽视的影响。在以男性主导社会话语权的男尊女卑的社会大背景下，当戏剧在审美情趣、价值观念等方面与当时社会的性别等级秩序相悖、与当朝政府所崇尚的社会伦理纲常、道德伦理规范、人伦教化意识等儒家正统思想不相符时，政府当局就会出台各种政策，对戏剧演出形式、演出场所作出限制，约束戏曲演员的自由、规定戏曲剧本的创作、监管观众接受与戏曲的传播，甚至颁布禁令等法律条文，禁止女伶登台演戏，禁毁戏剧剧本、废止戏剧演出活动，形成了禁止戏剧娱乐活动的文化专制现象。

禁女伶政策最早见于唐朝的戏禁文款，从唐代一直延续到清代的整个封建社会，这个时期，封建统治者为巩固封建统治、加强对意识形态和思想文化领域的控制，为在精神层面实现大一统的局面，反映在戏剧艺术方面，就表现为政府颁布了一系列"禁女伶"的政策法规。中国古代误将女伶定义为妓，认为女伶以色惑心，害政伤风，是导致吏治腐败、官员迷恋、贪图享乐以致罄其产业的重要祸因，同时，官员们一掷千金、携妓宴饮的行为花销巨大，与历朝统治者倡导的崇尚节俭、反对奢靡浪费的生活作风相违背，因而为当权者所不容。此外，在男尊女卑的封建等级社会里，男性主导社会话语权，他们按照自己的标准要求女性，用三从四德、三纲五常等传统伦理纲常去规范女性行为，禁止女性登台演戏等种种做法，实质上是男性为了彰显自己的霸权地位，巩固自身统治，最终目的是为其政治理想而服务的。

综上所述，对于女性戏禁政策的种种规约限制，禁止女性登台演戏的限令条款，经历了由封建社会前期的强力推行到封建社会后期日益废弛的演化过程。这些对于女伶的戏禁文款，制定的根本目的在于整肃朝廷纲纪、防止官员腐化，以"礼教治国"，促使吏治清明，巩固自身的封建统治。到了清末民初，随着西方文明的启蒙影响、戏曲改良运动的助推、女戏禁令的放松与租界内宽松开放的环境，女性自我主体意识的觉醒，这些外部因素和女性自身的内在觉醒，都促使女伶重新登上了戏曲舞台。在这一流变中，我们窥视了女伶从"被禁"到"解禁"的整个发展轨迹与演变历程。这个现象由此说明了一个根本问题：唱戏听曲是人们正常的精神娱乐需求，女伶和男伶同样享有登台的权利与自由，而朝廷以硬性规定强行禁止女伶登台演戏，实际上是不可能实现的。种种现象也表明，"禁女伶"等政策的反复重申与屡禁不止，"禁女伶"条款的颁布与试图违反这种禁令之间各类社会现象的斗争与对垒，也说明要把作为两性之一、不可或缺的女性禁绝在戏剧舞台的大门之外是不合常理、违背伦常、不可能长期实现的。

The actress's plays of the prohibition analysis of the evolution course, historical origin and lift a ban multiple factors

Abstract: In the social gender hierarchy in which men were superior to women, The promulgation of the policy of banning women playing and acting since the Tang Dynasty the and reached the peak at Qing Dynasty. In the feudal era when men dominated social discourse, The social uses ethical principles such as three cardinal principles and five principles, three obedience and four virtues, men outside and women inside, traditional edification consciousness such as the difference between the sexes there should be a prudent reserve and specific boudoir standard to teach women abstinence, women are strictly prohibited from performing on the stage, directly deprived women of their freedom to participate in artistic activities right. Since modern times, due to the enlightenment influence of western civilization, some progressive intellectuals practiced the anti-foot-binding movement in practice, set up women's schools, all of these provide essential conditions for women to go out of their homes, go to the society and perform on the stage again. The boost of the traditional opera improvement movement also played an important role in helping women break through the shackles of the family and play a social role again. The relaxation of the ban on female actors plays has promoted the emergence and rise of more female actors, the open and loose situation in the concession provides a good platform environment for traditional opera artists to go on stage perform again. The awakening of female self-subject consciousness has added profound and lasting psychological support and continuous impetus to the actress's re-entry on the stage act in a play. In short, from strict enforcement of prohibitions to relaxation and cease to be binding, It shows that the policy of banning female actors is against ethics and cannot exist for a long time.

Key words: Actress; the Prohibition of Acting; Men are Superior to Women; Traditional Opera Improvement; Female Subject Consciousness

作者简介:刘欣,上海师范大学人文学院博士研究生。

从“控罪”到“全价值呈现”：东北地区近现代建筑遗产的话语更新路径[①]

赵士见　李　广

摘　要：自20世纪50年代始，东北地区近现代建筑遗产采用“控罪式”话语，旨在批判日伪罪恶，激发民众对侵略者的愤恨和爱国热情。然而，“控罪式”话语以十四年沦陷史代替整个东北近代史，以国耻教育遮蔽建筑的文物价值、科学价值、艺术价值等，塑造出单调压抑的城市形象。鉴于此，东北地区近现代建筑遗产应从强调“控罪”转向“全价值呈现”，具体举措有克服话语的“内容贫乏”，编制导览范本，营造“可爱、可敬、可阅读”的情境。

关键词：东北地区　近现代建筑遗产　殖民侵略　全价值　话语更新

中国东北城市保存着晚清以来不同时期的建筑，汇聚了俄式、日式、法式、英式、中国传统样式的建筑风格，承载着红色文化，东北地域文化，日、俄、法、英等国文化交相辉映的特质[②]。近20年来，随着城市在经济社会发展中的主体地位越来越凸显，东北城市迫切需要通过挖掘历史文化资源来塑造城市形

① 本文为国家社科基金项目“日本对华精神侵略民间史料收集、整理与研究”(17ZDA206)阶段性成果。

② 西泽泰彦、越泽明、刘亦师等关注长春历史建筑规划与建设，见刘亦师《伪满“新京”规划思想来源研究——兼及城市规划思想史探述》，《城市规划学刊》2015年第4期；西澤泰彦『東アジアの日本人建築家：世紀末から日中戦争』柏書房，2011。杨照远、李之吉等侧重长春历史建筑的审美与科学价值，见杨照远：《长春近代建筑特征的研究》，《第四次中国近代建筑史探究讨论会》，1992年等。周星、周家彤关注长春历史建筑保护利用与旅游开发，见周星：《中国东北地区殖民地建筑的“文物化”及旅游资源化》，《遗产》2020年第2辑；周家彤「長春市における『滿州国』遺跡群の保護状況に関する考察」『現代社会研究科研究報告』9号，2013。

象、提升城市软实力。同时,日益兴起的旅游业促使人们更加重视东北近现代建筑的文旅价值。无论是城市文化形象的塑造,还是文旅资源的开发,都需要面向公众阐述东北近现代建筑遗产的价值。然而,自 20 世纪 50 年代以来,东北近现代建筑遗产话语强调日本殖民侵略的"罪恶",具体表现在历史阶段上,集中于伪满时期,忽略近现代建筑遗产的整体性;在价值上,注重建筑是揭露、批判日伪殖民统治的"罪证",忽视建筑蕴含的红色基因及文物价值、艺术价值、科学价值等。东北近现代建筑的"罪证"价值内涵,构建出"控罪式"话语,使公众产生建筑没什么价值或价值不大的消极印象。因此,突破"控罪式"话语困境的关键在于与时俱进,转向东北近现代建筑遗产的全价值呈现①。

一、"控罪式"话语的建构及困境

1860 年,牛庄开埠拉开东北近代建筑史的序幕。英法等国在中国东北口岸城市修建西式建筑。日俄战争后,日本不断在长春、大连等铁路附属地内修建基础设施。九一八事变后,日本扶植清逊帝溥仪建立伪满洲国,鼓吹"王道乐土",并强烈反映在城市建设上,致使殖民地城市建筑具有多样性②。伪满为凸显政权的正当性和合法性,在当时长春、大连、沈阳等城市制定和实施"都市规划",修建大量官厅建筑、商业建筑、宗教建筑等。抗战胜利至 20 世纪 50 年代,东北近现代建筑作为普通物业资产,被接管后分配给各机构单位办公使用。此时,人们更多是关注东北近现代建筑的实用性,并未重视建筑遗产的其他价值。20 世纪 50 年代后,东北近现代建筑的历史价值中日本殖民侵略内容被日益重视。

(一) "控罪式"话语的建构

20 世纪 50 年代,中国共产党对日本战犯的审判,使大量日伪侵略者罪行暴露,引发民众对施罪地的愤恨,也引起民众对日本殖民建筑的批判。这也是东北近现代建筑"控罪"话语的重要起因。到了 20 世纪 60 年代,特别是 1962 年吉林省在伪满皇宫旧址筹建"日本帝国主义侵略陈列馆"③,开启东北建筑遗产的历史价值与文物价值探索之路,也奠定今天东北近现代建筑话语的基调。当时以伪满皇宫为代表的日本殖民建筑向博物馆转变,得益于政治形势,

① 王艳平:《关于对殖民建筑遗产性的教学讨论》,《旅游学刊》2005 年第 S1 期,第 119 页。
② 刘亦师:《殖民主义与中国近代建筑史研究的新范式》,《建筑学报》2013 年第 9 期,第 13 页。
③ 吉林省文化厅办公室:《吉林省文化工作文件选编 • 文物博物》,吉林省文化厅办公室 1988 年版,第 114—115 页。

即全国各地将记录“反动派”罪恶的历史遗址作为“反面教材”，揭露和批判日本帝国主义的侵略罪行，激发观众对侵略者的愤恨和爱国主义情感，实现国耻教育。

80 年代初期，因“文革”而停办的殖民建筑博物馆、旧址管理所恢复建制。恢复建制后的历史建筑，在话语表述上承袭 20 世纪 60 年代的定位，强调殖民建筑是“日本帝国主义侵华历史罪证博物馆”①。如伪满皇宫筹办了“日本帝国主义侵略罪行”展和“从皇帝到公民——溥仪生平”。这些展览的解说词，伴随展览的巨大影响而广泛传播，在实际效果上塑造人们对东北近现代建筑的刻板印象，即基于“罪证”价值认知、以“国耻教育”为导向的话语。伪满皇宫办展所确立的话语，对后来东北近现代建筑价值阐释树立了一个可借鉴的蓝本。随后，大连、旅顺等地的日本殖民建筑，采用的导览范本基本上沿用伪满皇宫确定的“控罪”话语，并一直沿用至今。

（二）“控罪式”话语的困境

20 世纪 80 年代，中国改革开放事业已经起步，但从 20 世纪 60 年代沿袭过来的那一套对伪满历史建筑的价值认知，明显与时代需求不协调。东北城市旅游业发展，使得人们日益认识到东北近现代建筑除国耻教育内涵外，还蕴含着文物价值、科学价值、艺术价值等②。

城市旅游业发展要求东北近现代建筑价值阐释的丰富化。随着对外开放的推进和旅游业的兴起，以长春伪满皇宫及八大部、旅顺太阳沟、大连关东厅及附属旧址为代表的东北近现代建筑遗产，逐渐成为旅游热点③。旅游业的飞速发展和展示出来的巨大前景，催生了各地人文历史旅游景点的开发热潮。然而，东北地区近代人文旅游线路和产品相对稀缺和单一。寻求旅游资源的丰富性，成为东北城市文旅和经济发展的当务之急。为此，大连、长春等地政府积极挖掘近现代建筑遗产的文旅价值，逐步将其打造成城市文旅标杆性项目。例如大连将以大和旅馆为代表的中山广场近代建筑群、太阳沟历史文化

---

① 吉林省编制委员会：《批准恢复伪皇宫陈列馆建制（复印件）》，1982 年，伪满皇宫博物院历史文献资料室藏，编号：001055。

② 堀内絢子「ヘルシンキ市の都市計画による二十世紀建築遺産保護に関する考察——フィンランドにおける二十世紀建築遺産保護に関する研究（その3）」『日本建築学会計画系論文集』75(655)，2010。

③ 王恒：《历史文化街区综合评价及保护利用研究——以抚顺太阳沟为例》，《国土与自然资源研究》2014 年第 2 期，第 78 页。

街区，旅顺博物馆等日本殖民建筑遗产作为该地旅游规划中历史之旅的重点。长春市旅游业“十一五”规划（2006 年）将伪满历史遗迹作为六大支柱旅游产品之一①。

在文旅产业开发目标牵引下，东北民众对自身历史建筑价值内涵的认知开始全面展开。社会各界对东北近现代建筑价值的认知，呈现出全面化拓展趋势，即对建筑遗产的认定范围从单个历史建筑拓展至其他历史时期的建筑群，例如大连中山广场周围的日系建筑从最初被重视的大和旅馆，不断扩大到朝鲜银行、横滨正金银行等历史建筑，形成“大连中山广场近代建筑群”，并成功入选全国重点文物保护单位和第二批中国 20 世纪建筑遗产名单。此外，社会各界对东北近代历史建筑价值的认知层面已经不局限于国耻教育价值，其他的文物价值、艺术价值、科学价值、文旅价值开始被重视。尤其是东北各个城市历史文化旅游街区的打造，不仅意味着近现代建筑保护利用范围的扩大，实现了从单体建筑到建筑群再到片状的文化街区的覆盖，更促进东北近现代建筑价值阐释的细节化和丰富化，从而实现了建筑价值认知从单一价值、局部价值到全价值的转化②。

20 世纪 90 年代末期，国家文物保护政策更新，促使人们日益重视东北近现代建筑罪证价值之外的文物价值。1996 年，国务院公布第四批全国重点文物保护单位，在“文物遗址”分类中将过去“革命遗址和革命纪念建筑物”类别改为“近代重要史迹及代表性建筑”类，其中大连俄国建筑、青岛德国建筑等殖民地建筑，列入全国重点文物保护单位。全国重点文物保护政策改变，明确殖民地建筑是值得保护的历史文化遗产，为东北近现代建筑“文物化”提供重要依据。

进入 21 世纪，在全国文物保护政策的指导下，东北地区以政策、立法形式扩大对城市建筑遗产保护范围。如在 2013 年 5 月，国务院公布《第七批全国重点文物保护单位名单》，其中长春伪满皇宫及日伪军政机构旧址、伪满中央银行旧址、长春电影制片厂早期建筑等，列入全国重点文物保护单位。长春近现代建筑遗产入选全国文保单位，极大激励整个东北地区对近现代历史建筑

---

① 长春市旅游局：《长春市旅游业发展“十一五”规划》，2006 年，伪满皇宫博物院历史文献资料室藏，编号：001056-1。

② 王时原等：《近代历史建筑价值评价研究——以大连市中山区为例》，《城市建筑》2020 年 3 月第 17 卷，第 172—173 页。

保护热情。

城市形象建构要求深入挖掘东北近现代建筑的价值。历史建筑遗产是城市风貌的名片，对积淀城市文化内涵具有重要意义。以长春为代表的东北城市在重要历史节点纪念中，尤为注重近现代建筑价值的挖掘与阐述。2000年，正值长春建城二百周年，政府和各界在梳理长春二百年沧桑历史时，强化建筑遗产对城市历史文化形象建构的作用。为此，长春电视台、报社等媒体推出“长春老建筑”“长春地理”“发现长春”等栏目深入挖掘和广泛传播长春历史建筑文物价值、科学价值、艺术价值，使得民众对长春历史建筑的认知丰富化，也在客观上对以往“控罪”话语产生困惑。

二、“控罪式”话语的症结

东北近现代建筑遗产话语表达的困境，根源在于“控罪”话语与今天城市表达语境和传播诉求的不匹配、不协调和不适应。这种纠结背后存在国家与地方历史视角、国耻教育价值与文旅价值、控罪与讲故事、视野范围的错位。

(一) 叙事视角与视野的错位

东北近现代建筑话语表述存在国家历史视角与地方历史视角的错位。控罪式话语观察和评价东北近现代建筑，采取的是宏大国家历史视角，其表述服务于国家历史叙事的需要和爱国主义教育目的。在20多年之前，东北的近现代建筑遗产的叙事完全被覆盖在国家历史的叙事之中，直到最近20年因为旅游业的兴起和城市形象塑造的原因，才逐渐产生了地方历史视角的叙事需求。地方历史视角的叙事会更倾向于强调本地历史文化资源的丰富性、独特性，以增强外界对本地历史文化的认可和好感，培育本地人民对自身历史传统的自豪感、认同感和归属感。

这种由本地发展利益驱动的地方性视角叙事，本质上是城市对自身形象的一种市场化推广，其话语表述方式，与控罪话语相对而言，可以被概括为以展示城市魅力为导向的全价值呈现。上述两种话语体系本质上并无冲突，因为它们面对的都是同一个城市的历史建筑物，同样的史实材料，但各自因为出发点的不同而叙事侧重点不一样，强调的价值也不一样。二者之所以出现不耦合甚至貌似冲突的现象，在于适用场景的错位。二者功能目标不可相互替代，适用范围也不可能相互替代。国家视角的话语体系适用于爱国主义教育场景，而地方视角的历史话语则适用于城市人文形象宣传的场景。

东北近现代建筑话语表述还存在叙事视野的错位,即以伪满史遮蔽一百多年近代东北城市史。东北具有一百多年的近代城市历史,且在不同时期都留下了各具特色的近现代建筑。伪满建筑在东北历史建筑中规模和体量最大、特色最显著、知名度最高,文旅资源开发利用和城市历史传播表达以其为重心是情理中事,但伪满洲国存世仅 14 年,相对于一百多年的东北近代城市历史而言,只是一个极为短暂的片段。如果以伪满建筑代表东北历史建筑,就相当于用伪满 14 年历史代替东北近现代史。这样的城市历史表述,很显然存在着以偏概全、以局部遮蔽整体的认知错误,从而误导公众对东北城市历史的整体解读,而将 14 年的历史阴影放大并投射和覆盖到整个东北近现代历史。

突破视野上的自我设限,东北近现代建筑遗产话语更新就会豁然开朗。将近代东北历史完整地表达出来,尤其是强化东北在新中国革命和建设时期的重大史实发掘和红色故事讲述,有利于改变东北城市历史在公众认知中的刻板印象、摆脱过去控罪话语带来的心理阴影,塑造出一个更富魅力的城市文化形象。

(二) 叙事逻辑和风格的错位

东北近现代建筑在叙事逻辑上存在国耻教育价值与文旅价值的错位。控罪式话语在逻辑上是早期对东北近现代建筑价值的单一化、片面化认知的结果,即排他性强调国耻教育价值,而无视其他价值。地方性文旅传播则更侧重历史建筑中能引发愉悦体验的价值表达。如对长春新民大街两侧的伪满官厅建筑,控罪式话语强调建筑是日本帝国主义和伪满傀儡政权统治镇压中国人民的缩影,而文旅传播话语表述会首先从游客的直观印象出发,介绍这些建筑的艺术风格、建造过程、功能结构,发生在这里的重要历史故事,甚至会引导游客欣赏建筑独特的审美细节。

从游客的角度,基于全价值呈现的表述更能给自己以知识的获得感和情绪上的愉悦感。然而,基于全价值呈现的表述需要对这些建筑以及相关历史背景进行充分、深入、细致的研究和内涵发掘,从而为文旅信息服务提供充足的知识素材储备。没有这样的基础性准备工作,话语表述显得空洞。当前东北的人文历史表达最明显的弱点,就是还没有彻底摆脱这种历史知识的内容贫乏。

东北近现代建筑在叙事风格上存在控罪叙事与平和讲故事之间的错位。

控罪式话语就其最初追求的功能目的而言，是为了激发国恨家仇以及由这些情绪催发的爱国主义情感。而今天我们创新城市人文历史表达的目的，是要讲好城市故事。控罪式的话语的叙事风格多诉诸激情，重视煽情修辞策略，注重对历史事件和人物进行脸谱化、标签化，拒绝考察具体情境中历史事件演进和人性的复杂性。简言之，控罪叙事对历史的呈现是简单化和粗糙化、抽象化的。以伪满皇宫使用的解说词为例："现在，请让我们共同走进伪满皇宫，了解那在日本帝国主义的铁血统治下，充满了怪诞气息的宫廷及溥仪及其后妃被扭曲的、迥乎异常的宫廷生活。"①这里面的用词如"怪诞""扭曲""迥乎异常"，明显以煽情式的叙事，强行向游客灌输控罪式话语。控罪叙事对于以观光为目的的游客而言，其效果并不理想。它忽视了游客作为独立个体，对近现代历史建筑作出符合自己价值认知的判断，而控罪叙事反而会引发逆反心理。

讲好城市故事，最重要的话语策略，是以平等尊重的心态对待受众和游客，要把历史表述工作理解成为游客提供知识服务。首先要避免对历史进行粗糙简单的标签化、脸谱化处理，避免生硬的立场灌输，避免使用主观化、情绪化、情感化的词语，而是用生动的历史细节、客观而翔实的史料呈现，让受众在丰富的信息量和充实的知识获得感中，形成对东北近现代建筑的积极印象。

综上，通过分析控罪式话语困境的症结可知，东北近现代建筑的"全价值呈现"更能给游客以知识的获得感和情绪上的愉悦感。然而，"全价值呈现"话语更需要对历史建筑及相关背景进行充分研究和深入发掘，从而为包括导览解说词在内的文旅信息服务提供充足的知识素材储备。

三、全价值呈现："控罪"话语的创新路径

东北近现代遗产建筑的控罪式话语范式，在各种场合和语境下反复强调，加深了东北历史文化传播的"内容贫乏"和"语言贫困"。然而，与东北各城市有相似殖民经历的上海、天津等城市，早已跳出上述困境，走出成功的文旅发展之路。鉴于此，东北近现代建筑遗产应从"强调罪证"转向"全价值呈现"，并在建筑价值拓展研究基础上，转向"城市魅力导向的现代文旅宣传

---

① 于国志主编：《吉林省优秀导游词精选》，吉林人民出版社2004年版，第155页。

话语体系”。

(一) 转换心态和切换视角

话语表述方式创新，首先要解决“不敢”“不愿”的问题。不分场合、反复强化的控罪式话语，会让人们一直沉陷在“受害者”心态和耻辱记忆里不能自拔，受害者的怨气和弱者的自卑心态在心理学中具有逻辑上和发生意义上的同构关系。

中国发展到今天，前所未有接近实现中华民族伟大复兴的战略目标，前所未有走近世界舞台中央，已经是当之无愧的世界大国，已经可以“平视”这个世界了。所谓“平视”，就是我们无需以弱者的姿态仰视别人，已经平复受害者的怨气和恨意，开始心平气和、平等地面对他人、面对世界、面对历史，这意味着一种与国力相匹配的从容自信和大度的心态。有这种自信大度的心态，我们回顾自身的屈辱历史就不会再那么敏感和脆弱，在历史表述上就不会那么胆怯紧张，战战兢兢、生怕越雷池一步，就会从容地处理好国耻教育与城市魅力传播的关系。

我们从不否认控罪式话语有其正当性、合理性和必要性，即日本侵华历史罪恶不容否认，民族情感神圣不容冒犯，爱国主义教育必不可少。但“勿忘国耻”的爱国主义教育，与展现城市魅力的人文形象宣传，两者并不矛盾，不过是价值侧重点有所差异而已。

通过话语体系创新和表述方式改进，达到讲好城市故事、促进振兴发展的目的，这是一个城市正当的发展权利和义不容辞的责任，而且必须理直气壮地坚持这一正当权利、担当起这一责任。铭记国耻、振兴中华的爱国情怀是我们需要的，传播家乡美好人文形象、加快长春振兴发展的乡土情怀也是我们需要的。从国家历史视角看待东北历史建筑价值是我们作为中国人所必须的，从地方历史视角理解家乡历史文化遗产价值和意义，也是我们作为市民所必须的。两者不可能相互冲突，也不应该相互抹杀，只需要我们在具体的传播语境中采取合适的视角和选择有效的话语表述方式。

任何话语表述都有其具体的情景和语境，在社教场合开展国耻教育，在文旅传播场合尽可能展现城市正面积极形象，就会各得其所，并行不悖。认为只要一提东北历史，任何场合都必须采取控罪式的话语表述，否则就是忘记历史、偏离宣传导向——持这种立场的，不是坚持原则，而是不讲逻辑、无视事实的极端教条主义行为。如果更深层次地分析，这种立场其实是完全看不到或者忽视东北各城市自身的发展利益和发展需要。

只有面对历史的大度自信心态，在保持国家情怀和国家历史视角的基础上，增强对家乡的乡土情怀和发展利益关切，增添观察城市历史的地方视角，我们才会发现改进和创新城市历史传播表达，乃是理所当然的选择、义不容辞的责任。

（二）加强研究和充实资料

通过对东北近现代建筑的解说词和宣传文本进行考察，发现从官方简介、媒体描述和导游解说词所使用的词汇、展现的史实，都是千篇一律的罪恶控诉和批判。因此，东北城市历史表达的困境，最明显的体现就是内容单调贫乏。造成这种话语贫乏现象的根本原因，就在于长时期以来，我们对近现代建筑了解不足。除了用于控罪的一些政治性史实研究整理之外，对建筑本体多重价值及与之密切相关的商业、贸易、文化、教育等，缺乏系统、深入研究，相关普及性读物无法满足社会需求。久而久之，建筑的历史细节已经随着一代代亲历者、亲见者、亲闻者的逝去而永远淹没在遗忘之中。

因此，东北近现代建筑的表达创新，必须解决原材料匮乏的问题。这就需要加强对东北近现代建筑的研究发掘，鼓励学者和民间爱好者积极投入到东北近现代建筑研究之中，鼓励三亲史料的撰写、收集整理和公开，推动各机构馆藏文献档案的公益化和社会化利用，重点支持那些过去被忽略、被无视的非政治非军事的领域，如涉及文化教育、娱乐休闲、商业消费、日常生活等等充满市井生活气息的专门史的研究、写作和传播。

（三）具体操作建议

在上述分析基础上，建议强化研究，克服东北近现代建筑话语更新中的“内容贫乏”。同时，系统清查现有建筑话语表达中控罪修辞，代以更符合现代传播的导览范本。最后，实行“情境营造”行动计划，让民众可触摸、可阅读东北近现代建筑，构建“可亲近、可参与、可对话”的体验情境。

首先，开展“认知填空”行动，克服“内容贫乏”。坚持“学术立本”原则，在资料整理、数据库建设与开放、学术研究、对外交流等方面下功夫，填补对东北近现代建筑的认知空白。建议采取如下“认知填空”的系列行动计划：

设立包括历史建筑风貌在内的城市史研究专项课题。由东北各地社科联、城建部门以委托课题、出版资助方式，引导学者从过去被忽略的建筑风格、科技及丰富历史细节等方面，研究长春建筑遗产及城市历史。

编撰建筑资料集和科普读物。联合档案馆、规划局等，搜集和整理历史建筑的档案、图纸、历史图片等，编撰《东北历史建筑资料集》。同时，组织学者在资料集基础上，撰写和制作面向大众的《东北历史建筑》读物和网上公开课，使大众在知识上获取更多建筑信息。

建设和免费开放东北历史建筑数据库。由东北三省财政局拨款，推动省市档案馆实现档案的数字化转化和公益化利用，结合《东北历史建筑资料集》，建立“东北历史建筑数据库”，并在各级公共图书馆免费开放，供公众使用。

组建东北人文历史学会。参考英国“英格兰遗产委员会”关于建筑遗产保护办法，汇聚博物馆、建筑遗产、历史学等相关学者，组建东北城市人文历史学会，担负建筑遗产登记目录推荐、日常监管、修缮评估、导览文本审定等职责①。同时，在东北人文历史学会下设“建筑遗产保护利用促进专委会”，推动历史建筑的活化利用，设立研习基地，辅以讲座、夏令营(冬令营)等，向市民传播建筑价值②。

开展国际历史建筑交流节(展)。建议由外办、文旅局加强与东北历史建筑关系国(日、俄、法等)的文旅部门、建筑公司联系，互办“国际历史建筑交流节(交流展)”，推进双方在建筑风格、遗产保护与利用等方面的交流与合作。

其次，实施“话语代谢”计划，引导表达创新。话语创新是一个破旧与立新同时进行的过程。因此，文旅部门开展“破旧”计划应系统清理已经明显不合时宜、过度情绪化的表述用语，代之以规范、客观的表述，即编制慎用词表及更换词表。邀请专家审定东北近现代建筑推介使用的文稿，将“罪证、警示性遗产、罪恶史”等词编制成“东北近现代建筑慎用词表”。同时，适时编制“东北近现代建筑替换词表”，使用“历史见证、文化遗产、殖民统治史”等词，替换“罪证、警示性遗产、罪恶史”等强政治性词汇。

“破旧”计划还应设立东北抗战胜利纪念馆，增强市民自豪感和塑造英雄城市形象。长期以来，东北缺少专门场所用于纪念抗战胜利。鉴于此，有必要在东北近现代建筑中挖掘红色基因，设立“东北抗战胜利纪念馆”。例如，长春

---

① EH. *Understanding Historic Buildings: A Guide to Good Recording Practice*, Swindon: English Heritage, 2006; DCMS. *Revisions to Principles of Selection for Listing Buildings: Planning Policy Guidance Note 15 Consultation Paper*, London: DCMS, 2005.

② 加藤有紗、押田佳子、町田拓也「近代建築遺産ツーリズムを用いた戦後モダニズム建築の保存・活用効果に関する研究」『日本観光研究学会全国大会学術論文集』,33:2018.12。

“伪满洲帝国协和会中央本部”旧址曾为苏军出兵长春时卫戍区司令部，东北抗联教导旅长周保中时任卫戍区副司令，在此指挥抗联战士配合苏军光复东北。因此，建议在“伪满洲帝国协和会中央本部”旧址设立“东北抗战胜利纪念馆”，并设计“东北抗战胜利史实展”，突出东北光复在中国抗战的地位，挖掘红色文化元素，以抗战胜利激发市民自豪感。

在“破旧”之际，文旅部门还要积极开展“立新”计划。目前东北近现代建筑中伪满时期建筑大多是以“伪满”界定历史时期，并作为历史建筑挂牌名称的开头必备文辞。因此，应由文物局、规划局、新筹建的“东北人文历史学会”等部门，开展“优秀历史建筑”挂牌计划，即坚持“全价值呈现”原则，在东北近现代建筑显著位置悬挂“优秀历史建筑”新标牌。与“优秀历史建筑”相配套的是制作话语范本，其构件：艺术价值（建筑风格、设计理念）＋科学价值（建筑材料、工艺、技术、构造特点）＋历史价值（建国前用途、重要历史事件、建国后用途）＋当前状况（政府采取的文保举措：挂牌、修缮等）。

最后，辅以“情境营造”行动计划，构建“可触摸、可阅读”的体验情境。东北近现代建筑因所属产权不一，开放程度低。因此，建议开展建筑“可触摸”行动。“可触摸”行动要依靠立法，推动历史建筑全面开放。建议各级人大会议参照《文物建筑开放导则》和天津、厦门等城市建筑保护利用立法经验，结合长春实际，解决产权复杂难题，推动全面开放①。

东北城市核心区内的近现代建筑，建议采取分时段、预约制参观。在闲置场馆设“历史建筑体验馆”，辅以 VR、AR 数字展示技术，使参观者“沉浸式”感受建筑之美。同时，由文旅局及建筑管理机构联合成立“历史建筑博物馆联盟”，颁发“参观护照”。游客取得参观护照，即可参观联盟内建筑，使整个城市成为“没有围墙的建筑博物馆”。

东北近现代建筑“可触摸”是为更好地“可阅读”。为了让市民、游客立体化读懂东北近现代建筑，应推动建筑“文本化”，即逐步为每栋历史建筑设置二维码，供游客扫码阅读，了解该建筑体历史信息，实现建筑的“全价值展示”。同时，文旅部门应积极策划“最美建筑”社会海选及相关摄影绘画大赛。以“最美建筑”为主题策划网红打卡地，吸引艺术、建筑、摄影等人士，举办历史建筑

① 冬雷、陈伯超：《天津历史风貌建筑保护的政府主导与市场运作》，《沈阳建筑大学学报》（社会科学版）2011 年第 1 期，第 11 页。

画展、摄影展,推动城市魅力的全网传播。当然,东北历史建筑“可阅读”也能带来良好的经济效益。因此,应鼓励和引导社会各界举办以历史建筑为背景的文创活动和制作更具建筑特色的文创产品,学习故宫博物院文创模式,充分挖掘建筑遗产多元价值,拥抱社会需求,打造文创精品,推动东北近现代建筑的社会化传播。

四、结　语

东北近现代建筑遗产原有控罪话语在设计初期,旨在批判日伪罪恶,激发民众对侵略者的愤恨和爱国热情,具有历史的必要性,也发挥重要作用。然而,控罪话语更多适用于国耻教育语境,对于文旅传播、城市形象建构等语境则是格格不入。有鉴于此,当下亟待充分挖掘东北近现代建筑遗产的文物价值、艺术价值、科学价值以及历史价值中的红色基因,尽可能地做到全价值呈现。在实际操作过程中,应当先对原有导览文本进行甄别,代以全面归纳建筑各方价值的新式话语文本。同时,东北近现代建筑应更加零距离地让民众去触摸,使民众直接感受建筑蕴含的艺术价值、科学价值等,更大限度吸引民众打开东北城市建筑这部“大书”,读懂东北城市。

From “Complaint of crimes” to “All value Presentation”: The discourse renewal path of modern architectural heritage in Northeast China

Abstract: Since the 1950s, the modern architectural heritage in Northeast China has adopted a “charge-type” discourse, aiming to criticize the crimes of the Japanese puppet regime and stimulate people’s hatred and patriotic enthusiasm for the invaders. However, the “accusatory” discourse replaces the entire modern history of Northeast China with the history of 14 years of fall, and uses the national humiliation education to cover the cultural relics value, scientific value, and artistic value of the building, creating a monotonous and oppressive city image. In view of this, the modern architectural heritage in Northeast China should shift from emphasizing “accusation” to “All value presentation”. The specific measures include overcoming the “content poverty” of discourse, compiling guide templates, and creating a “lovely, respectable and readable” situation.

Key words: Northeast China; Modern Architectural Heritage; Colonial Aggression; All Value; Discourse Renewal

作者简介:赵士见,东北师范大学历史文化学院博士研究生,伪满皇宫博物院学术研究部副研究馆员;李广,东北师范大学教育学部教授、博士生导师,伪满皇宫博物院客座研究馆员。

福州西湖宛在堂诗龛的构建、增祀考辨及其诗学意义①

翟　勇

摘　要：乾、嘉之后，各地域诗学史呈现建构热潮。作为传统诗学重镇的闽地亦不例外，在传统建构方式的同时，福州宛在堂诗龛的历次增祀成为闽地诗学史建构的独特景象。福州宛在堂兴建于明代嘉靖初年，后湮没无存，直到乾隆十五年黄任、李云龙等人复建，并首次设立诗龛，祭祀有明一代福州十位诗人。道光四年，刘家镇重修宛在堂，增祀四人，同治、光绪初年又增祀三人，而此时增祀的标准多为游迹西湖的福州诗人。民国初年，陈衍等人经多次增祀，共祭祀全闽二百七十余位诗人。福州西湖宛在堂诗龛不仅是闽诗发展史的空间呈现，更成为诗人聚会吟咏的场所以及精神纽带和图腾，同时还促进了闽地诗龛纪念形式的繁荣。

关键词：宛在堂诗龛　增祀　考辨　诗学

研究缘起

蒋寅指出："一个地域的人们基于某种文化认同——种姓、方言、风土、产业及在此基础上形成的价值观和荣誉感，出于对地域文化共同体的历史的求知欲，会有意识地运用一些手段来建构和描写传统。"②诗学发展到有清嘉、道之后，为增进地域诗人的荣誉感与归属感，地域诗学传统构建的热潮兴起，最

---

① 本文为2021年福建省社科基金一般项目"社会转型视域下近代闽台诗学演进研究(1821—1923)"(FJ2021B087)阶段性成果。

② 蒋寅：《清代诗学与地域文学传统的建构》，《中国社会科学》2003年第5期，第171页。

常见的构建方法则是地域诗歌总集、选本的编纂，进而导致地域诗歌总集、选本呈井喷式出现，以至于民初诗坛领袖陈衍感慨道："近世诗征之刻，几遍各省，下至一郡一邑，亦恒有之。此十五国风之支流也。"[①]作为明清诗学重要一极的闽诗坛，亦与此风潮同频共振。郑杰、郭柏苍、陈衍等历时百年接力完成的《全闽诗录》，辑录自唐代以迄清中叶约一千年间闽籍诗人的诗歌选集，每位诗人均有小传，记其字号、籍贯、生卒、科第、仕履、著作等。陈衍《近代诗钞》虽然搜集道、咸以来全国范围内诗人三百余家，但"闽人录至数十家"，遭至云南籍文化大家袁嘉谷讽刺："于闽则著录特多，毋亦爱乡敬止，不嫌于有所私欤?"[②]其他各郡邑诗歌总集、选集亦如雨后春笋，如龚显曾、陈棨仁《温陵诗纪》，李嗣英《杭川风雅集》，张际亮《建宁耆旧诗钞》，涂庆澜《国朝莆阳诗辑》，高镛《剑浦诗篇》等。其他较常见的地域诗学史建构手段，如祖述乡邦诗人的序跋、诗歌以及地域诗话等，闽人亦不落他地之后，郑方坤《全闽诗话》、谢章铤《论诗绝句三十首》等即是闽地此类地域诗学传统构建的代表性作品。

与此同时，闽地还出现了一种地域诗学传统构建的新形式，在会城福州西湖创设宛在堂诗龛。诗龛即供奉诗人神主的石室或小阁。有清一代诗龛最负盛名者当属乾嘉之际诗坛大家法式善，其人亦被称为诗龛先生。昭梿《啸亭杂录》载其"家筑诗龛三间，凡所投赠诗句，皆悬龛中，以志盍簪之谊"[③]。参与法式善诗龛雅集的多为时流名彦，以至于后世小横香室主人误认为诗龛名称之始即滥觞于法式善。[④]实际上，法式善所筑诗龛最早一处据阮元《梧门先生年谱》载："乾隆三十八年癸巳，二十一岁，以诗龛署于僧斋。"[⑤]与此相比，福州西湖宛在堂诗龛则要早于此二十三年，即乾隆十五年(1750)，所祀诗人亦代有附益，绵延近二百年，成为福州乃至八闽诗人雅集赋诗、纪念先贤的文化圣地。宛在堂诗龛的创设使闽地诗学传统的构建不再局限于冷寂的字面书写，而是转化为可感可触的空间呈现，并随着多次增祀展现了闽诗传统祈向的渐变。然而对于福州西湖宛在堂诗龛的研究还基本停留在史实介绍，其中又存在大量的以讹传讹现象，对其诗学地位和闽人诗学兴趣渐变等问题的研究仍属空

---

① 陈衍:《江上诗钞补序》，顾季慈、谢鼎镕:《江上诗钞》，上海古籍出版社2003年版，第1476页。

② 由云龙:《卧雪诗话序》，袁嘉谷著，袁丕厚编:《袁嘉谷文集》(第二卷)，云南人民出版社2001年版，第457页。

③ (清)昭梿:《啸亭杂录》，冬青校点，上海古籍出版社2012年版，第196页。

④ 参见小横香室主人撰《清朝野史大观》，中央编译出版社2009年版，第950页。

⑤ (清)阮元:《梧门先生年谱》，《乾嘉名儒年谱》(第10册)，北京图书馆出版社2006年版，第8页。

白。笔者不揣浅陋，试纠正和分析之，不确之处，还请方家指正。

一、宛在堂构筑与诗龛初设

福州西湖宛在堂首次亮相是在明代正、嘉年间闽中著名诗人傅汝舟与高濲的唱答诗中，傅诗《拟筑宛在堂奉招石门隐君》畅想了宛在堂建成后的隐居生活场景："城外西湖烟雾光，孤山宛在水中央。门开独树悬青磴，径绕千花上碧堂。兰艇桂桡操自稳，药房荷榻卧偏长。秋波不隔寻真路，乘兴须君到隐乡。"①高作《傅子拟筑湖心宛在堂以诗见招，漫答》诗回应："南洲五月湖水平，荷花万顷湖山明。放舟邀客钱已办，题诗寄予堂欲成。渚鹤沙鸥底自性，松云萝月若为情。眼中万事不须问，吾与尔曹当远行。"②虽然高濲诗中有"钱已办""堂欲成"描写，但是高、傅二人诗题皆云"拟筑"，说明作诗时宛在堂并未建成。因此后人多认为宛在堂只停留在傅、高二人畅想中，并未完工。笔者所见最早的质疑者是隆、万年间泉州著名诗人黄克晦，黄有"湖中有洲，传木虚欲作宛在堂隐此，竟不果，怅然及之。元日林山人出访，剧谈天台雁荡之胜，得'参'字"③诗，黄克晦明确指出宛在堂"竟不果"。天启、崇祯年间，闽中文化领袖曹学佺作《名胜志》，亦曰宛在堂建未果。此说渐被后世接受，直到乾隆年间亦占主流，此时福州名士叶观国《榕城杂咏》仍认为："无钱哪望草堂成，异代仍标宛在名。也是傅、高少清福，可怜烟水石阶平。"自注："明傅山人汝舟，拟于西湖开化寺旁筑宛在堂，招高石门偕隐，后竟不果。"④不过在此之后，此说渐受怀疑。道、咸之际林枫《榕城考古略·宛在堂》虽承此说："明山人傅汝舟拟筑室于此，招高濲偕隐，后竟不果。"但是紧接着又云："山人集中有《堂成寄丰学士诗》，则堂竟落成"，只是"无从征信矣"⑤。至此之后，闽中诗人态度又发生戏剧性反转，多认为宛在堂已成。如郭柏苍《全闽明诗传》明确记载："木虚于小西湖筑宛在堂，招高濲偕隐。"⑥谢章铤亦曰："小孤山有宛在堂，后废。"实际上，在林枫之前，乾隆初年鳌峰书院山长傅王露已开此说之端："考山人《行己

① (清)郑杰:《全闽诗录》，福建人民出版社 2011 年版，第 536 页。
② 同上，第 697 页。
③ 参见黄克晦《黄吾野诗集》，《崇武文库》(第 1 辑)，崇武文库编纂委员会 2013 年版，第 367 页。
④ (清)叶观国:《绿筠书屋诗钞》，《四库未收书辑刊》(拾辑·拾伍册)，北京出版社 1997 年版，第 237 页。
⑤ 林枫:《榕城考古略》，黄启权点校，海风出版社 2001 年版，第 68 页。
⑥ (清)郑杰:《全闽诗录》，福建人民出版社 2011 年版，第 528 页。

外编》有《堂成寄丰学士诗》，其非不果建明矣！况《旧志》载：湖心、蒹葭二亭，皆因斯堂而易其名者，特堂无宛在之伊人，厥后因仍改作，遂失其初，并疑为不果。"[①]傅、林二人认为宛在堂存在的理由皆集中在傅汝舟所作《堂成寄丰学士诗》。《堂成寄丰学士诗》原题为"堂成敬酬丰五溪学士之作"，诗云："卜居只卜沧浪天，况复四山如几筵。城南茅屋弃汝去，岛上薜门行自专。钓鱼有客寄尺素，骑鹤笑予无一钱。短琴若果访他日，凉月相将看满川。"高瀫有次韵之作《从丰五溪学士、傅丁戊山人游湖次韵》："堂开宛在水中天，湖日光翻碧草筵。廊庙壮怀公独在，山林高兴我能专。鸥群只结成真梦，藜杖长悬取醉钱。一落沧州机尽息，白鱼青鸟满前川。（按：丰熙以谏大礼，谪戍闽中。）"[②]从上述傅、高二诗题与内容透露出堂已建成，且在西湖，故有"堂开宛在水中天""成真梦"的描写。那么此堂是否就是宛在堂呢？郭柏苍《全闽明诗传》载傅汝舟同里友人袁达《佩兰子集》中有《过西湖宛在堂》诗："晋山不出事如何，日把纶巾濯锦波。五代宫堂王气尽，一天湖水客星过。江妃倚竹羞环佩，山鬼迎人笑薜萝。紫蟹白鱼秋正美，沧浪万里起渔歌。"诗题注曰："在福州西湖。'白鱼''青鸟'，高瀫《寄谢傅汝舟筑宛在堂》诗也。"[③]陈田《明诗纪事》亦载此诗，并云袁达《佩兰子集》"世鲜传本，余所藏者为林吉人朴学斋钞本"[④]。此诗当为真实可信。另外，田顼有《答木虚卜居西湖》诗："荇藻绿不歇，芳湖秋可怜。天低四野树，日落万山烟。朗月虚苓榻，疏花明钓船。时闻有过翼，遥寄卜居篇。"[⑤]诗题明确言明傅汝舟卜居西湖，从首联看时节当在秋季。因此，宛在堂当时已建成无疑矣。不过，关于宛在堂建成时间后人多云在正德年间，误，当在嘉靖初年。理由如下：傅、高二诗中所云丰五溪、丰学士即丰熙。丰熙（1468—1537），字原学，号五溪，鄞县人，弘治十二年（1499）榜眼。《明史·丰熙传》明确记载："世宗即位，进翰林学士。"因此，傅汝舟、高瀫皆称丰熙为丰学士，故诗作于嘉靖年间。另外，郭柏苍《竹间十日话》有丰熙入闽情况记载："福州西湖大梦山岩背有墨池……山前有薛氏园，乃弘治乙酉举人薛文易、成化甲午举人薛文旭兄弟登仕，前列甲第，后为池馆。嘉靖初，学士四明丰熙以争大礼廷杖，谪戍于闽，

① 何振岱：《西湖志》，海风出版社2001年版，第186页。
② （清）郑杰：《全闽诗录》，福建人民出版社2011年版，第697页。
③ 同上，第601页。
④ 陈田：《明诗纪事》，上海古籍出版社1993年版，第1577页。
⑤ （清）郑杰：《全闽诗录》，福建人民出版社2011年版，第660页。

馆其家，为撰《祠堂记》。”[①]嘉靖三年(1537)七月，丰熙因大礼议谪戍福建，宅居福州西湖大梦山薛氏园，前云墨池旁石壁上仍有其诗尚在，诗曰：“来戍南闽宅此山，一泓伴我日清闲。升平兵刃何尝淬，且沾诗毫向水间。”所以丰熙居福州西湖不早于嘉靖三年七月。况且傅汝舟《堂成敬酬丰五溪学士之作》诗首句“卜居只卜沧浪天”，借用屈原遭谗放逐明志之作《卜居》与《沧浪歌》典故劝慰丰熙，这与其因议大礼而遭贬戍的处境也正契合，高瀔和韵之作“廊庙壮怀公独在”亦是此意。

不过令人惋惜的是，宛在堂建成后，傅、高二人很可能并未隐居于此，加之西湖湮塞、年久失修，很快湮没在历史风尘中，竟致后人怀疑是否存在过。明末清初数十年，战乱频仍，福州西湖更是“湮塞不可得”，“或据为平田，或割为私浸”，孤山已荒秽成乱坟岗，西湖虽经康熙年间两次重浚，但“旋又湮塞如故”[②]，直到乾隆十三年(1748)福建巡抚潘思渠任上方才得到较为彻底的整治，这也为宛在堂的重建提供了契机。此次福州西湖重浚，“始于(乾隆十三年)十一月二十日，逾十二月晦而浚。……葺湖心之开化寺及旁褒忠祠，毋废后观也”。[③]不过此处并未言及宛在堂，但后世多言为此时重建，如《民国福建通志·宛在堂》云：“道光旧志云：清乾隆十三年郡人四会令黄任、苏州判李云龙重建。”[④]这不仅与黄任在西湖重浚后方有《请建宛在堂呈》“乞准施行”相矛盾，也与傅王露《重建西湖宛在堂记》所载矛盾：“己巳春，来主鳌峰。……见孤山之阳，惟开化寺存焉。……吾友浈州明府莘田黄君，渊雅重气节，诗笔直追正始遗风。慨斯堂之不存，集其里之同志者醵金，就开化寺之南，拓地鼎建，而仍其名。……苏州通守李君霖村，好古磊落人也，力肩斯举，阅月而堂成。……余将归泛西泠。”[⑤]因此宛在堂的重建并非乾隆十三年(1748)，而是另有时间。潘思渠幕僚沈大成在代他人所作《宛在堂记》中云：“己巳冬，中丞晋陵潘公始浚湖溉四郊田，树桃柳于堤，而葺湖心开化寺将于吾福之人永其利而共乐乎此也。……遂筑是堂，祠前之勤于湖者，而诸先正祔。……始次年春

① (清)郭柏苍:《竹间十日话》，海风出版社2001年版，第81页。
② (清)徐景熙等:《乾隆福州府志》，海风出版社2001年版，第168页。
③ 同上，第146页。
④ 沈瑜庆等:《民国福建通志》，社会科学文献出版社2018年版，第3363页。
⑤ 何振岱:《西湖志》，海风出版社2001年版，第186页。

二月至秋七月告成。”[1]因此，宛在堂重建于乾隆十五年(1750)七月，而非乾隆十三年(1748)。

宛在堂“南向水湄，风景绝佳”[2]，堂内布置见载于刊行于乾隆十六年(1751)的姚循义《西湖志》：“乾隆十三年潘敏慧公重浚西湖并葺开化寺。郡人因于寺东筑室三楹，旁盖小楼，上祀文昌，下祀名宦之有功于西湖者。以乡先生林鸿子羽、王偁孟扬、郑善夫少谷、傅汝舟木虚、高瀔宗吕、叶向高台山、曹学佺石仓、谢肇淛在杭、徐𤊹兴公、徐熥幔亭十子祔焉。”[3]至于因何祔乡先生，黄任曾在《请建宛在堂呈》论及宛在堂重建缘由：“若夫祔者，帘栊章水，会闻孺子之亭；梅雪孤山，与有逋翁之乡。风徽可尚，俎豆是崇。虽皆井邑之贤，实共邦君而食。顾惭僻远，亦产胜流。溯杖履之夷犹，与湖山为宾主。若曹石仓之峻节、暨傅高士之清标，缅想伊人，堪陪斯列。”[4]傅王露《重建西湖宛在堂记》亦云：“以祀太康以来名公卿之有事于湖者，并其乡先生，如闽中十子之数，爰及山人石仓诸君，以永其思。”[5]综合二人所述，黄任重建宛在堂初衷之一是祀有功于西湖者，以及闽中德行足为后世模范者。然而实际上“上祀文昌”的宛在堂更多地承担起昌明儒学的文化祠庙责任，诗歌为儒学内容之一，祔祀其代表诗人也显得顺理成章了。虽然此时尚未有宛在堂诗龛之称，但诗龛功用的事实已经完成，之所以“十子祔焉”，因“如闽中十子之数”。然而有明一朝，闽中名诗人辈出，为何是此十人“祔焉”，颇值得深思。试析如下：林鸿为明初“闽中十才子”之首，主张诗学盛唐，强调诗应“骨气”与“菁华”相兼，成为闽派诗论的纲目，奠定了“闽诗派”底色，其入祀宛在堂当无疑问。至于王偁，虽然亦名列“闽中十才子”，但诗学成就和影响应还在高棅之下，之所以入祀更多地因为与黄任同为永福人。郑善夫为明弘、正间闽中诗人之冠，亦是闽诗派重振的先锋。傅汝舟、高瀔为宛在堂的最早建构者，并且后人视“二山人左提右挈，闽中雅道，遂以中兴[6]”。叶向高不以诗名，后人陈寿祺曾作诗云：“文献百年烦月旦，蒹葭一水自风烟。”注曰：“文忠相业光显，不必与词人争一席也，当去

---

① (清)沈大成：《学福斋集》，《清代诗文集汇编》(第292册)，上海古籍出版社2010年版，第133页。

② (清)李拔：《福州西湖亭榭图跋》，《乾隆福州府志·艺文志续编》，海风出版社2007年版，第154页。

③ (清)姚循义：《西湖志》，乾隆十六年(1752)刻本。

④⑤ 何振岱：《西湖志》，海风出版社2001年版，第186页。

⑥ (明)徐𤊹：《红雨楼序跋·闽中诗选序》，沈文倬校点，福建人民出版社1993年版，第55页。

之。”[1]黄任不仅使其祔祀，并且采摭叶向高诗句“桑柘几家湖上社，芙蓉十里水边城”，书联悬之。也许叶向高为有明福州籍唯一首辅，功业彪炳，故入选。曹学佺、谢肇淛、徐氏兄弟是公认的万历、天启年间晋安风雅的代表诗人。无论祔祀者谁，黄任在宛在堂中设立诗龛，“于所谓闽诗传统而言，这实在是极具象征性的事件”。“此三时代十人意味着明以来闽中诗坛的基本谱系。”[2]

二、宛在堂诗龛增祀与缘由

自乾隆十五年(1750)黄任建宛在堂诗龛，入祀林鸿、王偁等闽中十位能诗者，后世又多次增祀。然而关于宛在堂诗龛增祀时间、诗人、缘由等重要信息，虽有《乾隆福州府志》《道光福建续志》《闽杂记》《八分室笔记》《西湖志》《石遗室诗话》等多部史乘载录，但史载或有互相矛盾之处，或漏记错载，或语焉不详，并不能准确地反映当时增祀的实际情况。实际上，道光四年(1824)到民国十四年(1925)的百年间，宛在堂诗龛并非今人认为的三次，而是多达七次，主要集中在下面两个时期。

(一) 道、同增祀

岁久，宛在堂“被开化寺僧占为赁槥之所矣。道光四年，王成旟溱、刘奂为家镇捐资，出停槥，庀工而重新之。增谢廷柱、陈鸿、赵之璧及黄任栗主，共十四人”[3]。王溱，字利杰，一字成旟，长乐人。嘉庆二十四年(1819)举人，选任福鼎训导。虽贫困，却常周济穷困士人。少时工诗，喜好方言音韵之学。刘家镇(1788—1844)，字奂为，嘉庆二十三年(1818)举人，选南安县学训导，称病不赴。喜好训诂、音韵之学，家居闲暇即考订韵书，鉴赏书法、图画。至于王溱、刘家镇捐资重建宛在堂，为何增祀黄任、陈鸿、赵珣、谢廷柱四人，陈寿祺《刘奂为乡贡招同人泛舟西湖饮宛在堂，怀古二首》自注云：“皆取其蹤踪习于湖者。”[4]陈诗作于与刘家镇雅集西湖之时，所言理由当确凿可信。谢廷柱，字邦用，又字双湖，号双湖居士，长乐人。弘治十二年(1499)进士，授大理评事、按察佥事，有《双湖集》。谢章铤《围炉琐忆》云：“余先世多居小西湖上，今之评事

---

①④ (清)陈寿祺：《绛跗草堂诗集》，《清代诗文集汇编》(第499册)，上海古籍出版社2010年版，第575页。

② 陈广宏：《闽诗传统的生成：明代福建地域文学的一种历史省察》，上海古籍出版社2018年版，第314页。

③ (清)莫友堂：《屏麓草堂诗话》，道光二十九年(1849)黄鹤龄刻本。

里、谢泉犹以佥宪公得名,评事里即小孤山开化寺,谢泉亦在其中。”[①]周亮工《书影》载:“侯官陈叔度,家贫无人物色之。……以贫病死。无子,不能葬。……先是莆田布衣赵十五名璧,亦工诗。……与叔度先后死,亦不能葬。存永因举十五之棺,与叔度合葬于小西湖之侧。”[②]谢廷柱、陈鸿、赵珣三人入祠宛在堂诗龛或因居所,或因墓葬在孤山宛在堂旁。如前所述,黄任等人建构宛在堂,首倡祔祀乡先生,于西湖亦多吟咏,入祀宛在堂诗龛理所当然。

何振岱《西湖志》引《八分室笔记》云:“同治间,增祀杨庆琛雪椒、林廷煹范亭、刘家谋芑川。”[③]后世也多把此次增祀归为同治间,[④]实误。施鸿保《闽杂记》卷三“宛在堂”云:“按今堂已重修,复增祀杨雪椒庆琛,凡十六人。”[⑤]施鸿保自叙《闽杂记》完成于咸丰八年(1858)仲夏,杨庆琛卒于同治六年(1867)八月,宛在堂诗龛并未有诗人生前入祀先例。又据朱埙《闽杂记·叙》云:“今秋携以回里,闲居无事,重加省览,恐其久而散佚,爰略厘正,分编十二卷,畀尊闻阁主人排印,以广其传。……光绪纪元乙亥八月初吉会稽朱埙伯吹氏序于西村别墅。”[⑥]朱氏在光绪元年(1875)曾对《闽杂记》“爰略厘正”,因此此处按语当为朱氏所加。因而同治年间仅增祀杨庆琛、刘家谋二人,故《闽杂记》云“凡十六人”。又据沈瑜庆《追忆》诗序云:“吾乡林范亭先生,名廷煹。……己卯,先公由金陵寓书林勿邨中丞,请择其族人嗣之,以千金置祀田,并将木主配食西湖宛在堂。盖开化寺旁舍,乡人以祀闽中诗人林子羽以下十五人者也。”己卯年即光绪五年(1879)林廷煹始配祀宛在堂诗龛。据黄鹤龄《挽刘岂川学博》自注知刘家谋卒于咸丰三年(1853)六月,刘家谋入祀诗龛时间或早于杨庆琛,故《闽杂记》仅云杨庆琛一人之名。同治末年沈瑜庆并未在闽,或不知宛在堂诗龛增祀杨庆琛之举,误记当时“祀闽中诗人林子羽以下十五人”。至于三人入祀宛在堂诗龛原因又各不相同。林廷煹“绝不以诗称,人颇疑之”。沈瑜庆在诗序中明确回答了入祀原因:“先生丁家国之变,忠孝凛然,既不获归骨,诗亦

---

① (清)谢章铤:《赌棋山庄笔记·围炉琐忆》,光绪辛丑(1900)展重阳维半室本,第21页。

② (清)周亮工:《书影》,古典文学出版社1957年版,第107—108页。

③ 何振岱:《西湖志》,海风出版社2001年版,第187页。

④ 陈遵统等编纂《福建编年史》:“同治间,增祀杨广琛(字雪椒)、林廷煹(字范亭)、刘家谋(字芑川)称十七先生。”见福建人民出版社2009年版,第1035页。萨伯森《福州西湖宛在堂诗龛记》:“同治间,复增祀杨庆琛等四人入龛,称十八先生。”见《萨伯森文史丛谈》,海风出版社2007年版,第16页。

⑤ (清)施鸿保:《闽杂记》,来新夏校点,福建人民出版社1985年版,第45页。

⑥ 同上,第1页。

散逸无存，悲夫！先公为谋血食，藉慰忠魂，九原可以无憾。”[①]至于刘家谋、杨庆琛入祀则另有原因。杨庆琛（1783—1867），字廷元，号雪椒，侯官人。嘉庆二十五年（1820）进士，官至光禄寺卿。杨庆琛是咸、同年间闽中诗坛元老，早在道光十二年（1832）与李彦章等人在西湖结褉社，同治三年（1864）与廖鸿荃重宴鹿鸣，有《绛雪山房诗钞》传世。刘家谋（1814—1853），字芑川，侯官人。道光十二年（1832）举人，官台湾府学训导，有《外丁卯桥居士初稿》《观海集》等。按照以往惯例，宛在堂重修者皆入祀诗龛，但刘家镇不以诗名，作为刘家镇堂弟，刘家谋为官清正，是刘氏家族中成就最高的诗人，故以此入祀的可能性更大。

（二）民国增祀

光绪末年宛在堂连遭水患，“墙屋倒塌。堂前一紫藤，百年物，委地尽矣”。[②]宛在堂如斯，诗龛则是“积秽，高可隐人”，以至于杨浚疾呼“惜无好事如黄莘田、刘奂为其人者为之一修也”[③]。直到1913年，陈衍与何振岱、龚乾义、王允晳等人方才商议予以修复。是年冬，在巡按使许世英的支持下，林炳章具体董其事，翌年完工。陈衍在《石遗室诗话》对此次重修、增祀经过有详细载述：

> 癸丑里居数月，与何梅生、王又点、龚惕庵诸人为觞咏之集。一日集林雪舟寒碧楼下，谋修复之。……是岁冬月，余复至都，爱苍亦在，因商诸弢庵，拨款兴工，由林惠亭料理。适惠亭主水利局，浚湖修堤，重建澄澜阁，此堂于次年落成。乃增祀林茂之、许瓯香、郑石幢、郑荔乡、萨檀河、谢甸男、陈恭甫、林少穆、林欧斋、谢枚如、龚蔼仁、陈木庵、叶损轩、林暾谷十四人。……进主时爱苍归里，复增张亨甫一人，凡三十二先生矣。张非首郡人，爱苍主张，盖破例也。故此次重修此堂，增祀十数人，除欧斋、枚如、蔼仁、木庵为四人门生故旧所推举外，其茂之、瓯香、石幢、荔乡、檀河、甸男、恭甫、少穆、退庵、损轩、暾谷，皆余与弢庵所定议。亦有谓少穆先生已附祀李忠定祠，无需及此者。余以为古来诗人，如欧阳文忠、苏文忠，何尝以事业掩其文章哉！湖中旧只有一画船，属宛在堂，记船上有一版联云：

① 沈瑜庆：《涛园诗集》，民国九年（1920）铅印本，第6—7页。
② 陈衍：《陈石遗集》，福建人民出版社2001年版，第2025页。
③ 杨浚：《冠悔堂诗钞》，福建师范大学图书馆藏光绪十八年（1892）刻本。

“新涨拍桥摇橹过；杂花生树倚窗看。”系少穆先生写作，湖景宛然在目。
十一人中，惟退庵（梁茝邻先生章钜）后未入祀。①

陈衍与陈宝琛商定，此次增祭林古度、许友等十四人。进主时，沈瑜庆自上海归，又增张际亮一人，和前共三十二人，总称三十二先生。张际亮（1799—1843），字亨甫，号松寥山人，福建建宁县人。道光年间闽地诗人代表，与魏源、龚自珍、汤鹏并称为“道光四子”。张际亮的入祀打破了福州籍一地的园囿，为之后八闽他地诗人入祀打下基础。高拜石《诗人庙兴衰记》转述陈衍对入祀诗人选定理由，云：“林茂之（古度）福清（福建省县名）人，诗刻意六朝，与钟伯敬、谭伯夏善，王阮亭极与周旋。瓯香（许友）为钱牧斋所推挹；石幢（方城）为荔乡（方坤）兄，兄弟唱和有《却扫斋集》。甸男（震）与陈恭甫唱和最多，馀余韬庵所定者。……暾谷即戊戌（光绪二十四年，公元一八九八年）维新政变之林旭，亦涛园之女夫；木庵即陈书，石遗之兄；欧斋为林寿图；蔼仁即龚易图；损轩为叶临恭，有《写经斋初稿、续稿》，皆韬庵所定者。”②上述十五位诗人确为闽地一时诗坛豪杰，他们诗风并不一致，既有尊唐之张际亮、二郑兄弟，又有宗宋诗人陈书、林旭等，虽然沈瑜庆言明选人标准为“机杼转新，平步相蹴。间有殊趋，正资琢磨。异世云龙，一堂追逐”③，但审思陈衍、陈宝琛二人所选十一位诗人（含梁章钜）多是与闽地传统宗唐诗风的不一致者，这也体现了二人“略似西江宗派图”“诗人不专尊盛唐者”同光体宋诗风理念。

《民国福建通志》卷十三《名胜志·宛在堂》载：“丁巳年三月，复增祀许珌铁堂、张远无闷、谢道承古梅、陈登龙秋坪、孟超然瓶庵、李彦章榕园、梁章钜退庵、刘存仁炯甫、魏秀仁子安、翁时稺蕙卿。”④丁巳年即1917年，此处言宛在堂诗龛仅增祀十人。事实上，此次增祀不止上述十人。《侯官陈石遗先生年谱》言是年“重九始致祭宛在堂诗龛，复增祀十余人”。⑤除上述十人，还有两人。1919年端午前两天严复致陈宝琛信中云：“西湖宛在堂诗龛所列，当涛园祭诗时，尚不过三十二人，乃今则四十四人矣，而己与东床皆与其列，见之黯然。”⑥

① 陈衍：《石遗室诗话》，辽宁教育出版社1998年版，第281—282页。
② 高拜石：《诗人庙兴衰记》，《闽都文化》2007年第3期，第62页。
③ 何振岱：《西湖志》，海风出版社2001年版，第187页。
④ 沈瑜庆等：《民国福建通志》，社会科学文献出版社2018年版，第3363页。
⑤ 陈衍：《陈石遗集》，福建人民出版社2001年版，第2031页。
⑥ 严复：《严复集补编》，孙应祥、皮后锋编，福建人民出版社2004年版，第222页。

此信写给陈宝琛,所言东床即其女婿林炳章。显然,此次增祀严复、林炳章亦在列。严复卒于1921年,林炳章卒于1923年,生人入祀实属罕见,严复自己亦"黯然"。林炳章(1874—1923),字惠亭,侯官人,林则徐曾孙。林炳章不以诗名,1914年在福州水利局长任上主持疏浚西湖,重建宛在堂,入祀诗龛仅遵前例而已。严复虽不以诗名,但民国后名显位尊,入祀自己,有趋势之嫌,故而批评曰:"闽中风气全非,士类殆尽,何必云天下,只此一隅,已足伤神欲绝尔。"[①]因此,当在此不久,严、林二人撤祀,故今不见载。审视此次其他十位入祀诗龛者,仅许珌、张远、翁时稺三人诗名较著,且都是明确反对独尊唐诗者,其他诸位多为硕儒,勉称学者诗人。由此可见,陈衍等人诗人入祀标准的宗宋诗学倾向。

"民国十年,通志局总纂陈衍仿苏州沧浪亭祀吴中五百贤人例,增祀郑露……等二百余人。"[②]此次增祀规模空前,从首倡福建儒学的隋太府卿郑露,到民国初年同光体代表沈瑜庆,从硕学鸿儒朱熹到名震海内外的林纾等,历时1400余年,涵盖八闽各地诗人。后人或有泛滥之讥,或有漏选之叹,但却是八闽诗人第一次穿越时空供处一堂,极大地增强了八闽诗人的集体地域荣誉感。不过需要说明的是,今人多认为宛在堂诗龛的增祀活动至此结束,实际并非如此,今见诗龛入祀者刘崧英、林苍、林翰等即是此之后入祀宛在堂诗龛。林苍于1925年正月入祀,有陈福敷《乙丑元月初四日天遗入祀宛在堂诗龛感赋》诗为证;刘崧英1923年、林翰1925年辞世,入祀亦应不早于是年。

三、宛在堂诗龛的诗学意义

明代嘉靖初年傅汝舟筑宛在堂初衷仅是为了与高瀔偕隐,当时诗学意义不彰,但因傅、高二诗人在闽中诗坛较高的地位,使宛在堂成为后世闽中诗人念念不忘的历史追忆。乾隆十五年(1750)黄任等人重建宛在堂并创设诗龛,宛在堂的存在意义发生了巨大的变化,由诗人的隐居之所转变为诗学活动的公共空间,这主要体现在以下三个方面:

一是宛在堂成为吟咏对象和诗人吟诗聚会之所。乾隆时期福州知府李拔《福州西湖亭榭图跋》是较早描画宛在堂胜景的文章:"寺左为宛在堂,南向水

---

① 严复:《严复集补编》,孙应祥、皮后锋编,福建人民出版社2004年版,第222页。

② 沈瑜庆等:《民国福建通志》,社会科学文献出版社2018年版,第3364页。

湄，风景绝佳，余刻石曰‘海国蓬瀛’。由堂侧别径，后有小山，山有亭，树木荫翳，怪石嵯岈。远观近眺，千态万状，尽入眼底，为全湖之胜。明郡守江铎颜曰‘三山别岛’，余题曰‘湖山胜处’，盖湖至是而观止矣。”[①]游绍安《癸酉三月十有七日，同人宴集西湖宛在堂，并饯陈补堂明府九龄镛州之游》、林芳《除日同谢晴江宛在堂看梅》等诗，关注焦点尚不在宛在堂。因此可以看出，乾、嘉时期宛在堂还没有迎来众人瞩目的地位。至于诗龛，虽然黄任作“拟筑诗人宛在堂，兼葭秋水但苍苍。傅高合配曹徐谢，待我来分上下床”[②]诗，意欲拔萃闽中诗人，成一文化盛举，但也未收到当时诗人的热烈响应。直到道光八年(1828)，林则徐重浚西湖，借宛在堂为办公地。竣工后，林则徐将督工方舟改制为画舫，一名“伫月”，一名“绿筠”，赠予宛在堂，供文人雅士荡湖唱咏之用。[③]虽未见载林则徐有增祀诗人活动，但其个人巨大的影响力，使宛在堂诗龛在此时开始受闽诗人瞩目：“清道(光)、咸(丰)之际起，郡人始重视此堂，定名为‘福州西湖宛在堂诗龛’。聚会联吟既多，提议随至增多，逐渐将闽中历代著名诗人不断增祀。”[④]道、咸之后，宛在堂不仅成为诗人觞酒赋诗之所，“有关宛在堂之诗词，隽句不少，见于各家诗文集中”，如陈寿祺《刘奂为乡贡招同人泛舟西湖饮宛在堂怀古二首》、沈瑜庆《宛在堂落成，示刘惠亭刘步侯》、张葆达《同西园饮宛在堂》、高钟泉《宛在堂题壁》、严复《己未福州西湖修禊题宛在堂》、林宗泽《西园、仲纯招集宛在堂》等等，而林苍《梦禅室诗集》中尤多。另外，因为“宛在堂中，两朝诗老俎豆萃于此，而宋李忠定、国朝林文忠二公亦皆祀湖上。水木清华、烟雨霮䨴之中，固骚魂毅魄，云车风马所往还下上于其间者也”。[⑤]所以宛在堂还成为后世诗社的理想场所，咸丰年间刘绍纲与徐一鄂、李镜芙、何卓然等在此创建“飞社”，民国初年林苍、陈海瀛、陈国麐等人组织托社亦以此为聚会之地，联吟绵延数十载。

更值得注意的是，道、咸之后闽中诗人的关注焦点也渐从宛在堂转向诗龛中所祀诗人，对其歌咏、礼赞的诗作不绝如缕，如林枫《泛舟湖上作》：“吟魂应恋西湖月，宛在堂前夜正沉。”刘家谋《西湖采饮歌赠谢枚如》：“客儿舍宅事已

---

① (清)李拔：《福州西湖亭榭图跋》，《乾隆福州府志・艺文志续编》，海风出版社 2007 年版，第 154 页。

② (清)黄任：《黄任集・秋江集》，陈名实、黄曦点校，方志出版社 2011 年版，第 141 页。

③ 林则徐集蔡襄《洛阳桥碑》字纂“长空有月明两岸，秋水不波行一舟”一联，实为西湖步云桥联，非宛在堂楹联。

④ 萨伯森：《福州西湖宛在堂诗龛记》，《萨伯森文史丛谈》，海风出版社 2007 年版，第 17 页。

⑤ (清)谢章铤：《谢章铤集》，陈庆元等点校，吉林文史出版社 2009 年版，第 127 页。

往，水仙配食名终传。”王廷俊《湖上感作》：“曹刘高傅今安在，宛在堂中想见之。”刘存仁《忆湖上旧游》：“香火安排旧坛坫，湖上点缀好楼台。”[①]诸如此类，不胜枚举。咸丰年间，诗龛十四先生更是成为闽中著名社团聚红榭文人瓣香对象，其主要成员谢章铤、林天龄、宋谦等皆有同题《宛在堂礼十四先生》诗，其中谢章铤之作尤能体现所祀诗人在闽中诗人心中的重要地位：

诗卷飘零半草莱，江山奇气总尘埃。独寻此地论千古，欲向前人乞异才。

百里骚魂偶相聚，他年闽派或重开。心香一瓣知谁属，曾自西湖洗眼来。[②]

诗人、诗集都会随时间的流逝而湮灭，但宛在堂诗龛的存在不仅成为追慕先贤的圣地，十四位先贤更是成为闽派诗人学习楷模与精神图腾，激励着后代诗人重振闽派。随着诗龛增祀，“十七先生”“三十二先生”的称呼每每见于闽诗人笔端，以示尊崇。

二是宛在堂诗龛祭祀活动的常规化，使其成为闽诗人的精神家园。宛在堂诗龛祭祀活动始于道光四年(1824)刘家镇修葺宛在堂，莫友堂《屏麓草堂诗话》载：“春秋两祭，邀同人竟日宴饮其中。”[③]据陈衍回忆，此祭祀活动由刘氏及其后人主持一直持续到同治、光绪之际：“方余十余岁时，从伯兄木庵馆于光禄坊刘氏，兹堂春秋之祭，刘氏主之，寒食、重阳辄约与祭。”[④]应该说，宛在堂诗龛祭祀活动的常态化极大地凝聚了闽诗派的认同感，起到尊先贤、励后学的作用，正所谓“学以敬行，祀以志思”。祭祀活动的开展，直接导致入祀诗龛成为后人的莫大荣耀，如谢章铤：“开化寺，郡绅乃于其中筑堂，复颜曰‘宛在’，祀乡先生十四人……而余家亦居其二，一为邦用公，一为在杭公。”[⑤]而对未入诗龛者，又往往为其鸣不平，如陈懋鼎就主张林鸿红颜张红桥应入祀：“唐音闽派具规模，难得樊川好好俱。宛在堂中应配食，艳情长傍小西湖。”[⑥]除此之外，

---

① 萨伯森：《福州西湖宛在堂诗龛记》，《萨伯森文史丛谈》，海风出版社2007年版，第18页。
② (清)谢章铤：《谢章铤集》，陈庆元等点校，吉林文史出版社2009年版，第388页。
③ (清)莫友堂：《屏麓草堂诗话》，道光二十九年(1849)黄鹤龄刻本。
④ 陈衍：《陈石遗集》，福建人民出版社2001年版，第2031页。
⑤ (清)谢章铤：《赌棋山庄笔记·围炉琐忆》，光绪辛丑(1900)展重阳维半室本，第22页。
⑥ 陈懋鼎：《槐楼诗钞》，福建人民出版社2017年版，第260页。

王道徵《兰修庵避暑钞》还记载了一件陈鸿附体王燮显灵的趣事：

> 林书甫孝廉宝辰为余言，王梅邻燮一日扶乩，适陈叔度先生下坛，作诗云："宛在堂前一梦醒，藕花亭子半凋零。诗人踪迹谁能问，湖上青山只自青。"论者以为极似其生平笔意也。①

王燮（？—1849），号梅林，侯官人。嘉庆二十三年（1818）举人。王燮诗风清淡，与陈鸿相似，因而才有陈鸿下坛的趣事。此事也反映出宛在堂诗龛祭拜已成为闽中诗人日常生活中的一部分。

民国初年宛在堂重修与增祀，祭祀活动也得以恢复。1916年重九日陈衍年谱记载了首次祭祀的场景："与祭者除诗龛诸先生后嗣外，约数十人。议立一公社，公为名湖心社。每年以三月三日、九月九日举春秋二祭，令周郁如师绘《宛在堂秋祭图》。"②名画家周愈绘图，陈衍作《重九日宛在堂秋祭作》诗以纪盛事："筑就诗龛俯水滨，祭诗人共祭诗人。明年九日知何处，此地千秋德有邻。老去题糕无胆气，竭来荐菊各精神。画图分付周文矩，要称湖山别样新。"③自此，公祭宛在堂诗龛诗人在湖心社襄助下成为岁以为常的文化盛事，并成为之后许多闽中诗社每年一定参与的活动，如说诗社、讬社等等。另外，重三、重九不仅是祭祀诗人的节日，也是公议增祀人选的日子，沈瑜庆入祀宛在堂诗龛就是典型例子，林苍有《重九日宛在堂秋祭，公议择日奉涛园先生入诗龛，书示观生》诗以证。

三是在宛在堂诗龛的影响下，光绪之后八闽还出现了不少社团诗龛，成为社团诗人纪念同仁的重要方式。谢章铤《赌棋山庄词话》云道、咸之际闽中最重要的诗社为"西湖社，则林颖叔、孙毂庭两方伯主其事，又后有南社，则杨子恂太史、龚蔼仁方伯主其事"。④光绪初年，二诗社皆设诗龛以纪念，这其中较早的当属龚易图的南社诗龛。魏秀仁《陔南山馆诗话》云："林子鱼太守直幼随尊甫湘帆先生任，垂二十年，所至名区，辄多慷慨之作。癸丑九月，与林小铭齐韶、黄笛楼经、梁礼堂鸣谦、马子翊凌霄、林锡三天龄、杨豫庭叔怿、陈子驹通

① （清）王道徵：《兰修庵避暑钞》，清道光二十二年（1842）刻本，第2页。
② 陈衍：《陈石遗集》，福建人民出版社2001年版，第2030页。
③ 同上，第240页。
④ （清）谢章铤：《谢章铤集》，陈庆元等点校，吉林文史出版社2009年版，第680页。

祺、杨雪沧浚、郭毂斋式昌、杨子恂仲愈、陈幼仙锵、龚蔼仁易图结南社。”[1]据此可知，南社为咸丰三年（1853）林直首倡，龚易图、杨叔怿、郭式昌、林天龄、陈遹祺等十三人成立的闽中诗社。龚易图“（光绪）六年庚辰，四十六岁。……设南社诗龛，祀少时同社诸子”。[2]龚易图光绪六年（1880）在福州乌石山双骖园府邸设南社诗龛，所祀诗人并非仅陈衍所叙“林、杨、陈已逝，君因建诗龛”中的三人，而是九人。[3]民国初年，宛在堂的重建更进一步刺激了社团诗龛的兴盛。《西湖社诗录序》云：“始道光甲辰，林寿图颖叔、沈绍九桐士、周麟章少绂、萨大滋树堂、陈福嘉朗川、陈崇砺亦香、陈隅廷幼农倡为之，后益以刘端鲁汀、孙翼谋谷庭，凡九人。”[4]林师尚作于1915年的《西湖社记》则较为详尽地记载了诗龛创设的过程：

> 前年，里人重建宛在堂，因大浚湖，湖上楼阁一新，不及西湖社。予言之与陈君尔履。君，幼农先生后人也。君舅氏萨丈谦丞，有祖茔在大梦山者，多剩地。丈为树堂先生令嗣，年七十有三矣，雨中相携登上度地，得横八丈，其纵不足，则更购他姓地五丈。中为堂，构诗龛，祀诸先生。左三楹为秋声馆，以备宾从宴集。……先君与陈朗川亦香、沈桐士、周少绂、树堂、幼农、诸先生倡之，刘丈鲁汀、孙丈谷庭相继入社。[5]

林师尚，林寿图之子；陈尔履是西湖社九子中四位的孙辈：“西湖社者，先族曾叔祖庶常公、伯祖河间公、先祖兵部公、外祖文学萨公。”林、陈二人创设西湖社诗龛，直接原因是宛在堂的重建，作为西湖社成员后人设立西湖社诗龛以纪念先辈。

与西湖社诗龛同年，施景琛在福州泉山设东山楼女诗龛：“女诗龛即在泉山的东山楼内，龛内祀明代女诗人张红桥等及清代沈瑜庆之女、林旭之妻鹊应（字孟雅）与薛绍徽等十余人。创始人为邱韵芳女士。……民国3年，韵芳被

---

① （清）魏秀仁：《魏秀仁杂著钞本》，陈庆元编，江苏古籍出版社2000年版，第128页。

② （清）龚易图、龚晋义：《蔼仁府君自订年谱》，《北京图书馆藏珍本年谱丛刊》（第173册），北京图书馆出版社1999年版，第75页。

③ 参见吴可文《〈石遗室诗话〉“南社诗龛”辩证——兼及咸丰间南社之社集活动》，《厦大中文学报》2017年第4辑，第185页。

④ 何振岱：《西湖志》，海风出版社2001年版，第237页。

⑤ 王日根、薛鹏志编纂：《中国会馆志资料集成》（第1辑第4册），厦门大学出版社2013年版，第52页。

聘为女诗龛的主持人，综揽其事。邱女士虽名为创始人，而具体筹备，实由泉山老人竭力奔走经营。"①泉山老人即施景琛。

四、结 语

清末民初江南著名诗人金天羽《夜登西湖宛在堂祀闽省古诗人地》云："南土尊诗国，西湖媚晚霞。"②闽地被称"诗国"，宛在堂诗龛带来的直观感受功不可没。然而，随着民族危亡以及旧体诗人的凋谢，宛在堂诗龛逐渐荒废，在闽诗人心中的崇高地位也慢慢落潮，但其在闽诗发展史上的独特作用却不会湮灭。闽中诗人萨伯森尝作《福州西湖宛在堂诗龛题名录》一卷，惜稿佚。不过作为陈衍弟子的陈世镕，以暮年羸弱之躯，贫病坎坷之况，有感于"闽诗久不昌，坠绪嗟散漫"的使命感，集多年之力，于 1958 年成《福州西湖宛在堂诗龛征录》20 卷百余万字。该书钩稽八闽入祀宛在堂诗龛中 270 位诗人史迹，"为各诗家设立小传，并征引史志遗篇，胪列诗评、诗话及传主诗作，务期全面展示各人生平事迹及其成就"③，可以说是宛在堂诗龛生命在文字上的重生与延续。正如萨伯森所言："三百余年宛在堂，诗龛兴废历沧桑。略将往事从头记，为表心中一瓣香。"④

The construction of Wanzaitang poetry niche in Fuzhou West Lake and its significance in poetics

Abstract: After the reign of Emperor Qianlong and Emperor Jiaqing, the history of poetics in various regions took on a construction upsurge. As an important place of traditional poetics, Fujian Province is no exception. At the same time, the historical construction of poetic history in Fujian Province is unique. Fuzhou Wan was built in the early Jiajing period of the Ming Dynasty, and was buried until the restoration of Huang Ren and Li Yunlong in the 15th year of Qianlong. In the fourth year of Daoguang Reign, Liu Jiazhen restored Wan to the temple, adding four people to offer sacrifices to him. In the early years of Tongzhi reign and Guan-

① 林寿农:《泉山古迹与泉山老人》,《文史资料选编》,福建人民出版社 2001 年版,第 547 页。
② 金天羽:《天放楼诗文集》,上海古籍出版社 2007 年版,第 384 页。
③ 陈世镕:《福州西湖宛在堂诗龛征录》,汪波、陈叔侗点校,福建人民出版社 2007 年版,第 3 页。
④ 萨伯森:《福州西湖宛在堂诗龛记》,《萨伯森文史丛谈》,海风出版社 2007 年版,第 19 页。

gxu Reign, three people were added to offer sacrifices to him. In the early years of the Republic of China, Chen Yan and others offered sacrifices to more than two hundred and seventy poets of Fujian Province. The wanzaitang poetry niche in the West Lake of Fuzhou is not only the space presentation of the history of the development of Fujian poetry, but also the place where poets gather to chant, the spiritual ties and totems, and it also promotes the prosperity of the memorial forms of the poetry niche in the Fujian area.

Key words: Wan Zai Tang Poetry Niche; Zengsi; Textual Research; Poetics

作者简介:翟勇,泉州师范学院文学与传播学院教授。

论湖南近代制伞业的产销及其特点[①]

熊元彬

摘　要: 虽然湖南制伞业的兴起明显晚于江浙等地,但是发展较快。特别是民国时期,在传统益阳明油纸伞、湘潭石鼓镇纸伞继续发展的同时,还出现了欧美驰名、多次荣获嘉奖的长沙菲菲纸伞和油布伞。民国初期虽然因军阀混战湖南等地,制伞业受广伞庄、洋伞市场垄断,但还是有所发展。抗战爆发后,湖南制伞业在战乱受影响的同时,由于洋伞输入被中断,因而在国内生活需求的刺激下得以一定程度地发展。解放战争及建国初,益阳制伞业发展至顶峰,制伞业作为独立的手工行业一直延续到1956年公私合营。虽然在制作程序方面,中国制伞业基本相同,但是在纸伞长度、式样等方面,不仅湖南与江浙略有差异,而且湖南还存在着益阳纸伞式样美观,而湘潭纸伞虽然质量较好,但用户略嫌笨重等不同特征。

关键词: 湖南　近代　制伞业　发展　产销　特点

习近平一直以来关心中国的历史文化产业,将中国特色社会主义政治制度的开辟归根于"历史传承和文化传统",党的十九大将"加强文物保护利用和文化遗产保护传承"作为坚定文化自信的内容纳入了报告,成为习近平新时代中国特色社会主义思想的重要组成部分。纸伞与斗笠、蓑衣作为传统的雨具,

---

① 本文为湖南省教育厅科学研究青年项目"民国时期湖南第一纺织厂研究"(22B0130)的阶段性成果;同时也受到国家社科基金重大攻关项目"中国近现代手工业史及资料整理研究"(14ZDB047)的资助。

是湖南乃至整个中国手工技艺的重要成分。其中，作为世界最早的雨伞，油纸伞已作为国家的非物质文化遗产，备受重视，2015 年 11 月在“中国伞城”的崧厦镇正式成立了“伞文化陈列馆”。虽然学界在相关研究中已对中国制伞业有所涉及①，但是对于近代中国制伞业仅有陈娜从艺术学的角度进行了研究②，而近代湖南制伞业则尚无专题研究。就湖南制伞业发展历程而言，虽然始于唐朝，晚于江浙等地，但是“湖南的纸伞工业发达最早”③。其中，长沙纸伞晚于益阳、常德、湘潭等地，但是近代湖南制伞业主要以“手艺世代相传”④的湘潭石鼓镇纸伞，色泽光亮的益阳“明油纸伞”和晚自民国时期出现“精致玲巧”⑤的长沙“菲菲纸伞”最为著名⑥。有鉴于此，本文将从湖南制伞业的发展概况、产销及其特点四方面进行专题论述，阐述湖南近代制伞业复杂的发展历程及其产销、特征。

一、湖南制伞业的发展概况

中国是纸伞的发源地，手工制伞历史悠久。据宋朝高承所著的《事物纪原》所述，公元前 11 世纪中国已采用丝帛制伞盖。而出现于东汉之时的油纸伞，则与蔡伦发明的纸密切相关，是一种涂上原生态熟桐油的皮棉纸作伞面。最初的油纸伞大多用手工削制的竹条为伞架，直到魏晋南北朝先民才用桐油制成伞面，从而标志着油纸伞的诞生。随着造纸技术的发展，唐朝先民开始专门用宣纸作伞面材料，同时书画家还在伞面进行绘画，甚至油纸伞还传播至日本、朝鲜、南洋一带。唐朝时期，由于纸业发达，因而改用皮纸作伞盖，用柿子油胶糊，再糊上苏子油，使其能耐水。北宋科学家沈括《梦溪笔谈》也指出，“以新赤油伞，日中履之”。此外，据明朝科学家宋应星的《天工开物》所述，“凡湖雨伞与油扇，皆用小皮纸”。元朝之后，随着棉布的发明使用，先民开始用棉纸在油纸伞上涂漆桐油，出现了“油布伞”，与东汉时期形成的“油纸伞”一同成为先民的主要雨具。17 世纪中叶，中国纸伞开始经传教士输入欧洲。

---

① 陈先枢：《源远流长的长沙制伞业》，《经贸导刊》1997 年第 8 期；李鸢：《中国伞乡》，《江西农业科技》2005 年第 9 期；李晓东：《中国伞具设计演变及发展研究》，2007 年南昌大学硕士学位论文。

② 陈娜：《西方洋伞对近代中国伞业的影响》，《上海工艺美术》2018 年第 2 期。

③ 益阳市政协文史资料研究委员会：《益阳市文史资料》第 11 辑，内部刊物 1989 年，第 61 页。

④ 孙文辉：《蛮野寻根 · 湖南非物质文化遗产源流》，岳麓书社 2015 年版，第 181 页。

⑤ 朱羲农、朱保训编纂：《湖南实业志》，湖南人民出版社 2008 年版，第 1096 页。

⑥ 1936 年湘潭纸伞荣获“巴拿马博览会”荣获嘉奖，而“菲菲纸伞”则在 1929 年“中华国货”和 1933 年“芝加哥万国”等展览会分别荣获优秀奖、一等奖。

纸伞出现于气候多雨和盛产竹子一带的湖南、四川、江浙、云南等地，但是就中国纸伞生产区域和质量而言，主要以湖南的益阳和湘潭及长沙、江苏的高邓镇、浙江的杭州和温州、广东的广州和南海、湖北的夏口和绵阳、福建的福州为最多，亦“尤为著名”①。因此，在湖北、湖南民间流传着“沔阳木屐湖南伞，益阳女子过了杆(最好)”②，“洪湖的木屐，湖南的伞，苏杭的女子不用拣”③，“新化扇子安化伞，益阳妹子过得拣”和“湘潭木屐益阳伞，沅江女子过得拣”④，“长沙木屐湘潭伞”⑤等谚语，用来比喻湖南纸伞质量方面上乘过硬，如同天生丽质的苏杭女子，无须挑选。

湖南纸伞业历史悠久，“始自唐朝，至清末，已很遍及”⑥。据笔者所见资料，省会长沙纸伞的出现明显晚于益阳、湘潭。由于咸丰年间长沙手工艺人陶季桥承袭父亲纸伞手艺，开设“陶恒泰”和“陶恒茂”两家纸伞店，“这是长沙有史可查的最早的伞店”⑦，因而有学者认为“清代中期，长沙尚只有光油纸伞生产”⑧。甚至有学者还指出，长沙最早的伞店是 1900 年梁敬庭在长沙市北正街梁宏茂伞店学艺后，挂牌开设的“陶恒泰纸伞店”，生产老式明油、黑油纸伞，以及特制的“牧鸭用大伞”⑨。

虽然长沙制伞业起步晚于益阳、湘潭、常德、衡阳等地，但是长沙制伞发展较快，很快超越了常德、湘阴等传统纸伞区域。清中叶的常德、湘阴、安化、岳阳、平江、郴州、芷江等亦成为湖南纸伞的有名产地，纸伞店铺，“各在二三十家以上”⑩。但时至民国时期，随着长沙、湘潭等五县纸伞的快速发展，常德、湘阴等传统的纸伞织造区域，已“日趋退化，营业缩小及闭歇者相继，在昔为其纸伞推销之处”，不到十年几乎全为长沙、湘潭、衡阳、浏阳、湘乡纸伞的行销区域⑪。

---

① 《调查・中国纸伞之织造及出口》，《工商半月刊》1929 年第 1 卷，第 17—20 期。

② 陈日红:《荆风楚韵・湖北民间手工艺研究》，文化艺术出版社 2015 年版，第 287 页。

③ 刘金陵、周咏才等:《中国商业谚语词典》，中国统计出版社 1993 年版，第 389 页。

④ 中国民间文学集成全国编辑委员会等编:《中国谚语集成・湖南卷》，中国民族大学出版社 1995 年版，第 533 页。

⑤ 芥子:《春秋・桃花江》，《申报》1935 年 6 月 14 日。

⑥ 湖南省地方志编纂委员会编:《湖南省志・贸易志・供销合作社》第 13 卷，中国文史出版社 1991 年版，第 277 页。

⑦ 陈先枢:《湘城文史丛谈・湘城访古录续编》，中国文联出版社 2001 年版，第 61 页。

⑧ 李素奇:《长沙伞业史话》，中国人民政治协商会方长沙市委员会文史资料研究委员会:《长沙文史资料》第 4 辑，内部发行 1987 年，第 52 页。

⑨ 孙文辉:《蛮野寻根・湖南非物质文化遗产源流》，岳麓书社 2015 年版，第 179 页。

⑩⑪ 朱羲农、朱保训编纂:《湖南实业志》，湖南人民出版社 2008 年版，第 1094 页。

因此，在民国湖南制伞业中逐步形成了以长沙和益阳、湘潭为中心的纸伞区域，并在国内外素有长沙“菲菲纸伞”，“浏阳的木屐，益阳的伞”[1]之称。其中，益阳纸伞产量最高，兴旺时年产量达120万把以上[2]，特别是“明油纸伞”不仅是湖南地区民间工艺美术的代表，而且是中国传统民间艺术特色的工艺品。传说，益阳“明油纸伞”的纹样创意来源于鲁班的妹妹鲁云，她融合彩画、油画等多种技艺，将花鸟虫鱼等动物凸显于伞面，具有栩栩如生、清新雅致的效果，因而被誉为“湖南民间伞艺的活化石”。无论在审美的视觉美感，还是在手工技艺的精湛方面，以及文化的历史沉淀方面，均凝聚了中华民族的智慧。

明清时期，益阳“明油纸伞”就在江南小有名气，时至清至民国年间，还运销日本，以及东南亚等地。据统计，清末民初益阳县城乡有40余户伞号，2 000余人伞工[3]。就特点而言，益阳“明油纸伞”融合了传统吉祥文化和湖湘地域文化的特征。伞面的图案以喜庆祥福为主题，而且不同喜庆场合有不同的寓意，如婚庆的“龙凤呈祥”“天仙配”，生日的“白鸟朝凤”“松鹤延年”等。从审美视觉而言，明油纸伞色泽光亮。从质量和实用方面来看，则轻巧耐用，最重者仅8两，最轻者为5两，轻巧的纸伞开合自如，展开如同一轮圆月，收拢则似一只彩色的蜡烛。从结构设置来看，可谓科学美观，伞形端正坚固，严谨致密，远观如同夏日初开的荷叶，近看则似一盏绚烂多彩的花灯，十分耐用，便于携带。特别是上乘的油纸伞，与菲菲纸伞一样，更是名扬洞庭，誉满三湘，运销海内外。

除长沙、益阳之外，衡阳和湘潭石鼓镇传统的工艺伞也最负盛名。清中叶之前，湘南所需纸伞大都为衡阳所产。据1934年实业部调查资料可知，清朝衡阳纸伞营业之畅旺，“犹不稍减”，衡阳城内局前街、司后街、潇湘街的伞铺，多至60余家。1914、1915年，衡阳纸伞通过改良式样，从而扩大了销路，南至湘南，北至长沙、汉口，但时至20世纪30年代初，因湘南经济萧条，“纸伞营业，一落千丈”。1934年，衡阳纸伞铺“停业者相继”，仅剩31户，而且资本微小，工人合计106名，产量91 500把，价值22 835元[4]。

湘潭制伞业源自明初“江西填湖广”的政策。随着大批江西人口迁徙湘

---

① 中国民间文学集成全国编辑委员会等编：《中国谚语集成·湖南卷》，中国民族大学出版社1995年版，第533页。

② 益阳市政协文史资料研究委员会：《益阳市文史资料》第11辑，内部刊物1989年，第61页。

③ 孙文辉：《蛮野寻根·湖南非物质文化遗产源流》，岳麓书社2015年版，第180页。

④ 朱羲农、朱宝训：《湖南实业志》第1册，湖南人民出版社2008年版，第454页。

潭,从而开始了制伞,当时石鼓镇10户中有9户都做油纸伞,手艺代代相传①,后来又发展至外埠开设纸伞店。时至清朝,石鼓镇油纸伞达到鼎盛时期,出现了小花伞、大棚伞、油布伞等种类。制伞范围极为广泛,益阳当地90%的乡民均从事伞业,年产纸伞120万把以上,因而纸伞成为当地谋生的重要方式②。

20世纪20年代,菲菲制伞商社的创设是长沙制伞快速发展的重要表现。1918年潘岱青清华大学化工系休学后,在送行弟弟去美国留学之时,看到弟弟带的纸伞,认为"带这样土里土气的伞出国,丢我们中国人的丑了"。但是,其弟潘白坚则坚持将其纸伞带到美国,并在美国备受青睐,"洋人看了,也非常喜欢,认为是个宝贝,说中国人能够把竹子和纸做出这种价廉物美而又携带方便的东西来,是个了不起的发明"③。基于此,1921年湘乡人潘岱清兄弟萌生了制伞的想法。1924年,潘岱青在长沙长康路正式制作菲菲纸伞,设计了一种花样新颖的"菲菲伞",从而开创了湖南纸伞工艺欣赏与实用集于一体的局面,"产品一经问世,备受欢迎",因而规模很快发展至七八十人,日产400余把④。

1925年,菲菲纸伞厂扩大规模,组建了长沙菲菲制伞商社。同时,潘岱青还在长沙《大公报》中做广告宣传。菲菲纸伞式样颇为丰富,其中女式花伞有大号、小号和特订的伞号,合计200余种。菲菲纸伞的三面花型采取中西结合,同时在美术教师李昌鄂的协助设计下,将飞禽走兽、山水等图画融为一体,印制"潇湘八景""黛玉葬花""天女散花""嫦娥奔月"等式样,从而吸引了诸多女性,成为长沙女性的时尚,继而价格也逐渐上涨,每把菲菲纸伞售价5银元⑤。

20世纪30年代,湖南制伞业发展较快。1931年前,"改良伞"和"摩登伞"较为盛行,不过这些伞"均由湘潭输入"。1934年、1935年之后,醴陵县商家开始仿造"改良伞"和"摩登伞","与客货竞争",但所用职工多为湘潭籍,合计七八十人⑥。据统计,当时长沙纸伞业已"不下百余家",主要开设于老照壁、北正街、炮坪一带⑦。

---

① 孙文辉:《蛮野寻根·湖南非物质文化遗产源流》,岳麓书社2015年版,第181页。

② 张宗登:《湖南近现代民间竹器的设计文化研究》,中南林业科技大学2014年博士学位论文,第63页。

③⑤ 孙文辉:《蛮野寻根·湖南非物质文化遗产源流》,岳麓书社2015年版,第179页。

④ 长沙市志编纂委员会编:《长沙市志》第7卷,湖南人民出版社2001年版,第349页。

⑥ 陈琨修、刘谦等纂:《醴陵县志》第6卷,食货志,工商,1948年铅印本。

⑦ 孙文辉:《蛮野寻根·湖南非物质文化遗产源流》,岳麓书社2015年版,第178页。

抗战全面爆发，对手工业生产是一把双刃剑。一方面，战乱对制伞等手工业有一定的影响，“工业原料品的价格因销路阻塞而惨跌，工业制品的价格因来路断绝而飞涨”①。如1937年抗战爆发前醴陵伞店10余户，但是“战时因钢丝绝迹，全部歇业”②。另一方面，抗战爆发后因机器生产受限，外货进入受阻，“中国各地的手工业发达有了促成的背景”③，因而生活中所需的伞具等手工业生产呈现出相对繁荣的局面，“抗战军兴后，一切日用必需土产，无不日趋活跃，价格无不突飞猛涨，超过战前数倍”④，因而“各种新兴手工艺产品，竟能如雨后春笋，星罗棋布，产量丰足，品质优良，人民之生计，得以解决，奇缺之物资，得有代替”⑤。

特别是湖南省会，抗战前“长沙轻重工业，均甚发达，手工机器，相辅并重”，各种产品自给或外销，“蔚成一时之盛”，但之后工厂大部分被毁。加之外货来源断绝，“湘人迫于环境，一致奋起，广集残余物资，竭尽智力心血，遍立工厂于市郊村镇”。虽然这些工厂大部份无动力、机器及一切科学设备，但是凭借战区迁入的技工，以及男女老幼的人力，仅“凭借双手”，制伞等手工艺品，“竟能如雨后春笋，星罗棋布，产量丰足，品质优良，农村经济，并因之而繁荣”⑥。因此，1938年出版的杨大金的实业志指出，“伞之品质”以温州、长沙等处“最为著名”⑦。

战时湖南制伞等手工业是战时手工业的重要组成部分，其发展与政府的支持密不可分。为加强战时手工业的需要，湖南省建设厅按照“提倡工业，开发资源，以足民用”为原则⑧，不仅在1940年成立了手工业改进委员会，而且还特派专员分赴新化、安仁、凤凰、沅陵等县组织手工业合作社。据统计，1941年1月，各县小手工业，除了已经组织的118个合作社合之外，“尚有若干社在筹备中”⑨。总之湖南政府这些发展手工业的举措，“繁荣地方，改善农民生活，有利于抗战建国者”，其“合作实为其中重要之一环”⑩。

---

① 《论战时手工业》，见吴半农：《论我国战时经济》，上海生活书店1940年版，第48页。
② 陈琨修、刘谦等纂：《醴陵县志》第6卷，食货志，工商，1948年铅印本。
③ 高叔康：《中国手工业概论》，上海商务印书馆1946年版，第34页。
④ 彭泽益：《中国近代手工业史资料》第4卷，生活·读书·新知三联书店1957年版，第277页。
⑤⑥ 何培桢：《记长沙手工业出品展览会》，《贵州企业季刊》1943年第1卷第4期。
⑦ 杨大金：《现代中国实业志》上册，上海商务印书馆1938年版，第1032页。
⑧ 薛岳：《湖南全省扩大行政会议开幕词》，《湖南建设季刊》1941年第1期。
⑨ 《半年来之湖南建设动态》，《湖南建设季刊》1941年第2期。
⑩ 丁鹏翥：《抗战三年来之湖南合作》，《湖南建设季刊》1941年第1期。

从上述湖南制伞业的发展历程可知，湖南制伞业可追溯至唐朝时期，历史悠久。其中，省会长沙的纸伞虽明显晚于益阳、湘潭，但是近代以降，长沙制伞业得以迅速发展，从而超过了益阳、湘潭。同时，清末湖南制伞业已很普遍，即使抗战时期醴陵等地的制伞业受到了严重的打击，但是受机器生产条件限制，以致有的区域纸伞等手工业仍有所发展。1945 年抗战结束至 1949 年建国初是益阳纸伞的鼎盛期，益阳县城及其附近农户，"几乎家家户户都会做伞"①。此外，1946 年，苏钧儒在长沙创办了"湖南兄弟纸伞工厂"，从湘潭聘请三四名师傅，带 40 名艺徒进行生产②。基于此，解放战争至建国初时期湖南制伞业的发展较为稳定，"纸伞业作为一个独立的手工业行业，一直延续到 1956 年公私合营之时"③。

二、湖南近代制伞业的生产

制伞是家庭手工主要的副业，"全凭手工即可对付，一切附件国人皆能自制"，加之"吾国制伞原料之丰富，人工之低廉，皆较任何国家为优"④。因此，制伞业是湖南旧式著名的手工业，不仅遍及湖南各县，而且较为普遍。如益阳，"有的一家男女老幼都能投入生产"⑤。作为日用必需品，伞业工人"随地设铺制造，以应社会之需求"⑥。虽然湖南制伞业原料大多为本省所产，但是在选材方面，纸伞工人较为重视。如备受青睐的益阳纸伞，"所用原材料及配件都是优质的，成本较高"，因而在售价方面略高于普通伞，若爱惜使用，一般可使用 3—4 年不坏，其坚韧耐用的程度是普通伞的 3—4 倍⑦。

湖南纸伞工人分为长工、短工两种。其中，长工由伞铺长年雇用，按月计工资，长沙最高的工资为每月 15 元，普通 10 元左右。湘潭、衡阳、浏阳、湘乡各县最高的工资，每月 13 元，普通者 9 元。短工的工资乃伞铺临时雇用者，工资按日计，月底发放现金。长沙菲菲制伞商社，以及湖南西湖制伞总社的伞工工资以计件计算，按日记账，月底发放工资。从工作时间来看，伞工每日大概

① 益阳市志编纂委员会：《益阳市志》，中国文史出版社 1990 年版，第 242 页。
② 欧阳晓东、陈先枢编纂：《湖湘文库・湖南老字号》，湖南文艺出版社 2010 年版，第 136 页。
③ 谷兴荣等编著：《湖南科学技术史》，湖南科学技术出版社 2009 年版，第 1105 页。
④ 杨大金：《现代中国实业志》下册，上海商务印书馆 1938 年版，第 1030 页。
⑤ 益阳市政协文史资料研究委员会：《益阳市文史资料》第 11 辑，内部刊物 1989 年，第 61 页。
⑥ 《调查・中国纸伞之织造及出口》，《工商半月刊》1929 年第 1 卷，第 17—20 期。
⑦ 益阳市政协文史资料研究委员会：《益阳市文史资料》第 11 辑，内部刊物 1989 年，第 62 页。

工作 11 小时，膳宿由伞铺供给①。同时，就分工来看，伞骨所需的发绳为女工用人的头发制成。据估计，每 100 把纸伞需用 3.6 元桐油，皮纸 4.7 元，毛竹和石竹约1.2元，发绳和棉纱 0.45 元，颜料 0.65 元，伞头和伞柄的木质约 0.7 元，牛角约 6 元。此外，所用的洋钉、面粉、皮圈等约 2 元②。

随着清朝制伞业的发展，分工的明细，益阳专业性伞柄业也逐步发展起来。益阳伞柄业开始的规模并不大，而且时至清末也仅有“陈德茂”“梁复兴”“刘福顺”“刘福泰”“谭顺生”五家，从业者 10 余人，主营伞柄，资金最多不过 3 000—5 000银元，最少者仅 100—200 银元。最初生产油布伞柄，为黑色、烙花、弯手柄，全年产量约 40 万根，主销滨湖各县以及厂商、湘潭、浏阳等地。1911 年辛亥革命后，由于军阀混战，关卡林立，交通阻塞，“生意萧条”，伞柄业资金较多的大户也不得不转行，小户老板仅能做工或另谋生计，“求得糊口”③。

因此，为了加强制伞业的生产及其管理，清末长沙纸伞店制定了一系列行规。1905 年长沙停工，导致伞业涨价，因而“伞店条规”规定，自此议定之后，“永不恃停工，挟制店主”，同时店主亦不得挟制客师，“违者禀请究治”。一方面，客师工价，本来“原有定章”，但经此次“酌加之后，嗣后客主遵守，不涨不跌”，若有私自增加工价，“败坏行规者，传众禀究”。另一方面，客师做工，按照货物给价。若宾客、主人关系不和，“故意拖搁，以致店主吃亏。此次定议之后，倘有客师拖搁工夫为日过久者，由店主传请经管值年，公同酌议，看货给钱，找清出店，客师不得别有异言”。但是，客师有婚丧事件，则不受此限制④。

制伞业与其他行会一样，为了行业的稳定，各伞铺不仅在生产材料方面有明确规定，而且还根据商品质量优劣进行具体议价，甚至将其列入行规之中，不准任意增加。如 1934 年益阳县长张翰仪“呈请取缔伞业，以小杉制造伞柄”之后，湖南省建设厅便训令各县政府“切实禁止，并通饬各伞业遵照”⑤。又如 1936 年，益阳县伞业职业公会组织章册呈请“经予改正备案相应填列附单”，仍获湖南省政府批准⑥。在营业方面，制伞业也作了诸多规定。如 1938 年国

① 朱羲农、朱保训编纂：《湖南实业志》，湖南人民出版社 2008 年版，第 1097 页。
② 同上，第 1103 页。
③ 益阳市政协文史资料研究委员会：《益阳市文史资料》第 11 辑，内部刊物 1989 年，第 63 页。
④ 彭泽益：《中国近代手工业史资料》第 2 卷，生活 · 读书 · 新知三联书店 1957 年版，第 603 页。
⑤ 余籍传：《湖南省建设月刊 · 传字第 762 号》1934 年第 43 期。
⑥ 吴鼎昌：《公牍 · 咨湖南省政府 · 劳字第 5426 号》，《实业公报》1936 年第 310 期。

民政府颁布《商业同业公会法》,确认同业公会为法人,同年2月长沙市规定,"不加入同业公会不准营业,限期更换会员证,无证者勒令停业"①。基于此,益阳纸伞业也规定,"每日派首士四人分街查察",若有滥价滥规者,"一经查出,罚该店演戏一部,酒四桌"②。

近代以降,湖南制伞生产得到了快速发展。其中,益阳城乡出现了40余户"伞号",2 000余名制伞工③。清咸丰年间(1851—1861),湖南创设有"陶恒茂"纸伞店,"做工精细,货真价实",直至民国时期,"仍然经久不衰,经营兴旺"④。因"陶恒茂"伞店精琢而得名的"陶琢伞",伞骨粗,伞柄大,"选料考究,做工精细"⑤。同治年间(1862—1874),开业的湘潭"彭正大厂"和"平江同春伞厂"建立时期最早⑥。清光绪初年,醴陵县城创设"朱洪泰"伞店,由于质量和声誉较佳,"坚守耐用,生意畅旺",县城伞店"多用朱洪泰招牌"。清末,"朱洪泰"伞店停业之后,新设的伞店仍打着其招牌,"皆袭用其名"⑦。1906年,开业的长沙"裕兴伞厂"有2 500元资金,成为当时资金最为雄厚的纸伞厂,且产量也最高,年产2.4万把⑧。

清末民初湖南制伞业十分兴旺,出现了高低档的纸伞。其中,高档老油加琢伞有"李茂恒""陶恒茂""恒茂兴"等10户,分布于长沙北门口、老照壁两地。然而,低档伞则高达数十户,分布长沙南门口、学院街、鸡公坡、炮坪巷等地⑨。同时长沙纸伞店的大增还表现在"本帮"和"衡州帮"之分。其中"本帮"在老照壁、学院街、北门口、鸡公坡等地,如老照壁的制伞大户"李恒茂"和以工艺过硬而成为长沙制伞业领头羊的北门"陶恒茂",而"衡州帮"则大多开设于炮厂坪。同时益阳有30余户制伞作坊,伞工1 500余人⑩。据统计,1912年民国建立之前长沙建立的纸伞有4户,湘潭9户,衡阳20户,靖县2户⑪,之后长沙、湘潭一带纸伞业颇为兴盛。特别是时至1934年,菲菲、西湖、周洪泰、陶恒茂、罗福

---

① 湖南省政府统计室:《湘政五年统计》,《湖南统计通讯》1942年第4期。

② 湖南省地方志编纂委员会编:《湖南省志》第13卷,贸易志,贸易综述,商业,湖南出版社1990年版,第507页。

③⑥⑧⑪ 孙文辉:《蛮野寻根·湖南非物质文化遗产源流》,岳麓书社2015年版,第178页。

④ 王国宇:《湖南手工业史》,湖南人民出版社2016年版,第240页。

⑤ 长沙市志编纂委员会编:《长沙市志》第7卷,湖南人民出版社2001年版,第349页。

⑦ 陈琨修、刘谦等纂:《醴陵县志》第6卷,食货志,工商,1948年铅印本。

⑨ 长沙市志编纂委员会编:《长沙市志》第7卷,湖南人民出版社2001年版,第347页。

⑩ 朱羲农、朱保训编纂:《湖南实业志》,湖南人民出版社2008年版,第1103页。

兴、黄德和、吴振兴、粟宜等8户资本合计2.19万银元,职工148名,年产19.2万把,长沙制伞业被这8户所垄断[①]。

据统计,1872—1938年间,益阳有30多户纸伞号以"平江木屐益阳伞"号称于世[②]。此外,苏茂隆通过贩卖湘潭雨伞积累资金后,于光绪初年在湘潭创办了"苏恒泰"伞铺,雇用湘潭伞工,自作再买,由于"经营得法,作工精细,在同行业中名望越来越高"。1929年,苏茂隆派其弟苏启良在湘潭创建"苏恒泰伞号",雇佣三四十人[③],随着湘潭这些伞号的发展,从而使湘潭的纸伞曾在巴拿马博览会中获得奖状[④]。

民国时期,长沙、湘乡等地的制伞产量有所增加。其中,长沙制伞年产量约192 000把,占湖南省第一位,其次为湘乡,再次为衡阳、湘潭、浏阳,更次者为芷江、郴县、平江、常德、安化、耒阳、岳阳、桂阳。按照价格论,长沙纸伞第一,湘潭次之,再次者为衡阳、湘乡、浏阳。湖南年产纸伞636 790把,而长沙、湘乡、衡阳、湘潭、浏阳五县占82.66%,纸伞总值205 586元,而五县则占83.74%[⑤]。据统计,民国时期长沙著名的伞铺有8户,以潘岱青开设的"菲菲制伞商社"的资金最为雄厚,实力最强。据1929年《公商半月刊》登载的调查资料可知,长沙菲菲纸伞产量为2万余把,湘潭"彭正大"为两万把[⑥]。

衡阳纸伞集中于局前街、潇湘街、北正街三地。清末,衡阳纸伞多至60余家,民国时期不仅"仅及半数",而且"连年亏累,资本缩小"。据伞铺31家报告统计,衡阳纸伞资本仅3 130元,工人106名,年产91 500把纸伞,营业不过22 800余元[⑦]。20世纪30年代,长沙制伞业增至28户,行业人员230多人,年产20—25万把,"为长沙制伞业全盛时期"[⑧]。据调查,1934年湖南纸伞分布如下表所示:

---

① 长沙市志编纂委员会编:《长沙市志》第7卷,湖南人民出版社2001年版,第347页。
② 益阳市志编纂委员会:《益阳市志》,中国文史出版社1990年版,第242页。
③ 欧阳晓东,陈先枢编纂:《湖湘文库·湖南老字号》,湖南文艺出版社2010年版,第136页。
④ 中国土产公司计划处编辑:《中国各地土产》,十月出版社1952年版,第88页。
⑤ 朱羲农、朱保训编纂:《湖南实业志》,湖南人民出版社2008年版,第1103页。
⑥ 《调查·中国纸伞之织造及出口》,《工商半月刊》1929年第1卷,第17—20期。
⑦ 朱羲农、朱保训编纂:《湖南实业志》,湖南人民出版社2008年版,第1096页。
⑧ 长沙市志编纂委员会编:《长沙市志》第7卷,湖南人民出版社2001年版,第348页。

1934年湖南省纸伞业分布表①

县名	户数	资本(元)	工人数	年产量(柄)	总产值(元)
长沙	8	21 900	123	192 000	91 200
湘潭	28	17 800	96	83 300	26 200
衡阳	31	3 130	106	91 500	22 835
浏阳	20	3 840	92	54 600	10 920
湘乡	14	14 600	54	105 000	21 000
常德	6	2 600	12	10 000	4 000
湘阴	3	2 900	5	1 500	600
醴陵	1	250	2	1 200	480
安化	4	2 240	13	5 580	1 640
岳阳	4	1 040	7	3 450	1 275
平江	15	830	25	13 200	3 960
耒阳	3	640	7	4 500	1 250
郴县	7	1 485	23	27 710	6 313
桂县	8	185	未详	2 470	1 109
芷江	10	1 220	未详	31 680	9 504
靖县	7	2 430	未详	9 100	3 300
合计	169	77 090	565	636 790	205 586

从上表可知,1934年湖南纸伞户有169户以上,职员84名,工人565人。同时,湖南纸伞主要分布于衡阳、湘潭、浏阳、湘乡、平江一带,这五个县纸伞户数约占总数的64%,其中衡阳最多,主要分布于局前街、潇湘街和北正街三地,而湘潭则以文庙街的"陈春昌"和九总正街的"苏恒太",以及尹家花园的"左祥和"的纸伞最受欢迎。同时,湘乡制伞的年产量仅次于省会长沙,约占湖南全省的16.5%。从资本、年产量和总产值来看,虽然长沙仅有8户,但是资金相对雄厚,实力最强,占总资本的28.4%。同时,长沙制伞业的年产量和年产值均位居湖南纸伞之榜首,分别占全省纸伞总数的30.2%、44.4%。

① 朱羲农、朱保训编纂:《湖南实业志》,湖南人民出版社2008年版,第1097页。

1945年抗战胜利后，虽然小业主重新开始制伞业，但是由于市场萧条，无法恢复至30年代中期全盛的局面。1949年解放前夕，长沙市内20余户布伞店（作坊），伞工220多名，年产仅10万余把[①]。同时，益阳第六区、七区的农民“绝大多数都会做伞”[②]。特别是建国初，益阳明油纸伞达到鼎盛，最高年产量100余万把，可谓家家都有制伞匠，户户都会编伞线。

三、湖南近代制伞业的市场

近代以降，随着中外贸易的加强，中国制伞业从古代局限于东南亚一带拓展至欧美市场，特别是以“运往日本者为大宗”[③]，并备受青睐，赢得一致赞誉。湖南纸伞以长沙产品的销路为最广，内销岳阳、益阳、汉寿、常德、沅江、湘西各县，而外销则为上海、南京、安庆、汉口、芜湖等长江流域各埠[④]，甚至南洋一带。其中，湖南纸伞不仅畅销内地，如益阳纸伞运至汉口“还没有起坡，伞商争相抢购”[⑤]，而且还畅销香港，甚至国外的新加坡、日本、泰国、马来西亚等地。即使是1938年战时，运往日本的长沙与温州制伞“依然运往源源不绝”[⑥]。

民国时期，湖南制伞业的“产销更旺”。特别是湘潭、衡阳、长沙等五县，已成为湖南制伞的生产基地和交易中心，所产纸伞工艺精细，销场之广，销量之大，省内其他各地均不及。据长沙、岳州海关报告可知，1925年两地分别出口85 151、2 300把，价值分别为18 818、503关平两。1926年长沙、岳州的出口量分别为157 600把、7 520把，价值分别为46 258、2 256关平两。1927年长沙的出口量为79 909把，出口值为3 975关平两[⑦]。

其中，菲菲纸伞备受消费者青睐，“欧美驰名，制作精巧，定价公允”[⑧]，不仅畅销湖南，而且远销上海、南京、安庆、汉口、芜湖等长江流域各商埠，甚至出口南洋。因此，1926年长沙、湘潭、衡阳等县“竞制菲菲纸伞后，大受欢迎，湘

---

① 长沙市志编纂委员会编：《长沙市志》第7卷，湖南人民出版社2001年版，第348页。
② 中国民间文学集成全国编辑委员会等编：《中国谚语集成·湖南卷》，中国民族大学出版社1995年版，第533页。
③⑥ 杨大金：《现代中国实业志》上册，上海商务印书馆1938年版，第1032页。
④ 朱羲农、朱保训编纂：《湖南实业志》，湖南人民出版社2008年版，第280页。
⑤ 益阳市政协文史资料研究委员会：《益阳市文史资料》第11辑，内部刊物1989年，第61页。
⑦ 《调查·中国纸伞之织造及出口》，《工商半月刊》1929年第1卷，第17—20期。
⑧ 《鞋帽部》，《申报》1933年3月12日。

省各县,无处不见菲菲伞之发售”[①]。同时,上海、湖北、江西,以及长江沿岸各埠,“均来湘采办,纸伞销数之多,实为空前所未有”。当时,虽然常德、湘阴等10余县“起而仿造,惟其出品,终不敌长沙、衡阳、湘潭之精美,行销只在县境中”。军阀混战时期,由于“匪乱屡起”,湘南、湘西“连年荒歉,纸伞销路,重受打击”。浏阳、湘乡的纸伞行销江西,“今几交易断绝”,长沙、湘潭纸伞行销湖北、上海等地,“亦受商埠不景气之关系,已非昔比”[②]。

1928年,菲菲纸伞老板潘岱青的弟弟潘白坚还在美国芝加哥开设专店出售其纸伞,“曾轰动全城并出现货源断档脱销现象”[③]。菲菲纸伞开产之后,“很快供不应求”,因而潘岱青不仅在南阳街、司门口、中山路国货陈列馆等地设立了门面,而且还将家中20亩的田全部出售,将其作为纸伞的资本[④]。据1935年长沙海关调查报告所载,湖南纸伞经长沙海关输出的数量,以1927年7.99万把,1928年8.79万把为最高纪录。之后,长沙纸伞“年年跌落”。1929年,长沙纸伞出口减至34 930把,1930年为34 788把,1931年偶然增至44 854把,但1932年则大跌,仅输出1 320把。1933年,长沙输出纸伞3 753把,由岳州输出者仅1 990把[⑤]。

不仅菲菲纸伞,而且湖南其他各类制伞都有大量出口,只不过在出口量方面以纸伞为主。1927年,衡阳纸伞除销售湘南外,每年“运赣者不少”。20世纪30年代初,虽然国民党进行围剿红军,纸伞“销路已绝”,即使以江西为主销地的浏阳纸伞,“亦已匪患之故,改销汉口”,但是浏阳纸伞在汉口市场并不能立足,“未得十分信仰,销售情形,殊欠畅旺”。芷江、靖县,由于地接云南、广西,因而有少数纸伞运销两省东部,其余各县,“只销县内”。纸伞交易除门售外,“概由各地杂货店向之批发”。每年3、4、8、9等月份,纸伞“交易最旺”,其销售于汉口、芜湖、南京、上海者,“均由长沙纸伞贩商,收买转运,向各埠兜售”。装运之时,每把伞上皆用纸套,并标记牌号商标,然后装入木箱,每箱约20把。在交易过程中,无论是门售,还是批发,“均现货现款交易,趸批交易,

---

① 朱羲农、朱保训编纂:《湖南实业志》,湖南人民出版社2008年版,第1094页。
② 同上,第1095页。
③ 湖南省地方志编纂委员会编:《湖南省志·贸易志·供销合作社》第13卷,中国文史出版社1991年版,第277页。
④ 孙文辉:《蛮野寻根·湖南非物质文化遗产源流》,岳麓书社2015年版,第179页。
⑤ 朱羲农、朱保训编纂:《湖南实业志》,湖南人民出版社2008年版,第1104页。

于取货时，先付半数，余价约期付讫，三节结算”[①]。

此外，益阳、醴陵的制伞业市场也较广。其中，1921 年益阳三里桥、泉交河、宁家铺三个产地不仅组成“宁三泉”的伞庄，而且还在汉口设大仓库，将益阳运至汉口的伞，一律存放，“可以避免货到时受汉口伞商卡价”[②]。此外，醴陵的布伞户数仅次于长沙菲菲纸伞，只不过资本较少。据 20 世纪 30 年代湖南省经济研究室调查，1934 年醴陵的布伞制造者有 11 户，“惟全业资本不大”，资本 4 410 元，因而雇用工仅有 34 名，年产布伞 16 600 把，产值 19 920 元[③]，产品行销省内外。1913—1933 年，通过长沙、岳州出口的湖南纸伞为 122.17 万担，价值 27.68 万关平两，具体出口情况如下表所示：

1913—1933 年湖南制伞业出口概况表[④]

年份	出口量(担，1 担＝10 把)			出口值(关平两，1 关平两重 583.3 英厘，或 37.749 5 克，后为 37.913 克的足色纹银)		
	长沙	岳州	合计	长沙	岳州	合计
1913	73 780	—	73 780	9 931	—	9 931
1914	81 196	—	81 196	12 683	—	12 683
1915	17 127	—	17 127	2 675	—	2 675
1916	21 600	—	21 600	2 674	—	2 674
1917	16 654	—	16 654	1 522	—	1 522
1918	7 000	1 500	8 500	2 303	330	2 633
1919	4 595	—	4 595	1 015	—	1 015
1920	7 200	—	7 200	2 369	—	2 369
1921	29 848	5 390	35 238	8 656	560	9 216
1922	145 292	4 500	149 792	24 837	730	25 567
1923	132 126	3 300	135 426	23 782	57	23 839
1924	103 481	120	103 601	15 046	41	15 087

① 朱羲农、朱保训编纂:《湖南实业志》，湖南人民出版社 2008 年版，第 1104 页。
② 益阳市政协文史资料研究委员会:《益阳市文史资料》第 11 辑，内部刊物 1989 年，第 62 页。
③ 朱羲农、朱保训编纂:《湖南实业志》，湖南人民出版社 2008 年版，第 1097 页。
④ 刘世超编:《湖南之海关贸易》，湖南经济调查所 1934 年版，第 143 页。

续 表

年份	出口量(担,1担=10把)			出口值(关平两,1关平两重583.3英厘,或37.749 5克,后为37.913克的足色纹银)		
	长沙	岳州	合计	长沙	岳州	合计
1925	85 151	2 300	87 451	18 818	503	19 321
1926	157 607	7 520	165 127	46 258	2 256	48 514
1927	799 090	—	79 909	21 975	—	21 975
1928	87 894	—	87 894	19 425	—	19 425
1929	34 930	—	34 930	7 971	—	7 971
1930	34 788	—	34 788	12 572	—	12 572
1931	44 854	—	44 854	23 840	—	23 840
1932	26 290	—	26 290	12 745	—	12 745
1933	3 753	1 990	5 743	1 241	—	1 241
合计						

从上表可知,1922—1928年是湖南制伞出口繁盛时期,出口量与出口值均大于其他年份,平均出口量为11.56万担,年均出口值22.48万关平两,其中尤以1926年最为突出。同时,从出口数据来看,岳州出口量较小,出口值较少,而长沙则因制伞业资金雄厚,制伞户产量颇大,因而出口量、出口值均较为明显。

从俗语"晴带雨伞,饱带饥粮"可知,雨伞是人类重要的日常生活用品,因而销售亦广。湖南雨伞的销路不仅遍及中南、华东各省市,而且国外畅销日本长崎,以及被日本大阪和迟公司收购、订购。但是20世纪30年代,湖南等地制伞业也备受国外"洋纱"竞争。其中,京广百货的资本家先后在长沙太平街、黄仓街、坡子街等地开设了"阜湘""震湘裕"等广伞庄。它们的产品专门出售英国、德国、日本的"洋伞"和港穗的高档伞,"以压价抛售方式,挤垮本地20多家制伞店,从而垄断了布伞市场"①。1937年潘岱青携带菲菲伞在广州召开的"四省国货交流会",备受国内外青睐,继而使产品运销东南亚的新加坡、马来西亚,甚至荷兰、丹麦、法国、意大利和美国等欧美21个国家②。

① 长沙市志编纂委员会编:《长沙市志》第7卷,湖南人民出版社2001年版,第348页。
② 孙文辉:《蛮野寻根·湖南非物质文化遗产源流》,岳麓书社2015年版,第179页。

1937年抗战全面爆发后，湖南纸伞更是“外销中断”①。如醴陵，由于纸伞“营业渐衰”，仅有三四十人从事伞业，伞店13户，醴陵各乡镇约六七户，虽然制伞过程较为草率，但是由于采用分工生产，每人产量较之前“大有增加”。按照每人每月制伞100柄计，醴陵县城月产3 000余柄纸伞，除销售本县之外，江西“间有来采购者”②。1938年，因日寇侵犯，“宁三泉”伞庄才歇业，益阳纸伞“因销路不畅而趋于衰落。农村中制伞户大多纷纷停工转业”③。又如长沙“陶恒茂”纸伞店，因“文夕大火”，“该店损失全部资产70%左右”，同样“裕湘厚损失惨重”，即使恢复“并非难事，唯因当时没有外国伞骨进口，裕湘厚因此结束，而改营其他业务去了”④。

简言之，20世纪30年代后，随着全国各地伞商至益阳“采购纸伞者日益增多”，纸伞业的发展，“伞柄的销路也随之扩大”，除原来的销售渠道外，醴陵、萍乡、汉口的制伞厂家，以及私营企业“也常年来益阳订购伞柄”，从而使益阳伞柄业“恢复了生机”，从业者从之前的5户增至11户，伞柄年产量通常200万根左右⑤。1949年解放前后，益阳纸伞业仅有几个小门面，在市面上弄点小零售⑥。据1952年中国土产公司计划处统计，益阳纸伞“现已达到年产”90万把，安化产量较解放前增加了两倍。销路方面，湖南纸伞“也已逐渐扩大”⑦。但是1950年，湖南纸伞曾发生偷工减料现象，以致品质低劣，影响了湖南制伞业的信誉。

四、湖南近代制伞业的特点

制伞业是小规模的手工业，“属于前店后厂的手工作坊性质”，原料自购，产品自销，“实行专副结合的生产方式”⑧。制作工艺复杂、精细，程序非常繁琐，除搬进搬出之外，民间有72.5道工序之称，其中约七八道工序全部由纸伞师傅手工完成，如制作伞头、伞体、伞柄，以及绘花、上油。按照伞面红、绿、黑、

---

① 湖南省地方志编纂委员会编：《湖南省志·贸易志·供销合作社》第13卷，中国文史出版社1991年版，第277页。

② 陈琨修、刘谦等纂：《醴陵县志》第6卷，食货志，工商，1948年铅印本。

③⑥ 益阳市政协文史资料研究委员会：《益阳市文史资料》第11辑，内部刊物1989年，第62页。

④ 欧阳晓东、陈先枢编纂：《湖湘文库·湖南老字号》，湖南文艺出版社2010年，第129、131页。

⑤ 益阳市政协文史资料研究委员会：《益阳市文史资料》第11辑，内部刊物1989年，第63页。

⑦ 中国土产公司计划处编辑：《中国各地土产》，十月出版社1952年版，第89页。

⑧ 谷兴荣等编著：《湖南科学技术史》，湖南科学技术出版社2009年版，第1103页。

蓝等不同的颜色，纸伞可分为“明油伞”“黑油伞”“花伞”“改良伞”等。就操作而言，这些程序均独立制作，前后分工，合作无间，相互依存。做工精细，恪守传统工艺，以越冬的老竹中筒、上等云皮纸制作，用丝绵盖顶层，中骨则用头发绳穿结，伞边则用土纱夹头发绳，用粗丝线，伞坯制成后，一律集中至三伏天用生桐油连续上油三次①。

制伞业以湖南、湖北、江浙等南方为中心，除了程序相同之外，在尺寸设计等方面均有着地方特色。虽然纸伞织造手艺的出品优劣人人不同，“家家自异”，但是制造程序及制造方法，湖南、湖北、江苏、浙江、福建等产地则“大概相同”。制伞程序大致分为制伞骨、制伞头、穿发绳、糊纸张、涂油或色油、绘画、装伞柱和伞柄七个步骤。在这七个方面，伞工“各专一技，各熟一门，不相混乱”②。但是纸伞的长度、式样，湖南与江浙“略有异同”，其中长沙菲菲纸伞普通长 22—23 寸，伞面印绘山水或仕女，衡阳的菲菲伞则比长沙的短，普通长 21 寸，桂阳、郴州的菲菲伞“完全仿造衡阳，但为数极少”。平常所造的纸伞“均为老花伞”，长度 24 寸，伞骨、伞柱“笨重异常，伞面系赭暗色，均不施彩绘”③。

不仅湖南制伞与全国各地略有不同，而且湖南省内各地的制伞业也存在一定的差异。如益阳纸伞不仅样式美观，而且轻便，而湘潭纸伞“质量虽好，用户略嫌笨重”④。此外，在装作方面，长沙菲菲制伞“别具一格”，如伞柄不仅加油漆，而且系由红绿丝带，甚至还用特制的牛皮纸袋和彩色纸盒包装，用作馈赠。因此，“精美的绘画与装潢，使菲菲伞大放光彩”⑤，与益阳油纸伞相比，菲菲制伞业不仅是一种轻巧耐用的日用品，而且“是一种美观雅致的工艺品”⑥。

从功能方面而言，湖南制伞业分为雨伞和阳伞两大类。其中，益阳明油制伞主要为雨伞，而菲菲制伞则发展成为著名品牌。就制伞业所用主体材料而论，湖南制伞业可分为纸伞、布伞，其中纸伞的原料均来自本省，有纸、竹、桐油、发绳、颜料、木材等，如纸、竹来自浏阳、茶陵，而桐油则采自长沙、常德。菲

① 孙文辉：《蛮野寻根・湖南非物质文化遗产源流》，岳麓书社 2015 年版，第 178 页。
② 《调查・中国纸伞之织造及出口》，《工商半月刊》1929 年第 1 卷，第 17—20 期。
③ 朱羲农、朱保训编纂：《湖南实业志》，湖南人民出版社 2008 年版，第 1103 页。
④ 益阳市政协文史资料研究委员会：《益阳市文史资料》第 11 辑，内部刊物 1989 年，第 62 页。
⑤ 长沙市志编纂委员会编：《长沙市志》第 7 卷，湖南人民出版社 2001 年版，第 349 页。
⑥ 谷兴荣等编著：《湖南科学技术史》，湖南科学技术出版社 2009 年版，第 1104 页。

菲伞分为雨伞和阳伞,款式多样,约 200 多个花色品种[①],主要有大盆边、荷叶边、鱼齿边、平整边。菲菲制伞图案造型有绘花、贴花、印花、喷画四类。伞面装饰可谓千姿百态,既有青山绿水、芳草奇花、飞禽走兽,也有才子佳人。

伞最初被称为“华盖”“伞盖”,因而湖南当地大多将纸伞称为“雨盖”,其生产遍及湖南各县。其中,以长沙、湘潭、湘乡、浏阳、衡阳五县生产的各类纸伞的产品为佳,不仅制造精细,而且销售量大,市场广。浏阳城内纸伞铺 20 户,以正东街的“武义和”,北正街的“彭义顺”等,资本各 800 元,“出品较精,营业较盛”。此外,浏阳城内纸伞资本三四百元者仅有两三家,普通纸伞铺“均系数十元”的资本。因此,浏阳纸伞全业资本较少,仅 3 120 元,工人 92 名,年产纸伞 54 600 把[②]。

按照布料不同,制伞可分为布伞和纸伞。从时间来看,长沙的布伞晚于纸伞,始于 1914 年的“振记布伞店”。该布伞店开设于长沙南阳街,从广州、香港购置钢骨,自己配置布面,生产“洋伞”。之后,长沙数家铜匠改行,相继开设了“黄宏顺”。1918 年,曾德成等人集资 1 万银元,在长沙黎家坡开设“厚道布伞厂”,伞工匠人 100 余人[③]。之后,长沙还出现了“杨福兴”“杨顺兴”等布伞店。1917 年,“裕湘广伞号”的股东黄菊阶等人在长沙太平街开设了“裕湘厚广伞庄”。由于“裕湘厚广伞庄”临近大西门、小西门水陆码头,加之注重技艺改良、材料选购,因而生意日益兴旺。如所用的青布首先是全部为名牌的“龙头”牌细布,或“万年青”的青白细布,然后再经染坊自染。在自染过程中,先染成蓝底子,然后染成青布,以防褪色,保证优质。在价格方面,较为合理,实行“真一言堂”。更为重要的是,售后服务质量很好,对伞的修理仅收取工本费,如遇有质量问题则不收费。20 世纪 30 年代是“裕湘厚广伞庄”的全盛时期,成为太平街的殷实小户之一[④]。

原料大多自给是湖南制伞业的重要特征。湖南纸伞原料主要为自产,仅有部分从省外购入。湖南纸伞采用的纸为桑皮纸、桃花纸、京边纸三种,其中桑皮纸的价格每 100 刀 20 元,毛竹每 100 根 70 元左右,石竹和水竹每 100 根约 1 元。长沙、浏阳、湘阴、平江等县从安徽、浙江购买纸伞纸张,而芷江的纸

---

① 长沙市志编纂委员会编:《长沙市志》第 7 卷,湖南人民出版社 2001 年版,第 349 页。

② 朱羲农、朱保训编纂:《湖南实业志》,湖南人民出版社 2008 年版,第 1096 页。

③ 长沙市志编纂委员会编:《长沙市志》第 7 卷,湖南人民出版社 2001 年版,第 348 页。

④ 谷兴荣等编著:《湖南科学技术史》,湖南科学技术出版社 2009 年版,第 1105 页。

购自贵州。同时，纸伞所用颜料来自上海、湖北。湘乡县的纸伞的纸购自邵阳，郴县的纸购于兴宁，攸县购于永兴，桂阳和靖县的纸购于宝庆，衡阳和岳阳所需纸为当地纸坊所产。其中长沙纸伞原料为皮纸、楠竹、棉纱、发绳、桐油、柿子油、颜料、牛角和木材。伞骨用毛竹，伞柱用石竹和水竹，伞柄和伞头的硬木和牛角为湖南名产，"皆就地采办"。湘西、湘东的桐油、青油不仅产量较多，而且青油油质清薄，纸伞效果"清白光亮，软韧耐用"①。

从用途而言，湘潭石鼓镇的纸伞曾一度为"军用伞"，每把售价 1 元光洋。随着铁骨伞逐渐取代竹骨伞，石鼓伞也陷入沉寂期。石鼓伞制作侧重审美，淡化实用功能。在生产方面，一根青竹需浸泡、药水煮、刮青、劈伞骨、制伞杆、制伞轱辘、分边、糊伞、打口、画花、收伞等 80 余道工序。因此，每把伞的制作需要 5 个工作日。石鼓伞三面为皮棉纸或蚕丝面，经手工制作后浸泡天然桐油而成，"完全防水、韧性极好，可用于遮风、挡雨"，伞骨为多年生长的楠竹，经削制和反复煮、晒而成，"结实耐用，六级大风不变形，可反复开合 2 000 次以上"，伞柄为烟熏的罗汉竹鞭②。

湖南各地纸伞各具特色。从材料方面而言，选取上等青竹制作的伞，主要有长沙精美耐用的"改良伞"，湘潭的"琢伞"和益阳、湘乡的"行伞"，不过"都以物美价廉为特色"③。"陶琢伞"在生产过程中经过三伏天三次上桐油，因而"质量坚固，不怕狂风大雨和烈日暴晒"④。又如常德的纸伞所用皮纸"坚韧耐久"，益阳的纸伞"产量最多"，生产旺盛之时，年产量达到 120 万把。在湖南农村中，男女老幼很多都以制造伞骨、编伞边、穿线等工作为主要副业，如益阳第三、四区，"几乎人人都会制伞"⑤。伍荣华在回忆毛泽东学生时代与同窗萧子升进行社会调查之时，对湖南纸业进行了一定的论述，认为"纸伞布衫兼草履，访民问吏殷勤记"⑥。

虽然制伞业遍及湖南各地，但是由于资金有限，以致制伞业仅能进行小规模生产。民国时期，长沙、湘乡、衡阳、浏阳等地的制伞业都得到了快速发展，

① 朱羲农、朱保训编纂：《湖南实业志》，湖南人民出版社 2008 年版，第 1102 页。
② 孙文辉：《蛮野寻根·湖南非物质文化遗产源流》，岳麓书社 2015 年版，第 181 页。
③ 张仃主编：《中华民间艺术大观》，湖北少年儿童出版社 1996 年版，第 271 页。
④ 长沙市志编纂委员会编：《长沙市志》第 7 卷，湖南人民出版社 2001 年版，第 349 页。
⑤ 中国土产公司计划处编辑：《中国各地土产》，十月出版社 1952 年版，第 90 页。
⑥ 龚远生主编：《纪念毛主席诞辰 120 周年"萧三杯"全国诗词大赛作品集》，湘潭大学出版社 2013 年版，第 188 页。

但是在资金方面以长沙、湘乡较为充裕。据统计,长沙著名的纸伞有 8 户,其中菲菲制伞商社资本 7 000 元,职工 67 名,规模最大,所出纸伞“精致灵巧”,年产 60 000 把。长沙仓后街的“湖南西湖制伞总社”仅次于菲菲制伞,资本 5 000 元,年产约 50 000 把,“亦有少数输出国外”。同时,长沙还有樊西巷的“罗福兴”,大古道巷的“黄德和”,小西门的“周鸿泰”,湘春街的“栗宜旸”、“陶恒茂”、“吴振兴”等,“均系独资开设,资本与工人较少,出货则远不及菲菲制伞商社”[①]。此外,民国湘乡纸伞集中于万贯亭,有 14 户,不仅资本比衡阳、浏阳“充实”,而且“出货亦较衡浏为多”(衡阳、浏阳——笔者注),但是品质方面,湘乡纸伞不及衡阳,因而“售价为贱”[②]。

因此,资本束缚是制伞业发展的重要特征和原因。民国湖南其他各县制伞,多者 10 余户,少者仅两三户。从伞铺资本来看,“资本极少,组织极简”[③]。即使是菲菲制伞商社,亦不过 7 000 元而已[④]。据常德、湘阴、醴陵、安化、岳阳、平江、耒阳、郴县、芷江、靖县的纸伞业报告,纸伞户合计 68 户,资本 15 820 元,工人 169 名,年产纸伞 110 390 把,价值 33 431 元。1926 年,湖南布伞,“醴陵独盛,现有十一家,出品行销湘省内外,惟全业资本不大”,雇用工人仅 30 余名,制成的布伞,年约 16 600 把,价值 19 920 元。民国时期,湘潭纸伞集中于城区,计 28 户,其中以文庙西街的“陈春昌”,九总正街的“苏恒太”,尹家花园的“左祥和”的纸伞,“最得用户欢迎,故出货独多,而资本较为充实”[⑤]。

综上所述,作为传统且较为普遍的手工业,湖南制伞业的历史不仅源远流长,作为独立手工业一直延续至 1956 年手工业改造之时,而且还享誉海内外,运销汉口、上海、江浙等国内市场,甚至还远销香港及东南亚和欧美市场。当然,湖南制伞业的兴起明显晚于江浙等地,但是凭借丰富的纸张、竹子等原料,加之制伞无须大量资本“国人皆能自制”,因而湖南制伞业不仅发展较快,而且颇为著名,特别是长沙“菲菲制伞”更是多次在展览会中荣获嘉奖。同时,虽然常德、湘阴等地制伞业兴起较早,但是随着清末民初制伞业遍及湖南各地,在湖南逐步形成了长沙、湘潭、湘阴、衡阳、浏阳五县的纸伞中心,而常德、安化等传统的纸伞织造区域,则已“日趋退化”,营业逐步被长沙、湘潭等纸伞店铺取代。此外,在抗战时期,虽然因战局动荡,材料输入受限,制伞业受到了一定程

①③⑤ 朱羲农、朱保训编纂:《湖南实业志》,湖南人民出版社 2008 年版,第 1095 页。
② 同上,第 1096 页。
④ 同上,第 280 页。

度的影响，但是由于战时生活所需，因而在“后方生活必需品之求自给自足，亦为当前之要务”①的强烈刺激下，湖南制伞业也得到了一定程度的发展。

On the production and marketing of umbrella industry in modern Hunan and its characteristics

Abstract: Although the rise of the umbrella industry in Hunan is obviously later than Jiangsu's and Zhejiang's umbrella industry, but the development is faster. Especially in the Republic of China period, while the traditional paper umbrellas of Yiyang and Shigu continued to develop, there appeared the famous paper umbrellas of Changsha and Feifei, which won many awards. In the Early Period of the Republic of China, the umbrella industry in Hunan and other places was not only monopolized by the foreign umbrella shops cupitals, but also the export of umbrella in Hunan was interrupted after the anti-japanese war. During the war of liberation and in the early years of the People's Republic of China, the umbrella industry in Yiyang reached its peak, and as an independent handicraft industry, it continued to develop until jointly operated by the public and the private sector, 1956. Although the Chinese umbrella-making industry is basically the same in terms of making procedures, not only are there some similarities and differences between Hunan and Zhejiang in terms of the length and pattern of paper umbrellas, but also there are some beautiful patterns of Yiyang Paper Umbrellas in Hunan Xiangtan paper umbrella, though of good quality, users are slightly bulky and other features.

Key words: Hunan; Modern Times; Umbrella Industry; Development; Production and Marketing; Characteristics

作者简介：熊元彬，湘潭大学哲学与历史文化学院副教授、韶峰学者、湘学研究中心研究员。

① 秦孝义:《中华民国经济发展史》，近代中国出版社 1983 年版，第 608 页。

何以江南:陈独秀组织建党的侨易学[1]分析

束晓冬

摘　要:陈独秀思想地不断进步、在上海接受马克思主义、组织建党与江南有着十分密切的关系,将二者置于侨易视域中考察,可以有一些新发现。陈独秀的建党行动深受"侨易"经历影响,从"侨易"入手,不仅可以深化既有陈独秀革命思想研究,而且能进一步解析其世界观转变和建党选择中的"江南因素"。

关键词:侨易学　江南　建党

陈独秀可以被看作中共党史上一个十分典型的侨易个体。[2]从侨易的角度出发,侨易个体在侨易空间中受到诸多侨易因素的影响,而地理条件是一个重要的侨易因素,即作为客观条件,或作为一个侨入语境。本文将"江南因素"——这一独特的地理条件作为侨易因素来分析,更加强调其文化地理的层

---

① "侨易学"这个学术名词,是叶隽教授近年来力主倡导的新概念。按照叶先生的定义,所谓"侨易",指个人或群体在文化结构不同的地域、文明之间发生的物质位移,在累积了一定时间量的基础上,与新的侨易量产生交互作用,并且最后完成了侨易主体在精神层面的质变。侨易学正是为了研究与解释这一现象而产生的理论。叶隽:《变创与渐常:侨易学的观念》,北京大学出版社2014年版,第3—7页;叶隽:《侨易现象的概念及其内涵与外延》,《上海师范大学学报(哲学社会科学版)》2013年第1期。

② 复旦大学历史系教授邹振环认为侨易学的研究范围包括文化生命体和物质技术等多方面,一定程度上说明本文所主要讨论的作为个体的陈独秀及其延伸出的作为群体的共产党,以及作为印刷文本的马克思主义知识作为三个侨易主体的合理性。

面。结合陈独秀的侨易经历，能够在一定程度上说明马克思主义中国化这一非常重要的理论侨易(知识侨易)案例中，侨入语境(大的——中国)，(小的——江南)对于侨易主体(马克思主义作为主体以及陈独秀作为主体)的重要影响。

具体而言，江南之旅成为陈独秀个人、马克思主义中国化、中俄之间思想交流中一个有必要深入发掘的事件和过程：在江南的迁移带给陈独秀思想的冲击与影响，可见于言论与实践中；并透过其言论与实践的传布，反过来对中国先进知识分子群和工人阶级施加影响。基于陈独秀的革命生涯，本文试图说明，陈独秀的迁移伴随着行与思之间的交互影响，亦由此形成了由“侨”至“易”的典型案例，即思想之易在个体的位移中逐渐发生，尤其是陈独秀的江南之行，使得他由一个激进的民主主义者转变成为一个马克思主义者。

较于既往研究而言，从侨易视角探求陈独秀的革命旅途有三大优点。首先是将陈独秀进行“侨易学”个案分析，考察江南的诸要素如何作用于马克思主义的传播和中共建党，可以对以往其他分析路径中难以回答的问题进行补充。其次，围绕其“侨易”经历，还可以探究陈独秀先后在何种文化地理空间中重构其革命理念，同时凭借革命的叙事话语加以呈现，得以彰显陈独秀革命历程中的“侨易学”进路。最后也是最重要的是，与西方社会学理论不同，侨易学是当代学者叶隽依据中国传统文化资源建构起来的关于空间位移形成异质相交引发精神质变的理论，是以华夏文化肇基的“源始逻辑”为基点的①，借助于这样一种理论来分析江南的文化、阶级、知识、资本对中共建党之影响，无疑对中共创建的本土化论证有着极强的说服力。本文同时力图在以下三点有所突破：一是进一步丰富传统中共创建史研究的理论视野；二是借用侨易学理论，以地理学视角探讨陈独秀如何转变为马克思主义者；三是从区域的角度挖掘江南社会支持中共创建的条件。

---

① 美国达拉斯德州大学顾明栋教授认为“侨易学”是“跨文化研究的一种崭新的理论和有效的工具”；复旦大学邹振环教授认为，“侨易学”理论构造的合理性和研究方法的可运用性，在越来越强调的“中国特色”和“中国道路”中，提供了一种真正意义上的中国方法。中国人民大学曾艳兵教授认为，“侨易学”具有综合科学的特征，并更接近历史科学；复旦大学的陈建华教授认为，“侨易学”是一门探讨文化迁徙、交流和变化的一门大学问；上海外国语大学的乔国强教授认为，“侨易学”是依赖中国传统文化的原创性理论。他们为笔者运用侨易学解释中国的历史问题提供了理论例证。

一、陈独秀的地域旅侨

作为中国近代伟大的革命者之一，陈独秀一方面像传统的人文学者那样，自幼便展现出天才的学习天赋，成年后又在杭州、日本等地求学，阅读与知识累积趋向于逐新。另一方面，陈独秀的求学生涯与社会革命紧密结合，注重了解新的革命思想，并付诸实践。陈独秀在上海创刊《国民日日报》，在安徽创办《安徽俗话报》，组建反清革命小团体——岳王会，担任会长。直至1914年，陈独秀再赴日本，第二年回到上海后，陈独秀创办了宣传马克思主义的核心刊物《青年杂志》。1916年11月26日，陈独秀去北京就任北大文科学长，1920年春季重回上海。陈独秀在建党前的侨旅主要于安徽、南京、日本、北京、上海间展开，这种不断的地域变换经历为他之后的思想易变埋下伏笔。

南京是陈独秀走向改良的关键点。从安庆到南京的区域侨易使陈独秀转变成为康梁派支持者。陈独秀幼年时在祖父陈章旭的严教下读《四书》《五经》，少年时由长兄陈庆元教读八股文和《昭明文选》，于封建文化和礼教的束缚下成长，可以说是一名不折不扣的封建秀才。1897年陈独秀赴南京参加乡试，成为其思想骤变的契机。陈独秀在考场之上，目睹考生之怪状与科举流弊，深觉梁启超等人在《时务报》上的言论颇有道理。而这一经历，更是决定了其“往后十几年的行动”，成为陈独秀“由选学妖孽转变到康梁派之最大动机”①。自此后，陈独秀开始重点关注康梁学说，关心国家和民族的前途命运，《时务报》更使陈独秀坚定了信念，鞭策他走出士林。

日本是陈独秀思想启蒙的起点。从中国到日本的双边侨易使陈独秀由康梁派转变成为一个坚定的资产阶级民主主义者。陈独秀1901年去日本并开始在东京专门学校（早稻田大学的前身）学习。1903年5月后，陈独秀即开始发生改变，主要受留日学生创办的《译书汇编》《国民报》等刊物影响。事实上，1901年至1914年14年间，陈独秀曾5次东渡扶桑，并广泛阅读资产阶级的民主理论刊物。恰好此时社会主义思潮也在日本兴起，片山潜、幸德秋水、堺利彦、安部矶雄、山川均、河上肇等早期社会主义活动家竞相活跃，译著的刊物相继出版。1906年3月15日，幸德秋水同堺利彦合译的《共产党宣言》发表在

① 陈独秀：《实庵自传：江南乡试》，《宇宙风》第53期，1937年，第173页。

《社会主义研究》杂志的创刊号上。[①]1909年5月15日起，安部矶雄翻译的《资本论》也开始在片山潜的《社会新闻》上连载。[②]在这种氛围下，陈独秀必然会受到影响。事实上早在1907年，陈独秀参加的"亚洲和亲会"就是章太炎与幸德秋水等人共同发起的，因此陈独秀同日本早期社会主义者早有交往。可见，虽未公开提倡，陈独秀的社会主义知识其实已经具备。然而，直到1919年五四运动期间，陈独秀的思想主流仍然是资产阶级民主主义，虽然他已经星星点点地接触过社会主义思潮。正如胡适所说"陈独秀在一九一九年还没有相信马克思主义"。[③]

北京是陈独秀由激进的民主主义者到马克思主义者转变的过渡点。在箭杆胡同的三年确立了陈独秀"思想界的明星"和"五四运动时期总司令"地位，也是陈世界观塑形的关键时期。就任文科学长后，陈独秀依托北大形成了包括李大钊、胡适、周作人等先进知识分子为主力的《新青年》编辑阵地，新思想迅速向全国舆论界辐射。然《新青年》原旨在改造国民性，不在评论时政。但国事衰败激发了陈独秀对政治改革的紧迫感。1918年12月，陈独秀与李大钊共办政论刊物《每周评论》，陈的思想开始由以唤醒国民的革命宣传，转向现实的政治问题。五四前后，陈独秀对俄式革命的认识进一步深化，将其称为"人类社会变动和进化的大关键"[④]，并力召国民正确看待山东问题，在《北京市民宣言》中，陈独秀更是直言，倘若以和平的手段没有办法达成目的，那么"惟有直接行动，以图根本之改造"[⑤]。

上海是陈独秀向马克思主义者转变的终点。从北京到上海的都市侨易促成了陈独秀的主义定型。在上海，陈独秀完全地从一个民主主义者转变为马克思主义者。1920年2月中旬，陈独秀由北京复归上海，"途中则计划组织中国共产党事"。[⑥]此次侨旅意义之重大，"实开后来十余年的政治与思想的分野"。[⑦]与陈独秀同回上海的，还有《新青年》杂志。陈独秀在北京时，与胡适等

---

① 塩田庄兵卫编：《幸德秋水の日記と書簡》(增补)，未来社1965年版，第427页。

② 胡为雄：《马克思主义传入日本再转传中国过程中的日本学者》，《中共中央党校学报》2014年第4期。

③ 耿云志、李国彤编：《胡适传记作品全编》(第1卷)下，东方出版中心1999年版，第209页。

④ 陈独秀：《陈独秀文集》(第1卷)，人民出版社2013年版，第448页。

⑤ 陈独秀：《陈独秀文章选编》(上)，生活·读书·新知三联书店1984年版，第425页。

⑥ 高一涵：《李守常先生事略》，《民国日报》(汉口)，1927年5月24日，第3版。

⑦ 耿云志、欧阳哲生：《胡适书信集》(中)，北京大学出版社1996年版，第666页。

关于《新青年》"不谈政治"的编辑方针已产生分野，因此宣称"《新青年》本来是他创办的，他要带到上海去"[①]。陈独秀与北大的自由派友人分道扬镳后，来到上海寻找革命同人，并吸收陈望道、李达、李汉俊、沈雁冰等倾向于马克思主义的知识分子同人进入《新青年》的编辑部，在此实现了思想和实践层面的升华，确立了马克思主义的信仰，并开始将"党一层""进行组织"。[②]

来到上海的陈独秀，开始致力于马克思主义研究，并"转向工农劳苦人民方面"[③]。1920 年的 2 月到 4 月，陈独秀曾多次在亚东图书馆向罗家伦、张国焘等人阐释中国走俄式革命道路的必要性与紧迫性。3 月 1 日，陈独秀发表《马尔塞斯人口论与中国人口问题》，对马尔萨斯（陈独秀原文标题用的是马尔塞斯，但这个人其实叫马尔萨斯）的理论作了比较正确的批判，认为其学说是在掩护资本家的偏见，并称赞马克思主义是很有力量、价值、真理性的学说。4 月 2 日，陈独秀在"船务栈房工界联合会"成立大会上作了《劳动者底觉悟》的激情演说，极力赞扬社会上的人，"只有做工的是台柱子"，"做工的人最有用最贵重"[④]。5 月，《劳动节纪念号》专刊中，陈独秀详细介绍中国工人阶级生存与斗争情况，宣传劳动运动。在同期发表的《上海厚生纱厂湖南女工问题》中，陈独秀改变了过去盲目崇尚西方的观念，认为欧美日资本主义的错路是遍地荆棘的，发展中国工业，应置于社会主义的条件下。"纪念号"的推出凸显了先进知识分子试图运用马克思主义理论指导工人运动的努力，在此过程中，陈独秀也由一位激进的民主主义者朝着马克思主义者方向转变。

9 月 1 日，陈独秀在《新青年》八卷一号上发表长文《谈政治》，第一次较为系统地谈论了无产阶级专政和无产阶级革命问题，一改之前反对阶级斗争的观点。这被认为是陈独秀完全成为一名马克思主义者的标志性事件。此外，他还竭力筹划马克思主义知识文本的翻译事务，恽代英在陈独秀的要求下，翻译了考茨基的《阶级斗争》。陈望道翻译出《共产党宣言》全文后，他又与李汉俊携手帮助进行了校译，并以"社会主义研究社"的名义出版。这些都表明，陈独秀此时已经完全站在了马克思主义的旗帜下。

---

① 吴少京：《亲历者忆——建党风云》，中央文献出版社 2001 年版，第 176—177 页。

② 毛泽东：《毛泽东文集》（第 1 卷），人民出版社 1993 年版，第 4 页。

③ 陈独秀：《陈独秀文集》（第 4 卷），人民出版社 2013 年版，第 475 页。

④ 陈独秀：《陈独秀文集》（第 2 卷），人民出版社 2013 年版，第 10 页。

二、陈独秀的思想观易变

由此观之，陈独秀的异地旅侨，从迁移、思想、与知识（马克思主义）的作用关系上看，加之其思想轨迹的更变，恰好符合侨易学的基本理论逻辑，即“通过物质位移导致的‘异质相交’，进而发生精神层面的质性易变”。陈独秀在迁徙途中的所遇、所知、所悟，易变了其自身的思想观念。这也符合迈克·克朗(Mike Crang)对“文化始终是由于相互作用和迁移所形成的‘混合物’”的论断。陈独秀留日期间接触到卢梭的《民约论》、斯宾塞的《代议政体》等西方资产阶级民主学说，结识冯自由、邹容、章太炎、刘季平等革命人士后，自己也变成了资产阶级民主主义的同路人。在北京又与李大钊、胡适、钱玄同、刘半农、鲁迅、高一涵等优秀学者共同编辑《新青年》，在领导和推进五四新文化运动中深化对俄式革命、俄国道路的认知与服膺。回到上海后，陈独秀与沈玄庐、陈望道、俞秀松、施存统、沈雁冰、邵力子等江南先进知识分子相遇，在发达的出版网络和日益壮大的劳工团体间游走，彻底实现由激进的民主主义者向马克思主义者的转变。

另外，作为侨易个体的陈独秀，其思想观念的形成与转变，受侨易经历及主体个性的影响，有普遍性，亦有特殊性。特殊性在于，作为新文化运动的发起人，陈独秀是一个不忘情于现实的政治革命家。尽管他的理论修养不如受过系统西方哲学训练的胡适和蔡元培，也不如在日本接受过完整政治理论教育的李大钊。但他对科学观念、民主政治、革命思想的诠释，反映了其对建构一种全新的现代意识形态的追求。陈独秀对传统和现实的批判，也都出于这种全新意识形态的自觉，这是陈与同时代的其他革命思想家的不同之处。新文化运动之所以转变成一场政治运动，陈独秀最后对马克思主义的服膺，与他的这种思想倾向行动，政治重于文化的个人取向有着相当密切的关系。而普遍性在于，先进知识分子世界观的群体性变化表现出了一种趋同性因缘。即因为对现状的不满，转而四处求索，寻求新的知识，并不断汰旧求新，在某一关键点获得了巨大的思想突破，最终完成观念转型。同为知识分子，文化的积淀是他们接受新思潮的基础，通过旅居游学，接触到某个对之产生重大影响的人物或者刊物，进而实现世界观的群体性变化。陈独秀的转变，事实上是“五四”时期先进知识分子向马克思主义群体性转变的一个缩影，具有历史必然性。“五四”学人尽管教育经验、社会阅历、知识结构、性格志趣不同，但终究殊途同归，走上了同一条道路。成熟老练、阅历丰厚的陈独秀、李大钊，年轻稚嫩、风华正茂的毛泽东、俞秀松、恽代英，还有留学海外的蔡和森、周恩来、瞿秋白等，他们都在暗潮涌动的时代洪流中找到了共同的坐标与定位点，正是在空间位移中，找到了个人的纵向轴与时代的横向轴的交汇点。

通过取象说易，可以得出这样一种结论。青少年时代的侨易过程，对个体思想和主义观念的形成影响有限，一旦步入成长的关键期，由于地域侨动导致的思想孕育，很可能改变革命者的人生轨迹。陈独秀因南京乡试而维新，由留学日本而革命不无道理。定格陈独秀生命发展历程中的若干关键节点，探索其个体纵向发展的整体形象，即通过早年家世—教育经验—留学时代—革命年代等数段经历的把握，可以窥见因地域位移导致的文化顺势差异，引发了知识和思想的变化。陈独秀在上海接触到的对他产生重大影响的媒介与人物，致使他后来进行了巨大的知识突破和思想转变。胡适谈道："独秀在北大，颇受我与孟和(英美派)的影响，故不致十分左倾"，因为去上海"交上了那批有志于搞政治而倾向于马列主义的新朋友"，于是渐渐"和我们北大里的老伙伴愈离愈远"。①

陈独秀是马克思主义之蔚为思潮，共产主义分子之建党的中坚人物。因为这二者真正意义上的兴起，是从陈独秀离开北京到上海以后，才出现真正的转机。②通过连续性的侨易，尤其是离开北京街箭杆胡同 9 号，前往上海法租界环龙路渔阳里 2 号的经历，陈独秀完成了他作为一个共产党人的形成，陈的世界观也最终得以形构，并在上海与众多江南先进知识分子联袂互动，一齐促成了建党的事实。

值得注意的是，为什么陈独秀偏偏在江南的核心区域——上海完成了自己作为一个共产党人的形成，又在上海领导建立了中国共产党，而不是在其他任何地方？陈独秀在北京的思考与活动虽为其主义观的转向奠定坚实基础，但其最后的根本转型还是在重回上海后完成的。而纵观陈独秀思想的易变，确与上海密切相关。1920 年 2 月，陈独秀离京莅沪后，接触和学习马克思主义的机会大大增加。除了马克思主义研究会提供的各种资料外，维经斯基到中国时也携带着不少关于俄国革命的一手文献。据唐宝林先生考证，陈独秀

① 唐德刚：《胡适口述自传》，华东师范大学出版社 1993 年版，第 195 页。
② 欧阳哲生：《陈独秀对新文化运动的思想贡献》，《史学月刊》2009 年第 5 期，第 8—13 页。

在1920年也曾收到过由施存统等留日先进分子寄来的研究马克思主义的刊物，并且这些理论文献多由日本直邮上海。[①]此外，陈独秀还多次到工人团体中走访调查，深入了产业工人的罢工情况。正是在这种广泛的阅读与实践中，陈独秀对马克思主义的认识开始有了质的飞跃，逐渐确立了马克思主义的信仰。

陈独秀接受马克思主义的思想历程，是江南乃至近代中国先进知识分子主义塑形的一个缩影。同陈独秀一样，沈玄庐、张太雷、瞿秋白、俞秀松等众多有功于建党的先进知识分子的具体出发点(家乡)虽不同，活动地不同，但有共性，即同是江南地域，而且无论是安徽怀宁、浙江萧山还是江苏武进、浙江诸暨，最后都聚焦于江南的区域中心——上海。这实际上构成了一个侨易群体，通过阶段的集体性侨易，形成了一种整体性的思想活动探索过程。这些先进的知识分子们在筹建共产党早期组织、上海马克思主义研究会，发起工人运动的过程中，深入并强化了对马克思主义的认知与运用，最终接受马克思主义关键内核，成为马克思主义者。他们主义观的形成及其建党事业的发生，与江南或与上海深度关联。

三、因侨致易：作为侨易空间的江南

对于陈独秀迁移过程的梳理及其思想剖析，力图表明，以侨易学的视角看，这确实是一场典型位移引发思想变化的案例。与此同时，由陈独秀个案所延伸出的侨易过程等诸多环节，又可以对“侨”和“易”的发生、作用机理及其所立足空间内的侨易要素的互动关系进行探讨。

由于迁移途中所位遇的偶合事件，进而因“侨”致“易”。然而，迁徙的两地，并不止于地理学上的名词，丰富的人文氛围及地方特性是其要点。侨易主体之位移也促成了在不同地区内侨易要素(权力、阶级、资本、文化)的冲击与碰撞。从这个角度上看，侨的发生并不等同实际物理意义上的距离，除了物理距离外，还可以是阶级、族群、主义、情感的距离，比如，陈独秀在日本、上海等地迁徙(物理距离)，南京乡试后志趣的转换(主义的距离)，离开北大抛弃矛盾与纠纷(心灵的距离)等等。可见，侨的运作机理，不简单归于可衡量的数量单位，而是位移后所处社会空间的“差异”。这也可以解释为什么陈独秀只在江

① 唐宝林：《陈独秀全传》，社会科学文献出版社2013年版，第233页。

南——上海完全确定马克思主义的信仰，因为位移上海给他带来的主观体验是前所未有的，也是其他任何地方不能完全提供的。

可见，并非所有位移都能构成“侨”，二者间的差异尤其是给予侨易主体以全新的能动感受与认知的间距是关键；同理，也并非所有主体都会产生“易”，“侨”之所向，并非就有“易”的形成。“易”的发生很大程度上取决于侨易个体本身有能够被唤醒的内在经验，有一个最基本的价值判断与底性，有了这样一个基础，新的体验所引发的个体思想上的涤荡，才会对原本持有的概念认知进行延伸、更正甚至彻底改变，从而不断丰富、升华自己的知识结构与认识伦理，不停地树立新的认同，对过去加以修正，进化出全新的自我。

剖析侨易的运作机理后可以发现，思想之易可以认为是一种选择机制与内心独白驱动的结果。“侨”带给主体以差异冲击，唤醒其内在的逻辑倾向，突破旧边界，延展知识范畴，自然衍生出新的观念。所以，获得“易”的范式，源于差异和比较，升华于对自身边界的打破，汲取新知。更为重要的是，当将“易”被置于历史发展的多重的可能性（陈独秀没有选择资本主义，而是社会主义）中进行考量时，个体的观念之易，可能演化成一种能够影响整个民族的历史走向的潜力，使得“选择”机制在社会发展的进程中发挥效用。

换句话说，由于陈独秀本身具有革新的气质和愿望，因此在他四处奔走求取新知时，这种倾向在与新思潮接触的刹那间被激活，转而成为他所信仰的主义。经过比较和选择，陈独秀义无反顾地放弃了资产阶级的民主主义，转而成为了一名坚定的马克思主义者，这种“主义”侨易的过程实际上也是马克思主义中国化的过程，中共的创建也正是马克思主义中国化中最为至关重要的实践与成果。纵观马克思主义、陈独秀、中国共产党这三个主体，即思想、个体、政党实际上是在江南场域内这个大的空间中形成了三种侨易路线，而江南的诸多要素在这三条侨易路线（马克思主义在中国传播的路线、陈独秀的个人侨易路线、中国共产党的建党路线）中不断地进行着组合作用，致使江南能够成为“三个主体”的侨易空间和交叉点。

那么，江南这一“侨易”空间内的诸多要素是什么？又是如何互相作用的？笔者将按照侨易学的方法对江南空间的各个要素分别进行分析，论述何以江南成为“三个主体”的侨易空间。

对于江南，秦以前，“江南”这个名词即已出现。唐以后，“江南”的概念愈发明确。至明清时期，“江南”在行政规划上被确定为皖苏浙三省。近代以来，江南地区商品经济有了长足发展，也较早浸染欧风美雨，有着得天独厚的文化地理。经济话语逻辑中的“阶级”和“资本”，人文话语逻辑中的“文化”与“知识”这四大要素促成了江南成为三条侨易路线交点的应有之义。

前文已分析陈独秀本人“侨”江南而“易”的历程，因为在上海获得了更多学习马克思主义的文本知识及在工人群体中的实践与历练的机会，使得陈独秀服膺于马克思主义，这是在“知识”与“阶级”方面江南与其他地方的差异。当然这里的知识，除了马克思主义的学理外，还包括江南的先进知识分子——一批倾心于马克思主义的同人群体，这些全新的体验给予陈独秀信念与行为上的冲击。

如果说陈独秀的江南之旅是对于他本人、社会主义革命家乃至整个中国的无产阶级产生了极其重大影响的个体侨易事件，那么，众多先进的知识分子对于马克思主义的译介与传播，在各地组建共产党的早期组织，则是长期的、多方面的群体侨易过程。在这一由个体侨易后，逐步渐成的侨易过程中，马克思主义的理论思潮在此激荡，交互与革新。并且，在中共的新民主主义革命中，这一侨易过程仍在继续。除陈独秀外，沈玄庐、俞秀松等相继涌现的早期共产党人，凭借着江南独有的“文化”“知识”“阶级”“资本”优势，陆续完成了自己的知识侨易，也即——马克思主义中国化的过程。

马克思主义中国化从侨易的角度理解有两层含义。一方面指马克思主义理论作为一种知识主体由俄国—中国实现双边侨易的过程，其中江南开放的“文化”特性起到了重要作用。因为将近湖海，交通便利，江南有着深厚的对外开放的历史传统。早在汉代，江南地区的会稽郡就与海上生活的东鳀人发生联系。至隋唐五代，因港口城市的崛起，江南在中外关系中的地位和作用愈发重要。有宋一代，江南地区文化领域的对外开放更是达到前所未有之水平。江南开放的文化优势为马克思主义的传入提供了有利条件。胡贻谷的《泰西民法治》(社会主义史)，陈望道的《共产党宣言》中文全译本等马克思主义在中国传播中的众多第一次都出现在上海，维经斯基、马林等鲍一众外国共产主义革命家的政治活动与上海密切相关。马克思主义能够从国外登陆中国，并逐步由上海传入内地，与江南的对外开放的文化息息相关。

另一方面指马克思主义思想及其理论文本传入中国后，由先进知识分子在中国江南—其他地方译介传播的侨易路线，这一阶段，“知识”的作用很重要，“知识”包括江南先进知识分子同人群体和江南发达的知识出版网络。江南社会有着为数众多的现代知识分子群体，构成一股新兴势力。他们对于中国社会、文化和政治领域的关注与研究，助力于以新文化运动为代表的众多思想启蒙运动由江南发端，进而影响至全国。在上海，陈独秀重组《新青年》杂志，以陈望道、李汉俊等倾心马克思主义的文化人为基础，组成编辑《新青年》的上海同人群体。①另外，受陈独秀的《新青年》影响，苏浙皖三省的知识分子们陆续创办宣传新思想的刊物。沈玄庐在上海创刊《星期评论》，在广州创办《劳动与妇女》。作为这两份刊物的主要撰稿人，沈玄庐撰文的篇幅都十分巨大。曹聚仁谈到，邵子力主编的《民国日报》副刊《觉悟》和《新青年》桴鼓相应，最受青年学生所喜爱。陈望道、刘大白、沈定一等主张革命的激进者，都常为《觉悟》撰文。张东荪主持上海《时事新报》的副刊《学灯》期间，促进教育，传授新知，也是《新青年》的同路人。当时的《星期评论》《妇女周报》《科学周报》(杭育)都被认为是宣传新思想的一流刊物。并且，以上海为中心的江南地区拥有着商务印书馆、中华书局等规模不一的出版单位，周边市镇的邮局和烟纸店也常常代售报纸书刊。江南先进知识分子组建的出版媒介依托现代化的出版机构为早期马克思主义的深入传播创造了条件，有关马克思主义思想的文本与知识借此在中国腹地广为流传，中国最初的一批马克思主义者由此应运而生。

以上，江南的“文化”与“知识”促成了知识分子与先进思想结合，此后必然将寻求建立一种新的组织来领导中国革命。由此，陈独秀的个体侨易与马克思主义作为一种社会科学知识的侨易在江南汇合，叠生出第三条侨易路线——建党。在整个20世纪20年代，中共的成立是马克思主义中国化这一侨易过程中最为重大的实践成果，它既是陈独秀、马克思主义传播这两条侨易路线在江南的交错点，也是中国共产党人全面开辟新的中国化的马克思主义侨易路线的起点。

陈独秀在上海依托马克思主义研究会建立上海共产党的早期组织，函约北京的李大钊、张申府，武汉的包惠僧、董必武，湖南的毛泽东，广州的谭平山、陈公博等在各地建立组织(包括旅日、旅法的共产党早期组织)，各地共产党早期组织的建立为中共正式的创建准备了理论根基和成员基础。但从更深层次的意义看，除了具体构建政党所需的指导思想和基本成员外，亦需要能够支撑

① 苏智良、江文君:《中共建党与近代上海社会》,《历史研究》2011年第3期,第130—144、191—192页。

政党持续存在并推动社会变革的强大力量，江南的“资本”“阶级”生发出这种建党赖以为依靠的社会力量。

较早步入现代化的江南区域培育了建党赖以为基础的新阶层——工人阶级。近代以来，上海、苏州、杭州、宁波、南京等众多江南城市被开辟为通商口岸。外国资本进驻后，催生了一批新的产业部门，与此同时，民族资本家开办的新式企业也逐步发端。伴随着近代江南的城市化、工业化发展，现代工人阶级群体也随之出现并逐步壮大。大量技艺高超的工匠、手工艺者成为江南现代技术工人的直接来源，江南的各大中小城市、城镇的厂区构成了中国最为集中、庞大的工人聚集地之一。

据李伯重估计，清朝中叶时期江南城镇人口已达 720 万，若以 20%的工商业人口占比来计算，市镇的雇工数约有 150 万人。[①]这还不包括江南地区的大城市，宁、苏、杭等城市的工商业人口占比甚至接近 17 世纪欧洲城市工业人口的比例。[②]上海的城市人口，1893 年已将近百万规模，1913 年达 120 万，此后至 1915 年每年递增十万余人。而且新增加的人口集中于工商业阶层，工业人口占了 50%以上。[③]1920 年，上海有近 51.38 万工人，占全国工人总数(194.6 万人)的四分之一还多。无锡作为沪宁铁路和江南运河的中心，清末人口达 20 万左右，也是一个大型的工商业城市。浙江萧山的通惠公纱厂(1899)、宁波的和丰纱厂(1906)、杭州的光明火柴厂(1911)雇用的劳工都超过 1 000 人数。自 1895 年到 1910 年，仅杭州新办工厂即有 13 家，资本总额在 1 552 000 以上，1900 年到 1910 年浙江 500 工人以上的 5 个大厂矿就有工人 5 890 人。[④] 1915 年，浙江 2 501 个工厂，共有 73 739 个工人，到了 1916 年增加到了 79 165 人，位居全国第四。江南地区经济发达，工厂林立，但是工人们却长期过着“鸡叫出门，鬼叫进门”的凄惨生活。长期被压迫的无产者间，孕育着一种革命性，充斥在工业社会间的压力与矛盾，以大规模罢工的形式直接在江南表现开来。

1919 年 6 月 5 日，大批学生在北京遭军警镇压的消息传至上海，在沪工人立即组织罢工，首日便达 2 万余人。[⑤]继上海罢工后，杭州、南京、无锡、宁

① 李伯重:《江南的早期工业化(1550—1850)》，社会科学文献出版社 2000 年版，第 417 页。
② 余同元:《明清江南早期工业化社会的形成与发展》，《史学月刊》2007 年第 11 期，第 53—61 页。
③ 邹依仁:《旧上海人口变迁的研究》，上海人民出版社 1980 年版，第 90—91 页。
④ 汪敬虞编:《中国近代工业史资料》(第 2 辑)下，科学出版社 1957 年版，第 882—920、1183 页。
⑤ 《沪上商界空前之举动》，《申报》1919 年 6 月 6 日，第 11 版。

波、芜湖等地纷纷响应。1919年6月5日以后，杭州、南京等地的工人开始以独立力量参与罢工。江南的工人运动形成了异地合举共力，相互配合之势。6月5日，杭甬、沪宁两铁路系统的部分工人为支援学生的爱国运动举行罢工。①1919年6月9日晚，南京、杭州两处的机厂工人乘当晚的末班车来到上海，10日，沪宁、沪杭甬两铁路机厂工人全体罢工，使交通断绝。②除了铁路工人外，上海的各轮船水手、汽车夫、电业工人、铜铁机器工匠、江南船坞工人、码头小工、日华纱厂、英美香烟厂等都参加了罢工。6月11日，杭州各工厂工人以纬成公司丝织工人为首宣告罢工，省内各地均有响应。③据郑生勇统计，1919年10月到1921年7月间，仅杭州一地罢工就有12次之多。江南工人群体中萌发的阶级意识，为业已复杂变幻的中国社会增添诸多新内容，工人阶级队伍日益壮大，在接受马克思主义的思想启蒙后，阶级斗争的激烈程度愈发彰显，构成了中共在江南——上海建立的社会基础。

先进知识分子为工人阶级的巨大政治潜力所震撼。诚如陈独秀语“北方文化运动……仅有学界运动，其力实嫌薄弱，此至足太息者也”④。可见，陈独秀已经意识到了江南地区，尤其是上海的工人团体中蕴藏着改变社会的力量。

四、结　语

总而言之，以侨易学作为理论根基，从思想变化的轨迹来溯源建党的发生是很有必要的，对马克思主义的接受是一切建党活动的前提，没有主义之塑形，何谈政党之建构？前文探讨了陈独秀革命思想的侨易过程，认为陈独秀最终在上海接受马克思主义，组织建党并非偶然。江南的“文化”“知识”“资本”“阶级”为陈独秀确立马克思主义的信仰，领导创建中国共产党积累了本土资源。江南的“文化”为马克思主义的传入和建党活动的开展提供了有利条件；“知识”为马克思主义在中国的深入传播构建了稠密的出版网络，聚集了先进知识分子群；现代化的“资本”场域孕育了建党的“阶级”。这四大要素组合作用于江南空间内的三条侨易路线，正是在这样一种空间侨易的过程中，可以更清晰地展现出文化、知识、阶级、资本语境四大要素得以具体形构陈独秀、马克

---

① 《工界亦相继罢工》，《时报》1919年6月7日，第3版。
② 《铁路工人罢工中之消息》，《申报》1919年6月11日，第11版。
③ 《再纪杭州罢市情形》，《申报》1919年6月12日，第7版。
④ 《陈独秀过沪之谈片》，《申报》1920年2月23日，第14版。

思主义、中国共产党这三大侨易路线中的若干环节，使之得以“节点化”。由此，中共在上海的建立，可以视作是江南的近代化与区域社会传统合力互动的结果。中国共产党人的“侨易”从江南出发，进而影响全国政局，谱写了江南在近代中国的荣耀与华章。

Why it is Jiangnan: The Qiao-Yiing Analysis of Chen Du-xiu's Party Construction Action

Abstract: The constant improvement of Chen Du-xiu's thought, Marxism accepted by him in Shanghai and the founding of the Communist Party of China organized by him, which were closely associated with Jiangnan. We will get new discoveries by putting them into Qiao Yiing's field of vision. Chen Du-xiu's party construction action was deeply influenced by Qiao Yiing. From the perspective of Qiao Yiology, it can not only deepen the study of existing Chen Du-xiu's revolutionary thought, but also further analyze the "Jiangnan factors" in Chen's world view transformation and his choice of party construction.

Key words: Qiao-Yiology; Jiangnan; the Founding of the Communist Party of China

作者简介：束晓冬，上海师范大学人文学院博士研究生。

论党早期宣传政策与女性报刊实践的互动

——以《妇女声》为中心[①]

赵蓓红　李淑悦　刘丹丹

摘　要:《妇女声》是中国共产党领导创办的首份女刊,也是近现代政党女刊的源头。《妇女声》的创办是遵循并积极服务于党的早期宣传政策的结果。《妇女声》的实践,则为党的女性出版物制度基础观念的形成提供了参考和依据,使其在探索和合法化协调的过程中得以发展。同时,经由《妇女声》观察到,早期宣传制度创制过程中,党对女性的关怀和赋权,为女性言论的生产与再生产提供了保障,也为后来的女性报人从事党的新闻宣传工作奠定了基础。从某种程度上说,《妇女声》的实践与党的早期政策之间的互动,在一定程度上是以实然世界的经验方法,完成了对应然规则的建构。

关键词:宣传政策　女性报刊　《妇女声》

一、问题的提出

《妇女声》(半月刊),是中国共产党创办的首份女刊。回顾当前相关研究,一则对《妇女声》进行考古,表明其由中共中央宣传部李达领导,王会悟等主编,以中华女界联合会的名义创办,是党向妇女进行宣传的强大阵地(王慧青,2004;张秀丽,2018);另则从文本层面阐释《妇女声》与早期妇女解放运动的关

① 本文为上海市社科规划青年课题"中国共产党在上海创办的女性报刊发展历史研究(1921—1949)"(2020EXW003)阶段性成果。

系，认为其与中华女界联合会、平民女校构成三位一体的关系，《妇女声》是宣传阵地(刘人锋，2010)。

上述研究基于《妇女声》的存在而行演绎，很容易忽略一些关键性问题。(1)中华女界联合会与国民党关系较为密切，其会长徐宗汉是国民党元老黄兴的妻子。那么，作为党首份女报的《妇女声》为何会以“中华女界联合会”的名义创办？(2)报刊内容文本效用的发挥，离不开载体内容的被阅读。1921年前后，女性的识字率很低，即使是女学较为发达的上海也不例外。为何党要创办一份专供女性阅读的报刊？(3)五四时期，虽然各地各类报刊频出，但读者人数及其购买力依然有限，女性报刊依然处于“旋生即灭”的状况之下。在此背景下，1921年12月10日党的首份女刊《妇女声》创刊，自然不是为了营利。那么，为何非办不可？相关研究对于上述关键问题的“默认”，在一定程度上造成了《妇女声》与历史时空的脱离，消解了《妇女声》作为党首份女刊存在的特殊性——党的女性报刊发展的起点，近现代政党女性报刊的源头。

基于此，本人重读史料发现，《妇女声》的创办与中国共产党早期宣传政策密切相关，这一点既可以作为解释上述关键问题的线索，也是《妇女声》区别以往女性报刊的显著特点。尤其，《妇女声》作为党的首份女刊及政党女刊源头，是作为一种初始观念(initial idea)存在。初始观念往往会影响后续的规则及其演化。换言之，基于《妇女声》的实践所建立起的实然经验，会对应然规则产生初始影响。这种影响既包括对《妇女声》之后女性报刊制度的影响，也包括对《妇女声》之后从事女性报刊工作的“女性”的影响。因此，本文致力于从政策与实践互动的角度阐释：政策对报刊实践的影响，以及报刊实践对政策的反馈。

二、《妇女声》诞生的背景

《妇女声》创刊于1921年12月，停刊于1922年6月，共出10期，以中华女界联合会名义创办，主要编撰人有王会悟、向警予、王剑虹、王一知等。刊设言论、评论、思潮、译述、世界消息、国内消息、调查、通信、附录等栏目，以白话文为主。已有文献集描述《妇女声》的概况，但并未解释《妇女声》何以要面向识字率并不高的上海女工群体，又为何出现在1921年。

(一) 女工运动的现实发生与早期宣传政策的回应

随着“五四”报刊思潮的鼓动，沉寂了数年的妇女运动全面复兴。因被过度压榨,“工厂女工的解放要求最为迫切”①。1920年前后,因劳资问题出现的女工(罢工)运动成为舆论焦点之一。本文以女工运动为主题检索全国报刊索引资料数据库发现,女工运动报道自1920年渐起至1949年回落,主要发生在上海。女工运动首个舆论高峰发生在1921年至1922年。一战后,中国成为蚕丝制品的主要生产国。上海丝厂林立,女工多以缫丝为业,以此糊口的不下十余万人。但“逐日做工,所得工资不过二三角”②,完全满足不了基本的生活需求。为此,女工要求增加工资减少工作时间,厂主不同意,遂造成罢工风潮。罢工游行示威活动多次惊动巡捕大队出面阻止、驱散甚至拘捕。包括《民国日报》《字林西报》《新闻报》《时报》《晨报》《申报》等在内的报刊,从罢工现状、呼吁、维权等多角度进行了广泛报道,引发舆论关注。至1922年下半年《晨报》仍载“闸北复有丝厂女工约一万人,因要求增加工资,改良工作情形不遂,全体罢工”③。

女工运动的现实发生,得到了党组织在观念和政策上的回应。1921年6月在《致共产国际第三次代表大会报告》中对“中国妇女运动”的看法代表了党最早对女工运动的观点和策略,报告认为:无产阶级领导的妇女解放运动是“无产阶级斗争”中的一部分,是“统一的革命机器的有用的螺丝钉”④。7月,《中国共产党第一个纲领》正式提出无产阶级专政,组织工农劳动者和士兵(宣传共产主义⑤),确立“不分性别、国籍,均可接收为党员,成为我们的同志”⑥。从制度起点明确中国共产党致力于维护无产阶级利益,支持男女平等的基本主张。

1921年11月10日(《妇女声》创刊前1个月),上海《新闻报》《申报》《民国日报·觉悟》《解放画报》《四民报》等多家报刊同时刊登《通告》落实文件——《中华女界联合会改造宣言》(下称《宣言》)。《宣言》所列十条纲领除了重复近现代妇女解放的普遍目标,如教育平等、言论自由、选举权、财产权等外,特意就女工群体列了如下四条:(1)在男女应有平等生存权的理由上,我们要求社

① 向警予:《妇女运动的基础》,《妇女周报》1925年第81期。

② 《上海各工团为丝厂女工呼吁》,《申报》1922年8月17日。

③ 《上海丝厂女工亦全体罢工》,《晨报》1922年8月9日。

④ 叶孟魁:《中共最早关于妇女运动的文献》,《党的文献》1998年第5期,第73—74页。

⑤ 中共中央文献研究室、中央档案馆编:《建党以来重要文献选编(一九二一——一九四九)(第一册)》,中央文献出版社2011年版,第3页。

⑥ 同上,第4页。

会上一切职业都许女子参加工作，并要求工钱与男子同等；(2)在人权平等的理由上，我们努力拥护女工及童工底(的)权利，为女工及童工所受非人道的待遇痛苦而奋斗；(3)在男女劳动同一阶级觉悟的理由上，我们主张女子参加一切农民、工人的组织活动；(4)在男女对于社会义务平等的理由我们主张女子与男子携手，加入一切抵抗军阀、财阀底(的)群众运动。[①]上述主张，一方面突破了以往只关注少数中上层女性或女知识分子的局限，将人数众多的受压迫、受剥削的女工纳入视野并写入章程；另一方面，将对女性的关注点从以往的思想和身体解放领域，扩展到女性切身的劳动和生存等现实问题。

(二) 五四早期女刊零落，团结女工需要发声平台

我们通常认为五四时期是报刊鼎盛时期，女性报刊自然应在其列。但这一认识并不适用于五四早期的女刊出版。1916 年至 1918 年上海女刊零出版。1919 年仅限 2 份报纸副刊。1920 年新出 2 份女刊，从其短期经营就停刊的状况而言，女刊的生存较为艰难。在此背景下，1921 年 12 月 10 日党的首份女刊《妇女声》创刊，自然不是为了营利。那么，为何非办不可？

报刊内容文本效用的发挥，自然离不开载体内容的被阅读。但被阅读与否取决于能否被阅读。即存在是阅读的前提。国民党执政期间，因对宣传的忽视，以至于国民党和民众是割裂的。“武昌起义起，这十余年中，(国)民党和民众几乎分成两块”其原因是“(国)民党忽视了宣传事业”。[②]1921 年 7 月中国共产党成立，将“宣传”作为党的生命的重要组成。党在《中国共产党第一个决议》(共 6 部分，下称《决议》)中将“宣传”置于第二的位置，仅次于“工人组织”之后。在第五部分再次提及“宣传”：“在争取言论、出版、集会自由的斗争中，我们应始终站在完全独立的立场上，只维护无产阶级的利益，不同其他党派建立任何关系。”[③]这一条款不仅阐明了党独立自主的基本立场，也决定了党在宣传上追求和维护独立性。

党的早期宣传政策正是基于《决议》而制定。1921 年 11 月，陈独秀以中央局书记 T.S. Chen 的署名发布《中国共产党中央局通告——关于建立与发

① 中华全国妇女联合会妇女运动历史研究室编：《中国妇女运动历史资料(1921—1927)》，人民出版社 1986 年版，第 11—13 页。

② 潘学海：《国民革命与宣传功夫》，《新建设》1924 年第 1 卷第 4 期。

③ 中共中央文献研究室、中央档案馆编：《建党以来重要文献选编(一九二一——一九四九)(第一册)》，中央文献出版社 2011 年版，第 6 页。

展党团工会组织及宣传工作》(下称《通告》),首次正式提出“妇女运动”①,并将工会组织与宣传工作并列为党早期的两大任务。而从组织工会到宣传,占女性人数比重大且急需得到帮助的女工,成为中国共产党重要的动员和团结对象。从汪原放回忆入党参加工厂会议的所见可见一斑:

有一次,是在闸北工厂区的一个一楼一底的楼上开会。我上楼一看,只是一个空空的楼面,地板上有报纸,报纸上一头有砖头。我心里想:也许是工作的人随时用来过夜的地方。正想着,开会的人陆陆续续来了。看那样子,是工厂里的工人。有三四十岁、四五十岁的小脚的女工;有十四五岁、十七八岁、二十多岁的青年女工;最特别的是有些小姑娘,只十多岁,打了小辫子,辫根还扎了大红的洋头绳。不一会,一楼面都是人,挤满了,不能坐下,只好大家站着。一会儿,(郭)伯和同志来了,讲了一会话,发了单张给各人。他们都是久经训练的,拿到单张,有的放在袜子底下,有的收在裤子的夹层里。后来我才知道他们都是纱厂里的。②

汪原放对于不同年龄段女工参与集会的回忆,再现了党早期宣传工作的实景。其中“久经训练”拿到传单的样态,又进一步说明了党组织在工厂宣传的频繁,以及工人是党组织要努力团结的对象。容易被忽略却又值得关注的细节是,在空荡荡的楼面的地板上有“报纸”,且用砖头压着。虽然不足以说明报纸与党组织活动的直接关联,但报纸本身已经存在于工人活动的空间之内。

三、党的早期宣传政策决定《妇女声》的创办实践

党的女刊是宣传党的政策观念不可或缺的载体。政策条款通常高度精练概括,接触者少,扩散面窄。《妇女声》作为党的首份女刊,积极服务于党的早期宣传政策——通过较为浅显的文辞表明政策的意图,并实现大面积扩散传递。

(一)“促醒女子加入劳动运动”:《妇女声》积极服务于早期宣传政策

1921年12月,应前述政策而生的《妇女声》开宗明义地表明:“妇女解放

① 第三条规定:关于青年及妇女运动,请各区切实注意。“青年团”及“女界联合会”改造宣言及章程日内即寄上,望依新章从速进行。

② 汪原放:《回忆亚东图书馆》,学林出版社1983年版,第107—108页。

等同于劳动者解放"，旗帜鲜明地号召："一班有知识的女子加入第四阶级的队伍从事妇女运动。"[①]这一旨向在当时的女性报刊中独树一帜。当时主流的女刊，不论是商业性抑或非商业性都旨在中上阶层范围内发现女性、解放女性、塑造"新"女性，强调性别平权，包括教育、财产、参政等权利。《妇女声》的出现从根本上改变了书写对象和内容倾向，从以往为中上阶层女性的平权诉求转向了关注女工的基本生存层面——"取得自由社会底生存权和劳动权！"[②]

《妇女声》所载内容也以"以宣传被压迫阶级的解放，促醒女子加入劳动运动"[③]为核心展开，大致可分为二类。其一，区分阶级，说明国内妇女运动的现状与未来。在20年代，上海女工的阶级意识还十分淡薄，女工姐妹间的关系主要建立在传统的地缘基础上，而非工人的身份认同。[④]由此造成女工运动推进困难。《妇女声》以马克思主义思想为指引，结合国内实际，推动女工重新思考自身命运。让女工意识到：(1)自身已从初民性别分工时代的无薪酬的"最初的劳动者"逐渐过渡到了"社会底一分子"，应当与男性拥有同等的社会权利和义务；(2)女性所处的劳动环境，本质并非促醒其成为社会的一员，而只是"妨碍行动的铁栅栏"——"逃出家庭的铁锁，系上工钱的铁锁"[⑤]；(3)女工运动，就是女性劳动者挣脱"铁锁"的方式。当前，"妇女运动的中心已经由第三阶级转移到第四阶级"，"第三阶级的女权运动因为受了外部虚荣的感应而起的"，而以女工为主体的第四阶级妇女运动，拥有更为坚固的基础，妇女运动必须与无产阶级妇女携手才有未来。[⑥]

其二，组织并声援现实女工运动。据不完全统计，1922年全国女工罢工次数18次(大多发生在上海)，罢工人数3万余人，所属工厂60余家。[⑦]1922年4月，党领导的工会直接领导上海浦东日华纱厂的3 000名女工举行罢工。《妇女声》以极大的热忱支持鼓励和声援女工，向女工们阐明工会是"女工团结的中心点""伊们这种团结力的坚固，是中国女劳动者阶级觉悟的表现。这种表现将来必然要普及于全国女工人之间。我希望姐们要用积极诚恳，极热烈

① 《通讯》，《妇女声》1922年第5期。

②⑤ 《〈妇女声〉宣言》，《妇女声》1921年第1期。

③ 《妇女声》，《民国日报·妇女评论》1921年第22期。

④ [美]艾米莉·洪尼格：《姐妹们与陌生人：上海棉纱厂女工(1919—1949)》，韩慈译，江苏人民出版社2011年版，第133页。

⑥ 王会悟：《对罢工女工人说的话》，《妇女声》1922年第10期。

⑦ 向警予：《中国最近妇女运动》，《前锋》1923年第1期。

的精神,帮助伊们这种运动[①]"。除声援上海的女工运动以外,《妇女声》还详述汉口英美烟公司 3 000 女工人罢工、湖南女工罢工等事实,鼓动女工:"无产的妇女们若不是自己起来掌握政权和奴隶制度开战,即是社会主义不能实现的时候,真的妇女解放就不能达到目的。"[②]

《妇女声》的介入,打破了女性报刊聚焦于中上阶层女性的惯例。以事实为依据,指出了妇女运动与劳动运动的密切关系,为陷入困境中的女工指明了挣脱束缚的方式,催动其主体意识的渐趋觉醒。作为党的言论机关,《妇女声》积极地动员和声援着底层女工,追求"全妇女"的解放,共同推动社会变革。

(二)"由党员领导":早期宣传政策对《妇女声》创办人的规范

近现代办女性报刊,主编的性别和身份往往决定了其是否"纯正"。在《上海妇女志》以及相关研究文献谈及《妇女声》时都会指出两点:其一,以上海中华女界联合会的名义出版;其二,由党中央宣传部负责人李达领导。但李达与国民党关联组织上海中华女界联合会分属不同党派,并不符合《决议》中"不同其他党派建立任何关系"的规定。同时,李达本人在回忆中只字未提《妇女声》,仅提及平民女校。反而是李达夫人王会悟(非党员)在回忆中指出:"《妇女声》是党领导的妇女刊物,是我主编的。《妇女声》和中华女界联合会有些关系。"[③]那么,由非党员主编的《妇女声》为何是党领导的妇女报刊,其为何又与国民党关联的中华女界联合会产生了关系?上述情况的出现,在一定程度上与党早期宣传政策的规范与指引有关。

党早期宣传政策规定党的出版物必须由党员领导。1921 年 7 月,党发布《决议》第二部分"宣传"首次对党的出版物进行规范和赋权:"一切书籍、日报、标语和传单的出版工作,均应受中央执行委员会或临时中央执行委员会的监督。每个地方组织均有权出版地方的通报、日报、周刊、传单和通告。不论中央或地方出版的一切出版物,其出版工作均应受党员的领导。任何出版物,无论是中央的或地方的,均不得刊登违背党的原则、政策和决议的文章。"[④]即赋

---

① 王会悟:《对罢工女工人说的话》,《妇女声》1922 年第 10 期。

② 王会悟:《中国妇女运动的新趋向》,《妇女声》1922 年第 3 期。

③ 《王会悟回忆平民女校及早期妇女运动等情况的记录》,《上海革命史料与研究(第 4 辑)》,上海古籍出版社 2004 年版,第 519 页。

④ 《中国共产党第一个决议》,《建党以来重要文献选编(一九二一—一九四九)第一册》,中央文献出版社 2011 年版,第 4 页。

权方面规定赋予每个地方组织出版宣传品的权利；限权方面规定一切出版工作都需要由党员领导、受中央或临时执行委员会监督，同时划定了出版物内容的底线。这意味着，非党员主编的出版物必须由党员领导。

但党早期人员严重缺乏，并没有足够的人员来进行宣传活动，包括创办女性报刊。据李达回忆，“1921 年 7 月至 1922 年 6 月，中央工作都只有 3 个人，次后只有 2 个人，此外再无工作人员。只有宣传工作方面雇了一个工人做包装书籍和递书籍的工作”，“经费基本是由党员卖文章维持的”。①而宣传又是党早期的两大任务之一。因此，如何增加宣传人力成为摆在早期党组织面前的任务。上海中华女界联合会成为党组织扩员的选择——李达的妻子王会悟是上海中华女界联合会的成员，女界联合会会长徐宗汉本人也有意扩大她的势力范围。据王会悟回忆：

> 中华女界联合会的会长是徐宗汉，黄兴爱人，她做的工作是各界联合会的工作。黄兴死后国民党是不大理她的，她也有一肚子气，同时她也想扩大她的势力。所以我们就用她的名义和她的一些钱出版了《妇女声》。②

但该联合会与国民党有所牵连，并不符合《决议》的规定。在中国共产党的帮助下成立改组委员会，由徐宗汉、王剑虹、高君曼、王会悟等对其进行改组。当时党中央发布的《通告》中所列第三条“‘女界联合会’改造宣言及章程日内即寄上，望依新章从速进行”就包括了中华女界联合会的改组。而后，党的机关刊物《新青年》第 9 卷第 5 号公开发布经陈独秀、李达审阅过的《上海中华女界联合会改造宣言及章程》。在《章程》中规定：“中华女界联合会”的根本宗旨就在于拥护女子在社会上政治的及经济的权利，反抗一切压迫。同时，设立“组织”——由教育部、宣传部和工会组织部构成；并规定：本会发展在各省区五处以上时，即召集联合会议，组织中央机关；未组织以前，以上海机关代行

① 李达：《中国共产党的发起和第一次、第二次代表大会经过的回忆》，载《“一大”前后》，人民出版社 1980 年版，第 14 页。

② 《王会悟回忆平民女校及早期妇女运动等情况的记录》，《上海革命史料与研究(第 4 辑)》，上海古籍出版社 2004 年版，第 519 页。

中央职权。①在党的上海机关人员缺乏的情况下，经由中国共产党改组的“上海中华女界联合会”基本享有自决权，但前提是依照《决议》的规定——党的出版物必须由党员领导来执行。

由此，“上海中华女界联合会”作为《妇女声》名义上的创办者，李达的妻子王会悟作为实际主编。这就与前期及同期女性报刊的创办实践存在明显差异。但在当时情境中这种明暗双重叠加的方式，既符合党的政策，也符合女性报刊由女性主持的社会伦理，阐释并协调着性别权利与政治社会间的复杂关系，具有了双重合法性。

四、《妇女声》的实践对党的女性报刊制度的反馈

政策的生命力在于适用。《妇女声》的出版，处于中国共产党成立之初，正是宣传政策的创制时期。这一时期政策的可协调度较大，政策与实践的相互转化力也更明显。虽然，作为党的首份女刊《妇女声》的成功实践不是推动政策变化的唯一因素，但早期宣传政策中女性出版物（报刊）的出现乃至后来的变化都离不开《妇女声》的成功实践。正如，多米诺骨牌效应的出现，始于一次小小的推动。

（一）依党政策：立政党女性报刊实践模式

至1921年12月《妇女声》出现时，中国的女性报刊（女性出版物的主要形式）已经存在了23年，主要有商业性和非商业性两种发展模式。前者以营利为目的影响面较广，后者以平权为旨向影响面较小。《妇女声》作为政党女刊的源头，开启了由党直接领导，服务于党的政策的女刊实践新模式。

虽然，《妇女声》的实践与后续政策出台间直接强关联证据缺乏，但对《妇女声》实践模式的多次复刻以及政策导向，体现了《妇女声》的深刻影响。《妇女声》被迫停刊后不久，原借党外组织创办的《妇女评论》《现代妇女》合并而成《妇女周报》，由党直接领导，密切配合政治斗争和工人运动，指导妇女工作的开展。至党创办《中国妇女》（1925）时，中共中央妇女部开始以政策“通告”的形式对党的女性报刊进行管理，如发布《中共中央妇女部通告第四号——做妇女运动报告及指定〈中国妇女〉通讯员》等。《中国共产党第三次中央扩大执行委员会关于妇女运动决议案》（1926.09）明确表明：党的女刊需在党领导下才

① 《上海中华女界联合会改造宣言及章程》，《新青年》1921年9卷第5期。

能达到应有效果："因此以后各地我们自己的及我们指导之下的妇女刊物均须力谋改良……只有这样，才能收到对于一般麻木妇女宣传和鼓动的效果。"①即言之，党对女性报刊的直接领导，是其在妇女运动中正确发挥作用的前提。而党对女性报刊的领导，正是党的早期宣传政策的要点之一。《妇女声》作为这一政策的最早落实者，呈现了实践的客观事实，供给了政策制定的参考和依据。

女刊服务于政策的模式不仅影响了党内女刊的发展，同时也影响了国民党对女刊的认识。时任国民党中央妇女部部长的何香凝在《中国国民党第二次全国代表大会中央妇女部妇女运动报告》(1926 年)中明确指出国民党妇女工作中缺乏女性宣传品的缺点："中央与各地还未发生密切关系，加以指导，使全国妇女运动成为一种片段的散漫的发展……未能注意妇女运动之教育的政治的训练，因党无宣传品与专门的机关……应注意之点。整顿党的妇女组织，有系统的宣传与训练，[印发]宣传品。"②8 天后，国民党二大发布《妇女运动决议案》首次将女性报刊写入制度："应刊行专向妇女群众宣传的出版物。"③在该文件出台后不久，向警予在向妇女共产国际所作的《中国共产党妇女部关于中国妇女运动的报告》中明确提出："最近由中国国民党上海妇女委员会发出宣言及进行议决案等，实先由我共产党中央通过的议案，以为我全国同志取同一态度进行的方针。"④从某种程度上说，将女性出版物(报刊)写入制度，输出着政治表达。党的女性出版物(报刊)逐渐成为党派角力的媒介表征。

从《妇女声》率先服务于党的政策而言，政党女性报刊及其创办方式是由中国共产党率先推动出现的。而不同政党女性报刊对《妇女声》模式的复刻，说明政党女性报刊已经在政治和社会活动中发生了影响，并且已经存在行为上的重复。这种影响和重复的发生，在很大程度上推动了将女性报刊过去的经验写入制度的法则之中。这种经验就包括《妇女声》的实践。而制度所能导

① 《中国共产党第三次中央扩大执行委员会关于妇女运动决议案》，载中华全国妇女联合会妇女运动历史研究室编：《中国妇女运动历史资料(1921—1927)》，人民出版社 1986 年版，第 476 页。

② 《中国国民党第二次全国代表大会中央妇女部妇女运动报告》，载中华全国妇女联合会妇女运动历史研究室编：《中国妇女运动历史资料(1921—1927)》，人民出版社 1986 年版，第 503—504 页。

③ 《中国国民党第二次全国代表大会妇女运动决议案》，载中华全国妇女联合会妇女运动历史研究室编：《中国妇女运动历史资料(1921—1927)》，人民出版社 1986 年版，第 506 页。

④ 《中国共产党妇女部关于中国妇女运动的报告》，载中华全国妇女联合会妇女运动历史研究室编：《中国妇女运动历史资料(1921—1927)》，人民出版社 1986 年版，第 185—186 页。

致的深层效应就是让行为与制度规范保持一致。从这个意义上说，《妇女声》树立了女性报刊服务于政党政策的办刊新模式。

（二）刊为机关：推动女性报刊成为党的妇女运动总机关

因女性识字率低，女刊与标语、传单等长期共同作为妇女运动的宣传手段，但不以营利为目的的女刊数量少，影响小。中国共产党成立后，党的二大《关于妇女运动的决议》中首次明确“在共产党的机关报中，亦须为妇女特辟一栏”①，这意味着，女性专栏成为机关报的基本组成，共同担负宣传党的纲领、路线、政策的责任。党的三大发布《关于妇女运动决议案》（下称《决议案》）以政策的形式首次将女刊确立为党的妇女运动的“精神中心”（第三条）②。上述条款确立前，《妇女声》是党唯一直接领导的女刊，“在湖南曾发行到几千册”③。这种影响力为《决议案》起草者所“看见”。

《决议案》起草者，是当时上海妇女运动的实际也是唯一负责人向警予。④目前没有直接证据证明《妇女声》的成功实践影响了上述《决议案》的起草。但，下述细节可以作为《妇女声》对向警予产生影响的证明。其一，一大后，向警予本人参与过《妇女声》的相关工作，曾以《妇女声》第二任主编的身份参加了中华女界联合会在愚园路天游学院礼堂召开的妇女团体会议，并发表过讲话。⑤其二，向警予在谈及“宣传问题”时，多次提及并赞赏《妇女声》在“鼓动妇女思潮”方面的“精彩”并惋惜其生命的短暂：“第三件应注意的是宣传问题……找不到一种真正妇女团体主办有声有色足以鼓动妇女思潮的出版物。其中，虽也有些团体出过什么周刊、旬刊、月刊，也有比较精彩的，如中华女界联合会的《妇女声》，然而却都只几个月或一年半载的生命。”⑥“这是觉悟妇女提起来人人伤心的一件事……上海中华女界联合会的《妇女声》虽短命而死，

① 《中国共产党第二次全国代表大会关于妇女运动的决议》，载中华全国妇女联合会妇女运动历史研究室编：《中国妇女运动历史资料（1921—1927）》，人民出版社1986年版，第30页。

② 《中国共产党第三次代表大会关于妇女运动决议案》，载中华全国妇女联合会妇女运动历史研究室编：《中国妇女运动历史资料（1921—1927）》，人民出版社1986年版，第68—69页。

③ 周毓明：《湖南妇女运动之过去与将来》，载中华全国妇女联合会妇女运动历史研究室编：《中国妇女运动历史资料（1921—1927）》，人民出版社1986年版，第199页。

④ 《中国共产党妇女部关于中国妇女运动的报告》，载中华全国妇女联合会妇女运动历史研究室编：《中国妇女运动历史资料（1921—1927）》，人民出版社1986年版，第173页。

⑤ 舒新宇：《中国工运历史人物传略·向警予》，中国工人出版社2017年版，第58页。

⑥ 向警予：《上海女权运动会今后应注意的三件事》，《妇女周报》1923年第12期。

天津却有了《女星》。”[1]其三，向警予本人将女刊宣传视为妇女运动的机关。这不仅可从后来她主持《妇女周报》以指导妇女运动中得见一斑，她本人也曾明确表达：“一种运动之起，究竟是人们中的少数先觉者，以人为的力量缩短历史必然的进程，故宣传为运动必不可少的要件。”[2]在党的女刊相对稀缺的环境下，作为妇女运动领导者以及《决议案》起草者身份的向警予很难不受《妇女声》的影响，也很难不认识到女刊与妇女运动之间的相辅相成的关系。

当然，党的女刊在妇女运动的促发方面并不具有点石成金的能力，其所扮演的是复合角色，“既能够将思想行为转变为政治操作，也能将政治权力转变为知识路线图”[3]，即党的女刊作为政策思想物质化的载体，其创办是一种政治行为，而其目的就是通过物质化的传递，实现思想的普及。将女刊写入《决议案》则是以强制力保障言论的再生产，以此凝聚力量，持续推动妇女运动并发挥影响力。

五、女性的报刊实践对党早期宣传制度的影响

从政策到出版物实践，再从实践反哺政策，其中都离不开人的作用。女性的办刊实践，始于清末民初，以追求法律上的两性平等权利为首次高潮。至五四“发现女性”的思潮下，女性得以在原本属于男性的话语空间中占有一席之地，但这并没有根本改变女性群体整体弱识以及性别区隔的客观事实。因此，由女性引领女性成为一种解决方式，并逐渐成为惯例。但，这种惯例从未被写入当局的任何制度。中国共产党成立以后，对女刊与妇女运动的重视，正是基于对女性群体的重视。将女刊写入制度的背后，正是对女性的关怀与赋权。

（一）让女性发声：赋予女性主持党刊的权利

女性群体的话语权常常与“真正”公开地办刊发声关联在一起，由此必然要面对如何突破世俗对女性公开表达的历史成见，以及如何获取公开表达的权利。始于1898年的《女学报》实践揭开了女性办刊的序幕，但此后女性创办的刊物无一不在组织松散、资金缺乏、人员不充足，以及政治干预等情况下“稍纵即逝”。至五四前终以资本消费女性而归于男性主持，“各地零零碎碎的妇

---

① 向警予：《中国妇女宣传运动的新纪元》，《妇女日报》1924年1月2日。
② 向警予：《上海女权运动会今后应注意的三件事》，《妇女周报》1923年第12期。
③ [法]雷吉斯·德布雷：《普通媒介学教程》，清华大学出版社2014年版，第28页。

女团体大都挂的是块空招牌，通全国难找一种彻头彻尾妇女主办的宣传物”。①

《妇女声》的出现，复合了女性主体办刊实践以及党组织对女性支持的双重表达。当然，由女性作为主体的办刊实践并非党组织的首创，女性主导的宣传方式也不止女刊这一种。但，这可能是妇女团体实践过并且证明有效的方式。《中国代表在共产国际妇女部第三次大会上的报告》指出："吾们对于那些用于奋斗的青年希望甚急，但他们也因家庭学校的束缚，我们也很不易与他们接近，因此吾们对他们鼓吹宣传的方法，第一是必须有报纸（刊物）的宣传。"②向警予基于时情也作过评述："宣传方法本不止文字一端，然而幼稚的中国妇女团体的能力，却只能暂就文字方面着重努力；而且现在妇女运动最急切的是需要一班有头脑而热心运动的基本分子，做妇女运动的起重机，有了这个起重机然后才有办法。"③由此，当时的女性先知先觉者们基本都以办女刊的方式进行宣传鼓动。而《妇女声》所开启的正是女性主持党刊的传统，而后邓颖超等在天津创办的《女星》（旬刊）等亦是遵循其方式。

另一方面，五四时期宗法社会遗留的男女界限尚未完全突破，党对女性的支持也是对社会伦理的回应。如恽代英所指出的："对于不觉悟的女工、女学生，却找不着几多觉悟的女子去做这种宣传的工作，而觉悟的男子又困于宗法社会遗留下来的男女界限，不能去接近宣传他们。"④党的四大《对于妇女运动之决议案》的条款中所指出的"女性不可或缺"很大程度上正是基于上述事实："各地党部应注意介绍女党员，因为在宗法社会关系未曾打破的中国，女党员担任妇女运动确有许多便利。从经验上说，没有女党员的地方，妇女运动常常无从着手。"⑤因此，女性主持党刊，既符合社会伦理要求和中国共产党男女平等的一贯主张，也能符合党的《决议》精神——由女党员主持，或受党领导的女性作为主编。

从某种程度上说，在党早期组织人员不足的客观情况下，女性的参与，

---

① 向警予：《中国妇女宣传运动的新纪元》，《妇女日报》1924 年 1 月 2 日。

② 《中国代表在共产国际妇女部第三次大会上的报告》，中华全国妇女联合会妇女运动历史研究室编：《中国妇女运动历史资料（1921—1927）》，人民出版社 1986 年版，第 189 页。

③ 向警予：《上海女权运动会今后应注意的三件事》，《妇女周报》1923 年第 12 期。

④ 恽代英：《妇女运动》，《中国青年》1925 年 3 卷第 69 期。

⑤ 《中国共产党第四次全国代表大会对于妇女运动之决议案》，中华全国妇女联合会妇女运动历史研究室编：《中国妇女运动历史资料（1921—1927）》，人民出版社 1986 年版，第 280 页。

有效协助党早期宣传工作的推进。而以制度形式确认女性作为办刊实践的主体，在一定程度上打破了历史和社会制度造成的男性特权和女性劣势，给予女性特殊的制度保护。在性别关怀层面实现了男女实质上的平等。而制度观念的重塑为后来的女性主持党的女刊、从事宣传工作奠定了坚实的基础。

（二）为女性发声：形塑女性立场的宣传平台

在女性普遍弱识的客观情况下，男性执笔女刊是一种普遍现象，其表达往往基于对女性群体需求的"想象"，具有政论化倾向，很难真正深入女性群体实际需求，宣传和鼓动效果有限。而以往女权运动者又"没有什么能力和精神来办有声有色足以鼓动全国妇女思潮的出版物。这种事实，女权运动的领袖们，有的也早已觉到，只可惜还没有想法挽救"①。由此造成了为女性发声刊物的严重缺乏。

《妇女声》致力于站在女性的立场，以女性的视角去反映其内心的感受、苦楚与希望，并反映特定年代、特殊环境中各种女性的共同需求。如《〈妇女声〉宣言》中直言："女子是人类社会底一分子，有应尽的义务和应享的权利，应当自己支配自己的生活。经济组织变化的结果，迫使我们离开家庭奴隶的境遇，走到社会中来，要完成我们历史的使命。"②借助《妇女声》这一女性立场的平台，女性不必再被动地等待，而是主动地掌握自己的话语权，表达性别体验和时代心声。其中《对罢工女工人说的话》《中国妇女运动的新趋向》等文对女工生活苦难细节刻画十分典型，如"做母亲的只得将乳头从孩子口夺出，忍着心听孩子哇哇的哭声走到厂里，直到下午六时回来才见孩子的面，再才能给乳伊吃。你们这样抛下小儿女到工厂去，无非是要得些糊口的资料罢了"。③"中国的工厂，多系外人创办，洋监工、洋奴、洋狗所施于女工的奸淫掠夺种种非人待遇，有非言语所能形容的，姊妹们当可以想象而知。"④王会悟等《妇女声》的女性编撰者能够对同性体悟身受，使其表达更贴近女工生活实际，更能表现女工的真正痛苦和实际要求。经由女刊的传递，这些立场的表达也更容易在女工群体中发生情感的流动和共鸣。时人将《妇女声》的传递影响概括为：民国十

---

① 向警予：《上海女权运动会今后应注意的三件事》，《妇女周报》1923年第12期。
② 《〈妇女声〉宣言》，《妇女声》1921年第1期。
③ 王会悟：《对罢工女工人说的话》，《妇女声》1922年第10期。
④ 王会悟：《中国妇女运动的新趋向》，《妇女声》1922年第3期。

一年一年内可以看见的妇女运动的“遗迹”。[①]

自《妇女声》以后，党的女刊实践和宣传政策基本都主张刻写女性的实际感受。女刊方面如《妇女日报》发刊词：“普通的报纸，多半是男子的专用品。对于妇女的痛苦，不能深刻地描写。所以特组织这个报，作妇女诉苦的机关。”[②]《女星》发刊词：“女子方面，除了被有产阶级掠夺以外，同时又受旧礼教与男系制度的压迫，故女子所受的痛苦还倍于劳动者。我们因时时感受了这种种痛苦，受良心的驱使，久想有所作为，最近方得集合了十几个同志，组织这个‘女星社’。”[③]政策文本方面：自党的四大开始，对女刊的内容指导开始出现在政策文本中，如《对于妇女运动之决议案》中“此刊物内容应注重妇女问题多方面的描写和批评，切记偏枯”[④]，《中国共产党第三次中央扩大执行委员会关于妇女运动决议案》进一步指出：“切戒空洞的政论和其他空洞的理论，多描写妇女的切身痛苦和实际要求，务使每个妇女看到都感觉为她自己说话”[⑤]，这些政策文本和报刊内容的转变，都在昭示着党领导下的女刊所持的关怀女性的立场。

作为党的首份女刊，《妇女声》不仅书写着来自女性自身的自省和自言，让隐没于底层的女工的苦难和真实进入历史的公共空间之中，同时也凸显和奠定了党的早期女刊以女工为侧重的独特景观和时代关怀。

六、结　语

《妇女声》作为党的首份女刊，走出了由零至一的关键一步。《妇女声》的创办是遵循并积极服务于党的早期宣传政策的结果。《妇女声》的实践，则为党的女性出版物制度基础观念的形成提供了参考和依据，使其在探索和合法化协调的过程中得以发展。同时，经由《妇女声》观察到，早期宣传制度创制过程中，党对女性的关怀和赋权，为女性言论的生产与再生产提供了保障，也为

---

① 《湖南妇女运动之过去与将来》，载中华妇女联合会妇女运动历史研究室编：《中国妇女运动历史资料(1921—1927)》，人民出版社1986年版，第199页。

② 《〈妇女日报〉发刊词》，《妇女日报》1924年1月2日。

③ 《〈女星〉旬刊发刊词》，《女星》1923年第1期。

④ 《中国共产党第四次全国代表大会对于妇女运动之决议案》，载中华全国妇女联合会妇女运动历史研究室编：《中国妇女运动历史资料(1921—1927)》，人民出版社1986年版，第281页。

⑤ 《中国共产党第三次中央扩大执行委员会关于妇女运动决议案》，载中华全国妇女联合会妇女运动历史研究室编：《中国妇女运动历史资料(1921—1927)》，人民出版社1986年版，第476页。

后来的女性报人从事党的新闻宣传工作奠定了基础。从某种程度上说,《妇女声》的实践与党早期政策之间的互动,在一定程度上是以实然世界的经验方法,完成了对应然规则的建构。这些早期经验使政策经由先验的理性主义转向以人为中心,体现着党的政策为人服务的现实关怀。本文的缺憾在于,论述过程中虽已触及宣传制度创制初期能动者在创设和维护制度方面的努力,但所涉较少,有待于进一步深入研究。

The Interaction between the Party's Early Propaganda Policy and the Practice of Women's Newspapers and Periodicals

—Centered on *Women's Voice*

Abstract: *Women's Voice* is the first women's journal founded under the leadership of the Communist Party of China, and it is also the source of women's journals of modern political parties. The founding of women's Voice is the result of following and actively serving the party's early propaganda policy. The practice of *Women's Voice* provides a reference and basis for the formation of the basic concept of the party's women's publication system, so that it can develop in the process of exploration and legalization coordination. At the same time, through the observation of *Women's Voice*, the party's care and empowerment of women in the creation of the early publicity system not only provided a guarantee for the production and reproduction of women's speech, but also laid a foundation for later female journalists to engage in the party's news publicity work. To some extent, the interaction between the practice of Women's Voice and the party's early policies has completed the construction of what should be rules with the empirical method of the real world to ideal institutional design.

Key words: Propaganda Policy; Women's Newspapers and Periodicals; *Women's Voice*

作者简介:赵蓓红,华东政法大学传播学院讲师;李淑悦,华东政法大学传播学院硕士生;刘丹丹,华东政法大学传播学院硕士生。

介入都市:晚清上海青年会会所与现代生活研究[①]

曹昊哲

摘　要:19 世纪末到 20 世纪初,基督教城市青年会在中国部分地区建立起来。为了吸引更多的知识青年参与其中,传达和贯彻青年会的理念与宗旨,城市青年会在城市中心选址建设了现代化的会所。这些城市青年会的会所在外部营造时尚、现代化的建筑形象,在内部设置了各种现代化的娱乐和活动设施,为城市知识分子提供了现代化的日常生活体验,进而重塑了城市知识分子对积极健康生活理念的认知。这篇文章希望通过叙述晚清社会转型时期,上海青年会会所对青年知识分子日常生活的介入来探讨上海青年会在知识青年日常生活观念转变当中所扮演的角色及其现实意义。

关键词:晚清　上海青年会　现代生活

晚清时期,基督教青年会开始在国内部分城市中心建立起来。1900 年,美国传教士路义思等人创办了上海基督教青年会(以下简称上海青年会),以传播基督教为目的,并开始有计划向中国知识分子青年传播基督宗教理论。为了吸引更多的知识分子加入上海青年会,并适应日益壮大的会务人员,路义思等人决定建立青年自己的大规模现代会所,并在内部设置先进的现代化设施来吸引更多会员的加入。这些内部的现代化娱乐活动设施不仅为当地的知识分子青年带来了全新的生活体验,也在某种程度上改变了这一群体对积极

① 本文为教育部人文社会科学重点研究基地重大项目“近代日常生活”(14JJD770010)阶段性成果。

健康生活的日常观念。

一、上海青年会及其会所的建立发展

基督教青年会(Young Men's Christian Association),简称 Y.M. C.A.,1844 年 6 月 6 日由英国商人乔治·威廉(George William)创立于英国伦敦。当时英国正处于工业革命时期,大量乡村地区的青年涌向城市,成为产业工人。然而这些青年劳动时间长,工作强度大,精神状况十分苦闷,并养成了许多不良的恶习。因此乔治·威廉希望通过坚定信仰和推动社会服务活动来改善青年人精神生活和社会文化环境。①青年会活动 1851 年传到美国后,逐渐从单纯以宗教活动为号召的青年职工团体,发展成以“德、智、体、群”四育为宗旨的社会活动机构,后又传到了世界各地。

此后,青年会在天津建立了第一个城市青年会。自此,基督教青年会开始了传播西方文明和改良中国社会的历程,并将自身的发展同中国社会经济的命运紧紧联系在一起,在社会服务方面扮演着独特的角色。

早在 1920 年,天津青年会干事来会理便撰写了《中华基督教青年会二十五年小史》,这成为青年会最早的历史概述。相比于国内学者,国外学者对青年会的研究较早,美国学者赖德烈的《世界服务:北美青年会海外事业和世界服务的历史》是目前发现的对海外青年会研究最早的著作。而国内学界对青年会的研究大多着眼于青年会推行的社会教育、公共卫生、现代体育等多项事业对中国现代化进程的促进作用,并且已经发表了大量的硕博论文,如刘子楠的硕士论文《中华基督教青年会与中国近代教育》,卢海标的硕士论文《广州基督教青年会的“四育”活动和国难服务述评》。然而不无遗憾的是,在学界已有的著作中,有关青年会对日常生活理念的传播以及干预的研究还较为少见,这就为本文的研究提供了一定的空间。

1898 年,美国传教士路义思(R.E. Lewis)接受青年会北美协会的委派,前往上海开展青年会的工作。当时青年会开展工作较为困难,尤其是干事较为缺乏。再加上当时经费紧张,在上海人生地不熟,路义思早期筹备上海青年会的工作可以说是十分艰难。后来,路义思通过联系当地的教会学校,邀请到了昆山路中西书院的主任教员曹雪赓,并通过曹氏联络到了几个曾经留过学的

① 赵晓阳:《基督教青年会在中国:本土和现代的探索》,社会科学文献出版社 2008 年版,第 3 页。

学生，才解决了协会的人员问题。①

然而青年会会所的选择也成为了该会的一大难题。由于经费紧张，早期的上海青年会会所经常发生迁移。1900 年，曹雪赓提议在北苏州路的上海邮务管理局租房作为会所。后上海富商哈同将市政厅对面的一幢房屋租给上海青年会，每月租金 160 元，并免除三个月租金，捐赠 1 000 元。该房舍基础设施较好，有阅览室、活动室、游戏室、接待室、健身房、洗澡间等房间。②

随着上海青年会的发展，会员逐渐增多，南京路会所已不够用，于是便迁到了北京路 15 号。后来随着协会的发展，青年会决定在上海市中心建立自己的会所，改变以往青年会在租来的会所进行活动的局面。当时正好赶上路义思返回美国休假，于是他便借此机会到美国进行募捐。1904 年，路义思回到中国，并带回募捐来的 5 万美金。③后上海富商朱葆三与江苏抚台端方以及沪海道袁海观通过募捐和赞助的方式买下了香港路和北京路之间的一块地皮以建造会所。④

1905 年，上海青年会会所在上海公共租界北四川路开工建设，1907 年 5 月，长老会百年纪念大会就在此举行，1907 年 7 月，会所全部落成。

二、现代化设施与日常生活理念的传播

上海青年会会所的建筑样式在当时的上海建筑当中尚属新颖，建设之初，其时髦前卫的建筑风格经常吸引外界人士驻足观瞧，其内部设施的现代化更吸引了众多的知识青年前往体验。这些内部设施包括健身房、游泳池、寄宿舍、简易餐厅、演讲厅、音乐厅等适应现代生活功能的日常设施，许多青年知识分子都对此趋之若骛。

（一）会所内的现代化设施

相对于传统的生活设施，青年会会所现代的内部设施更为方便、舒适、清洁。例如在上海青年会会所内，设计者将沐浴室、更衣室设在运动室内，方便人们在做完运动后沐浴更衣。据当时的人们回忆“该会有个小健身房，可做体操、篮球、排球、游戏、手球、器械操等活动。但仅有一小楼台作为看台，每逢球

① 王方：《外滩源研究》，东南大学出版社 2011 年版，第 99 页。
② 同上，第 101 页。
③ 佚名：《上海青年会历史概述》，《青年会报》1932 年 1 月 5 日，第 6 页。
④ 路义思：《曹雪赓生平回忆》，《青年会报》1932 年 5 月 4 日，第 7 页。

赛,场内观众拥挤,秩序很难维持。另有一小间手球房(是对墙拍打的手球)。游泳池、沐浴室、更衣室连成一片。以上设计面积虽不大,但相当紧凑,会员来锻炼者日益不断,夜晚迟至十时后方停止活动。会员按规定时间来参加体育活动,由体育部干事轮流指导,各项活动不停地进行”。①

这些现代的全新的体育设施对于这些青年知识分子是一种全新的生活体验,而清洁方便舒适的淋浴设施更是吸引了众多青年知识分子前去享受。据时人回忆,当时的人们“之所爱慕青年会,就个人计最便于浴身”。②为此青年会在自身的宣传刊物《青年》当中一篇《皮肤之卫生》的文章当中也将沐浴与皮肤卫生联系在一起,指出“皮肤与全体之爽健甚有相关矣。试于冷水浴后及用力疾奔之后,细心体味之,即可知矣。浴后则精神爽利,奔后则汗滞不快,因裹服浸汗则终日不适也”,③将沐浴的相关知识与身体卫生的日常生活观念在知识青年当中进行传播,使他们形成全新的现代日常生活的卫生理念。

此外,西餐的提供对于当时知识分子的日常饮食观念也是一种挑战。自上海开埠以来,随着商业的繁荣和休闲娱乐行业的发展,西餐成为了当时人们外出饮食的新风尚和新体验。但上海当时许多西餐馆需要“先期预定,每人洋银三枚”,④价格较贵。而当时青年会会所内面向会员提供的西餐则免费,主要是一些简单的饮食,如咖啡、牛奶、西点,到了夏季还提供冷饮。这种追求舒适简单的饭食理念对于享受食不厌精、脍不厌细的传统饕餮大餐的日常饮食理念有所颠覆。青年会还一再宣称暴饮暴食的危害,指出“食过度之病,不独童子蹈之,然凡犯此病者或迟或早,终必受其恶效果,夫食料既人身内,必需液质数种以消化。如口中之唾液及胃液肠液,食过多则不足以化之,体遂受饥。体之受养不在所食之物,而在所消化者。食最多其消化反最少,常见食量大,瘠瘦无力。食过渡不仅有血肉脑肌受饿之害,更有不消化之物在体内发酵腐败,使人有头疼便秘诸病。不妨照现食之量减去一半,而咀嚼功夫加长一倍,则一月之后,壮健必有加”。⑤

---

① 中华全国体育总会文史资料编审委员会:《体育史料》(第10辑),人民体育出版社1984年版,第70页。

② 崔通约:《沧海生平》,沧海出版社1935年版,第20页。

③ 强魄:《皮肤之卫生》,《青年》1908年8月1日,第13页。

④ 葛元煕:《沪游杂记》,上海书店出版社2009年版,第30页。

⑤ 雷德生:《青年体育之仇敌》,《青年》1908年8月3日,第79页。

在青年会会所内，赌博和抽烟都是禁止的。这有助于当时青年知识分子形成良好的日常行为习惯。早在1900年，上海青年会成立之初，在临时租住上海邮政管理局的青年会所内，青年会的干事就约法三章，不吸烟、不饮酒、不打麻将。而在四川路会所建成之后，对于吸烟、饮酒、赌博等行为习惯不但加以禁止，而且还劝诫青年知识分子远离上述恶习。在会所的阅览室当中，有关杂志刊登了一位成功戒烟的人士在戒烟后的生活体验，声称戒烟后"我体教前清洁，我呼吸间不复发臭，我入稠人广众，不复为人所厌恶，我妻我子不复以我为难堪"，[1]以此来劝导当时的青年知识分子远离香烟。对于赌博，青年会有着清醒的认识，他们指出"人之陷此深渊者众矣。当局能悟者甚鲜，至终其身为赌博之情魔所缠缚，未由自脱，颠连困苦，转辗死亡者，何堪胜计，彼非不知其害也而乐此不疲，由于情不自禁耳。若不谨之于始，而希图挽救于后，微论势有不可。即云可矣，其为计已左，虽悔亦无及。譬之引虎攻身，觉其钩爪锯牙之锐利，迨之破肌裂肤而乃为驱逐之计者，至愚不为也。染指赌博者何以异是"。[2]

对于青年会所倡导的良好的日常生活习惯，当时的知识青年有着清醒的认识。当时上海已开埠五六十年，随着商业的繁荣发展，货币流通量的增大，出现了追求享乐的生活风气，并开始向全社会蔓延开来，同时租界内的妓院、赌场、烟馆不计其数，吸引了大批具有闲暇时间的年轻人前往，而青年会会所提供的相对健康的休闲娱乐方式成为了当时知识青年的新的选择。在成为青年会会员后，使用会所的内部设施只需要按年缴纳会费，普通会员每年不过几元，虽不是普通工薪阶层能够负担得起，但也远比去西餐馆、烟馆、妓院花销少得多。当时无论是吃西餐还是买烟膏，每次动辄也要几元，因此青年会会所实际上成为当时上海的青年知识分子享受现代设施的一种变相福利。这也间接导致了青年会的许多会员并非志在信仰，而是单纯为了享受青年会会所提供的各种便捷周到的服务设施。据时人回忆，"青年会的一套设备，比如健身房、游泳池、寄宿舍、简易餐厅、崇拜室、图书馆、演讲厅、文娱厅及音乐厅等等、这套设备虽然大同小异，但与当时社会上那些封建桎梏以及资产阶级腐化堕落的诱惑相比，青年会的活动场所确为一种新生活的典范"。[3]

---

① 拔足人：《戒绝香烟者之自得语》，《青年》1911年8月8日，第192页。

② 冰怀：《赌博与青年》，《青年》1911年12月12日，第303页。

③ 中华全国体育总会文史资料编审委员会：《体育史料》（第10辑），人民体育出版社1984年版，第34页。

(二) 体育与健康生活理念的传播

此外，青年会在为青少年提供现代体育设施的同时，还将与体育运动相关的日常生活理念推广给了当时的青年知识分子。

上海青年会会所建成了当时华东地区最早的一批现代室内运动场所，并将近代西方的体育运动项目引入进来。室内运动场所的建立在某种意义上来讲使得体育运动不再受到天气条件的影响，可以成为日常生活当中的一部分。且青年会一直在推广积极参加体育运动的日常生活理念，认为“不乐于运动者爰说事务繁忙、鲜有闲时，又或者没有适宜的运动场所。甚至有以年长为辞以作不运动的借口。运动可以抵御疾病，心思脑力须完全地放松，不能有丝毫杂念添置其间，唯有一意行之，才能收获健壮的身体，不可因种种的借口就废之不理”。[①]由于这些新式的体育运动有专门的体育干事进行指导，因此青年知识分子在青年会会所使用这些运动设施的同时，也建立起了与体育运动相关的日常生活理念。

首先是将外在的体育锻炼与身体的日常开发结合在一起。自晚清以来，由于受到西方列强的入侵，体育运动多与孱弱的国情相结合，被操纵在国家、民族的话语体系之下，也多由政府主导，民众尚未真正参与，也更谈不上成为日常的活动。以体操为例，当时的体操运动多由政府主导的官办体育课程教师教授，而内容都是“兵式体操”，本质上是一种军事训练，而非今天传统项目意义上的体操。而青年会推广的体操更强调的是对人体的开发。为此还借用宗教理论强调“新约言人之身体乃圣殿之灵，呜呼，陈义之高莫高于是矣，是以吾人于体操一课，殆不容己，务使百体尽能施其用而无所废弃焉，近世风虽尚有过重体育之通病，然余等诚以为身体之不健全，与心灵之生活固大有妨碍也，幼童灵动活泼，跳舞玩耍，殆出天然，是可证明体操为天理之所应有，否则将自害其身矣”。[②]希望借此通过日常的体操训练，将日常的锻炼与身体机能的日常开发相结合。这种观念打破了由孟子提出的“劳心者治人，劳力者治于人”这一鄙视体力劳动的观念，形成了脑力开发与身体开发并重的日常观念。

其次，将运动理念与日常饮食习惯结合起来。青年会在指导会员进行身体锻炼的同时，还宣传健康饮食的日常观念，介绍各种食物的营养成分，以及

---

① 谷音:《至当不易之健身法》,《青年》1911 年 5 月 4 日,第 108 页。
② 雷德生:《青年体育之仇敌》,《青年》1908 年 8 月 3 日,第 79 页。

运动后对营养成分的补充。要求日常饮食要做到荤素搭配，饮食适当，适合肠胃的吸收。

最后，将日常的体育活动与身体日常保健的观念相结合。青年会在会所内的杂志当中多次强调体育活动与日常身体保健的关联，认为人在夏天更适宜运动，使得人体毛孔不至于闭塞不通。且人在夏天饮食较多，运动尤能帮助消化，可以减少肠胃疾病的发生。[①]而青年学生也应当在学校当中多参加运动，“学校中亦有运动场也，然为功课所羁，规则所述，不能骋意，及假则完全自由，可以各适其体，为活泼之运动以舒平日之羁困。此一静一动之机，一张一弛之道也。且冬日栗栗，飙风发发，愈蜷伏愈瑟缠。驯至萎靡不振，何若踔力奋发，鼓热力以卫寒气”。[②]还强调运动时要在室内通风，饭后不要剧烈运动，洗冷水浴对身体有益处。此外，青年会还用运动学说讲述吸烟的危害，指出“美国耶鲁大学薛阜博士及安黑大学海谷博士皆当世负盛名者也。二君由亲历之实验及报告之理论，精细研究，已屡次证明大学学生若吸烟，则其身体之发达必为大阻，胸膈量及肺活量之发达受碍尤甚。夫影响大学学生既如是，则其影响于中学以下之幼年学生将如何耶？又使人有肺症，其肺极，体气自不能佳。凡二十岁以下青年吸烟者，健壮者患心症。患病者因以速死。更会使人患痫症、癫狂症、胃弱症、使人盲，重者致死。吸烟而手弱无力，时刻颤摇，不能写字，两腿战栗不能远行，渐渐使青年之直觉变成迟钝。为国家族计，须协力齐心灭除此毒，庶体育之防不至溃圮也”。[③]

(三) 电影活动的开展

上海青年会还通过在会所放映非营利性质的电影，改变了人们以往对以电影放映风气不良的日常观念，使这项娱乐活动变成了一项有益而健康的日常体验。

电影在19世纪传入上海之后，一开始在商业性较强的娱乐场所放映，例如传统的剧场和茶园，在演出时“众人们都喝茶、嗑瓜子、吃糖、互相聊天、开玩笑”，[④]这是沿袭传统的观看戏剧的方式，且当时这些地方都是妓女出没的地方，且有些影片有裸露镜头，电影放映的空间在普通民众尤其是知识分子阶层

---

①②③ 谷音：《体育与卫生》，《青年》1907年6月8日，第10页。

④ 菅原庆乃：《走向“猥杂”的彼岸：〈健康娱乐〉之电影的诞生与上海基督教青年会》，《传播与社会学刊》2014年5月，第154页。

看来有着浓厚的淫欲色彩。这也使得当时的知识分子青年凭借日常的经验对电影的放映存在着一定的偏见。而上海青年会则通过现代化的会所放映非商业性质的电影，努力为观众营造一种现代文明的观影环境，将观影活动打造成一种有益健康的日常文化活动，使电影活动成为了知识分子尤其是精英知识分子所喜闻乐见的文化沙龙，改变了民众对早期电影放映的日常观念。

最早关于青年会电影播映活动的报道是在1907年，[①]当时恰逢上海青年会会所刚刚建成不久，便开始举办电影放映活动，其目的是以读书会等形式举行，重视心性修养的培养，两年后才转变成以娱乐为主，构成了戏剧、游戏、魔术等多种节目。其中电影的播映特别受到大众的欢迎。最重要的是，青年会电影的定期上映，无论在入场费、观众容纳数等硬件方面，或是在选片的标准上，都远远优于一般商业性的电影活动。在选片方面，以放映电影的质量和教育程度为指标，这个选择标准在当时报纸或杂志上所刊登的电影放映会和广告宣传上也可以明显看出。上海青年会反复强调是以“选演关于学识道德上各种影戏”，[②]不仅廉价提供高尚活动有益身心的活动，同时兼具高度娱乐的价值。诸如此类文字所显现的意义，完全是把青年会的电影放映与其他商业性娱乐电影明确作出区分，以此来改变知识分子阶层对电影放映活动不良的观念。经过青年会的运作和宣传，晚清时期会所内的电影放映活动日益成为了一项周期性的、健康文明的文化娱乐活动。

由此可见，上海基督教青年会的电影播映活动给予后续中国电影界的影响力绝对是不容忽视的，尤其青年会的电影活动证明了电影作为社会教育的工具具有极大的实用性。但更重要的是，它改变了知识分子阶层对电影放映的不良体验，将他们日常观念当中不登大雅之堂的电影放映活动打造成了健康文明的文化活动，推动了中国电影事业的发展。

三、结　语

上海作为近代最早开放的通商口岸之一，在短短几十年之间发展成为了全国最大的工商业城市，也成为了考察中国近代社会转型时期社会人群日常观念变化的重要场域。随着西方商品的涌入，近代上海地区的文化土壤开始受到西

① 佚名:《青年会活动》,《申报》1907年9月27日,第8页。
② 佚名:《青年会影戏》,《申报》1907年4月18日,第6页。

方商业文明滋润，人们的消费观念、日常生活发生了变化，社会形态也开始发生转变。然而在这个过程中，金钱至上的理念，享乐主义的盛行也随着商品经济所带来的负面影响开始显现出来。因此从传入的西方文明中汲取积极健康的生活方式来挽救当时社会日渐腐化的社会风气就成为了社会改良的当务之急。而1907年建成的上海青年会四川路会所，成为了当时上海地区青年知识分子体验西方积极、健康、文明生活的一个重要活动场所，在晚清这一社会转型时期，它的出现对广大知识青年形成积极健康的生活理念起着至关重要的作用。

首先，会所提供的现代化设施，使他们感受到了方便、清洁、卫生、舒适的生活理念。而这些简易西式餐饮的提供，也在一定程度上改变了青年知识分子传统的饮食理念。会所内对烟酒的禁止，也有助于当时的青年知识分子形成良好的日常行为习惯。相比于当时较为流行的逛妓院、抽大烟的休闲娱乐方式，这不失为一种健康有益的日常活动。

其次，青年会提供的现代体育设施也将体育运动的日常理念推广给了广大的青年知识分子。一方面，青年会积极宣传体育运动对广大知识青年的益处，动员广大青年参与；另一方面，又将运动理念与日常饮食、日常身体保健、日常身体的开发相结合，改变了过去一味将体育运动放置民族与国家等政治话语体系下，真正使体育运动进入到民众的日常生活当中，成为日常性的健康活动，并在一定程度上改善了知识青年日常的运动观念、个人卫生观念等。

上海青年会还通过在会所放映非营利性质的电影，改善了知识青年的日常观影体验，改变了人们以往对电影放映风气不良的日常印象，使这项娱乐活动变成了一项有益而健康的日常文化活动，间接推动了电影文化在中国的发展。

由此可见，上海青年会会所通过积极引入西方健康的生活方式和生活理念，重构了当时上海地区青少年对积极健康生活的理解和认知，成为了晚清上海社会转型的重要推手之一，对当时社会风俗的改良起到了一定的积极作用。

Intervention in the City: Shanghai Y.M.C.A and Modern Urban Life in the Late Qing Dynasty

Abstract: From the end of the 19th century to the beginning of the 20th century, the Y.M.C.A was established in some parts of China. In order to attract more young intellectuals to participate in it and to convey and implement the idea and purpose of the Youth Association, the Urban Youth Association built several modern clubs in the city center. The clubs of these urban youth associations created fashionable and modern architectural images outside, and set up various modern entertainment and activity facilities inside, which provided modern daily life experience for urban intellectuals, and thus reshaped their understanding of the concept of daily healthy life. This report hopes to discuss the role and practical significance of the Shanghai Youth Association in the transformation of the concept of daily life of intellectuals in the late Qing Dynasty by describing the involvement of the Shanghai Youth Association in the urban daily life of young intellectuals during the social transformation period.

Key words: The Late Qing; Shanghai Y.M.C.A; Modern Life

作者简介:曹昊哲,河北省社会科学院历史研究所助理研究员。

制图与治民:近代成都城市地图的功用、权力与治理关系研究[①]

罗宝川

摘　要:城市的转型往往牵连着区域内空间资源的内部调适与重新分配。近代以来,随着西方地学测绘知识的传入,成都城市地图的主要职能也由“大一统”的意象性象征转变为政府治理社会的“技术工具”。与此同时,市民阶层的兴起,使得过去由官方单向主导绘制地图的局面被打破。地方人士与官方共享地图符号系统背后的话语权力,加大了政府基层治理的难度。官与民围绕土地勘测、地权划分、户籍重组等施政措施,在有限的城市空间资源上,或明或暗地展开互动与博弈。考察近代成都城市地图“制图技”与地方政府“治理术”之间互嵌、交流、碰撞的历史关系,不仅能加深理解近代成都城市转型的趋向与进程,还能提供一种重新认识近代国家城市治理机制与逻辑的新视角。

关键词:近代成都　城市地图　功用　权力　治理

近代以降,传统中国的不少城镇都遭遇了西洋文明的侵入,古人心中具有华夷秩序等级的“城池”观念也随之动摇。清光绪三十四年(1908)《城镇乡地方自治章程》的颁布,进一步加速了现代意义上“城市”观念的兴起。众所周知,中国古代城池与乡村并没有明显的分界,[②]所以明清时期方志城池图绘者,理所当然地把二者放置在一幅画面中。但是,强调古人没有“城池”与“乡

① 本文为教育部人文社会科学重点研究基地四川师范大学巴蜀文化研究中心资助科研项目“明清时期南丝路土主信仰与国家礼制互动研究”(BSYB21-04)阶段性成果。

② 成一农:《社会变迁视野下的中国近代地图绘制转型研究》,《安徽史学》2021 年第 4 期,第 5—10 页。

村”区分意识，并不等于说古代城池图中不包含绘制者的思想观念。历代王朝绘制的一统图、舆地图、方舆图、指掌图的政教意图最为明显，所谓“大司徒之职，掌建邦之土地之图，以佐王安扰邦国”。①具体到城池图来看，地理景观的选址、方位、远近、大小、上下也同样潜藏着作者主观的思想取向。例如城池图中的府州县治一定稳稳地居于图像中央，而村祠寺观则散布于地图四周。早有学者如叶凯蒂、葛兆光、唐晓峰、成一农等指出，“地图内容受思想、文化、政治的干预甚深，从学术发展来说，很值得发掘”。②

近代城市地图的研究，“谱系沿革”“近代发展”“绘制转型”一直以来都是重要论题。③一般来说，一幅地图除了测绘、印制、出版数个流程外，还具有日常使用或社会治理的功能。诚如何沛东在《旧方志地图研究的回顾与展望》中所言的“地图使用的问题少有学者问津”“阅读者在什么情况下会使用方志地图，如何利用”等问题，亟待深入思考。④地图功用又牵涉着使用主体的身份与绘制意图，一幅地图上最终呈现的地理单元和景观符号，往往是多方权势颉颃的结果。⑤换言之，近代城市地图上林林总总的图例展现了彼时彼刻人群对意识中空间秩序的认可。沿海沿江城市因为近代化进程早于内地，相关研究成果也较为丰富，而偏处西南一隅，“三千多年未异城址”的成都，在“成都学”⑥研究蔚起之时，近代城市地图的功用经历了何种变化，城市地图又如何展演地方权力与治理关系。⑦这些问题，都将是本文研究旨趣所在。

---

① (清)阮元校刻:《十三经注疏》卷十《周礼·地官·大司徒》，中华书局影印本1980年版，第702页上。

② 唐晓峰:《地图中的权力、意志与秩序》，《中国学术》2000年第4辑。

③ 钟翀:《近代上海早期城市地图谱系研究》，《史林》2013年第1期；[日]小岛泰雄:《成都地图近代化的展开》，钟翀译，孙逊、陈恒主编:《都市文化研究:城市史与城市研究》，上海三联书店2015年版，第150—161页；何旭:《四川省城街道图初探——兼论成都城市地图近代化》，《长江文明》2019年第1辑总第33辑；曹馨宁、尹文涓:《晚清西方人绘制近代北京城市地图概述》，《历史地理研究》2021年第4辑总第41辑。

④ 何沛东:《旧方志地图研究的回顾与展望》，《中国地方志》2020年第6期，第109—118、128页。

⑤ 安传艳、李同昇:《地图表征的权力运作机制:建构的知识话语》，《地理研究》2019年第8期，第2099—2112页。

⑥ 何一民:《城市地方学研究的三大视野和三个层次——以成都学研究为例》，《成都大学学报》(社会科学版)2017年第2期，第1—8页。

⑦ 涉及近代成都城市治理的文章如下:李德英:《城市公共空间与社会生活——以近代城市公园为例》，《城市史研究》2000年第Z2期；田凯:《从景观建设看清代城市社会的重建与变迁——以成都为例》，《西南民族大学学报》(人文社科版)2008年第6期；徐鹏:《城乡关系视阈下民国市县划界纠纷——以成都为中心的考察》，《民国档案》2017年第3期；张彦:《成都房契与成都城市文化的近代化》2019年第6期；范瑛:《从传统花会、“腐朽庙舍”到现代博览会:成都青羊宫的地方政治与空间改良(1906—1937)》，《华中师范大学学报》(人文社会科学版)2022年第4期。挂一漏万，缺漏之处，还请方家补正。

一、"新变"与"不变":近代成都城市地图功用一窥

在近代中国转型之际,中国城市地图一定处于某种变化之中。这种变化,究竟是绘图者接受西洋新知,主动追求"精准"的"变",还是"在近代中国追求'科学'的大背景下'被科学化'的结果"[①],是一个十分值得思考的问题。对于成都城市地图的功用而言,回答这个问题,可以助益我们清晰认识中国古代城池图与近代城市地图编制的内在理路,进而阐明地图使用主体的主观意图如何影响近代成都城市景观的改造与重塑。

如果我们把光绪二十年(1894)《四川省城街道图》与民国二十二年(1933)《成都街市图》放置在一起,不难发现,两幅地图呈现的成都城市轮廓是如此相似;但是,若把视线稍稍聚焦于图例、比例尺、街景、方位、经纬等细微之处,二者又大相径庭。这种介于"陌生"与"熟悉"之间的错乱感,正是传统中国人在近代转型之际,"不中不西""新旧皆非"的心理状态在城市地图上的最好呈现。相比于地图内容的"新变"与"不变",地图功用处于相似境地,表现为以下三点。

首先,是使用主体身份之变。不同于古代地图"藏于内府",受到国家严密管控,近代地图的使用群体不再单纯局限于政府官员,普通民众、传教士、探险家、商贾等都有机会接触和使用地图。据日本学者小岛泰雄考证,清光绪二十六年(1900),傅崇榘开风气之先,先后在成都东北的桂王桥北街开办书社,刊印地图,售予民众。其实早在1880年,通过来华传教士编写的地理、地图书籍,中国传统学校的学生就已经接触了"不少地理学领域的著作和地图册"。[②]相比于旧式学堂的教学地图,傅崇榘的行为更进一步,将地理知识和地图册散播于民间。所有"新出之历史大地图……皆归通俗报社代售"[③],以方便民众购买。据《成都通览》记载,地图种类涉及中国古代历史、沿革、政区旧图以及晚清民国编制的新图,共计32幅,每幅售价在五分到一元不等。以《宣统三年成都街道图》为例,此图售价四十文。而当时物价白酒一杯十六文,炸酱面一碗十六文,与之相比,"可见此种地图对当时民众而言也是颇

---

① 成一农:《"非科学"的中国传统舆图:中国传统舆图绘制研究》,中国社会科学出版社2016年版,第201页。

② 毕苑:《建造常识:教科书与近代中国文化转型》,福建教育出版社2010年版,第23页。

③ (清)傅崇榘:《成都通览》,成都时代出版社2006年版,第178页。

为廉价的”。[1]换言之,地图低廉的价格实际上有助于其走进寻常百姓家,成为普通民众日常交通、出行的必需品。

其次,相较于传统城池图,近代城市地图集多种功用于一身。古代的城池图因为政治和军事因素,往往尤重衙署、城墙、庙学、河道、关隘等地理要素。因为中国传统城池图服务于地方官员治理基层的属性,所以古人对城池图功用的理解可以说是相对偏狭的。以至于汪前进在统计中国古代地图的社会功能时,发现不同类型的地图被赋予了不同的功用:“历代疆域图是为了表现各代的沿革变化,历代割据图反映的是‘英雄角逐’的状况,各省分图是为了明其所分所辖,边疆图让人知晓边境战事,民族图反映羌粤与中原的‘胥通’,漕运图是反映运粮至都燕的漕路,黄河图则展示黄河的变迁,外国图是反映‘文命四敷’的景象,天文图则是为了察各省的分野情况。”[2]显然,按不同功用细分地图类型,是古人受“图之为用”观念使然的结果。当然,这种传统制图观也有好处,试想,一幅专为某种功用绘制的地图与一幅包罗万象的地图,在某些特定的场合,前者的实用性和适用性相对较高。利用西法所绘之图,虽然集多种功用于一体,但图例繁多,信息驳杂,令人展卷目眩。加之近代新兴的邮政局、监狱、新式学堂、工厂等建筑,不可避免地被绘于地图之上,使得一幅城市地图承载的地理符号,犹如“信息茧房”一样,令读图者失去了目标感和兴趣。要言之,近代城市地图在功用上确比传统地图更为集中,但在使用感受上,却令阅图者“合观则劳目力,分检又费神思,贯穿綦难,眩惑而止”[3]。

最后,绘制者的主观意图很大程度上决定了城市地图的功用。上述城市地图功用的变化,主要围绕使用主体和使用效果来谈,而绘制群体创制地图的目的容易被忽略。因为绘制意图往往左右了一幅地图的受众对象和主要功用。根据小岛泰雄整理的近代成都城市地图来看,除了光绪二十一年(1895)《四川省城街道图》(吴绍伯作)、光绪二十八年(1902)《新测考订四川成都省城内外街道全图》(傅崇榘作)、光绪二十九年(1903)《四川省城街道图》(吕兰作)之外,民国成立以后,大型城图的编制,几乎再无民间私创。如民国三年

① [日]小岛泰雄:《成都地图近代化的展开》,钟翀译,孙逊、陈恒主编:《都市文化研究:城市史与城市研究》,上海三联书店2015年版,第158页。

② 汪前进:《地图在中国古籍中的分布及其社会功能》,《中国科技史料》1998年第3期,第1—20页。

③ 郑贤书等修,张森楷纂:民国《新修合川县志》卷首《测绘条例》,民国十年(1921)刻本,国家图书馆藏,页1a—1b。

(1914)《成都》,民国二十二年(1933)《成都街市图》,民国二十六年(1937)《成都街市图》,民国三十一年(1942)《成都市区图》等①,分别由四川陆军测量局、四川省陆地测量局、成都防空指挥部、市政府地政科等国民政府军政机构负责绘制。近代成都城市地图的功用——"量变而质不变"——同样是为了辅助政府官员了解城市传统与新兴事物,实现官府对地方有效地了解和掌控。近代城市地图学习西法制作比例尺、采用经纬度、使用三角测量法的最终目的,还是为了满足治理地方的需要。可以说,抛开笼罩于城市地图内容之上的技术"迷雾",其功用的本质与传统城池图一样,同样是政教大于民用。需要注意的是,近代城市地图虽然政治属性大于民用属性,但毕竟"时移势变",普通民众还是有机会接触、购买、览阅和使用城市地图,官方不再独享城市地图地理要素的编绘特权。尤其是在清末城乡地方自治的背景下,大批乡村士绅子弟进入城市,他们之中不乏毕业于新式测绘学堂之人。加之商业化、城市化、近代化等一系列变化,使得城市治理权力被不同群体分享,政府不得不仰赖地方精英和社团组织处理公共事务。②由此,国家与地方权威针对传统与新兴事务的权力博弈,以争夺城市地图上一个个看似不起眼的景观为表征展开。

二、"公私之争":近代成都城市地图上的权力展演

近代成都城市地图空间资源,从新旧角度来看,比较容易区分:既包括城市公园、广场、警署、邮局、工厂、监狱、教堂、医院、新式学校等新兴社会空间,还覆盖了官署、粮仓、宫观、祠堂、城墙、水井、耕田、坟地等旧有景观资源;若将空间资源"资产化",从公有与私有角度分析,则问题相对复杂。以近代成都城市地图为例,至少包括了三组公私关系:公与公、私与私、公与私。

具体来说,"公"与"公"分别指旧式公家公产与新式公家公产,旧式公家公产包括了地方社会组织兴修的善堂、义庄、育婴堂、水利设施、桥梁、宫观、寺庙等;新式公家公产则有新成立的各级政府机关、学校、公园、公墓、公厕、马路等。"私"与"私"指自有私产与他有私产,如工厂、农场、商铺、小店、祠堂、庭院、堤堰、私塾、坟地、菜地等;"公"与"私"则相对容易辨别,即指公产与私产。需要指出,不少景观的公私界限其实并不分明,诸如"公中有私""私中有公"的

---

① [日]小岛泰雄:《成都地图近代化的展开》,钟翀译,孙逊、陈恒主编:《都市文化研究:城市史与城市研究》,上海三联书店 2015 年版,第 158—159 页。

② 张静:《基层政权乡村制度诸问题》,上海人民出版社 2007 年版,第 20—33 页。

情况比比皆是。如在晚清民国“庙产兴学”的背景下，很难说地方庙产是绝对的私产还是公有。所以，我们后面的讨论仅仅着眼大处，细枝末节暂且不论。[①]

（一）“公与公”之争

从宣统三年（1911）《成都街市图》到民国二十二年（1933）《成都街市图》，空间景观变化最大的要数位居地图中间的四川大学校址。自 1929 年国民政府颁布《大学组织法》以来，四川大学先后经历“三大”合并，初定皇城校本部，1938 年再迁城东南望江楼等变故，学校搬迁不止，数易校址。1929 年至 1938 年这短短十年间，成都文教中心的变迁，一定程度上代表了近代成都城市空间结构的调适与探索。这其间，四川大学与其他社会公产围绕空间资源的争夺也最为复杂，兹举一例。宣统三年，四川陆地测量总局成立，它的前身，最早可溯自光绪三十一年（1905）四川省督练公所参谋处测绘科。1909 年，测绘科筹建四川陆军测绘学堂，招收学员，于宣统三年以第一期毕业生为基础，组建四川陆地测量局。民国政府成立后，四川陆地测量局归四川省政府管辖，于 1915 年，也即在成都高等师范学校和省立法政、外国语、农业、工业等几所学校组建为川大之前，觅得成都皇城旧府试院及附近 42 亩空地，作为建局地址。[②]及至 1932 年，发展势头正盛的川大拟将“文、理、法三院合建于皇城旧址”[③]，此举势必扩张川大现有空间，而与之毗邻的四川陆地测量局被纳入其规划范畴。四川大学与四川陆地测量局同为地方公产，双方为空间资源的争夺，展开论辩。

据吴德芳呈报陆地测量总局的回电称：一方面，四川大学以“奉蒋委员长及教育部核准”为由，限期本年（1933）七月底内，收回四川陆地测量总局全部地亩、房屋，以利学校校舍改建；另一方面，测量局认为“本局仅占东南一小部分，实无碍于该大学之建筑”[④]，局内测绘、印刷等科室若腾出旧屋，新屋没有

---

① 近代成都城市地图空间景观之争，较多体现在“公与公”和“公与私”之争，下文讨论也主要由此展开。但这并非说明普通民众“私与私”之争不存在，之所以较少存于史料，一方面是近代以降，地图绘制主体仍由官方主导，民间私绘之图并不具备公信力；另一方面，也是因民间文献阙如所致。

② 四川省地方志编纂委员会编纂：《四川省志·测绘志》，成都地图出版社 1997 年版，第 416 页。

③ 鲍成志：《学校与城市：校园变迁对近代成都城市空间的影响》，《四川大学学报》（哲学社会科学版）2021 年第 1 期，第 92—102 页。

④ 吴德芳：《参谋本部陆地测量总局电　测字第一〇二一四号》（十一月十八日），《测量公报》1933 年第 47 期，第 74 页。

着落,则军政民用各图业务恐将停顿,于是复函“碍难照办”。虽然那时双方尚未有讨论结果,国民政府也无定夺之举,但四川陆地测量局却在双方胶着之时,于1933年抢先出版了《万分之一尺之成都街市图》,并有意在十分显眼的位置,将四川陆地测量局绘于四川大学东南旁。四川陆地测量局此举用意和目的十分明显,即是在城市空间的集体记忆层面,向公众昭示自己对土地的所有权。

20世纪30年代,日本加速侵华步伐,国民政府因战事迫近,对地理数据的需求也日益增大。据学者研究,仅1933年6月,“发售的地图达399张”,“《测量公报》上能检索到各地测量局有关地图发售明细的汇报百余篇”[①]。受此影响,国民政府军事委员会以“迁移烦难,贻误军图”为由,“仍准以该测量局现有之房屋地基,永作局址”。[②]其实,当川大试图扩张校舍之时,地方当局也在觊觎皇城地基。“刘湘率部入驻成都,为筹措巨额军费,督署会议商定出售皇城地基,招商改建市场,让学校另觅适当地点建筑校舍。”[③]1938年,四川地方政府还绘制了成都市中央商业区计划图,以期预估房地价值,拟在搬迁后的四川大学校址上兴建“中央市区”。[④]由此可见,地方政府、学校、机关为争夺空间资源,使出浑身解数,博弈胜者一方,旋即将既成结果绘于城图之上,不仅为公产权属合法化提供了实物图像佐证,也在集体记忆层面,形塑了一个时期地方社会各类景观资源的权力空间的基本秩序。

(二)“公与私”之争

近代成都城市转型之际,土地的公私产权属性和界限常常处于相对混沌和模糊的状态。以坟地为例,中国人向来有“事死如事生”的葬仪观,与此相对,坟地迁葬等事宜历来都是家族大事。近代成都城市的施政规划,也将“筹建公墓”纳入地政治理计划,分别在北起凤凰山,东到沙河铺、牛市口,西至洗足河、青羊宫,南到大坟堡一带建设永久公墓。但是,私葬、丛葬墓地数量仍然不少。成都西南天祥寺街道旁的丛葬坟,据市民李恐鸾称,属于他家祖遗义地。民国十六年(1927),政府征收天祥街马路修缮经费,李恐鸾以坟地靠近马

① 夏帆:《国民政府时期军用地图的使用管理》,《烟台大学学报》(哲学社会科学版)2021年第5期,第64—73页。

② 黄思基:《参谋本部陆地测量总局签呈　测总字第七一七号》,《测量公报》1936年第77期,第55页。

③ 鲍成志:《学校与城市:校园变迁对近代成都城市空间的影响》,《四川大学学报》(哲学社会科学版)2021年第1期,第92—102页。

④ 《成都市中央商业区计划图》,档案号M38-12-1158,成都市档案馆藏。

路，且自己有坟契和草房佃约，声明此地乃私人所有。经政府查验，李氏坟契于民国六年(1917)早已焚毁遗失，“抄呈佃约数纸，载明所佃草房一间，又与该处丛葬墓地不生丝毫关系”。①所以，政府以该地主权属于公地为由，收回这块无主塚地，且“标卖以作筑路经费”。李恐鸢因为没有充足的凭证证明坟产所有权，不仅要另迁佃租的草房，还要缴纳修缮马路的经费。

除坟地外，特殊时期成立的工厂，虽然由政府派人管理，但由商会自负盈亏。如民国成立后，八旗制度彻底瓦解，成都地方旗民失去了世代享有的薪俸，又缺乏谋生技能，只能被迫出卖劳动力维持生计。四川军政府解除旗人武装后，于支机石公园南侧修建“同仁工厂”，收纳旗民进厂做工，学习技术。②同仁工厂生产的毛巾、线袜、漆器产品，颇有市场。不过因当初选址遗留问题，导致“支机石公园界址至界外之房屋、地皮等公产及同仁工厂界址均未载明”。于是，政府出面会同同仁工厂管理人员与旗民生计委员会成员，共往勘测界址，并绘制地图，“竖立界石，并筑墙拦断，以清界限而免纠葛”③。

近代成都城市空间加速扩张，官与官、官与民、民与民之间围绕地权资源互动与博弈的最终结果以选择何种地理要素，或者说选择满足谁人利益的地理要素被置于地图之上得到确证。这些地理要素见证了成都城市从传统走向现代的复杂过程。经济利益的驱动、政府城区的规划、民众现实的诉求等，都是城市治理者必然考量的重要因素。换言之，制图机构将一个个新旧地理要素绘于城市图之上，即是对各方博弈结果的“官方裁夺”。如同明清时期强宗大族在地方志中导入私家历史一样④，城市地图亦有同等效果。因而制图者往往一身兼二职，既是治理者，又是绘图者，目的之一就是确保城市景观公私权属的公信力。那么具体来说，“制图技”与“治理术”间关系又如何？

三、“制图技”与“治理术”：近代成都城市地图与治理关系

传统中国行政系统之中，文字与图像几乎同等重要。汪前进爬罗剔抉中国古籍中的各类地图，总结出地图不外乎具有“以知官守、以严大防、以察地

① 黄隐：《批李恐鸢为祖遗义地早经豁免路费再恳明令给示保护一案文》(一月四日)，《成都市市政公报》1930年第16期，第1页。

② 李映涛：《辛亥革命与成都旗人社会生活变迁研究》，《中华文化论坛》2012年第6期，第28—33页。

③ 黄隐：《指令财政、工务局局长张民岩、刘荫浓会呈遵令勘明支机石公园同仁工厂界线一案文》(十二月二十三日)，《成都市市政公报》1929年第15期，第27—28页。

④ 李晓方：《地方县志的族谱化：以明清瑞金县志为考察中心》，《史林》2013年第5期，第18—88页。

势、以别水道"①等社会功能。如前所述,古代方志城池图与近代绘制的城市图,二者在功用的本质上,都是为官署人员治理服务的。②近代成都城市地图绘制转型已有不少论著进行了翔实的讨论,然而"制图技"的转型如何辅助"治理术"的提升,"治理术"的理念又如何通过地图测绘和使用等方式表现出来,这些问题,本节将尝试进行一一阐发。

过去,人们常常把土地与人口视作统治者治理的主要对象,但是,领土与人民包含着太多具象的社会现实,国家治理必然要借助特定手段将复杂问题简化为可理解的分析数据,以便于直观分析和研判处理。法国哲学家福柯在关于国家与治理的思考中提出,近代国家治理重点不再只是人民与领土本身,还包括人与人的关系(社会安定),人与物的关系(资源财富),领土的特征(气候、灌溉、土壤、林业等),人的行为(习俗、习惯、思考和行动方式),人与事件的关系(瘟疫、战争、灾害、疾病、死亡)等"信息"。③换言之,传统帝国的治理目标是追求个体的绝对服从与群体秩序的相对安定,而近代政府虽然目标理想与过去一致,但处理的对象更为复杂。绘制地图凸显了"国家将具体社会事实抽象为数字与图表,并以此为依据想象和治理社会的实践④"。近代政府往往根据图表数据反馈的信息,主动干预超出(低于)正常标准的偏离值,使偏离的数值回归预期轨道,从而实现社会整体上的稳定。传统中国走向近代之初,政府治理工作还远未能达到依据平均值处理异常值的条件,更多的时间花在平均值的整合、计算、编绘和重组之中。

我们以"制图技"为例。南京国民政府成立后,旋即推进北洋政府时期计划的"十年迅速测量",要求各省绘制全国各比例尺地形图。1930 年,国民政府参谋部又制定了"全国陆地测量计划"⑤,进一步加速全国各省区县地图的测绘进度。成都市积极推进市内各辖区县地图测绘,在 1932 年,以谕令形式,下发了各县、市街道等地图采用的比例尺大小、图例、距离、界属、飞地、场市、河流、道路等具体内容。其中,全县地图"采用比例尺二万五千分之一",市街

---

① 汪前进:《地图在中国古籍中的分布及其社会功能》,《中国科技史料》1998 年第 3 期,第 1—20 页。

② 罗宝川:《清代云南方志舆图之于乡村社会治理有效性考论》,《农业考古》2021 年第 4 期,第 95—104 页。

③ Foucault Michel, *The Foucault Effect: Studies in Governmentality*, Chicago: University of Chicago Press, 1991, p.93.

④ 杜月:《制图术:国家治理研究的一个新视角》,《社会学研究》2017 年第 5 期,第 192—217 页。

⑤ 国民政府参谋部:《关于全国陆地测量计划》,《中央党务月刊》1930 年第 18 期。

图“采用比例尺五千分之一”。考虑到“各县标准符号纷歧”，于是又出台了简例十条，要求各单位“俾资绘制而规划”。①到1941年，抗战形势胶着，成都作为西南大后方的重要城市，城市规划与建设亟待重新规划与布局。原属成都旧皇城城墙的斜坡土地，一直荒废，无人利用。一些市民呈请租用，“种植军需用品，以利抗战”。市政府测量城墙斜坡土地，勘查计测“城垣全长共一万一千四百公尺，可利用种植者十二段，全部面积共二百六十亩，斜坡面积为一百零三亩”，于是绘制“千分之一地图廿二张”。②除此之外，市政府清理辖境公、学产业，记录其土地面积、房屋间数以及租佃手续。划归“租与民间使用之房地，市属各机关占用之房地，非市属机关使用之市有之房地，市民共用之池塘，本府代管之营产，城濠及城墙斜坡土地，为人用占之隐匿公地”等为公产范围，“西城小学及陕西镇君平街同善堂之田产，市立各学校之校址记及其旧日所营有之铺房”为学产。成都市土地测量队使用三角测量法，按照“地籍测量、户地清丈、求积制图、户地调查”③的程序，编厘公学产图册一各二份，其一呈省，其一存府，编制调查登记及地籍图册，以资管理。近代成都城市治理除了重视地籍地产之外，人口户籍变化亦是政府关注重点。在宣统三年(1911)所绘的《四川全省府厅州县调查户口划分区域图》，是清末预备立宪背景下手绘的孤本地图集。该图之中的《成都府双流县调查户口划分区域图》涵盖了双流县五大区及其周边地区。④图中以蓝色、黑色实线表示交通干道和河流，以晕滃法绘出山脉，以单实线标识界线。全图以空间的统计学描述和分析，交代了双流县的分区和人口范围。行政区划的重新分区意味着对该区域原有的传统和自成一体的习惯的继承或破除。如果新分之区基本上覆盖了原有范围，那么这幅户口划分区域图就仅仅满足了“客观记录”的作用；如果重新规划双流县的行政区划，那么这一举动将深刻影响辖境内人群的区域认同、风俗习惯，进而带来一系列复杂的历史与现实问题。

城市空间的规划与治理问题，不只是政府单方面努力的结果，城市市民对空间也具有能动干预作用。如成都明远街街名由来，即由商户主动呈请政府

---

① 李景骅：《谕令：成都县县政府训令：令公安局、建设局、教育局：奉驻署抄发驻区各县测绘地图简例饬公安建设教育三局遵照文》，《成都县政公报》1932年第8期，第2—3页。

②③ 《成都市政府施政概况报告书：(五)地政》，《成都市政府月刊》1941年第1卷第5期，第21—24页。

④ 李勇先主编：《双流古旧地图集》，成都地图出版社2021年版，第105页。

注册编户得来。成都原皇城坝明远楼下空地，为政府开辟作为市场招商之用。经过经营，附近云集了百胜商店、章粤川号、明明商店、晴记商店、镶牙馆、益众书店等众多商铺。但是商铺汇聚形成的无名街道既难以辨识，又乏管理，于私于公多有不便。于是商户们集体致函市政府命名此商地名为明远路，并附送《明远路图说》两张，“以便饬局编户而易稽核适准”①。又如长发街马路年久失修，水道淤塞，导致道路污烂不堪。该街士绅自发筹资五十万元材料费，报请市政府辅助修筑马路。②政府派遣专员丈量路面面积，并参照前土地整理处所测图籍为标准，按户头平均摊分长度。③

当近代城市地图的功用突破了古代城池图宣示政教，满足帝国对地方政权的一统想象时，地图的绘制将从意象性、写意性的王朝氛围营造，一变为依托专业知识和团队的“技术革命”。尤其是在地图测绘知识下沉到地方精英和老百姓手中时，地图测量、编绘、刊印、出版管理的权力不再被官方独享。当地理空间知识的生产不再被单方面垄断时，政府治理能力将随着城市空间不断扩张与人群加速流动受到更大的挑战。相较于西方，近代中国新绘地图参与政府治理的谱系和限度还尚未被有效梳理，成都虽然偏处西南内地，但地图测绘介入城市日常管理已初现端倪。

四、结　语

近代成都城市地图的绘制如同同一时期其他同类城市图一样，绘制技术愈趋“科学”，呈现内容更加“客观”。但是，地图的知识性更新是否带来了地图功用的观念性改变，回答这一问题，可能才是摆脱“看图说话”的认知局限，从整体观照地图知识维度之外社会关联的有效路径。基于不少学者的研究，以西洋之法测绘的中国地图，一方面，受传统知识体系的影响，内容的客观并未引起观念的改变；另一方面，接受西法的中国绘制群体，“图之为用”的传统理念与方志城图“以图治民”的原则不谋而合。④地图被赋予的“知识—权力”，逐

① 罗泽洲：《覆成都师范大学准将皇城坝新辟各街命名为明远街，并连同来图令公行安局遵照一案文》（一月十一日），《成都市市政公报》1929 年第 4 期，第 4 页。

② 《成都市第六区区公所关于征工修街致成都市政府的呈》，档案号 M0002-1-13，成都市档案馆藏。

③ 《成都市第一期筑路计划实施进行程序》，M0002-1-10，成都市档案馆藏。

④ 王庸：《中国古代地图及其在军政上的功用》，《中国地图史纲》，生活·读书·新知三联书店 1958 年版；廖寅、杜洋洋：《走向细化：宋代的乡村组织与乡村治理》，《清华大学学报》（哲学社会科学版）2021 年第 3 期，第 13—24 页。

渐随着王朝国家的瓦解和民主共和观念的深入而下沉到民间大众心中，成为政府与百姓博弈的“技术支撑”和“实物载体”。

近代成都城市治理与地图测绘虽然还未有机整合，但诸多问题的解决仰赖地理信息的测绘、编制和使用。制图者的身份与地图的知识生产过程间接影响权力话语与国家治理的内在机制。新绘地图虽远未达到覆盖辖境全部水文、土地、城区、户籍、物产等信息的效力，但基于可视化技术绘制的地图毕竟从视觉层面形塑着读图者的空间想象和地方认同，并且这种认知并非官方独享。当官与民共同参与空间想象的编制、营建、重塑之后，异质、碎片的地理信息将从模糊的主观感受上升为清晰、明了的集体记忆，伴随新图的印制，一一化身成为客观性与权威性的象征物。但是，当一座城市改造节奏加快，新旧地理景观在短时间内“物非人是”，地图绘制的权威性是否会大打折扣；此外，“地图权威”也会掩盖城市治理中隐藏于地图之外的社会矛盾。制图者在将地理空间、人口户籍等信息提炼和图表化的同时，忽略了现实中那些不易为数据承载而实实在在存在的复杂问题，这样又是否会消解地图之于城市治理的可行性与有效性。这些问题，还需要进一步的思考与探究。

Mapping and Governing People: A Study on the Relationship between Function, Power and Governance of Modern Chengdu City Map

Abstract: Urban transformation is often involved in the internal adjustment and redistribution of regional spatial resources. Since modern times, with the introduction of western geo-mapping knowledge, the main function of Chengdu city map has changed from the symbolic symbol of "unity" to the "technical tool" for government to govern the society. At the same time, the rise of the civic class has disrupted the past of one-way official map-making. Local people share the discourse power behind the map symbol system with the official, which increases the difficulty of the government's grass-roots governance. The government and the people are interacting and gaming openly or secretly on the limited urban space resources around the administrative measures such as land survey, land right division and household registration reorganization. Studying on the historical relationship between the "cartography technology" of modern Chengdu city map and the "governance technology" of local government can not only deepen the understanding of the trend and process of modern Chengdu city transformation, but also provide a new perspective to re-understand the mechanism and logic of modern national urban governance.

Key words: Modern Chengdu; City Map; Function; Power; Governance

作者简介:罗宝川,四川师范大学巴蜀文化研究中心助理研究员。

“新生代”大陆女性导演感觉结构研究
——以《过春天》《送我上青云》《春潮》为例

晏舒曼

摘　要:作为英国早期新左派的关键人物,雷蒙·威廉斯开启了一种全新的文化分析的范式,“感觉结构”是威廉斯从文学研究所中提出的术语,进而运用到文化研究领域。女权运动的重新实践中一种尚未定型、充满变化与紧张的社会经验正在形成,“新生代”大陆女性导演的电影文本敏锐描绘了当前时代女性的真实处境与生命经验,这些电影在与时代症候互动中成为一种可以被感知到的经验的共同体,呈现这个时代女性群体的感觉结构。

关键词:感觉结构　多元化女性关系　主体叙事　女性叙述者

一

雷蒙·威廉斯(Raymond Henry Williams)是英国早期新左派的关键人物,学术写作生涯从二战后一直持续到20世纪80年代,一般认为,威廉斯的观点前期受到两个来源的影响:以精英文化为核心的利维斯主义与在战后英国作为主流的庸俗的、僵化的马克思主义。对此,威廉斯审慎地同两者均保持距离。在当时这两种颇具影响的观点之外,尤其是在威廉斯早期的代表性作品《文化与社会》与《漫长的革命》中,威廉斯构建了一种以文化为核心讨论对象的理论,认为文化是“整体的生活方式”,而非对于经济基础的僵化反映,并提出基于大众的具体经验的“感觉结构”。“感觉结构”(the structure of feeling)是威廉斯文化唯物主义理论中的一个关键概念,它与“经验”密切关联,“感觉结构”这一术语的提出早于“文化唯物主义”(cultural materialism)。

同时,他对于“文化”观念的理解经历了前后两个时期的变迁,在变化过程中,“感觉结构”的具体词义指向也发生了一定的位移,并最终在70年代的《马克思主义与文学》中形成相对系统但并不封闭的理论话语。

作为一个单独提出的术语,“感觉结构”最早出现在威廉斯与剑桥大学教授奥洛姆合著的作品《电影序言》(*Preface to Film*, 1954)中①,在这篇文章中,威廉斯主要将电影视作“是一种产生于总体的戏剧传统之中的特殊媒介②”。关于“感觉结构”的提出则在于探讨被视为戏剧的特殊形式的电影如何形成其情感自律。威廉斯认为,“原则上,任何时期的戏剧传统都从根本上与该时期的情感结构相关联。……现在我们普遍认为,一个社群在某个固定时期所留下的一切作品,在本质上都是相互关联的,即使在具体的实践与细节中,这些关联往往不太容易察觉。……在对于某个时期的研究中,我们能够以一定程度上的准确性,重构当时的物质生活状况和社会结构,并且在很大程度上,重构当时的主流观念。……我们把每个元素作为沉淀物去研究,而在生活中,每个元素都在溶液之中不断地变化,都是一个整体之中不可分离的一部分”。③在这个时期威廉斯将“感觉结构”形容为一种沉淀物,并最终在70年代写作的《马克思主义与文学》中,将“感觉结构”定义为一种溶解状态的社会经验,与大部分艺术所关联的已经存在的明显的社会形构不同,关联的是正在浮现的社会形构。

在《漫长的革命》中,威廉斯侧重讨论“感觉结构”与“文化”之间的密切关系,强调的是作为一代人的所共同分享的特殊经验的一般性特征与不证自明的部分:“因为在这里我们发现了一种特殊的生活感觉,一种无需表达的特殊的共同经验,正是通过它们,我们的生活方式的那些特征(它们可以通过外部分析来描述),才能以某种方式传承下来,并被赋予了一种独特的色彩。”④他再次提到了将其当作一种“沉淀物”来认识,但“在它那个时代的活生生的经验中,每种要素都是溶解度,是一个复杂整体的不可分割的部分”。对于威廉斯而言,最重要和最难以把握的部分正是和特定的、活生生的经验紧密相连的部分,凭借特定的感觉方式,可以在一定程度上修复某种生活状态的轮廓,但仍

---

① 李三达:《文化平等的歧路——威廉斯、朗西埃与审美现代性》,《文艺研究》2019年第3期,第26—36页。

②③ 雷蒙·威廉斯:《电影序言》,刘思宇译,《北京电影学院学报》2018年第1期,第123—127页。

④ 雷蒙·威廉斯:《漫长的革命》,倪伟译,上海人民出版社2013年版,第56页。

然是抽象的。威廉斯认为在某一时期的艺术中最能够清晰看到其中的联系，它“正如‘结构’这个词所暗示的，它稳固而明确，但它是在我们活动中最细微也是最难触摸到的部分发挥作用的”。在某种意义上，这种感觉结构是一个时代的文化：它是在一般性组织中所有因素带来的特殊的、活的结果。在一个时代的艺术中，实际生活的感觉和使得个体沟通得以可能的共同性，以一种自然的方式被汲取，这种基于经验的但又具有稳定性的感知方式能够在时代与社会的变化中形成一个有机体，在保持连续性的同时，新的一代以全新的方式对生活作出反应。往往被认为是私人的、孤立的“经验”，由于得到了“感觉结构”的整合与抽象，可以被分类、被建构到传统（traditions），习俗机构（institutions），在形构（formations）中被识别出来，成为社会主导文化的一部分，但与此同时，一种新兴的感觉结构又在具体的、在场的社会情景中生成。“感觉结构”这个矛盾的术语极好地显现了这种不断生成的变动的关系，基于个体的“经验”也因此具有整体性和连结性。

“而在《马克思主义与文学》中，‘感觉结构’一词则带有了更多的对抗性意味。”[①]为了抵抗经济决定论对马克思主义文化理论的影响，威廉斯以一种不同的分析模式取代“经济基础与上层建筑”的经典模式。这种将客观现实与人的生产活动割裂，并且最终使一个客观结构凌驾于人的创造活动之上的做法，并非是人通过生产活动创造了自己的生活，人的能动性始终居于从属地位。在《马克思主义与文学》中，威廉斯选择“文化”这一英国传统文学批评中的重要概念作为起点与马克思主义相结合，既是出于他此前一以贯之的研究立场，并且在他看来，文化是一种特殊的物质存在，它既具有具体的物质形态从而能够被生产，同时又作为实践意识参与到社会诸领域的生产活动中。威廉斯进一步将“文化”分为“主导的”“新兴的”与“残余的”，学者李永新认为，“在有效拆解文化总体性的同时，强调主导文化内部存在的‘选择性’传统以及新兴文化与残余文化所具有的替代性价值。文化唯物主义在充分说明主导文化的复杂构成的同时，也强调被主导文化遮蔽的新兴文化与残余文化能够对其产生颠覆性作用”。[②]

在 2017 年，由于美国制作人韦恩斯坦性侵、性骚扰多名女星丑闻而发起的“Metoo”运动，旨在鼓励在权力关系中处于弱势（大部分情况是女性）的一方

---

① 殷曼楟：《雷蒙·威廉斯“感觉结构”概念评析》，《山东社会科学》2013 年第 6 期。
② 李永新：《文化唯物主义的建设性后现代向度》，《南京社会科学》2020 年第 10 期。

在社交媒体上为自己发声，起到对帮助性侵受害者去污名化和自我和解的作用，除此之外，Metoo运动带来的是新一轮女权运动的热潮，特别是在影视行业，长期以来居于次要地位和被凝视位置的女性从业者不断发出自己的声音，并得到学界和舆论的重视。女性主义电影作品与实践达到20世纪70年代以来新的高峰，在国际影坛，剧情片有《三块广告牌》《燃烧女子的肖像》《宠儿》《82年生的金智英》《热带雨》等，纪录片（包括传记片）有《黑箱：日本之耻》《月事革命》《剩女》等，华语电影则有《嘉年华》《血观音》《金都》《柔情史》等多部女性主义电影作品。从社会运动到电影文本，这些基于女性生命经验的事件形成了文本间的互文性。从2018年到2020年，《过春天》(2018)、《送我上青云》(2019)、《春潮》(2020)依次或是在院线或是在网络平台上映，这三部作品统一既是出自女性电影人之手，亦有着山一国际女性电影展[①]的参展经历，最为重要的是它们共同关注到了女性独有的生命经验，强调女性作为主体，而非社会规训后的"第二性"的存在。

二

《过春天》是导演白雪的首部作品，讲述了往返于深圳和香港的单亲家庭少女佩佩，利用自己的独特身份冒险做水客的故事；《送我上青云》是导演滕丛丛首部独立执导作品，讲述了记者盛男为了筹措手术费被迫接下自己鄙夷的工作、回到早已逃离的原生家庭的故事；《春潮》是导演杨荔钠执导的《春梦》(2013)、《春潮》(2019)、《妈妈！》(2022)（原片名《春歌》）三部曲的作品之一，讲述了报社记者郭建波、社区主任郭母纪明岚和小学生郭女郭婉婷，祖孙三代人同住一个屋檐下，被亲情捆绑在一起的故事。

在这三个由女性导演执导、女性作为叙事主体的故事中，父亲都是缺席的：佩佩的父亲在香港有了新的家庭，佩佩透过餐厅的玻璃窗看到父亲假装没有看到自己，全身心投入和新的家庭成员的互动中；盛男的父亲出轨，母亲却软弱接受，盛男对此哀其不幸，怒其不争；郭建波的父亲则是一个罗生门，60年代母亲举报父亲性侵陌生女性，父亲精神失常早早去世，为了报复母亲的强势与不近人情，郭建波未婚先育生下郭婉婷。缺席的父亲因为早早的离场反

---

① 山一国际女性电影展是国家电影局批复的国际女性电影展。它是亚洲规格最高、中国唯一官方女性电影节。"山一"取自东方传统文化中"一山一世界"的自在，意为倡导女性去独立追求自我价值，人类命运共同体和谐共生。影展宗旨为：彰显女性力量。

而给女儿留下了遥远、模糊但温暖的记忆，朝夕相处的母女因为日常生活的琐碎矛盾不断，同时母亲作为镜像为女儿呈现出一个完整的、充满想要超越的象征意义的女性形象，女儿在成长的过程中竭尽全力想要走向母亲的反面，却发现自己最初只是想得到母亲的全部关注与认同，并最终达成自我与母亲的和解。

按照社会主流的道德观念来看，三部作品中的母亲都是“不称职的”。但如同“女性”具有由社会观念所建构的“第二性”的属性，“母职”同样存在社会对于女性个体的规训，传统社会中母亲是以家庭为生产生活唯一中心的活动空间，并且伴随着独自在公开场合露面的禁忌，但随着中国社会现代化进程的推进，以家庭为单位精耕细作、男耕女织的小农经济生产方式破灭，人们离开土地，涌入城市，女性也逐渐获得和男性一样的工作机会的可能性，而在新中国成立后“时代不同了，男女都一样”“妇女能顶半边天”的主流叙事中，对女性提出了作为家庭妇女(母亲)和作为社会人的双重要求。学者戴锦华将其表述为一种“花木兰式的困境”①：在强有力推动男女社会地位平等时男性规范成为唯一的规范，女性面临着“要和男性一样”和“怎么像个男人”的身份认同悖论，“成为男性”变成现代女性所面临的新的压抑。

随着市场经济的发展，曾经一度被个人、国家与社会共同承担的家庭劳动(以国营工厂为代表的食堂、育儿所、公共澡堂与学校等一系列相关配套设施)变成细分的、可以购买的劳动力，而在月嫂、家政工成为职业工作，没有能力购买相关劳动同时在传统“男主外，女主内”的家庭模式与社会风俗的要求下，女性在承担与男性同等的工作义务的同时，又要花费大量时间与精力在家务劳动上，并额外承担生育的风险与因为生育而带来职业上升空间狭窄的不公，曾经作为独立个体的社会人身份让渡给母亲的身份，身份焦虑由此产生，既产生于作为需要兼顾社会人的工作责任与母职的双重压力，亦产生于母职被默认的优先性，而失去对自我的掌控与认同。同时在当下社会中，这种焦虑更多出现在受过高等教育、具有一定社会地位的中产阶级的女性身上，底层女性的首要焦虑绝大多数时候仍然是生存压力。

三部电影中的母亲各有各的“不称职”，这种“不称职”往往体现在她们更忠实于自己的内心情感与欲望，而非为子女牺牲自己的全部：《过春天》中的母

① 戴锦华：《现代女性面临着花木兰的处境》，《中国广播影视》2000 年第 1 期。

亲是迷糊、天真的，和香港人未婚生下女儿佩佩，凭借自己的美貌在家中办棋牌室靠赌资养活二人，并在经历伴侣的背叛后仍然“无可救药”地相信爱情。少女佩佩对母亲掺杂了心疼与愤怒的复杂情绪，为了完成和闺蜜圣诞节去日本的约定，佩佩在偶然帮助了闺蜜的男友阿豪之后开始利用自己每日在深圳—香港之间往返的身份，开启充满冒险的水客之路，并结识了由花姐领导的小型走私团体。这一切母亲毫不知情，其间母亲遇到了新的男性，沉浸在对方和自己与佩佩移民西班牙的幻梦里，并最终被骗了一笔钱。佩佩用暴力赶跑对方保护母亲，钱却没能要回来；花姐的走私团体被抓捕，佩佩也在现场一并被抓，没能去日本过圣诞节的佩佩带着母亲来到香港爬山，细心照顾穿着裙装和高跟鞋的、第一次来到香港的母亲，在母亲感叹“香港原来是这样的”的话语中正视了自己对母亲的爱与保护欲，而母亲在对美好生活的向往与描摹中从来都有自己的位置。

《送我上青云》中的女儿从一出生起就被迫处于家人对于她不是男孩的失望中，“盛男”是她的名字和要强的写照，因为不愿意面对被出轨但又不愿离婚的母亲，早早通过读书离开了自己的原生家庭，在毕业后成为了调查记者，并完成了博士学业。但这样才智过人的她因为不愿向新闻业界的金钱交易低头和待人接物时的孤傲逐渐被边缘化，濒临失业时查出卵巢癌亟须手术，被迫接受给某暴发户的父亲写回忆录的工作，并回到了自己家乡小城。大龄未婚的她被母亲不断数落与嫌弃，并因为母亲和自己的工作采访对象之间突然产生的激情疲惫不堪。在采访对方的葬礼上，她看到了母亲长期以来独自一人生活的孤寂与随着年老体弱而产生的对病痛和死亡的恐惧，母亲也履行了自己作为家人的职责，护送盛男进病房进行卵巢的摘除手术，母女达成和解。

《春潮》中的郭建波未婚生育，被母亲认为没有“做母亲的资格”，而被抢去照顾女儿郭婉婷的权利，又因为“寄居”在母亲的房子里处处被强势的母亲打压；但正因如此，由外婆带大的郭婉婷反而和她建构了更为平等、亲密的关系，母女二人在外婆面前同样缺少话语权，仿佛是一对年龄差距很大的姐妹面对共同的母亲；在郭建波心中对强势的母亲始终有所纠结和怨恨，一方面因为母亲的举报自己失去了童年记忆中待自己亲切、温暖的父亲，她通过阅读父亲留下的书籍和日记长大，对于过早缺席的父亲有强烈的精神依恋，甚至怀疑母亲举报行为的正当性；一方面母亲的强势、不近人情又让她充满了想要获得母亲认同的渴望，并因为太过渴望母亲的关注而故意走向母亲的反面，做一切会激怒母亲的事。直到母亲因病昏迷不醒，才敢进行长达 8 分钟的独白式控诉，病床前并非是“女儿”原谅了“母亲”，而是承认了母亲作为女性知青为了返回城市嫁给自己不爱的人，并面对丈夫性侵了其他女性的罗生门，她必须不断通过对不在场的丈夫的打压与鄙夷，而获得自己继续生活下去的勇气的生命经历。

三部影片中的母女关系都是女儿通过走向母亲的反面而完成对自我主体的建构，但源头依然是对获得母亲正面关注的渴望，并往往由于女儿的早熟而获得和母亲更为平等的位置关系，共同面对与经历生活的挑战，女性个体基于殊途同归的生命体验而达成了短暂的理解与同盟。这种同盟在《过春天》与《送我上青云》中更为明显，在《春潮》中，在这个没有丈夫也没有父亲的家庭空间里，母亲(外婆)成为了压迫与被反抗的对象，只有在母亲失去语言能力的病床前，郭建波才能够和她达成和解。这种同为“不称职”的母亲和早熟、叛逆的女儿之间从冲突到和解的叙事，因为对女性个体真实处境的描写，形成了既是母女、仇敌、对手、朋友、同盟，又是想要保护、想要超越的生命对象等一系列多元化的女性关系，多元关系既可以同时存在于两个不同代际的女性个体之间，也随着事件的发生而充满了变动。同时在传统的家庭叙事模式中，这种复杂多元的代际关系与和解往往出现在父子关系中，父亲才是那个子辈想要超越又渴望认同的对象，影片中母亲们没有也无需替代父亲的位置，而是作为独立的个体与处于平等位置的独立的个体建立起真实的联系。

三

女性主义学者劳拉·穆维尔在《视觉快感与叙事性电影》中指出电影所提供的快感首先是一种观看癖，看与被看都提供了快感，但在“依照性差异安排的世界中，观看分裂为主动的男性的‘看’和女性的‘被看’……被展示的女人在两个层次发生作用，一是充当银幕故事中的情欲对象，二是成为影院中观众的情欲对象”①。在女性主义电影中这种女性居于男性欲望投射的客体位置往往被打破，有关“女性欲望”的叙事是往往被采用的策略，在 90 年代“身体写作”的文学作品和《立春》《观音山》等电影作品中早已有所实践。随着女性主义电影实践的发展，“看”与“被看”在情欲中的位置关系出现了彻底的倒置。

---

① 李恒基、杨远婴:《外国电影理论文选》，生活·读书·新知三联书店 2006 年版，第 637—652 页。

在《送我上青云》中，对于盛男而言性冲动是和饮食睡眠一样的正常生理需求，因为手术需要摘除卵巢，她计划在手术前满足自己的欲望，主动向有好感的异性刘光明和好友四毛要求发生身体关系，两次都遭到拒绝，女性正视并满足自己身体欲望的行为在两个男性角色看来是匪夷所思且行为不检点的，女性在两性关系中“应当”处于被挑选、被追逐、承受男性欲望的一方，同时因为盛男对四毛工作内容的鄙夷，四毛被激怒，报复性和盛男发生关系，盛男经历了从短暂惊慌到主动要求的转变，并在两人结束后通过自慰达到了自己的欲望的满足和心里的平静，男性沦落为连工具都称不上的客体，成为被消解一切主观能动性、彻底虚化的背景板。

在《春潮》中，郭建波对异性的追求来自对母亲的追寻，在母亲的病床前与母亲和解之前，不论是未婚生育还是不断和母亲看不上的异性保持肉体关系都是处于对母亲的在生活中处处强势、咄咄逼人的报复，面对母亲满意的准女婿候选人时，故意用直白的与性相关的言辞将其吓跑，最终郭建波放下心结真正投入到自身欲望的满足时，她的性伴侣是在按摩店偶遇的，从台湾来的年轻盲人按摩师，直到与母亲和解后，她才能够将自己投入其中，享受两人的关系。盲人身份的设置使他物理意义上无法“看”，同时在浴室的段落中，“水”的意象出现，遮蔽了两人的身体，也阻断了观众的视线，最终以一种超现实的状态弥漫了所有出现过的场景，淹没了一切，观众所看的，不再是具有实体影像的女性角色，而是一种具有抽象、诗意特质的潮水。

“漫游者”出现于19世纪末到20世纪初，是本雅明在研究波德莱尔的诗歌时所提出的一个与现代性密切相关的概念，游荡这种属于19世纪巴黎中上层社会男子的活动逐渐成为一种现代性经验与都市生活方式，“本雅明则认为都市漫游者身处于现代化的快速发展中，既震惊又陶醉”①，但这种基于漫无目的、随机行走而产生的“震惊”经验却独属于男性，同时代的属于女性的公共空间并非都市街道，而是百货公司柜台前，“消费者”往往被再现为一个女性的形象，女性被描述为一个非理性的、屈从于自己身体欲望的购物机器；同时处于“被观看”位置的衣着时髦、风趣迷人的都市女性既是商品的消费者，亦是百货公司所展示的商品的一部分，“女人的客体化，她们对拜物、展示、盈亏、剩余

① 姚梦瑄：《近年来中国大陆电影中的女性漫游叙述——以〈过春天〉〈柔情史〉〈送我上青云〉为例》，《美与时代(下)》2021年第3期。

价值生产的易感性，都让她们与商品形态相似”。[1]站在街道上漫游的女性被视为妓女或是为生计奔波的不幸的人，前者更是成为女性商品化的典型象征。

《过春天》中，每日往返于深圳—香港双城的少女佩佩拥有天然的“游荡者”的身份，同时她有效利用自己身份的特殊性，成为了一名成功走私的水客。佩佩的生活中充满了流动性、震荡、异质性等现代性体验，作为香港“单非”家庭出身的少女，佩佩尽管在香港念书，但从未真正融入本地学生的群体，即使有闺蜜 Joe 的陪伴，在两个关系中佩佩也是处于保守、被动的位置，生活中新奇体验往往是在 Joe 的引领下进行的，直到佩佩偶然帮助 Joe 的男友阿豪运了一台 iPhone 手机到深圳，开启了与之前截然不同的冒险生活。佩佩的水客生活一帆风顺，她因此获得了金钱报酬和来自走私团体的领导者花姐示意下的认同，甚至隐隐有顶替阿豪在团体中的位置的趋势，花姐早就看出阿豪不满足于为自己打工拿小头的想法，佩佩的到来既成为她新的得力手下，又可以成为掣肘阿豪的条件，阿豪对佩佩既有出于关心的保护欲，同时也嫉妒她的“事业”顺风顺水；而事情的过于顺利，则让佩佩产生了对于花姐、阿豪所在的走私团体的归属感和自己能够挣够去日本的旅费后全身而退的错觉。漫游与冒险构成了佩佩青春期的日常生活细节，在此过程中，佩佩走出原生家庭的失落、校园生活的孤独，在都市的游荡中建构起自我身份认同。

而在《送我上青云》和《春潮》中，女性主人公的社会身份都是记者，记者的工作要求带来了游荡在不同地方的可能性，两部影片中有许多人物乘坐公共交通的描绘，公交、城际大巴、酒店、社区、报社等公共空间发生的事件意味着导演将故事从私人领域引入公共领域的意图，主人公的孤立的个体经验与社会群体共同经历的公共事件联系在了一起。采访任务让盛男来到了南方的山林，和城市截然不同的异质空间，在山林旷野间，盛男在一系列陌生体验的刺激下看到了母亲和自己相同的孤独和恐惧，这成为她理解母亲并与其达成和解的契机。

此外盛男的经济紧张与她作为记者的对于真相的执着追求密切相关，作为下属的她“不配合”领导安排的交易而不断被边缘化，而在公共汽车上她对陌生乘客小心财物的提醒让她在广场上遭到了小偷暴力的报复，而围观群众无人劝阻。记者的身份让她获得了往返于不同地方的自由，同时传统观点中这份更适合男性的工作让她因为自己的性别身份不断遭到质疑与污名化，而

① 芮塔·菲尔斯基:《现代性的性别》，陈琳、但汉松译，南京大学出版社 2020 年版，第 87 页。

身为女性的事实让她在面对小偷的暴力时既愤怒又无助，而在面对自己抱有好感的异性时则遵循社会的规训，通过主动隐瞒自己的学历而试图拉近与对方的距离——这并非盛男一个人的遭遇，而是当前社会整个女性群体会被迫面临的选择。

在《春潮》中，郭建波作为记者直接报道了社区小学的性侵案，并因此和作为社区主任的母亲不断发生摩擦，同时作为"70后"的郭建波和作为"50后"纪明岚在对于"祖国母亲"的态度上截然不同，并通过纠结、复杂、痛苦的母女关系作为个人与国家关系的隐喻。纪明岚面对"城市日报"的采访熟练说出赞颂当前生活"日子越来越红火""心怀感恩，忆苦思甜"的系列术话，而母亲早年大义灭亲举报丈夫的行为更是郭建波长年痛苦的根源：记忆中温暖、友善、慈爱的父亲与母亲口中禽兽不如的男人在形象上有彻底的断裂，无法调和。同时举报了丈夫性侵的纪明岚反过来指责郭建波对于校园性侵案的报道抹黑了社区和城市的形象，间接导致邻居的死亡，母亲的前后不一致的价值判断导致了母女冲突的彻底爆发，为了报复女儿，纪明岚烧掉了郭建波年轻时的日记和小说，并告诉外孙女郭婉婷曾经想要打胎的郭建波并没有作为母亲的资格，而郭建波将女儿从母亲那里接到自己的职工宿舍过夜的当晚又忍不住跑出去约会的行为又成为了自己并非合格母亲的直接证据。而在获得女儿原谅的场合，是她骑着自行车载着郭婉婷走街串巷，向女儿描述城市在自己记忆中的样子，在漫无目的的游荡中，二人重构了身为记者的母亲缺席女儿幼年成长的母女关系。

此外，郭建波两次看到了轻盈、自由、不受束缚的红衣女人的幻象，一次独自在公交车上，一次在墓地陪母亲撒邻居的骨灰。此外重复出现的两个幻象一个是象征母亲的黑山羊，暗示着在郭建波认为母亲是自己痛苦根源的加害者身份的同时，亦是婚姻关系、家庭社会生活的受害者；另一个是涌动的水，一次出现在郭建波对母亲的叛逆，通过拔掉家中水管打断母亲的合唱团排练；一次出现在浴室，阻断了观众看向角色的视线，最后出现在影片的结尾，带有超现实意味的水淹没了每一个出现过的地方，女儿郭婉婷带着朝鲜族的小女孩从大合唱的舞台上逃开，逃往开阔的、阳光普照的室外。

在三部电影中，女性成为新时代城市的"游荡者"，既非百货商场的消费者，亦非男性之间的交易对象，家庭财产的附属品，她们的"游荡"基于自身意愿，且带有随机性，塞壬女妖根本无需依靠自己的歌声诱惑水手，她们"不断观看自己自身的被观看”①，对自我的形成所依赖的外在条件和自身身处的、正在浮现的社会形构有着清醒认识。

1954年雷蒙·威廉斯将电影视为一种特殊的、产生于戏剧传统的媒介，而在当下的社会，电影也许是最能够面向大众又具有文化精英属性的艺术形式，同时电影并非孤立文本，而与时代背景、经济环境、文化氛围、社会思潮、意识形态、感觉结构密切相关，感觉结构产生于对正在浮现、尚未成型的社会经验而非个人经验的变迁，它并不稳定且处于流动中，充满已经被诠释与普遍接纳的社会观念、规约与正在发生的具体经验发生矛盾的微妙互动中。“从方法论的意义上讲，‘感觉结构’是一种文化假设，这种假设出自某个时代或时期的这些元素及其关联的意图，而且这种假设又总是通过交互作用回到那些实际例证上去。”②在对20世纪40年代英国工业小说的研究中，威廉斯发现了一种不同于以利维斯为代表的道德批判的文学批评方式，它是将小说情节与当时社会中发生的变动建立关联（工业革命、民主革命、城镇与海外殖民地的扩张），正是在这种尚未定型、充满变化与紧张的社会经验中，小说成为一种可以被感知到的经验的共同体，呈现那个时代的感觉结构。

《过春天》《送我上青云》《春潮》的导演都属于近几年的新锐导演，不属于已经形成以代际划分、以第五代导演为代表的导演群体中的任何一类，她们的存在和作品是对以男性为核心的电影产业现状的冲击与松动，并与当前发生的社会集体实践与个体的女性生命经验紧密联系起来，女性导演的身份与明晰的性别意识是她们作品中重要的视角，以电影作为艺术媒介，通过电影中女性作为主体叙事的叙述者的形式和多样化的女性关系的变化，人们能够直面实际生活中由感觉发生变化而带来的社会关系的变化，理解吸收这种尚未成型的感觉结构。

An Analysis of the “Structure of Feeling” in the New Generation of Female Directors in Mainland China: Taking three movies as examples

Abstract: As one of the key scholars in the early New Left in England, Raymond

① 芮塔·菲尔斯基:《现代性的性别》，陈琳、但汉松译，南京大学出版社2020年版，第26页。
② 雷蒙·威廉斯:《马克思主义与文学》，王尔勃、周莉译，河南大学出版社2008年版，第56页。

Williams initiated a new paradigm of cultural analysis. "Structure of feeling" is a term developed by Williams from literary studies and then applied to the field of cultural studies. In the re-practice of the feminist movement, social experience that has not yet been finalized, full of changes and tensions is taking shape. The film texts of the "new generation" mainland female directors keenly depict the real situation and life experience of women in the current era, and these films interact with the symptoms of the times, which becomes a community of perceivable experiences, presenting the structure of feeling of the female in this era.

Key words: Structure of Feeling; Diverse Women's Relationships; The Subjectivity of the Female Narrator

作者简介:晏舒曼,云南大学文学院博士研究生。

后疫情时代城市夜旅游的媒介场景建构及治理模式探析①

毛润泽　沈　悦

摘　要:随着场景时代的到来,媒介场景的建构在时间、环境和人的行为三者的动态互构中得以转换与延续。新型冠状病毒的暴发并在全球肆虐造成世界各国巨大生命财产损失,全球旅游业更是遭受了巨大打击。由于受到疫情冲击,在我国社会经济下行压力巨大的现实背景下,夜旅游成为促进经济持续向好发展的有利载体。夜旅游作为媒介情境表征,受到场景转向、场景交叠、场景体验化等多重影响。场景的规则治理、关系治理以及健康治理共同构成后疫情时代夜旅游媒介场景治理的可能路径。

关键词:场景　夜旅游　城市传播　旅游媒介化　旅游治理

城市的出现与商品经济的流通与发展密切相关,商品的频繁交换促进了人口的迁移与聚集。正如芒福德所言:“城市是一个剧院,也是一个表演的舞台。”②城市作为剧场与舞台,不仅传递各类信息与思想,同时亦是建构城市形象表征的载体。现代城市不单是地理或地域上的概念,同时也是文化、象征、媒介的范畴。2020 年暴发的新冠肺炎疫情导致中国乃至世界多个文化产业皆被按下了“暂停键”,旅游业、影视业等更是遭遇到近几十年来最严重的危机。作为“复工复产”产业链的末端,国内本地游和跨省(区、市)团队游逐步恢

---

① 本文为上海市哲学社会科学规划课题“‘暖实力’赋能中国纪录片国家形象塑造研究”(2022ZWY006)项目研究阶段性成果。

② 刘易斯·芒福德:《城市发展史》,宋俊岭、倪文彦译,中国建筑工业出版社 2005 年版,第 134 页。

复,但出境游、入境游还未见复苏迹象。随着国内外“数字文旅”理念的兴起,媒介化社会所塑造的生活世界是城市人无法回避的媒介场域。“媒介+夜经济”新模式成为了拉动城市发展的重要引擎和丰富城市居民生活的商业资源,亦是后疫情时代旅游产品营销实现多元发展的新方式与新突破。

一、城市媒介场景建构的理论背景

美国畅销书作家、记者斯考伯与伊斯雷尔在2014年出版的著作《即将到来的场景时代》为如今“万物皆媒”的新媒介时代定义了新名称:场景时代①。梅罗维茨在戈夫曼“拟剧论”的基础之上以“技术—社会”的视角提出了以媒介“场景”为中心的情境论概念。该理论脱离了当时媒介环境学派宏观的研究视角,而以考察更具微观的“社会行为和角色表演”为重心。由于媒介塑造了物与物之间的无形连接,从而导致人与周围环境的深度互嵌。随着场景时代的到来,媒介场域中人与人、人与物、人与媒介之间,实现了物理空间和观念空间的深度互嵌。②

就当下的媒介场景生态而言,内容产业的商业生态系统首先是媒介技术大规模应用而建构的可智慧性沟通的社会图景。随着上述技术逻辑的演进和社交化媒体平台发展的方兴未艾,个人数据与社会化数据产生新的耦合效应,并通过社交环境、网络社区与用户之间的传播链条,构成较为完整的“市场—媒介—社会”发展逻辑。其次,作为社会化产物的媒介场景目前仍处于动态建构的过程中,并在历史与文化的变革中逐步演化。媒介场景是我们生活方式的镜像体现,也是人作为主体在媒介领域中的拟态写照。部分经济学家将这类“平台”或“场景”界定为连接、匹配不同用户群的双边市场。③以媒介为信息与系统空间的延伸,不再简单局限在“生产者—消费者”简单的二元市场主客体关系框架之内,而是建立以数字内容生产为主轴的新架构,这类媒介平台将提供基于用户多样化需求的生产内容及知识服务。第三,媒介场景的建构虽以技术革新为驱动,但人与环境的互动加之社会内部诸元素的关联、匹配、评估、

① 罗伯特·斯考伯、谢尔·伊斯雷尔:《即将到来的场景时代》,赵乾坤、周宝曜译,北京联合出版公司2014年版,第12—13页。

② Wiebe Bijker, John Law, *Shaping technology/building society*, Cambridge, MA: The MIT Press, 1992, pp.102-103.

③ David Evans, "The Antitrust economics of multi-sided platform markets", *Yale Journal on Regulation*, Vol.20, No.2, 2003, pp.325-382.

组合,以及具体媒介情境下个体认知与行为的控制、管理、引导、再现是场景对于人与媒介化社会(Mediated Society)之间的实践性表征指向。[①]场景的建构在于媒介与其他社会范畴的相互影响,并在时间、环境和人的行为三者的动态互构过程中得以转换与延续。[②]西方社会在地理大发现、工业革命、文艺复兴之后,社会各领域皆受到了日益增长的分化(Differentiation)的影响。从媒介化衍生的媒介场景亦是西方现代性发展的衍生品。在互联网推动全球网络社会形成的浪潮中,用户从传统、微观的语境转向更具个性化的虚拟环境,大众传媒与社会网络在提供稳定信息流的同时,亦影响着个体的行动与实践。[③]

从国内研究来看,"场景"一词在学者彭兰的研究中被认为是空间与环境、实时状态、生活惯性、社交氛围的组成,并促进传播过程中信息流、关系流与服务流的形成与组织;[④]孙玮从微信作为日常生活实践的角度出发引出"移动场景"的概念,拓展了媒介"场景"的范畴;[⑤]喻国明等人将场景研究的关注点扩展到了互联网对社会建构的反作用;[⑥]吴声将体验美学与场景概念相联系,把场景定义为连接人与商业之间的工具。[⑦]由上可知,首先,媒介场景是在媒介技术、社会效用、个体适用的三重维度中建构,所以对人类生活产生了较大影响。其次,场景已突破了传统媒介在商业、营销、广告领域的统摄效应,成为遍在化的媒介物质性而存在。最后,随着场景范畴的不断扩容,目前已经囊括了协同治理、文化分析和价值批判等人类生活实践的主体性建构,特别是在城市文化传播与城市形象建设等方面具有显著作用。

二、媒介建构城市夜旅游场景的可能

2020年伊始,新冠肺炎疫情的骤然暴发使得世界各国遭受了巨大生命财

---

① Amrit Tiwana, Benn Konsynski, Ashley A. Bush, "Research Commentary—platform evolution: Co-evolution of platform architecture, governance, and environmental dynamics", *Information Systems Research*, Vol.21, No.4, 2010, pp.675-687.

② Mark de Reuver, Carsten Sørensen, Rahul Basole. "The Digital Platform: A research agenda", *Journal of Information Technology*, Vol.33, No.2, 2018, pp.124-135.

③ Scott Lash, Celia Lury, *Global culture industry: The Mediation of Things*, Oxford: Polity Press, 2007.

④ 彭兰:《场景:移动时代媒体的新要素》,《新闻记者》2015年第3期,第20—27页。

⑤ 孙玮:《微信:中国人的"在世存有"》,《学术月刊》2015年第12期,第5—18页。

⑥ 喻国明、梁爽:《移动互联时代:场景的凸显及其价值分析》,《当代传播》2017年第1期,第10—13、56页。

⑦ 吴声:《场景革命》,机械工业出版社2015年版,第112页。

产损失，全球旅游业更是遭受到了巨大打击。依托国家对新型冠状病毒防控的多方面部署，本地游和跨省（市）团队游正在逐步复苏，但出境游和入境游恢复还有很大的不确定性。由于文旅融合的交互内涵，在“旅”受限的情形之下，“文”或者说以文化传播的效用促进旅游业在较为被动的情境中挖掘游客的媒介记忆以及未来出行的旅游场景期待，不乏是在“复工复产”“夜间经济”“地摊经济”的政策指引下的新发展方向。夜旅游以及近期较为火热的“地摊经济”成为了我国社会经济下行压力巨大的现实情境下，促进经济持续向好发展、创新夜间经济新样板、刺激经济活力的新方向。同时，亦满足了在疫情期间被迫“宅”家的市民重回城市空间感受“烟火气”氛围的地方情感诉求。

夜间经济（The Night-Time Economy）的概念最早诞生在英国城市规划研究。针对当时夜间中心城区空城的状态，英国政府将国内城区的酒吧、俱乐部、夜总会等场所作为发展夜间经济的重要场所。之后，城市规划学家佛郎格・比安奇尼（Franco Bianchini）将在意大利流行的艺术文化节引入英国日常生活和文化之中，作为与夜间经济发展相结合的运作方式，并提出应将夜间活动的推广更具多元化。[①]之后，英国在 1993 年提出“24 小时城市”并于 1995 年正式将夜间经济纳入城市发展的规划纲要之中。对于我国而言，“傍晚经济”（Evening Economy）和“深夜经济”（Late-night Economy）概念的提出，旨在阐明城市人的夜间活动不再是白天的补充或附加，而是旅游业在疫情期间持续发展的重要经济增长点。我国在 2007 年的《中国优秀旅游城市检查标准》中即已明确指出了“城市夜间与晚间旅游活动”等夜旅游的标准与要求。夜间旅游市场在经济效益和社会效益上的优势亦促成了旅游学界达成共识的“全天候旅游”的倡议。根据中国旅游研究院 2019 年的数据显示，近年我国居民参与夜间旅游的积极性较高，夜间旅游受到产学研各界的高度关注。2019 年春节期间国内夜间总体消费金额、笔数分别达全日消费量的 28.5%、25.7%，其中，游客消费占比近三成，夜间旅游已成为旅游目的地夜间消费市场的重要组成部分。[②]

目前，针对夜旅游的研究主要聚焦在城市夜旅游产品以及夜旅游开发策

---

① Franco Bianchini, “Night Cultures, Night Economies”, *Planning Practice and Research*, Vol.10, No.2, 1995, pp.121-147.

② 数据来源于中国旅游研究院《夜间旅游市场数据报告（2019）》：http://www.ctaweb.org/html/2019-3/2019-3-15-11-13-42298.html，检索日期：2021-12-30。

略等，鲜有以旅游传播、旅游与媒介等为视角的切入。在移动互联网络、人工智能、增强现实、混合现实技术等掀起的新一轮新技术、新观念的赋能下，聚焦智能媒体时代旅游媒介场景如何重塑城市形象、媒介与旅游的关系，进而延展旅游治理、城市传播的概念深度成为了旅游传播学研究的重要方向。自改革开放以来，随着城市规划以及多元社会主体参与协同治理能力的提升，各类非政府官方的行为主体在提升城市治理中的作用日益显现。从政府管理行为来看，公共行为并不是政府官方机构所特有的排他性活动与措施，而是应包括民众、企业、非政府组织、民间机构等所采取的多种形式的社会行为。①因此，在后疫情旅游治理语境下，塑造积极治理关系的过程绝非是政府取代其他行为体，而是其引导多元行动者协同治理的过程。媒介作为营造城市场景的重要因素，显然应纳入未来城市旅游治理的范畴之内。

媒介对于用户而言则是直接影响并改变其对城市空间的认知与体验，而夜旅游行为作为夜生活、夜业态、夜场景等多维度的有机组合，其与媒介的深度融合已成为城市旅游形象传播的优势载体，有望帮助游客/受众在某些旅游目的地中挖掘更多具有地方竞争力的旅游附属衍生品，②进而对旅游目的地体验、满意度以及未来消费行为的可能性建构积极或消极形象。③对于城市居民而言，其在享受旅游服务时所持有"偶尔的旅游者"的心态与游客相当，他们能够影响当地政府对旅游业的政策倾向并对挖掘潜在旅游者有所帮助。④进而言之，城市能否给游客/受众留下深刻印象，对于城市形象与城市旅游品牌的塑造至关重要，而有些城市中的景观具有较为独特的象征意味，可以有效作用于旅游目的地形象的感知和游客的决策过程。⑤城市目的地形象的媒介场

---

① 让·德雷兹、阿玛蒂亚·森：《饥饿与公共行为》，苏雷译，社会科学文献出版社2006年版，第78页。

② Chien Min Chen, Sheu Hua Chen, Hong Tau Lee, "Assessing destination Image through combining Tourist Cognitive Perception with Destination Resources", *International Journal of Hospitality and Tourism Administration*, Vol.11, No.1, 2010, pp.59-75.

③ Tsung Hung Lee, "A Structural Model to Examine how Destination Image, attitude, and motivation Affect the Future Behavior of Tourists", *Leisure Sciences*, Vol.31, No.3, 2009, pp.215-236.

④ Haywantee Ramkissoon, Muzaffer Uysal, "The Effects of Perceived Authenticity, Information Search Behavior, Motivation and Destination Imagery on Cultural Behavioral Intentions of Tourists", *Current Issues in Tourism*, Vol.14, No.6, 2011, pp.537-562.

⑤ William Cannon Hunter, Yong Kun Suh, "Multimethod Research on Destination Image Perception: Jeju Standing Stones", *Tourism Management*, Vol.28, No.1, 2007, pp.130-139.

景建构则更为立体与多面。用户/受众可通过各类媒介渠道获取城市信息，信息使用的类型以及效果直接影响着用户的决策过程。反之，关于旅游目的地信息亦可通过各类信息终端与发布源（个人信息源、商业信息源、公共信息源等）呈现给异质化的游客/用户。

三、城市夜旅游场景媒介化建构的多元向度

在媒介深嵌城市空间并参与公共事务以及社会管理的过程中，包括旅游、观光等游客行为也已被囊括在了媒介场景序列之中。夜旅游作为媒介情境的表征实践产生了场景转向、场景交叠、场景体验化等多重空间场域的特点。这些特点重新定义了夜旅游的内在机理与实践向度。在后疫情时代，旅游目的地与旅游场景期待的转变，外加国家鼓励“夜间经济”的政策扶持下，夜旅游成为了诸多城市文旅产业转型升级的新业态。流动性社会的媒介化记忆与“去疆域化”的特点已经深度融入了城市发展空间，因而旅游的场景不仅以实体的形态，还有依托情感记忆、知识体系、认知基模（Schema）等形式的虚拟旅游样态，承载着城市、生活、人的历时性表征，同时也在共时性表征中再现人的生活方式以及旅游场景的再建构，最终激发城市消费能级的提升。

（一）场景转向

“白天看庙，晚上睡觉，景点拍照”是我国旅游发展初期单一且同质化的发展模式。然而，随着消费观念的成熟、旅游活动丰富化、旅游体验深度化、旅游诉求多元化等当代旅游需求的不断延伸，城市语境中的夜旅游使得原本旅游的既有界定“再疆域化”，从实体与拟态双重维度实现了旅游场景转向。

从物理场景来看，后现代思潮所带来的人对事物的认知视角改变了过去“主—客”关系的二元视角，因而对于时空观的转变直接导致了过去以日出、日落为界的时空界限逐渐变得模糊。夜旅游的兴起摆脱了初级旅游单一、静态、封闭的运营模式，并在延长旅游时间、增加旅游消费、拓展旅游营销上下游链条等方面发挥积极作用。在新冠疫情防控期间，夜旅游在注重游客防护意识、宣传健康饮食、推崇理性消费、缓解消极情绪等发挥着积极作用。旅游的价值诉求从过去注重经济效应逐步转向社会效应、环境效应、文化效应等跨领域的反思。①

---

① Jigang Bao, Gang-hua Chen, Ling Ma, “Tourism Research in China: Insights from Inside”, *Annals of Tourism Research*, Vol.45, No.11, 2014, pp.67-181.

媒介场域下的夜旅游因新媒介技术的勃兴而塑造了夜旅游新体验空间。在夜旅游媒介场景中，其空间转向从过去对旅游目的地、景区景点宣传或城市形象构建策略、广告说服、品牌塑造，延伸到了后现代主义思潮所试图摧毁的各类宏大元叙事范畴。以往对旅游场景的研究拘泥于目的地空间结构或者地理区域规划，主要关注旅游场景中的空间影响因素以及旅游吸引物识别等物理性特征，将旅游规划推动产业发展奉为圭臬，实质仍旧是追求旅游目的地的经济效应。以媒介场景建构夜旅游的信息及文化生产，则超越了过往以建筑符号和地域元素为构成机理的传统研究范式，将主体(游客/受众)从本土化空间中"抽离"，在媒介建构的夜旅游场景中实现再链接。从更深层次而言，夜旅游的媒介场景转向并不只是媒介介入人的感官认知那么简单，而是媒介伴随着人性化趋势的步伐不断进化，不论是现实体验抑或是虚拟"在场"，皆超越了过去对于文本或空间的静态"观看"或"阅读"，而是成为了旅游景观生产的重要方式之一。

媒介技术的革新给人们带来了一场"把景点搬回家"的颠覆性体验变革，并构成了旅游高质量发展中的重要议题。夜旅游的场景建构是对传统旅游物理场景的视域拓展。一方面，场景的生成不但有物理因素的作用，亦是社会因素助推作用的结果。吉登斯曾指出：现代性的动力机制源于时间与空间的相互剥离以及以另类形式的重新组合。[①]从中可以看出，后现代社会的动力机制在于"时间—空间"的间性与分离。换言之，虚拟空间与物理空间的场景体验是无法同时兼容的，若要获得旅游的媒介场景感，则是在时空分离情境下才得以实现；在另一方面，夜旅游建构的场景是在拟态环境中生成，并以集市、地摊、水上游、晚会等诸多仪式化表征作为时空联结的叙事链。从具体的媒介场景建构来看，夜旅游的现实情境与拟态情境在关涉实体空间、媒介空间与人三者的互动中又触发了实体空间与虚拟空间的融合。例如，以抖音 App 为代表的短视频媒介及其影像实践，加速了包括夜旅游在内的各类场景转向，其最重要的显性表征就是"位置"。人作为认知主体，所处的不同地理位置关系造就了视频影像及数字媒介实践的显著分别。夜旅游场景通过真实与虚拟两种方式将位置或地点从城市物理空间中抽离，以实时直播、视频回放、话题引流等方式，形成了移动性的特征，摒除了人与位置(景点)及空间的具身化联系。在

① 安东尼·吉登斯：《现代性的后果》，田禾译，译林出版社 2011 年版，第 6 页。

疫情期间，夜旅游的媒介场景通过各类社会化媒体杂糅现实与虚拟双重空间的转向与拓展，建立起了人感知城市、体验旅游场景的新感知方式。

（二）场景交叠

以互联网以及移动互联网为代表的数字媒介的勃兴，使旅游场景的运用进一步得到延伸。这意味着即便不在“本地”，也能通过媒介场景所构筑的情境实现具身、真实的交往。梅罗维茨在前人伊尼斯和麦克卢汉的启发下以社会互动的传播逻辑出发，将其研究着力于社会交往过程中，主体（游客/用户）基于特定场景所做出的“表演”，并区分出了“前台”（Front Stage）和“后台”（Back Stage）行为。①从其理论可以看出，场景是以情境为依托而动态变化的，而“前台”和“后台”并不是能直接二元对立或区分的。在多数场景空间中，“中区”才是人们最主要的互动形态，特别是在更为复杂的角色与社会秩序的变迁过程里所建构的“前前区”行为与“深后区”行为，以及社会行为的普遍“中区化”是媒介化社会的主要特点。

夜旅游所建构的场景正是以日间旅游为前区，媒介场景为中区以及夜旅游产品与数字媒介实践所带来的夜旅游营销长尾效应为后区的交叠型建构（图1）。在场景空间中所再现的现实环境与虚拟情境的互动，伴随着新媒介传播而不断拓展其边界，并构成定义夜旅游场景的全新注脚。可以说，原有社会情境中游客所扮演的社会角色以及社会行动的既定规则有了结构性突破。例如，部分群体在工作日不便出行或旅游目的地离所属城市过远的情况下，用户通过观看短视频或部分群体直播的方式参与到了夜旅游的场景建构，形成媒介记忆并为后续的旅游行为架构媒介前提和旅游动机。例如，西安大唐不夜城在2019年推出的“不倒翁小姐姐”的短视频吸引大批用户点赞、转发以及亲临驻足打卡，成为西安城市形象的新地标，从而改变了过去西安传统旅游景点如明城墙、明钟楼、大小雁塔等固定景点的刻板印象，直接带动了西安夜经济的快速兴起。再如，北京故宫开放夜场观光时段、上海BFC外滩枫泾夜市、杭州的“夜十景”、武汉江汉路夜市及南湖夜市、重庆洪崖洞灯光夜景在抖音以及其他自媒体App的点击量颇高，这些现象在以抖音App为代表的社会化媒体所推荐的各类网红旅游景点或城市中并非个案。媒介化场景呈现了

① Joshua Meyrowitz, *No Sense of Place: The Impact of Electronic Media on Social Behavior*, New York: Oxford University Press, 1985, p.33.

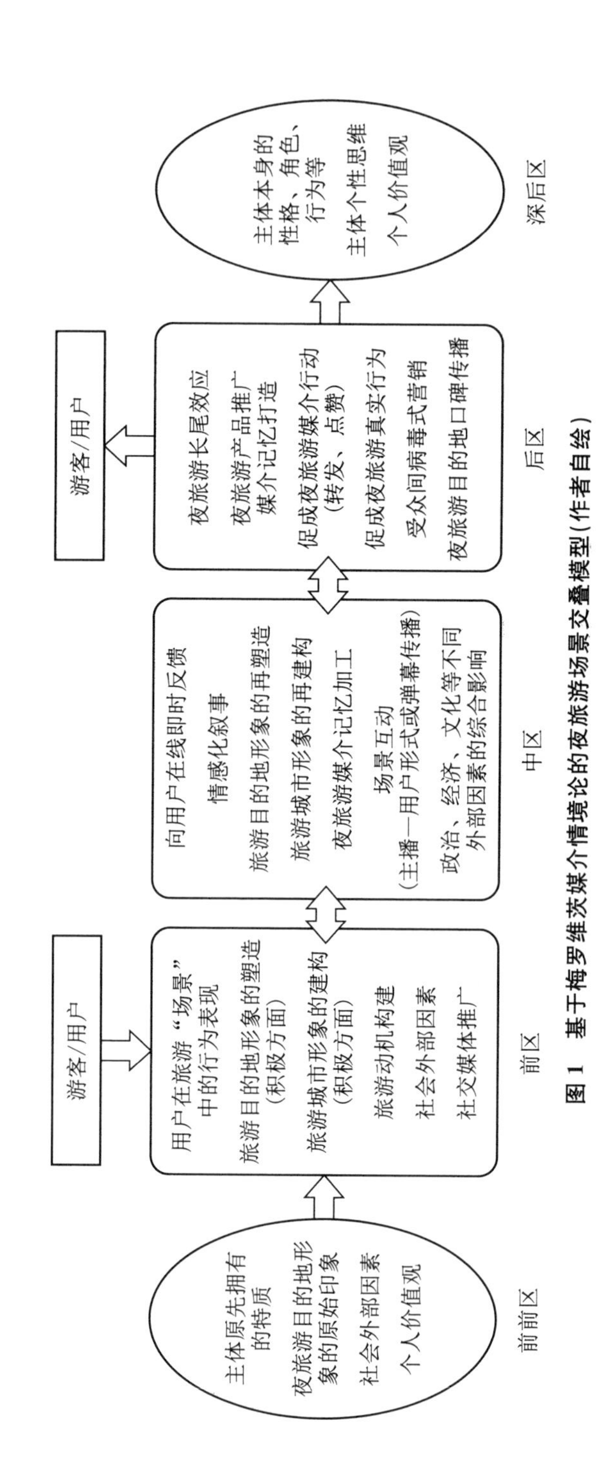

图 1　基于梅罗维茨媒介情境论的夜旅游场景交叠模型（作者自绘）

媒介技术与旅游的伴生性关系，以“脱域”与“再建构”的双向过程完成前、中、后区的建构。游客/受众可能在不同的“位置”(例如在家中)通过对社会化媒体的关注，即可依托他人的信息生产和非线性的叙事逻辑，将多重感官与身体实践嵌入夜旅游作为场景的个性化话语建构的序列之中，并重塑人与城市环境的时空关联。场景对于用户感知的介入超越了麦克卢汉所提出的“媒介是人的感官延伸”的定论，场景不是机械地复制或加强用户对目的地形象的物理感知，而是通过媒体中介与用户在特定空间内所形成的“在地化”感知体验。

无论在日间旅游还是在夜间旅游的场景建构里，网络热词“打卡”作为新语汇则以自媒体为中介标记某些旅游场景或事件。与过去大众传播所表征的旅游景点不同的是，打卡景点/空间行为作为“后台”，是以身体与物理空间的感官相遇为表征，以旅游场景在虚拟空间的推广为主轴。上述两方面共同构成了“打卡”这个新媒体典型的隐喻概念，以此助推主体在“前台”与“后台”的相互转换，构成了穿梭虚实的媒介空间闭环。例如，在社会化媒体的旅游直播过程中，直播主体在媒介环境下具有社会角色的不确定性。单个直播频道构成了对旅游目的地的独立媒介情境，即主播在用户的凝视中完成旅游目的地形象构建和自我社会角色构建。但是，在走出频道之后，主播可随时切换身份，可能凭借个体选择成为另一个主播的观众。在这样看/被看的普遍中区分场景中，社会角色以及旅游目的地形象的建构都是高度符号化的，可能与真实社会角色贴近，亦可能完全背离其真实社会角色。社会化媒体所构筑的旅游场景亦会遭受实地体验者/游客的质疑或“吐槽”，遭受到“图文不符”“视频与真实景点不符”等负面评价，而这完全依托于个体主观能动选择的结果。

(三) 场景仪式化

随着近年我国旅游消费市场的稳步发展以及消费者购买力的提升，旅游消费行为亦发生了诸多变化。消费者从过去对景点游览观光、酒店居住设施、购物或娱乐设施等实用价值和功能性价值为主导的依赖，逐渐转变为对旅游商品的附加精神价值或是旅游目的地的图文或音视频文本在社会化媒体分享后，获得其他用户“转”“评”“赞”认可等新需求。

夜旅游所塑造的仪式化媒介场景为塑造旅游目的地与城市符号价值起到了积极作用。目前对于场景的仪式化传播研究主要集中于心理学、认知科学、神经科学、人类学、组织行为学的相关理论,①而从旅游传播维度的理论则相对较少。从旅游媒介化角度而言,由于社会化媒体的介入,对旅游目的地的媒体打造,更契合当前旅游景区的品牌推广实践。即通过社会化媒体平台采取公开展示、直播演示、植入式广告、现场体验等传播仪式,提高旅游产品与个人的关联性以达到影响用户行为以及好感度的目的。②

旅游媒介场景仪式化生成则是通过上文所论及的"打卡"或时下流行的自拍等媒介行动来实现,这样的用户/游客一般分为两类。其一,用户在观看夜旅游媒介文本之时,夜旅游仪式化场景通过增加个体对夜旅游所涉及的范畴,诸如城市中的夜市、美食、夜景等媒介文本的主动呈现,提升用户/游客对夜旅游城市的正向态度及目的地吸引。此类用户是夜旅游场景的高参与度用户群。其二,用户的夜旅游需求或旅行目的并不是现实景点的体验,而只是完成空间仪式本身(例如:前往旅游目的地的动机仅仅是完成地点"打卡"实践,而不参与任何旅游消费行动),此类用户是夜旅游的低参与度用户,并且此类用户的数量并不在少数。有研究表明:从事消费仪式可增加用户对商品的积极向度体验,但是仅仅停留在观看/阅读并不能增强用户体验度,其中一个重要原因就是用户对某些消费仪式的沉浸程度不够高。③约瑟夫·派恩(Joseph Pine)与詹姆斯·吉尔摩(James Gilmore)在《体验经济》一书中认为:在农工经济与服务经济的发展逐渐走向低迷之后,以注重商品服务为中介,促使消费者/用户内在心理认同并创造让其印象深刻的活动或事件的新营销模式正在形成。而消费者/用户在体验场景中通过感官、情感、思考、行动、关联五个要素的有机组合获得了场景满足感,从而产生一定的消费意愿。④

夜旅游作为旅游媒介场景的新探索,在各类媒体的用户黏度、传播速度、覆盖广度的赋能下,其所建构的消费仪式数字化场域可为用户提供诸如夜旅

---

① Nicholas Hobson, Juliana Schroeder, Jane Risen, Dimitris Xygalatas, Michael Inzlicht, "The Psychology of Rituals: An Integrative Review and Process-based Framework", *Personal and Social Psychology Review*, Vol.22, No.3, 2018, pp.260-284.

② Richard Petty, John Cacioppo, David Schumann, "Central and Peripheral Routes to Advertising Effectiveness: The Moderating Role of Involvement", *Journal of Consumer Research*, Vol.10, No.2, 1983, pp.135-146.

③ Hristova Markova, Dimitar Trendafilov, "Rituals of Consumption: A Semiotic Approach for A Typology of Nightlife", *Psychology Science*, Vol.24, No.9, 2013, pp.1714-1721.

④ 约瑟夫·派恩、詹姆斯·吉尔摩:《体验经济》,毕崇毅译,机械工业出版社 2016 年版,第 87 页。

游商品购买链接、相似目的地推荐、夜景观光路线的大数据预测与意向细分等服务，从而加大游客/用户对夜旅游的沉浸程度与参与感。夜旅游媒介场景是建立在体验经济基础之上的数字营销新模式，在数字经济转型发展的同时，旅游营销的观念及实践亦发生了诸多变化，进而直接影响到用户/消费者的旅游行为模式和消费倾向。

总之，夜旅游媒介场景是在媒介人性化发展趋势下，对旅游空间的延伸及转向，并通过场景间的交叠实现旅游空间的多维拓展，最后在仪式化场景中提升夜旅游用户的旅游目的地体验，从而最终形成将用户/受众向旅客、顾客转化的媒介化动力。

四、城市夜旅游媒介场景的多元治理模式

随着社会子系统相继出现分化和转型，社会网络体系的复杂性也急剧增大，隐匿在社会系统内部的危机积聚达到某一临界点时，极有可能对夜旅游场景产生不可逆的负面后果。媒介作为社会各系统间的中介构成，是社会从权力控制向多元治理转型的协调性支点。[①]社交媒体平台的平权化、交互性所导致的诸多夜旅游“假消息”乱象、城市风险社会中公共传播危机的预警与处理、“流量经济”效应下的非理性传播、旅游景点网络谣言扩散等非传统危机，成为当前旅游媒介治理的难点。媒介治理通常以规则治理和关系治理为其逻辑起点。城市夜旅游的场景治理涵盖制度建立、概念生产、规则出台、议题设置等范畴。此外，还具有意愿、观念、价值、意义、共识等更为复杂且抽象的半制度化、半结构化组织或社群来完成游客、政府、商家、传媒的跨域互动和良性关系的建构，从而实现夜旅游游客的城市依恋、城市地方感、城市治理关系等积极体验。

（一）场景规则治理

从规则治理而言，场景所涉及的治理面向夜旅游的物理环境以及政策层面的支持。夜游或夜景本身就契合了城市居民的碎片化时间分配，对于在后疫情时代复苏城市经济、加快城市更新、吸引外来投资、激发管理创新有着较为积极的作用，但是，优质项目匮乏、供需结构性错配、制度创新不足的现实窘

---

① Manue Puppis, “Media Governance: A New Concept for The Analysis of Media Policy and Regulation”, *Communication Culture and Critique*, Vol.3, No.2, 2010, pp.134-149.

境，亦会带来诸多不利和隐患。上述问题需要从制度层面或者说制度性话语层面加以协同共治。

媒介的规则治理一般分为认知性规则和非认知性规则。①认知性规则偏重于对基本事实的界定与厘清，注重对当下现实问题（如旅游治理）解决路径的思考。当前，国外夜旅游的治理主要偏重于夜间经济政策制定、夜间休闲空间布局、夜间旅游监控技术的提升、夜间安全"把关人"等制度的施行。在国内语境中，基于上述的夜旅游制度及政策制定，特别是基于网络社交媒体的监管措施尚未成型。例如，对于夜旅游目的地宣传的夸大、虚假旅游广告宣传的整治条例以及夜旅游形象宣传片和短视频作品的侵权等问题，都是目前媒介场景认知性规则的治理盲点。在倡导数字文旅发展的大趋势之下，夜旅游场景的传播政策是未来非认知性规则的新延伸点。以规则理性与制度理性确定"场景规制"在社交媒体空间中的传播主体角色、媒介关系和行动边界，将夜旅游场景治理纳入政府工作者、媒体机构、智囊团、专家学者、法律界人士等共同对话的治理平台，以建立更为成熟的夜旅游媒介场景服务体系的治理共同体是当前亟待解决的问题。

（二）场景关系治理

作为上述规则治理规范接受的自变量，以"关系"作用于用户/游客、景区景点、旅游管理部门三者之间，打破了过去旅游治理的传统手段，寻找并构建夜旅游场景的话语关系空间，更新现有的夜旅游治理模式。对于各类夜旅游管理机构及运营平台而言，在旅游业尚未完全恢复正常运营的条件下，社会化媒体平台提供了对话的场景和空间，助推夜旅游游客感知以及旅游印象的长尾效应生成。通过上述媒介场景的架构，培育用户/游客对于旅游目的地城市形象的依恋情感，借助社会化媒体等平台，增强夜旅游话题的曝光量与自媒体推送频率，以此提升夜旅游目的地城市的场景吸引力。

如何挖掘可突破的关系性空间？首先需要密切关注以社交媒体为主平台的话语秩序以及用户关系网络的话语发展态势，特别是关键影响者（Key Influencer），网络舆论领袖（Key Opinion Leader）在旅游目的地的推荐及评价效应，在夜旅游场景建构过程中注重开放、有序、平等的社交媒介对话机制。其

---

① Avshalom Ginosar, "Media Governance: A Conceptual Framework or Merely a Buzz Word?", *Communication Theory*, Vol.23, No.4, 2013, pp.356-374.

次,媒介的关系治理维度又可细分为协调性治理与对话性治理两个维度。[①]在协调性治理层面,积极的夜旅游公共关系是通过针对夜旅游场景的信息生产,构筑出既符合游客/用户期待视野又具有城市夜形象传播力的旅游吸引物设计方案及对策参照指标。此外,将网络空间较为松散的用户加以串联,形成夜旅游场景的“私域流量池”,提升游客/用户对于夜旅游目的地的场景黏性。从对话性治理来看,一般以“主体间性”或“文化间性”作为夜旅游媒介治理规范内化的思维方式和行动模式,通过诸如信息阐释、规则协商、形象建构、框架设立、形象设计、视听语言、旅游叙事、记忆形塑等知识生产方式,实现游客、经销商、景区景点、政府部门、传播媒介等多元行动者在共同协调、联合行动的基础上形成夜旅游场景效能提升的对话平台。

(三) 场景健康治理

健康理念融入夜旅游的全场景成为场景治理的新方向。《世界卫生组织宪章》早在1946年即阐明应以权利为本位“将健康融入所有政策”(Health in All Policies)的主张,使各环节决策者与执行者承担对民众健康造成影响的责任。国务院新闻办公室在2020年6月1日颁布《中华人民共和国基本医疗卫生与健康促进法》,该法案针对近年国内民众所关注公筷入法、垃圾分类、用水安全、婴幼儿食品配方安全等健康民生问题纳入法制的保障范畴。随后在6月7日又发布《抗击新冠肺炎疫情的中国行动》白皮书,其中明确指出:在抗击疫情的过程中始终坚持将人的生命高于一切、平衡疫情防控与经济社会民生,提出构建人类卫生健康共同体的号召。上述诸多内容皆与旅游和休闲活动相关。夜旅游媒介场景治理旨在从媒介框架上建立一种自律的信息观。对公民而言则是媒介素养与健康诉求的培养与形成,并促使将健康治理与健康理念纳入旅游政策与信息发布环节。通过媒介场景将健康生活、健康旅游、健康消费等理念以跨媒介传播形式,促成后疫情时代的新旅游安全观以及旅游媒介素养的提升。

基于上述的三种治理建构,笔者将法国“元哲学家”列斐伏尔的空间三元论引入夜旅游媒介场景的多元治理模式。列斐伏尔曾提绝对空间、抽象空间、

① Daniel Hallin, Paolo Mancini, *Comparing media systems beyond the western world*, Cambridge University Press, 2012, pp.19-20.

观念空间等几十种空间的命名。[①]在夜旅游场景治理中，围绕后疫情时代“规则治理”“关系治理”“健康治理”维度建立三者之间动态治理模型(图2)。该理论模型围绕“规则—关系—健康”的内部视角和“框架—用户/游客—传播”的外部视角，探讨了三类夜旅游场景治理的隐性和显性双重治理机制，可为后疫情时代的夜旅游场景治理所遇到的困境提供优化路径。

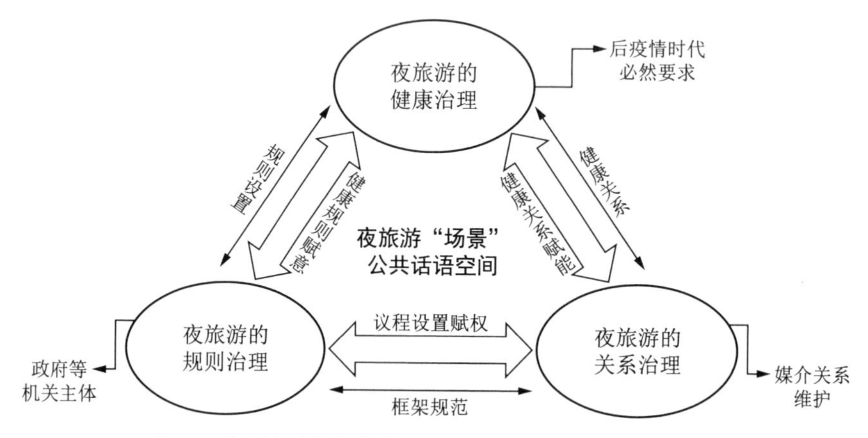

图2　后疫情时代夜旅游场景治理的理论模型(作者自绘)

五、余　论

在新冠疫情防控趋于常态化的现实背景下，各地在如火如荼开发夜旅游项目的同时，也应看到在运营推广过程中的问题。媒介治理的相关理论有助于优化夜旅游场景中的阻力因素，实现后疫情时代的旅游空间“善治”。

(一) 夜旅游场景的建构困境

首先，夜游产品同质化现象普遍。目前，夜旅游在产品推广上缺乏吸引力和竞争力对城市空间开发利用程度不高，造成同质化现象较为严重，难以通过实体宣传或广告媒介等挖掘新的夜游亮点。诸多夜旅游项目主要以灯光造景、街边夜市为主，游客的选择面较为狭小，很难参与具有仪式化传播、营销的夜间活动。其次，夜旅游规划及发展战略不够清晰。一方面，地方部门以及受众对夜旅游的认知不够全面和深入。对于夜旅游的认知普遍认为是电影、歌

---

① Henri Lefebvre, *The Production of Space*, Oxford: Blackwell, 1991, pp.88-95.

舞、酒吧等娱乐性活动,并在近年泛娱乐化思潮的冲击下与一些不甚健康的话题相联系,逐渐形成对夜旅游消费行为的负面刻板印象。另一方面,对未来夜旅游的发展战略缺乏前瞻性思考,并且针对夜旅游或夜休闲缺乏明确的场景定位,主要目标消费者是本地居民抑或是外地、外国游客,缺乏较为理性全面的思考。第三,发展布局较为离散,缺乏科学规划。近年来城市夜旅游景观或景点多为自发形成,普遍缺乏科学规划,不论是区域之间或者商业板块间均呈现分散且混乱的局面,缺乏夜旅游集中区而导致各地跟风现象较为严重。第四,缺乏夜间旅游营销的创新意识。目前多数夜旅游被规划为日间旅游的简单延伸,旅游层次较低,开发程度不足,“看得多、参与少”的局面未有较大突破。在夜旅游的开发过程中,对游客体验需求的关注较少,创新意识淡薄、缺少个性特点是目前夜旅游发展亟待解决的问题。

(二) 未来展望

就夜旅游的媒介向度本身而言,急需运用各类媒体的传播效能对夜旅游场景的传播、接受与治理开展新探索。由于旅游本身注重文化与休闲层面的具体实践,因此首先通过媒介对夜旅游场景建构,使得夜旅游成为品牌化运营的城市传播实践内容之一。作为旅游市场开发的新高地,夜旅游逐渐成为涉及面广、受众复杂、形式多样的系统工程。夜旅游场景生产的各个环节都与相应的旅游吸引物、旅游服务形态、旅游设施、旅游产品等方面息息相关。依托媒介场景对用户/潜在游客参与夜旅游行为的预设“培养”,通过短视频、微信推文、微博广告等多元形式对上述内容进行有序推广,对提升游客/用户的旅游目的地期待视野具有先导作用。

其次,以品牌化发展路径引导城市夜旅游行业蓬勃发展。如今是品牌消费时代,打造夜旅游精品、创建城市夜旅游品牌已是旅游从业人员和城市管理者共同的努力方向。游客越来越注重旅行个性化体验,已从被动的参观者衍变成为主动参与者。而实现上述的个性化,就需要研究城市内部旅游产品的差异性和吸引力,在对用户/潜在游客消费倾向和旅游目的地期待进行大数据分析的基础上,进行差异化“点—点”的分众精准传播。

后疫情时代的中国旅游业可谓机遇与挑战并存。有效利用夜旅游创造新的城市经济增长点,依托媒介场景赋能夜旅游的产业格局向数字化、智能化、个性化转型,将是未来中国文旅产业新生态的转型方向。

Redefinition and Governance of Urban Night Tourism Based on Media Scene in Post Epidemic Era

Abstract: With the advent of the era of scene, the construction of media scene is transformed and continued in the process of dynamic interaction of time, environment and human behavior. The outbreak of COVID-19 and the global epidemic have caused huge losses of life and property in China and even in the world, and the global tourism industry has suffered a huge blow. Due to the impact of the COVID-19 and the huge downward pressure on China's social economy, night tourism has become a favorable carrier to promote the sustainable and sound development of the economy. As a representation of media situation, night tourism is affected by multiple spatial changes such as scene turn, scene overlap, and scene experience. The rule governance, relationship governance and health governance of the scene together constitute a new possible path for the governance of the night tourism media scene in the post-epidemic era.

Key words: Scenarios; Night Travel; Urban Communication; Tourism Media; Tourism Governance

作者简介:毛润泽,上海师范大学旅游学院副教授、上海旅游高等专科学校旅游与休闲管理学院院长;沈悦,上海师范大学旅游学院讲师。

便捷的“悖论”：城市数字适老化实践的文化之困[①]

乔 纲 杨海林

摘 要：数字技术便捷化的“悖论”存在于技术想象的“超前”与文化实践的“落后”之间，“技术”与“文化”的离异所产生的虚假断裂正是“悖论”的核心所在。当数字技术俨然成为城市现代化的“代言”时，对现代数字技术的“解蔽”需要独特的分析视角。老年人群体作为“数字鸿沟”中的“边缘”，透过“技术—人”结构中最为薄弱的“边缘”叙事视角，得以勾勒出数字技术时代的轮廓，呈现数字技术领域的“边界”与局限。当“技术”与“人”在生活领域遭遇之际，方能察觉到数字技术便捷化想象中的“悖论”。对数字适老化过程中有关文化实践困境的描述性实践，反思数字技术对现代城市社会的“型塑”以及技术合理性所带来的影响，呈现出老年人在数字适老化实践过程中面临的困境，侧面揭示了数字技术时代城市文化变迁的道德图景以及常人在数字时代的生存境况。

关键词：数字技术 数字适老化 城市文化 现代性

贝尔纳·斯蒂格勒(Bernard Stiegler)借“系统性愚蠢”(systemic stupidity)与“人工愚蠢”(artificial stupidity)等概念表达了当今社会中有关现代技术的发明究竟是人聪明的物化证明还是“聪明的愚蠢”这一悖反的事实。[②]数字技术

---

① 本文为“中国田野调查基金·中大—美团互联网人类学新知计划”项目研究阶段性成果。

② 涂良川、钱镇：《斯蒂格勒技术哲学批判的三重指向》，《山东社会科学》2002年第4期，第97页。

早已“自然”地进入到城市社会空间与日常生活领域，正如数字化基础设施静默地存在于生活中那般，[①]数字化高效、便捷的想象更是先入为主地被“放置”到城市社会发展的规划之中，而这种预设的想象可能会带来更多的社会风险与不确定性因素。若要“解蔽”数字技术在日常中的“自然而然”，则需重新审视数字技术与日常生活领域之间的关系，探寻新的研究思路与视角。人类学对社会文化的持久关切以及有关“边缘”的研究传统，通过相关的研究视角创新，或可为解决当前城市数字化工作所面对的困境提供有益的研究思路。

经由“数字鸿沟”(digital divide)、“数字难民”等相关概念的描述，揭示出数字时代老年人的文化困境、边缘地位以及社会成员在数字技术面前的不平等关系。[②]“悖论”往往呈现于“自我”同“他者”的遭遇之时，从文化研究的视角看，所谓的“边缘”并不仅存在于“中心—边缘”的二元结构当中，亦存在于不同文化的遭遇之际。“数字鸿沟”揭示了老年人在数字时代的“边缘地位”，同样也呈现出了“人”与“技术”在生活领域遭遇之时产生的文化意义上的“鸿沟”。通过对“文化技艺”(Kulturtechniken)[③]的思考，可以了解数字技术现代性对城市现代化带来的影响，通过对数字适老化的文化实践(cultural practices)困境的描述性分析，则呈现出数字时代复杂的社会生境。

一、城市生活中数字技术便捷的“想象”

约翰·杜伦·彼得斯(John Durham Peters)认为：“我们所生活的数字世界可能是新的，但我们很难细致地弄清楚新的方式是什么。”[④]如前文所述，数字技术已植根于城市空间与日常生活领域，并成为了日常生活领域当中“习以为常”“熟视无睹”的存在，生活在城市空间的人们无时无刻不在接受着数字技术所提供的“高效”与“便捷”，那么数字技术又将如何去“型塑”人们的日常生活？当代数字技术的难题在于“我们并不立刻理解它的实际内容和它的深层

---

① Dieter Mersch, “Tertium datur: Einleitung in eine negative Medientheorie”, *Was ist ein Medium?* ed. Stefan Münker and Alexander Roesler, p.304.

② Acilar, Ali, “Exploring the Aspects of Digital Divide in a Developing Country”, *Issues in Informing Science and Information Technology*, Vol.8(2011), pp.232-233.

③ [美]约翰·杜海姆·彼得斯:《奇云:媒介即存有》,邓建国译,复旦大学出版社 2020 年版,第 101 页。

④ 常江、何仁亿:《约翰·杜伦·彼得斯:传播研究应当超越经验——传播学的技术史视角与人文思想传统》,《新闻界》2018 年第 6 期,第 8 页。

变化，尽管我们不断地就当代技术采取决策，但是我们却越来越感到它们的结果是始料不及的”。①

（一）数字技术与基础设施的“日常化”

斯蒂格勒在其著作《技术与时间》当中将“技术”看作“代具”以补全人类的起源缺陷，并将德里达(Jacques Derrida)关于“延异”(Differânce)的概念运用于解释人与技术之间的关系，阐释人与技术互为主体与客体。②虽然有学者指出斯蒂格勒所使用的“延异”概念有“生搬硬套”之嫌，然而也有学者认为他所创立的“技术—人”的结构具有本体论性质的“人性结构”，或可以借此来冲破形而上学的桎梏。③人与技术之间的复杂“纠葛”从原本将技术视作身体的“外延”再上升到彼此之间互为主客体之间的复杂关系，可以看出技术，尤其是现代数字技术早已进入日常领域，而数字技术的“日常化”更是“渗透”到生活领域的各个角落。若无麦克卢汉(Marshall Mcluhan)所描述的后视镜(Rear-view mirror)或者反环境(Anti-Environment)那种对技术冲击力具有天然免疫机制，可以对技术生活进行反思批判的话④，那么对于数字技术的“日常化”的视若无睹通常会导致人们将技术的“便捷化”先入为主地放置于规划当中，却忽视了相关风险因素。

正如保罗·爱德华兹(Paul Edwards)指出的那样，“成熟的技术系统常常会隐退到自然化的背景当中”。⑤人类学当中的田野训练与调查技术教会调查者从熟悉的社会文化中探索，特别是对“日常化”的事物尤其保持高度的“警惕”，类似于前文所提到的关于免疫技术冲击那样，田野调查也要对熟悉之物保持“距离”，尤其是对于现代数字技术的“日常化”与基础设施的“隐蔽”要格外小心。现代基础建设中的设施与设备形貌万千，大到信号塔，小到电子手环，无一不是数字基础设施。特别是千禧年后出生的人们对于数字基础设施

---

① [法]贝尔纳·斯蒂格勒：《技术与时间：爱比米修斯的过失》，裴程译，译林出版社2012年版，第23页。

② 张一兵：《人的延异：后种系生成中的发明——斯蒂格勒〈技术与时间〉解读》，《吉林大学社会科学学报》2017年第3期，第133页。

③ 徐天意：《斯蒂格勒技术哲学思想研究综述》，《社会科学动态》2021年第9期，第86页。

④ 刘玲华：《理解反环境——麦克卢汉媒介观的一个新链接》，《首都师范大学学报(社会科学版)》2015年第6期，第44—52页。

⑤ [美]约翰·杜海姆·彼得斯：《奇云：媒介即存有》，邓建国译，复旦大学出版社2020年版，第42页。

“熟视无睹”的重要原因在于，从他们出生开始，数字化的基础设施就已经遍布城市的每个角落，因而他们从一开始就已经对数字化设备习以为常，对于数字技术所宣传的高效便捷也不存在怀疑，丽莎·帕兹（Lisa Parts）把类似这种“熟视无睹”的现象称为“基础性遮蔽”（infrastructural concealment）①，然而对于年长的老年人来说，他们都见证了数字设施的建设与发展，而事实上所谓的数字化“高效便捷”的背后需要依靠庞大的工程作为支持。

在黑龙江省哈尔滨市的调查中，笔者访谈的很多老年人居住在没有电梯的多层住宅，楼层最高不过八层，最早的楼房有些是20世纪90年代竣工的。走入楼梯间，映入眼帘的就是各种暴露在外的管道，以及诸多不同用途的线路被分别拉入不同的门户。根据老人们的回忆，20世纪90年代电话线开始入户，每家每户预留一个通道，后来的“电线”越来越多，只好在墙壁钻孔，把“电线”拉入。最初是数字电视的线路，后来就是光纤，渐渐地老人们也记不得具体是什么。正如楼道内那些暴露在外的管道，因集中供暖铺设在楼道的热水管道，如果不接受改造，他们冬天就无法取暖。同样，如果不把这么多的线路拉入室内，这些老年人就没有办法使用网络设备，甚至他们都没办法正常收看电视。而对于住在新楼房或者高层住宅的人们来说，所谓数字技术的基础设施只是家中集成的多媒体信息箱，根本看不到那些繁琐的线路，反观那些老旧房屋与多层建筑当中，数字基础设施却是另一种“面孔”。在数字技术的便捷与高效的理所当然背后其实是巨大复杂的工程，斯塔尔（Starr）和鲍克尔（Bowler）指出哪怕是铅笔还有CD这样的日常物件的背后都“只有投入苦工才能举重若轻”。②对数字技术的基础设施的“遮蔽”以及“日常化”的熟视无睹，往往会造成主观上对数字技术便捷化的想象。

（二）城市现代化与技术的现代性

“现代化”与“现代性”作为一组强关联词汇经常同时出现在人们的视野当中，从因果关系的角度来看，有学者指出“现代化是动态性的‘因’，现代性则呈现为静态性的‘果’；由现代化的过程，产生了作为从出的现代性的特征”③。

---

① Parks, Lisa. “Technostruggles and the Satellite Dish. A Populist Approach to Infrastructure”, *Cultural Technologies: The Shaping of Culture in Media and Society*, edited by Göran Bolin, New York: Routledge, pp.64-84, 2012.

② [美]约翰·杜海姆·彼得斯：《奇云：媒介即存有》，邓建国译，复旦大学出版社2020年版，第41页。

③ 陈嘉明：《“现代性”与“现代化”》，《厦门大学学报（哲学社会科学版）》2003年第5期，第15页。

城市作为现代化的重要体现，主要是因为“城市主要是作为一个文明类型而被看待的，它涉及人类生活方式的总体：现代社会的决定性要素（无论你如何评论它）都是在城市中发生的”。[①]通过相关学者的研究总结可以看到，现代化所呈现的更多是从物质与技术层面的变迁发展，而现代性则是更加深层次的哲学层面的思考。根据罗荣渠教授有关于现代化的分类可见，国内城市现代化的诉求最初是外源性的，“现代化是自科学革命以来人类急剧变动的过程的统称”。[②]因此，城市作为现代化进程的“前沿”或者说是“中心”，数字技术的发展与城市现代化息息相关。数字技术的创新发展，使城市现代化“如虎添翼”，为城市现代化的进程添加了想象的“翅膀”，而数字技术加持背后的隐患则可以通过有关技术的现代性来进行分析思考。

城市现代化的加速发展与传统乡村共同体的衰落成了一组鲜明的对照，如果说过去城市空间的现代化是以基础设施建设和钢筋水泥堆砌的高楼大厦作为现代化的表征，那么数字化时代则是以数字信息技术还有众多数字化公共项目为代表，譬如“数字赋能”“网格化管理”以及本文所关注的数字适老化服务等有关数字技术的公共项目，呈现出了所谓的城市现代化。拉图尔（Bruno Latour）虽然极力宣称“我们从未现代过”，并指出人们对“现代”的误区，[③]但是在空间权力建构的话语情境中，数字技术依旧被“打造”为现代的标志。张鹂（Zhang L）使用“sense of lateness”这样的说法来描绘城市的空间现代性，[④]事实上在数字化时代的城市现代化进程中，“sense of lateness”的表述依然具有强大的解释力，正如彼得斯指出“很多所谓‘前所未有的事情’其实都是在重复过去的担忧”。[⑤]

斯蒂格勒所说的后种系生成中，人与技术的结构问题需要被关注，正是在这样的结构中，数字技术实际上也被“附加”了现代性的阴影。古兰（André Leroi-Gourhan）指出“人在发明工具的同时在技术中自我发明——自我实现技

① 汪民安、陈永国、马海良：《城市文化读本》，北京大学出版社 2008 年版，第 6 页。

② 陈嘉明：《“现代性”与“现代化”》，《厦门大学学报（哲学社会科学版）》2003 年第 5 期，第 17 页。

③ 刘鹏：《现代性的本体论审视——拉图尔“非现代性”哲学的理论架构》，《南京社会科学》2014 年第 6 期，第 44 页。

④ Zhang L, “Contesting Spatial Modernity in Late—Socialist China”, *Current Anthropology*, Vol.47, No.3(2006), p.463.

⑤ 常江、何仁亿：《约翰·杜伦·彼得斯：传播研究应当超越经验——传播学的技术史视角与人文思想传统》，《新闻界》2018 年第 6 期，第 8 页。

术化的'外在化'",[1]"技术在实现现代化的同时,把主体性实现于客体性之中。时代的现代化本质上说是技术的现代化"。[2]因此,现代数字技术也不可避免地卷入到现代性的风险之中,拉图尔指出现代性的一个鲜明特征是将"自然"与"文化"强制区分开来,并且他通过"重置现代性"来揭示技术全球化的风险之一正是精英阶级利用现代性剥离个体性,并以他们制造的共性取而代之。[3]如果说数字技术"日常化"中的不易察觉是由于人们的熟视无睹,那么城市现代化与数字技术的现代性则呈现了对数字技术"隐蔽"的刻意为之。数字技术作为城市现代化的指标性要素,不可避免地对数字技术的高效与便捷进行宣传与推广,以至于那些数字社会角落中的人们被大众所遗忘,这类有关数字技术高效便捷的选择性描述,说明了"客观存在的观念已经完全被人类在描述现象时以及解决人类政治问题时所颠覆"。[4]因此,有关数字技术的便捷化的想象何以能够堂而皇之地进入到城市空间的规划与大众的视野当中就显而易见了。然而,建构出的想象终究要经历实践的检验,在有关孟加拉"数字"和"现代"的个案中可以看到,由于对"数字化"(digital)的过度宣传,以至于当地人把所有"数字化"事物都被视为"现代化"的东西,连免费分发的一次性大便袋(Peepoo)都被称为"数字"大便袋。彼得斯借此道出:"有时候所谓数字化的新东西内装的不过是旧粪便。"[5]

二、数字便捷的"悖论":数字适老化的文化实践困境

面对"技术"与"人"在当今数字时代的复杂关系时,"文化"的概念不仅可以作为有效的分析工具,甚至可以成为主要研究目标。泰勒(Edward Burnett Tylor)对文化的定义是指"包括知识、信仰、艺术、道德、法律、习惯以及作为社会成员的人所获得的任何其他才能和习性的复合体"。[6]有学者指出科学和技

---

① [法]贝尔纳·斯蒂格勒:《技术与时间:爱比米修斯的过失》,裴程译,译林出版社 2012 年版,第 168 页。

② [法]贝尔纳·斯蒂格勒:《技术与时间:爱比米修斯的过失》,裴程译,译林出版社 2012 年版,第 8 页。

③ 徐旭:《解蔽技术现代性——风险认识论视域下对拉图尔重置现代性的回应》,《科学技术哲学研究》2021 年第 5 期,第 87 页。

④ Latour, Bruno, "Agency at the Time of the Anthropocene", *New Literary History*, Vol.45(2014), p.2.

⑤ [美]约翰·杜海姆·彼得斯:《奇云:媒介即存有》,邓建国译,复旦大学出版社 2020 年版,第 59 页。

⑥ [美]威廉·A.哈维兰:《文化人类学》,瞿铁鹏、张珏译,上海社会科学院出版社 2005 年版,第 36 页。

术对于文化而言是把双刃剑，既可以导致文化的崩解也能促进文化的发展，因此“越来越迫切地需要研究科学和技术与文化相互作用的方式，特别是研究它们可能对未来文化的影响”。[①]技术的发明如果不能作为文化存在，那么技术也就失去了它的意义与价值；但是当技术成为文化，它必然与社会和复数的人产生关联。通过有关城市适老化实践的民族志的文本描述，可以看到当前的困境在于数字技术若不“让渡”其“超越性”回归到日常生活领域，则无法适配文化实践的“转译”速率，对于老人而言技术则无意义甚至某些情境下成了负担；反观老年人群体若是继续“不明就里”地使用设备，则会导致文化意义上的“鸿沟”进一步扩大。

（一）城市数字化治理逻辑下的适老化实践困境

据第五次全国人口普查数据显示，2000 年我国 60 岁及以上老年人口占比达到 10%，自此之后人口老龄化进程就呈现出加速的态势。到了 2020 年第七次全国人口普查数据显示，我国的 60 岁及以上老年人口人数达到 2.6 亿，已经占全国总人口的 18.7%，且老年人的规模仍然持续快速增长。[②]面对这一情况，2021 年的《中共中央　国务院关于加强新时代老龄工作的意见》中明确要求着力构建老年友好型社会，加快推进老年人常用的互联网应用和移动终端、App 应用适老化改造。实施“智慧助老”行动，加强数字技能教育和培训，提升老年人数字素养。从社会治理的视角来看，推动数字适老化服务发展，提升数字治理能力，有助于推进社会治理的现代化进程。理论上数字治理能够极大地提升社会治理的效能，促进社会治理技术的创新，但是从数字适老化的实践层面看，数字治理的理想化与实践之间存在一定的差距。

2018 年年底到 2019 年年初，笔者跟随参与了江苏省淮安市某高校的一项社会实践调查项目，委托方为淮安当地某社会服务机构。当地民政部门为推动数字适老化服务的开展，需要先对本市老年人的数据进行更新和调查，于是将这个工作“外包”给了当地具有实力的社会服务机构。该机构联系淮安市的高校进行调查，主要任务是核实名单中的老年人的相关信息，计划完成时间为 1 个月，从 2018 年年底至 2019 年年初完成。机构还为调查的学生们讲解了调查需要运用的软件，无需纸质问卷，便于学生们开展调查活动。本以为能

---

① ［法］让·拉特利尔：《科学和技术对文化的挑战》，吕乃基、王卓君、林啸宇译，商务印书馆 1997 年版，第 6 页。

② 国家统计局：《第七次全国人口普查公报（第五号）》，2020 年 5 月 11 日。

够如期完成的社会调查任务却一波三折。调查开始之初，许多学生向笔者反馈机构提供的大部分数据都是错误的，比如老人已经迁走或者原住址已经拆迁，甚至还有的老人已经过世多年，但是数据仍然没有更新，这对参与调查的学生来说都成了巨大挑战。后期甚至因为调查软件的问题，迫使参与调查的学生不得不自费打印问卷，造成了他们工作量加大，很多学生抱怨工作内容与原来介绍的不符，希望机构能够重新调整调查的劳务报酬，于是机构不得不停止调查重新进行评估。通过前文的介绍可以看到，数字技术的便捷背后实际上仍然是繁杂的人工工作，通过人工的核实与数据录入，平台与系统才能够有效地发挥它的作用。有的学生就此提出了他们的疑惑和思考，其中有一点是关于人力成本的问题。人员的变化与流动需要时刻更新，那么这就意味着如此浩大的工作依然需要人力来完成，无论从时间成本还是从经济成本来看，对于当地的社区或者民政部门的工作者来说都会增加他们的工作量。由此看来，数字治理看似能提高治理的效能，但是这种“便捷”的背后依然有漫长与繁琐的过程。

“‘适老’意指适宜于老年人，即能够顾及老年人身心健康和发展诉求的意涵。”①数字适老化的本质也应当尊重老年人的意志，从他们的视角来提供他们所能够适应的服务。但是在当下的治理逻辑中，对数字化的重视要多于对“适老”的关注。所谓的治理“不是一整套规则，也不是一种活动，而是一个过程；治理不是一种正式的制度，而是持续的互动”。②以当前城市中的“网格化治理”为例，可以看到依托数字技术手段所进行的更加精细和准确的治理模式，诚然为提高社区治理带来一定的便利，然而数字化治理背后却是网格员与社区工作者们加倍辛苦的付出。淮安市的 P 社区致力于依靠现代技术设备，实现社区的数字化治理。在适老化的实践中，他们计划能够在获得老人同意的情况下，在独居老人的家中安置摄像头，安置在电视机上面，一旦老人有特殊情况出现，他们能够及时掌握。有关技术伦理部分的讨论暂且搁置，单纯从技术支持以及设备维护与人力成本的角度来看，这就为社区增加了很多的负担，实际上也会导致治理的效率降低。“治理”不同于“管理”，而“适老”并非“偏老”，重要的在于老人的感受与意愿，并非被动地接受数字治理。当地的 X

---

① 罗淳：《“适老型”社会的提出与创建》，《晋阳学刊》2022 年第 2 期，第 35 页。

② The Commission on Global Governance, *Our Global Neighbourhood: The Report of the Commission on Global Governance*, New York: Oxford University Press, p.2.

社区提供的适老化服务是每月两次定期为老人理发、健康诊疗的相关活动，这个活动获得了许多社区老人的响应和支持，并没有高科技的数字技术手段，更多的是提供一个面对面的互动空间与交流的场所。从培育社会资本的角度看，两相对比之下，后者的实用性和参与度都优于前者。

城市数字治理的逻辑中更加强调资源的优化与高效便捷，实际上它也的确为城市现代化与治理现代化都提供了重要助益，但并不意味着数字治理逻辑可以适配所有的情况。“适老”强调对老年群体的主体感受的关注，对他们内在情感世界的关怀。数字治理逻辑中，如果说理性的本质就是计算，[①]那么在这种情况下，数字技术也将老年群体视作常量而非变量，为了提高治理的效能实现社会资源配比的优化，它或许提供了一个大众可接受的“标准”，但却忽视个体性之间的差异，数字治理逻辑中的适老化方案更多的是“标准”而非“适合”。

（二）数字适老化实践中的“主客错置”

“文化技艺”（Kulturtechniken）与“文化实践”（cultural practices）两者之间有着相似性，差异则在于前者侧重关注人类与非人类行动者之间的相互依赖，而后者则是关注人及其实践。[②]当数字技术进入到生活领域当中的时候，通过文化实践可以从整体性上对数字技术与人的关系加以分析。“错置”在本文中并非贬义，如鲍克尔和斯塔尔用“基础型倒置”（infrastructural inversion）说明日常生活中不易察觉的事物与道理，会通过一些事件显现出来。[③]城市数字适老化的文化实践过程中，有关数字便捷化的“悖论”或许可以成为引起反思与关注的“事件”。前文有关数字化治理的描述中，可以看到“技术”与“人”在城市规划与制度化的设计中会被“硬性”地联结，在日常的实践或者说文化实践过程中，可以看到老年人在面对数字适老化的过程中采取的个性化的实践策略。“错置”并不是指主体与客体之间的错位，在调查的文本当中可以发现，数字技术与老年群体实际上互为主客，而“错置”则是体现他们存在于不同的维度当中，因此在文化实践中产生了诸多问题。

拉图尔反对“自然—文化”“主体—客体”这样的二分法，并借由塞尔斯

① ［法］贝尔纳·斯蒂格勒：《技术与时间：爱比米修斯的过失》，裴程译，译林出版社 2012 年版，第 8 页。

② ［美］约翰·杜海姆·彼得斯：《奇云：媒介即存有》，邓建国译，复旦大学出版社 2020 年版，第 7 页。

③ 同上，第41 页。

(Michel Serres)关于准客体(quasi-objects)的概念,来揭示"主体和客体无法关联,但一切非人类作为准客体形成新的关系域"[1]这样一个客观事实,他进一步指出"我们研究的是行动中的科学,而不是已经形成的科学和技术"。[2]数字技术并不是"完成时"的概念,从社会经验层面看,它总会和生活领域中的不同人和事件交织,不断地实现技术的变化发展,因此在文化实践中的"悖论"并非偶然。在哈尔滨市有关数字适老化的调查过程中,可以发现不同的老年人在应对数字技术的时候所表现出来的不同情感态度与他们的行动策略。从生活层面看,已退休的企业职工Q女士,在退休群里经常会收到各种填报信息的要求。根据Q女士介绍,她们退休群里已经填写了多张表格,并且很多内容相似,但是由于信息保护等因素,她们被要求单独重新填写。矛盾之处在于,填写各种表格汇总本来是为了更好地服务退休职工,现在反而成为了她们的负担,有时候表格只能用电脑填写,对于手机使用尚且不熟悉的Q女士来说更加困难。她不得不求助自己在外读书的儿子帮忙填写,Q女士认为这种事经常打扰孩子等于是给子女添麻烦。开始群里负责统计的人说如果不填写影响了他们的福利待遇,责任自负。许多不熟悉电脑操作的退休员工干脆不填写以此表达不满,甚至说如果没人帮忙填写的话,一旦他们的福利待遇有什么问题,他们可以选择去"市民大厅"或者政府办公室去问,反正退休以后本来就闲。最后仍然是相关工作的负责人选择妥协,一切从简,用手写的方式由工作人员人工登记并输入系统。上述情况实际上在很多企业退休群里经常能够看到。

2020年疫情暴发以来,哈尔滨进行了多次集体核酸检测,虽然可以观察到许多老年人目前已经能够熟练地扫码,然而在2020年到2021年调查的时候发现,仍然有很多老人尚不能完全熟练操作手机相关程序。退休职工H女士自己介绍,由于家中子女在外地工作,自己独自一人生活,每次遇到核酸检测的时候,都需要其他人的帮助才能完成。她回忆有一次自己忘记怎么调出行程码,后面一个年轻人主动帮助她完成了扫码,她非常感谢年轻人的热心,但是H女士也表示,年轻人如果不帮助自己的话,实际上也会耽误他的检测

---

① 徐旭:《解蔽技术现代性——风险认识论视域下对拉图尔重置现代性的回应》,《科学技术哲学研究》2021年第5期,第90页。

② Latour B. *Science in action*: *How to follow scientists and engineers through society*, Cambridge, MA: Harvard University Press, p.218.

速度，所以她认为实际上都是相互帮助。很多老人时至今日也还是依赖他人的帮助，而不是自己主动接受数字技术。2022 年 4 月到 5 月期间，在淮安市乘坐公交车需要扫描“行程码”才能上车，司机负责测体温，另一位工作人员则负责监督行程码并随身携带纸笔，因为很多老人不能熟练使用手机，只能由老年乘客自己去填写相关信息。

“近年来，各种小型智能数字设备开始流行，它们的外形如同黑匣子一样让用户对其内部技术不明就里，但其操作却需要用户动手动脑。”[①]调查的过程中，一位坚持使用纸币支付的老人对笔者调侃地说道：“他们总讲‘人工智能’，现在终于懂了，一半是‘人工’，一半是‘智能’。”数字技术领域，或许老年群体是“边缘”的服务对象，但是从社会伦理的视角看，尊老爱幼是我国的传统美德，老年人群体在社会生活中依然拥有崇高的社会地位。实际上很多老人看似“倚老卖老”，对数字设备有抵触情绪或者不积极配合数字化的工作，然而从调查来看，实际上他们都在试图努力摆脱所谓的“sense of lateness”，但是数字化的速率以及各种变化发展却是他们难以追赶的。还有老人积极地尝试去接受数字适老化，在调查过程中发现甚至有的老人还因轻信网络诈骗遭受了经济损失。诚如 Q 女士所介绍的那样，一些老人本身有基础疾病和退行性病变，很多老年人的视力和听力都不能够和年轻人比较，甚至手机设备他们都无法经常使用，尽管为了不给子女“添麻烦”，他们会努力地去用自己的办法适应数字技术的变化，但是其结果恰恰导致了更多的不便。对于很多老年人来说，他们需要的是人们的陪伴和交流，而不是冰冷的数字设备，数字技术对于他们来说并不是生活的“必需品”，有时候甚至还成了负担。

数字技术的适老化实践其初衷是希望帮助老年人适应数字化时代的变化，但是从现实层面看，“技术服务于人”还是“人适应数字技术”的争论在适老化的文化实践中被放大，而其中的“主客”关系也会发生各种“错置”，这里使用的“错置”而非“倒置”，其意在说明这种“主客”关系并不是发生在同一维度。虽然数字技术的现代性正在本体论层面制造虚假的断裂，而现实生活实际上正不断地被“拟客体”(quasi-objects)和“拟主体”(quass-subject)所“填充”，[②]数字技术若无法“融入”文化实践，则无法成为老人所需要的技术。诚然，数字技

① [美]约翰・杜海姆・彼得斯：《奇云：媒介即存有》，邓建国译，复旦大学出版社 2020 年版，第 41 页。

② 张意梵：《超越自然与社会的分裂——拉图尔的知识论研究》，《重庆理工大学学报》(社会科学)2019 年第 11 期，第 141 页。

术为适老化的发展提供了一个理想方案，可从实际层面看，老人们依旧可以通过自身的行动策略去弱化数字技术的“支配”，他们对数字技术的实践与“改造”，可能反而会造成城市数字化与现代化的“不便”。所谓“主体”和“客体”若不在同一维度则无法产生互动，如果数字技术继续维持理想的纯化实践而不顾及生活领域的现实，另一方面老年群体则持续在现实生活中践行着固有的文化实践，那么文本中呈现的“人工”加“智能”这样“不伦不类”的情况依然会在数字技术适老化的过程中不断出现。

（三）“数字鸿沟”中的“边缘”再造

通过文化困境来分析“数字鸿沟”（digital divide）现象呈现出的老年群体的“边缘性”塑造，可以看到“边缘”当中的两重意涵，其一是基于“中心—边缘”二元结构当中所指代的“落后”意向；其二是从“人”与“技术”遭遇所产生的“边缘”，而“鸿沟”的意向指出了复数的人与数字技术之间的“距离”。有研究者认为将数字鸿沟具体分为“是否接入互联网导致的‘接入鸿沟’、信息技术使用差异导致的‘使用鸿沟’以及互联网使用造成不平等导致的第三道鸿沟”。①安吉利杜（M. Angelidou）从数字技术与城市建设的角度，指出“智慧城市是信息化与城市化深度融合的产物，是城市化进程的高级阶段”。②数字技术的设计与规划当中，理性与规划替代了差异性与偶发性。还有学者就数字技术的技术层面、使用主体层面以及监督层面三个维度对老年人“数字鸿沟”现象进行研究，首先是技术层面长期忽视老年群体，缺乏建构性评估，没有真正做到对数字技术伦理编码与现实技术的负载，使得老年人处于被动。③其次是主体层面归咎于所谓的老年人缺乏数字素养造成的数字鸿沟，最后是从监管层面指出缺乏相对应的机制来克服数字鸿沟问题。数字技术的理想模型下，日常生活与人们的变量因素被排除在外，而这种忽视也造成了“数字鸿沟”中老年人群体被视作数字时代“边缘人”的情况发生。

数字技术对年轻人的“青睐”往往造成了老年人群体作为“对照组”而被置于数字时代的“边缘”位置，其特质是数字时代的均质化标准来定义“便捷”，而

---

① 杨勇、邬雪：《从数字经济到数字鸿沟：旅游业发展的新逻辑与新问题》，《旅游学刊》2022 年第 1 期，第 4 页。

② Angelidou M., “Smart city policies: A spatial approach”, *Cities*, Vol.41(2014), pp.S3-S11.

③ 徐敏睿、胡景谱：《弥合老年群体数字鸿沟的预期技术伦理探索》，《佛山科学技术学院学报（社会科学版）》2021 年第 6 期，第 32 页。

对于差异性忽视，没有充分考虑到老人是否能够同样适应。研究者指出，数字技术在适老化的伦理风险中，隐含着“技术至上”弱化人文情怀的风险。[①]2022年4月举办的数字适老化网络讲座，与会者提出了不同的看法，主讲者提出了利用虚拟技术，比如VR眼镜等设备，实现老人与外地子女之间的沟通与交流，这样可以推进数字适老化的发展，也能够加强彼此之间的联系。会后笔者和G先生进行了访谈，G先生的父母退休在老家生活，他常年在外工作，和老人每周通话，G先生表示讲座中所提到的VR眼镜对他而言是很难接受的，先不说设备价格差异，单是从老人患有眼疾的角度说，这就无法实现。还有设备如何操作等等，都是现实问题。数字技术的理念虽然很好，然而G先生却认为，他和父母之间缺少交流绝对不是因为缺少一副VR眼镜这么简单的原因。老年人在数字技术时代的边缘化，使得他们的主观意愿往往不被接受和理解。事实上人们进行网络互动的时候可以减少更多的“情感带宽”(emotional bandwidth)[②]，数字通讯设备的初衷是为了高效便捷，数字通讯可以实现空间距离的压缩，但却不能对通讯时间进行压缩，父母和外地的子女可以通过数字实现便捷的沟通，但是他们却无法占用更多的时间。虚拟技术对于年轻人而言也许是一个“进步”的标志，但是将其视作老人的需要，这种态度呈现的正是所谓老年群体“边缘性”的体现，适老化成了数字技术的“附庸”。同样是2022年4月，哈尔滨市的Q女士给笔者推送了一条新闻，题目是“反向扫码”，内容是在黑龙江省的齐齐哈尔、伊春、大兴安岭等地，没有智慧型手机或者不会操作手机的老人，只要佩戴纸质版的卡片，由进出场所的工作人员扫码，就能极大便利老人的出行。但是新闻当中也说明了，这些城市或地区老年人比较多，而且这种“静态扫码”的技术需要多方面的支持与配合，从技术发展的角度仍然需要一段时间，所以还有很多城市目前并没有实现“反向扫码”。

综上看来，数字技术事实上可以做到从老年人的需求出发，实现数字适老化的发展，但是需要付出更加高昂的成本与技术手段支持。以“反向扫码”的事件为例，从2020年疫情开始到2022年期间，数字技术快速发展，然而直到疫情发生的两年之后，老年人的相关需求才得到越来越多的关注，实现了从“扫码”到“反向扫码”的变化。这种变化当然与社会对数字适老化问题的关注

---

① 王张华、贺文媛：《智慧养老的伦理风险及其消解》，《天津行政学院学报》2021年第6期，第49页。

② [美]约翰·杜海姆·彼得斯：《奇云：媒介即存有》，邓建国译，复旦大学出版社2020年版，第300页。

以及数字技术的发展密不可分,但是从另一面看,"数字鸿沟"中的老年人群体依然被数字技术视作"边缘"而不被关注。从技术理性的层面看,真正实现数字适老化所需要的成本和开销是高昂的,然而老年人群体并不是数字市场的主要消费群体,因此也会导致"数字鸿沟"的持续扩大与恶性循环,有关数字适老化技术开发延宕,老年人持续对数字技术的疏离,"数字难民"主观感知度加深从而形成"习得性无助"。①数字技术可以持久地在"数字鸿沟"中再造"边缘",人类会随着时间的推移而衰老,但数字技术却可以"永葆青春"并焕发活力,当代青壮年中的数字焦虑问题已经不容小觑。数字技术可以持久地形塑所谓的"中心—边缘""主流—非主流",通过"数字鸿沟"来继续弱化所谓的"边缘"的话语权。

数字技术对于便捷高效的合理化,事实上是对老年人有关数字权益的剥夺,老年人群体的数字技术诉求,对数字技术应用实践带来的"不便",反而是对数字技术"超越性"的有力反击。在上述的民族志描述中,可以看到人们对于"数字鸿沟"中老年群体的定位往往与所谓的"落后"的形象关联起来,却忽视了在"人"与"技术"的交错中,作为复数的"人"亦是在"数字鸿沟"当中,也是身处于数字时代的巨大"沟壑"与文化困境之中。

三、便捷"悖论"的反思:城市数字适老化的思考

"现代人并没有失去与天空的联系,只是已经从关注常数转移到关注变量,从关注星星转移到关注云层。"②所谓数字化便捷的"悖论"并非技术理想与文化实践之间相向而行的冲突,恰恰相反,"悖论"的产生源于现代数字技术先于文化实践,文化和技术的离异才构成了"先进—落后"的结构,"技术比文化进化得更快。这就产生了超前和落后,二者之间的张力就是构成时间的伸展的典型特征"。③关于"数字鸿沟"的中的"断裂",呈现的是"技术—人"这种本体论性质结构中的断裂,现代性扮演着重要角色。"文化"与数字生活的研究,或许能够"弥合"这种断裂,但是前提条件是对问题根源地清楚认识与判

---

① 徐倩:《老龄数字鸿沟根源剖判与数字包容社会构建方略》,《河海大学学报(哲学社会科学版)》2022 年第 2 期,第 96 页。

② [美]约翰·杜海姆·彼得斯:《奇云:媒介即存有》,邓建国译,复旦大学出版社 2020 年版,第 417 页。

③ [法]贝尔纳·斯蒂格勒:《技术与时间:爱比米修斯的过失》,裴程译,译林出版社 2012 年版,第 18 页。

断。从数字便捷的“悖论”当中，笔者尝试由文化研究视角提出对“断裂”和“弥合”的反思。

(一) 城市数字适老化过程中的“文明化工程”

郝瑞教授(Stevan Harrell)所提出的“文明化工程”(Civilizing Projects)中，开宗明义地指出文明化是中心(core)与边缘(peripheral)，不同人群之间的一种互动，但是这种互动并不“平等”。文明中心的人们要求“边缘”群体不断地适应所谓的“文明化”，不断地提高他们的“文明”程度，使其不断地接近文明中心的文明化程度。文明的中心对边缘有着界定的话语权(The Hegemony of Definition)。①有关西南地区“直过民族”的研究中也可以看到，虽然当地政府提供了基础设施的建设与维护，帮助少数民族实现现代化，但是过去在基础设施遭受损坏的时候当地人往往会依靠当地政府，而不是自己去维护。这种情况与数字化时代老年人的“习得性无助”有着惊人的相似之处。不同之处在于，过去“文明化工程”的“中心—边缘”是从文化与地理空间的视角进行解释，但是在数字技术的时代，数字化的“文明化工程”显然不再受到时间与空间的严格制约，数字技术试图通过技术的合理化实现社会标准的合理化，完成数字技术的霸权，并经由数字资本的全球化扩张来实现属于数字技术的“文明化工程”。

哈贝马斯(Jürgen Habermas)指出现代技术的诞生出现了所谓技术力量的“倒置”，过去技术在人和自然的关系中扮演着解放人类的力量，如今却变成了政治统治手段。②数字技术的合理化造成了不可避免的扩张，面对数字的全球化扩张，阿尔君·阿帕杜莱(Arjun Appadurai)所描述的全球化图景中指出的那样，在全球化的复杂空间动力下，全球景观呈现出更多的断裂。全球化虽然不等于文化的同质化运动，但是却涉及系列的同质化的工具的运用，当被地方性的政治经济与文化经济吸收后，却反而成为异质化的对话对象。③数字资本主义的全球化扩张依然不可避免，从过去的互联网到如今的“元宇宙”(Metaverse)概念的出现，数字技术试图冲破虚拟与现实之间的张力，最后通过

---

① Harrell, Steven. *Cultural Encounters on China's Ethnic Frontiers*. *Cultural encounters on China's ethnic frontiers*, Washington: University of Washington Press, p.8.

② [法]贝尔纳·斯蒂格勒:《技术与时间:爱比米修斯的过失》，裴程译，译林出版社2012年版，第13页。

③ [美]阿尔君·阿帕杜莱:《消散的现代性:全球化的文化维度》，刘冉译，上海三联书店2012年版，第55页。

技术的合理化达到社会合理的标准，以“现代”“文明”等宣传为掩护，遮蔽数字技术霸权的扩张运动，进一步扩大“先进—落后”的断裂，试图通过改造所谓的“边缘”(peripheral)来最终实现数字技术的支配。

然而事与愿违，从郝瑞教授有关“文明化工程”的研究可以看到，在现实领域中，所谓的“文明化工程”尚且遭遇到文化互动所带来的多重影响，数字技术试图突破虚拟和现实的“壁垒”所要试图完成的目的更加困难。数字技术的全球化，与阿帕杜莱的所指相似，终究是全球同质化的运作，在进入不同的文化空间与生活领域时，必然会与地方性的异质化相遇。尽管数字技术通过城市空间的现代化工程，通过现代性塑造了本体论层面的某种“断裂”，或者我们已然看到的所谓“数字鸿沟”，但不可否认的是拉图尔指出了现实生活领域充斥着众多的“准客体”与“准主体”不断增殖来填补这种断裂。本文中适老化过程中老人的实践以及他们对于技术的“改造”与使用，侧面反映了数字技术的“文明化工程”在现实领域的遭遇。通过数字适老化的研究，进一步警惕所谓的数字资本主义通过合理化达到对社会标准定义的企图，同时还要反思城市中的人们应当如何面对数字技术时代的城市现代化。

(二)“数字适老”抑或“适老文化”

数字适老化的初衷是为了解决当前广大老年人社会困境，特别是面对数字技术的时候，通过数字适老化的建设来满足老年人主体需要，更好地促进社会进步，同时基于智慧型城市建设与城市现代化的规划，将数字适老化的建设也作为了智慧型城市与城市现代化建设的重要指标当中。《中共中央关于制定国民经济和社会发展第十四个五年规划和二〇三五年远景目标的建议》中提出：“迎接数字时代，激活数据要素潜能，推进网络强国建设，加快建设数字经济、数字社会、数字政府，以数字化转型整体驱动生产方式、生活方式和治理方式变革。”[①]综上所述，数字适老化的提出实际上有着现实意义与社会发展的诉求在其中，利用数字技术手段，提升社会治理技术，提升老年人参与数字社会的建设初衷是为了能够实现城市社会的现代化建设，然而经由福柯(Michel Foucault)关于“身体”和生命政治(bio-politique)的研究可以看到，社会治理的对象是总体意义上的“社会身体”，通过“人口调节”技术来实现一系列的“预测”“调整”与“介入”，从总体层面对“降低发病率”“延长寿命”等方面的

---

① 罗淳:《“适老型”社会的提出与创建》,《晋阳学刊》2022年第2期,第35页。

干预，是“一种调节，而不是纪律”。[①]数字技术通过社会治理技术，重新嵌入社会的治理逻辑当中，成为了工具和治理手段，并实践对所谓的“社会身体”进行“调节”。基于福柯关于“身体”的研究，有学者指出从解剖学和生理学的角度而言，“人类的身体和思想都同时具有技术属性和文化属性”。[②]如同现代化与现代性的一体两面，即使技术层面实现了现代化的物质外壳，但是如果没有现代性的回应，这一切终究是空中楼阁。数字治理技术无论多么精细，数字技术无论多么先进，如果没有办法与社会生活领域中的人相结合，数字技术的“纯化”终究形同虚设。

无论是文化实践所关注的人们在日常生活领域的实践，还是文化技艺所观察的人与非人类行动者(actors)之间的互动，都将焦点聚焦于“文化”。技术的产生制造了“文化—自然”之间的某种区隔，但是从整体视角看，人类始终生活在自然当中，人类社会与自然不会随着技术的出现而完全断裂。数字技术的发明为社会治理提供了便捷的“工具”，但是在社会经验层面，它尚不足以完全实现预定的目的。“数字适老化”的表述中，始终是带有社会治理与技术主体性的色彩在其中，从实践层面看，通过文化的“转译”实践，数字技术与文化实践的结合才有可能在真正意义上实现所谓的“数字适老”。研究者指出“适老型”社会的创建，“是‘老龄化’社会情势持续加深的必然选择，是新时代社会治理模式的新建构”。[③]那么既然如此，所谓的“适老文化”的产生也应是必然，数字技术的适老化可以成为其中的重要组成部分，但这绝对不是“适老文化”的全部。除去所谓的技术手段，“适老文化”还应该包括“孝养伦理”“朋辈支持”“社会支持”等诸多人文情感的关怀部分，而不是数字技术所能够替代的。“适老文化”的表达可以有效地将数字技术与社会人文进行结合，在文化视角下，数字技术若要成为同时兼具生物性与人工性的文化技艺，首要条件是摒弃所谓的技术至上的思想，把有关数字化便捷的想象从中剥离，从社会经验层面探索数字技术的现实困境。唯有将人或者文化视作一种变量，才能够摆脱技术便捷的想象，尊重个体差异，逐步实现城市数字适老化的实践目标。

---

① [法]米歇尔·福柯：《必须保卫社会》，钱翰译，上海人民出版社 2018 年版，第 270 页。

② [美]约翰·杜海姆·彼得斯：《奇云：媒介即存有》，邓建国译，复旦大学出版社 2020 年版，第 291 页。

③ 罗淳：《“适老型”社会的提出与创建》，《晋阳学刊》2022 年第 2 期，第 36 页。

四、结　语

数字技术本身并不会产生所谓的“悖论”，只有当其与复数的人在生活领域遭遇之时，才能够产生“悖论”。文化是关于人和人的实践，因此技术的发明应属于文化现象的一部分，那些无法“映射”于生活领域的技术，严格意义上并不能称其为技术。数字技术已俨然成为了城市现代化的“代言人”，“解蔽”技术的日常化则需要特殊的反思视角方有可能揭示数字时代的真实。老年人群体作为“数字鸿沟”中的边缘群体，同时也是“人”与“数字技术”之间脆弱的“节点”。所谓数字技术的“边缘”不仅与“中心”相对，也呈现于“技术”与“人”交汇之处，虽然无法全景呈现出数字时代的全貌，但是经由人类学有关“边缘”研究的传统，可以理解数字时代其“边界”的所在。借由便捷化的“悖论”为题，对数字技术进行反思批判，试图描绘出人们在数字时代的诸般生存境况。

通过民族志的描述性分析，聚焦城市数字适老化过程中老年群体的文化实践，以数字时代城市现代化建设为背景，经由对数字技术便捷的“悖论”展开讨论，进而思考城市现代化建设中，数字技术的现代性对人们生活的影响。在数字治理逻辑的描述与分析当中，呈现出技术现代性与城市现代化对于人们生活的影响，由此观察到日常治理实践中有关技术便捷“想象”的依赖和无条件信任，反而造成了更多人力物力的消耗，无形中降低治理的效率。在有关老年群体与数字技术在生活领域“遭遇”的分析中，可以看到“主客错置”的情况，两者在日常生活实践中并不完全“适配”，老年人反而可以通过自身的行动策略“抵抗”数字技术的“支配”。有关“数字鸿沟”现象的探讨，不仅揭示了老年人在数字时代的“边缘人”位置，同时呈现出“数字技术”与“人”的遭遇在本体论层面制造的文化“鸿沟”，同样也是城市数字适老化过程中文化实践困境之所在。

通过上述分析，本文试图呈现如下几点反思与思考。首先，数字技术的“日常化”背后是数字技术的全球化与话语秩序的建构，通过嵌入城市现代化语境，以数字技术的合理性来重构制度设计的各项标准，数字技术的均质化对文化差异性带来的现实挑战。其次，“解蔽”数字技术可以通过“边缘”研究视角来实现。虽然“数字鸿沟”现象中老年群体被视作数字时代的“边缘”，然而文化意义上的“边缘”呈现于“自我”与“他者”的“遭遇”。适老化研究中，老年群体处于“技术”与“人”之间薄弱的“衔接点”，经由数字适老化研究中有关文化实践的探讨,可以重新审视数字技术与生活领域之间的问题。最后,数字技术便捷的“悖论”揭示了人们关于数字技术“想象”的依赖,对数字技术便捷化的想象仍然为时过早,数字适老化并不能替代人伦情感与社会人文关怀。通过文中案例可以看到那些试图将社会责任交付于数字技术、尝试利用数字技术减少劳动量的做法最后适得其反,成为了数字便捷化“悖论”的佐证。或许唯有当人们能够反思技术现代性,明确数字技术对“人”的意义与价值之时,才能够真正破解有关数字技术“便捷”的迷思。

Convenient “paradox”: the Cultural Dilemma of Urban Digital for the Elderly Practice

Abstract: The “paradox” of the convenience of digital technology lies between the “advance” of technological imagination and the “backwardness” of cultural practice. The “paradox” lies in the false fracture caused by the divorce between “technology” and “culture”. Digital technology has become the “spokesperson” of urban modernization, and the “uncovering” of digital technology needs a unique analytical perspective. As the “edge” of the “digital divide”, the elderly group can sketch out the outline of the digital technology era and present the “boundary” and limitations of the digital technology field from the perspective of the weakest “edge” in the “technology—human” structure. The “paradox” about the convenience of digital technology appears when “technology” and “people” encounter in the field of life. Through the dilemma of cultural practice in the process of aging, we reflect on the impact of digital technology on the shaping of modern urban society and the rationality of technology. The description of many difficulties of the elderly in digital imagination and cultural practice reflects the picture of urban cultural changes in the digital technology era and people's living conditions in the digitalage.

Key words: Digital Technology; Digital for the Elderly; Urban Culture; Modernity

作者简介:乔纲,淮阴工学院人文学院讲师;杨海林,云南省少数民族语文指导工作委员会办公室助理研究员。

艺术中的都市文化

试论王铎临古与艺术评价中“追颜褒赵”的行为逻辑

林敏华

摘　要:颜真卿、赵孟頫是中国书法史上的两个大家,但作为人臣,他们又分别身负“忠义”“贰臣”之名,故形成一种历史化的德艺镜像,反照出入清后身陷降清“贰臣”诅咒的王铎的心结。从那时以来,王铎极力将自我形象的建构寄托于书家身份,而尽量淡化其政治身份。其在临古和艺术评价中“追颜褒赵”的行为,便出自其身份焦虑,蕴含了其自我辩解的策略。这种策略是通过王铎对颜、赵两人采取不同的评价标准实施的:他临颜楷而扬其“忠愤”,褒赵书而轻其节亏;前者结合了伦理评价,后者却完全采取艺术评价。经过这一番操作,在王铎心目中,颜、赵两人的历史地位便能等而视之了,而他自己也建构起了一套心理防御机制,以抵御其“贰臣”身份对其书法大家地位的消解。

关键词:王铎　追颜褒赵　身份焦虑　行为逻辑　心理防御机制

唐代孙过庭在《书谱》中说:“若思通楷则,少不如老;学成规矩,老不如少。思则老而愈妙,学乃少而可勉。勉之不已,抑有三时;时然一变,极其分矣。至如初学分布,但求平整;既知平整,务追险绝;既能险绝,复归平正。初谓未及,中则过之,后乃通会,通会之际,人书俱老。仲尼云,五十知命,七十从心。故以达夷险之情,体权变之道。”①尽管孙过庭是就书法中的“平正”与“险绝”的

① (唐)孙过庭:《书谱》,《历代书法论文选》,上海书画出版社1979年版,第129页。

视觉关系展开议论的，可是如果我们把它回放到中国古代书法的价值系统中，就立刻能够发现其超形式观的意向。苏轼亦云："凡文字，少小时须令气象峥嵘，色彩绚烂，渐老渐熟，乃造平淡。其实不是平淡，绚烂之极也。"[①]文如此，书亦然。可是其支撑点不在别处，而在人生的"渐老渐熟"和"绚烂之极"。顺着这个逻辑，"知人论世"就不得不成为一种评判书法家地位乃至书法作品价值的方法论了。王铎在降清后之所以对其书家身份产生焦虑，观念渊源即在于此。

虽然被名列《贰臣传》，是发生在王铎身后的事件，但在崇尚"忠义""名节"的传统氛围中，其生前对此早有预感。这带给他沉重的心理负担，促使他到书法的天地里去寻找屏障，构建其心理防御机制。其"追颜褒赵"的临古和书学评价，便能以小喻大，见出其所构建的心理防御机制之所在。

一、临颜楷中的伦理独白

王铎认为，继"二王"之后，唐代诸家、宋代米芾堪称典范。其中，颜真卿的地位得到了可以推崇的地步。在他为后生子弟临写的一系列法帖中，颜真卿《鹿脯帖》[②]《朱巨川告身》等作品跃然在目。[③]他自己也以虔诚的临摹和拟写，躬身践行了对颜书的提倡。

相比于跌宕恣肆的行草书，人们经常忽略王铎的楷书造诣。其实，王铎对楷书同样着力甚深，并与其尚"奇""古"的美学观念并行不悖。王铎的小楷以钟繇为根基，大楷则直取颜真卿而融变之。后者特别显示出其身世际遇的变化。其传世作品中有多件临拟颜真卿风格的作品。这些作品敏锐地捕捉到了颜真卿楷书中"拙"的趣味，其荡尽巧饰、用笔厚重、结体支离的作风，足以与历代别的习颜者拉开距离。

---

① (宋)彭乘辑：《墨客挥犀》，《历代史料笔记丛刊》，中华书局2002年版，第203页。

② (明)王铎：《临帖卷》，行书，尺幅：16.5厘米×147.8厘米，苏州博物馆藏。

③ 崇祯十三年(1640)立春之夜，四十九岁的王铎为一位以"元老"为号的亲家书写一件临帖横卷。卷中包括《阁帖》中的王献之《二十九日帖》《江东帖》《鹅群帖》和《汝帖》中的虞世南《三宝弟子帖》，以及《忠义堂帖》所收颜真卿《鹿脯帖》。崇祯十四年(1641)，王铎又为杨嗣修之子杨挺生写了《法书染翰目》《画图品目》长卷，意在以前辈身份，为杨挺生指点前代法书。除了十余通米帖外，颜真卿的楷书《朱巨川告身》也在其中。王铎向杨挺生强调了师古的重要性："书不师古，便落野俗一路，如作诗文，有法而后合，所谓不以六律，不能正五音也。……故善师古者不离古，不泥古；必置古不言者，不过文言不学耳。"见王铎：《临帖卷》，行书，尺幅：16.5厘米×147.8厘米，苏州博物馆藏。

崇祯八年(1635),王铎在赴南京翰林院就任途中,在商丘城外开元寺的古亭八关斋中瞻仰了唐大历年间刻在八棱石幢上颜真卿所书的《八关斋八面碑》,[1]因以赋《观宋州城外古寺亭中鲁公书八关斋八面碑》诗云:“下马蕉衣野露娟,华栏碧础尚依然。不惟抗节留天地,还有濡毫护蜿蜒。吊古偏伤鸣叶里,怀人空叹石碑前。休言老木经龙嗅,欲理瑶筝弄紫烟。”[2]诗中表达了王铎对颜真卿的忠义之气之百世流芳的敬仰,认为《八关斋八面碑》不仅是颜真卿书法的丰碑,也是镌刻其精神气质的丰碑。

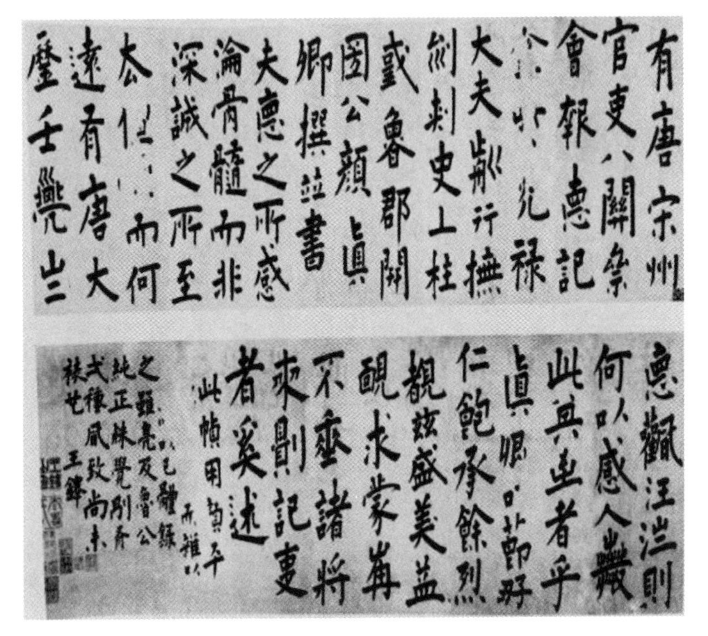

图 1　(明)王铎《宋州八关斋会报德记》,楷书,纸本手卷(局部),尺幅:45.5 厘米×2097.5 厘米,朵云轩 2013 年秋拍。

今传王铎书法作品中的一则楷书《八关斋会报德记卷》(图 1),当作于此时,乃为其八关斋记游的题跋,其中颇多王铎奇字。文章主要是在称颂颜真卿的道德高风。其评语遵循了对颜真卿书法的传统看法,将其与有唐烈士超越书法的地位联系起来。据其落款,他在追摹颜真卿笔意时力图掺入个人笔法。他将颜书的雄肆端庄转为峭立支离,且强化了字与字之间的组合,具有行书化

---

① 据康熙《商邱县志》记载,宋权曾为此碑建了碑亭。

② (明)王铎:《峥嵘山房与诸亲友登其峰等诗文手稿》,洛阳博物馆藏。

的章法。这体现了王铎中年后师古而不泥古的一贯主张。而他也自矜于其临作的别有风致。①

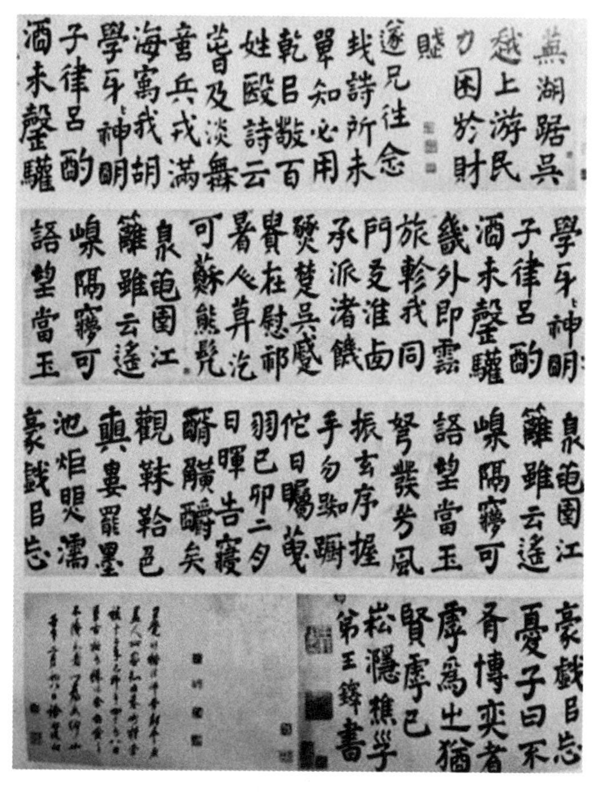

图 2 (明)王铎:《自作五言诗卷》,楷书,纸本,尺幅:27 厘米×252 厘米,宋荦旧藏、徐邦达跋,著录:瀚海 02 春 1038。

王铎的传世楷书还有多件是以颜体风格书写的。例如宋荦旧藏的横卷《自作五言诗卷》(图 2),较《八关斋会报德记卷》用笔远为浑厚圆熟,表明其对古拙风致的追求有了进一步深化。②而其书于顺治六年(1649)的晚年作品《楷书卷》(图 3),亦可见明显吸收了颜真卿《麻姑仙坛记》的苍劲古朴意味,不唯骨力挺拔,不斤斤计较于点画绳墨,拙多于巧,点画也更为和缓醇厚,其中篆籀气

① 此作落款云:"此帧用颜平(原)□□,而杂以□□,以己体录之,虽□及鲁公纯正,殊觉别有一种风致。尚未裱也。"

② 据卷中所留徐邦达跋,此作书于崇祯十二年己卯,当为王铎在北京詹事府任詹事时期。同一年,王铎在北京琅华斋还临写过颜真卿的《刘中使者帖》。

扑面而来，体现了王铎入帖出帖的高超能力。[①]

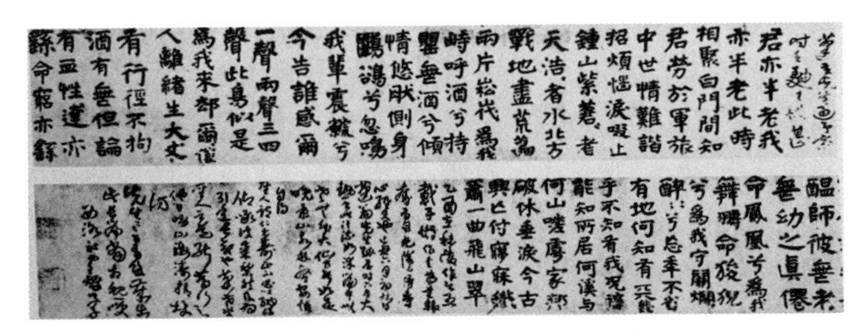

图3 (明)王铎：楷书卷.纸本.尺幅：33.5厘米×408厘米，故宫博物院藏。

二、扬颜氏“忠愤”中的自我塑造

崇祯七年(1634)，王铎先后四次为宋权所藏颜真卿《争座位帖》作跋并题签条。在一则跋文中，他不但赞誉此帖用笔变化莫测，而且极言颜真卿继“二王”之后的重要地位，言其“后无继者，宇宙内不可易得也”。[②]在另一则跋文中，王铎在赞赏颜真卿表现“唐室铁骨力”的同时，还回溯史实，评价郭子仪与鱼朝恩“争座位”的故事，指出这则轶事不见于《唐书》记载。王铎似乎对这段考证颇为得意，自诩为颜真卿知音：“清臣行草若不经意，往往鼓吹山阴父子及晋齐诸家。此帖神全气周，不见石斑剥蚀，身无疥疡之患，与《澄师》《李夫人》二帖法同，独是争君容鱼朝恩坐位，侃侃于郭令公之前，伟哉！劲气凌千古矣。……而此帖流于后，从来宝物。正气，埋之崖土，沉之江水，欲不发光，怪得乎！清臣地下闻予此言，应为之折屐矣。”[③]到了崇祯十四年(1641)，王铎在为杨挺生所藏的《争座位帖》的另一拓本题跋时，又重提宋祁、欧阳修主持修新旧《唐书》中对郭子仪“争座位”事实的疏漏。其云：“坐位乃郭英乂所谓定襄也，争之一事，新旧《唐书》皆不载，刘昫、宋祁、欧阳修乃竟遗之如此，千古可

---

① 此作题有长款：“乙酉在秣陵作之五载，予懒作书，为书辄夺日月光阴，不得专心经史也。己丑六月初九日，时大热，书此汗流如沐。篇中无老无幼，大仙方能如是晚景，山林泉壑，安恬自得。”

② 王铎跋曰：“《座位帖》多漫灭者，岁久石渐磨，已足使人踊跃。观斯册焕然照人目睛，夺人神意，毫发毕出，如龙戏海，出没变化，莫知所至，观止矣。二王、颜清臣皆升堂入室，后无继者，宇宙内不可易得也。”见王铎《跋宋权藏颜真卿争座位帖》拓本，楷书，尺幅：39.5厘米×23.4厘米，日本藤井有邻馆藏。

③ (明)王铎：《跋颜真卿争座位帖》，章草，日本藤井有邻馆藏。

叹。字法之变幻不待语言矣。”[①]再一次表达了对发现这一材料的自得之意。

颜真卿的碑刻在明代尚存较丰。崇祯九年(1636),王铎在句容茅山又访得一件颜氏碑刻,为之作诗曰:“古体森开张,铁干耸林薄。……引望庄严发,奇画精魄托。谛观敬心生,鲠贞耀文若。”[②]景仰之情溢于言表。他对颜真卿以书法意象演绎“忠义”观念表示敬佩,是承袭有宋以来评颜的话语传统所致,但这并不包括对颜真卿诗文水平的评价。在针对《争座位帖》的又一则题跋中,他写道:“读清臣文集,诗文甚寂寂,尺牍絮而逦拖。既举制科,又入文词清丽科,亦不能兼长耶?书法何间然乎?”[③]在他看来,颜真卿诗文寂寥无传,尺牍行文拖沓,居然还能制科出仕,并能入“文辞清丽科”,是颇为奇怪的事。

可见,以评价《争座位帖》为标志,王铎之评颜真卿表达了四个观点:其一,颜真卿书法为“书家龙象”;其二,颜真卿忠义之气千古流芳;其三,颜真卿诗文成就远不及其书法;其四,《争座位帖》具有文献价值,可补史书之阙。不过,到了康熙十年刊刻的王铎《拟山园选集》中,《跋颜鲁公争座位帖》文本则删去了第三项:“新旧《唐书》皆无争座位事,仅见于石刻。……噫,孰知其用心足以匡国,足弭祸也乎。……今观公书法,根本二王,变化如龙,楷之精,行之神,书所造深且如此。呜呼,公书即不深造,独足令人想见忠愤,况艺文又若斯乎?”[④]可见,王铎在入清以后便开始隐去对颜真卿文辞的批评,完全回到了以“人品”主导“书品”“文品”的标准上来了。

正是基于这个主导标准,到了明清时期,颜真卿的书法地位与日俱增。朱长文《续书断》将颜真卿书法列为“神品”,其所述理由具有典型的代表性:“其发于笔翰,则刚毅雄特,体严法备,如忠臣义士,正色立朝,临大节而不可夺也。扬子云以书为心画,于鲁公信矣。……惟公合篆籀之义理,得分隶之谨严,放而不流,拘而不拙,善之至也。”[⑤]其实,在大明的朝堂之上,王铎也有过不与阉党同流,曾冒廷杖之险进言等行迹。虽然在传统士大夫眼中,这种诤谏之举与王朝鼎革之际的“死节”比较起来不过是“细行”而已,但这也说明其原本并非

① (明)王铎:《跋争座位帖》,行书,日本藤井有邻馆藏。
② (明)王铎:《拟山园初集》(五古卷六)茅山颜鲁公字碑,河南省图书馆藏明崇祯刻本。
③ 薛龙春:《王铎年谱长编》(上册),中华书局2019年版,第278页。
④ (明)王铎:《拟山园选集》(卷三十九)跋颜鲁公争座位帖,国家图书馆藏清顺治十年刻本。
⑤ (宋)朱长文:《续书断》,《历代书法论文选》,上海书画出版社1979年版,第324页。

全无胆识节操，其内心对颜真卿的人品和立身行事原则也是真诚认同和由衷钦佩的。他之所以不失时机地表达对颜真卿“忠愤”气节的褒扬，也许是要传达一个潜台词：他自己虽然在世道激变中作出了软弱的选择，但并不等于他的道德观念的根本性蜕变，他正是要以颜真卿的形象来重塑自我，向世人表白其人格理想的底蕴。近人胡小石在 1944 年为王铎的行书《自作诗》所作的题跋指出：“孟津草书飞腾挥霍，几突大令之藩，非徒冠冕朱明一代已也。晚为降臣，乃时时有颓唐之迹。此册题丙戌端阳，则未易代所作，其沉着倔强处，可以窥此老用心之苦。书人遭际如是，亦可悲矣。”[①]言语中流露出对王铎命运的同情。胡小石的话启发我们认识到，王铎的可悲命运既有其性格的原因，也客观上源于其生不逢时。其晚年书法中的颓唐之迹与其“沉着倔强”之处，是一种纠结与矛盾的痕迹，共同表征了他所付出的心理代价和寻找救赎的挣扎。

三、褒“赵书”中的心理寄托

在王铎临古和点评的前世书法家中，赵孟頫也是一个重要对象。众所周知，赵孟頫亦曾因变节仕元而身负“贰臣”骂名，王铎与之可谓感同身受，惺惺相惜。一些当代研究者为他们作出过辩护。有人认为，“赵孟頫入元以后将优秀的民族文化传播给少数民族民众，促进了民族交流与文化融合”；有人认为，王铎“仕清以后王铎沉湎于诗书，并未真正效力于清廷”[②]。虽然这些说法对赵孟頫和王铎来说已是“寂寞身后事”了，不过王铎生前煞费苦心的自辩，却为之提供了起点。

天启五年(1625)，王铎曾在范良彦书斋中为其所藏的赵孟頫画马题诗，诗中写道：“唐家狮子久销沉，旋毛胭脂无地寻……松雪王孙洒墨好，高鬃磊砢桃花扫。羞与八骏竞蒺藜，不向金粟空垂老。安得此马乘长风，将军雪夜刷辽东。腐鼠踏尽锦障改，徒爱神骏竟何功?”[③]诗中一面赞许了赵孟頫以复古而获得的绘画表现力，另一面赞扬了画中表现的为国家扫清边患的豪情。

大约在同一个时期，王铎还曾为赵孟頫山水画题诗，对其意匠经营颇为赞赏，认为其作品古意淋漓，境界甚高：“画中烟云辟万古，重嵪摩天流丹青。此

---

① (明)王铎：《自作诗册》，行书，尺幅：每开 25 厘米×15 厘米，见中国嘉德 2013 年秋拍。

② 樊颖：《贰臣书家的功过是非——以赵孟頫、王铎为例》，《美术教育研究》2015 年第 24 期，第 18、22 页。

③ (明)王铎：《拟山园初集》(七古卷一)过范子斋出子昂画马命即书，河南省图书馆藏明崇祯刻本。

是松雪赵氏意匠处,凿开山道金牛通……千载后,谁与俦,海风一叫天海秋。"[①]此时的王铎,年仅三十四岁,三年前刚刚考中进士,正当踌躇满志之时。在书画方面,则又因少负才名,于评骘前代名家颇为自信。此时,他对赵孟頫作品的评价,就似乎不大在意"人品"这个角度,而重在其艺术境界之高下。这与他同时考中进士,日后以忠肝义胆名垂青史的黄道周形成了鲜明对比。黄道周在为赵孟頫一件书法作品所作的题跋中写道:"赵松雪身为宗藩,希禄元廷,特以书画邀价艺林,后生少年进取不高,往往以是脍炙前哲,犹循五鼎以啜残羹,入阋门而悬苴履也。"[②]跋文中着重评价了赵氏的品德,将其视为空有虚名的人物,而对其书法的艺术价值不予置评,使用的是道德人格的评价尺度。

入清后,王铎多次为赵孟頫的书作题跋,但都是从艺术角度立论,并不吝使用褒词,而绝口不提"人品""书品"的关联性。顺治四年(1647)二月,56岁的王铎在为赵孟頫《洛神赋》所作题跋中写道:"此卷审观数日,鸾飞蛟舞,得二王神机者,文敏一人而已,鲜于枢、巙巙、危素皆不及,信是至宝。"[③]在对此作"审观数日"后,王铎对赵孟頫产生了深深的认同感。这种情绪颇为微妙,作为一位对颜真卿的拙厚与古意推崇有加的书法家,对"秀莹温雅"的赵书竟能有如此评价,令人颇感意外。[④]

这年夏天,王铎与贰臣同僚们造访了赵孟頫在北京的旧居。这是三百多年前的至元二十三年(1286),赵孟頫应元世祖召,离开杭州入大都为官所居的宅邸。王铎一行在邸中金鱼池饮酒作诗,后编撰成为燕集诗《金鱼池宴集》一卷。王铎在序中写道:"子昂旧址,还看如画之溪云;伯机动墟,谁洒有心之血泪;青衣一曲,空怜芍药之诗;白鹭几行,漫感芜城之赋。"[⑤]赵孟頫以赵宋王朝宗室的身份仕元,被打上了深深的"贰臣"烙印,王铎辈独推崇其书画大家身份并极力抬高其历史地位,其用心似乎不言而喻。

在北京,王铎遍览赵孟頫传世名作。顺治四年(1647)十月,王铎又为山东

---

① (明)王铎:《拟山园选集》(七古卷十二)题子昂山水歌,国家图书馆藏清顺治十年刻本。
② (明)黄道周:《石斋书论·书品论》,《明清书法论文选》,上海书店出版社1995年版,第402页。
③ (明)王铎:《跋赵孟頫洛神赋卷》,行书,尺幅:29厘米×223厘米,北京故宫博物院藏。
④ 赵孟頫此卷作于元大德四年(1300),当时已被收入清宫藏,见诸清代卞永誉的《式古堂书画汇考》和清内府秘藏《石渠宝笈》皆有著录。王铎当时在内府或睹此作。
⑤ (明)王铎:《拟山园选集》(文集卷三十四)金鱼池宴集序,书目文献出版社2000年版。

籍贰臣李若琳(？—1651)所藏趙孟頫《詹仪之诰身敕谕》作跋:“长安觏百史松雪卷，书小楷《赤壁二赋》《乐志论》《兰亭记》《菖蒲歌》，秀莹温雅，及睹雍来年翁家藏松雪画《詹仪之诰身谕书》，老干孤特，又一结法，当是文敏晚年笔也。玩之心怿，譬之华霍，耸立巍峨，培塿之阜，莫之颉颃。”①顺治五年(1648)五月，王铎又在赵孟頫《洛神赋》卷前题跋:“出自秘府金匮，始得见此光怪夺目，真沈泗之鼎复见人间。”②言词间将赵孟頫的成就提高到了雄视百代的地位。另外，乾嘉时期的钮树玉(1760—1827)在《校定皇象本急就章》曾录王铎对清内府藏赵孟頫《急就章》的评语，语曰:“松雪书法根矩晋人，毫发皆有本源。浑金璞玉，他书家家俱降等，不能并骖齐驱也。”③在此，赵孟頫俨然“二王”后的第一人了。

事实上，尽管王铎与赵孟頫二人都以“二王”为正统，高举“复古”旗帜，可是，联系其书法实践，两人的“复古”观却大异其趣。王铎溯源篆隶，师古不泥古，重视创变性;赵氏书风却取法“二王”形迹，偏于温润柔媚，创新意识淡薄。赵氏强调笔法，重运笔法度，王铎则强调字形结构和布局行气，重视风神气韵的表达。两者的书学观念可谓存在着巨大差异。可是，王铎对赵书的评价却采取了完全褒扬的态度，形成了言与行的悖论，这不能不说屈从了某种无奈，包含了某种心机。

王铎的这种更微妙的深层心理，特别反映在他对赵孟頫晚年书迹的品评中，这恰是二人同为降臣、自认晚景颓唐之时。在为李三才所藏的赵孟頫画作的题跋中，他写道:“此画秀润，山峰水口树纹，又一笔法，似仿吾家摩诘意象，当是晚年合作，李淮抚以六十金购得。子昂在当时多忌，其畏罪忧讥，不减摩诘闻凝碧池奏乐时也，而寄与笔墨以为韬晦。夫当时扼抑之而后世伸其声价，六十金求一存纸，惟恐不得。是时忌者复能扼抑之否耶？子昂学摩诘，得其神趣，四百年获此，又不啻得摩诘手迹欤。”④其与赵孟頫同病相怜之意昭然若揭，体现了他暗自引赵孟頫为知音，复以其艺术地位而自况、谋求自安的心理状态。对王铎而言，所谓“通会之际，人书俱老”，其秘密正

---

① (明)王铎:《跋赵孟頫詹仪之诰身勅谕二道一册》1647年;(清)梁诗正:《石渠宝笈》(卷二十八著录)，江西美术出版社2020年版。

② (明)王铎:《题赵孟頫洛神赋卷》，行书，尺幅:29厘米×223厘米，北京故宫博物院藏。

③ (清)钮树玉校:《校定皇象本急就章》，附有王铎跋赵孟頫正书、急就章，元和江标据原写本刻行。

④ (明)王铎:《拟山园选集》(文集卷三十九)跋赵吴兴，书目文献出版社2000年版。

在于此。

四、结 语

在“知人论世”、崇尚伦理批评的书学传统中，入清以后，身为“贰臣”却又十分看重其书家身份的王铎清醒地预见到自己的历史命运。他之推崇赵孟頫，自然有充足的理由。不过，就在他与周亮工、钱谦益、孙承泽、戴明说、龚鼎孳、曹溶、梁清标等人一道，大力推尊颜真卿①，又同时对赵孟頫不加选择地褒扬时，却难掩一种曲折的自辩策略。他企图通过真诚赞誉颜真卿，借其形象来重塑自我，向世人辩白其人格理想的底蕴；又企图通过对赵孟頫书法史地位地抬高，来寄托其同病相怜之思，为自己的命运开拓后路。如果说，对赵孟頫的临古与评价，更多地帮助他构建了个人私下的心理防御机制；而对颜真卿的评价，却将其领域完全扩大到了历史性的公共空间，演变成了他自己所希望的群体心理防御机制。这就是王铎之“追颜褒赵”行为的逻辑所在。

On the Behavior Logic of “Chasing Yan and Praising Zhao” in Wang Duo’s Ancient Practice and Art Evaluation

Abstract: Yan Zhenqing and Zhao Mengfu are two masters in the history of Chinese calligraphy, but as masters, they are also known as “loyal” and “Erchen” respectively, so they formed a historical image of virtue and art, reflecting Wang’s heart knot of the curse of the surrender to the Qing Dynasty. Since then, Wang Duo has tried his best to place the construction of his self-image on the identity of a calligrapher, while trying to weaken his political identity. His behavior of “chasing after Yan and praising Zhao” in the ancient times and art evaluation stems from his identity anxiety and contains his strategy of self justification. This strategy was implemented through Wang Duo’s adoption of different evaluation criteria for Yan and Zhao: he paid tribute to Yan Kai’s “loyalty and indignation”, praised Zhao’s books and belittled his losses. The former combines ethical evaluation, while the latter wed artistic evaluation. After this disposal, in Wang Duo’s mind, the historical status of Yan and Zhao can be regarded as the same, and he has also built a set of psychological defense mechanism to resist his status as a “second minister” to dispel his status as a calligrapher.

① 赵明:《书史中的“贰臣”书家批评观念探赜》,《中国书法》2017 年第 22 期,第 87—91 页。

Key words: Wang Duo; Chasing Yan and Praising Zhao; Identity Anxiety; Behavior Logic; Psychological Defense Mechanism

作者简介:林敏华,四川大学艺术学院中国书法研究博士研究生。

人言关系中的“苍式”风格

查常平

摘　要:在中国当代艺术家群中,苍鑫多以具有呼唤功能的符码为元素进行创作。根据“世界关系美学”理论的互动诠释方法,基于人是一个语言生命体的理念,本文主要考察了2020年“恒常与异变:苍鑫个展”中的作品,竭力敞现他在人与语言的关系中的人我关系、人史关系等诸种维度中的互动诠释。

关键词:世界关系美学　人与语言的关系　人我关系　人史关系

在根本上,人是一个语言生命体。这里的“语言”,不仅包括能够生成一定单词意义的字母,还包括带着特定象征意涵的符号,甚至包括一切具有强烈呼唤功能的符码。这就是当代艺术家苍鑫的近作传递给艺术爱好者们的信息。

苍鑫的《语义密码的能量》系列(2019),一张主要由十字形、三角形、圆形等炼金术符码构成,另外三张的主体图式分别主要由梵文、古希伯来文、卢恩文的字母构成。天使般的人兽欢庆在炼金术符号中,有意义与无意义的卢恩文字母从人脑中迸发而出,生机勃勃的植物扩展在23个希伯来文字母下方与卡巴拉智慧树左右呼应,男女人体的解剖图连接于梵文两端,都一再表明人所存在的世界的奥秘性与宗教性。除了对称的结构形式本身外,它们甚至是无所指涉的,但又是无所不指涉的。其实,在符号语言体系中,每个字母的能量,贯穿于它所构成的语词中,实现于它所遵从的语法规则中。这里,语词与语法互相生成,语词为语法提供基本的表达动力元素,语法给予语词以开放的、特定的表达界限。它们共同打开着其使用者所渴望听到、读到的世界图景逻辑，乃至为听者、读者创造一个新的世界。苍鑫的《圣符》系列(2019，见图 1)，把图形、图式、图色的对称美的艺术观念呈现得淋漓尽致，似乎是在从黑暗中绽放出金黄色的头形、手形、物形乃至几何形，悬于空中、铺于平面、互相纠缠，娓娓道说法术、瑜伽、祷念的力量。他改用《利维坦》初版的封面结构，在对想象中的蛇形怪物的束手就擒中释放出艺术家对自己的艺术的自信(《圣符》系列 13)。他的《梵文能量》《梵文唱诵》(2020)，表面上让人不知所以，但又仿佛借着人脑的冥想回荡着某种深远的回响，通过人眼的凝视唤起人心中某种深沉的回恋。

图 1　苍鑫:《圣符》系列 09，宣纸设色，134 厘米×71 厘米，2019 年，私人收藏

一、人言关系中的人我关系

苍鑫作品中所揭示出的语言的奥秘，其实在笔者所提出的世界图景逻辑中根源于人言关系的奥秘，根源于人作为意识生命体在萨满仪式中的能量交换(《能量道符号》，2020)，在信息的接受与消费输出中的奇思妙想(《意识物化的推演模型》系列；《量子松果体》，2020，见图 2)，根源于人体感官结构的特异功能(《隐蔽的能量》，2017)以及人本有的惊奇的语言习得能力(《语意新能》，2020)。植物的果核、神圣的几何体、变异的生命体，是反复出现在苍鑫这些作品中的原初元素，成为他探究各种人体奥秘的感性文化符号。他把这些自己臆造的生物体从现实的四维空间中抽离出来，安放在想象性的多维空间中，享受脱离地球引力的自在，任其自由飞越、穿行、攀爬(《量子虫》《矢量生命体》《维度原生体》，2020)。其实，所有这些由自然生命体、肉体生命体与文化生命体交融形成的、仿佛充满某种精神力量的生命体，都是在见证人作为一个意识生命体在空间语言想象上的能力与奥妙。

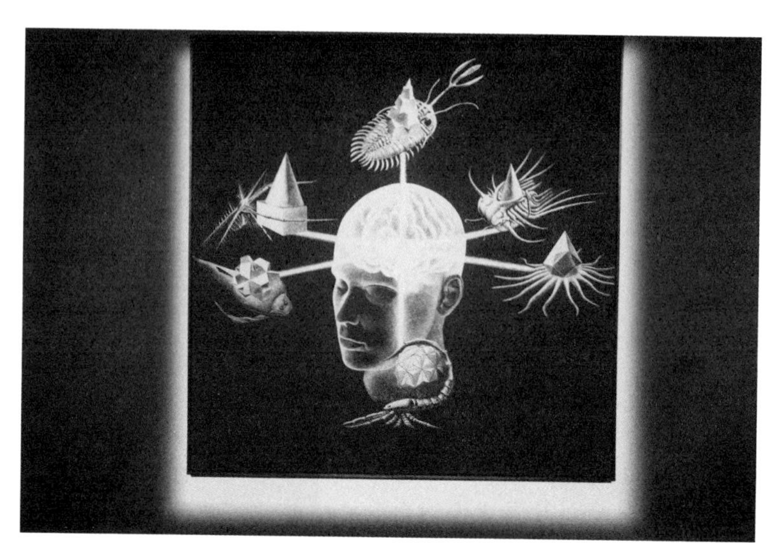

图 2　苍鑫:《量子松果体》,宣纸设色,136 厘米×136 厘米,2020 年

目前,席卷全球的新冠病毒,只不过是在客观上把人的这种意识生命的种种主观可能性外化出来。它们离开零号感染者,正在演变成一种神秘的传播与变异的力量,或演变成一种变异胜过遗传的力量,一种异在于人的力量。新冠病毒从哪里来?要到哪里去?如何寄生于人?这些类似于人生的终极性的难题,人类可能在很长的时间里都没有答案。也许是十年、百年,但愿笔者这样的预言不要成为现实!不过,我们从苍鑫关于如艾滋病毒似的相关作品(《变异体》《病毒神话》,2020)可见,它们依然遵循着一定的"病毒之道"(Virology)。凡是感染致病的病毒,其球面就带有锋利如尖刀的刺。在画面上,病毒从人的脊柱生长出来,穿越右手心,弥漫在人的大脑中,让健壮如牛的男士也步履蹒跚。显然,我们从中可见病毒从内向外的某种生长与变异的规律(如《病毒携带者》《原始病毒》,2020)。这就是所谓的病毒学作为生物科学得以被研究的前提,仿佛它们也在一位权能者的掌控之下。

人言关系中语言生命的奥秘、人我关系中意识生命的能量、人物关系中自然生命的变异,所有这些作为苍鑫近作的观念,都和他多年来致力于人神关系中灵性敞现的行动相关。他的《天人合一》系列(2007,见图 3)、《暗意识》系列(2012)等,其实都是以人为出发点的对某种异在力量的探究,是对一种高于人本身之存在者的吁请。

图3　苍鑫:《天人合一》系列二——出神,行为,150厘米×247厘米,数码输出,2007年

就展出的《天人合一》系列中的“燃烧”“感应”“出神”“人圈”“荷花”“798”“工地”而言,它们主要还是在表达天、地、人的相关性关系。这或许就是中国传统哲学中“天人合一”观念的本义。事实上,学者们无论赋予“天”这个概念以多么神秘性的涵义,即使把天命、天道、天理、天心、天良之类主观性的意涵注入其中,它依然难以摆脱作为受造物的规定性。在中国文字中,冯友兰把天的涵义总结为:与地相对应的物质之天,皇天上帝有人格的主宰之天,人生中无可奈何的命运之天(“天命”),自然运行之天(“天运”),宇宙中作为最高原理的义理之天(“天性”)。①无论天有多少种含义,它都是非位格的、非自我启示的。所有赋予天以人格含义的说法,都是基于人的自我言说。从历史演变看,天人合一的理论内涵为人天合一,是人基于自己的言说与天合一。无论在理想与现实的层面,它只是一种基于人言的理论。②

---

① 参见冯友兰:《中国哲学史》上册,中华书局1984年版,第55页。

② 基于理性学术和基督教神学的视角,黄保罗回应刘笑敢总结宋、明、清以来出现的“天人合一”的四种思想倾向:张载(1020—1077)的“天道人事以气相贯通”,朱熹(1130—1200)的“以人事为重心”,胡居仁(1443—1484)的“以天道为重心”,章潢(1527—1608)的“天人感通式”的即天象和人事有内在关联的天人合一观。在这篇文章中,跟明清的部分传教士一样,黄保罗首先预设天人合一之“天”等于“天父上帝”或“耶稣基督”(黄保罗:《“天人合一”,国学独有之?看西学视野》,《华夏论坛》总第19期,吉林大学出版社2018年版,第313—325页)。不过,天人合一观,区别于基督教的上帝在耶稣基督里与人同在的教义。基督徒在基督里,只是与基督联合。这不等于他能够与作为天父的上帝合一,也无法与基督本身合一。所以,保罗说:“我乃是竭力追求,或者可以得(转下页)

从前，对于信仰上帝的耶稣会传教士，往往主观地把中国传统文化中的“上天”理解为“上帝”，用神人关系审视天人关系，以渴望实现归化中华的目的。“隆武元年(1645)十一月，第一次出使澳门结束后，毕方济曾有《修齐治平颂》一文上隆武帝朱聿键。此文原藏于法国国家图书馆，以往学者零星有所披露，近日始由比利时学者钟鸣旦全文整理出版公布。细读此文，内中充满着对隆武皇帝崇奉天主教的期许。毕方济指出：‘圣王体上天之心者有四，曰修身也，齐家也，治国家，平天下也。斋乎心，所以修身也。正乎内，所以齐家也。勤仁政，所以治国也。敬上帝，所以平天下也。斋乎心者，无邪思之谓也。正乎内者，无二妇之谓也。勤仁政者，无倦怠之谓也。敬上帝者，无虚幻之谓也。登极以来，唯一长素，不独口斋于味，而且举体清贞，此思之无邪也，斋乎心也。登极以来，唯一中宫，不独身远于色，而且积念光明，此妇之无二也，正乎内也。躬览万机，手裁庶绩，宵旰莫非仁政，而未尝稍有倦怠也。明明在上，翼翼小心，对越唯一上帝，而未尝稍有虚幻也。’”①毕方济以此劝诫南明隆武皇帝崇奉天主教。

但是，无论怎样，“上天”依然不是启示性的“天主”，不是希伯来传统的启示宗教中作为“是其所是”(《出埃及记》3：14)的上帝，不是作为自在永在、自我道说的三一上帝本身。受造之“天”，本无言无语。汉语思想中所有关于“天”的言说，其实都只是人在水塘里、在大地上、在土堆尖、在冰湖面、在厂房里、在工地中的“自我”体悟与外化言说。从苍鑫的这些作品中，天是天、人是人、大地是大地，三者的差别昭然若揭。哪有董仲舒所谓的“天人一体”观念？即：“天、地、人，万物之本也。天生之，地养之，人成之。天生之以孝悌，地养之以

(接上页)着基督耶稣所以得着我的。弟兄们，我不是以为自己已经得着了，我只有一件事，就是忘记背后，努力面前的，向着标杆直跑，要得上帝在基督耶稣里从上面召我来得的奖赏。”(《腓立比书》3：12—14)他在离世的时候才说：“那美好的仗我已经打过了；当跑的路我已经跑尽了；所信的道我已经守住了。从此以后，有公义的冠冕为我存留，就是按着公义审判的主到了那日要赐给我的；不但赐给我，也赐给凡爱慕他显现的人。”(《提摩太后书》4：7—8)焦点是人成为基督徒后，他本身已经被拣选在耶稣基督里，他也需要竭力自觉在其中。

① 张中鹏：《毕方济与南明政权札记》，《中国市场》2011年第6期，第172页。有学者却以中国的“天人关系”审视西方文化传统中的神人关系。见卓新平：《中西天人关系与人之关切》，中国人民大学基督教文化研究所主编：《基督教文化学刊》，东方出版社1999年版，第35—53页。他把“天”理解为自然意义的“天空”，神性意义的“天帝”“天神”“天命”，宗教意义的“天堂”(未列出中国传统的文献依据——引者注)以及形上意义的“天道”“天理”。他进而把“天道”分为自然意义上的“天道”、神性意义上的“天帝之道”、社会意义上的“天道”与道德形而上学的“天道”。

衣食，人成之以礼乐。三者相为手足，合以成体，不可一无也。”(《春秋繁露·立元神》)因为，天作为自然的代表者，原本与人处于一种并立的关系中。“天行有常，不为尧存，不为桀亡。”“天有其时，地有其财，人有其治，夫是之谓能参。舍其所以参而愿其所参，则惑矣。”(《天论》)荀子把这种明白“天人之分”的称为“至人”。事实上，“人要和自然合一，在逻辑上必须建立在两者的差别上。人和自然只有作为差别性的存在者和差别性的在者，才谈得上两者的合一。要是人同自然本是一体，还需要合什么呢？这种设问，为天人合一理念提出了不可能性。其实，信仰天人合一的人，不过是在情感上倾向天理、天道、天命第一的人。但是，天的无言性要求为信仰天人合一的信仰者另寻根据。其中的一种事实性根据，就是强权所有者的替天行道。……在古代，人相信天人合一的理念是由于古人的生命理智、生命意志处于不在场状态所致。但是，在当代社会，相信天人合一理念的人，大多仅仅把这种主张当作自己生存延续肉体生命的工具，并为在社会中实现君主的绝对专制、在人心中贯彻意识形态统治给予哲学上的潜在辩护。天人合一理念，内含人我合一、人与他人合一的推论。它抹杀人作为个体生命的差别性存在”。[①]这种事实性根据，区别于本真的终极根据。正因为如此，这样的人，可能会说出天地之大美、社会之云烟、历史之浮马、人生之究竟、时空之苍茫，语言之混沌，也可能会陷入个我之傲慢。他们借无言之天来高举自己。“钱穆先生引孔子说的‘知我者莫天乎’等语作为孔子首先提出天人合一论的证据。其实，这句话显然是孔子托天来提高自己的地位的。”[②]他们一旦掌握现实权力便无法摆脱极权之独尊思维与行动方式，或者以强权正义为社会历史逻辑。

就“天人合一”的现象本身而言，它们始终都只停留在受造之物的绝对有限之域界，无力通过自身把人引向创造者本身，最多把人引向另一种和人有差别的受造物。它们展示了自然神学的绝对有限性与在根本上的不可能性。当然，从苍鑫的《冰火》系列(2003)中，我们似乎也能够隐约地看到创造者在自然的冰火中普遍地启示自身之奇妙的踪迹。

---

① 查常平：《人文学的文化逻辑——形上、艺术、宗教、美学之比较(修订本)》上卷，花木兰文化事业有限公司2021年版，第26页。

② 蔡尚思：《天人合一论即各家的托天立论——读钱穆先生最后一篇文章有感》，《中国文化》1993年第1期，第65页。

《暗意识》系列一(2011—2013)中,各种类似果核的东西从黑色或白色的绢本底板中涌现出来,最后部分出现了果核图像与文字的并置;系列六(2013),着重探索这些自然生命体在白色底板中的空间位移的多种可能性;系列七、九、十(2013—2014),其"暗意识"之物由自然生命体扩展到肉体生命体,并最终把它们嵌入了神圣几何空间中(系列十一,2014—2015)。在笔者眼中,苍鑫关于"暗意识"的探索,并没有遵循前后继起的时间叙述逻辑,而是在中途的系列三(2012,见图4)中,其隐喻的广度被推到极致。它将人生、自然、社会、历史中的有无之消长、小大之变迁、明暗之对比、显隐之存亡、在场与缺席等悖论性事件一目了然地展现在艺术爱好者面前,使其不得不惊叹于艺术表达的多义可能性。这种悖论性事件,甚至发生在人的语言意识与时间意识中。当人对于某个对象的概念意识在符号语言中越清晰的时候,这个概念所指的对象背后的世界就可能越模糊;当人日益明白时间在场的有限性时,他离死亡(即终极缺席)的无限距离也越近了。难怪神人摩西在晚年向上帝祈祷说:"我们经过的日子都在你震怒之下,我们度尽的年岁好像一声叹息。我们一生的年日是七十岁,若是强壮可到八十岁;但其中所矜夸的不过是劳苦愁烦,转眼成空,我们便如飞而去。谁晓得你怒气的权势?谁按着你该受的敬畏晓得你的忿怒呢?求你指教我们怎样数算自己的日子,好叫我们得着智慧的心。"(《诗

图4　苍鑫:《暗意识》系列三,布面丙烯,直径21厘米,41厘米,61厘米,81厘米,101厘米,121厘米,141厘米,161厘米,181厘米,201厘米,216厘米,250厘米,2012年

篇》90:9—12)在永恒面前,人一生的在场甚至都等于空无!“浩浩阴阳移,年命如朝露。人生忽如寄,寿无金石固。万岁更相送,贤圣莫能度。”(《古诗十九首·驱车上东门》)

《暗意识》系列的主题关怀,一方面是要表明种种物质自然体、自然生命体与肉体生命体如何以潜我意识的方式聚集在个人的自我意识中,另一方面却让艺术爱好者看到个人的自我意识在功能上的丰富多样性,即它是呈现万物的镜像与收纳万物的容器。它们如同苍鑫在《异度空间的暗意识》系列(2015)中所描绘的那样。就作品本身而言,图像叙述在根本上属于一种同时性的空间敞现。

二、人言关系中的人史关系

苍鑫的《当事物显露真相之时也是精神迷茫之处》(2014,见图 5),除了在观念上延续上述主题外,他把北方文艺复兴时期丢勒(Albrecht Dürer, 1471—1528)的油画《圣哲罗姆》(*St. Jerome*, 1521)中圣人哲罗姆(约 347—420,又译耶柔米)指着的象征死亡的骷髅头替换成自造的微观生命体,当观众面对墙壁由右至左浏览过去,圣人渐渐隐匿于黑色中的同时,微观生命体日益却从黑色的画布中显露出来。我们每个人对自然、社会、历史乃至自我的探索过程又何尝不是如此?当人明白了爱情的真意时他却没有心力去爱恋了,当人理解了历史的必然时他却没有智力去反抗了,当人知道了社会的责任时他却没有能力去担当了,当人认识了自然的规律时他却没有精力去顺服了。这就是人作为绝对受造物的悖论性存在处境。人只能在有限中苦思无限为何(《只有在苦思冥想中专注到的觉知》,2015)。苍鑫的这两张作品,皆以《圣哲罗姆》为原型。后者依然关注人的沉思与永恒的关系,因为它依然保留了原作中“犹太人的王、拿撒勒人耶稣”(INRI)在十字架上的受难像。

此外,无论苍鑫还是丢勒的油画,都还涉及人我关系中人与死亡的关系。从画面中逐渐消失的圣人、圣人手指的骷髅头,都在表达死乃是生的一部分、死亡是人生必然的终局。作为个体生命,人在世的物理时间绝对有限;人在这绝对有限的时段中留下的文化生命在历史中会怎么样呢?圣人哲罗姆的肉体生命,已经化为尘土、归回于上帝所创造的自然中;他通过翻译拉丁文的武加大圣经译本所生成的文化生命,在后人的阅读中渗透、进入每个读者的意识生命,同时他们在教会中、在学术界也以精神生命的方式作用于这些读者所

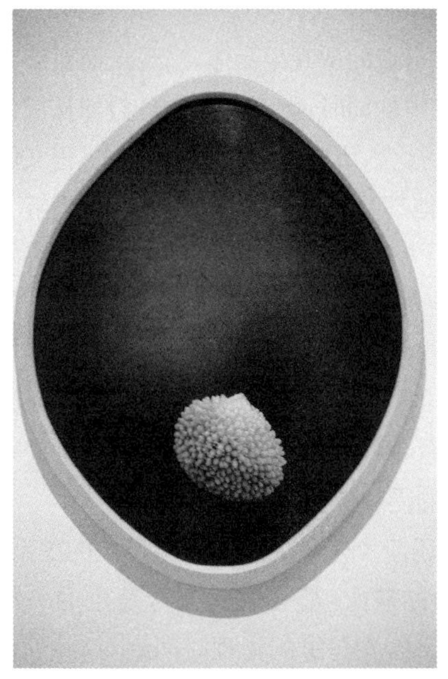

图5　苍鑫:《当事物显露真相之时也是精神迷茫之处》,布面油画,50厘米×30厘米,60厘米×40厘米,70厘米×50厘米,80厘米×60厘米,90厘米×70厘米,100厘米×80厘米,110厘米×90厘米,120厘米×110厘米,2014年

共在的社会。在笔者所描绘的世界图景中，这对于哲罗姆而言就成为他与社会、自我、历史、自然之关系；对于他的每个读者而言，哲罗姆与历史的关系，被颠倒为历史与每个个体的关系，颠倒为他的圣经译本作为文化生命与个人的意识生命的相关性关系。这些共同阅读武加大圣经译本的人，至少在宗教改革前一直塑造着中世纪欧洲百姓的社会精神气质，而且到今天还继续塑造着天主教特别是由祭司阶层构成的信仰共同体。

其实，当丢勒本人的意识生命与哲罗姆作为个体生命的文化生命发生关系时，便产生了他的作品《圣哲罗姆》。丢勒把哲罗姆作为神学家的使命转换为艺术的使命，因其主观的艺术书写而将自己的个体生命以艺术这种精神样式嵌入永恒的图景中。我们从该作品左上角的十字架上受难的耶稣基督画像可以得出这样的结论。哲罗姆因客观的圣经翻译，将自己的个体生命以文化生命的方式嵌入到永恒的图景中。丢勒的作品观念，同时和文艺复兴所倡导的主观化的历史精神相呼应；当艺术史中作为文化生命的丢勒的《圣哲罗姆》与苍鑫正在思考的关于祈祷、关于死亡、关于永恒的意识生命遭遇时，当《圣哲罗姆》的图式与苍鑫同时期的《暗意识》系列（2011—2015）的艺术语言图式相遇形成一种精神样式时，作品《当事物显露真相之时也是精神迷茫之处》就出现在苍鑫的个人艺术史中了。与苍鑫这个时期的其他作品一起，它又将成为一种文化生命出现在未来的艺术爱好者面前，参与他们的意识生命的生成活动，引导他们思考人作为灵性生命体与永恒的关系。苍鑫对丢勒作品的挪用，展开了人言关系中的人史关系之维度，并且还内含着人如何在历史中追求永恒、追求与神圣世界的关联的意涵。

三、人我关系中的人神关系

正因为如此，他最近创作了《灵性摩羯》《迷宫灵物》（2020）之类以神秘性为艺术观念的作品。那在迷宫中千年突围的“灵物”，那在人眼中殚精竭虑的“摩羯”，都无法逃离人眼的囿限、破解迷宫的神秘。不过，由于缺乏对在上的本真启示的认信与承受，他关于“灵体”“灵物”的表现，虽然在艺术语言上形成了“苍式”风格，但其艺术观念还是囿于一种人文主义的传统域界。他所敞现的灵性，是基于人神关系而非神人关系的灵性，属于人的一种精神性变异的结果。这延续着他多年前的主题。苍鑫的《我在书写时必然悄然而至》（2013），把卡拉瓦乔的《圣哲罗姆的写作》（*Saint Jerome Writing*，1599）中的骷髅头替

图 6　苍鑫:《我看到了永恒的存在》,丙烯,90 厘米×60 厘米,2013 年

换成了一种想象中的自然生命体,原作中的人神关系被替换成了人史关系,更倾向于传递历史书写所内含的自然生机而非虚空死亡。卡拉瓦乔的这件作品,显然描绘的是哲罗姆晚年从事圣经翻译的行为,也许他已经意识到死亡随时会在其书写中降临。他把骷髅头放在一本书上,也许是要提醒自己如何珍惜光阴。他竭力通过专心的书写来抵制自己作为肉体生命的、正在来临的死亡,进而把自己的意识生命嵌入永恒中。但是,对于这时才 28 岁的卡拉瓦乔而言,他显然也感觉到了死亡的逼近。我们从他 11 年后的离世可以回溯地推导出这样的结论。难怪他后来的作品大多与基督的受难与复活、施洗约翰的被杀、圣彼得与安德烈的殉道之类的主题相关。哲罗姆面临的人生难题,已经成为了这位画家本人的难题。同样,这也许还是苍鑫在 2013 年左右的心理难题。在与自己一起生活多年的妻子分居后,他备感迷茫,他回到自己的艺术里寻求慰藉,也许在"暗意识"中思考着自己的创作究竟在艺术史上是否具有永恒的价值。

苍鑫的《我看到了永恒的存在》(2013,见图 6),其基本图式挪用卡拉瓦乔的《圣马太的灵感》(*The Inspiration of Saint Matthew*, 1602)。艺术家本人代替了原作中的圣徒马太,发光的舍利子置于天使的手指之间。卡拉瓦乔在作品中追问圣马太写作《马太福音》的灵感源泉,天使仿佛正在跟马太窃窃私语,引导他完成福音书的书写。为了表明马太作为税吏的社会身份,艺术家特意让主人公左腿跪在他常坐的收税凳上,双手按着放在税桌上的书卷,面部微微向左上方倾斜,似乎在倾听着天使的启示、指点。原作两边,分别是卡拉瓦乔的《圣马太的呼召》(*The Calling of Saint Matthew*)与《圣马太的殉道》(*The*

Martyrdom of Saint Matthew）。这里，卡拉瓦乔企图借着三张油画把圣马太的一生与神圣世界关联起来。《圣马太的灵感》，其主题直接指向人的历史书写与神圣存在的关系。它要揭示人的艺术创作的灵性根源。

苍鑫的《我们如何辨别永恒的存在感》(2013)，同样使用了置换主人公的方法。他将卡拉瓦乔的《以马忤斯的晚餐》(*The Supper at Emmaus*，1606)中复活的耶稣换成了自己的形象，耶稣面对饼的祝谢替换成了自己面对松果的念念有词，仿佛在指教历史中的耶稣的门徒与以马忤斯的村民如何辨别永恒的存在感。《路加福音》所记载的耶稣作为基督在路上向门徒讲解他受难而复活的必然性，对于卡拉瓦乔而言依然有效，但对于苍鑫而言就不再具有根本的意义。

因为，苍鑫的上述两件作品，依然还是立足于自我之人的基点追问人神关系的究竟。天使手里所拿的发光的舍利子，艺术家本人暗示盘中、桌上的植物种子即松果、椰果之类自然生命体，成为苍鑫达成这种追问的中介。不过，舍利子即使发光，其存在的边界是人的肉体生命；松果、椰果即使发芽、生长为林，也不能离开作为受造的泥土之类物质自然界。这样，它们作为人追问永恒的媒介，其内在的事实性的规定性就把它们囚禁在此岸世界中。它们无法穿越笔者所描绘的椭圆形的世界图景的切点、进入在上的超越性的神圣世界。难怪苍鑫把任何祈祷的结果都加以物质化的描绘(《祈祷在瞬间如何结晶的》，2014)！难怪他把人的起死回生诠释为人在做灵魂体操，一种人作为肉体生命的自我轮回(《起死回生就是在做灵魂体操》，2006)。其实，只要人拒绝来自“永恒存在”本身的、在上的启示，他所看见的、他所辨别的对象，无非是那在看见、那在辨别活动中的主体之“自我”的外化。这就是任何以自我为基点的、关于人神关系的言说的宗教为什么充满神秘主义的根本原因，除非它在这种言说中将自身颠倒为承受神人关系的启示，除非它在这种颠倒活动中确信世界图景的切点早已被启示。当人在世界图景中透过自我确立的切点去探究椭圆形的宇宙之外的世界的时候，他就不得不陷入一种自我猜测的认识状态，因而不得不得出一种神秘主义的结论。也许，在人类文化中，作为人的精神样式的艺术、形上、宗教，就是这椭圆形的宇宙与其外在的超越性神圣世界上下相交的结果；而且，每个艺术家的终极性的原初图式、每个形上家的终极性的原初观念、每个宗教徒的终极性的原初信仰，就构成了那相交的切点本身。正是在这个意义上，有艺术家、形上家说艺术、哲学本身就是他们所谓的终极信仰。他们实际上是把他们作品中的原初图式、原初观念当作了自己的原初信仰本身。不过，在卡尔·巴特看来，唯有耶稣基督才是基督教中世界与上帝相交的切点。这应该是基督徒作为个人的原初信仰。

在一定程度上，人对不可见之物的艺术语言图式表达，制约着他作为灵性生命体本身的高度，透视出他的灵性生命的深度。澄明中的神秘或神秘中的澄明，这样的艺术之境，同样是大多数中国当代艺术家未来需要直面探究的难题。

苍鑫认为自己的艺术活动带有高级祭司与科学研究者的性质。"就像他摆满作品和各种生物标本的工作室，既像一个道场，又像一个生物实验室。这两个方向汇集到艺术创作中，使得苍鑫不仅是一个物体灵性的收集者和整合者，更像是一位造物者，由此使其多年形成的艺术谱系得以不断展现出新的面貌和形态。"①这些谱系的延伸，②体现在"恒常与异变：苍鑫个展"中③，体现在他对人我关系中的人神关系、人言关系中的人史关系与人我关系的互动诠释中。

Cang Xin's Artistic Style Among Human-linguistic Relationships

Abstract: In the contemporary Chinese artist's group, Cang Xin's works' elements mainly use some secret codes with a calling function. Based on the interactive interpretation of World Relational Aesthetics and on the idea of human beings as a linguistic organism, this paper makes a research on some works in Cang Xin's Show of Constant and Mutation held in Luxe-hills Art Museum, 2020, and opens their dimensions of the interactive interpretation including the human-self relationships, human-history relationships among human-linguistic relationships, and the human-divine relationships among human-self relationships.

Key words: World Relational Aesthetics; Human-linguistic Relationships; Human-Self Relationships; Human-History Relationships

查常平，四川大学道教与宗教文化研究所基督教研究中心教授，《人文艺术》主编。

---

① 陈瑞：《展览前言》，参见赵成雷编：《苍鑫个展：共生》，南京艺术学院美术馆 2017 年版，第 8 页。

② 科学研究，在根本上是以人与物的关系为对象。苍鑫作品的谱系，还包括"人物关系中的奥秘"主题。参见查常平：《中国先锋艺术思想史(第一卷)世界关系美学》，上海三联书店 2017 年版，第 174—183 页。

③ 田萌策划，成都麓山美术馆，2020 年 8—10 月。

《雅典的泰门》的瘟疫书写与城市文化[①]

胡　鹏

摘　要:《雅典的泰门》讲述了泰门由于挥霍浪费从腰缠万贯的贵族到赤贫流放者的悲剧,批评家们往往注意到剧中的金钱主题,特别是他有关金子的描述更是成为马克思分析货币价值问题的经典案例。但此剧还包含着瘟疫主题,剧中出现了大量有关瘟疫描述,显示出莎士比亚在1606年左右创作《泰门》时还受到同时代伦敦瘟疫暴发的影响。本文拟从该剧中的瘟疫叙事出发,分析剧中瘟疫传染性、颠倒以及牺牲因素等瘟疫主题,指出《雅典的泰门》中的瘟疫表述受到了同时代城市文化中有关瘟疫的流行观念的影响。

关键词:瘟疫书写　《雅典的泰门》　城市文化

《雅典的泰门》(以下简称《泰门》)通过泰门个人的悲剧,为我们展示出世态炎凉的众生相。莎士比亚让他从一位备受歌颂、慷慨大方的贵族,到家财散尽、倾家荡产的流放者,从一位善心的大施主,到看穿人性虚伪的憎恨者、诅咒者,他的悲剧似乎充分诠释了一个金钱带来的社会性悲剧。但值得我们注意的是后半段中泰门大量诅咒、辱骂的段落,其话语往往和瘟疫这一意象相关。此剧是莎士比亚所有作品中使用"瘟疫"(plague)词汇及其变形最多的剧作,大概有12次。利兹·巴柔(Leeds Barroll)就指出《泰门》是伦敦演职人员的营生受到断断续续瘟疫影响时写就的戏剧之一,它的"主题与一些有传染性的或是致命的身体疾病以及与社会或心理导致的疾病"相联系,显然《泰门》是属于瘟

① 本文为2021年重庆市教育委员会人文社会科学研究一般项目"莎士比亚作品瘟疫书写研究"(21SKGH136)的阶段性成果。

疫文学的范畴的。[1]实际上在莎士比亚生活的都铎和斯图亚特时期，瘟疫是观众反复经历的疫病。在瘟疫暴发时期，其标志到处可见：皮肤上布满爆裂的脓疮的尸体散布在大街小巷；每个告示栏都张贴着死亡率的报告；净化空气的火堆燃烧在城市各个角落；江湖郎中在街道上兜售着他们的瘟疫药剂。在暴发瘟疫之间，瘟疫更是成为了广义的文化存在。[2]因此本文拟将此剧与瘟疫相结合，指出瘟疫传染性和抹去差异、颠倒、牺牲因素在剧中的呈现，反映出莎士比亚时代的人们对瘟疫这一现象的恐惧与思考。

一、瘟疫及其传染性

在《雅典的泰门》和其他戏剧中，剧作家对瘟疫最常见的用法就是诅咒，而真实的瘟疫场景并没有上演，只是含糊地出现在瘟疫主题与语言互动之中。例如，在回应其朋友不愿帮助他解决债务问题时，泰门在第二场宴会里以"恶症"(the infinite malady)(3.7.97)来诅咒他们，[3]在随后的第四幕第一景中，泰门诅咒整个雅典城，以传染病的方式精确咒骂并描述了疾病给各色人等带来的变化：

> 加害于人身的**各种瘟疫**(Plagues)，向雅典伸展你们的毒手(ripe for stroke)，播散你们猖獗传染的**热病**(infectious fevers)！让**风湿**(cold sciatica)钻进我们那些元老的骨髓，使他们手脚瘫痪！让淫欲放荡占领我们那些少年人的心，使他们反抗道德，沉溺在狂乱之中！每一个雅典人身上播下了疥癣疮毒的种子，让他们一个个害起**癞病**(Be general leprosy)！**让他们的呼吸中都含着毒素，谁和他们来往做朋友都会中毒而死**！(4.1.21—32)

尽管早期现代的人们都会将腺鼠疫(bubonic plague)称为"瘟疫"

---

① Leeds Barroll, *Politics, Plague, and Shakespeare's Theater: The Stuart Years*, Ithaca, New York: Cornell University Press, 1991, p.177.

② Sara Munson Deats, "Isolation, Miscommunication, and Adolescent Suicide in the Play", in Harold Bloom, ed., *Bloom's Guides: Romeo and Juliet (New Edition)*, New York: Bloom's Literary Criticism, 2010, pp.70-76, 76.

③ 本文所引译文均采用朱生豪译本《雅典的泰门》,《莎士比亚全集》(五),人民文学出版社 1994 年版,引文后所标幕次、场次、行数均采用阿登版《泰门》为准(Anthony B. Dawson and Gretchen E. Minton, eds., *Timon of Athens*, London; New York: Bloomsbury, 2008)。后文将随文标出场次行数,不再另注。文中黑体为引者所加,以示强调,下文均同。

(plague)，但其他同样神秘原因导致的疾病也会被认为是次等瘟疫。因此我们毫不奇怪地看到泰门所描绘的“瘟疫”就包括了麻风病和梅毒，如阿登版《泰门》中编辑者就认为这一段落中的“风湿痛”是指“梅毒”，与性病相关。[①]而当泰门遇见阿西巴第和前往雅典的妓女时，他引诱妓女们通过疾病征服雅典，并明确使用“瘟疫”作为性病的称呼：

> 把痨病的种子播在人们枯干的骨髓里；让他们胫骨疯瘫，不能上马驰驱。嘶哑了律师的喉咙，让他不再颠倒黑白，为非分的权利辩护，鼓弄他的如簧之舌。叫那痛斥肉体的情欲、自己不相信自己的话的祭司害起满身的癞病；叫那长着尖锐的鼻子、一味钻营逐利的家伙烂去了鼻子；叫那长着一头鬈曲秀发的光棍变成秃子；叫那不曾受过伤、光会吹牛的战士也从你们身上受到一些痛苦：让所有的人都被你们害得**身败名裂**(plague all)。(4.3.150—161)

伊丽莎白时期的观众知道麻风病和性病是通过接触和性行为传播的，但是瘟疫的传播对他们而言是个谜。瘴气理论和传染理论仍在持续争论，法令禁止聚众集会、不准感染者离家，但实际上有些房子里所有人患上了瘟疫而仅有一人死亡。所以，尽管瘟疫是一种恐怖的疾病，是一种对生命的真实威胁，其棘手的病因意味着它的模糊性，难怪剧中仅用来诅咒。有人认为瘟疫与梅毒乃至伊丽莎白女王时期的其他灾祸相比，没有提供给剧作家那么多创作素材，因为性疾病梅毒比起鼠疫具备更多的道德层面意义。梅毒是一种直接惩罚不洁身自好者的疾病，被认为是妓院里的常见病。有批评家就认为“在莎士比亚时代，瘟疫已经变成一种非常普遍的上帝惩罚，其作为大灾难的遥远叙事是足够的，但是梅毒在舞台表演持续灾祸时更有影响，因为它可以使情节复杂化，并唤起轻蔑的嘲笑与道德非议”。[②]对伊丽莎白时期的民众而言，瘟疫受害者被随意折磨，是受到了上帝的惩罚，得出这个结论是社会的而不是个人的。[③]

---

① Anthony B. Dawson and Gretchen E. Minton, eds., *Timon of Athens*, p.266.

② Louis F. Qualtiere and William W. E. Slights, “Contagion and Blame in Early Modern England: The Case of the French Pox”, *Literature and Medicine*, 22.1(2003):1-24. p.20.

③ Margaret Healy, *Fictions of Disease in early Modern England*, New York: Palgrave, 2001, pp.124, 152.

正如玛格丽特·希利(Margaret Healy)所强调的那样,瘟疫悲剧缺乏滑稽性,它可能被认为代表了一种个体性堕落的报应。瘟疫更多出现在布道和宣传册上,而性病则出现在舞台上。①因为其特征的丧失和不明,瘟疫已经变得“太普通”了,就像在《雅典人的泰门》中各种各样的“瘟疫”疾病一样。

在早期现代医学不发达的情况下,人们判断一种疾病往往只凭借经验、依据疾病的外部症状。有一些疾病就因为较高的传染性和致死率,被当时的人们统称为瘟疫,而鼠疫也是瘟疫的一种。乔治·罗森(George Rosen)就归纳这一时期英国流行的传染病主要有英格兰汗症、流感、斑疹伤寒、猩红热、麻疹、坏血病、天花、鼠疫等等。②保罗·斯兰克(Paul Slack)也指出:“对这个时代的大部分时候以及大部分作家来说,腺鼠疫只是流行传染病中最极端的形式——‘一种致命的、会传染的热病’,与其他疾病的区别仅仅在于会导致病人异常的疼痛且康复的希望极低。”③泰门离开雅典、自我流放时的台词中提到的病症虽没有提到腺鼠疫的特殊症状,但是其语言唤起了瘟疫时期人们的认知和焦虑。他提到了“加害于人身的各种瘟疫”唤起的疾病依旧将腺鼠疫置于潜在意指疾病名单之首。而通过“散播”(ripe for stroke),泰门唤起的是词汇“瘟疫”(plague)的词源——plaga(来自拉丁语,指来自上帝之手的抚摸或猛击),这种看法在莎士比亚时代相当流行。④同时期的亨诺氏·克拉罕(Henoch Clapham)就将这一词汇的语源学意义作为证据,认为瘟疫不会传染,“瘟疫这个词,源自希腊词语:《圣经·启示录》中是 Plege,拉丁语是 Plaga,英语则指风吹或斑纹(blowe or stripe)。它也具备一些普遍意义的用法,并不指有害生物带来的特定疾病,除此之外,还指风吹或斑纹对人类的加害。通过谁? 通过上帝,尽管中介是精神或腐化堕落(spirit or corruption),或两者皆是”。⑤进一步而言,莎士比亚在剧中反复提及的热病和其他病症都是当时流行的传染病,正

① Margaret Healy, *Fictions of Disease in early Modern England*, p.86.

② George Rosen, *A History of Public Health*, Baltimore, MD: Johns Hopkins University Press, 2015, pp.85-103.

③ Paul Slack, *The Impact of Plague in Tudor and Stuart England*, Boston: Routledge & Kegan Paul, 1985, p.25.

④ *OED*, plague, 1.a.(https://www.oed.com/view/Entry/144957?rskey=2sGsVB&result=1#eid)

⑤ Henoch Clapham, *An epistle discoursing upon the present pestilence teaching what it is, and how the people of God should carry themselves towards God and their neighbour therein*, London: T. Creede for the Widow Newberry, 1603, sig. A4.v.(https://quod.lib.umich.edu/e/eebo/A18917.0001.001).

如勒内·吉拉德(René Girard)提到的那样,在世界许多地方,我们翻译为"瘟疫"的这个词都可以被视为感染整个群体并威胁或者看似威胁到社会生活之存在的各种疾病的普遍标签。①

研究瘟疫对早期现代文学影响的学者们引用《泰门》作为瘟疫期间典型而重要的作品之一,瑞贝卡·托塔罗(Rebecca Totaro)就指出,"显然,《泰门》是一部瘟疫剧,其主题和语言都与瘟疫相关,瘟疫也与复仇情节、显而易见的灾祸、对空气的关注以及流放者的思考相关"。②我们看到这段中莎士比亚提道:"让他们的呼吸中都含着毒素(Breath infect breath),谁和他们来往做朋友都会中毒而死!"而且随后泰门呼唤着瘟疫的到来,但却是和瘴气、呼吸相关:"神圣的化育万物的太阳啊!把地上的**瘴雾**吸起(Rotten humidity),让天空中弥漫着**毒气**吧(Infect the air)(4.3.1—3)!"根据现代医学的研究,鼠疫分为三类即腺鼠疫、肺鼠疫和败血性鼠疫。腺鼠疫是鼠疫临床上最多见的类型,是一种由老鼠携带,并由老鼠身上的跳蚤传播的疾病……一般发病时会出现淋巴结肿大……当时的英国人称为"上帝的标记",认为是受到了上帝的惩罚。③肺鼠疫,有原发性肺鼠疫和继发性肺鼠疫之分,原发性肺鼠疫可以通过咳嗽和喷嚏传播、感染。④这里呼吸中的传染性和毒性显然是莎士比亚对瘟疫的正确理解,因为在医学话语中瘟疫是可传染的疾病,会让社会的常规交往模式成为导致死亡的接触行为。

"他们的呼吸中都含着毒素(breath, infect breath)",泰门的话唤起了呼吸感染理论而不仅仅是其比喻意义。正如斯坦涅夫(Hristomir A. Stanev)指出的那样,呼吸污染的空气在舞台上的语言呈现不仅仅是泰门愤世嫉俗的扩大修辞,同样也展现出同时代伦敦人身处污浊恶劣的环境和过度拥挤的城市中对瘟疫的担忧,映射出人类身体不稳定体液状态。⑤有批评家就将体液理论和

① René Girard, "The Plague in Literature and Myth", *Texas Studies in Literature and Language*, Vol. 15, No.5, 1974, pp.833-850, 834.

② Rebecca Totaro, *Suffering in Paradise*: *The Bubonic Plague in English Literature from More to Milton*, Pittsburgh, PA: Duquesne University Press, 2005, p.107.

③ A.Lloyd Moote and Dorothy C. Moote, *The Great Plague*: *The Story of London's Most Deadly Year*, Baltimore, MD: Johns Hopkins University Press, 2004, p.62.

④ 朱迪斯·M. 本内特、C. 沃伦·霍利斯特:《欧洲中世纪史》,杨宁、李韵译,上海社会科学院出版社2007年版,第358—359页。

⑤ Hristomir A. Stanev, "Infectious Purgatives and Loss of Breath in Timon of Athens", *ANQ*: *A Quarterly Journal of Short Articles*, *Notes and Reviews*, 26:3(2013):150-156, p.150.

瘟疫与这部戏剧相结合,如基尔·埃兰(Keir Elam)就认为此剧中的瘟疫修辞是"语言自身的一种范例",并指出"呼吸"是早期现代呼吸系统理论认知的一个因素,同样也是"传染性"的媒介。①早期现代英格兰的人们并不清楚瘟疫是如何传播扩散的,但是凭经验观察知道一个病人会传染其他人,而最普遍的观点是通过呼吸传播。托马斯·洛基(Thomas Lodge)就告诉读者:"首先……每个人都要特别小心不要去任何病人感染过的地方,也不要和病人同呼吸。"②正如玛希利指出,腐烂味的空气和污浊的呼吸是16世纪文档记录中常被提及为导致瘟疫传播感染的原因。③托马斯·佩尼尔(Thomas Paynell)解释说"从那些感染的尸体散发出具有传染性和毒性的臭气和水汽,它们会影响和污染空气……应避免大量人群聚集,因为一个感染者的呼出的空气可能会感染一群人"④。而埃兰也指出污浊的空气是早期现代"肺鼠疫"最基本的想象之一,瘴气在当时被认为比不洁的空气更具毒性。第一部以英语印刷出版的防疫手册中特别提到"有毒的空气本身其毒性还达不到传染性气体烈性的一半,因为人们在交谈或呼吸的时候就已经被感染了"。⑤当时伦敦的环境污染主要体现在水污染和空气污染两个方面,而瘟疫暴发时期更是明显。许多旅行到伦敦的外国人都抱怨:"污染严重、气味难闻、微生物聚集、放在河中洗涤的衣物和喝到嘴里的水都有异味扑鼻。"⑥此外,莎士比亚时代的医生在实践体液理论及其与大灾难相关描述时,认为人为呼出的气体的威力远超对身体有害的自然发散的气体。帕斯特(Gail Kern Paster)就指出"人体的所有部分都被认为能够从吸纳的臭气和'乌黑'的烟汽……呼啸轰隆的风……液体腐烂、发臭或燃烧,变成的灰尘颗粒,都会把有毒的气体送入人的脑部"。⑦"人体对这

① Keir Elam, "'I'll Plague Thee for that Word': Language, Performance, and Communicable Disease", *Shakespeare Survey* 50(1997): 19-27, pp.20-22.

② Thomas Lodge, *A Treatise of the Plague*, in *The Complete Works of Thomas Lodge*, Vol.4, New York: Russell & Russell, Inc., 1886, pp.22-23.

③ Margaret Healy, "Anxious and Fatal Contacts: Taming the Contagious Touch", in Elizabeth Harvey, ed., *Sensible Flesh: On Touch in Early Modern Culture*, Philadelphia: University of Pennsylvania Press, 2003, pp.22-38, 24.

④ Quoted in Margaret Healy, "Anxious and Fatal Contacts", p.24.

⑤ Keir Elam, "'I'll Plague Thee for that Word'", p.21.

⑥ Hugh Clont and Peter Wood, *London: Problems of Change*, London: Longman Group Limited, 1986, p.20.

⑦ Gail Kern Paster, *The Body Embarrassed: Drama and the Disciplines of Shame in Early Modern England*, Ithaca, NY: Cornell University Press, 1993, p.11.

些气体的调解和排放能力最重要的是其可溶性”,“释放内部的气体是如此重要,特别是排泄的规则是由健康管控而不是行为所决定的”。[①]呼出气体或放屁就被视为一种释放内部多余、过度物质的一种健康方式,但是如果是感染者所释放的气体就特别对他人身体有害,因此在莎士比亚的时代,对着别人呼气会成为一种挑衅和危险的行为,特别是某人的身体体液产生会传染的、煤烟味的气体。[②]

二、颠倒与抹去差异

在泰门离开雅典被流放、隔离在附近的树林时,他摒弃了之前的善心变成了一个愤世厌俗的人,随即开始怒斥那个背叛他的社会。他在雅典城外呼唤瘟疫的降临:

> 已婚的妇人们,婬荡起来吧!子女们不要听父母的话!奴才们和傻瓜们,把那些年高德劭的元老们拉下来,你们自己坐上他们的位置吧!娇嫩的处女变成人尽可夫的娼妓,当着你们父母的眼前跟别人通奸吧!破产的人,不要偿还你们的欠款,用刀子割破你们债主的咽喉吧!仆人们,放手偷窃吧!你们庄严的主人都是借着法律的名义杀人越货的大盗。婢女们,睡到你们主人的床上去吧;你们的主妇已经做卖婬妇去了!十六岁的儿子,夺下你步履龙钟的老父手里的拐杖,把他的脑浆敲出来吧!(4.1.3—21)

年幼者推翻年长之人,贞女变荡妇,地位低下的奴隶掌权,破产之人屠戮债主,这种种颠覆性行为被召唤、诅咒来破坏雅典城邦。同样在泰门的话语中,所有人与人之间可能的差异都被消解掉了,所有的制度结构也破坏殆尽:“孝亲敬神的美德、和平公义的正道、齐家睦邻的要义、教育、礼仪、百工的技巧、尊卑的品秩、风俗、习惯,一起陷于混乱吧!”(4.1.15—21)在米歇尔·福柯(Michel Foucault)看来,在关于瘟疫的文学中,鼠疫被当作恐惧的大规模混乱的时刻,那时人们被传播着的死亡所威胁,放弃他们的身份,抛弃他们的面具,忘记他

---

① Gail Kern Paster, *The Body Embarrassed*, pp.11-12.

② Hristomir A. Stanev, “Infectious Purgatives and Loss of Breath in Timon of Athens”, p.151.

们的身份，投入大规模的放荡淫乱中去，他们知道自己将要死去。有一种关于鼠疫的文学讲的是个体的分解；一种类鼠疫的酒神狂欢节似的梦想，在此，鼠疫是个体解体的时刻，在此，法律被遗忘。当鼠疫发生的时刻，这是城市中所有规则被取消的时刻。鼠疫跨越法律，就像鼠疫跨越身体。[①]吉拉德也认为："瘟疫普遍性地呈现为一个抹去差别(undifferentiation)的过程，呈现为对特殊性的解构(destruction of specificities)。"[②]而且瘟疫和社会秩序之间有着必然的联系，"社会阶层的界限先是被逾越，然后就彻底废除了"。[③]而"瘟疫的特异之处在于它根本地摧毁了所有形式的差异。瘟疫克服所有障碍，对所有界限漠视不理。最终，所有生命都被驱入死亡，这一登峰造极的无差别性"。[④]瘟疫对不同生命形式进行的差异暴力抹除——老人/年轻人，男人/女人，穷人/富人等等，抹去所有个体独有的特征，通通走向死亡之路。吉拉德同样也指出了流行病期间的人生百态和社会秩序的崩塌："瘟疫会让正直者变成盗贼，有德者变成色棍，妓女变成圣徒。朋友互相谋害，敌人相互拥抱。富人因为生意被毁变成穷人，财富被大量散给短短几天内从许多远房亲戚那里获得继承的贫民。"[⑤]我们看到剧中的社会秩序陷入了一片混乱，每个维度都发生了颠倒，"陷入瘫痪、乱作一团"(4.1.20)。

瘟疫带来的城市高死亡率对莎士比亚时代的观众有着非常真切的冲击，且对幸存者的心理有着极为深远的影响。医学史家玛格丽特·佩林(Margaret Pelling)认为对瘟疫的持续忧虑比起瘟疫的真实暴发更有影响，她指出瘟疫作为传染病被史学家和文学史家认为是地方性疾病的社会结果，而这种疾病的持续威胁在思维上的影响则更多，因为"'城市的处罚'——过度的死亡率——建立在聚集的基础之上，但是我们对那些最担心的事几乎一无所知"。[⑥]实际上很多人出于恐惧而选择自暴自弃的极端生活方式。他们或者挥

---

① Michel Foucault, *Abnormal: Lectures at the Collège de France 1974—1975*, London: Verso, 2003, p.47.

②③⑤ René Girard, "The Plague in Literature and Myth", p.833.

④ Ibid., p.834.

⑥ Margaret Pelling, "Skirting the City? Disease, Social Change and Divided Households in the Seventeenth Century", in Paul Griffiths and Mark S. R. Jenner, eds., *Londinopolis, c.1500—c.1750: Essays in the Cultural and Social History of Early Modern London*, Manchester: Manchester University Press, 2000, pp.154-175, p.160.

霍无度无所事事，或者成为盗贼，四处抢掠。“那些看到所有的人都倒下的人，认为信仰上帝与不信仰上帝没有什么区别，违犯人类的法则也不用怕被惩罚，因为说不定被上帝传唤之前就死了，那么我们为什么不快乐一点呢？”[1]因此，在16—17世纪的伦敦，许多人不遵守规定，在大街上，“骂街 、诅咒”，在客栈和酒馆中“喝酒，大叫和大吃”，有人竟称：“听着丧钟跳舞唱歌，岂不乐哉？”伦敦到处都是流浪者，许多没有工作的人经常使用暴力，小偷公然抢掠病人和死人的财产，也有不少强盗到伦敦的大道上进行抢劫，他们都是有武装的，那些留下来看守房子的仆人也担心成为小偷和强盗恶行的牺牲品。这种萎靡消极的生活态度严重地败坏了社会风气，也使本已动荡不安的社会秩序雪上加霜。[2]

剧中除了泰门明显的对瘟疫到来导致社会颠倒失序的描述之外，实际上我们可以发现更多与瘟疫相关的颠倒和抹去差异主题的例子。

首先，最明显的颠倒、抹去差异的例子显然是泰门本人，前半部剧中高高在上的富有贵族变成了后半部中身无分文的流浪乞丐，他身份地位的变化更是体现在他与性情乖僻的哲学家艾帕曼特斯两人的角色互换上。在第一场宴会中，泰门以智慧巧妙化解了艾帕曼特斯的言语攻击。而到了第四幕第三景两人在城外相遇交锋，他们的说话语气乃至地位等等则发生了颠倒，而对话的核心则是围绕着疾病展开的。泰门在看到艾帕曼特斯在附近的树林时反应道：“又有人来！该死！该死！”(Plague)(4.3.196)两人相遇之后，艾帕曼特斯以感染的方式谈到了泰门的愤世嫉俗：“你这种样子不过是一时的感触(but infected)，因为运命的转移而发生的懦怯的忧郁。”(4.3.201—3)可见艾帕曼特斯顺势接过了泰门“瘟疫”的话头，以相同隐喻模式对话，仿佛自己也被其言论所感染，从而抹去了两人的差异。在编辑者看来，这是一处明显的误用，他们甚至修正 infected 为 afffected，意味着“只是暂时被感染了，没有本质上的感染”。[3]艾帕曼特斯警告泰门“可不要再学着我的样子啦”(4.3.217)，而泰门的回应则模仿了艾帕曼特斯：“要是我像了你，我宁愿把自己丢掉”(4.3.218)，实际上他所做的正是对艾帕曼特斯的冒犯，正如之前艾帕曼特斯对他的冒犯一样。达里尔·乔克(Darryl Chalk)注意到了两人角色颠倒与瘟疫焦虑的关联，

---

① F. P. Wilson, *The Plague in Shakespeare's London*, Oxford: Oxford University Press, 1927, p.153.

② 邹翔：《鼠疫与伦敦城市公共卫生(1518—1667)》，人民出版社2015年版，第41—42页。

③ John Jowett, ed., *Timon of Athens*, Oxford: Oxford University Press, 2004, p.283.

他指出这一现象表明同时代将瘟疫与剧场等同的反剧场焦虑,体现出两人的平行与等同:“在艾帕曼特斯与泰门的冲突中,观众不单会看到虚构角色的对话交换,也会看到剧场角色之间的争辩,特别是相互争斗与角色和身份的短暂观念同时被宣告也被质疑。”[①]当然戏剧前半部中还存在着宴会形式的颠倒,前一场是在泰门潦倒前,宴会菜品丰富、人们对泰门众星捧月,而后一场则是泰门彻底破产前,他以温水当作菜肴狠狠辱骂了那些所谓的客人。克里斯·密兹(Chris Meads)将宴会视为雅典变化的政治景观的集中呈现:“这两个场景在结构上是一对;第一个场景是常规的雅典继承权的陈述,而第二个则是秩序颠倒的描述。如果没有第一个宴会场景,第二个就会失去很多戏剧性的影响和相关性,如果没有第二个,第一个就会显得慵懒而冗长的自我放纵。”[②]可见《泰门》中的宴会虽被赋予不同的意义,但第二场宴会确定无误地表达出与第一场的颠倒和对立,二者相辅相成互为对照。

其次,我们可以看到的是礼物—友谊与友谊—礼物之间的颠倒。泰门以为自己获得了众人的友谊,慷慨地赠送给“朋友们”礼物,但当他需要帮助的时候,那些人都躲避不及。荒谬之处在于,正是泰门所认为的那些可以帮助他脱离困境的朋友们极力拒绝,反而凸显、强调了他自己原来的宽宏仁慈。他发现那些朋友非但不愿意救济自己,甚至躲避或不理不睬。例如他的第三个朋友辛普洛涅斯就这样回复泰门的仆人:

> 我必须做他的最后的希望吗?他的朋友已经三次拒绝了他,**就像一个病人已经被三个医生认为不治**(His friends, like physicians, Thrive, give him over),所以我必须负责把他医好吗?他明明瞧不起我,给我这样重大的侮辱,我在生他的气哩。他应该一开始就向我商量,因为凭良心说,我是第一个受到他的礼物的人;现在他却最后一个才想到我,想叫我在最后帮他的忙吗?……要是他瞧得起我,第一个就向我借,那么别说这一点数目,就是三倍于此,我也愿意帮助他的。可是现在你回去吧,替我把我的答复跟他们的冷淡的回音一起告诉你家主人;谁轻视了我,休想用

① Darryl Chalk, “‘A nature but infected’: Plague and Embodied Transformation in *Timon of Athens*”, *Early Modern Literary Studies* Special Issue 19(2009):1-28. p.3.

② Chris Meads, *Banquets Set Forth: Banqueting in English Renaissance Drama*, Manchester: Manchester University Press, 2001, p.147.

我的钱。(下。)(3.3.11—21)

辛普洛涅斯以虚伪的借口拒绝了泰门的请求,彻底颠倒了友谊的责任和义务。泰门派遣仆人去寻求帮助,是希望能够获得他之前赠予朋友礼物的同等回报以纾危解困,但他以金钱换来的友谊实际上是虚假的。辛普洛涅斯埋怨泰门之前寻求帮助的朋友们都像医生一样"认为不治",意味着他也认为泰门无药可救,因此想将"治愈病人"的重担甩给下一个朋友。最后他因泰门并不是第一时间寻求他的帮助而气愤,显然辛普洛涅斯以疾病之名颠倒了友谊和仇恨,他以疾病的话语来描述泰门的现状,并以此为借口拒绝承担自己的友谊义务,此时的泰门对他们而言就跟瘟疫一样是具备传染性的,唯恐避之不及,即便是"医生"要"治好"泰门也要冒极大风险。

当泰门离开雅典时,他通过比较朋友们的拒绝与传染的疾病表达出对友谊的失望,他召唤瘟疫的诅咒中仍然包含瘟疫带来的社会的整体失序状态:

> 同生同长、同居同宿的孪生兄弟,也让他们各人去接受不同的命运,让那贫贱的人被富贵的人所轻蔑吧。重视伦常天性的人,必须遍受各种**颠沛困苦的凌虐**(To whom **all sores** lay siege);灭伦悖义的人,才会安享荣华。让乞儿跃登高位,大臣退居贱职吧;元老必须世世代代受人蔑视,乞儿必须享受世袭的光荣。(4.3.3—11)

泰门呼唤与生育力相关的太阳去孕育传染病,他提到的浑浊难闻的"瘴雾"与空气理论相关,再加上"溃疡/痛处"(sores)一并与他描述的社会颠倒相结合,精确地展示了瘟疫与颠倒之间的联系。①

最后,在泰门挖树根却找到金子的场景中,颠倒的主题因素与瘟疫的比喻意义紧密结合,金子和瘟疫一样都会带来直接而彻底的颠倒,可以让"黑的变成白的,丑的变成美的,错的变成对的,卑贱变成尊贵,老人变成少年,懦夫变成勇士"(4.3.29—30)。泰门指出了两者都会带来相同的结果,能够"使异教联盟,同宗分裂""使窃贼得到高爵显位"(4.3.35—37),"把你们的祭司和仆人从

① plague 具备 sore 的含义参见 *OED*, plague, 1.b. (https://www.oed.com/view/Entry/144957?rskey=2sGsVB&result=1#eid)。

你们的身旁拉走”(4.3.37—38),既指带来死亡,也指导致身份地位的变化。随即他也提到了“灰白色的癞病”“鸡皮黄脸”“身染恶疮”等等病症,但金子却可以让患上此类疾病的人“为众人所敬爱”“重做新娘”、从“呕吐”的反应到“恢复三春的娇艳”(4.3.36—42)。一方面,金子是有害的、破坏性的存在,另一方面,则是有益的、包治百病的灵丹妙药,托塔罗就指出,“金子资助的瘟疫和携带瘟疫的金子的泰门故事在莎士比亚这里独一份。他的详细讲述说明了[当时的人们]相信金子可以在瘟疫时期改变某人的社会地位的危险性”。[①]《泰门》显然表达出处于前资本主义时期特别是在瘟疫暴发期时英国人的信仰和实践中有关金子价值的深刻怀疑主义,就像马克思政治经济学中的经典论述一样,货币可以“把一切人的和自然的特性变成它们的对立物,把事物加以普遍的混淆和颠倒”。[②]金子是普遍的一般交换物,特别在瘟疫时期具有突出的价值,但对金子的渴望也能够毁灭个体乃至整个国家,剧中的金子和瘟疫一样都具备导致社会无差异性的能力。

三、城市的罪与罚

苏珊·桑塔格(Susan Sontag)指出瘟疫被隐喻地使用指“最严重的的群体灾难、邪恶和祸害”,这类疾病的大规模发生“不只被看作是遭难,还被看作是惩罚”,因此是“群体灾难,是对共同体的审判”。[③]实际上欧洲城市雅典城在历史上长期和瘟疫相关。罗伯特·米欧拉(Robert S. Miola)指出:“泰门的地点设置并不仅仅说是希腊的,而且也是雅典的。它展示了很多莎士比亚同时代人的罪恶和堕落,利用了早期学校教育中有关雅典的历史和神话。通过与雅典相关联,罪恶与民主的雅典观念密不可分,但这一民主却是由混乱、邪恶的统治定义的。”[④]

其实我们可以看到整部戏剧的悲剧性是必然的,正如瘟疫降临的原因一样,所有的市民都因为道德的不洁受到了上帝的惩罚。莎士比亚时代有部分人认为疾病是通过已经受污的血液进行传播的:“这些(感染)的身体的某处代

---

① Rebecca Totaro, *Suffering in Paradise*, p.105.

② 马克思:《1844年经济哲学手稿》,刘丕坤译,人民出版社1979年版,第106页。

③ Susan Sontag, *Illness as Metaphor & Aids and its Metaphors*, New York: Penguin Books, 1991, pp.130-131.

④ Robert S. Miola, “Timon in Shakespeare's Athens”, *Shakespeare Quarterly* 31, No.1(Spring 1980): 21-30, p.22.

谢异常(*Cacochymia*)，被腐蚀或体液过剩，[因此]就容易感染”，[1]暗示着感染者精神和健康的不良状况，这种说法不单说明身体不好的人易感染瘟疫，道德败坏的人同样如是。

首先我们可以看到的是那些贪图便宜，上门攀附的大众。戏剧一开场便是一场宴会即将展开，我们看到各色人等悉数登场，特别是不同阶级和职业的人，都来到泰门的宴会场，有诗人、画师、宝石匠、商人及贵族、元老等等，他们奉承着泰门，目的是获得各种好处，正如诗人所言“只要泰门点点头，就可以使他们满载而归”(1.1.64)。艾帕曼特斯在宴会上冷眼旁观，不禁叹息：“神啊！多少人在吃泰门，他却看不见他们。我看见这许多人把他们的肉放在一个人的血里蘸着吃，我就心里难过；可是发了疯的他，却还在那儿殷勤劝客。”(1.2.39—42)而且他预言着：“现在坐在他的近旁，跟他一同切着面包、喝着同心酒的那个人，也就是第一个动手杀他的人。”(1.2.46—8)

其次我们可以看到泰门那些所谓的贵族朋友们的不忠与背叛。得知财务危机后，泰门派遣几个仆人到交好的贵族朋友那里每人借50个泰伦，也妄图到元老院去借贷，但没有一个人愿意帮助他。路库勒斯本来以为是送礼来的，结果一听是借钱，立马摆出一副好朋友的样子，说泰门不听他的劝告。而且他试图拿三毛钱收买泰门的仆人弗莱米涅斯，让他回禀泰门“没有看见我”(3.1.45)。第二位朋友路歇斯听到路人讲泰门产业败落了，信誓旦旦地对路人说“要是他向我开口借钱，我是不会不借给他这几个泰伦的”(3.2.22—4)，结果一看到泰门的仆人就主动躲得远远的，声称：“我真是一头该死的畜生，放着这一个大好的机会，可以表明我自己不是一个翻脸无情的小人，偏偏把手头的钱一起用光了！真不凑巧，前天我买了一件无关重要的东西，今天蒙泰门大爷给我这样一个面子，却不能应命。”(3.2.45—9)其无耻程度和变脸速度让路人都惊叹不已：“据我所知道的，泰门曾经像父亲一样照顾这位贵人，用他自己的钱替他还债，维持他的产业；甚至于他的仆人的工钱，也是泰门替他代付的；他每一次喝酒，他的嘴唇上都是啜着泰门的银子；可是唉！瞧这些狗彘不食的人！人家行善事，对乞丐也要布施几个钱，他却好意思这样忘恩负义地一口拒绝。”(3.2.69—78)而辛普洛涅斯则相当愤怒：“哼！难道他没有别人，一定要找我

---

① F. David Hoeniger, *Medicine and Shakespeare in the English Renaissance*, Newark: Delaware University Press, 1992, p.213.

吗？他可以向路歇斯或是路库勒斯试试；文提狄斯是他从监狱里赎出身来的，现在也发了财了：这几个人都是靠着他才有今天这份财产。”(3.3.1—5)我们不能忘记开场时一使者奉文提狄斯差遣前来，说欠了5个泰伦的债，被逼得很紧，请泰门去信求情，但泰门乐于助人，“愿意替他还债，使他恢复自由”(1.1.106)。随后辛普洛涅斯以诡辩遮掩其不愿帮忙的心思，“唯恐人家看不清楚他的丑恶，拼命呲牙咧嘴给人家看，这就是他的奸诈的友谊”(3.3.31—33)。这些所谓的“好朋友”，在得知泰门败落没钱之后，不但不帮助，反而派人去要债，他们身上带着泰门赠送的东西，却来讨要这些东西的钱，真是荒谬至极，就连要债的仆人自己都看不下去，说不想干这些“忘恩负义的事情，真是窃贼不如”(3.4.27)。

再次我们可以发现雅典城中元老院这一政治象征的腐败。元老的自述立刻暴露了他与泰门交好的原因，“要是我要金子，我只要从一个乞丐那里偷一条狗送给泰门，这条狗就会替我变出金子来……我只要把我的马送给泰门……它就会立刻替我生下二十匹好马来”(2.1.5—8)。而泰门想向元老院借贷也被拒绝了，他不由说道：“这些老家伙，都是天生忘恩负义的东西。”(2.2.214)艾西巴第斯在为同僚辩护时却遭到了元老的放逐，他不禁大骂元老们“放债营私、秽迹昭彰的腐化行为”(3.6.99—100)。重要的是戏剧的最后，当参议员乞求泰门返回帮助雅典击退阿西巴第即将到来的攻击时，却流露出不道德的动机，因为他们只愿意泰门提供帮助后才恢复其名誉。泰门则回应他们的问候：“我谢谢他们；要是我能够替他们把瘟疫招来，我愿意把它送给他们。”(5.2.22)在雅典“这座婬荡、胆怯的城市”(5.5.1)，元老们“胡作非为，肆行不义，把你们的私心当作公道”(5.5.3—5)。而军人艾西巴第斯也并没安好心：“我不恨他们把我放逐；我可以借着这个理由，举兵攻击雅典，向他们发泄我的愤怒。”(3.6.112—4)可见他是为了私欲发动攻击，因此泰门将他的行为等同于瘟疫，“愿天神降祸于所有的雅典人，让他们一个个在你剑下丧命；等你征服了雅典以后，愿天神再降祸于你！”(4.3.102—3)

最后当然是剧中的主人公泰门。泰门最大的罪过是错误地理解了友谊，认为用金钱可以买到一切，但实际上人去财空，正如弗莱维斯说的那样，“唉！花费了无数的钱财，买到人家一声赞美，钱财一旦去手，赞美的声音也寂灭了”(2.2.168—170)。“世道如斯，鬼神有知，亦当痛哭。”(3.2.88)而剧中路人的话更是讲出了这个时代的所谓朋友：“每一个谄媚之徒，都是同样的居心。”

(3.2.66—67)更为重要的是他破坏了秩序,他在宴会上将所有的人平等相待,即他的仆人和放债人都如同贵族和元老一般作为同样的“朋友”坐在餐桌上,更为夸张的是他大呼“能够有这么许多人像自己的兄弟一样,彼此支配着各人的财产,这是一件多么可贵的乐事”(1.2.99—102)。后来泰门自认看清一切,他鼓动艾西巴第斯屠城,说城里没有一个好人,不值得怜悯,他诅咒说“灾难和瘟疫将会纠正一切”(5.2.106)。

在吉拉德看来,死亡本身似乎成了净化剂,要么是瘟疫受害者全体死亡,要么仅仅是几个甚至只是一个选中的受害者死亡,这个被选中的受害者似乎承担着整个瘟疫的责任,他的死亡或者被逐治愈了整个社会。当一个社群遭遇“瘟疫”或者其他的灾祸打击的时候,就会责成献祭牺牲以及所谓的替罪羊(scapegoat)仪式。[①]在戏剧的最后我们看到的是那些成为“替罪羊”牺牲换来了雅典城的和平的人,正如元老甲所言,那些驱逐艾西巴第斯他们的人“都已忧郁逝世了”(5.5.229),因此乞求放过其他人,而艾西巴第斯也承诺:“把泰门的和我自己的敌人交出来领死,其余一概不论。”(5.5.56—8)

因此剧中的泰门既是“替罪羊”也是“牺牲者”,是他带来了瘟疫,更进一步说他本身代表着雅典城中包括瘟疫在内的所有的疾病。泰门很可能死于瘟疫,因为失去所有的他就是一个穷人、乞丐,而这一群体则是最容易染上瘟疫的。其一是穷人居住的环境差,容易滋生疾病并蔓延,其二是他们没有什么收入,常常吃不饱,饮食营养低、体质弱、抵抗能力差,当时的民间医生纳瑟尼尔·豪吉思(Nathaniel Hodges)提到“瘟疫在穷人间肆虐,很多人称其为‘穷人病’”。[②]著名的医生斯蒂芬·布雷德维尔(Stephen Bradwell)也说“穷人们生活在肮脏的环境中,吃的是不干净的黑面包,不利于健康的变质的肉,而且有时甚至吃不上东西,他们的身体遭到严重的破坏,精神状态也极差,这些使得他们极易生病,我们看到瘟疫把他们大批大批地蚕食掉”。[③]显然后期

① René Girard, “The Plague in Literature and Myth”, p.841.

② David Charles Douglas, *English historical Documents*, Vol.VI, New York: Rouledge, 1996, p.496.

③ Stephen Bradwell, *A Vvatch-man for the Pest Teaching the True Rules of Preservation From the Pestilent Contagion, At This Time Fearefully Over-flowing This Famous Cittie of London. Collected Out of the Best Authors, Mixed with Auncient Experience, And Moulded Into a New and Most Plaine Method*, London: John Dawson for George Vincent, 1625, pp.46-47, https://quod.lib.umich.edu/e/eebo/A16629.0001.001.

的泰门就是这样的穷人，甚至只能靠挖树根果腹。但“瘟疫既是疾病也是良药”，[1]正是他的死亡，给了被放逐的艾西巴第斯回归的借口，也将给城市带回秩序。为了强调其牺牲的角色，戏剧的最后是艾西巴第斯大声读出泰门的碑文，上面写着：“艾西巴第斯，残魂不可招，空剩臭皮囊；莫问其中谁：疫吞满路狼！生憎举世人，殁葬海之湄；悠悠行路者，速去毋相溷！”(5.5.70—2)显然泰门将自己视为雅典的替罪羊，通过自己的牺牲而由此与瘟疫直接关联。同时艾西巴第斯和元老们通过死亡的献祭仪式，让整个雅典城暂时恢复正常，“我要一手执着橄榄枝，一手握着宝剑，使战争孕育和平，使和平酝酿战争，这样才可以安不忘危，巩固国家的基础”(Make prescribe to other, as each other's leech)(5.5.80—83)。最后的话无疑又将瘟疫的治疗与政治的恢复联系起来，prescribe 意为开处方，而 leech 则是医学上的水蛭放血疗法，这也是当时遵循体液理论所常用的治疗方式，更是突出了此剧与疾病的关联。[2]

正如伊恩·芒罗(Ian Munro)所言，瘟疫是一种“都市能指”(urban signifier)——既是一种“重新计算城市的生活和象征空间”的“空间疾病”(spatial disease)，也是一种“消解都市历史和文学传统的记忆和循环”的“时间疾病”，“伦敦在佛罗伦萨、罗马、耶路撒冷、雅典、底比斯和其他平原城市之后遭到瘟疫袭击”。[3]芒罗将瘟疫视为开放的存在，一方面，上述想象中的“全景式城市”正如一个单独的痛苦机体或是一种在都市剧场露天的剧场表演形式；另一方面也是一种叙述形式，或者一种叙事的集合，将个体轨迹通过瘟疫城市的街道组合起来。[4]正如吉拉德指出那样，“文学和神话、科学和非科学、过去还是现在，各种处理瘟疫的方式都出奇的一致”。[5]在莎士比亚所有的戏剧中，《泰门》是最具有瘟疫焦虑意义的，而且其创作时间也是受瘟疫影响最深的，大部分学者认为此剧的创作时间大致为 1605—1608 年间，而这是英格兰从 1603—1611

① René Girard, “The Plague in Literature and Myth”, p.849.

② John Jowett, ed., *Timon of Athens*, p.324.

③ Ian Munro, “The City and Its Double: Plague Time in Early Modern London”, *English Literary Renaissance* 30(2002):241-261, pp.242-243.

④ Ibid., p.248.

⑤ René Girard, “The Plague in Literature and Myth”, p.833.

年瘟疫暴发期的中间节点。①莎士比亚的剧场在这一时期常常被迫关闭。威尔森(F. P. Wilson)就指出这四年死于瘟疫的人数分别为444、2 124、2 352及2 262人。②因此若此剧写于这一时期,显然难免会受到影响。即便是认为此剧写于1615年,接近莎士比亚逝世,但1603—1611年期间反复暴发的瘟疫在伦敦人心中始终挥之不去。芒罗也支持这一论断:"即便在1612年之后,当瘟疫带来的死亡已经降低到一年很少的时候,瘟疫的精神存在并没有离开城市,因为这个国家乃至欧洲到处报道的瘟疫反复预兆着它可能会立即回归。"③

因此我们可以看到,虽然剧中出现的直接瘟疫描述大部分是作为一种诅咒,但深层次却体现出瘟疫的各种特点。一方面,剧作家用瘟疫的隐喻让观众将泰门不幸的人生轨迹与17世纪早期伦敦经历的真实瘟疫的社会反响结合起来,另一方面,剧中将贫困与瘟疫、疾病相结合,描述了同时代人们对疾病传播的认知观念,同样也讨论了瘟疫时期的道德问题。从表面上的疾病传染到深层次的颠倒、失序的情节结构,最终指向的是雅典政治的失德问题,虽然全剧以泰门和其他人的牺牲死亡为代价换来了新秩序的建立,但毫无疑问的是瘟疫隐患始终萦绕在剧中的雅典城上空,这也是莎士比亚为同时代的伦敦留下的警醒。

The Plague Writing and City Culture in the *Timon of Athens*

Abstract: Shakespeare's tragedy *Timon of Athens* shows Timon's tragedy from a extremely wealthy noble to a penniless exile by his generous splurge. Critics pay much attention on the money theme of this play, and Karl Marx takes the description of gold by Timon as a typical example to analyze the monetary value. But this play also contains plague theme as there are many descriptions about plague, obviously, it shows that *Timon*(1606) was influenced by the outbreaks of plague in London during that time. This paper tries to analyze the

① Stephen Greenblatt, ed., *The Norton Shakespeare* (*second edition*), New York & London: W. W. Norton & Company, 2008, p.2265.

② F. P. Wilson, *The Plague in Shakespeare's London*, p.118.

③ Ian Munro, *The City and Its Double*: *The Figure of the Crowd in Early Modern London*, New York: Palgrave MacMillan, 2005, p.176.

factors of infectivity, reversal and sacrifice of plague theme in *Timon*, point out that the play was influenced by the popular thought of plague in contemporary city culture.

Key words: Plague Writing; *Timon of Athens*; City Culture

作者简介:胡鹏,四川外国语大学教授,莎士比亚研究所研究员。

都市新民俗:成都武侯祠“游喜神方”的创造性转化[①]

唐梅桂

摘　要:“游喜神方”原为道教全真宫观迎接旧历新年的重要活动,其后逐渐演变为一种民俗,不同的地方有不同的方式和名称;一般意指民众于新年第一次出门,前往喜神所在方位以求吉利。喜神有牌位无形象,其方位依时日变动,传统上常有历书等专门用来确定喜神方位。清民时期,相对于成都城郭外的其他方位,南门外的武侯祠“游喜神方”最为兴盛。因各种原因,新中国成立后有一段时间沉寂;自1999年,武侯祠开始恢复“游喜神方”民俗。此时,原先处于城郭南门外的武侯祠已经处于成都一环路之内的市中心,武侯祠的“游喜神方”失去了以方位求吉利的意义。在新的都市时空语境下,武侯祠进行了两大方面的实践性创设:喜神形象化、形象诸葛亮化,突出“游喜神方”的国际性、时代性和娱乐性;祠内竖立喜神方石碑,确立触摸石碑以求吉利的新方式。经过20多年的层累,武侯祠的“游喜神方”实现了一种创造性转化,成为一种都市新民俗;其创设、成就,及其内在的问题,是改革开放后都市重建传统民俗、传统民俗创造性转化的一个缩影。

关键词:成都武侯祠　游喜神方　都市民俗　创造性转化

“游喜神方”原为道教全真宫观正月初一迎接新年的重要活动[②],其后流

---

① 本文为国家社科基金项目“四川全真道研究”(17BZJ037)研究阶段性成果。

② 刘仲宇认为“接喜神”是“全真宫观正月初一早晨的重要庆典活动,也是道观内相互拜年的开始,在该日早课后举行”。参见胡孚琛主编:《中华道教大辞典》“接喜神”条,中国社会科学出版社1995年版,第1526页。

行于民间，逐渐演变为一种全国性民俗。成都武侯祠"游喜神方"民俗在清民时期极为兴盛，清代方志与民国报纸屡有记载。因各种原因，新中国成立后有一段时间沉寂；自 1999 年，武侯祠开始恢复此一活动，至今已有 20 多年的历史。

少数的几位学者已经注意到了武侯祠"游喜神方"活动的价值，有一些比较细致的分析。罗开玉《"游喜神方"习俗考》一文，探讨了喜神的多种含义和各地"喜神方"民俗，重点研究了清民成都人"游喜神方"的活动，并介绍了武侯祠"游喜神方"的恢复情况。①殷伟、殷斐然在《中国喜文化》一书中简要介绍了成都武侯祠从 1999 年至 2003 年的活动情况。②不过，三位学者的研究时间段比较早，罗开玉写到 2005 年，殷伟、殷斐然写到 2003 年。恢复之后，尤其是自 2000 年以来，"游喜神方"有很多的创造性实践。从民俗学的视角而言，这些创造性实践属于民俗的变异性。也正是这些变异性的创造性实践，"游喜神方"一方面接续了历史的传承；另一方面，历经 20 多年的层累，又实现了一种创造性转化，形成了一种有别于传统农耕习俗的国际化大都市新民俗。本文拟对此进行初步探讨，以求正于方家。

一、时空变换：从农耕民俗到都市民俗

作为一种民俗，"游喜神方"流行地域甚广，不同的地方有不同的方式和称呼。简便的方式是旦日第一次出门，向喜神所在方位揖拜即可，如清代北京，在新年第一次出房时，"于初次出房时，必迎喜神而拜之"③；道光年间的湖北云梦县，"岁朝，鸡初鸣，咸盥栉，尊长率子弟焚香拜天地祖宗，爆竹开门，迎喜神方三揖，谓之出方"④。但在很多地方，"游喜神方"必须向喜神方位走上一段路程，而非仅在门口揖拜。

在北方的某些农村地区，有牵着驴等牲口，朝喜神方迎喜神，如咸丰年间的河北固安县，在元旦清晨牵一头驴随喜神所在的方位驱赶即为"迎喜神"，"正旦清晨牵驴一头随喜神方位驱之，谓之迎喜神"⑤。据韩秉方记载，20 世纪

---

① 罗开玉：《"游喜神方"习俗考》，《成都大学学报》(社会科学版)2005 年第 6 期，第 89—94 页。

② 殷伟、殷斐然：《中国喜文化》，云南人民出版社 2005 年版，第 74—75 页。

③ 富察敦崇：《燕京岁时记》，《笔记小说大观》(第三十五编第四册)，新兴书局 1983 年版，第 99 页。

④ 张岳崧修、程怀璟纂：《(道光)云梦县志略》卷一，《中国地方志集成·湖北府县志》(辑 3)，江苏古籍出版社 2001 年版，第 3631 页。

⑤ 陈崇砥纂修、陈福嘉协修：《(咸丰)固安县志》卷一，黄成助编：《中国地方志丛书》(第 201 号)，成文出版社 1969 年版，第 102 页。

八九十年代的北京郊区农村迎喜神，尚有男子骑上家里的牲口，朝着喜神降临的方向迎接，“男子骑上家里的牲口（或骡或马或驴或牛），趁天未亮前的夜色，朝喜神降临的方向迎接，谁跑在最前面为最吉祥，待得天光放明即迎喜神回家。盼望从此摆脱贫困与厄运，新年顺遂”①。

在一些城镇，城郭四方的宫观庙宇是迎喜神的目的地。如清代光绪年间的苏州六合县，“元旦迎喜神方向各庙烧香”②。清代嘉庆时期成都，“择吉方出行，曰迎喜神”③；同治时期成都，也是“即向喜神方各庙上香，谓之出行”④。而作为喜神方位所在的宫观寺庙，一般也会在当年的喜神方设香案摆牌位，如甲子年喜神在乾方，喜神牌位要写“甲子年神之喜位”，以作方位的最后确定，犹如北京郊区迎喜神中的“天光放明”；并有一整套的仪式，象征接到了喜神，可以转返回家。⑤

闵智亭详细描述了宫观接喜神的仪式过程：首先是按照本年的喜神方位在山门外设香案，上供喜神牌位；接喜神时，需要三叩首毕，捧喜神牌位急回大殿；回到大殿，殿主接喜神牌位供好，监院礼毕出殿，抱斗站于高桌上喊“喜神回来没有？”众接“回来啦”，监院遂即抓破斗上所蒙红纸，大把抓斗内之物撒之，再问，再撒，三问、三答、三撒毕；然后是监院下桌喊“给喜神拜年”。如此等等。⑥结合方志所记载，作为民俗的迎喜神活动，应该是旦日往喜神所在方位出行，以特定物象为象征，接到喜神而返还；在城镇，或以围观、参与宫观迎喜神活动而为主。

在整个活动中，喜神方位的确定最为重要。道教除有专门的迎喜神科仪外，还有关于确定喜神方的道经。《道藏》中收有《六十花甲子喜神方》，它列出了 60 个干支日喜神所处的方位，“甲子日，喜神东北，贵神西南，五鬼正南，死门西南……癸亥日，喜神东南，贵神东南，五鬼正东，死门西南”⑦。喜神每天

---

① 韩秉方：《道教与民俗》，文津出版社 1997 年版，第 206 页。

② 谢廷庚等修、贺廷寿等纂：《（光绪）六合县志》附录，《中国地方志集成 · 江苏府县志》（辑 6），江苏古籍出版社 1991 年版，第 310II 页。

③ 吴巩、董淳总修，潘时彤等纂修：《（嘉庆）华阳县志》，《成都旧志》（第 13 册），成都时代出版社 2008 年版，第 141 页。

④ 李玉宣等修、衷兴鉴等纂：《（同治）重修成都县志》，《成都旧志》（第 11 册），第 96 页。

⑤ 任宗权：《道教科仪概览》，宗教文化出版社 2012 年版，第 177—179 页。闵智亭：《道教仪范》，宗教文化出版社 2004 年版，第 42 页；此书另有 1990 年中国道教学院编印版。

⑥ 闵智亭：《道教仪范》，宗教文化出版社 2004 年版，第 42 页。

⑦ 《诸神圣诞日玉匣记等集》，《道藏》（第 36 册），文物出版社、上海书店、天津古籍出版社 1988 年版，第 335I—337I 页。

所处的方位都在变动，按东北、西北、西南、正南、东南的顺序循环反复。

相对于《六十花甲子喜神方》而言，清代乾隆御制《钦定协纪辨方书》的记载更为详细，不仅有喜神的方位，还有迎喜神的具体时辰："甲己日艮方，寅时……戊癸日巽方，辰时。"①即日干为甲己，喜神在艮方，时辰为寅时……日干为戊癸，喜神在巽方，时辰为辰时。但喜神方位与时辰并不能机械套用，必须与其他神煞相参照。如日干为甲己，迎喜神的时辰应为寅时，但在甲申日为破日，又不能以其作为迎喜神之时辰。其他的照此原则。②

晚清时期，历书对喜神方位的确定作了进一步推广。晚清历书为官方颁发，亦有民间为利益所趋盗印官历，其在民间流通颇广。历书作为一种年度通书，其上亦载喜神方。相对于《六十花甲子喜神方》《钦定协纪辨方书》而言，历书上的喜神方更为通俗、易得，在文化程度不高的下层百姓中更为流行。清光绪年间的湖南零陵县人于元旦按照"宪书"，即历书上的吉时出门外拜喜神，"春正月初一日元旦，鸡鸣，长幼皆起，正衣冠，礼天地祖宗，遵宪书吉时出门外向吉方拜祝，比户爆竹竞胜，谓之出行"③。清宣统年间的山东省滕县，人们初次出行必须按历书上所载的喜神方位而迎之，"初次出行，必按历书对喜神财神方向而迎之"④。民国时期的成都，"旧历元日，人家祀先礼神，毕出，向历书所在喜神吉方礼拜，曰出天方"。⑤

就成都而言，城郭四方皆有宫观寺庙，每年迎喜神的出行方位应该有所不同。但民国时期，武侯祠所在的南方变得越发重要、热闹，武侯祠也逐渐成为整个活动的中心(图 1)。据民国成都本地报纸《新新新闻》记载，1939 年旦日"喜神在南北两方"，这天游人所走的方向，大半是武侯祠、昭觉寺两地(图 2)。⑥1947 年旦日，喜神方同样在南北两方，但"城南的武侯祠离城较近……四门不约而同地似潮水般地向南门这个方向滚滚流来"⑦。1948 年旦

---

① 允禄等编撰：《钦定协纪辨方书》卷七《义例五・喜神》，《景印文渊阁四库全书》(第 811 册)，台湾商务印书馆 1986 年版，第 355 页。此书由和硕庄亲王允禄等奉敕编撰，前有乾隆皇帝的御制序文。

② 同上，第 355—356 页。

③ 嵇有庆修、刘沛纂：《(光绪)零陵县志》卷五，《中国地方志集成・湖南府县志》(辑 45)，江苏古籍出版社 2002 年版，第 450I 页。

④ 生克中撰：《(宣统)滕县续志稿》卷二，《中国地方志集成・山东府县志》(辑 75)，江苏古籍出版社 2004 年版，第 447II 页。

⑤ 曾鉴、林思进等撰：《(民国)华阳县志》，《成都旧志》(第 15 册)，第 191 页。

⑥ 《"喜神在南北两方"，成都市新年缀景》，《新新新闻》1939 年 2 月 22 日，第 4 版。

⑦ 道尊：《丞相祠堂寻春记》，《新新新闻》1947 年 1 月 23 日，第 4 版。

日，喜神方在东西两门，市民则是不约而同到武侯祠游耍，“昨日春节，历书上虽载喜神方在东西两门，但一般市民不约而同到南门武侯祠游耍的，仍就是那么多。从东御街口起，到武侯祠沿途一带男男女女鱼贯而行”。①虽历书所载喜神方不在南门，民众依然涌向武侯祠。

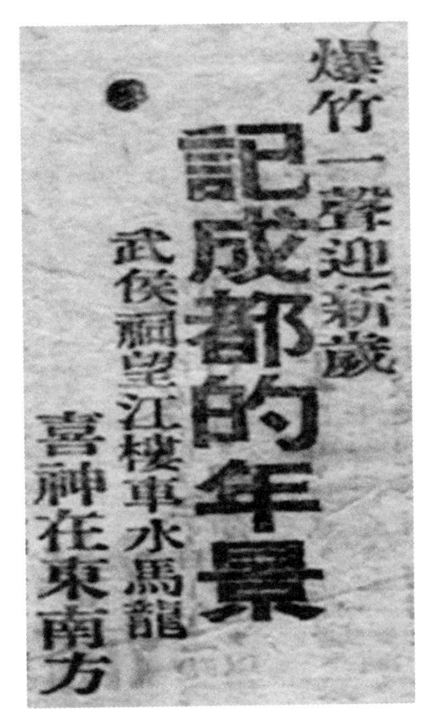

爆竹一聲迎新歲
記成都的年景
武侯祠望江樓車水馬龍
喜神在東南方

图1　1938年喜神方。《新新新闻》1938年2月2日，第4版

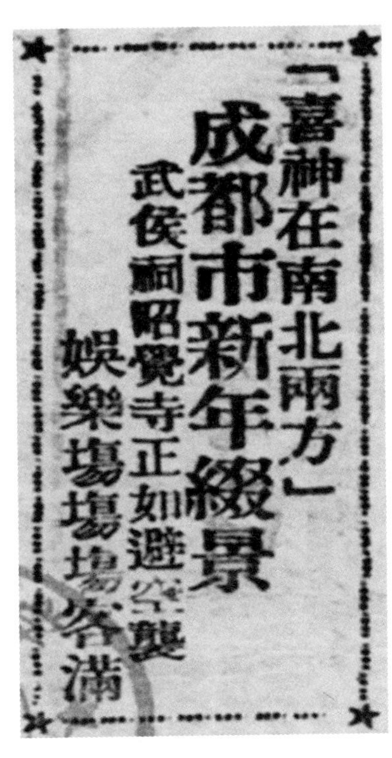

「喜神在南北兩方」
成都市新年綴景
武侯祠昭覺寺正如避空襲
娛樂場場場客滿

图2　1939年喜神方。《新新新闻》1939年2月22日，第4版

此一现象，亦见于其他清民史料，如清人傅崇矩《成都通览》“成都之民情风俗”记载，正月“初一天游各庙，以武侯祠、丁公祠为热闹”。②民国1934年的《成都导游》记载，“旧历元日，人家祀先礼神毕，出门向历书所载喜神吉方礼拜，曰出天方。……市人皆闭户出外游览，大抵以至南门外武侯祠者为盛”。③可见，武侯祠的热闹、为盛并非一时之现象。但需要注意的是，史料所记，只是

① 《春节杂写》，《新新新闻》1948年2月11日，第4版。
② 傅崇矩：《成都通览》，巴蜀书社1987年版，第202页。
③ 胡天编：《成都导游》(1934)，《成都旧志》(第4册)，第6页。

武侯祠为盛，最为热闹，而不是只有武侯祠热闹，是南门年年好，而非唯有南门好。

但是，1999 年恢复以来的武侯祠“游喜神方”，与民国时期具有完全不一样的时空维度。民国时期，成都的城市空间不断建设与扩张，如城市环城道路的建设、公共空间包括商业空间的拓宽、四川大学外迁城东望江楼侧等①；但武侯祠虽然离城较近，依然是在郊区的南门之外，与昭觉寺正好一南一北，历书可以描述其方位为“南门外”“出南门”（图 3）。新中国成立之后，1969 年成都一环路形成、1986 年改扩建，武侯祠就在一环路内；1993 年二环路全线建成通车，2002 年三环路建成通车。如今，成都已经扩展到六环路。概言之，“游喜神方”恢复以来的武侯祠就是都市的中心。这种物理时空的变幻，已经无法用“南门外”“出南门”，更加不能用其他的方位来描述武侯祠的“游喜神方”。

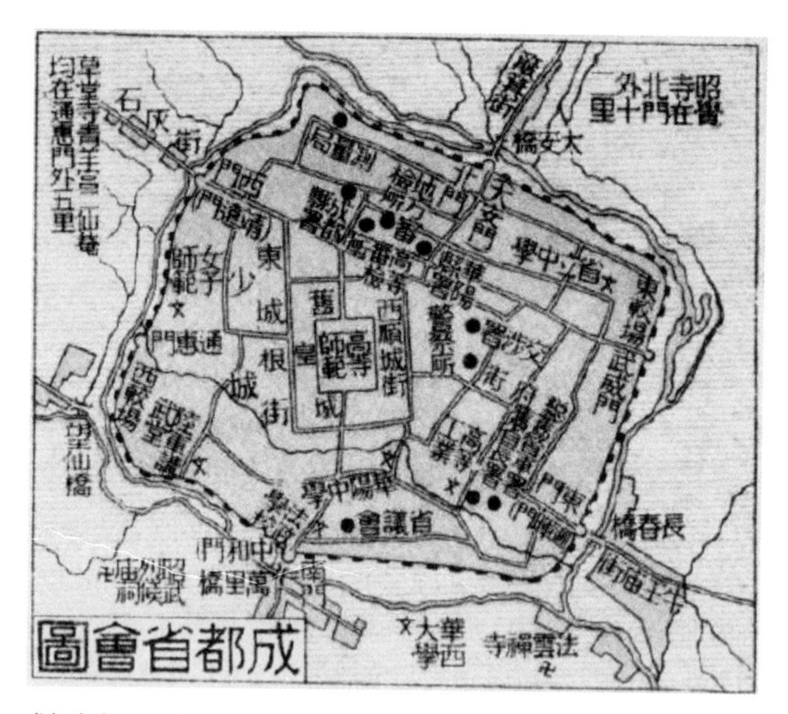

图 3　成都省会图。《中华民国分省地图册 · 四川省图》（附图），1933 年，武昌亚新地学社

① 谢天开：《成都竹枝词的复兴与城市空间及文化的嬗递》，《都市文化研究》（第 26 辑），上海三联书店 2022 年版，第 53 页。

此即是说,“游喜神方”事实上也就失去了,或者说摆脱、超越了古俗以方位求吉利的意义。另一方面,甘肃、宁夏等农村地区“迎喜神”中现今依然保留的牵牛赶马的农耕色彩①,民国时期成都常见的与汽车并行的鸡公车和遛遛马②,这些农耕文明时空留存的痕迹也全然不见;武侯祠的“游喜神方”具有一个全新的时空维度,已经是一个完全的现代工业文明的大都市活动。

那么,今日的“游喜神方”,其喜神在哪方?所谓之“游”,到底在游什么,能游什么?

二、小喜神:喜神形象化及其娱乐性

“游喜神方”活动的恢复,与当时“文化搭台,经济唱戏”的历史语境分不开;但民俗也常与迷信、宗教等有紧密关系,在当时的文化时空下,需要细致地区分。以成都武侯祠博物馆和成都市诸葛亮研究会为中心的专家、管理者和学者,在两者的协调方面作了很多的探索和创设。③梅铮铮就非常庆幸武侯祠经道士守护二百多年依然不改原貌,没有变成“武侯宫”或“武侯观”,是一件大幸事。④这就为“游喜神方”与大庙会合办提供了合适的文化、地理空间。罗开玉认为清代的“游喜神方”,“毫无疑问,该民俗在成都的流行,与武侯祠道士的策划和推波助澜分不开”⑤。吕一飞论证并认为,清代兴盛的“游喜神方”民俗活动,突破了祭祀、迷信和文人游览的狭隘范围,而具有休闲娱乐的大众旅游性质,武侯祠应该在传统祭祀与博物馆功能之外,突出地发挥其旅游功能,做

---

① 分别参见李军、隆滟、刘延琴:《甘肃省平凉地区民间农耕习俗的传承与发展:以静宁县“打场”和“迎喜神”为例》,《陇东学院学报》2012 年第 2 期;武宇林:《宁夏南部山区汉族传统节日现状论考》,《宁夏社会科学》2013 年第 5 期;王瑞:《西吉县迎喜神仪式及其文化功能》,《民族艺林》2018 年第 1 期。

② 鸡公车是典型的川西农耕文化产物,在川内知名度颇高。据考,它与我国东汉时期创制的鹿车和三国诸葛亮在巴蜀境内制作的木牛、流马,有着承袭相沿的关系,其共同特点就是独轮。参见张建:《从清朝开来的“的士”:成都出租交通史话》,四川文艺出版社 2017 年版,第 30 页。

③ 有关成都市诸葛亮研究会自 1983 年成立到 2001 年,以及这一时间段武侯祠的研究学者、活动等,请参阅李兆成:《成都武侯祠的研究工作与诸葛亮研究会》,《四川文物》2001 年第 5 期。对于此一时期天府文化的研究活动和学者群体,此文极具史料价值。

④ 梅铮铮:《清初主持张清夜与武侯祠事研究》,《四川文物》2004 年第 5 期;梅铮铮:《清初武侯祠主持张清夜其人其事》,罗开玉、李兆成、梅铮铮主编:《诸葛亮与三国文化》(2),四川科学技术出版社 2004 年版,第 249—263 页。

⑤ 罗开玉:《三国圣地　明良千古:成都武侯祠 1780 年回首(下)》,《四川文物》2003 年第 4 期,第 13—25 页。

大做强；宣传要把握主线，突出诸葛亮不偏离不动摇，坚持大众参与原则，营造良好的文化氛围。[①]大众游玩、娱乐性质的新定位，或许是“游喜神方”这一名称从方志等所记“出行”“出天行”“出天方”“接喜神”“迎喜神”“走喜神方”等称呼中脱颖而出的因由[②]，这一名称也给予了此活动一个非常强烈的“游耍”的地方色彩。

在“策划”“大众旅游”等的认知下，首先围绕如何扩大影响、做活做大“游”的问题，武侯祠进行了一系列的创设活动，喜神的形象化即是此一系列创设的主线。

清民时期的“游喜神方”有方位无形象。罗开玉也注意到道观迎喜神只有牌位，同样没有形象，“先按这年的喜神方位，在门外设香案，上供喜神牌位。……然后捧喜神牌位跑回大殿”[③]。就现有史料所及，恢复之前的武侯祠未曾有喜神的人为扮演。因而可以猜测，“游喜神方”中喜神的人为扮演、形象固定为诸葛亮，是一个非常大胆的创设；如贺游所言，目的是为了增加大众的参与性[④]。

虽然是1999年就恢复了活动，但自2003年开始，喜神或小喜神形象化的轨迹才较为清晰(参见表1)。

表1　历年喜神、小喜神情况表

时间	介　绍	备　　注
1999		元旦恢复。三义庙，始建于清代康熙年间，原在提督街，1998年迁入武侯祠。
2000		元旦，三义庙对外开放，树立喜神方原石；3月底，将原东山荷花池的黄桷树移植到三义庙喜神方石碑处。
2003	“羊年喜神”“小喜神”	喜神形象正式确定为诸葛亮，开始在市民中征集喜神扮演者。“喜神”由5名身材魁梧、仪表不凡，同时有勇气有智慧的市民扮演诸葛亮，代表“羊年喜神”，5名相貌乖巧、聪明伶俐的男孩充当“小喜神”。 欲把民间喜神这一传统形象塑造成中国的圣诞老人。

① 吕一飞:《清代、民国时期成都武侯祠的旅游活动》,《诸葛亮与三国文化》(2),第223—233页。

② 就材料所及,恢复之前的各类方志并无“游喜神方”之称。这或者是一个口头用语,或者就是一个新创之词。

③ 罗开玉:《三国圣地　明良千古:成都武侯祠1780年回首(下)》,《四川文物》2003年第4期。类似记载另见任宗权:《道教科仪概览》,第177—179页;闵智亭:《道教仪范》,第42页;胡孚琛主编:《中华道教大辞典》,第1526页。

④ 贺游:《癸未年游“喜神方”》,《四川文物》2003年第4期。

续　表

时间	介　绍	备　　注
2004	“洋喜神”“小喜神”	外国友人和小朋友扮演成诸葛亮，在除夕撞钟和初一仿古祭祀活动中向市民鞠躬作揖、巡园送福。
2005	小喜神	“成都大庙会”正式落户成都武侯祠博物馆，“游喜神方”系列民俗活动融入大庙会中，成为每年武侯祠庙会的重头戏。
2006	小喜神、“洋喜神”、“芙蓉花仙”女喜神	喜神不变性，不请河莉秀。 面向社会征集了21位“喜神”，其中小喜神7名，“洋喜神”（外国友人）7名，“芙蓉花仙”女喜神7名，在大庙会期间为游客发红包，送祝福。
2007	“双胞胎小喜神”	2月19日上午，中央电视台新闻频道在大庙会主会场对成都大庙会作现场直播，11对双胞胎小喜神面向全世界人民道喜。新华网、搜狐、新浪等新兴网络媒体作了大量报道。
2008	“奥运小喜神”	与“奥运年”相结合，小喜神们除了在庙会期间为人们送上美好的祝福，还充分发挥喜神送福活动的公益性，庙会期间，他们为饱受雪灾之苦的灾民赈灾救灾募捐，把喜神的福气传递给更多的人。
2009	小喜神	“5·12汶川地震”后首个春节，本届大庙会“喜神送福”活动特别关注了地震灾区的小朋友。庙会现场通过广播，邀请到大庙会游玩的地震灾区小朋友，一起参加大庙会小喜神送福活动。小喜神们还专门探望了“抗震小英雄”林浩，向林浩赠送了武侯祠的书籍、剪纸、小礼品和武侯祠年票。成都大庙会的影响力日益扩大，本届庙会吸引了众多央级媒体的关注，央视两次聚焦大庙会，《新闻联播》也到大庙会现场，重点拍摄了小喜神送福活动。
2010	“五虎上将”小喜神	适逢虎年，小喜神选拔活动充分体现“我最三国，看谁最有创意”的宗旨，最终选拔出20名多才多艺的小喜神。庙会期间，“小喜神”巡园送福，为来自五湖四海的观众献上新春祝贺。
2011	“兔年小喜神”	苏格兰风笛表演艺术家、乌干达非洲节奏鼓舞乐团、俄罗斯舞蹈演员等纷纷到场助兴，为传统的“游喜神方”活动添了“洋气”。中新网、中国新闻图片网、华西报、天府早报、成都日报、成都晚报、成都商报等多家媒体作了相关报道。
2012	“壬辰龙年小喜神”	“壬辰龙年小喜神”成为了“成都大庙会”的形象代言人。他们担当小主角，参与拍摄了“小喜神逛大庙会”电视迷你短剧，向观众介绍庙会活动和节庆民俗知识。该剧在2012年1月13—19日《成都全接触》及成都电视台少儿频道中播出，每天一集，小喜神聪明可爱的形象，深受观众喜爱，收获了一大批“粉丝”。

续 表

时间	介 绍	备 注
2013	小喜神	专门设计的小喜神 Logo 喜庆亮相，并设计了相应的喜神福贴、福挂等小礼物。 参与拍摄了“三国成语系列短剧”。 与成都电视台联合制作“2013 成都大庙会公益”系列报道“小喜神送福到我家”，在 CDTV-1《成视新闻》节目中连续播出 7 集，报道了小喜神们走进医院、汽车站、地铁站和居民社区，为广大市民送福，传递正能量，送上一份温暖。 12 岁的女生曾子芮简直是大庙会的忠实粉丝，已在“小喜神”这个岗位上连任几届。 本年起，专门为小喜神定制了丰富的文化课程，教授历史、民俗、国学等方面的文化知识，通过《出师表》《诫子书》等国学名篇的教学，提升了小喜神的文化内涵，增强了小喜神的品牌形象。
2014	“国学小喜神”	在小喜神选拔环节增加了“文化知识考试”，博物馆特别联合成视少儿频道，共同举办“全国诵读《弟子规》暨国学小喜神”选拔比赛。 选拔特别将小喜神的年龄定在了 9—12 岁，并从今年开始，为小喜神量身定制专业的文化课程，培养小朋友成为“文化小使者，国学小喜神”。 培训课特别邀请了《百家讲坛》专家教授梅铮铮、成都电视台知名少儿节目主持人陈岳为小喜神培训国学知识。
2015	“智慧小喜神”	庙会主题贴近社会主义核心价值观，在五天培训课程中，社教老师精选相关国学名篇，从三国人物当中学习体会忠诚、敬业、爱国等美德。在庙会期间为观众送祝福，诵读国学经典名篇，带领幸运家庭逛庙会，为观众讲解庙会灯组，介绍庙会活动，讲述三国美德故事。参与央视在内的多家海外媒体拍摄报道。
2016	“丙申年国学小喜神”	专门编排了丰富的小喜神节目，用歌曲、快板、诗歌等形式为观众送福，让小喜神形象更加深入人心。 为小喜神特设了专属“办公点”——喜神小屋。小喜神轮流“上岗”，为观众盖喜神印章、互动答题、赠送小礼物。 初一到初五，小喜神参与成都电视台拍摄“小喜神带你逛庙会”专题节目，向电视机前的广大市民介绍大庙会，成为传播民俗文化的小使者。
2017	“丁酉年游喜神方国学小喜神”	大庙会期间 21 天，小喜神每天巡园送福、表演节目，在“喜神小屋”与游客互动，传播三国知识。 参与了央视新闻频道对成都大庙会的直播，央视海外频道也专程来大庙会拍摄小喜神专题节目，面向全世界人民展示小喜神风采。

续 表

时间	介 绍	备 注
2018	“2018 武侯祠成都大庙会”小喜神	开庙后,小喜神们身穿专属定制的“喜神”服装在喜神小屋内轮流“上岗”,为观众盖“喜神印章”,赠送福气小礼物,同时还在园区为中外游客巡园送福,表演小节目,欢乐互动。
2019	“己亥年小喜神”	经过征集和筛选,6 位国际友人成为撞钟体验官。 培训内容不仅新增了民歌、童谣的节目编排,并且专门设计了接地气的“川话版”表演。 “游喜神方”入选成都市非物质文化遗产代表项目。
2022	小喜神	以视频方式为观众送祝福。 1 月 31 日,小喜神年俗课堂开讲,聊守岁、拜年、燃爆竹、赏花灯、吃元宵、游喜神方及喜迎财神等春节民俗文化。
2023	小喜神	“喜神巡游,福至四方;喜神纳福,福寿安康……”,他们身着红色喜神服,手提吉祥灯笼,喊着口号和问候语,来到观众身边,亲密互动,派发喜神福牌、福贴,送出新年美好祝愿。

注:表格内容主要源于成都武侯祠博物馆官网“成都武侯祠 · 社会教育 · 风俗汉礼 · 小喜神”(http://www.wuhouci.net.cn/xxs.html),少部分源于笔者对媒体报道的不完全整理。

2003 年,为增加群众的参与性,武侯祠特地征集市民扮演“喜神”和“小喜神”,喜神正式确立为身穿汉制官服、羽扇纶巾的诸葛亮形象。“本次活动在武侯祠外进行,以弘扬‘忠义’‘诚信’‘仁德’等中国传统美德为基调,结合‘全面建设小康’的时代精神,努力把传统民俗特色与时代精神紧密结合,欲把民间‘喜神’这一传统形象塑造成中国的圣诞老人。为此,我馆特地在市民中遴选了 10 名群众‘喜神’,从而增加了群众的参与性。”①活动体现了“成都文化在三国,三国文化在诸葛亮”的主旨,诸葛亮被拉入一个现代场景中,并在“小喜神”的形象中,获得了“可爱”等娱乐意义。喜神的外在形象诸葛亮化,体现了“游喜神方”与武侯祠关系的一体化(图 4)。

2004 年至 2006 年,活动中出现了“洋喜神”和“芙蓉花仙”女喜神,“昨天,来自英国的马丁等 4 位‘洋喜神’吸引了现场多数人的目光。穿上诸葛亮服,戴上鹅冠帽,再拿上一把鹅毛扇,4 位老外一出场便以扮相博得大家一阵掌声。马丁和两位美国朋友表演了一个大力士和小矮人的哑剧,丰富的肢体语言充分展现了他们的喜剧细胞。‘洋喜神’中唯一的一位女性马德娥是个漂亮

① 贺游:《癸未年游“喜神方”》,《四川文物》2003 年第 4 期,第 66 页。

的罗马尼亚女孩，她还有个'特殊身份'：成都媳妇儿。"[①]两者体现了成都作为国际化大都市的开放性、底蕴和追求。

图 4　2019 年小喜神。图片源于成都武侯祠博物馆官网"成都武侯祠·文化传播·文化活动·成都大庙会"(http://www.wuhouci.net.cn/cddmh-detail.html#6)

但是，在民俗的体系中，这种国际化的新追求，容易触发一些争论。2006 年"洋喜神"的邀请中，组委会主张邀请韩国变性人河莉秀扮演喜神，认为河莉秀为韩国当红明星，具有相当的人气和号召力，可以提升活动人气，为活动注入时尚新潮的元素。此一提议引发了成都社会各界争议声："变性人当'喜神'你同意吗？"[②]赞成阵营认为"要接受新鲜事物"："觉得可以，一个城市要进步，这是社会的进步，不能永远以过去封建的东西来衡量"，"什么事情都要发展的，成都要更大的发展，就要勇于接受更多的新鲜事物"，"我觉得中国人应该开放一点，传统有保守的一面，组委会的决定是大胆的，正确的，我认为这在国际上给成都市树立了正确的形象"，"古代文明也应该有发展变化，应该用发展的眼光来看，只要不违反法律，变性人有这个权利当喜神"。[③]组委会的专家也认为"要宽容"。[④]赞成阵营诉诸的是"进步""开放""国际上""不违法""权利""宽容"等价值立场。反

① 《华西都市报》2006 年 1 月 26 日，第 10a 版。
②④ 《华西都市报》2006 年 1 月 11 日，第 9a 版。
③ 《华西都市报》2006 年 1 月 12 日，第 14a 版。

对声则“大请尊重传统”,“变性人做喜神不妥,让人感觉有些晦气,传统的东西更讲究吉利”,“我们不能不尊重传统文化,崇洋媚外”,“我们坚决反对,越民族的东西越世界,离开了民族就谈不上世界了”;①认为传统就是传统,并不是每样事物都可以花样百出的,该严肃的还是应该讲原则,否则就是对优秀传统文化的叛逆②。与赞成阵营相反,反对声强调的是“传统”“吉利”“民族”等概念。

除这两种声音,另有一种娱乐中立的声音,认为谁当喜神都“无所谓”,“我觉得无论谁当喜神都可以,过年嘛,就是图个热闹,只要大家高兴就可以了”③。民俗一旦形成,就成为规范人们的行为、语言和心理的一种基本力量。④就请河莉秀为喜神这件事,“大家”高兴几无可能,民俗的稳定性与变异性之间的矛盾特别地凸显出来。事情的结果就是“洋喜神”从在成都的外国友人中挑选,“喜神不变性 不请河莉秀”⑤。

或是受上述事件影响,2007 年始,活动已经不见有“洋喜神”的扮演,国际化主要表现为邀请外国艺术家参加“游喜神方”活动,如 2011 年苏格兰风笛演奏乐队的巡游,2019 年 6 位国际友人成为撞钟体验官。⑥“小喜神”转而成为主要的形象与品牌塑造(图 5),如 2007 年的“双胞胎喜神”,2008 年的“奥运小喜神”,2009 年邀请汶川地震灾区小朋友一起参加大庙会小喜神送福活动,2010 年“五虎上将小喜神”,2011 年的“兔年小喜神”以及 2012 年的“龙年小喜神”,毕竟,“小喜神”具有更大的亲和性。2013 年开始,围绕“小喜神”形象的塑造,武侯祠专门为“小喜神”定制了丰富的国学、民俗课程,如《出师表》《诫子书》《弟子规》等的学习,民歌、童谣等的编排,目的在于进一步延伸娱乐的深度,拓宽“小喜神”背后的文化空间,提升“小喜神”的文化内涵,增强“小喜神”的品牌形象。相应地,活动的主题也变更为“国学小喜神”或“智慧小喜神”。疫情 3 年,唯有 2022 年以线上方式举行,整个活动几乎停顿。2023 年,活动终又再开

① 《华西都市报》2006 年 1 月 12 日,第 14a 版。
② 《华西都市报》2006 年 1 月 11 日,第 9a 版。
③ 《华西都市报》2006 年 1 月 12 日,第 14a 版。有关三种声音的具体数据,请参阅《华西都市报》2006 年 1 月 11 日,第 9a 版,以及《华西都市报》2006 年 1 月 12 日,第 14a 版。前者数据显示,在随机调查,36 位接受调查的市民中,16 人持反对意见,占 44%,13 人表示“赞成”,占 36%;7 人表示“无所谓”,占 20%;后者显示,50 余位市民打进报刊热线,只有 7 位市民赞成。当然,整个“河莉秀喜神”事件,也可能就是组委会为扩大影响的策划而已。
④ 钟敬文主编:《民俗学概论》,上海文艺出版社 1998 年版,第 1—2 页。
⑤ 《华西都市报》2006 年 1 月 13 日,第 13 版。
⑥ 《四川日报》2019 年 2 月 5 日,第 2 版。

始(参见表1)。

图5　2018年小喜神送福。图片源于成都武侯祠博物馆官网“成都武侯祠·文化传播·文化活动·成都大庙会”(http://www.wuhouci.net.cn/cddmh-detail.html#4)

整体而言,在“喜神”的形塑中,武侯祠随时代的变迁而不断推陈出新,尤其是“小喜神”与不同的时代背景、历史事件等紧密结合,反映了成都的地方文化、民俗,以及当时人们的生活状况、精神面貌等。在其形象中,娱乐与文化两个时空重叠交融,受到了家长和小朋友的喜爱,有小朋友连任几年的“小喜神”。

三、喜神方石碑:神圣空间的重塑

因城市扩建带来的物理时空的变换,武侯祠“游喜神方”不再具有以方位求吉利的意义;武侯祠本身的博物馆化,也不适宜传统的进香求签等。但如果完全娱乐化,彻底放弃传统的“祈福”“求吉利”之类的因素,似乎也不利于武侯祠“游喜神方”的恢复。毕竟,活动还是冠名着“喜神方”,在这个名称背后,还有着大量新中国成立之前的民众基础、深厚的历史文化底蕴。因而,问题在于:于武侯祠恢复“游喜神方”,其“喜神”在何方?针对此一问题,武侯祠进行了多方面的创设,其主旨就是一句话:“游喜神方”只在武侯祠。

至民国时期,武侯祠的“游喜神方”最为兴盛、最为热闹。对于此中原因,《新新新闻》就认为,昭觉寺距离城中心较远,并且参观的东西很少;武侯祠离城较近，距祠不远处又有刘园可以瞻仰。①这是一种较为世俗的解释。与此不同的是，何韫若对《锦城旧事竹枝词·游喜神方》"神有喜怒与人同，四时方位兆吉凶。独怪年年南门好，起因侯庙敬无穷"解释时则认为："正月初一出行，有'游喜神方'之说。旧日街头所售坊刻皇历，所载喜神，每年皆在南方，历年莫不如此。究其原由，或以成都南郊有诸葛武侯祠庙之故，又南方丙丁，于五行属火，亦红运兴旺之象。是以每年正月初一，成都人联袂出游喜神方，即参拜武侯祠，若干年来已成惯例。"②罗开玉又解释何氏观点而认为，传统文化"以南方为尊、为吉利"，普遍视南方为"吉祥之方"，武侯祠就在南方；并进一步认为，刘备、关羽、诸葛亮等人具备了"忠""义""智"的要素，经过清民时期小说《三国演义》、评书等形式的宣传，为广大群众广泛接受，喜闻乐见，武侯祠的人物塑像逐步被视为喜神。③

何氏所言"旧日街头所售坊刻皇历，所载喜神，每年皆在南方，历年莫不如此"，似乎与《新新新闻》的记载有所不一致。按照何氏所言，为迎合武侯祠的"游喜神方"，坊刻历书作假，每年的喜神方"皆在南方"。而据《新新新闻》记载，如1948年旦日，市民不约而同到武侯祠游耍，历书所载的喜神方还是东西两门。

传统喜神方位有吉凶之分、依时日而变动，但没有尊卑之分，也不固定。罗开玉以南方为尊为吉利，其他方位则为卑。换言之，其他方位似乎为凶位，且不会更改。此一说法从理论上断绝了其他方位，如北方昭觉寺等开展"游喜神方"活动的合理性。视诸葛亮等人物塑像为喜神的观点，又进一步加强了诸葛亮与活动的内在联系，为喜神形象化、形象诸葛亮化提供了合理依据。所以，方位和喜神皆在武侯祠。

与此理论论证相伴，武侯祠进行了一个非常重大的实践性创设，此即是武侯祠喜神方石碑的竖立(图6)。传统的活动中，宫观需要设供喜神牌位，并以相应的礼仪以象征接到了喜神。喜神方石牌正是传统牌位的另一种形式，其铭刻与碑竖，事实上不仅是承继了，也是进一步宣传、强化了武侯祠举办、开展"游喜神方"活动的独一性。

---

① 道尊：《丞相祠堂寻春记》，《新新新闻》1947年1月23日，第4版。

② 转引自罗开玉：《三国圣地　明良千古——成都武侯祠1780年回首(下)》，《四川文物》2003年第4期。

③ 罗开玉：《三国圣地　明良千古——成都武侯祠1780年回首(下)》，《四川文物》2003年第4期，第13—25页。

图6 “喜神方”石碑及碑后的黄桷树。笔者摄

石碑现位于武侯祠内三义庙中。三义庙始建于清代康熙年间，原在成都提督街，1998年因城市建设迁建于武侯祠，2000年元旦对外开放。石碑落款日期为“壬午”年，即2002年。此一日期，与其他文献的记载有所不同，如贺游2001年的记载，2000年“3月底，将原东山荷花池的黄桷树移植到三义庙‘喜神方’石碑处”。[①]又据2009年版《成都市志·总志》记载：“2000年的春节，在武侯祠中，新竖立一个‘喜神方’的原石，以便人们保持这个习俗，向喜神祈福。”[②]内中因由，尚待进一步的资料披露。

石碑铭文认为：“喜神方，喜神所在的方位和地方。先民视春节期间所拜的土生土长的忠、义、财诸神为喜神，喜神能带来吉利、喜庆、美好，增添智慧、财运、官运。刘关张是义的最高典范，关羽是民间公认的武圣人、武财神，诸葛亮为忠的楷模、智慧的化身，蜀人视他们为喜神。在传统的方位观念中，南方

① 贺游：《成都武侯祠成立文管所以来的园林建设》，《四川文物》2001年第5期，第71—80页。该文写于2001年4月30日之后，9月之前。

② 成都市地方志编纂委员会编纂：《成都市志·总志》，成都时代出版社2009年版，第725页。

为吉祥之方,成都人明清以来有春节期间及每月初一、十五出南门、到武侯、游喜神、赶庙会、拜忠义、求吉祥之民俗。”整个表述与罗开玉的相关论述非常接近。但相对于此前的各类方志、罗开玉等人的表述而言,喜神方的定义却变了。此前的“喜神方”,一般都是指“喜神所在的方位”,铭文新增加了“喜神所在的地方”表述;方位与地方两者是有区别的,方位依时日而变,地方却是固定不动。这显然是因为作为喜神方物象的石碑被固立于武侯祠这个地方,固定不动,定义也随之更新。

作为物象的石碑竖立之后,创设者也有意引导,形成了新的迎接礼仪。2003年,整个活动分为武侯祠内外两个阶段:

> 象征着和平与希望的2003只鸽子在一片欢呼声中振翅飞向天空,群情激动,共同祝愿羊年吉祥如意。随后,在武侯祠大街上,一队队具有浓郁民族色彩的三国仪仗队、迎春狮舞、秧歌、腰鼓、高跷等群众行进表演队伍,缓缓走来,掀起活动的高潮,受到市民的热烈欢迎 。
>
> 此后,活动转入武侯祠内。在三义庙前举行了仿古祭祀表演、迎财神、喜神交接仪式等。这时,群情激昂,人头攒动,跃跃欲试,纷纷争饮结义酒,争祭祈福香,排起长队抚摸“喜神方”石碑,祈求一年吉祥平安,财源滚滚,国强民富。①

武侯祠外,活动主要是娱乐性质的各类表演,这是娱乐的世界。武侯祠内,既有仿古祭祀表演,又可见长队抚摸喜神方石牌祈福,世俗娱乐与意义世界并存。2004年后的记载中,对武侯祠内的描写则略为详细:

> 三义庙广场西侧,一座高大的石碑,鲜红的“喜神方”三个大字,赫然入目。武侯祠每年一度的春节“游喜神方”庙会活动,即以这里作为祭祀会场。那时,彩旗飘飘,唢呐声声,香炉上燃烧着一簇簇高香,青烟缭绕,扎满红绸的祭品牛、羊、猪摆满祭坛,身着三国古装的武士手持旗幡,威严肃立。刘备、关羽、张飞在这里祭天、祭地、祭人,为人们祈福。三国时蜀人如何祭拜列祖列宗,老百姓怎么向上天祈求好运,在这里得到全面的展

---

① 贺游:《癸未年游“喜神方”》,《四川文物》2003年第4期,第66页。

示。红绸掩盖的“喜神方”石碑最受人们青睐，大家纷纷触摸石碑，以求得到喜神的祝福。①

喜神方石碑处于三义庙广场西侧。庙会活动中作为祭祀会场，按照一般的逻辑，应该是今人祭祀刘关张三人，实际却是仿古展示，三人于此祭天祭地祭人，因而这种展示也就是娱乐而已。但作为物象，喜神方石碑依然是最受人喜爱的，“大家纷纷触摸石碑，以求得到喜神的祝福”，“抚摸”或“触摸”，体现了创设者有意引导以作为迎接喜神的新仪式。材料所呈现的，武侯祠内依然是世俗娱乐与意义两个世界的并存。

民俗起源于人类社会群体生活的需要，其形成、扩布和演变，皆为民众的日常生活服务。②这两个世界的并存，表明在新的文化时空中，尚有对神圣意义的需求。小喜神送福及其各类物件，部分地提供了一些满足；但其可爱有余，神圣性不足，难以满足深层次、个性化的精神需求，所以出现排长队抚摸石碑的情形。在触摸之中，两个世界交融，带来不一般的“欢乐”：

欢乐

成都的庙宇、祠堂、故居、胜迹都有一种世俗的欢乐气息，武侯祠也不例外，那是今人借助前人的精神和物质遗存寻找当下的欢乐。

2005年夏历正月初一武侯祠“游喜神方”活动我是去凑了热闹的。按照成都的民俗传统，新年第一天游南方会给这一年带来喜庆吉祥，因此每年的武侯祠“游喜神方”活动都是热闹非凡。“喜神”由身穿古装的人扮演，为了增加这个活动的娱乐性，甚至选择在川的外国人扮演“喜神”。许多喜气洋洋穿着臃肿冬装的人在“喜神”的带领下，在武侯祠中载歌载舞，流连忘返。这一天，端坐在神龛和廊下的蜀汉君臣塑像甚至跟平时不一样，我恍惚觉得他们的表情比平时更加惊喜与活泼，他们在观看成都人的欢乐的同时，想起了蜀汉故国的风调雨顺和国泰民安。

中午的时候，成都连日阴晴不定的天空中终于出现了明媚的阳光。我们一家人排着长队等在镌刻着“喜神方”三个大红汉字的石碑前，等着

---

① 谢辉、罗开玉、李兆成等主编：《三国圣地武侯祠》，四川人民出版社2007年版，第138—139页。不清楚这段文字的作者是哪位；书中已有2004年“游喜神方”活动的图片。

② 钟敬文主编：《民俗学概论》，第1—2页。

上前去摸一摸。尽管平时在石壁上触摸“福”字的活动我是绝不参加的，但今日却承受不住这欢乐气息的挟裹，竟不自觉地排到了队列之中。在成都少见的冬日阳光下，人们脸上的表情富足美满，他们一个接一个地来到石碑前，伸长手臂，从“喜”字的最上面摸到“方”字的最下面。一遍还觉得不过瘾，又来二遍三遍。摸完石碑下来，大家好像得到了神的暗示和祝福，全都显得精神焕发、目光沉醉、心满意足。

旁边还有一个穿着古装的人，高高地坐在一张大方桌上，面前摆放着一坛以“孔明”命名的酒。有很多妇女顾不上白酒对唇舌的辛辣刺激，掏出三元钱焦急地看着卖酒的师傅用竹筒从坛子里舀出酒来。抿一口，连说好酒。师傅这时候便会送给她们一句祝福的话。①

与之前两份材料出自创设者之手不同，此份材料或是出自与家人一起“游喜神方”的游客。作者认为，成都的庙宇宫观等各类胜迹都有一种世俗的欢乐气息，武侯祠也不例外。前往武侯祠凑热闹，凑的自然是世俗欢乐的非凡热闹，“载歌载舞，流连忘返”。这种欢乐是“喜神”带来的，是借助前人的精神和物质遗存而来的欢乐，所以也不仅是当下的欢乐，还有历史、文化的深度。今人借助前人而欢乐，前人观看今人的欢乐，借助今人的欢乐而回想故国往事，因为今人的欢乐而欢乐。前人与今人在旦日武侯祠这个时空，特别地相遇，这也是世俗娱乐与三国文化两个时空的相遇。

在这两个时空的冲击下，作者坦言“承受不住这欢乐气息的挟裹”，所以尽管平时在石壁上触摸“福”字的活动是“绝不参加的”，充满排斥心情的，也“竟不自觉地”排到了触摸喜神方石碑的队列之中。在摸完石碑之后，好像有了神的祝福，获得了神秘的力量，进入了神秘的境界，“全都显得精神焕发、目光沉醉、心满意足”。作者从围墙外的当下的、个人的文化时空，进入武侯祠旦日“游喜神方”这样一个世俗娱乐与文化交织的物理时空，通过对神圣物象石碑的触摸，最终进入了一个意义或神圣的时空。作者由外入内，由排斥到心满意足，此一过程，体现了民俗的民众习得、享用、传承的过程性及其要素。

① 肖平:《成都物语》，成都时代出版社2016年版，第60—61页。

图 7　2023 年触摸“喜神方”石碑。图片源于成都武侯祠官方微信，“正月初一，出南门，游喜神方”(https://mp.weixin.qq.com/s/8OL_2bOZOXyDnK8yg7d1Zg)

作者的体验及表述，进一步丰富、细化了“触摸”这一新仪式。先是一个接一个排队到石碑前，然后是伸长手臂，从“喜”字的最上面摸到“方”字的最下面，要摸三遍。“一个接一个排队到石碑前”体现了仪式之前的敬意，“从最上面到最下面”是一种恋恋不舍、全部身心的投入，“三遍”则暗中切合了天地人三才和谐之道的礼数。相比传统接迎牌位礼仪、小喜神送福等，作者所呈现的“自上而下三遍”的仪式更为直接、个性化；与创设者的有意而为相比，此一仪式更多是游客的自发行为，是民俗文化创造积累的一种重要方式(图 7)。

从民俗传承的视角而言，需要考虑作者“游喜神方”的家庭因素。虽不清楚其家庭的结构、地位等，作者是与一家人参与“游喜神方”活动的。离开家庭因素，作者是否愿意进武侯祠，是否愿意改变“绝不参加”的原则，都是有待探讨的，但具体作用如何，也同样有待进一步的探讨。

喜神方石碑的竖立，再加“游‘喜神方’，到武侯祠”的舆论引导[①]，导致武侯祠“游喜神方”的地位发生了根本性变化；尤其是相关媒体的报道，给今人留下了武侯祠是成都唯一的喜神方印象：“游喜神方活动距今已有两百多年历史。按照古俗，每年新春佳节来临之际，成都市民都要携家结友，出南门、访武侯、游喜神方。”[②]此处的“古俗”介绍中，已经看不到“方位”“北方昭觉寺”等等，只有“出南门、访武侯、游喜神方”一句，武侯祠与喜神方是一体的，也是唯一的。[③]这里的游“喜神方”，应该不是方位了，游的就是“喜神方石碑”这个“地方”了。“喜神方石碑”成为整个成都“游喜神方”活动唯一的、固定的物象；围绕石碑，也产生了新的仪象。喜神方碑石的竖立，重构了一个物理的时空，也重构了一个多重意义交织在一起的时空。

四、余论：都市民俗的变异及其创造性转化

武侯祠“游喜神方”的恢复，面临着从物理时空到文化时空多重时空的巨大变迁。在这样的语境中，通过喜神形象化、喜神方石碑竖立两大变异性创设，“游喜神方”获得了媒体的广泛报道，影响日益扩大。洋喜神、小喜神为活动注入了现代、国际和娱乐的因素，喜神方石碑则满足了现代社会对传统神圣意义的追寻；前者体现了民俗的变异性，后者更多体现了民俗的稳定性。

在喜神形象化和喜神方石碑竖立两大创设内部，诸葛亮、三国文化和国学，通过短剧、童歌、民谣、诵读等形式，以及小喜神可爱的形象，推陈出新，而洋溢新的活力；喜神方石碑竖立的主要目的就是为了保持“向喜神祈福”的习俗，但其竖立本身，以及“自上而下三遍”的方式，又迥异于往昔。通过变异性的创设，传统融入现代，获得了新的场景意义。经过20多年的层累，也基本形成了“游喜神方到武侯祠”“小喜神送福”“摸喜神方石碑祈福”的都市新传承，完全不同于以方位求吉利的农耕旧习俗。相较于“迎喜神”“出天方”等等，武侯祠的“游喜神方”实现了一种创造性的转化。

“游喜神方”的创造性转化离不开武侯祠的创设者。传统中的民俗活动，或者因为历史悠久而材料遗失，或者因为根本就未有记录，犹如清代作为策划

① 吕一飞：《游“喜神方”，到武侯祠》，《四川文物》2003年第4期，第77页。

② 《华西都市报》2004年1月20日，第12版。

③ 予人同样印象的报道另参见《四川经济日报》2012年1月30日，第2版；《成都商报》2014年1月27日，第15版；《中国民族报》2017年2月7日，第7版；《华西都市报》2019年1月30日，第A12版。

者的武侯祠道士，具体的人与事已经很难考究。但"游喜神方"的创设者，本身既是专家学者、组织者管理者，又是具体的实施者；而且留下了大量的相关文献资料。创设者为解决问题，不拘一格的原创精神非常值得学习。没有他们，就不可能实现"游喜神方"的创造性转化。①

当然，整个活动也存在一些问题有待进一步的探讨，尚需要更多的创设来解决。例如，早期的恢复中，创设者意图把喜神定位为东方的圣诞老人，此意图好坏姑且不论；现今小喜神缺乏类似的参照系，也缺乏在整个中国文化中的定位。又如，诸葛亮与喜神之间，尚需要一种内在的本质性说明——诸葛亮作为智慧的化身，自然可以预知未来，逢凶化吉。再如，武侯祠依然空间有限，如何避免只是博物馆或围墙内的民俗、电视内或网络中的民俗，如何与千万人口的大都市相匹配，也需要更多的实践性创设。

总而言之，武侯祠"游喜神方"的恢复，是改革开放后都市化进程中传统民俗恢复、重建，及其创造性转化的一个缩影，其各方面的转化创设、内在的问题，值得探讨。

A New Urban Folk Custom: Creative Transformation of "You Xishen Fang" in Chengdu's Wuhou Shrine

Abstract: "You Xishen Fang"(游喜神方) was originally an important activity of Quanzhen Temple of Taoism to welcome the new year of the old calendar. Later, it gradually evolved into a folk custom with different ways and names in different places. Generally, it means that people go out for the first time in the new year to go to the bearing of the Xishen for good luck. Xishen has tablets but no image, and it bears changs with time. Traditionally, there are almanacs and others special things used to determine the bearing of Xishen.

In the Qing Dynasty and the Republic of China, compared with other places outside the Chengdu City, You Xishen Fang, held in Wuhou Shrine(武侯祠) outside the South Gate, was the most prosperous. For many reasons, after the founding of New China, the event was suspended for some time; since 1999, Wuhou Shrine began to restart it. At this time, the Wuhou

① 在写作本文之际，正好读到了日本学者中村贵《面向"人"及其日常生活的学问——现代日本民俗学的新动向》(《文化遗产》,2020 年第 3 期)一文，因而特别注意到了"游喜神方"中的"人"——活动恢复之初的创设者，也幸好他们留下了非常丰富的文字。

Shrine, which was originally located outside the South Gate, was already in the center of the first ring road of Chengdu, so You Xishen Fang held in Wuhou Shrine lost its significance of seeking luck by bearing. In the context of new urban space-time, Wuhou Shrine has took two major practical and creative measures: visualization of the Xishen, highlighting the internationality, modernity and entertainment of activty and at the same time erecting a stone tablet of Xishen Fang(喜神方) in the Shrine to establish a new way of seeking auspiciousness by touching. After more than 20 years of accumulation, the You Xishen Fang of Wuhou Shrine has achieved a creative transformation, forming a new urban folk custom of "You Xishen Fang going to Wuhou Temple", "little Xishen sending blessing" and "touching Xishen Fang stone tablet praying", which is totally different from the old farming custom of seeking good fortune by bearing. The measures, achievement and internal problems of the You Xishen Fang in Wuhou Shrine are miniatures of the traditional folk custom in urban reconstruction after the Reform and Opening up.

Key words: Chengdu Wuhou Shrine(成都武侯祠); You Xishen Fang(游喜神方); Urban Folk Custom; Creative Transformation

作者简介:唐梅桂,成都师范学院马克思主义学院讲师,博士。

超然、漂浮与魔幻：都市电影中废墟影像的审美意蕴①

王海峰

摘　要：都市废墟影像主要呈现为社会主义早期建设时期遗留的工业废墟以及都市生活空间更新带来的城建废墟，包括废弃工厂、折迁工地和烂尾楼等典型形态。都市电影中的废墟影像表现为一种在场的诗学，它是城市更新的空间表征，营构出荒寒之境、记忆之场和奇观之域的审美空间。影像与实体的都市废墟互为印证，共同显现出都市新旧空间交合处的传统书画美学的超然苍劲与现代记录美学的漂浮无定、魔幻现实等丰富审美意蕴，最终在艺术化表达的审美场域中完成新旧秩序交接。

关键词：荒寒　记忆　奇观　废墟影像　审美

随着中国都市化进程的开启和迅速发展，空间更新速度的加快，都市废墟空间的体量激增，都市文化中的建筑废墟形象不时见诸摄影作品、装置艺术和都市电影等艺术形式中，对于废墟空间的审美观照也因此得到多元阐释。作为都市鲜亮繁华物质空间的另一平行时空的特殊存在形态，废墟影像空间既是对社会真实存在空间的记录，对都市空间变迁立此存照，也是一种意味深远的隐喻，成为参与都市美学构建的重要一维。

---

① 本文为2021年江苏省社科基金项目“文化地理学视域下江南电影的‘风景’研究”(21YSC005)研究阶段性成果。

一、从古代废墟到都市废墟的审美变迁

中西方对待废墟的情感和态度自古有别，源于特有的、不同的建筑遗迹给人带来心灵和情感上的震撼。从传统文化艺术中对废墟的表达到当代都市电影对都市废墟的影像记录，体现出都市电影的传统审美印记与西方美学影响相结合的美学风格嬗变。

巫鸿在《废墟的故事》一书中考证“中文里表达废墟的最早语汇是‘丘’，本义为自然形成的土墩或小丘，也指乡村、城镇或国都的遗址”。[①]由“丘”到“墟”反映了废墟的“内化”过程，衍生出“虚空”等观者的主观心理感受。实际上，从字源演变的过程来看，表达废墟之义在“丘”之前可能还有“虚”字。金文中的“虚”字由虎字头和虎爪以及下面的“土”字组成，意为人迹罕至，虎兽横行之地。故《说文解字》作“虚，大丘也……丘谓之虚”，及至后来“墟”字产生，本身就包含了“虚”所引申出来的空无的、了无一物之意。因而“墟”字既有建筑废弃物之实体，也有由此所引发的主体的观感两层意义。此后，中国无论是怀古诗还是山水画中均对“废墟”产生了一种对于“往昔”悲怆的审美感受，但在传统文化中废墟往往是以喻象的形式存在的。在巫鸿那里，现代中国废墟的图像言说始自西方浪漫主义对中国的异国想象，“如画”(Picturesque)废墟的“中国风”风格在西方流行，图像、媒介与视觉技术的发展使摄像图像激起了西方从建筑废墟中探寻东方这个古老民族的民族志方向的考察兴趣。以颜文樑和潘玉良为代表的洋画运动促成了中国艺术中废墟图像的诞生，战争废墟图像激发的伤痛与恐惧则成为20世纪中前期中国的一种视觉文化。

木质结构与石质材料建筑的区别决定了中西方对于废墟审美观念的不同。随着时间的流逝，大部分木质结构的建筑都会在历史长河中湮灭，而石质材料的建筑则能够历久弥新。在浪漫主义之前的阶段，“西方传统文化对待废墟的审美态度基本上是否定的，人们往往把废墟同丑陋、瘟疫、恐怖、死亡等否定性因素联系在一起”。[②]且西方美学视野中的废墟往往是具有物质实体的客观实在，“在典型的欧洲浪漫主义视野中，废墟同时象征着对于‘瞬间’和对‘时

---

① [美]巫鸿:《废墟的故事——中国美术和视觉文化中的“在场”与“缺席”》，肖铁译，上海人民出版社2012年版，第16页。

② 程勇真:《废墟美学研究》，《河南社会科学》2014年第9期，第70—73、123页。

间之流'的执着——正是这两个互补的维度一起定义了废墟的物质性"。[1]浪漫主义兴起之后,"废墟"才得到历史眼光的注视与歌吟。真正要和都市废墟发生联系,要到19世纪中后期都市兴起之后波德莱尔和本雅明所开创的"城市漫游"。鉴于现代性偶然、易变、流动的性质,当下的瞬间很快就会变为过去,波德莱尔从那些过去的,特别是被贬低的事物中发现美,成为现代都市中的"闲逛者、流氓、丹蒂、拾垃圾者等"[2],从已经过时的"拱廊、工业建筑及广告等物质性的历史'垃圾'"[3],以及酒鬼、赌徒等"人群"中提炼出被诅咒、厌弃的"恶之花"。在他的影响下,超现实主义者更是从都市废墟中寻找到革命的力量:"从已经过时的东西中,从第一批钢铁建筑里,从最早的工厂厂房里,从最早的照片里,从已经灭绝的物品里,从大钢琴和五年前的服装里,从已经落伍的酒店里,他第一个看到了革命的能量。"[4]本雅明则试图穿越超现实主义的幻象,但在亲历见证了现代性的典型——拱廊,被抛弃、损毁,再被新的、现代的大型购物中心所取代后,他很快发现现代性的碎片与废墟的本质:从来也没有出现过一个真正的全新的世界,现代性的世界只不过是遮蔽住了现代之前的世界废墟而已,或者至多是在古代世界废墟上的重建,因为"一旦现代性得到了它应得的东西,它的时代也就过去了"[5]。就此,他在都市废墟空间上发掘了救赎现代世界的乌托邦可能,即在废墟之上"把隐秘地存在于现代性废墟中的生命本真诉求,在连续的存在和历史进程被打断的瞬间呈现出来"。[6]由此,都市废墟空间在波德莱尔和本雅明"闲逛者"的审美视野审视下获得了惊颤体验和现代性书写的意义与价值。

除了都市实体的废墟空间之外,社会转型留下的思想转变上的衔接空隙,也可以称为特殊意义上的"废墟"。在这内部的两重因素以及传统与现代的外部这两重审美视野的影响下,都市电影中的废墟空间不可避免地烙上了上述多重影响的印记,一个"废墟"影像的脉络和序列逐渐浮现并清晰起来。都市

① [美]巫鸿:《废墟的故事——中国美术和视觉文化中的"在场"与"缺席"》,肖铁译,上海人民出版社2012年版,第18页。

② [德]瓦尔特·本雅明:《巴黎,19世纪的首都》,刘北成译,商务印书馆2013年版,第177页。

③ 杨友庆:《巴黎、波德莱尔与现代性——论本雅明对波德莱尔诗歌的日常生活内涵之阐释》,《兰州大学学报(社会科学版)》2012年第11期,第14—19页。

④ 陈永国编:《本雅明文选》,贾顺厚译,中国社会科学出版社1999年版,第193页。

⑤ [德]瓦尔特·本雅明:《巴黎,19世纪的首都》,刘北成译,商务印书馆2013年版,第155页。

⑥ 纪逗:《现代性废墟中的"拾荒者"》,《中国社会科学报》2014年5月28日。

废墟的影像主要呈现为社会主义早期建设时期遗留下来的工业废墟及都市生活空间更新带来的城建废墟，其典型形态包括拆迁工地和烂尾楼两种形式。

二、工业遗存影像：超然的荒寒之境

现代电影以《工厂大门》为肇始，其表现的下班工人走出工厂大门的场景除了宣告一个新的媒介、艺术时代的到来，也是蒸蒸日上的工业化时期的缩影。同样是以工厂为表现题材，在中国都市电影中却时常以“废墟”的样貌出现，诉说着社会的巨大变革。西方在20世纪三四十年代即进入了所谓的后工业化时期，在20世纪后期“去工业化”的浪潮下大量“工业废墟”遗存下来。中国自20世纪90年代之后大量的企业关停并转，以废弃工厂为代表的“工业废墟”大量涌现，其在都市电影中往往以全景镜头展现倾颓坍圮的厂房、不再冒烟的大烟囱、杂草丛生的生活区等枯槁、寒瘦之象，营造出一种深沉蕴藉的荒寒之境。

这类都市电影包括《纺织姑娘》(2009)、《铁西区》(2003)、《钢的琴》(2010)、《二十四城记》(2008)、《地久天长》(2019)等，如果将工业废墟影像的范围再扩大一些，即加入悬疑、青春等元素的话，那么这一类型还应包括《引爆者》(2017)、《暴雪将至》(2017)、《暴裂无声》(2017)、《闯入者》(2014)及《那一场呼啸而过的青春》(2017)等影片。

(一) 苍劲的“力”之美

在中国山水画中素以“荒寒”为最高境界，诗文、书法等也可见及“荒寒”之风格，可以说荒寒是中国传统艺术中独具一格的美学追求。古代诗词中提及“荒寒”风骨者众，王安石《秋云》中有句“欲记荒寒无善画，赖传悲壮有能琴”，周邦彦《拜星月・高平秋思》中有“念荒寒、寄宿无人馆”，周端臣《富景园时》中也有“荒寒吟思怯，落日独徘徊”等句，此后“荒寒”由诗句中主体的心境逐渐凝练为诗词之意境。竟陵派谭元春论诗要有“荒寒独处、稀闻渺见”①之美，“同光体”诗派陈衍评陈三立的诗歌“荒寒萧瑟之景，人所不道”②，这些诗论中均以荒寒之格营造出诗中见画的意境为风骨，以此区别师古盛唐之风。所谓“荒寒”，是“指一种古朴苍莽、凄清冷漠的风格。它传达出一种地老天荒的萧疏气

---

① (明)谭元春：《谭元春集》，上海古籍出版社1998年版，第627页。

② 钱仲联：《陈衍诗论合集》，福建人民出版社1999年版，第907页。

息，超然世外的高远旨趣”。[①]在山水画中，论及荒寒之境的画论更是数不胜数，中国山水画素有以寒江、寒松、寒鸦等入画的传统，以枯槁、寒瘦的意象为特点，营造出一种清冷、瘦削的意境。唐志契在《绘事微言》中说“写枯树最难苍古，然画中最不可少”[②]。除了枯槁的意象，雪景也是经常出现的画作题材，唐岱《绘事发微》认为谈画雪景应“以寂寞暗淡为主，有玄冥充塞气象”。[③]

一般认为，王维始创山水画“荒寒”之格，“荒寒”作为整体的意境，它以“寒瘦”或“枯槁”为更具象的特点，这二者又皆与“相”相关。元人吴镇在王维的画作《右丞辋川图》中题诗“幽深自觉尘氛远，闲淡从教色相空”[④]，“相”即事物的本相，禅宗认为心是真正的存在，外在皆心相，一开始荒寒即与“相”紧密联系。朱良志在谈“寒瘦”时也与“相”结合起来：“肥即落色相，落甜腻，所以肥腴在中国艺术中意味着俗气。”[⑤]相反，“瘦的关联是骨，给人的感觉是硬，表现为一种劲健之美”。[⑥]枯槁为同义复词，《说文解字》中有：“槁，作‘槀’，云：槀，木枯也。”枯、槁都有枯的意思，二者同义反复，极言枯朽之程度。枯槁本身也有延伸为身体消瘦，精神状态不佳的意思，如“见(屈)原被发垢面，形容枯槁，行吟于江畔”[⑦]。因而，肥美、丰腴更多看起来与欲望的关系更近一些，而“寒瘦”则由“瘦”的劲健与“寒”的凄冷组合出一种“力”之美。都市电影中的废墟影像也从传统书画美学中凝练出荒寒之境的神韵。

一是“瘦”“枯”的“形”之力带来的视觉震惊与历史悲怆感。这类电影中的工业废墟往往以巨大的体量占据整个画面，由此带来视觉的压迫与渺小的人对比，凸显出人在历史进程面前的无力感。钢铁巨兽骨架的厂房、巍然矗立的大烟囱、连接成片的生活区，大、高、广等特征无不在告诉人们这里曾经是一个辉煌、庞大的工业帝国。遗憾的是，辉煌不再，过去只留在暗黄色的影像中，因而影片的主人公大多为下岗工人。某种程度上说，这种劲健之力凸显出一种

---

① 沈炜元：《纵悠·朴拙·荒寒·奇怪——传统艺术中的四种另类风格》，《上海戏剧学院学报》2001年第3期，第14—23页。

② (明)唐志契撰：《绘事微言》，见吴孟夏主编《中国画论》，安徽美术出版社1995年版，第433页。

③ 俞剑华：《中国古代画论类编·下册》，人民美术出版社1998年版，第861页。

④ (清)顾词立：《元诗选·上册》，中华书局1987年版，第724页。

⑤ 朱良志：《曲院风荷：中国艺术论十讲》，安徽教育出版社2010年版，第1页。

⑥ 陈昌宁：《梦窗词“瘦”意象的美学意蕴》，《清华大学学报》(哲学社会科学版)2010年第2期，第73—79、160页。

⑦ (明)冯梦龙：《东周列国志注释》，西苑出版社2016年版，第610页。

强烈的历史眼光，昔日社会主义建设中作为工业生产基地的强大力量，然而现在仅剩依旧雄壮的残躯，既鉴照往昔，又对当下这些为社会主义建设贡献了全部力量的现在却被抛入市场竞争中去的下岗工人往何处去作了看似客观而冷静的记录。实际上电影表现出的情感比较复杂，从这个意义上说，工业废墟影像展示出来的虽是残躯依旧不倒的“力”，由此又具有了某种史诗的性质。工业废墟的体量庞大，对它的表现往往是这类电影中出现得较多的场景。

废墟的影像贯穿了《二十四城记》的整部影片，让人印象比较深刻的是镜头记录了工厂从废墟再到销声匿迹的历程。第一次是一对师徒在拆卸工厂的机器；第二次镜头由远及近窗外的大烟囱和破旧的厂房与围墙外面的商品房工地产生强烈的对比——一个了无生气，另一个则热火朝天，他们仍在拆机器，只不过残留已经只剩一小部分了；第三次就剩下保安一人最后一次巡视空荡荡的厂房了；最后厂房也在挖掘机的轰隆声中应声倒下。这四次场面表现出厂房由停产、工人遣散到最后化为废墟的过程，穿插了众多工人下岗时茫然的眼神及各自自谋生路苦涩的神情，都在最后无奈的讲述中化为云烟。人的撤离让工厂成为废墟，废墟中粗大的管道、笨重的机器、空旷的车间都是工人亲手建起来，又亲手毁灭它，个中滋味也只有经历过的人能懂。这些以“高大”“劲健”为特征的废墟遗留物正是力量的象征，也是人的力量的对象化，这种力量也一直在延续：不管多么艰难，他们仍然走了过来，或在废弃的生活区苟活，或向外求生，无论哪一条路无不是如废墟所象征的“力”的外化。《纺织姑娘》中的李莉去往初恋所在的印染五厂找他，眼前是一片废墟，厂子只在街坊大爷的口中：“十几年前就搬走了，天天过来看看，拆没了就看不见了，得回忆回忆。”厂子的废墟已经化为了砖石砂砾，只剩下孤零零的几棵树和几根电线杆挺立在断壁残垣中。断壁残垣也绵延广阔，目之所及皆为废墟，可以想象到过往的辉煌。与其他工业废墟不同的是这里的工厂已经不复存在，只留下满地的建筑垃圾。镜头中的树和电线杆成为废墟中的凸起物，老人说“以前就住那树下面”，树是判定方位的物；“我”，也是过往生活活力的证明。这与“枯槁”“寒瘦”截然相反的物象正是李莉和初恋情人的写照：恋情无疾而终，只剩下回忆中一片葱绿的美好时光。

二是“寒”的高饱和色彩带来的视觉张力。都市电影中的工业废墟影像常见的均以灰色的工厂、暗红色砖瓦的厂房或是黑色的煤矿、白雪覆盖下的悄无声息的厂区为主要场景。这些镜头以冷色调铺满画面，这种色彩、色调在画面内占据绝对的支配地位，达到饱和的状态，从而产生内在的色彩张力，给人带来一种寒冷、阴郁的观赏心态。这种色彩并未经过人为的雕饰，而是对于画面中唯一有异色的因素——人之处境的凸显，从而达到一种引发深沉思考的效果。《铁西区：工厂》中的废墟影像在色彩的呈现上，主要有白、暗红、黑色三种。影片开始就是大雪中茫茫一片的镜头，即将废弃的厂区只能显现出轮廓，一个人在里面艰难地行走。随后是一列矿区火车在雪中穿行厂区的镜头，一共3分35秒镜头中都是雪中的矿区，鲜有人烟，伴随的声音只有火车的轰隆声以及呼啸的汽笛声，场景中的颜色、声音都带给人一种极强的压迫感。以《暴雪将至》为代表的影片将暴力、犯罪、废墟、下岗等元素融合在一起，废墟的色彩只剩下灰色和黑色，具有浓郁的哥特式风格。在这些影片中，阴郁的废墟色彩除了提供一个氛围以外，如《暴雪将至》中余国伟雨夜追凶的场面，在一个厂房、列车之间的打斗、追逐镜头非常刺激，但对于身处其中的人来说，还有着更深层的意义。同样《引爆者》中赵旭东也上演了多次雨夜追凶的戏剧情节，为曾经的矿工——现在的失业者，他和余国伟一样只为了正义和真相苦苦探寻，但无论怎么样努力，他始终是一个被抛弃者。曾经无比骄傲的余国伟和只想安稳度日的赵旭东都被自己曾赖以生存的工厂、煤矿所抛弃，成为无业者。他们的执拗是为了寻找真相，更多地是为了证明自己，回到曾经的位置。由于这些色彩的纯度较高，在与单一的、个体的人的身形和色彩对比中色差极为强烈，产生了一种视觉上的烈度，与镜头语言传达出的阴郁氛围交织在一起，深深地烙上了荒寒的印记。

无论是以“形”还是以“色”营造出的阴郁之感，体现出的是未经任何“主义”“流派”所遮蔽的事实本身，是工业废墟的原本之相，从而显示出镜头中工业废墟荒寒之境的独特意义。

（二）超然的“和”之美

传统文化语境中人在面对自然景观时，心境自然平和，儒道谈圣人修为时也多倡恬淡自然。文人往往在山河有异或自身遭遇不平时才会有感而发，文中现出一些悲愤。因而艺术中偶见的带有历史悲怆感的题材尤为人称道，诗歌和山水画中的“荒寒之境”就是其中一种。仔细看来，荒寒之中其实仍体现出一种“和”之美的传统美学价值。朱良志认为“大巧若拙”正是源自对枯境的推崇：“中国艺术重枯境，山水画的天地，以枯山瘦水为其主要面目。”[①]荒寒是

① 朱良志：《关于大巧若拙美学观的若干思考》，《北京大学学报（哲学社会科学版）》2006年第3期，第33—41页。

对事物本相的无遮蔽展示，其中正蕴含着生命新生的力量，这是对活力的恢复。他进而认为“大巧若拙”体现的是中国传统的秩序观，即以天地为秩序，并以人去契合这种秩序，工业废墟影像正体现出荒寒品格背后的新老空间交替的秩序更替和迭代的过程。工业废墟无论是其自身体量，还是曾经身处其中的工人数量都是庞大的，这决定了它的存在可能是长期的。在新旧秩序交替尚未完成时，影片往往通过一种对工业废墟的“静”观来跨越新旧秩序的空隙，完成一种深层的秩序之“和”，这种秩序是超然于现实之外的，也正契合“荒寒”境界的主体精神追求。

这里所说的“静”观不是传统审美感知方式中的“静观”，而是第六代及以后的都市电影中常见的一种区别于西方电影对时间任意解构的方式，是一种以“零态度”冷静凝视对象的表述方式。在导演的镜头下，残破、衰朽、新生等力量往往置于一处，以“静”的镜头记录，以“静”的心态审视而不评判。因而工业废墟影片多以纪录片形式或者仿纪录片形式出现，《铁西区》《二十四城记》都是如此，或者在带有黑色电影特点的暴力犯罪类型片中出现，如《引爆者》《暴雪将至》《暴裂无声》等，仅从片名就很容易与内容联系起来，“暴力”仿佛是废墟滋生的不容易揭下的标签。工业废墟是从工业时代大生产向后工业时代服务型经济社会转型之间的遗存，处在这二者的交界处。废墟、遗迹以它颓废的面貌告诉我们，时间是不可抗拒的，废墟是旧秩序被破坏后留下的混乱，人能够在一段时间内恢复或建立新秩序，但任何人为的事物终将回归到“本相”，即以废墟的形式存在。因而，废墟是自然与人力，时间与空间取得暂时平衡之所。如此，在工业废墟的影响中过去、现在和未来，衰败与新生都进入了一个暂时“平和”的状态。

工业废墟所体现出的“和”的表面秩序，它背后更深层的则是一种“生生不息”的时间观。因为真正对于“和”的新秩序的恢复或重建，正来自“枯境”中生命的韧性，这种韧性来自朱良志所说的“以人去契合秩序”。所以我们看到，在《二十四城记》中那几位曾被下岗的工人，有的仍会去以前的厂子走走，依然会坚持以前在业务舞蹈团的爱好。开了理发店的顾敏华，即使窗外依旧是灰蒙蒙的，她依然爱美，平静地讲述那些过去的故事。工业废墟下生存的每一个人，即使生存境遇不佳，也会努力适应这种状态。《钢的琴》以一个废弃的工厂来完成了一个梦幻式的童话。下岗工人陈桂林为了留住女儿，圆她的钢琴梦，拉起一帮完全没有钢琴基础的朋友，在早已破败的钢厂厂房里仅凭一本老旧的关于钢琴的俄文书竟然手工制作了一架可以弹奏的钢琴。现实中的钢琴是工业技术的产物,它对精密性的要求决定了它很难被完全没有钢琴认知的人手工制造出来。影片基本以废弃的钢厂为主要的活动空间,即使是废墟,也被陈桂林们用来制造出了能够弹奏的"钢的琴",他们最终从中获得了作为曾经的劳动者的尊严,恢复了他们作为工人的主体性。结尾时钢厂的废墟,车间、大烟囱都在爆破声中一一倒下,所有人都在围观,但那又如何,他们已经从这里开始了新生活,废旧的钢厂赋予他们生活的动力与希望的使命已经完成。钢厂的废墟曾经为他们提供了庇护:一个和谐的空间。当钢厂倒下,意味着新的秩序即将建立,而他们也已走上新的人生之路。影片对于工业废墟的处理,没有将其视为导致工人下岗的标志性纪念物而加以评判,而是重新为他们构建了一个和谐的空间关系,虽然钢厂依旧是废墟,它残破而衰败,但对它看似"静"观的展示显现出"和"的秩序之美依然让它在情感上感动了观众,新旧空间随着钢厂的倒下完成了秩序的交接。

三、拆迁工地影像:漂浮的记忆之场

都市电影中的废墟影像的另一类主要来自都市空间更新中的拆迁现场,以及另外一种资本因素强烈外显的产物——烂尾楼,这类废墟空间被哈维称为"破坏性空间生产"。拆迁现场与烂尾楼都与人的生活空间息息相关,其影像分别展示了一种记忆之场的断裂与日常生活的奇观一面。

(一) 悬浮的记忆

"城市中林立的吊车、脚手架、推土机的咆哮、无处不在的尘埃——这些没完没了的拆迁现象,出现在很多城市居民的日常生活中"①,这样的场景我们都不会陌生,它不仅在出现在电影中,也是我们生活中常见的情境。

进入 20 世纪 90 年代以后,随着都市化提上日程,加之伴随的各种社会体制改革中重要的一条:住房制度的改革,由此前的国有、集体企业的"福利分房"制度改为商品房制度,这些重大的社会变革使得城市的大拆大建成为必然。在新旧空间交替中的过渡时期,遗留下来的拆迁废墟,原有家园被"拆"后的人将"迁"往何处,他们是怀着怎样的心情来看待化作废墟的曾经的家,又是

① 陈涛:《拆迁、搬迁与变迁:中国当代电影对城市拆迁的再现》,《文化艺术研究》2011 年第 3 期,第 186—197 页。

带着什么样的情感去寻找新的家园？这些问题使得关于拆迁的影像逐渐进入了都市电影并在其中形成了一定的规模，包括《站直了，别趴下》(1993)、《乔迁之喜》(1994)、《没事偷着乐》(1998)、《洗澡》(1999)等。这一时期的含有拆迁废墟影像或情节的都市电影主题比较集中，突出展现人面对拆迁时的记忆悬置、断裂的情感状态，影像风格较为沉闷、哀婉，仍旧符合"反城市化"的倾向，精神的和诗意的抵抗等同时代都市电影较为集中的主题。新世纪后含有拆迁情节和拆迁废墟的都市电影如《生活秀》(2002)、《卡拉是条狗》(2003)、《三峡好人》(2006)等，基本上延续了20世纪90年代的同类题材的电影主题。近年来随着现实主义题材电影的逐渐升温，先后又出现了一批如《归去》(2017)、《风中有朵雨做的云》(2019)、《"大"人物》(2019)、《阳台上》(2019)等包含拆迁影像元素的电影。但其情节与主题已与此前大为不同：由于现实中都市化的发展和大量资本的进入，电影更集中于展现拆迁过程中的各种利益纠葛，资本、暴力、犯罪等元素加入了进来，使得电影的主题更为复杂，拆迁废墟则演变为资本、权力等各方力量的角斗场。此外，拆迁废墟的影像更多地可见于各种纪录片，以及微电影中，如纪录片《钉子户》(1998)、《前门前》(2008)、《淹没》(2005)、《博弈》(2010)、《高楼背后》(2017)等。总的来说，都市电影中的拆迁废墟影像主要集中在20世纪90年代都市化刚刚展开时以及近年来进入全面、深度的都市化时期，其总体面目呈现为断裂的记忆之场。

"作为人类事件的一个固定舞台，建筑反映了世代的趣味和态度……住宅和留有其印记的土地变化是这种日常生活的标记。"①意大利建筑师阿尔多·罗西将城市建筑看作一种日常生活的印记，它总是带着人的种种情感和记忆，因为回忆总是"及物的"，它必须附着在场景之上。人们带着对美好生活的追求建造了住房建筑，城市生活空间则是建筑的集合，建筑本身带有"集合"属性，从而创造了一种集体的生活环境和记忆。集体记忆"是一种物质现实，比如一尊雕像、一座纪念碑、空间中的一个地点，又是一种象征符号，或某种具有精神涵义的东西、某种附着于并强加在这种物质现实之上的为群体共享的东西"②。当拆迁来临，毫无预兆地将曾经的家园夷为废墟，构成以往生活环境的建筑已被破坏，熟悉的人被分散安插在城市的各个角落，集体的记忆被迫中

① [意]阿尔多·罗西：《城市建筑学》，黄士钧译，中国建筑工业出版社2006年版，第24页。
② [法]莫里斯·哈布瓦赫：《论集体记忆》，毕然、郭金华译，上海人民出版社2002年版，第106页。

止，再也延续不下去，拆迁的废墟成为连接过去和未来的场所。“城市凝聚了事件和情感，每一次新事件都包含了历史的记忆和未来的潜在记忆。”[①]在“拆迁”这个新事件发生时，记忆就此断裂。很难说现实中被拆迁时的居民的心情，拆迁一方面是城市更新的需要，原住民也有对美好生活的追求，即“向上”；另一方面也使他们与过去的生活告别，斩断了他们“向下”的记忆之根，这种复杂的状态很难完整准确地传达出来，记忆由此悬浮起来。

（二）情感的归乡

在都市电影中“拆迁废墟”的影像往往也传达出一种“怀旧”的情绪。《头发乱了》中多次出现了推土机和拆迁的镜头画面，在结尾时叶彤唱出了那首摇滚歌曲时，镜头不断闪回过去唱歌欢聚，小时候胡同玩耍和当下推土机、拆迁废墟的画面。推土机挖断了关于这里的一切记忆，站在废墟面前，叶彤说“我走了，我会非常想念这地方，因为我们都是在这里长起来的”，最后再回望了这个曾经出生、成长的地方。远走他乡，既是与朋友告别，也是与过去告别，但在未来充满不确定时，废墟依旧是她前行的力量，她坚信“我们的生活都会好起来的，一定”。齐格蒙特·鲍曼在《怀旧的乌托邦》一书中如此评述“怀旧”病征的原因：“正是‘未来’因不可信、不可控而遭受谴责、嘲笑而成为失信者的时候，也正是‘过去’成为可信者的时候。”[②]。因而，“越来越多的人正在从那已失去、被盗走或被抛弃却未死的过去中寻找各式各样的乌托邦”[③]。实际上，不多时这里将会连废墟也不复存在。《卡拉是条狗》中也反复出现了拆迁废墟的画面，这里的拆迁废墟是狗贩子和买狗人交易的地方，且处在主人公老二所居的四合院与外面繁华都市的过渡地带，“隔”与“不隔”成为拆迁废墟画面不自觉地承担起的功能。“隔”的是四合院还小小翼翼地保护着主人公老二和他的朋友们没有被都市物化的脚步所侵蚀，他们仍维持着互帮互助的邻里朋友关系。“不隔”的是将这片废墟既作为执法人员捕捉、收容无证狗的场所，又作为小商小贩交易犬只的场所，狗在这片废墟上完成了身份转换。都市化的脚步正一步步踏过这个地带，遇不到任何抵抗就能直抵尚在残喘中的小胡同、小院子，围墙、旧房子拆成的废墟把隔离打破，制造了一个没有隔离的空旷地带。拆迁的废墟空间隔断的是老二他们的生活记忆，并强行让他们与光鲜的都市

① [意]阿尔多·罗西：《城市建筑学》，黄士钧译，中国建筑工业出版社 2006 年版，第 9 页。
② [英]齐格蒙特·鲍曼：《怀旧的乌托邦》，姚伟等译，中国人民大学出版社 2018 年版，第 4 页。
③ 同上，第 8 页。

直接产生联系,他们窘迫的处境都在这块空旷的地段上一览无遗。

彭富春在解读海德格尔所提出的"诗意的栖居"时认为其含义是"建筑道路以还乡",因为现代性的经验等同于无家可归的经验,"人寻找家园的路程又的确是一个返回家园的过程……这个还乡的过程必须经历万水千山"。①克朗也指出:"假如细读文学作品这一家园的空间结构,可以发现,起点几乎无一例外是家园的失落。回家的旅程则如是围绕一个本原的失落点组构起来。有多不胜数的故事暗示还乡远不是没有疑问的主题、家园既经失落,即便重得,也不复可能是它原来的模样了。"②赵园在《北京:城与人》中说道:"当代文坛上正走着越来越多的城市漂流者,或者仅仅以'漂流'为简单象征的人……城市人在失去乡土之后有精神漂流,却也未必长此漂流。漂流者将终止其漂流在人与环境、人与自然的更高层次的和谐中。但那不会是'乡土'的重建。因而乡土感在'五四'以后的文学中才更有诗意的苍凉。"③都市的发展使得"家园"脱离了"乡土",回归之途悬而未决,诗意、苍凉、废墟或是魔幻的景致才一再出现。

四、烂尾楼影像:魔幻的奇观之域

都市生活空间废墟除了拆迁废墟之外,还有另外一种特殊的形态,即烂尾楼。烂尾楼是指"已办理用地、规划手续,项目开工建设后投资额已超过25%或已完成2/3工程量,因开发商无力继续投资建设或陷入债务纠纷,停工一年以上的房地产项目"。④与拆迁废墟不同的是,它往往涉及更多的利益纠缠,耗时更长,存在的时间也更长。说它特殊,是因为它既非完整的、亮丽的高楼,也非满地砖土砾石的荒凉之地,它就处在废弃与光鲜之间,仿佛都市繁华与废弃之外的第三空间。它往往只有整体的骨架,也没有装修,缺少鲜亮的颜色,显得色彩暗淡,也经常处于都市的次黄金位置,但绝不是偏僻的角落,特殊的外形和角色使得它本身就是一种都市中的"奇观"。

(一)真实的荒诞

日本著名建筑设计师矶崎新曾在演讲中说"未来的城市是一堆废墟",这

---

① 彭富春:《何处是家园》,《上海国资》2006年第4期,第80页。

② 包亚明编:《现代性与都市文化理论》,上海社会科学院出版社2008年版,第122页。

③ 赵园:《北京:城与人》,北京大学出版社2002年版,第20页。

④ 胡卫华:《消灭城市烂尾楼》,《中国房地信息杂志》2005年第8期,第39—41页。

是说城市的最终形态永远不会完成，总是处在过程中。顾铮也表达了都市废墟的过渡性质及其带给人探索、思考的意义："废墟只不过是城市空间的过去与未来之间的过渡形态，它停泊在过去与未来之间，留出一片荒凉让人暂时为它的将来去担心，去谋划，去奔波。"①现实中的烂尾楼也偶尔在不经意间会成为网红楼，年轻人被它那看似遗世独立而又稍显落寞的气质吸引，于是诞生了一群"爬楼族"，即以攀爬烂尾楼为乐趣的群体。往深层里说，它本身就是都市景观的另一种存在形态。

都市电影中对烂尾楼的表现往往是将其作为日常生活的奇观来表述，同时具有对都市物化与异化人的戏谑意味。烂尾楼的影像出现并具有一定叙事作用的都市电影包括《背鸭子的男孩》(2004)、《三峡好人》(2006)、《白日杀机》(2015)、《重返 20 岁》(2015)、《恐怖笔记》(2016)、《老兽》(2017)、《西虹市首富》(2018)等。我们通常理解的电影奇观，是具有强烈视觉刺激和吸引力的电影画面。而这里所说的奇观并非上述意义，而是道格拉斯·凯尔纳在《媒体奇观——当代美国社会文化透视》一书中试图阐释的"Spectacle"的涵义，这一词同时也译为"景观"，凯尔纳将"奇观"解释为一种经过媒体有目的放大的文化现象："那些能体现当代社会基本价值观、引导个人适应现代生活方式，并将当代社会中的冲突和解决方式戏剧化的媒体文化现象。"②由此，奇观也就是日常生活中的一些真实又具有荒诞性的情节。

都市化进程对时间与空间的改变，使人失去了立足与存在的坐标；加之日常生活的单调重复使得人时常会陷入自我怀疑、矛盾、失去希望的境况之中，荒诞也成为必然。都市电影正是通过对日常生活逻辑真实的情节表现塑造了一种不同于"每日生活"的荒诞性，由此引发对日常生活的思考和对过去"每日生活"的追忆。烂尾楼在都市中特殊的角色身份正符合对日常生活的"奇观"展示，因而都市电影中的烂尾楼包含了很多"冲突"，但它们又似乎有着超越生活真实的真实性。

(二) 魔幻、恐怖与酷的奇观

烂尾楼的影像可能是魔幻的、恐怖的。有些恐怖类的都市电影都以烂尾楼为故事的发生地，如《窃肤之爱》(2016)中的烂尾楼是灵异之地，这里有着人

---

① 顾铮：《废墟的美学》，见王榕屏主编《上海摄影丛书》，上海画报出版社 2005 年版，第 26 页。

② [美]道格拉斯·凯尔纳：《媒体奇观——当代美国社会文化透视》，史安斌译，清华大学出版社 2003 年版，第 2 页。

与阴间世界的结界封印;《恐怖笔记》(2016)同样也将烂尾楼作为人不断失踪的诡异之地。这些影片往往以黑夜为背景,配以可怖的服化、声音,极力渲染烂尾楼的恐怖氛围。

它也可能是"酷"的,即一方面时尚,另一方面也充满残酷。《重返 20 岁》(2015)中的乐队吉他手项前进为了让奶奶支持自己的梦想,将乐队搬上了烂尾楼排练。烂尾楼上突然出现了电吉他、贝斯、鼓和激情的摇滚歌曲,将原本孤零零的烂尾楼涂上了一层时尚的光辉色彩。在有些都市电影中烂尾楼则展示了它"酷"的另一面——残酷。《三峡好人》中的繁体"华"字形的塔本来是移民纪念碑的烂尾楼,在电影中很魔幻地飞走了。实际上,电影上映两年后,这座烂尾的纪念碑也被爆破了。移民是搬迁家园的情感牺牲者,他们舍小家保大家,这个意义上说纪念碑原本的设计寓意是好的,但现在建成了烂尾楼,这对所有搬离家园的移民所作出的情感上的牺牲来说是残酷的。正如贾樟柯在点映式上自己所说:"我觉得它和周围的一切都很不协调,就想让它飞走,所以,电影里,就让它像外星飞船那样飞走了",这也是影片对纪念碑烂尾楼残酷性的解构。《老兽》中重现了北方小城中由于经济不景气导致之前大量开发的住宅商品房成为烂尾楼的场景。主人公多次穿过一片荒地时,背景都是大片的荒废的烂尾楼,老杨作为曾经房地产繁荣时期的得益者,也变成了和烂尾楼一样命运的落魄者。资本的撤出,留下一地鸡毛,对于这里的普通人来说异常残酷,他们成为经济下行的直接承担者。

无论是恐怖、魔幻还是"酷",都市电影中的烂尾楼影像都是日常生活中的奇观展示之地,它的多变身份也许正如《西虹市首富》中的"大聪明"所说:"我囤了一个烂尾楼,烂尾楼边上规划了一个学校,我转手一卖,挣了十个亿","十个亿呀十个亿,一辈子花不完"。巧的是,这部影片结尾也是在烂尾楼上,王多鱼在考验中放弃了遗产,选择了爱情,烂尾楼成为摈弃金钱,让人性放出光芒的场地,这与它本身在都市中的尴尬处境也许才是时代最魔幻的奇观。

五、结　语

废墟是一个暂留的场景,在待完成的新生活空间中,原有的"家园"不复存在。都市电影中的废墟影像以荒寒境界传达出对过去的留念,并在"记忆"中构建了欲返回的理想家园,而以魔幻、恐怖或者"酷"的奇观喻示着返回之途的"万水千山",其构建的"家园"空间虽只是追缅失落之本原的怀旧情绪,但同时它也在“力”的呈现中蕴含着“和”的活力，以悬置断裂的记忆，揭破魔幻的奇观，从而完成都市空间新旧秩序交接的艺术化表达。

Detachment, Floating and Magic: The Aesthetic Implication of Ruin Images in Urban Films

Abstract: The images of urban ruins mainly show the industrial ruins left over from the early socialist construction period and the urban construction ruins brought by the renewal of urban living space, including the typical forms of abandoned factories, demolition sites and unfinished buildings. The image of ruins in the urban film is a poetics of presence, which is the spatial representation of urban renewal, creating an aesthetic space with the artistic mood of bleakness, the memory scene and the spectacle field. Images and physical urban ruins corroborate each other, showing the rich aesthetic implications at the intersection of old and new urban spaces, including the detachment and vigorous in the traditional painting-and-calligraphy and the floating uncertainty and magical reality of the modern record aesthetics. Finally, the transition between the old and the new order will be completed in the aesthetic field of artistic expression.

Key words: The Artistic Mood of Bleakness; Memory; Spectacle; Image of Ruins; Aesthetic

作者简介：王海峰，常州大学周有光文学院讲师、博士；文艺学与文化研究所研究员。

中华优秀传统文化中的文化软实力思想

张文潮

摘　要:中华文明绵延五千多年,孕育了博大精深的中华优秀传统文化。亲仁善帮、协和万邦的处世之道,惠民利民、安民富民的价值导向,自强不息、厚德载物的民族精神,革故鼎新、与时俱进的精神气质,道法自然、天人合一的生存理念,是维系和凝聚中华民族的文化血脉和精神追求,是中国特色文化软实力形成和发展的根基所在,具有独特的当代价值,为解决当代人类面临的难题,为人们认识和改造世界提供有益启迪。

关键词:传统文化、文化软实力

文化软实力是一个国家由先进文化所释放出来的对内引领、凝聚以及对外吸引和传播的实在能力,在与不同文化的交流、交融和交锋中得到延续、发展和提高,从而成为推动社会文明进步的力量。每个国家和民族由于文明起源、历史传统、基本国情不同,必然会形成自己独特的文化传统。中华优秀传统文化是中华文明的智慧结晶和精华所在,是独树于世界文化激荡中的突出优势,更是中国特色文化软实力思想最深厚的文化基因和最坚实的思想根基。

一、处世之道:亲仁善帮协和万邦

中国古代儒家思想影响了中国的政治、文化、外交等的制度和政策的制定与实施,是形成独特于世界其他国家的政治体系、文化结构的重要原因。从儒家丰富的思想资源中,寻找文化软实力的理论迹象,可谓比比皆是。以孔子为代表的先秦儒家德治思想,以“重仁”的道德观为核心观念,主张以个体的修养为旨归，包括君主在内的各级统治者必修德保民，强调道德教化在国家治理中的作用，主张在国家政治生活中，应该以德治为主，为政者在对待百姓时，必须以道德为原则，以提高自身的道德素养为首要，通过言传身教，用道德教化为主要手段来管理老百姓，以君子的仁爱之心来治国理政，追求建立和谐有序的社会目标。

在孔子推崇的古代德治思想中，“仁”是一个重要的概念，源于孔子对“礼”的认识。孔子认为，周公制定的礼制是最好的制度体系，但礼“不仅是一种制度，而且它象征的是一种秩序，保证这一秩序得以安定的是人对礼仪的敬畏和尊重，而对于礼仪的敬畏和尊重又依托着人的道德和伦理的自觉”。[①]“人而不仁，如礼何?”[②]礼制的基础在于“仁”，只有内生的“仁”才能遵守礼制，维护社会秩序，“仁”为遵守礼制提供了德性的支撑。在孔子看来，“仁”就是“仁者爱人”，其基本的思想是人与人之间应该相互友爱，每一个人都应该时时关心人，处处帮助人。“仁”的具体要求，可以是忠恕之道，也主张“克己复礼”，从建立和维持社会和谐秩序的目的出发，要求人们按照“礼”的规定来行事，协调好人际关系，以达到实现人生和谐的目的，做到“非礼勿视、非礼勿听、非礼勿言、非礼勿动”。[③]在仁义与礼制的关系上，孔子提出德治的思想，认为最好的治理国家模式是德治的模式，“为政以德，譬如北辰，居其所而众星拱之”[④]，提出为政者要把德性放在重要位置，以身作则，用自己的道德言行去引导和熏陶人民，使人们自愿遵守仪礼的规定和习俗，从内心深处心悦诚服。

儒家重“仁”的道德观，是中国传统道德文化的核心观念，不仅是处理人与人，人与社会相互协调关系的伦理观，也是处理国家、民族的政治观。儒家遵循道统，所倡导的“王道”，反对霸道；主张“己所不欲、勿施于人”[⑤]，提倡“得道多助，失道寡助”[⑥]，就蕴含着以仁治思想为原则，以“和为贵”处理好民族关系和国家关系，即要亲善、和睦、协和。儒家追求的“和”为本的社会，体现政治和谐、国家和谐，建立人与人、人与社会之间相互协调，各守其位的“大同”世界。

《商书・尧典》中讲“协和万邦”，就是要求普天之下的国家、民族都能和睦

① 葛兆光:《中国思想史》第1卷，复旦大学出版社2001年版，第93页。
② 见《论语》。
③ 见《论语・颜渊》。
④ 见《论语・为政》。
⑤ 见《论语・卫灵公》。
⑥ 见《孟子・公孙丑下》。

相处。在《礼记·礼运》篇中,孔子就设想了一个“大道之行也,天下为公”的理想世界:政治和谐、国家和谐。《尚书·尧典》中曰:“克明俊德,以亲九族;九族既睦,平章百姓;百姓昭明,协和万邦,黎民于变时雍。”[1]这段话的意思是,帝尧能发扬大德,使家族亲密和睦;家族和睦以后,又辩明其他各族的政事;众族的政事辩明了,又协调万邦诸侯,天下众民也相递变化友好和睦起来。因此,在中国古代,历来就有以柔克刚,文甚于武的实力观。如《孙子兵法》中提出,评估国家力量要以“五事”和“七计”为依据,所谓五事是指“道、天、地、将、法”,其中“道”即政治与文化。强调政治与文化的开明,认为有“道”,才能使民与官同甘共苦,上下一致,必能胜之。判断国力强大与否,不在于单纯看兵多将勇,其最高境界是“不战而屈人之兵,善之善者也。故上兵伐谋,其次伐交,其次伐兵,其下攻城”。[2]而“上兵伐谋”就是指在战事中依靠谋略而非武力,与别国友好往来是最为明智的一种冲突解决的方式,也是处世之道。

二、价值导向:惠民利民安民富民

在我国古代,儒家的德治思想作为治国理论在维持封建社会的稳定中起到一定的作用。儒家的德治思想强调安民、利民富民,主张把爱民、重民、利民、富民作为治国的重要目标。认为人民是国家的根本,提倡统治者关心人民的疾苦,为人民的生活着想,民心向背直接影响到社会的稳定与动荡,关系到国家的安危。“皇祖有训,民可近不可下。民惟邦本,本固邦宁。”[3]意为祖先早就传下训诫,人民是用来亲近的,不能轻视与低看;人民才是国家的根基,根基牢固,国家才安定。

先秦儒家学说中的民本思想是德治思想的基石,源远流长,对古代社会影响巨大,肇始于夏商周时期,发展于春秋战国时期,定型于汉代,此后,历朝历代虽有演变,然而其思想主旨始终没有变化。主要体现在孔子的“为政以德”、孟子的“民贵君轻”、荀子的“君舟民水”。孔子强调统治者要实现德治、仁政,必须大力推行富民、教民政策。冉有曰:“既庶民,又何加焉?”曰:“富之。”[4]人口增加之后,达到一定的数量,就要使他们富起来,再问富起来之后怎么办,孔

① 见《商书·尧典》。
② 见《孙子兵法·谋攻篇》。
③ 见《尚书·五子之歌》。
④ 见《论语》。

子说:“教之。”孔子“先富后教”的思想主张,反映了孔子不仅关心民众的物质生活条件,而且认为在富天下之后,统治者就要高度重视道德教育,提高民众的道德素质。

到了孟子,从治国的角度提出“民贵君轻”的思想主张,成为民本思想的核心。他说“民为贵,社稷次之,君为轻,是故得乎丘民而为天子,得乎天子而为诸侯。得乎诸侯而为大夫”。[1]认为在民、社稷和君三者之中,老百姓是国家存亡的根本,是第一位的,谁得到民心就可以成为天子。孟子的民本思想也是其王道政治主张的基本出发点。“得天下有道、得其民,斯得天下矣。得其民道,得其心,斯得民矣。”[2]孟子认为,天下之得失在于能否得民,而能否得民,又在于能否得到“民心”,即能否得到民众真心实意的拥护,决定国家兴亡,得到民心,就能实现国家的长治久安。荀子把君主与庶民的关系比作舟与水的关系,认为:“君者,舟也;遮人者,水也。水则载舟,水则覆舟。此之谓也。故君人者,欲安,则莫若平政爱民矣。”[3]意思是,古代的君主就像船,老百姓就像是水,水可以载舟,也可以覆舟,以此来强调统治者要想国家安定,必须仁民爱民,实施德政,关爱百姓,以此来赢得百姓的支持和赞誉,取得王权的稳定。

在中国古代的政统里“有德者居之”,判断政权是否“有德”的标准,即在于人民是否安居乐业。政权要稳定长久,就必须推行顺乎民心的政策。“政之者所兴,在顺民心。政之所废,在逆民心。”[4]古代政治有“王道”与“霸道”之分。霸道者,武力征伐,权势倾轧,以威使人畏。王道者,顺乎民心,使民有道,以道使人服。要行王道,就要知道百姓喜欢什么,顺从民心,乐以天下;知道百姓忧虑什么,并且和他们有一样的忧虑,再努力创造条件,让他们消除这些忧虑,忧似天下。“治理之道,莫要于安民;安民之道,在于察其疾苦。”[5]治国理政的关键要让老百姓安居乐业,而让老百姓安居乐业的途径在于体察他们的疾苦。只有统治者实行利民政策,把治理国家的长远利益、根本利益与百姓的现实利益相结合,人民才能安定平和地生活。

---

① 见《孟子》。
② 见《孟子·离娄上》。
③ 见《荀子·王制》。
④ 见《管子·牧民》。
⑤ (明)张居正:《答福建巡抚耿楚侗》。

三、民族精神:自强不息厚德载物

中华优秀传统文化中蕴含着丰富的价值理念和深层的精神追求。“自强不息,厚德载物”是中华民族精神的最核心、最根本、最具特色的内容,在铸就中华民族精神上,起了决定性的作用,彰显了中华民族精神的传统底蕴,体现中国文化独特的内涵,在推动中国社会不断地变革中发挥了巨大的作用。

从古到今,“自强不息,厚德载物”一向是中国传统文化中的优秀精神遗产,成为延续和传播中华传统美德的文化基因。“自强不息,厚德载物”出自《易经》中的卦辞:“天行健,君子以自强不息;地势坤,君子以厚德载物。”[①]古人在对天地的观察中发现,白昼黑夜循环交替,春夏秋冬四季运行,四时运行、斗转星移、日月交替是周而复始、刚健不已、永不停息的。那么君子处世,应该像天一样,发奋图强、刚毅坚卓、永不松懈。同样的道理,大地的气势厚实和顺,君子只有积累道德,方能容载万物,肩负事业。古人告诉我们,人的一生要像天那样高大刚毅,也要像地那样厚重广阔,才能承载万物。

“厚德载物”的内核是“德”。以深厚的德行,来容载世间的万物,体现博大的胸怀和豁达的风范。“厚德”是一种优秀的品质和立人之本,自古至今被圣贤乃至百姓遵奉为做人的准则和信念,是督促人们不断自我约束和规范的道德要求,与人的文化属性相关联,是从文化属性中提炼出来的精华,中华民族之所以形成重和谐、好和平的文化特色,与把道德修养放在重要位置有关。用厚德的品行理性地对待客观环境中的人和事物,谓之载物。孔子曰:“仁义礼智信温良恭俭让。”[②]孟子道:“老吾老以及人之老,幼吾幼以及人之幼。”[③]老子说:“善者吾善之,不善者吾亦善之,德善。信者吾信之,不信者吾亦信之,德信。”[④]古人就是不断劝诫人们从善,积“小德”为“厚德”。比干强谏,以死尽忠;子路百里负米,孝敬父母;商鞅立木取信,顺利推行新法;荆轲“风萧萧兮易水寒,壮士一去兮不复还”;韩信黄金千两,报答漂母救恩;文帝仁孝,成就“文景之治”;季布“一诺千金”,免遭祸殃;杨时“程门立雪”成为尊师典范,历史遗迹“六尺巷”尽显谦和礼让佳话。

---

① 见《易经》。
② 见《论语·学而》。
③ 见《孟子·梁惠王上》。
④ 见《道德经》。

所谓“自强不息”指的是永远自觉向上，努力进取，绝不半途而废的奋斗拼搏精神，久经历史考验，在中华民族五千多年的历史发展中形成的民族精神。它既体现着国家和民族独特的精神品质，也代表着个人应有的文化素质和道德品行。反映在政治上，表现为对外反抗外来侵略、对内反抗压迫，也体现革故鼎新，除旧布新，不断推进社会变革的步伐。反映在个人生活上，就是肯定人格价值，坚持人格独立的特质。儒家创始人孔子说“三军可夺帅也，匹夫不可夺志也”。[①]孟子说“富贵不能淫，贫贱不能移，威武不能屈”。[②]反映在生活态度上，表现为积极乐观向上的人生观。孔子说“吾十有五而志于学，三十而立，四十而不惑，五十而知天命，六十而耳顺，七十而从心所欲不逾矩”。[③]正因为有古人提倡积极进取、独立自强的价值观，才催生了中华民族勇敢刚毅和乐观拼搏的精神，更涌现了“先天下之忧而忧，后天下之乐而乐”[④]的仁人志士们，克服重重困难，为中华民族的独立不惜抛头颅，洒热血，不断地实现社会的发展进步。可以讲，自强不息的精神是中华民族赖以生存和发展的精神支柱，不仅在中国远古时期的“精卫填海”“夸父追日”“愚公移山”等神话故事中得到弘扬、中国传统文化典籍中有所体现，更是在广大劳动人民的日常生活中处处可见。

四、精神气质：革故鼎新与时俱进

在世界主要的古代文明中，中华文明是唯一没有中断而且延续至今的。其中，一个重要的原因就是中华传统文化具有不断革新的基因，以独特的定力韧性和广泛吸纳的精神不断调节、丰富和发展自己。

古人很早就认识到革新的道理。作为中国传统思想文化中自然哲学与人文实践的理论根源，群经之首的《易经》就包含丰富深刻的创新达变思想。《周易》中，“易”可释为“变易”，即顺应时势作出变革。“革故鼎新”一词典出《周易》，其第四十九卦“革卦”，“革，去故也”，第五十卦“鼎卦”，“鼎，取新也”，旧指朝政变革或改朝换代。“革故鼎新”是《易经》的重要思想，其核心要义就是要破旧立新。作为《诗经·大雅》的首篇《文王》就指出：“周虽旧邦，其命惟新，如

---

①②③　见《论语》。

④　范仲淹《岳阳楼记》。

将不尽，与古为新。”[1]儒家经典的《大学》开篇就指出：“大学之道，在明明德，在新民，在止于至善。”[2]将废旧图新作为大学的宗旨。另外，“苟日新，日日新，又日新”。[3]讲的是，让人们根据社会历史条件的变化和发展的要求不断地创新改革，通过改革，来更好地适应未来社会发展。

从中国古代思想创新来看，法家、道家、儒家的思想内涵在更新中发展。以法家思想为例，最大特点是反对保守的复古思想，与时俱进，革故鼎新。其思想的渊源可以追溯到春秋时期，管仲、子产、邓析等改革家主张变法革新。管仲主张改良包括西周的礼制和刑罚制度在内的旧礼，创立新法，以法统政，礼法并用。以法律手段推行经济、军事等政策，以达到富国强兵的目的。春秋战国时期改革家对法家思想的形成产生了很大的影响。以李悝、商鞅、吴起和韩非等为代表的法家改革思想涉及政治、经济、军事、教育、法律等治国方略，主张社会锐意改革，用“法治”代替“礼治”，反对贵族特权。他们认为历史是向前发展的，一切的法律和制度都是随着历史的发展而发展，因此，不能复古倒退，更不能因循守旧。商鞅明确提出了“不法古，不循今”[4]的主张。韩非则更进一步发展了商鞅的主张，提出“时移而治不易者乱”。

从中国古代的制度创新来看，包括中央集权的发展、赋税制度的变革等。法家思想提出建立君主专制的中央集权国家，秦始皇统一中国后，继承了商鞅变法的成果并实践了韩非子提出的中央集权和以法治国的理论，创立专制主义中央集权的政治制度，这对战国前的分封制来说是一大进步，对于巩固国家统一，维护封建统治基础具有十分重要的作用。专制主义中央集权制度自夏商周萌发，到秦朝建立，历经西汉巩固、隋唐完善、北宋加强、明清达到高峰，在数千年的古代社会牢牢占据主导地位，每一次循环都最终促进了中央集权的发展，对君主专制强化产生积极进步作用，在政治上有利于大一统的民族国家的发展、巩固和社会稳定，在经济上有利于集中组织人力、物力和财力进行经济恢复和发展，也一定程度上提高了民族融合和经济文化交流，促使中国农耕文明长期领先世界。制度创新在中国的先秦史中表现得相当充分。例如，管仲的“相地衰征”“商鞅变法”和“农战”等。相地衰征，就是“视土地之美恶及所

---

① 见《诗经·大雅·文王》。
②③ 见《礼记·大学》。
④ 见《商君书·开塞》。

生出,以差征赋之轻生也”①,要根据土地的优劣,实行区别对待的有差别的地租征收制,不是搞“一刀切”。管仲的“相地衰征”是对劳役地租制的实施,一定程度上松弛了农奴对领主的人身依附关系,提高了他们的生产积极性和主动性,促进了生产力的发展,是一个历史性的进步。②

从中国古代的科技创新来看,传统科技、四大发明及生产工具、技术的发展,中国的造纸术、指南针、火药、印刷术等中国人引以为豪的发明创造,对古代的政治、经济、文化的发展产生巨大的推动作用,传至西方,对世界文明发展史产生巨大影响。东汉时期的张衡发明制作的地动仪,可以遥测发生地震的方向,比欧洲早 1 700 多年;两汉时期的《九章算术》作为中国古代数学形成完整体系的标志,是当时世界上最先进的应用数学,作为一部世界数学名著,早在隋唐时期即以传入朝鲜、日本;南朝祖冲之精确地计算出圆周率,这一成果比外国早近一千年;明朝徐霞客的《徐霞客游记》,堪称当时我国社会的一部百科全书,是世界上第一部广泛而系统地描述岩溶地貌的科学记录,对石灰岩溶蚀地貌的考察,早于欧洲约两个世纪。还有隋朝工匠李春设计建造的赵州桥,建造工艺独特,在世界桥梁史上首创“敞肩拱”结构形式,在世界桥梁史上占有重要地位,等等。中国古代的科技创新的成果改变了人们的生活方式,推动了科学研究的进步和经济发展,促进了世界文化的交流,深刻影响了世界文明的进步。

五、生存理念:道法自然天人合一

中国传统文化的基础是封建农耕文明,农耕文明对自然界充满崇敬和依赖。自古以来,以农耕文化为根基的中华传统文化历来提倡人与自然和谐相处,“道法自然、天人合一”的思想哲理经过几千年的传承、繁衍,已辐射到中国传统文化的各个领域,有着博大精深的思辨内涵。人与自然的和谐关系向来是中华传统文化的主题,始终是中华民族的文化基因,也是生态伦理思想的理论基石。

古代哲学中最早、最系统地提出“天人和谐”思想的是道家老子,认为人是自然界天地万物的一部分,与自然界相融相成,构成和谐统一的有机整体,人

① 见《国语·齐语》。
② 王玉华:《当代经济研究》第 11 期,第 65 页。

类只有认识到人与自然所具有的和谐统一性，并在与自然相处时不断顺应和遵循自然规律，才能实现人与自然的和谐。首先，老子认为万物同源，天人一体。“道”是一切事物的本源和基础，同时又内在于天地万物之中，成为制约万物盛衰消长的自然规律。宇宙万物都是“道”所化生，所以：“道者，万物之奥也。”①《道德经》第四十二章说：“道生一、一生二、二生三、三生万物。”我们所看见的天地万物与我们人类是同一本源，所谓“万物同源”或“无人同源”也。宇宙发生、万物起源的模式奠定了人和自然的关系，又说“人法地，地法大，天法道，道法自然”。②在今天看来，老子说的自然、天地、万物等词语和我们今天所说的自然、环境、生态等词语，在概念内涵上，具有高度的契合性。道家强调人与自然“天人合一”的核心价值理念，通过体验宇宙过程的自然本性，认识到自然之化是生命之本源和宇宙之精神的最高体现，是一种至高的生存理想和生存境界，体现了人类与天地万物共荣共存的最高原则。

其次，道法自然是人和万物都要遵循的客观规律。《道德经》第二十五章中说：“故道大，天大，地大，人亦大。域中有四大，而人居其一焉。”从人、地、道和天四者的关系来看，既然肯定人为宇宙中的一大存在，是自然界的有机组成部分，那么，天地万物这一和谐完美的有机系统就是由道、天、地、人共同组成的一个整体，这种和谐是由“道”而生，由“道”而合。“大曰逝，逝曰远，远曰反。”③大、逝、远、反作为循环演变的基本历程和主要状态，构成了自然系统的和谐之本和秩序之源。人类绝不是大自然的主宰者和统治者，只是天地万物中的组成部分，只有对自然存在敬畏之心，与大自然互相依存，才能实现人和自然和谐相处。归根到底是，人应法地而师天，师法自然。老子在观察自然中，深刻敏锐地认识到，在自然界，各种物质循环及其形成的天地万物间，建立和谐有序循环法则的重要性，提出“知和曰常，知常曰明”。④告诫人们，天地万物之间的和谐是自然界本身的常态，它是“道”循环运动所造成的，人类取法于天地自然之道，也应顺应这种循环的法则，去维护自然界的和谐，这样便能做到“天和”，进而做到“人和”。老子这种道法自然的思想，强调天道与人道的统一性，人既离不开天地，也离不开万物，因此，人应当“系日月、携宇宙，为其吻合。”⑤这样就达到了人与自然界融为一体的至高境界。

---

①②③④　见《道德经》。

⑤　见《庄子·内篇·齐物论》。

无为不争是人面对自然万物应当遵守的行为准则。《道德经》第六十四章:“是以圣人欲不欲,不贵难得之货;学不学,复重人之所过,以辅万物之自然而不敢为。”①老子认为,世界上任何事物的存在和生存变化都有其自然的理由和规律,作为万物之一的人,要尊重万物演化的自然规律,辅助万物回归自然、返于淳朴,只有尊重自然,认识自然,不违背自然做事,才是明智的行为,理应顺万物之理而无为不作,因为“无为”才能使万物滋生,繁衍茂盛,源源不断,用之不尽,也就是要保护自然环境,抑制违反自然的行为,提倡人们努力去把握自然规律,顺应自然规律,以祸福相依的辩证思维,更好地理解人与自然关系可能造成的后果,掌握好适度的原则,这样才能得到可持续发展。

从古至今,遵照人与自然应该和谐相处的原则,契合道法自然,天人合一思想的实践事例不胜枚举。比如中国农业社会根据 24 节气的耕作制度;春秋战国时期,李冰父子率众修建的四川成都都江堰水利枢纽工程,历经 2 000 余年,依然灌溉自如,是世界上唯一依然发挥作用的水利工程,等等,都成为中华民族对人类的杰出贡献,也是处理人和自然和谐关系的榜样和典范。

结　语

文化兴国运兴,文化强民族强。当前,世界正处于大发展大变革大调整时期,各种思想文化相互激荡更加频繁,文化软实力在综合国力竞争中的地位和作用更加凸显。没有高度的文化自信,没有文化的繁荣昌盛,就没有中华民族伟大复兴。中华优秀传统文化是中华民族的根和魂,是中国特色文化软实力发展的不竭源泉。亲仁善帮、协和万邦的处世之道,惠民利民、安民富民的价值导向,自强不息、厚德载物的民族精神,革故鼎新、与时俱进的精神气质,道法自然、天人合一的生存理念,记载了中华民族形成、发展和奋斗过程中精神活动、理性思维和文化成果,反映了中华民族的精神追求,成为中华民族最基本的文化基因。新时代新征程上,要坚持与时俱进,守正创新,深入挖掘和阐发中华优秀传统文化的当代价值,使中华民族最基本的文化基因与当代文化相适应,与社会主义社会相协调,努力实现中华优秀传统文化创造性转化和创新性发展,以时代精神激活中华优秀传统文化的生命力,以更加深沉的文化自信凝聚起民族复兴的精神伟力,为实现中华民族伟大复兴提供坚强思想保证

① 见《道德经》。

和强大精神力量。

Ideology of Cultural Soft Power in Advanced Traditional Chinese Culture

Abstract: The Chinese civilization has extended for more than 5,000 years, giving birth to the most profound and outstanding traditional Chinese culture. The Chinese people is kind and benevolent, born friendly and willing to harmonize with all other nations. Embedded with the value of benefiting and enriching all its people, with the national spirit of self-improvement and moral commitment, we are constantly ready to innovate and advance with the times. The concept of following the law of nature and integrating man and nature is the cultural blood and spiritual pursuit that sustains and unites the Chinese nation, and also the foundation for the formation and development of cultural soft power featuring Chinese characteristics. With unique contemporary value, this concept provides useful enlightenment for solving the problems faced by mankind and for people to understand and transform the world.

Keywords: Traditional Culture; Cultural Soft Power

作者简介:张文潮,上海师范大学马克思主义学院副教授,硕士生导师。

光启评论

从曼哈顿到旧金山：一座海湾城市的故事
——评《设计旧金山：艺术、土地与一座海湾城市的城市更新》

周森森

摘　要：二战后由美国联邦政府主导的城市重建一直受到学界关注，相关研究很多，2017年出版的，普林斯顿大学历史系教授艾莉森·伊森伯格的新著《设计旧金山：艺术、土地与一座海湾城市的城市更新》是探讨西部湾区城市重建的一本力作。作者采用个案分析的方法，以加利福尼亚州旧金山市北部湾区为案例，研究了从20世纪40年代末到70年代城市再开发问题。通过各种人物对城市项目发挥的影响和公共土地所有权、使用权、管理权的变化，展示了湾区的城市开发方式的变化。伊森伯格没有延续围绕着城市更新展开的争论，而是转换视角推动进一步的讨论，向读者展示历史与现代、保护与更新并不对立，重新界定了一些基本问题，填补了空白，为读者提供了一个新的视角来理解战后美国中心城市的复兴和规划问题。

关键词：旧金山湾区　城市更新　联合专业人士　公共土地

20世纪后半期，美国中心城市经历了经济结构和空间结构的双重转型，社会生产、交通和通信等领域迎来了空前变革。在市场规律的作用下人口和资本的离心性空前加快，中产阶级和富裕人口不断从中心城市迁往郊区。与此同时，制造业、服务业等经济活动与机构也纷纷到郊区落户。这一发展趋势导致了日益繁荣的中心城市日渐衰败、问题丛生，最终陷入积重难返的困境。但是，中心城市的故事并没有画上句号，其在历史上繁荣和富足的象征使挽救中心城市的衰败成为社会各界关注的话题。社会各界都认识到城市的物质层面需要改善，中心城市的功能也需要转变，但问题的关键就在于：如何改变？谁来主导这一转变？维护谁的利益？谁的利益能够得到保障？这些问题都存在分歧并引发了激烈的讨论。

一直以来，史学界主要关注的是1949年联邦政府发起的致力于解决城市危机的城市更新运动，以阶级对立的意识形态对城市更新展开批评。批评者认为这一举措耗费了大量的资金，清理现有的衰败社区通常也是低收入社区，取而代之的是服务于企业资本的办公大楼、公寓楼、会议中心等城市空间，所有这些新建筑都以高度现代主义的建筑语言呈现。这一叙述通常聚焦于城市开发过程中的"大人物"，较有代表性的是素有城市规划界"沙皇"之称的纽约市城市规划局局长罗伯特·摩西(Robert Moses)。①摩西成为维护商业资本、破坏各街区有机联系、制造更多贫民窟的代表，也是推土机的象征。然而，到20世纪60年代为了扭转城市更新持续给城市带来的破坏，兴起了公民反抗活动。抗议由城市更新造成的大规模的流离失所，为保护城市原有结构而斗争。②这一叙事方式的代表是同为纽约市的简·雅各布斯(Jane Jacobs)。尽管有学者对城市更新提出了新的看法，认为该举措有一定的价值。但史学界几乎没有跳出这一语境，中心城市复兴的争论通常被简化为摩西与雅各布斯之争，现代主义与保护主义之争，非黑即白，二元对立，城市发展似乎没有中间路线，只要开发必定破坏，摩天大楼定会摧毁旧有的城市框架，复兴是牺牲了少数族裔和低收入社区居民的利益。

《设计旧金山》一书共有十个部分，基本按照时间顺序，以公共土地管理权、使用权和所有权为"经"贯穿全篇，以"联合设计专业人士"(Allied Design Professionals)的出现、联合，在不同时期的同一个项目中同步工作，以及在40年代末至80年代初旧金山北部湾区的城市开发项目中发挥的影响力为"纬"，将旧金山市的重建历史编织在一起。前几章主要讲述在保护主义或曰新城市主义理念下进行的旧址重建项目。中间几章重述城市规划在视觉和形式上展

① Robert A. Caro, *The Power Broker: Robert Moses and the fall of New York*, New York: Alfred A. Knopf Incorporated, 1974.

② Daniel Crowe, *Prophets of Rage: The Black Freedom Struggle in San Francisco, 1945—1969*, New York: Garland Publishing, 2000. Chester Hartman, *City for Sale: The Transformation of San Francisco*, Berkeley, CA: University of California Press, 2002.

示出的丰富主题，除了提供引人入胜的图像，也为理解这一时期设计的本质和过程提供了新的视角。后几章是在城市更新、摩天大楼和其他基于清理的现代主义建筑项目开发的语境下，将私人开发商和公众放在一个道德框架，了解城市公共土地的竞争、所有权比城市设计争议和开发商提供的公共福利所谓的开放空间更为重要。除此之外作者还将乡村、郊区和城市的开发联系在一起，例如 20 世纪 50 年代的乡村集市（Village Fair）和 20 世纪 60 年代索诺玛海岸（Sausalito）的海洋牧场（Sea Ranch），展示了从农村到郊区再到城市的一系列想法的具体“城市”特征，推导出针对旧金山的城市模型，这也是作为一种本体论和晚期资本主义状况的后现代主义①回避“城市”概念的体现。伊森伯格利用的不是建立在大规模住宅迁移的基础上的再开发项目，展示与传统城市重建中不同的挑战，并提出了关于城市规划历史上的机构、权力和意识形态的重要问题。作者跳出种族和阶级的视角对城市再开发展开分析，将公共土地的使用这一具有普遍意义的核心因素与城市重建联系起来，通过大量史料展现了与传统史学界对美国东北部城市重建批评的不同着力点，阐明了旧金山城市发展的偶发性和多方参与的特征。伊森伯格以旧金山北部湾区在城市更新年代的重建过程，探讨了在这一过程当中公共土地的使用及私有化如何逐渐走向大众视野，成为旧金山有识之士反对高层运动（Anti-Higg-Rises Movement）的有力武器，以及不同群体之间的妥协和“对抗”，最终将公共土地的所有权问题推上了旧金山市城市开发政治议程的中心。

二

该书的特点之一，反映了 20 世纪后半期以来新的史学动向，即采用多元的文化视角拓宽历史研究的视野。旧金山市战后城市政治体制、发展策略、城市更新和再开发一直吸引着美国学者的眼光，从 20 世纪 80 年代起不断有相

---

① “后现代主义”这一概念犹如“现代主义”一样尚无公认的定义。有人将其理解为一种类型、时代、符号或是状态。本文对后现代主义这一概念的理解是借鉴秦晖老师在其著作《问题与主义》中有关后现代主义的解释，即：在反“科学主义”的声浪中价值中立的工具理性主义认识观受到冲击，同时在“上帝死了”的惊呼中价值非理性的倾向也在发展。所有这些汇成了一股对工业文明和工业文明时代的价值体系（进步、科学、理性、客观主义、必然性等等）的反思与批判，是一种广义的、以超越或否定工业文明或近代文明为特征的潮流，它是对农业文明的“否定之否定”，是前近代传统的“敌人之敌人”，即所谓“后现代主义”。秦晖：《问题与主义》，吉林出版社 1999 年版，第 345 页。

关论著问世，涉及政治学、建筑学、历史学乃至社会学等多个学科。弗雷德里克·沃特(Frederick Wirt)的专著《城市中的权力：旧金山的决策过程》从阶级构成的角度，对战后旧金山的政府结构、不同利益集团在政策制定中的参与方式及作用、联邦政府对城市决策的影响进行了深入的研究。①理查德·沃尔克(Richard Walker)在其著作中分析了高层建筑风潮对旧金山的城市面貌、经济功能和社会生活的影响。②约翰·莫伦科夫(John Mollenkopf)以旧金山市西附区为个案，分析了旧金山市在由工业化向后工业化城市转变的过程中，发展优先策略指导下的城市开发项目。③约瑟夫·罗德里格斯(Joseph Rodriguse)研究了旧金山大都市区中心城市市民与郊区居民在文化和价值观的分化。学者们对美国中心城市或旧金山市的重建所带来的问题的论述还有很多，而以公共土地的使用或私有化为视角的论述却不多见。④

20世纪后半叶，随着美国社会的动荡和变化，强调关注被忽视群体、重视文化视角和引用多学科理论的多元文化史观应运而生。《设计旧金山》的作者艾莉森·伊森伯格也受其影响，用具体的案例提醒我们，城市复兴的复杂性。城市重建不是规划界沙皇、私人开发商和他们雇佣的现代主义建筑师的专属领域，也不是保护主义活动人士的专属领地。作者深入研究了地产经理人、平面设计师、公关人员、模型制造者和渲染师(Renderers)、公共艺术家、漫画家、另类杂志活动人士(Alternative Press Activities)、公共利益律师、城市设计评论家、编辑以及草根保护主义者，这些非传统城市规划领域专业人士在旧金山市城市重建过程中扮演的角色，通过具体的项目分析——海事博物馆(Marine Museum)、吉拉德里广场(Ghirardeli Square)、杰克逊广场(Jackson Square)、罐头广场(Cannery)、海洋牧地、金色大道(Golden Gateway)、内河码头中心项目(Embarcadero Center)、未建成的旧金山国际市场中心(San Francisco International Market Place)、泛美金字塔大厦(Transamerica Pyramid)——向读者展示那些常被忽略的参与城市重建的角色，伊森伯格有力地证明了旧金山市北

① Frederick M. Wirt, *Power in the City: Decision Making in San Francisco*, Berkeley, CA: University of California Press, 1974.

② Richard Walker, "An Appetite for the City: The battle to save san Francisco 1960—1990", *Reclaiming San Francisco: History, Politics, Culture*, pp.1-19.

③ John Mollenkopf, *The Contested City*, Princeton, NJ: Princeton University Press, 1983.

④ Joseph Rodriguse, *City Against Suburb: The Culture Wars in an American Metropolis*, Westport, CT: Praeger, 1999.

部湾区的城市更新离不开这些人员，从某种程度来说他们甚至扮演着决定性的角色。通过他们的互动，激发了城市开发的新形式——土地竞争，及其背后的理念。伊森伯格描写了因开发而引起的反开发（Development—Produce—Antidevelopment）的故事，将注意力集中在这些积极的保护主义者身上，他们在20世纪40年代即高层建筑出现之前，就提出了植根于公有制的滨水区历史规划。当摩天大楼、大型综合体和广场在滨水区大量涌现时，市民团体组织起来成立了各种社会组织，找到律师，并与其他媒体合作，在城市土地管理政策中建立更严格的公共利益标准。到了20世纪70年代，这些城市环境保护主义社区领袖、律师、保护主义者、记者和幻想破灭的设计专业人士对重建提出了一种现在几乎被遗忘的批评——公共土地私有化。伊森伯格证明这些联合人士并不是自私的反对开发的阻挠者，而是想要通过争取负责任的公共土地管理来积极影响重建。

作者在讨论战后旧金山市像罗伯特·摩西这样的城市重建的大人物——旧金山市重建局局长（San Francisco Redevelopment Agency，SFRA）贾斯丁·赫尔曼（Justin Herman）时，展现了一个更为复杂的人物形象。伊森伯格并没有将其简单归类于摩西的行列，即为私人开发商掠夺土地的支持者，相反，她较为客观地利用赫尔曼在隶属城市更新的金色大道（Golden Gateway）项目中设法运用“美元加设计”（Dollars and Design）并行的竞赛模式，实现公共土地利用价值的最大化，最大限度保留土地所有权避免其私有化。而美元加设计的竞争打破了联邦政府在城市更新项目中土地分配的模式，即以补贴的方式鼓励私人开发商对清理的土地低于市场价买入，而又以高于市场价格售出。作者在文中还详细地阐述了赫尔曼在该时期城市再开发项目中为维护公共利益迫使私人开发商作出的让步。因此将赫尔曼简单概括为与商界联合的“优先发展联盟”（Progrowth Coalition）的一员，不仅抹杀了人物的独特性也抹杀了地方实践的差异性。伊森伯格对赫尔曼的描述更像米歇尔·福柯（Michel Foucault）对权力的理解，福柯对权力并没有明确的定义，只是从不同角度作了阐释，即：权力不是自上而下的，是一种关系，是在发展的，是有创造性的，当它主动、活跃、卷入一切时，才是最有力量的。[①]作者对掌权者的描述

① ［法］米歇尔·福柯：《规训与惩罚：监狱的诞生》，刘北城、杨远婴译，生活·读书·新知三联书店2020年版。

符合后现代性中对社会问题的"视角主义""相对主义"的态度。这种多样化、不确性、连续性的权力解读方式恰是福柯对权力的描述和他的理论立场。同时,作者也向我们展示,在一个大部分公民在高度抽象的层面上拥有一套相对稳定的民主信念[①]的社会,以赫尔曼为代表大人物或曰领导阶层对政治决策发挥的影响力并非如一般猜测,起着决定性作用。

而在史学界文化转向的影响下,伊森伯格在描述城市重建中被忽视群体时另辟蹊径,关注女性在历史创造中的作用,加深了我们对女性在战后城市建设中的角色扮演。目前,史学界所关注的城市建筑和规划领域时男性占据主导地位。20 世纪 60 年代的社会革命层出不穷,民权运动、城市动乱、女权主义以及嬉皮士反文化和反战运动,包括建筑和规划在内的行业在专业实践方面发生了变革。城市史学家讨论女性时,通常会提及简·雅各布斯,且把女性参与城市事务与第二波女权运动联系起来,将日益增长的影响归因于抗议运动。但是在 20 世纪 60 年代末 70 年代初第二波女性主义浪潮兴起之前,20 世纪 40 年代旧金山就出现了较为有意义的性别合作项目。这些早期的合作主要出现在城市艺术和设计领域。例如,1952 年,弗吉尼亚·格林(Virginia Green)和莱拉·约翰斯顿(Leila Johnston)成立了享有"模型制造界的凯迪拉克(Cadillac)"盛誉的建筑模型制造公司。她们的业务在城市更新时期蓬勃发展,为许多城市的大型项目建立了展示模型,正如伊森伯格解释的,格林和约翰斯顿不仅仅是扮演支持者的角色,而是起着"反馈循环"(Feedback Loops)的作用,她们创造的三维体展示(Three-Dimensional Representations)影响设计开发,甚至能左右建筑设计决策。[②]

战后,大规模重建和城市开发项目实际上改变了这些联合领域的性别构成,早于 70 年代妇女解放运动,更加关注女性在城市事物中所扮演的角色。最具代表性的就是吉拉德里广场美人鱼铜像"阿德里安喷泉"(*Andrea's Fountain*)的设计者露丝·阿萨瓦(Ruth Asawa)以友人形象为参照塑造的美人鱼,

① 笔者对"民主信念"的理解借鉴普罗斯诺(Prothro)和格里格(Grigg)的概括:"每个公民在影响政府政策方面都应拥有平等的机会","少数人对多数人决策的批评应该是自由的","少数群体中的人民在尝试获得多数人对他们意见的支持时应该是自由的"等。James W. Prothro and Charles M. Grigg, "Fundamental Principles of Democracy: bases of Agreement and Disagreement", *The Journal of Polices*, Vol.22, No.2, pp.282-284.

② Alison Isenberg, *Designing San Francisco: Art, Land and Urban Renewal in the City by the Bay*, Princeton, NJ: Princeton University Press, 2017, p.283.

而围绕着人鱼的海洋生物是阿萨瓦自己想象中的神秘海洋，表达与现代主义产生的截然不同的演绎，即后现代女性主义的演绎。但却引来了居于保守主力阵营的专业人士和规划制订者的顾虑和反对，他们认为应该以更为抽象、隐晦的方式来表达，而非现存的半裸的女性形象。反应最为激烈的就是吉拉德里广场的设计师劳伦斯·哈普林(Lawrence Halprin)，他对阿萨瓦展开猛烈的抨击，且多次要求清理这座美人鱼铜像。围绕着阿德里安喷泉展开的讨论，就其表现形式而言，是进入了不同性别之间的对峙，挑战了一直以来男性在城市空间设计中的主导地位。尽管哈普林用著名的费城规划师爱德蒙·培根(Edmund Bacon)所提出的"第二人原则"(Principle of the Second Man)①来维护男性专业人士的主导地位，但是在许多女性设计师、女性高层管理者、女继承人等，这些女性以执着的信念和持续的努力，润物细无声般地以自己的影响力和资源来影响着城市的设计和建设的结果，留下了《阿德里安的喷泉》的原貌，也为旧金山这座城市留住了女性主义的特质。②就其深层次而言，实际已经超越了城市公共空间中符号和设计审美的不同看法，也超越了抽象艺术和具象艺术的范围，是以现代主义为主导的哈普林与后现代主义思想为潮流的露丝对公共空间表达方式的不同理解，这与当代西方人以人文精神反对科学主义，以终极关怀反对理性法庭的后现代主义潮流是合拍的。

除了阿萨瓦之外，伊森伯格还描写了地产经理人凯莉·罗斯(Caree Rose)在吉拉德里广场的租户选择和管理方面扮演着重要的角色，她推动租户和消费者激活了综合体的空间，使其生动独特。她的贡献就像藏在广场下方的地下车库那样不为人知，但却对项目理解至关重要。吉拉德里项目成功的两个基本要素：一是建筑本身的历史特征，再者就是租户的素质，而后者正是凯莉马提尼管理方式(Martini Management)的成果。③伊森伯格用一个充满幽默感的例子说明标志性项目的塑造依赖多个团体，而非仅听取著名设计师的意见，凯莉用来自波士顿的常春藤(Ivy)取代哈普林团队选取的弗吉尼亚的爬山虎

① "第二人原则"是著名城市建筑师埃德蒙·培根在其著作《城市设计》(*Design of Cities*)中提出的，意指城市再开发的过程中设计师对已有的综合体建筑、广场翻新时应遵循首位设计师的开创性理念。培根认为在建设公民城市主义时，尊重传统比展示新奇更重要，公共领域的贡献比个人在其中脱颖而出更重要。

② Joe Rosenthal, "Scorn for a New Sculpture", *San Francisco Chronicle's*, March 26, 1968.

③ Alison Isenberg, *Designing San Francisco: Art, Land and Urban Renewal in the City by the Bay*, Princeton, NJ: Princeton University Press, 2017, p.157.

(Creeper),植物选取的温和转变,说明战后城市复兴不是仅听取专业建筑师、城市规划专家或景观设计师的一家之言,而是离不开地产经理人的专业知识和管理技巧,后者弥补了前者常忽略的零售业基本要素,而建筑师提供了更多的人文关怀,两者的相互交流、沟通推动项目的进程。《设计旧金山》还关注到不会出现在项目开发参与者名单的另两个常被忽略的人物:公关人员马里恩·康拉德(Marion Conrad)和平面设计师(Graphic Designers)博比·斯塔法希尔(Bobbie Stauffacher)。康拉德作为本书最丰富多彩的人物之一,运用自己的公关能力为哈普林赢得了全国媒体报道,证明了营销而非设计创新帮助他保住了现代主义建筑师中的突出地位。同样,通过康拉德不懈努力的宣传,在国内外有名出版物上刊登相关介绍,将海洋牧场推向公众视野,这一宣传使得海洋牧场项目名声大噪,提高了项目的可行性。在海洋牧场项目中,伊森伯格除了对公关人员康拉德的关注,还注意到平面设计师斯塔法希尔运用图标、销售手册(Sales Brochures),标识、超级图形(Supergraphic)等与建筑师、景观设计师和规划师不同的专业语言来描述建筑和自然环境,她的作品帮助客户的建筑冠以成功的名头,典型代表就是海洋牧场的公羊头标识(Ram's Head Logo)。斯塔法希尔是 20 世纪 60 年代平面设计革命的主要参与者,这场革命最终改变了建筑语言和易读性,在建筑美学方面发挥重要的作用,但她的功劳很容易被掩盖甚至不为人知。[①]在此之前,设计领域的专业人士认为,城市景观中的图形和标志破坏了和谐统一的标准及建筑的整体线条,是一种不必要的装饰性元素。但斯塔法希尔用自己的实践证明平面设计在改善建筑环境的可能性方面扮演着重要的角色,甚至发挥了主导作用。她创造了建筑形式和图形信息重叠的新方法,最重要的是,丰富了建筑的场所词汇。作者对斯塔法希尔的关注是后现代主义在城市建筑和城市设计中产生有力影响的具体表现,打破了现代主义所追求的城市风格和对乌托邦式的功能主义理念。伊森伯格在文中突出斯塔法希尔与专业设计师的对话是后现代主义对单一真理的排拒,这种挑战冲击了专业知识和拥有知识的专家影响城市的权威。作者并不是有意要突出女性在城市重建过程中的分量,而是客观描述这些女性通过自己参与的项目,从城市意味着什么的意识形态的观点中探索自己的工作,通过

---

① Bobbye Tigerman ed., *A Handbook of California Design, 1930—1965*, Cambridge, MA: MIT Press, 2013, pp.42-43, 142-143, 260-261.

讲述的有关妇女的丰富多彩的故事使历史叙事变得更饱满鲜活。

二

本书的第二个特点是，作者层层递进，由前几章城市开发设计争论转向重建过程中的核心，指出公共土地的所有权、使用权和管理权是美国中心城市重建的关键所在。伊森伯格在书中已经提到："一直以来美国大众对建筑高度、样式以及开放空间的公关福利设施（Open-Space Amenities）的关注度要远远大于对不同类型土地的所有权及其对公关福利的影响。"①作者不仅发掘了城市学家格雷迪·克莱（Grady Clay）一份从未出版的、围绕土地所有权展开论述的书稿，还强调了经常被遗忘的政治经济学家亨利·乔治（Henry George）的思想遗产，呼吁各方重新思考土地在城市发展的作用，土地兜卖是否真的能为中心城市带来经济收益、为城市重建作出贡献？作者在书中运用海洋博物馆、杰克逊广场、罐头广场、吉拉德里广场的项目开发，试图说明 20 世纪 60 年代中期以前旧金山市滨水区的开发与联邦政府主导的以补贴私人开发商的形式进行的城市更新不同，前者是在保护主义理念指导下对旧建筑的合理开发，是凭借"明智的私人投资"（Enlightened Private Investment）遵守公共利益的基础上对土地的合理利用。60 年代末以降面对新一轮的大规模私人再开发和高层建筑修建趋势，依赖私人投资者的公共精神管理土地已变得不现实。转折点就是索诺玛海岸（Sonoma Coast）的海洋牧场项目，这里的公共土地向私人地产的转变、土地与景观的关系要比城市项目更为明显。该项目的平面设计师斯塔法希尔批评该举措是开发商利用"保护开发的理念"对公共土地的掠夺。作者主要通过隶属于旧金山市城市更新计划的几个大型私人开发项目，说明土地所有权问题，与其批评城市更新是土地出售，不如说是公共土地发展权出售。从土地所有者在政治和经济政策方面的影响力入手，重新认识、定义城市危机，而不是从城市危机的现有结果去追查原因，重新审视公共利益和公平的问题，也就是谁握有土地所有权谁就有发言权。

而对城市更新项目中土地所有权重要性的认识也是一个渐进的发展历程。最开始是由 1967 年的内河码头中心项目中的设计引发的激烈的公众辩

① Alison Isenberg, *Designing San Francisco: Art, Land and Urban Renewal in the City by the Bay*, Princeton, NJ: Princeton University Press, 2017, p.365.

论,实际上由该项目引起的争论与7年前金色大道竞争方式背后逻辑是一个道理,即旧金山各界对城市形态和景观的不同看法,而他们在设计上的分歧掩盖了最为重要的问题:开发商为什么能如此顺利从政府那里低价购买到公共土地?而将争论的焦点从设计转移到土地,是从旧金山国际市场中心开始的。该项目将公共土地私有化程度达到顶峰,欲要获得其八个开发区域中的两个街道。其巨大的占地面积引来各界声讨,反对人士在1968年3月成立以"保护我们的海滨"(Protection Our Waterfront, POW)为名的组织,之后电报山居民(Telegraph Hill Dwellers, THD)组织①成员也加入其中,他们在1968年7月的听证会上直击要害将辩论要点从设计和项目可实施性转移到"关闭街道"(Street Vacation)②的行为违法,及其背后的公共土地所有权和管理权的问题。之后该问题进入公众视野。尽管旧金山国际市场中心项目获得了计划委员会(Planning Commission)和监事会(Board of Supervisors)的投票,但最终因街道关闭诉讼蒙上了违法的阴影,再加上资金紧张、项目规模庞大、过程复杂,以失败告终。但旧金山国际市场中心意义重大,引起了人们对该市关闭街道并将土地出售给开发商的"常规政策"的空前关注,并要求市政府对私人开发项目的土地使用管理进行更密切的审查。与此同时,另一个位于低层建筑区边缘的高度和形状都非同寻常的泛美金字塔大厦,破坏旧金山的天际线,割裂街道破坏城市景观而引发抗议。至此,抗议群体的诉求从城市设计的合理性转向城市街道、公共土地出售的合法性。

尽管,对于希望通过阻止、改造或重新选址的方式,保护城市景观和反高层设计的人来说,结果不尽如人意,但对于那些利用泛美金字塔大厦案挑战旧金山市以50%的折扣向开发商出售公共土地的做法的人来说,这却是一场胜利。泛美金字塔大厦案标志着一个转折点,即城市政府在与私人开发商谈判

---

① 该组织成立于1954年,是美国历史最悠久、规模最大、最受尊敬的社区组织之一。在其存在的60多年里,THD在庆祝、美化和保护旧金山最独特和最具历史意义的社区方面带头。如果没有THD志愿者和成员的辛勤工作和支持,电报山、北滩和东北海滨将与今天心爱和特殊的地方大不相同。

② 关闭街道,又称关闭后街(Alley Vacation)或公共通道关闭(Vacation of Public Access),是政府将公共街道、高速公路或后街的通行权转让给私人的一种地役权(Easement)。通常用于大型房地产开发,因修建大型建筑而关闭穿过城市街区的小巷。在美国,不同的城市和州采用不同的方法,但可以确定的是城市法律(City Law)会要求开发商提供公共福利和其他类型的补偿,才能得到街道关闭的批准。

时应遵守更严格的公共利益标准,不能将公共街道以更低的价格出售给私人开发商。泛美金字塔大厦涉及的三起街道关闭诉讼是界定和捍卫旧金山公共领域的里程碑。旧金山正在进行大规模重建和开发倡议,这些诉讼的意义不在于保护景观、天际线和街道布局,而在于反对放弃城市街道的做法。旧金山国际市场中心将争论从设计引向了街道关闭的不合理性,而泛美金字塔大厦在此基础上将关注点引向低价出售公共土地的问题,两者暴露了景观与土地、设计与美元、公共与私人、历史与现代之间的紧张关系。纳税人的诉讼将街道作为有用且有意义的公共土地,而不仅仅是重建谈判的筹码。景观之争仍然很重要,但负责任的公共土地管理和"赠品"是更新决策的决定性因素。

三

该书的第三个特点是,作者的视角从东海岸转移到西海岸,选择旧金山市湾区作为个案来进行战后城市重建的研究。个案的选择,对于研究的成功有很大的影响。无论研究参与人物还是研究城市重建,旧金山都具备典型意义。旧金山是美国建筑师、城市规划专家、专业的城市重建专家的聚集地,而且已经形成了宽泛的网络联系。在 60 年代反对传统文化运动时期,旧金山是保守派精英与嬉皮士、雅皮士、同性恋者、艺术家、游客共存的地方。战后,旧金山市的经济地位和结构发生了重要变化,制造业和港口逐渐衰落,再加上其特殊的地理环境,人口密度高、市区地域面积狭小,人地关系紧张等原因,基于广泛的共识之上,旧金山市政府采取了优先发展的策略。为了推动旧金山市经济的发展,市政府与工商界领袖就土地重新利用达成共识,将振兴市中心区作为保持旧金山优势地位的关键,开始追随"曼哈顿模式"的开发方式,旧金山市湾区逐渐向曼哈顿看齐成为刘易斯·芒福德(Lewis Mumford)描绘的"裸露的城市"(Naked City),高耸的塔楼占据着天际线。但是旧金山市北部湾区修建摩天大楼和城市更新的问题与纽约在 20 世纪五六十年代的重建经历并不相同。《纽约时报》专栏作家艾达·路易斯·赫克斯塔布(Ada Louise Huxtable)在旧金山参与过 1960 年美国建筑师协会(American Institute of Architects)会议后评论道:"尽管这个城市的经济不那么景气,但旧金山仍保留着人本主义,普通民众对城市的关注在城市重建的过程中发挥着影响力,这是一个城市最为宝贵的财富。阳光、空气、以人为本正是纽约市失去的东西。”①伊森伯格将美国重建故事的切入点由东部转移到西海岸，旧金山也是新的叙述方式的“试金石”(Touchstone)。对城市更新的批评点逐渐由设计转向公共领域土地管理、决策这一趋势在旧金山最为明显。全国范围内的中心城市市中心的大片土地易手、政治阴谋的戏剧性、公共利益诉讼、有名的私人投资者、拆迁和高价建设——这些现有的情况将城市土地所有权模式推向了日常对话。在城市重建中，土地的价值与景观的意义相抗衡。然而，以景观为导向的城市形式之争，尤其是雅各布斯所倡导的小规模社区开发与自上而下的更新方式之争，成为了对更新的主要批评。固有的民主价值观拘泥于街道、人行道、广场、公园、建筑或天际线是否提供足够的开放空间、是否拥有良好城市设计，在评估重建时变得比谁拥有和出售土地以及这些公共土地私有化趋势意味着什么更重要。换言之，空间、设计和景观成为评估 20 世纪重建道德标准的主要工具。在此期间和之后出版的数量众多与城市重建有关的著作，只有肥瘦的不同，在体系结构上没有明显的差异。以阶级对立作为城市重建研究的视角，势必忽视其他社会力量对历史发展所起的作用，以身份、阶级分析代替一切，容易忽视社会结构和社会生活的多样性和复杂性，以摩西和手无寸铁的居民作斗争为城市开发研究线索，既难涵盖此过程以外的城市改革运动，又难反映丰富多彩、万象杂陈的历史内容。20 世纪 60 年代是一个公众参与可能性不断提升的时期，但它也缩小了人们的视野。和阶级理论存在的弊端一样，任何以单一因素如人种、宗教、性别、种族的分析难免会忽视很多与其定义不匹配的人，或是将不同种类的人同与其他根本不像的人强行混在一起，和过分强调阶级对立忽视其他社会力量带来的后果一样，过分地强调以上其中之一的因素，结果是多元发展的历史成为一元化的线性公式。最根本的核心问题被表象特征所掩饰，城市的天际线问题粉饰了公共土地使用的不合理。

最后，从写作手法来看，《设计旧金山》也有独到之处。作者运用创新的写作手法，首尾呼应，第一章保护吉拉德广场的人同是第十章反对关闭街道的人，这一巧妙的布局方式说明被讽刺为单纯的反增长(Anti-Growth)的“反曼哈顿化”(Anti-Manhattanization)运动，并非反对者的保守怀旧主义情绪在作

① Ada Louise Huxtable, “City for People: Francisco Offers Its Inhabitants Much That New York Is Losing”, *New York Times*, May 8, 1960.

祟，他们也不是自私顽固的保护主义者，而是巧妙地揭示该运动背后的思想深度。在材料运用方面，《设计旧金山》继承了新史学流派扩大历史文献使用范围的特点。作者告诉人们政治漫画、摄影、纪实照片、绘画、土地手册、未出版的手稿等都可以成为历史研究和历史写作的文本材料。

本书的不足之处在于，作为一种包容性很强的著作，作者多数情况下都没有把种族作为其中的因素进行分析。作者只是在结尾处提到了非裔美国人的报纸——《旧金山太阳记者报》(*San Francisco Sun-Reporter*)，除了在序言中对其进行简短的讨论外，没有再对其记者和其他非裔美国人以联合人士的身份参与到旧金山城市再开发的描述。①在旧金山重建过程中并没有给予非裔美国人居住的西增区(Western Addition)更多关注。除此之外，作者在结语中提及华盛顿特区的非裔美国人有关土地所有权和种族之间的关系，更衬托在本书中缺少对非裔美国人在旧金山湾区发展这段历史中所扮演角色的关注。尽管伊森伯格在这本书中并没有涉及种族问题，但她将这些批评置于书的结尾也是很有意义的，因为它们提供了一个重要的知识桥梁，连接她所展开的滨水项目和美国另一端城市重建之间的辩论。

四

总体上看，虽然该书有些许缺点，但瑕不掩瑜。从史学研究层面来说，伊森伯格有意识地进行微观分析，聚焦在小的社会群体中，抛开了传统对东海岸城市重建一元化线性评价方式，用联合规划认识以集体行动的方式重塑城市，从而了解更深层、丰富、生动、多元的城市生活；从空间视野来说，作者把目光从曼哈顿转向旧金山，丰富了美国城市复兴可选择的路径，为城市危机、城市重建提供了可供参考的因素。《设计旧金山》不落俗套，提供了一个区域研究与城市重建分析的典范，为我们讲述了城市发展包含多种因素，如政治的、经济的、地理的、文化的、社会的、心理的，反映了美国史学界对城市发展研究的新趋势，有独特的学理意义和实际意义。

如今，不断攀升的地价使土地成为旧金山所在湾区争议最大的商品，技术创新重新定义了该区的建筑环境，景观也日益成为争论的焦点，尽管《设计旧

① Alison Isenberg, *Designing San Francisco*: *Art*, *Land and Urban Renewal in the City by the Bay*, Princeton, NJ: Princeton University Press, 2017, pp.18-19.

金山》不是解决这些争论的指南手册，至少它善意地提醒我们，这些争论并不新鲜。

From Manhattan to San Francisco: a Story in the City by the Bar

—Designing San Francisco: Art, Land and Urban Renewal in the City by the Bay

Abstract: Dominated by the Federal Government, center-city redevelopment after the Second World War has been studied. Published in 2017, Princeton university history professor Alison Isenberg's new book *Designing San Francisco: Art, Land and Urban Renewal in the City by the Bay* is to explore the west bay city reconstruction of a masterpiece. Taking the northern Bay Area of San Francisco as a case study, the author studies urban redevelopment issues from the late 1940s to the 1970s. Through the influence of various figures on urban projects and the change of ownership, using right and management right of public land, it shows the change of urban development mode in the Bay Area. Instead of continuing the debate around urban renewal, this study changed the perspective to promote further discussion, showing that history and modernity, conservation and renewal are not opposed, redefining some basic issues, filling the gap, and providing readers with a new perspective to understand the post-war American central city's rejuvenation and planning.

Key words: San Francisco Bay Area; Urban Renewal; Allied Design Professionals; Public Land

作者简介：周淼淼，上海师范大学人文学院世界史专业博士研究生。

图书在版编目(CIP)数据

城市空间与城市生活/苏智良,陈恒主编.—上海:上海三联书店,2023.6

(都市文化研究)

ISBN 978-7-5426-8115-7

Ⅰ.①城… Ⅱ.①苏… ②陈… Ⅲ.①城市空间-研究②城市-生活-研究 Ⅳ.①TU984.11 ②C912.81

中国国家版本馆 CIP 数据核字(2023)第 081354 号

城市空间与城市生活

主　　编 / 苏智良　陈　恒

责任编辑 / 殷亚平
装帧设计 / 徐　徐
监　　制 / 姚　军
责任校对 / 王凌霄

出版发行 / 上海三联书店
(200030)中国上海市漕溪北路 331 号 A 座 6 楼
邮　　箱 / sdxsanlian@sina.com
邮购电话 / 021-22895540
印　　刷 / 上海惠敦印务科技有限公司

版　　次 / 2023 年 6 月第 1 版
印　　次 / 2023 年 6 月第 1 次印刷
开　　本 / 710mm×1000mm　1/16
字　　数 / 500 千字
印　　张 / 31
书　　号 / ISBN 978-7-5426-8115-7/C·631
定　　价 / 128.00 元

敬启读者,如发现本书有印装质量问题,请与印刷厂联系 021-63779028